Springer-Lehrbuch

Wolfram Schiffmann • Helmut Bähring
• Udo Hönig

Technische Informatik 3

Grundlagen der PC-Technologie

 Springer

Prof. Dr. Wolfram Schiffmann
Dr. Helmut Bähring
Dr. Udo Hönig
FernUniversität in Hagen
Universitätsstrasse 1
58097 Hagen

wolfram.schiffmann@fernuni-hagen.de
helmut.baehring@fernuni-hagen.de
udo.hoenig@fernuni-hagen.de

ISSN 0937-7433
ISBN 978-3-642-16811-6   e-ISBN 978-3-642-16812-3
DOI 10.1007/978-3-642-16812-3
Springer Heidelberg Dordrecht London New York

Die Deutsche Nationalbibliothek verzeichnet diese Publikation in der Deutschen Nationalbibliografie;
detaillierte bibliografische Daten sind im Internet über http://dnb.d-nb.de abrufbar.

Einbandentwurf: WMXDesign GmbH, Heidelberg

Gedruckt auf säurefreiem Papier

Springer ist Teil der Fachverlagsgruppe Springer Science+Business Media (www.springer.com)

Für unsere Familien

Vorwort

Ziel dieses kompakten Lehrbuches ist es, verständlich in Aufbau und Funktionsweise von modernen PC–Systemen einzuführen und deren Komponenten ausführlich vorzustellen. Es basiert auf Grundlagen, wie sie in den ersten beiden Bänden der Buchreihe zur *Technischen Informatik* gelegt wurden, d.h. es werden Grundkenntnisse über Digital- und Computertechnik vorausgesetzt. Das Buch rundet diese durch die Beschreibung des Personal Computers und seiner wesentlichen Komponenten ab. Dazu werden – neben den gebräuchlichsten Prozessoren – Aufbau und Funktionsweise von Hauptplatinen (*Mainboards*), Hauptspeichermodulen, Massenspeichermedien, Peripheriegeräten sowie Ein–/Ausgabekarten für Audio und Graphik behandelt. Schon heute sind außerdem Netzwerkschnittstellen fast unverzichtbare Bestandteile von PCs. Neben Kabel und Lichtwellenleitern kommen verstärkt Techniken zur drahtlosen Kommunikation zum Einsatz. Damit können auch mobile Geräte – wie *Notebooks* und *Personal Digital Assistents* (PDA) – integriert werden. Wegen der wachsenden Bedeutung des *Mobile Computings* wird auch in die Technik dieser Geräte eingeführt.

Inhalt des Buches

In Kapitel 1 werden mit der *Hauptplatine und ihren Komponenten* – Prozessor, Chipsatz, Speichermodule und Peripheriebus – wohl die wichtigsten Bestandteile eines PCs vorgestellt. Diese Komponenten eines Mikrorechners wurden bereits im Band „Technische Informatik 2 – Grundlagen der Computertechnik" [29] behandelt. Im Rahmen dieses dritten Bandes wird nun verstärkt auf die Eigenschaften der Komponenten eingegangen, die im PC–Bereich wichtig sind. Für den einen oder anderen Leser wird es daher an einigen Stellen erforderlich sein, sich ausschnittsweise mit dem genannten Band 2 zu beschäftigen. Ersatzweise finden Sie alle im Kapitel 1 behandelten Themen auch in [2] ausführlich dargestellt.

Danach werden in Kapitel 2 die *Konzepte der Hauptspeicher– und Prozessverwaltung* eingeführt. Hier wird insbesondere gezeigt, wie durch eine spezielle Hardware–Komponente, die Speicherverwaltungs–Einheit, das Betriebssystem bei diesen Verwaltungsaufgaben unterstützt wird.

Heutige PCs verwenden eine Mischung verschiedener Technologien zum *Aufbau von Massenspeichern* – auch Peripheriespeicher genannt. Diese Speicher unterscheiden sich bezüglich Speicherkapazität, Zugriffszeit und Kosten. Im Kapitel 3 werden zunächst die physikalischen Prinzipien von magnetomotorischen Speichern erläutert. Dann wird gezeigt, wie die Daten bei diesem Massenspeichermedium codiert und verwaltet werden. Daneben werden auch optische Massenspeichermedien wie CD–ROM (*Compact Disk*) und DVD (*Digital Versatile Disk*) behandelt.

Kapitel 4 beschäftigt sich zunächst mit dem *Aufbau von Monitoren und Graphikadaptern*, die wegen der verbreiteten Nutzung graphischer Oberflächen eine immer wichtigere Rolle spielen. Weiterhin führt das Kapitel in die Audioverarbeitung ein. Es stellt hierzu verschiedene Formate zur Speicherung von Audio–Signalen dar und beschreibt Methoden der Erzeugung von Tönen aus derart gespeicherten Signalen.

Im Kapitel 5 werden die *Funktionsprinzipien verschiedener Peripheriegeräte* eingeführt. Peripheriegeräte dienen als Schnittstelle zwischen Mensch und PC. Während Texte und Programme mit einer Tastatur eingeben werden, verwendet man die Maus bzw. den Joystick zur Steuerung von graphischen Oberflächen oder Spielen. Zur Anzeige von Text oder Graphik werden heute vorwiegend LCD–Flachbildschirme verwendet. Die Ausgabe von Dokumenten auf Papier erfolgt mit Hilfe eines Druckers. Die wichtigsten Druckerarten wie Tintenstrahl– und Laser–Drucker werden vorgestellt.

Das Kapitel 6 befasst sich mit der *Einbindung von Personal Computern in moderne Rechnernetze*. Neben den Grundlagen der gängigen Netzwerktechnologien werden sowohl die Rolle des PCs im Netz, als auch die zu deren Erfüllung erforderlichen Hardwarekomponenten und Protokolle behandelt.

Kapitel 7 beschäftigt sich mit speziellen Ausprägungen von Personal Computern, den sog. *mobilen Computern*, die wegen ihres geringen Gewichts und Größe sowie der niedrigen Leistungsaufnahme an wechselnden Einsatzorten und „unterwegs" eingesetzt werden können.

Im Kapitel 8 wird die Software ausführlich behandelt, die dem Benutzer die Bedienung des PCs erst ermöglicht und als *Systemsoftware* bezeichnet wird. Hier werden insbesondere die wichtigsten PC–Betriebssysteme besprochen. Im letzten Abschnitt wird auf die Verfahren der sog. Virtualisierung eingegangen, die es insbesondere erlauben, auf einem PC gleichzeitig mehrere Betriebssysteme zu benutzen.

Danksagungen

Das Buch ist aus einem Kurs hervorgegangen, der seit einigen Jahren unter dem Titel „PC–Technologie" an der FernUniversität in Hagen angeboten wird. Für die Genehmigung zur anderweitigen Nutzung möchten wir uns bei der Verwaltung der FernUniversität bedanken. Das Kapitel 2 ist eine starke Überarbeitung eines Kapitels aus [2] und geht in seiner ursprünglichen Form auf einen Text von Prof. Dr. Jürgen Dunkel zurück. Für die Verwertung dieses Kapitels möchten wir Herrn Dunkel und dem Springer–Verlag unseren Dank aussprechen. Die Unterabschnitte 4.1.1 – 4.1.3 und 4.2.1 – 4.2.5 gehen auf Texte von Prof. Dr. Jörg Keller zurück. Auch ihm gilt unser herzlicher Dank.

Hinweise zum Literaturverzeichnis

Das Buch ist als Lehrtext sehr ausführlich gehalten. Es eignet sich deshalb besonders für das Selbststudium zur PC–Technologie und kann auch sehr gut als Nachschlagewerk verwendet werden. Für das Verständnis seiner Inhalte ist unseres Erachtens keine Sekundärliteratur notwendig. Im Text sind somit nur selten Referenzen auf das knappe Literaturverzeichnis mit eingeführten Lehrbüchern enthalten.

Hagen, im Frühjahr 2011

Wolfram Schiffmann
Helmut Bähring
Udo Hönig

Inhaltsverzeichnis

Kapitel 1
Aufbau und Funktion eines Personal Computers

In diesem Kapitel werden wir in den Aufbau und die Funktion eines Personal Computers (PCs) einführen. Der Kern eines PCs besteht aus der Hauptplatine, auch *Motherboard* genannt, auf dem der Prozessor, Speicher, Ein-/Ausgabebausteine und –schnittstellen untergebracht sind. Wir beschäftigen uns ausführlich mit der Hauptplatine und den wichtigsten Komponenten, die auf ihr zu finden sind: das sind der *Mikroprozessor* als „Gehirn" eines Mikrorechners und der *Chipsatz*, der die Steuerung der übrigen Komponenten – insbesondere des Hauptspeichers und der Peripheriemodule – vornimmt und sie mit dem Prozessor verbindet. Dabei beschränken wir uns auf Platinen und Bausteine, die für den Einsatz in den sog. *Desktop*–PCs vorgesehen sind, also PCs, die stationär im Bereich eines Schreibtisches Verwendung finden. Auf Exemplare, die ihren Einsatz in mobilen Systemen finden, können wir hier aus Platzgründen nicht eingehen. Sie werden erst im Kapitel 7 behandelt. Zum Abschluß des Kapitels 1 werden wir uns mit dem Hauptspeicher auseinandersetzen und dazu die gebräuchlichen Speichermodule und ihre wichtigsten Parametern beschreiben.

Doch zunächst beginnen wir mit einer kurzen Darstellung aktueller Computersysteme, mit den verschiedenen Arten von Computern und Entwicklungstrends.

1.1 Einführung

1.1.1 Aktuelle Computersysteme

In diesem Kapitel soll ein kurzer Überblick über aktuelle Computersysteme gegeben werden. Zunächst stellen wir die verschiedenen Arten von Computern vor. Dann betrachten wir am Beispiel von *Desktop*–Systemen deren internen Aufbau, der vor allem durch den Chipsatz geprägt wird. Danach werden die aktuellen Desktop–Prozessoren der beiden führenden Hersteller AMD und Intel vorgestellt und miteinander verglichen. Im Weiteren beschreiben wir die Funktionsprinzipien der aktuellen Speichermodule sowie Ein– und Ausgabeschnittstellen. Schließlich gehen wir auch auf die Bedeutung von Graphikadaptern ein und geben einen Ausblick auf die künftige Entwicklung.

Die Entwicklung neuer Prozessorarchitekturen und Computersysteme ist rasant. Die Chiphersteller vermelden fast täglich neue technologische und architektonische Verbesserungen ihrer Produkte. Daher fällt es natürlich auch schwer, einen aktuellen Schnappschuss der Entwicklung wiederzugeben – zumal dieser dann nach kurzer Zeit wieder veraltet ist. Trotzdem wollen wir im Folgenden versuchen, den aktuellen Stand zu erfassen.

1.1.2 Arten von Computern

Obwohl es uns meist nicht bewusst ist, sind wir heutzutage von einer Vielzahl verschiedenster Computersysteme umgeben. Die meisten Computer, die wir täglich nutzen, sind nämlich in Gebrauchsgegenständen eingebaut und führen dort Spezialaufgaben aus. So bietet uns beispielsweise ein modernes Mobiltelefon („Handy") die Möglichkeit, Telefonnummern zu verwalten, elektronische Textnachrichten (SMS) zu versenden, Musik abzuspielen oder sogar Bilder oder Filme aufzunehmen. Ähnliche Spezialcomputer findet man in Geräten der Unterhaltungselektronik (z.B. CD–, DVD–, Video–Recordern, Satelliten–TV–Empfängern), Haushaltstechnik (z.B. Wasch– und Spülmaschinen, Trockner, Mikrowelle), Kommunikationstechnik (z.B. Telefon– und Fax–Geräte) und auch immer mehr in der KFZ–Technik (z.B. intelligentes Motormanagement, Antiblockier– und Stabilisierungssysteme). Diese Spezialcomputer oder so genannten eingebetteten Systeme (*Embedded Systems*) werden als Bestandteile größerer Systeme kaum als Computer wahrgenommen. Sie müssen jedoch ein weites Leistungsspektrum abdecken und insbesondere bei Audio– und Videoanwendungen bei minimalem Energiebedarf Leistungen erbringen, die bei Universalrechnern nur so genannte Supercomputer erreichen.

Solche Systeme basieren meist auf Prozessoren, die für bestimmte Aufgaben optimiert wurden (z.B. Mikrocontroller, Signal– oder Netzwerkprozessoren). Aufgrund der immensen Fortschritte der Mikroelektronik ist es sogar möglich, Prozessorkerne zusammen mit zusätzlich benötigten digitalen Schaltelementen auf einem einzigen Chip zu realisieren (*System on a Chip* – SoC).

Neben diesen eingebetteten Systemen gibt es auch die so genannten *Universalcomputer*. Gemeinsames Kennzeichen dieser Computersysteme ist, dass sie ein breites Spektrum von Funktionen bereitstellen, die durch dynamisches Laden entsprechender Programme implementiert werden. Neben Standardprogrammen für Büroanwendungen (z.B. Schreib– und Kalkulationsprogramme) gibt es für jede nur erdenkliche Anwendung geeignete Software, die den Universalcomputer in ein anwendungsspezifisches Werkzeug verwandelt (z.B. Entwurfs– und Konstruktionsprogramme, Reiseplaner, Simulatoren usw.).

Derartige Universalcomputer unterscheiden sich hinsichtlich der Größe und Leistungsfähigkeit. Die kleinsten und leistungsschwächsten Universalcomputer sind kompakte und leichte Taschencomputer (*Handheld Computer*), die auch als *PDAs* (*Personal Digital Assistant*) bekannt sind. Sie verfügen über einen nichtflüchtigen Speicher, der auch im stromlosen Zustand die gespeicherten Informationen behält. PDAs können mit einem Stift über einen kleinen berührungsempfindlichen Bildschirm (*Touch Screen*) bedient werden und sind sogar in der Lage, handschriftliche Eingaben zu verarbeiten.

Mobile Systeme, populär auch in *Notebooks*, *Laptops* oder *Netbooks* unterschieden, sind ebenfalls portable Computer. Sie haben im Vergleich zu PDAs größere Bildschirme, eine richtige Tastatur und ein Sensorfeld, das als Zeigeinstrument (Maus–Ersatz) dient. Sie verfügen auch über deutlich größere Speicherkapazitäten (sowohl bzgl. Haupt– als auch Festplattenspeicher) und werden immer häufiger als Alternative zu ortsfesten *Desktop–Computern* verwendet, da sie diesen insbesondere bei Büro– und Kommunikationsanwendungen ebenbürtig sind. Um eine möglichst lange vom Stromnetz unabhängige Betriebsdauer zu erreichen, werden in Notebooks stromsparende Prozessoren eingesetzt.

Desktop–Computer oder *PC*s (*Personal Computer*) sind Notebooks vor allem bzgl. der Rechen– und Graphikleistung überlegen. Neben den typischen Büroanwendungen werden sie zum rechnergestützten Entwurf (*Computer Aided Design* – CAD), für Simulationen oder auch für Computerspiele eingesetzt. Die dazu verwendeten Prozessoren und Graphikadapter produzieren hohe Wärmeleistungen (jeweils in der Größenordnung von ca. 100 Watt), die durch große Kühlkörper und Lüfter abgeführt werden müssen.

Weitere ortsfeste Computersysteme sind die so genannten *Server*. Im Gegensatz zu den Desktops sind sie nicht einem einzelnen Benutzer zugeordnet. Da sie Dienstleistungen für viele über ein Netzwerk angekoppelte Desktops oder Notebooks liefern, verfügen sie über eine sehr hohe Rechenleistung (*Compute Server*), große fehlertolerierende und schnell zugreifbare Festplattensysteme[1] (*File Server, Video–Stream Server*), einen oder mehrere Hochleistungsdrucker (*Print Server*) oder mehrere schnelle Netzwerkverbindungen (*Firewall, Gateway*).

Server–Systeme werden in der Regel nicht als Arbeitsplatzrechner genutzt, d.h. sie verfügen weder über leistungsfähige Graphikadapter noch über Peripheriegeräte zur direkten Nutzung (Monitor, Tastatur oder Maus).

Um sehr rechenintensive Anwendungen zu beschleunigen, kann man mehrere Compute Server zu einem so genannten *Cluster Computer* zusammenschalten. Im einfachsten Fall, werden die einzelnen Server–Systeme über einen *Switch* mit Fast– oder Gigabit-Ethernet zusammengeschaltet. Über diese

---

[1] Meist so genannte RAID (*Redundant Array of Independent Disks*).

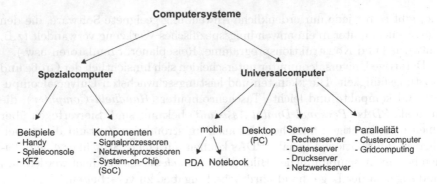

Abb. 1.1 Übersicht über die verschiedenen Arten von Computersystemen.

Verbindungen können dann die einzelnen Compute Server Daten untereinander austauschen und durch gleichzeitige (parallele) Ausführung von Teilaufgaben die Gesamtaufgabe in kürzerer Zeit lösen. Die maximal erreichbare
Beschleunigung hängt dabei vom Grad der Parallelisierbarkeit, der sog. *Kör-
nigkeit* (*Granularity*), der Programme ab. Cluster–Computer sind vor allem
für grobkörnige (*coarse grained*) Parallelität geeignet. Hier sind die Teilaufgaben zwar sehr rechenintensiv, die einzelnen Programmteile müssen jedoch
nur geringe Datenmengen untereinander austauschen.

Je feinkörniger (*fine grained*) ein paralleles Programm ist, desto höher sind
die Anforderungen an das dem Cluster zu Grunde liegende Netzwerk. Um
eine hohe Beschleunigung der feinkörnigen Programme zu erreichen, muss
die Netzwerkverbindung sowohl eine hohe Datenrate bereitstellen als auch
möglichst geringe Latenzzeiten aufweisen.

Betrachtet man die über das Internet verbundenen Computersysteme, so
erkennt man, dass diese ähnlich wie bei einem Cluster Computer organisiert sind. Auch hier kann jeder Netzwerkknoten mit jedem beliebigen anderen Knoten Daten (oder Programme) austauschen. Aufgrund der komplexen Vermittlungsstrategien des Internetprotokolls (IP) muss man allerdings mit höheren Latenzzeiten und geringeren Datenraten rechnen, d.h. man
ist auf grobkörnige Parallelität beschränkt. Trotzdem hält dieser „weltweite"
Cluster–Computer extrem hohe Rechenleistungen bereit, da die angeschlossenen Desktop–Systeme im Mittel nur zu ca. 10% ausgelastet sind. Um diese
immense brachliegende Rechenleistung verfügbar zu machen, entstanden in
den letzten Jahren zahlreiche Forschungsprojekte zum so genannten *Grid
Computing*.

Der Name *Grid* wird in Analogie zum *Power Grid* verwendet, bei dem
es um eine möglichst effektive Nutzung der in Kraftwerken erzeugten elektrischen Energie geht. Die Kernidee des Grid Computings besteht darin, auf
jedem Grid–Knoten einen permanenten Zusatzprozess laufen zu lassen, über
den dann die Leerlaufzeiten des betreffenden Desktop–Computers für das

Grid nutzbar gemacht werden können. Diese Software wird als *Grid Middleware* bezeichnet. Die am weitesten verbreitete Grid Middleware ist das Globus Toolkit. Neben der Grid Middleware wird auch ein so genannter *Grid Broker* benötigt, der für jeden eingehenden Benutzerauftrag (*Job*) geeignete Computerkapazitäten (*Resources*) sucht und der nach der Bearbeitung die Ergebnisse an den Benutzer weiterleitet. In Analogie zum *World Wide Web* (WWW) spricht man beim Grid–Computing auch von einem *World Wide Grid* (WWG). Es bleibt abzuwarten, ob sich dieser Ansatz genauso revolutionär entwickelt wie das WWW.

Nach dem Überblick im Abschnitt 1.1 über die verschiedenen Arten moderner Computersysteme werden wir im weiteren Verlauf des Kapitels den Aufbau von Desktop–Systemen genauer betrachten und anschließend die Architektur der aktuellen Desktop–Prozessoren von AMD und Intel vorstellen. Als verbindenden Komponenten kommt den Chipsätzen eine besondere Bedeutung zu.

1.1.3 Entwicklungstrends

In diesem Unterabschnitt sollen kurz aktuelle Entwicklungstrends skizziert werden, die sich bzgl. der Technologie und Architektur von Computersystemen abzeichnen. Zu den technologischen Trends zählen die weitere Verkleinerung der Strukturen, die Silicon–on–Isolator– und die Kupfertechnologie. Zu den architektonischen Trends gehören Dual– bzw. Multi–Core–Prozessoren, höhere Speicherbandbreiten durch *Prefetching* und die Unterstützung der Sicherheit und Zuverlässigkeit.

Verkleinerung der Strukturen
Moderne Prozessoren werden in CMOS–Technologie realisiert. Die *Strukturgröße* gibt an, wie klein man die geometrischen Strukturen zur Realisierung der Transistoren auf dem Chip[2] ätzen kann. Immer kleinere Strukturgrößen werden aus folgenden beiden Gründen angestrebt:

- Bei der Herstellung werden gleich mehrere Chips auf einer Halbleiterscheibe, einem so genannten *Wafer*, geätzt. Aus verfahrenstechnischen Gründen hängt die Ausbeute, d.h. der Prozentsatz funktionsfähiger Chips, (und damit der Gewinn) von der Chipfläche ab. Daher darf die Fläche der einzelnen Chips auf dem Wafer nicht zu groß werden. Um dies zu erreichen, muss man bei steigender Zahl der Transistoren (Komplexität) die Strukturgröße verringern.
- Die maximal mögliche Taktfrequenz hängt sowohl von der Geschwindigkeit der Funktionsschaltnetze (z.B. des Rechenwerks) als auch von den Signallaufzeiten auf den Verbindungsleitungen zwischen den Registern und

---

[2] Im Englischen *Die* („Plättchen") genannt.

diesen Funktionsschaltnetzen ab. Demnach kann die Taktfrequenz erhöht werden, wenn die Strukturgröße verkleinert wird.

Leider hat die Verkleinerung der Strukturgröße auch eine Schattenseite: Durch die höhere Transistordichte pro Flächeneinheit steigt auch die spezifische Wärmeleistung (gemessen in Watt pro Quadratzentimeter). Da Halbleiterbausteine bei zu hohen Temperaturen ($> 100°$ Celsius) zerstört werden, muss für ausreichende Wärmeableitung bzw. Kühlung gesorgt werden. Die spezifische Wärmeleistung aktueller Prozessoren liegt in einem Bereich von 80 bis 100 Watt/cm^2. Zum Vergleich liefert eine 2 kW–Herdplatte (bei 400° Oberflächentemperatur) weniger als 1 Watt/cm^2.

Um die Wärmeleistung zu reduzieren, entwickelt man insbesondere für Prozessoren in mobilen Computersystemen (Notebooks) intelligente Power–Management–Systeme. So kann beispielsweise sowohl die Taktfrequenz als auch die Betriebsspannung per Software geregelt werden. Da die Leistung quadratisch von der Spannung und linear von der Frequenz abhängt, ergibt sich dadurch eine kubische Leistungsanpassung. Sowohl AMD als auch Intel bieten mittlerweile Prozessoren in 65– bzw. 45–nm–Technologie an.

Silicon–on–Isolator (SOI)
Durch eine vergrabene Oxid–Schicht gelingt es, die Transistoren auf dem Chip vollständig voneinander zu isolieren. Damit kann – bei unveränderter Architektur – die Prozessorleistung um bis zu 30% gesteigert werden. Bei gleicher Taktrate kann die Leistungsaufnahme um bis zu 70% gesenkt werden. Diese Technologie wird bereits beim Opteron von AMD eingesetzt.

Kupfertechnologie
Hier wird zur Herstellung von leitenden Verbindungen zwischen den Transistoren Kupfer anstatt Aluminium verwendet. Der Widerstand der Leiterbahnen sinkt dadurch um 40%, die Signallaufzeiten werden verkürzt und die Taktrate kann um 35% erhöht werden. Auch diese technologische Neuerung wird bei PC–Prozessoren seit einigen Jahren schon angewandt.

Dual–Core–Prozessoren und Multicore–Prozessoren
Nachdem sich beim Intel Pentium 4 die mehrfädige Programmausführung durch *Hyper–Threading* etabliert hatte, wurden sowohl von AMD als auch von Intel schon im Jahr 2005 neue Prozessoren mit 2 bis 4 Kernen auf einem Chip auf den Markt gebracht. Während Hyper–Threading den Prozessen nur zwei *logische* Prozessoren bereitstellt, hat man bei den Multi–Core–Prozessoren echte Hardware–Parallelität (*Multiprocessing*), d.h., das Betriebssystem muss nicht immer zwischen den beiden Programmfäden (*Threads*) umschalten. Wegen der hohen Wärmeentwicklung bei dicht nebeneinander liegenden Prozessorkernen muss jedoch die Taktfrequenz reduziert werden. Außerdem kommt es bei dieser Architektur auch verstärkt zu Zugriffskonflikten bei den gemeinsamen schnellen Pufferspeichern, den sog. *Caches*, und dem Hauptspeicher.

Erhöhung der Speicherbandbreite

In den kommenden Jahren wird sich durch immer ausgefeiltere Speicher*architekturen* die erreichbare Bandbreite erhöhen. Durch *Prefetching* beim Speicherzugriff lassen sich trotz gleicher Halbleitertechnologie im Mittel enorme Steigerungsraten erreichen. So haben sich DDR2–Speicher bereits durchgesetzt und von DDR3 werden weitere Steigerungen erwartet. Die Erhöhung der Speicherbandbreite wirkt sich unmittelbar auf die Leistung eines Computersystems aus, da bislang noch große Geschwindigkeitsunterschiede zwischen Register– und Speicherzugriff bestehen. Es ist daher sehr wirksam, den Speicher–*Flaschenhals* zu beseitigen. Eine weitere Maßnahme in die gleiche Richtung ist die Vergrößerung der Speicherkapazität der schnellen Zwischenspeicher, der sog. Caches. Da hiermit die Trefferrate vergrößert wird, trägt auch sie dazu bei, die Speicherbandbreite des Gesamtsystems zu erhöhen.

Sicherheit und Zuverlässigkeit

Computerviren und andere unerwünschte Programme wie Viren, *Spyware* oder Trojaner richten immer größere Schäden an. Es ist daher sehr wichtig, Prozessorarchitekturen zu entwickeln, die derartige Angriffe frühzeitig erkennen und entsprechend reagieren. Daher implementieren die Hersteller Schutzmechanismen für Prozessoren, die ein unerlaubtes Ausführen von Programmen verhindern. Da Computerviren meist durch Pufferüberläufe eingeschleust werden, blockiert man durch entsprechende Hardware das Schreiben nach einen solchen Überlauf.

Neben der Sicherheit soll auch die Zuverlässigkeit von Computersystemen durch verbesserte Architekturen erhöht werden. Da beim Ausfall eines Computers sehr hohe Kosten entstehen können, wäre es wünschenswert, fehlerhafte Systemteile frühzeitig zu erkennen und trotzdem fehlerfrei weiterzuarbeiten. So könnte man beispielsweise drei Prozessorkerne parallel betreiben und deren Ergebnisse ständig miteinander vergleichen. Liefern zwei dieser Prozessorkerne übereinstimmende Ergebnisse, während die Ergebnisse des dritten Prozessorkerns davon abweichen, so sind diese Ergebnisse wahrscheinlich fehlerhaft. Trotz dieses Ausfalls kann aber das Gesamtsystem zuverlässig weiterarbeiten. In sicherheitskritischen Bereichen ist eine derartige *Fehlertoleranz* oft wichtiger als hohe Rechenleistung. Daher wird es in Zukunft gewiss auch Prozessoren geben, die auf eine hohe Zuverlässigkeit optimiert sind.

1.2 Komponenten eines Personal Computers

Ein PC (*Personal Computer*) ist ein Rechner, der – wie der Name es nahe legt – nur von einer Person (oder wenigen Personen) genutzt wird. Im Gegensatz zu zentralen (Groß–)Rechnern steht somit beim PC dem Benutzer die gesamte Rechenleistung exklusiv zur Verfügung. Da ein PC am Arbeitsplatz des Benutzers steht, wird er auch als *Desktop PC* bezeichnet[3]. Ein *Desktop PC* verfügt über alle Hard– und Software–Komponenten, die zur interaktiven Arbeit mit lokalen Anwendungen – wie z.B. Textverarbeitung, Tabellenkalkulation, Programmierung usw. – nötig sind. Darüber hinaus verfügen alle modernen PCs über Netzwerkschnittstellen, um mit anderen Rechnern Daten auszutauschen oder auf zentrale Dateiserver bzw. auf das Internet zuzugreifen. Leistungsfähige PCs, die über eine solche Netzwerkschnittstelle und besonders schnelle Graphiksysteme verfügen, werden auch als *Workstations* bezeichnet. Ein *Server* ist ein Rechner, der Betriebsmittel, wie Dateisysteme, Drucker, Internetverbindungen usw., für andere Rechner bereitstellt. Ein *Notebook PC* oder *Laptop PC* fasst alle Komponenten eines Personal Computers auf kleinstem Raum zusammen. Da diese mit Akkumulatoren (Akkus) betrieben werden können, sind sie portabel. Eine weitere Miniaturisierung findet man bei *Handheld PCs* oder *Palmtop PCs*.[4]

Während bei mobilen Systemen alle Komponenten in einem Gerät integriert sind, können bei stationären PCs die einzelnen Komponenten – wie die Systemeinheit mit ihren Schnittstellen sowie die Ein– und Ausgabegeräte – unterschieden werden. Die wichtigsten Eingabegeräte sind Tastatur und Maus, die wichtigsten Ausgabegeräte Monitor und Drucker.

Die Systemeinheit besteht aus einem Gehäuse mit Netzteil und den Schnittstellen zur Peripherie. Die Abbildung 1.2 gibt einen ersten, groben Überblick über die grundlegenden Komponenten innerhalb der Systemeinheit eines PCs:

- Hauptplatine mit integrierten Schnittstellen,
- Graphikkarte(n),
- Schnittstellenkarten für PCI–Express oder andere Bussysteme,
- Festplattenlaufwerk(e) (*Hard–Disk Drive* – HDD),
- Diskettenlaufwerk(e), die jedoch kaum noch zu finden sind,
- CD–ROM– bzw. DVD–Laufwerke,
- Monitor, Tastatur und Maus.

Auf der Hauptplatine (*Motherboard, Mainboard*) befinden sich der Prozessor, der Hauptspeicher und Steckplätze für Bussysteme mit unterschiedlicher Geschwindigkeit. Über speziell auf die Prozessoren abgestimmte Chipsätze werden die genormten Peripheriebus–Signale aus den Prozessorbus–Signalen abgeleitet. An diese Busse können über Steckkontakte Schnittstellenkarten angeschlossen werden, die dann standardisierte Schnittstellen für Massenspeicher oder Peripheriegeräte bereitstellen. Auf den meisten aktuellen Hauptplatinen sind auch bereits einfache parallele und serielle Standardschnittstellen sowie meist auch eine ganze Anzahl von USB–Schnittstellen (*Universal Serial Bus*) integriert. Ebenso findet man meist auch eine (S)ATA–Schnittstelle in paralleler oder serieller Form ((*Serial*) *Advanced Technology Attachment*)

---

[3] *Desktop*: Schreibtisch–Oberfläche
[4] *Notebook*: Notizbuch, *Lap*: Schoß, *Palm*: Handfläche

Abb. 1.2 Der Aufbau eines PCs.

für magnetomotorische und optische Massenspeicher mit einem integriertem Laufwerkscontroller (*Integrated Device Electronic* – IDE). Neben Controllern für Laufwerke ist bei heutigen Hauptplatinen meist auch schon eine Ethernet– Netzwerkschnittstelle zur Integration des PCs in ein lokales Netzwerk vorhanden.

Zunächst lassen wir bei unserer Betrachtung die externen Geräte eines PCs außer Betracht und behandeln ausschließlich den im PC „eingebetteten" Mikrorechner, der im Wesentlichen als Steckkartensystem realisiert ist. Abbildung 1.3 zeigt schematisch die wesentlichen Komponenten, die sich auf der Hauptplatine befinden (s. auch Abbildung 1.4):

- der Mikroprozessor, auch CPU (*Central Processing Unit*) genannt, der in einem speziellen Sockel eingesteckt wird,
- Module des Hauptspeichers, für die eine unterschiedliche Anzahl von Steck- plätzen vorhanden sind,
- ein Steckplatz für eine Graphikkarte,
- den Peripherie– oder Erweiterungsbussen mit Steckplätzen zur Aufnahme verschiedener Steckkarten (Erweiterungskarten, *Add–On Cards*),
- der so genannte *Chipsatz*, eine Sammlung von mehreren hochintegrierten Bausteinen, die insbesondere die Verbindung der eben genannten Komponenten und die Unterstützung der Kommunikation zwischen ihnen zur

Aufgabe haben; daneben enthalten sie aber noch eine ganze Reihe von Steuermodulen zum Anschluss interner und externer Geräte;

- verschiedene Steuer– und Schnittstellenbausteine unterschiedlicher Komplexität, die direkt an den Bausteinen des Chipsatzes oder am Peripheriebus angeschlossen sind und z.T. über Steckverbinder mit externen Komponenten gekoppelt werden.

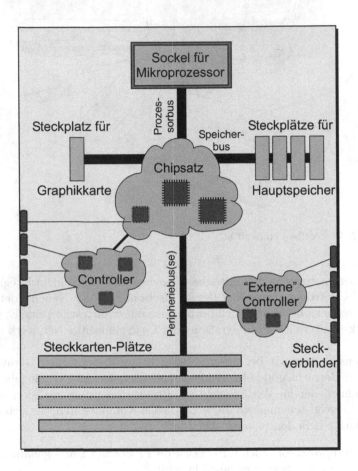

Abb. 1.3 Der prinzipielle Aufbau einer Hauptplatine.

Die erwähnten Sockel und Steckplätze sind in der Regel exakt auf spezielle Bausteine, also Prozessoren, Speichermodule und Graphikkarten, abgestimmt. Hochleistungs–PCs enthalten darüber hinaus auch Sockel und Steckplätze für mehr als einen Prozessor bzw. zwei Graphikkarten. Die in den Chipsätzen integrierten Steuer– und Schnittstellenmodule, aber auch die oben erwähnten „externen" Steuer– und Schnittstellenbausteine werden typischerweise *Controller* genannt. Zu den Erweiterungskarten gehören insbesondere Graphikkarten, Audiokarten (*Soundcards*) und Netzwerkkarten (*LAN ards*). Der Fortschritt der Integrationstechnik ermöglicht es aber, immer mehr von diesen Erweiterungen direkt auf der Hauptplatine unterbringen, z.B. den Controller für den Netzwerkanschluss und die Audioverarbeitung. Andererseits kann der PC durch Erweiterungskarten wieder mit „Altlast"–Schnittstellen (*Legacy*) ausgerüstet werden, die in den letzten Jahren nicht mehr zum Standardumfang eines PCs gehören und daher nicht mehr vom Chipsatz zur Verfügung gestellt werden, wie zum Beispiel die früher weit verbreiteten parallelen und seriellen Schnittstellen[5]. Ein Steckverbinder–Modul, das auf der Hauptplatine zur Gehäuserückwand zeigt, liefert die Anschlüsse für eine ganze Reihe von Standard–Ein-/Ausgabegeräten, wie z.B. Tastatur, Maus, Netzwerk, Lautsprecher usw. (Auf dieses Modul werden wir weiter unten eingehen.) Über eine Reihe von Steckern können die oben erwähnten Massenspeicher angeschlossen werden, wobei Flachbandkabel mit mehr oder weniger Kupferadern verwendet werden.

In diesem Kapitel werden wir uns ausschließlich mit der Hauptplatine eines PCs und ihren Komponenten beschäftigen. Nicht behandelt werden der mechanische Aufbau eines PCs, die verschiedenen Ausprägungen von gebräuchlichen Hauptplatinen, Sockel für Prozessor und Chipsätze, Fragen der Kühlung und Lüftung, Steckverbinder, Netzteile und Spannungsversorgung, Überwachung von wichtigen Parametern (Temperatur, Spannung usw.)

Die im PC–Bereich eingesetzten Mikroprozessoren werden als *x86–kompatible Prozessoren* bezeichnet, da sie sich auf den ersten 16–Bit–Prozessor von Intel, den 8086, aus dem Jahr 1979 zurückführen lassen.[6] Über die Leistungsfähigkeit der x86–Prozessoren entscheidet nicht zuletzt die komplexe virtuelle Speicherverwaltung und ihre Unterstützung durch die Speicherverwaltungseinheit (*Memory Management Unit* – MMU). Selbst eine oberflächliche Beschreibung der virtuellen Speicherverwaltung und ihrer vielfältigen Funktionen würde den Rahmen dieses Kapitels sprengen. Wir werden dieses Thema daher erst in Kapitel 2 behandeln.

---

[5] Diese waren früher unter den Bezeichnungen Centronics– und V.24–Schnittstellen bekannt.

[6] Über diese Prozessoren werden Sie noch in diesem Kapitel eine Reihe von Details erfahren und die Hauptkomponenten kennen lernen.

1.3 Hauptplatine und ihre Komponenten

1.3.1 Hauptplatine

In Abbildung 1.4 ist exemplarisch eine moderne Hauptplatine für den Intel–
Prozessor Core 2 gezeigt. Die in der Abbildung dargestellten Komponenten
sind Gegenstand dieses und z.T. auch der folgenden Kapitel.

Um Ihnen eine grobe Vorstellung von der Größe einer Hauptplatine zu
geben, seien hier nur die Maße einer typischen Platine für den *Desktop–*
Bereich gegeben (vgl. Abbildung 1.4). Ihre „genormte" Größe wird als *ATX–*
Formfaktor bezeichnet und belegt die folgende Rechteckfläche: $9{,}6 \times 12$ Zoll^2
$= 24{,}4 \times 30{,}5$ cm^2. (Sie ist damit nur wenig größer als eine DIN–A4–Seite mit
$21{,}0 \times 29{,}7$ cm^2.)

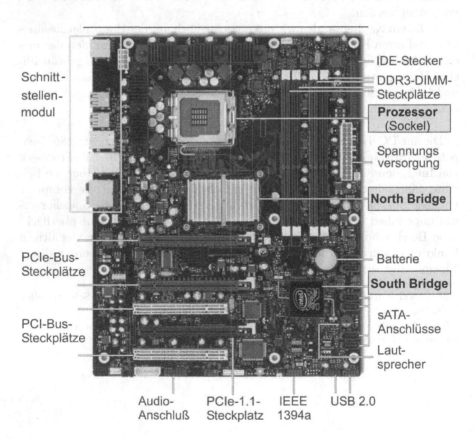

Abb. 1.4 Photo einer Hauptplatine (*Intel Desktop Board* DX48BT2).

Die Hauptplatine eines PCs (ebenso wie seine Einsteckkarten) enthielten noch vor etwas mehr als zwei Jahrzehnten Dutzende von integrierten Bausteinen (*Integrated Circuits* – ICs). Die rasante Entwicklung der Höchstintegrationstechnik (*Very Large Scale Integration* – VLSI) ermöglichte es seitdem, immer mehr Komponenten auf dem Prozessorchip selbst bzw. in sehr wenigen „Hilfsbausteinen" unterzubringen. Die wichtigsten dieser Bausteine, die zum Aufbau eines PCs benötigt werden und auf der Hauptplatine Platz finden, werden zusammenfassend als *Chipsatz* (*Chipset*) bezeichnet. Der erste dieser Chipsätze wurde im Jahre 1988 von der Firma *Chips and Technologies* auf den Markt gebracht. Seither bieten die Prozessorhersteller (vor allem AMD und Intel) sowie auf die Entwicklung von Chipsätzen spezialisierte Firmen kurz nach dem Erscheinen eines neuen Prozessors auch die dazu passenden Chipsätze an.

Ein Chipsatz besteht meist aus ein bis drei Chips, die benötigt werden, um den Prozessor mit dem Speichersystem und Ein–/Ausgabebussen zu koppeln. Da diese drei Haupteinheiten mit unterschiedlichen Geschwindigkeiten arbeiten, benötigt man *Brückenbausteine* (*Bridges*), welche die vorhandenen Geschwindigkeitsunterschiede ausgleichen und für einen optimalen Datenaustausch zwischen den Komponenten sorgen. Die Brückenbausteine müssen auf die Zeitsignale (*Timing*) des Prozessors abgestimmt werden. Die im PC eingesetzten Bussysteme und Schnittstellen unterscheiden sich sehr stark in der Anzahl der Daten– und Adresssignale, der Taktfrequenzen und der verwendeten Spannungspegel sowie der zugrunde liegenden Busprotokolle. Aufgabe der Brückenbausteine ist insbesondere die elektrisch/physikalische Anpassung der verschiedenen Bussignale sowie die Berücksichtigung der unterschiedlichen Übertragungsleistungen.

Der Chipsatz hat also großen Einfluss auf die Leistungsfähigkeit eines Computersystems und muss daher optimal auf den eingesetzten Prozessor und die verwendeten Speicher–/Bustypen zugeschnitten sein. Die Bausteine des Chipsatzes übernehmen im eigentlichen Sinne die Steuerung des Systems.[7] Obwohl ein Chipsatz für eine bestimmte Prozessorfamilie entwickelt wird, kann er meist auch eine Vielzahl kompatibler Prozessoren unterstützen.

Chipsätze verfügen über z.T. sehr unterschiedliche Komponenten, Anschlüsse, Register und Funktionen. Es ist Aufgabe des sog. *BIOS* (*Basic Input/Output System*), diese Unterschiede vor dem Betriebssystem zu „verstecken", das meist für viele Prozessortypen und Familien einsetzbar sein muss. Das BIOS ermöglicht dem Betriebssystem und den darunter laufenden Anwendungsprogrammen den Zugriff auf die Hardware–Komponenten. Dazu muss es genaue Kenntnisse über den Aufbau der Hauptplatine, die Anzahl der Steckplätze sowie die verwendeten Bausteine und Komponenten besitzen. Als Beispiele seien hier nur der Zugriff auf die Plattenlaufwerke und die Ab-

---

[7] Auf die speziellen Komponenten zur Steuerung und Überwachung der Versorgungsspannung, der Verlustleistung, der eingesetzten Lüfter und bestimmter physikalischer Größen und Einheiten (System–/Power–/Takt–„Management") können wir aus Platzgründen leider nicht eingehen.

frage der Tastatur genannt. Abbildung 1.5 zeigt die Lage des BIOS zwischen
dem Betriebssystem und der Hardware, im Wesentlichen repräsentiert durch
den Prozessor und den Chipsatz. Als wesentliche Aufgaben des BIOS seien
hier aufgeführt:

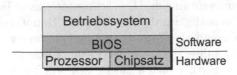

Abb. 1.5 Das BIOS zwischen Betriebssystem und Hardware–Bausteinen.

- Ausführung eines PC–Selbsttests, der automatisch nach dem Einschalten
  des Systems aufgerufen wird (*Power–On Selftest* – POST). Dadurch werden z.B. die Größe des Hauptspeichers ermittelt und ein Test seiner Speicherzellen durchgeführt.
- Konfiguration der auf der Hauptplatine oder in den Steckplätzen eingesetzten Komponenten, insbesondere der am PCI– bzw. PCIe–Bus angeschlossenen Geräte.
- Ausführung eines *Setup*–Programms, durch das der Anwender BIOS–
  Daten ändern und Einfluss auf den Systembetrieb nehmen kann. Als Beispiel sei die manuelle Zuweisung von Interrupt–Kanälen zu bestimmten
  Komponenten genannt.

Abbildung 1.6 zeigt das Blockschaltbild einer Platine und die Lage und Verbindungen der Bausteine des Chipsatzes[8]. Häufig sind die wesentlichen Funktionen eines Chipsatzes (heute noch) auf zwei Brücken–Bausteine aufgeteilt,
die wegen ihrer Lage auf der senkrecht stehenden Platine anschaulich als
North Bridge und *South Bridge* bezeichnet werden.

North Bridge
Sie verbindet den Prozessor mit allen Komponenten, die einen möglichst
schnellen Datentransfer benötigen. Das sind insbesondere der Hauptspeicher und die Graphikeinheit. Da die North Bridge sich insbesondere um
die Steuerung der Zugriffe auf den angeschlossenen Hauptspeicher kümmern
muss, wird sie auch als Speicher–Controller–Hub (*Memory Controller Hub* –
MCH) bezeichnet. Einige MCHs enthalten außerdem einen eigenen Graphikcontroller. Sie werden dementsprechend als *Graphics Memory Controller Hub*
(GMCH) bezeichnet.

---

[8] Die in der Abbildung verwendeten Bezeichnungen werden im weiteren Verlauf des
Abschnitts erklärt.

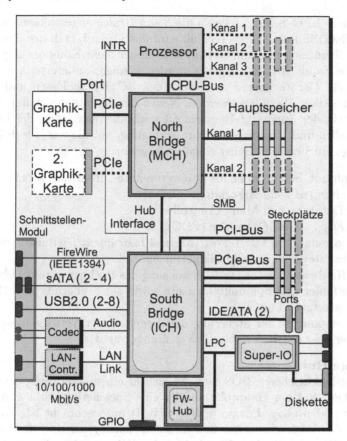

Abb. 1.6 Blockschaltbild einer Hauptplatine mit Hub–Architektur.

South Bridge

Sie verbindet als zweiter Baustein den Prozessor oder Hauptspeicher mit einer
Reihe von integrierten oder extern hinzugefügten Controllern, die insbesondere zur Steuerung von Massenspeicher- oder Ein-/Ausgabegeräten dienen.
Daher rührt ihre Bezeichnung als *Ein-/Ausgabecontroller-Hub* (*I/O Controller Hub* – ICH). Sie enthält dazu insbesondere eine Vielzahl von USB–
2.0–Schnittstellen, über die heutzutage sehr viele externe Geräte an den PC
angeschlossen werden können. Zusätzlich sichert sie die Kompatibilität zu älteren Systemkomponenten. Dazu enthält sie oft noch die vom „legendären"
IBM–AT–kompatiblen PC eingeführten Komponenten, wie z.B. die batteriegepufferte Echtzeituhr (*Real Time Clock* – RTC).

Super–I/O–Baustein

Häufig sind einige dieser einfachen Komponenten aber auch in einem besonderen Baustein integriert, dem *Super–I/O–Baustein*, der über die unten

beschriebene LPC–Schnittstelle an die *South Bridge* angeschlossen wird. Die
weitere Entwicklung der PC–Technik wird die Super–I/O–Bausteine voraus-
sichtlich überflüssig machen, da einerseits immer mehr Komponenten zusätzlich in die *South Bridge* integriert werden können, andererseits aber auch
immer mehr Geräte über den USB an den PC angeschlossen und so einige Schnittstellen überflüssig werden. Neben den bereits erwähnten Komponenten stellt der Super–IO–Baustein oft noch alle oder einige der folgenden
Schnittstellen und Komponenten zur Verfügung, auf die wir jedoch im Rahmen dieses Buches nicht näher eingehen können:

- eine Infrarot–Schnittstelle als weit verbreitete „drahtlose" serielle Schnittstelle (*Infrared Data Association* – IrDA),
- einen Tastatur– und Maus–Controller,
- einen *Floppy–Disk Controller* (FDC),
- einen so genannten MIDI–Port (*Musical Instrument Digital Interface*) zur
  digitalen Steuerung von Musikinstrumenten,
- einen Hardwaremonitor zur Überwachung des Rechnerzustands über Tem-
  peraturfühler und Spannungsmessern sowie zur Steuerung und Regelung
  der eingesetzten Lüfter,
- eine Komponente zur Steuerung und Regelung der Versorgungsspannung
  und der Leistungsaufnahme (*Power Management*).

Firmware Hub
Das oben beschriebene BIOS befindet sich in einem Festwertspeicher, dem
BIOS–ROM, auf der Hauptplatine, der eine Speicherkapazität von 4 bis 8
Mbit hat und im sog. *Firmware Hub* (FWH) untergebracht ist. Wegen der
geringen Zugriffsgeschwindigkeiten dieser Speichertypen wird der Inhalt des
BIOS–Speichers nach dem Einschalten des PCs aus dem Festwertspeicher
ausgelesen und in einem besonderen Bereich des Hauptspeichers abgelegt,
von dem aus er schneller bearbeitet werden kann (*Shadowing*). Üblicherweise enthält der FWH noch eine Hardwarekomponente zur Erzeugung von
Pseudo–Zufallszahlen (*Random Number Generator* – RNG), die z.B. für Ver-
schlüsselungsalgorithmen benutzt werden können. Der FWH wird gewöhnlich
im Multiplexbetrieb gemeinsam mit dem Super–I/O–Baustein über die unten
beschriebene LPC–Schnittstelle angesprochen.

Die beiden Brückenbausteine – North und South Bridge – sind heute durch
eine schnelle dedizierte Verbindung miteinander gekoppelt, die als *Hub Interface* bezeichnet wird. Sie ist sehr viel leistungsfähiger als bei älteren Chipsätzen, bei denen die North Bridge und die South Bridge sowie alle Ein–
/Ausgabeschnittstellen über den relativ langsamen PCI–Bus, der eine maximale Übertragungsrate von 133 MB/s erreichte, angebunden wurden. Bei
Intel wird diese Verbindung als DMI (*Direct Media Interface*) bezeichnet und
überträgt maximal 2 GB/s [9]. AMD (*Advanced Micro Devices*) setzte dafür

---

[9] GB/s: Gigabyte/Sekunde, also 10^9 Byte/Sekunde.

früher den eigenentwickelten *HyperTransport*–Bus ein, der maximal bis zu 52 GB/s übertragen soll. Bei neueren Chipsätzen verwendet AMD jedoch einen 4×4 Leitungen breiten *PCI–Express–Bus* (PCIe–x4), der (nach der Spezifikation 2.0) maximal 4 GB/s übertragen kann (s. Unterabschnitt 1.3.2.). Wie wir aus der Abbildung 1.4 sehen können, muss der MCH mit einem eigenen Kühlkörper ausgestattet werden, da er mit sehr hohe Taktraten arbeitet. Dagegen kommt der ICH meist ohne Kühlkörper aus.

Zusammenfassend spricht man bei neueren Chipsätze meist auch von einer *Hub–Architektur* (*Hub Architecture*). Dabei ist abzusehen, dass durch die Fortschritte der Halbleiter–Integrationstechnologie konsequenterweise bereits in naher Zukunft die beiden Brückenbausteine, North Bridge und South Bridge, zu einem einzigen *Hub*–Baustein zusammengefasst werden oder die North Bridge vollständig auf dem Prozessor–Chip Platz finden wird. So hat bereits die Firma Intel einen Ein–Chip–Chipsatz (Typkennung P55) auf den Markt gebracht, der die letztgenannte Variante realisiert.

1.3.2 North Bridge

Wegen ihrer weit reichenden Funktionen wird die North Bridge auch als *System Controller Hub* bezeichnet. Sie muss den Datenfluss zwischen den verschiedenen Komponenten steuern und setzt dazu Schreib– und Leseanforderungen des Prozessors, des Graphikcontrollers oder einer Komponente an der South Bridge in Speicher–Buszyklen um. Dazu muss die North Bridge die Protokollanpassungen zwischen dem Prozessorbus, dem Speicherbus und der Graphikcontroller–Schnittstelle (s.u.) vornehmen. Zum Geschwindigkeitsausgleich speichert sie alle transportierten Daten zwischen. Dies geschieht in Registersätzen, die als Warteschlangen organisiert sind (*First in, First out* – FIFO) und für jede Übertragungsrichtung (*Read/Write* – RD/WR) und Quelle/Ziel–Kombination getrennt vorhanden sind. Die Puffer besitzen unterschiedliche Größen und erlauben mit ihren dediziert ausgelegten Verbindungen den simultanen Transport von Daten.

Die Verbindung des Prozessorbausteins mit der North Bridge wird über den bereits genannten Prozessorbus vorgenommen, der auch als CPU–Bus oder – anschaulich – als *Front Side Bus* (FSB) bezeichnet wird. In den Anfangszeiten der Chipsätze wurde dazu der Systembus des Prozessors, bestehend aus Adress–, Daten– und Steuerbus, verwendet. Zur Erhöhung der Leistungsfähigkeit ersetzte die Firma AMD den Systembus aber schon seit Jahren durch ihre HyperTransport–Verbindung, von der gleich drei Schnittstellen auf den Prozessoren zur Verfügung gestellt werden (vgl. Abschnitt 1.4.1).

HyperTransport ist eine Technologie, die für den Einsatz an verschiedensten Stellen einer Hauptplatine vorgesehen ist. Dabei handelt es sich um eine Punkt–zu–Punkt–Verbindung, die über zwei getrennte unidirektionale Pfade eine Vielzahl von Halbleiterbausteinen – also Prozessoren, Brücken, Speichereinheiten und Peripheriekomponenten – im Vollduplex–Betrieb miteinander koppelt. Die Verbindungspfade sind als parallele Busse ausgelegt. Ihre Breite kann in Abhängigkeit von den angeschlossenen Komponenten 2, 4, 8, 16 oder 32 Bit betragen, wobei die Verbindungen der beiden Übertragungsrichtungen unterschiedliche Breiten haben können. In HyperTransport–Systemen sind Taktfrequenzen bis zu 800 MHz möglich, wobei eine Zweiflanken–Übertragung (*Double Data Rate* – DDR, *Doubled Pumped*) eingesetzt wird. Die Übertragungsrate pro Richtung liegt damit bei 400 bis 1.600 MegaTransfers pro Sekunde (MT/s). Sie entspricht einer Datenrate von 100 bis 6.400 MB/s für jede der beiden Richtungen einer Verbindung, also einer maximalen Gesamtrate von 12,8 GB/s. Die Übertragung der Informationen geschieht in Form von kurzen Paketen mit einer maximalen Länge von 64 Bytes. Dabei werden Anforderungs–, Anwort– und Rundspruchpakete unterschieden, die jeweils Befehle, Adressen und Daten enthalten können. Die Übertragung der Signale auf den Busleitungen geschieht differentiell mit niedrigen 1,2V–Spannungspegeln (*Low–Voltage Differential Signalling* – LVDS).

Die Firma Intel hingegen hielt sehr lange an ihrem speziellen Systembus, dem *Front Side Bus* (FSB) des Pentium 4, fest. Erst in der neuesten Prozessorgeneration, dem Intel Core i7, hat auch Intel den Übergang zu einer speziellen Punkt–zu–Punkt–Schnittstelle zur North Bridge vollzogen. Der *Quick-Path Interconnect* (QPI) besteht aus zwei einzelnen Verbindungen (*Links*) für jede Richtung des Datentransfers. Jeder Link überträgt 20 unidirektionale Signale in differenzieller Form, d.h. jeweils auf einem Leitungspaar in unterschiedlichen logischen Pegeln. Dazu kommt für jede Richtung noch ein Leitungspaar für die Übermittlung eines Taktsignals, sodass der QPI insgesamt aus 84 Leitungen besteht. Von den 20 Datenleitungen werden 16 für die parallele Übertragung von Zwei–Byte–Daten benutzt, die restlichen vier werden zur Fehlerkorrektur und zur Kontrolle der Übertragungen eingesetzt. Der QPI arbeitet mit (zunächst) 3,2 GHz, wobei nach dem Zweiflankenverfahren (*Double Data Rate* – DDR) beide Flanken des Taktes zur Übertragung verwendet werden. Damit sollen nun Übertragungsraten bis zu 25,6 GB/s ermöglicht werden, davon je 12,8 GB/s für jede Übertragungsrichtung.

Wesentlicher Bestandteil konventioneller North Bridges ist der *Speicher–Controller* (*Memory Controller*), der über ein oder zwei unabhängige Schnittstellen („Kanäle") den Zugriff auf die Speichermodule des Hauptspeichers erlaubt. Über jede Schnittstelle können Daten mit einer Übertragungsrate von max. 12,8 GB/s geschrieben oder gelesen werden. Der Controller erzeugt – oft für unterschiedliche Typen von Speicherbausteinen – alle benötigten Steuersignale und übernimmt ggf. das Auffrischen der dynamischen Speicherbausteine (*Refresh*). Diese speichern die Information in winzigen Kondensatoren und würden ohne diese Maßnahme im Sekundenbereich ihre Information verlieren. Bei Verwendung eines ECC–geschützten Speichers (*Error Correcting Code*) übernimmt der Speicher–Controller die Überprüfung und Reaktion auf Speicherfehler durch spezielle zusätzliche ECC–Bits. Der Speicher–Controller enthält Puffer zur Bearbeitung mehrerer Schreib–/Lesezugriffe und sorgt für deren geordnete Abarbeitung. Dadurch werden insbesondere Ladezugriffe (*Line Fill*) auf den schnellen Zwischenspeicher, dem *Cache*, unterstützt. Auf den Aufbau der Speichermodule, die zur Realisierung des Hauptspeichers eingesetzt werden, gehen wir in einem eigenen Unterabschnitt 1.5 ausführlich ein.

Bereits mit dem Athlon 64 begann die Firma AMD damit, den Speicher–Controller aus der North Bridge in den Prozessorchip selbst zu verlagern und so der CPU über dedizierte Speicherschnittstellen („Kanäle") mit jeweils 64 Bit Breite einen schnelleren konfliktfreien Zugriff auf den Speicher zu ermöglichen. Diesen Schritt hat die Firma Intel mit ihrer Prozessorfamilie Intel Core i7 nun nachgeholt und ermöglicht den Speicherzugriff sogar über drei unabhängige Kanäle. Damit wird eine maximale Übertragungsrate von zusammen bis zu 25,6 GB/s erreicht. In Abbildung 1.6 ist die Integration des Speicher–Controllers in den Prozessorbaustein durch die gestrichelt gezeichneten Hauptspeicher–Steckplätze angedeutet. Bei einigen Intel–Prozessoren der i7–Familie ist bereits die gesamte North Bridge auf dem Prozessor-Chip untergebracht. Dies ist in Abbildung 1.6 durch die gestrichelt gezeichnete Umrahmung des Prozessors und der North Bridge skizziert.

Die zweite wichtige Komponente, die über die North Bridge angesteuert wird, ist die *Graphikeinheit*, die aus einem oder zwei Graphikcontrollern besteht[10]. Der Anschluss der Graphikcontroller an die North Bridge geschieht heutzutage meist über den *PCI–Express*, auch als PCIe bezeichnet, der als skalierbare Variante des älteren PCI–Busses zuerst in den Intel–Chipsätzen eingeführt wurde. Die PCIe–Verbindung wird nicht mehr als paralleler Bus ausgeführt, sondern besteht aus einer oder mehreren bidirektionalen seriellen Verbindungen, die als *Lanes* bezeichnet werden. Jede *Lane* stellt eine Nutz–Transferrate[11] von 500 MB/s je Richtung bereit (PCIe–2.0–Spezifikation). Um auch dem Leistungsbedarf künftiger Graphikanwendungen gerecht zu werden, wurden für den Anschluss von Graphikkarten von Anfang an gleich 16 *Lanes* verwendet, die Übertragungen mit 16–facher Geschwindigkeit erlauben. Die Schnittstelle, der Graphikport, wird dementsprechend mit PCIe–x16 bezeichnet und ermöglicht eine maximale Übertragungsrate von ca. 8 GB/s in jeder Richtung, also zusammen 16 GB/s.

Bei Chipsätzen für PCs im Niedrig–Kosten–Bereich oder für den Einsatz in tragbaren Geräten (*Laptops*, *Notebooks* usw.) ist der Graphikcontroller häufig in der North Bridge selbst integriert, die dann – wie bereits gesagt – als *Graphics Memory Controller Hub* (GMCH) bezeichnet wird.

---

[10] Der Einsatz von zwei getrennten, aber verzahnt zusammen arbeitenden Graphikcontrollern wird insbesondere von Computerspielern geschätzt.

[11] d.h. ohne Anrechnung von eingefügten Steuerbits

1.3.3 South Bridge

Die Hauptaufgabe der *South Bridge* ist es, die Kommunikationsverbindungen und –vorgänge zwischen den unterschiedlichen Ein–/Ausgabeeinheiten zu regeln. Die Anforderungen an die Übertragungsgeschwindigkeiten dieser Verbindungen sind dabei – gemessen an den über die North Bridge laufenden Übertragungen – relativ gering. Als weitere Aufgabe stellt die South Bridge eine Reihe von internen Controllern zur Verfügung, die seit den Anfangstagen des PCs dazugehören, wie z.B. einen Zeitgeber/Zähler (*Timer/Counter*), eine batteriegepufferte Echtzeituhr (*Real Time Clock* – RTC) mit dem sog. CMOS–RAM zur Speicherung wichtiger Systemdaten sowie einen Tastatur–, DMA– (*Direct Memory Access*) und Interrupt–Controller (*Programmable Interrupt Controller* – PIC). Häufig bietet sie auch allgemein verwendbare digitale Ein–/Ausgabeleitungen (*General Purpose I/O* – GPIO), die der Anwender unter Programmkontrolle für beliebige Steuer– und Abfrageaufgaben einsetzen kann.

Für die Kommunikation mit den Ein–/Ausgabegeräten stellt die South Bridge eine ganze Reihe von Standard–Ein–/Ausgabeschnittstellen zur Verfügung, die wir nun kurz behandeln wollen.

USB–Schnittstelle

Der momentan noch übliche USB 2.0 ist eine Schnittstelle zwischen Computer und Peripheriegeräten (z.B. Drucker, Scanner usw.), die von einem Firmenkonsortium definiert wurde (u.a. Compaq, IBM, DEC, Intel, Microsoft) und als Ziel die einfache Erweiterbarkeit des PCs um unterschiedliche Peripheriegeräte ohne das früher übliche Kabelgewirr hatte. Eine ausführliche Beschreibung des USB finden Sie z.B. in [3]. Der Anschluss der Geräte geschieht beim USB über eine kostengünstige Schnittstelle mit einheitlichen billigen Steckern; die Übertragung läuft seriell über ein abgeschirmtes 4–Draht–Kabel, über das auch die Spannungsversorgung für Geräte mit niedrigem Leistungsbedarf (< 500 mA) geführt wird. An den so genannten „Wurzelknoten" (*Host Controller, Root Hub*) können bis zu 127 Geräte angeschlossen werden, die in Form eines Baumes angeordnet sind: Die „Blätter" werden von den Endgeräten, die Verzweigungen durch die *Hubs* (engl. für Nabe, Mittelpunkt, Kern...) gebildet. Das sind spezielle externe Geräte oder integrierte Einheiten mit einer Schnittstelle in Richtung des Wurzelknotens (*Upstream Port*) und bis zu acht Schnittstellen in Richtung der Endgeräte (*Downstream Ports*). Ein Hauptvorteil von USB liegt darin, dass neue Geräte bei laufendem Rechner und ohne Installation von Gerätetreibern (*Hot Plug and Play*) hinzugefügt werden können. Dazu überwacht ein *Hub* alle an ihn angeschlossenen Geräte und ihre Versorgungsspannung. Er informiert den *Host Controller* über alle Änderungen, z.B. über das Entfernen oder

Hinzufügen eines neuen Gerätes. Er kann jeden *Downstream Port* individuell aktivieren, deaktivieren oder zurücksetzen. Zwischen dem Wurzelknoten und einem Endgerät dürfen maximal sieben Kabelsegmente mit einer Gesamtlänge von 35 m, also maximal sechs *Hubs*, liegen.

Die USB–Schnittstelle überträgt Daten in drei Geschwindigkeiten, die in gemischter Form eingesetzt werden können: 1,5 Mbit/s (*Low Speed*), 12 Mbit/s (*Full Speed*) und 480 Mbit/s (*High Speed*), was im letzten Fall einer Rohdatenrate von maximal 60 MB/s entspricht. Die gesamte Übertragung im USB wird vom *Host Controller* gesteuert. Dazu fragt er in einer festgelegten Reihenfolge, aber mit unterschiedlicher Wiederholrate, alle angeschlossenen Geräte nach Übertragungswünschen ab. Dieses so genannte *Polling* geschieht in Zeitrahmen von 1 ms, die für die *High–Speed*–Übertragung noch einmal in acht 125–μs–Rahmen unterteilt werden. Die Daten werden in Form von Datenblöcken, sog. Paketen, versendet. In jedem Rahmen gibt es reservierte Zeitschlitze für unterschiedliche Datentypen und Übertragungen:

* Kontinuierlich und in Echtzeit anfallende Daten, die keine Unterbrechung und Verzögerung erlauben, werden in Form der *isochronen Übertragung*[12] ausgetauscht. Es findet keinerlei Fehlerüberwachung oder erneute Übertragung eines fehlerhaften Datenpaket statt. Beispiele für solchermaßen übertragene Daten sind Sprach–, Audio– und Video–Daten.
* Als sog. *Interruptdaten* werden nicht periodisch, spontan auftretende Datenmengen gesendet, die z.B. von der Tastatur oder der Maus stammen. Hier findet eine Fehlererkennung mit eventueller Wiederholung des Pakets statt.
* Zu den so genannten *Steuerdaten* (*Control Data*) zählen alle Daten zur Identifikation, Konfiguration und Überwachung der Geräte und der *Hubs*.
* Massendaten, d.h. größere Datenmengen ohne Echtzeitanforderungen, werden mit der *Bulk–Übertragung* transportiert. Hier findet eine Fehlererkennung mit eventuellen Wiederholungsversuchen statt. Typische Geräte für diese Übertragungsart sind Drucker, Scanner und Modems.

Im USB wird der Erhalt jedes Pakets vom Empfänger quittiert. Dazu hat der drei Möglichkeiten: Er kann den fehlerfreien Erhalt durch ein ACK–Quittungspaket bestätigen (*Acknowledge*) bzw. den fehlerhaften Fall durch das Auslassen dieser Quittung anzeigen. Durch ein NAK–Paket (*Non Acknowledge*) kann er mitteilen, dass momentan kein Senden oder Empfangen eines Pakets möglich ist. Durch ein STALL–Paket wird angezeigt, dass das angesprochene Gerät außer Betrieb oder ein Eingriff des *Host Controllers* nötig ist.

Viele PCs sind mittlerweile bereits mit der leistungsfähigeren **USB–3.0–Schnittstelle** (SuperSpeed) ausgestattet. Diese bietet eine höhere maximale Geschwindigkeit von 5 Mbit/s (also 625 MByte/s) im Vollduplex–Betrieb. Dazu findet eine Abkehr vom reinen Polling durch den Host–Controller statt.

---

[12] Isochron bedeutet sinngemäß: zum gleichen Zeitpunkt im Zeitrahmen auftretend.

Die mögliche Stromentnahme über den USB 3.0 wurde von bisher 100 mA auf 150 mA erhöht. Nach Anmeldung beim Controller können aber auch bis zu 900 mA (statt bisher 500 mA) über die USB–Leitungen entnommen werden. Für die realisierte Duplexfähigkeit mussten die USB–3.0–Stecker um weitere Kontakte ergänzt werden, darunter auch neue Masseanschlüsse. Jedoch wurde beim Entwurf der Stecker auf Abwärtskompatibilität geachtet, d.h. alte USB–2.0–Stecker passen in neue USB–3.0–Buchsen, die dazu tiefer aufgebaut sind.

FireWire–Schnittstelle (IEEE 1394)

Der IEEE–1394–Bus ist eine standardisierte Weiterentwicklung der FireWire–Schnittstelle der Firma Apple[13]. Typische Anwendungen liegen in den Bereichen Audio, Video und Multimedia, wo man ihn z.B. in Festplatten, CD–ROM– und DVD–Laufwerken und –Brennern findet. So wird er insbesondere als i.Link in CamCordern häufig eingesetzt. Der Standard IEEE 1394a sieht Übertragungsraten bis zu 400 Mbit/s vor, der Standard IEEE1394b solche bis 3200 Mbit/s. Dabei unterstützt er – wie der USB – neben der asynchronen auch die isochrone Übertragung. Bei der asynchronen Übertragung wird wiederum jedes Paket vom Empfänger durch ein Quittungspaket (ACK) beantwortet und im Fehlerfall automatisch wiederholt. Bei der isochronen Übertragung wird auf diese Quittierung verzichtet. Andere Gemeinsamkeiten mit dem USB sind die kostengünstigen Stecker und Verbindungskabel, die einfache Erweiterbarkeit des Bussystems, die (eingeschränkte) Spannungsversorgung über das Anschlusskabel, das Hinzufügen bzw. Entfernen von Geräten während des Betriebs (*Hot Plug and Play*)

Anders als eine USB–Vernetzung hat ein System, das auf dem FireWire basiert, keine Baumstruktur. Hingegen lässt der FireWire fast beliebige Netzstrukturen zu – solange dabei keine Schleifen auftreten. Alle Verbindungen sind Punkt–zu–Punkt–Verbindungen, wobei in den Endgeräten Verzweigungen realisiert werden können. Dabei kann jeder Knoten im FireWire bis zu 27 Anschlüsse (*Ports*) für weitere Knoten besitzen. Zur Kopplung von FireWire–Bussen können aber auch externe Einheiten, sog. *Repeater* oder Brücken (*Bridges*), eingesetzt werden. Insgesamt kann ein FireWire–System maximal 1023 Teilbusse mit jeweils höchstens 63 Knoten umfassen. Auf den Verbindungsleitungen können unterschiedliche Übertragungsgeschwindigkeiten verwendet werden. Die Knoten im FireWire sind Rechner oder Endgeräte, wobei Busse aber auch ohne Rechner arbeiten können. Das heißt, dass – anders als beim USB – eine Datenübertragung auch direkt zwischen Endgeräten stattfinden kann. Das Bussystem ist selbstkonfigurierend, d.h. nach dem Einschalten oder Rücksetzen ermitteln die Knoten selbst, wer von ihnen die

---

[13] Vereinfachend bezeichnen wir im Weiteren den Bus meist nur noch als FireWire.

Funktion des Wurzelknotens (*Root Node*) wahrnehmen darf. Die maximale Entfernung zwischen zwei Knoten beträgt beim FireWire mit Kupferkabel–Verbindungen ungefähr 72 m, durch Einsatz einer Glasfaserverbindung können bis zu 1600 m überbrückt werden. Dabei dürfen zwischen zwei Knoten höchstens 16 Kabelsegmente liegen.

PCI–Bus–Schnittstelle

Der PCI–Bus (*Peripheral Component Interconnect*) war lange Zeit der am weitesten verbreitete Busstandard für Ein–/Ausgabekarten. Eine ausführliche Beschreibung findet sich in [3]. Der PCI–Bus wurde ursprünglich von Intel eingeführt. Später fand man aber PCI–Steckplätze bei allen Desktop–Computern, d.h. PCI wurde auch durch Chipsätze anderer Prozessorhersteller unterstützt. Der PCI–Bus überträgt die Daten entweder auf einem 32–Bit–Datenbus mit 33 MHz oder einem 64–Bit–Datenbus, der mit 66 oder 133 MHz (*extended PCI* bzw. PCI–X) getaktet wird. Dabei ist der PCI–X kein Bus im herkömmlichen Sinne mehr, sondern eine Punkt–zu–Punkt–Verbindung zum Anschluss einer einzigen Komponente. Aus den Kenndaten ergibt sich eine Datentransferrate von 532 MB/s bis zu 1,064 GB/s. Der PCI–Bus wird auf modernen Hauptplatinen nur noch aus Kompatibilitätsgründen als „Erblast" (*Legacy*) implementiert und wird wohl in kurzer Zeit vom Markt verschwinden. Deshalb wollen wir ihn im Rahmen dieses Buches nicht weiter beschreiben.

PCIe–Schnittstelle

Das Grundkonzept des PCIe (auch: PCI–E) wurde bereits im Unterabschnitt 1.3.2 kurz beschrieben. Der PCIe wurde ab 2004 von der Firma Intel eingeführt; inzwischen werden seine Spezifikationen von einer Firmengruppe (*PCI Special Interest Group* – PCI–SIG) betreut, der fast alle namhaften Chiphersteller angehören. Beim PCIe handelt es sich um eine skalierbare, d.h. den Anforderungen des Einsatzbereichs anpassbare Anzahl von seriellen Punkt–zu–Punkt–Verbindungen, den sog. *Lanes* (Bahn, Weg), die die angeschlossenen Bausteine über schnelle Schalteinheiten mit dem Computersystem verbinden. Durch die Bündelung von mehreren parallelen PCIe–*Lanes* können leicht verschiedene, den jeweiligen Erfordernissen angepasste Übertragungsbandbreiten realisiert werden. Die Anzahl der Lanes einer Verbindung wird mit einem kleinem vorangestellten x angegeben. So sind also Systeme mit PCIe–x1, PCIe–x2 bis zu PCIe–x32 möglich. (Realisiert wurden im PC-Bereich bis heute jedoch nur Systeme mit bis zu PCIe–x16.) Durch die Anpassung der Anzahl der Lanes an die Erfordernisse einer Verbindung spart man u.U. sehr viele Verbindungsleitungen, denn insgesamt werden für eine

Lane nur vier Leitungen benötigt, je zwei für eine Richtung.[14] Durch diesen drastischen Wegfall von Leitungen vereinfachen und verbilligen sich auch die Steckverbindungen. Die sind so realisiert, dass eine Erweiterungskarte mit *n Lanes* auch in einen Slot für *m Lanes* eingesetzt werden kann, solange $m > n$ ist.

Anders als beim Vorgänger, dem PCI–Bus, der die vom Prozessor ausgegebenen Adressen und Daten direkt übertrug, werden im PCIe die Daten in Form von Paketen übertragen. Das sind Datenblöcke, die durch einen Paketkopf mit Quelladressen und Paketnummer sowie eine Prüfsumme am Ende (*Cyclic Redundancy Check* – CRC) ergänzt werden. Werden durch die Prüfsumme Übertragungsfehler angezeigt, so fordert der PCIe–Controller automatisch eine erneute Aussendung desselben Pakets an. Durch die Paketnummer wird sichergestellt, dass das erneut ausgesendete Paket vom Empfänger in die richtige Reihenfolge gesetzt werden kann, auch wenn bereits Folgepakete eingetroffen sind.

Im Gegensatz zum älteren PCI–Bus gibt es bei PCI–Express keine Einsteckplätze (*Slots*) an einem gemeinsamen Bus, sondern *geschaltete Ports*. Dies bedeutet, dass den einzelnen PCI–Express–Karten stets die volle Bandbreite zur Verfügung steht, da hier keine Zugriffskonflikte wie beim PCI–Bus auftreten können. Die South Bridge ist dabei in der Lage, simultan über mehrere PCIe–Verbindungen Daten und das in beiden Richtungen – vom bzw. zum Gerät – zu übertragen. Dazu verwendet sie einen sog. Kreuzschienenschalter (*Crossbar Switch*), der es erlaubt, der mehrere Quellen von Datenübertragungen mit ihren jeweilige Zielen gleichzeitig verbinden kann.

Die PCIe–Spezifikation sieht auch vor, dass Einsteckkarten im laufenden Betrieb gewechselt werden können (*Hot Plugging*). Von dieser Fähigkeit könnten vor allem mobile Systeme wie Notebooks profitieren. Neben der im Unterabschnitt 1.3.2 erwähnten Verbindung von Graphikadapter mittels PCIe–x16 sind im Serverbereich durch den Maximalausbau von 32 *Lanes*, PCIe–x32 genannt, auch bidirektionale Hochgeschwindigkeitsverbindungen mit bis zu 16 GB/s pro Übertragungsrichtung, also insgesamt 32 GB/s möglich.

IDE–Schnittstelle

IDE ist eine standardisierte Schnittstelle zum Anschluss von nichtflüchtigen Speichermedien, wie Festplattenlaufwerken, CD–ROMs und DVD–Laufwerken. Sie ist auch unter dem Namen ATA (*Advanced Technology Attachment*) bekannt. Die Beschränkung auf Plattengrößen von 528 MB wurde durch die Erweiterung zu EIDE (Extended IDE) aufgehoben. Zur Zeit

---

[14] Auf jedem Leitungspaar werden die Signale zur Erhöhung der Störsicherheit differentiell übertragen, d.h. mit jeweils entgegengesetztem logischen Pegel. Störungen wirken sich in der Regel auf beide Leitungen gleichartig aus und können daher durch die Differenzbildung der Pegel herausgefiltert werden.

beträgt die maximale Datenrate des EIDE–Busses 133 MB/s. Man muss allerdings beachten, dass diese Datenrate nur dann erreicht wird, wenn die Laufwerkselektronik die Daten bereits in ihrem internen (Cache–)Speicher hat. Die permanente Datenrate zwischen Festplatte und Laufwerkselektronik liegt deutlich unter dem o.g. Wert.

Das *IDE Interface* bietet zwei getrennte Schnittstellen („Kanäle") für den Anschluss von Massenspeichergeräten, also Festplatten– (*Hard Disk Drive – HDD*), CD–ROM–, DVD–Laufwerken (*Digital Versatile Disk*) und natürlich die immer beliebter werdenden Programmiergeräte für CD–ROMs oder DVDs („Brenner"). Die Bezeichnung IDE (*Integrated Drive Electronics*) zeigt an, dass diese Schnittstelle Geräte mit integrierten Controllern verlangt und selbst keinerlei Ansteuerlogik zur Verfügung stellt. Die IDE–Schnittstellen im PC wurden von der ANSI (*American National Standards Institute*) standardisiert. Diese „genormten" Schnittstellen wurden zuerst im IBM–AT–PC eingesetzt und tragen daher die Bezeichnung ATA (*Advanced Technology Attachment*). Die anschließbaren Geräte werden dementsprechend ATAPI–Geräte (*ATA Packet Interface*) genannt.

Die beiden o.g. Kanäle werden als primärer und sekundärer Kanal (*Primary, Secondary Channel*) bezeichnet und erlauben jeweils den Anschluss von bis zu zwei Geräten. Diese werden *Master* und *Slave* genannt. Sie müssen ihre Funktion durch kleine Steckbrücken auf ihrer Platine und ihre Platzierung in den entsprechenden Steckplatz zugewiesen bekommen. Jedes der maximal 4 IDE–Geräte kann unabhängig voneinander durch die IDE–Schnittstelle aktiviert oder deaktiviert werden. Die Deaktivierung versetzt die Leitungen des „abgeschalteten" Gerätes in den (hochohmigen) *Tristate*–Modus. In diesem Modus kann das Gerät während des Betriebs des PCs aus dem Rechner entfernt bzw. (wieder) eingesetzt werden (*Hot Swap*).

Die ANSI hat im Laufe der Jahre eine ganze Reihe von Standards der ATA–Schnittstelle erstellt, die sich insbesondere durch die Übertragungsleistung der Schnittstelle unterscheiden. Üblich sind heute die Standards Ultra–ATA/66 und Ultra–ATA/100, die eine maximale (theoretische) Übertragungsrate von 66 bzw. 100 MB/s erreichen. Diese Raten werden jedoch nur im DMA–Modus erreicht, bei dem der Gerätecontroller als *Bus Master* selbst die Datenübertragung durchführt. (Daher stammt auch die häufig verwendete Bezeichnung: UltraDMA – UDMA.) Außerdem werden sie nur bei Lesezugriffen erreicht. Schreibzugriffe ermöglichen nur eine um ca. 10 % geringere Übertragungsrate (88,9 MB/s). Noch langsamer sind die sog. PIO–Zugriffe (*Programmed Input/Output*), bei denen der Prozessor jedes Datum selbst übertragen muss. Hier werden maximal 16 MB/s erreicht.

Die IDE–Schnittstellen können in zwei verschiedenen Modi arbeiten:

• Im sog. *Legacy Mode* müssen den Geräten der IDE–Kanäle bestimmte Eingänge des Interrupt–Controllers fest zugewiesen werden. Wie weiter unten beschrieben, sind dies IRQ14 und IRQ15. Außerdem werden die Steuer– und Statusregister ihrer Controller und festgelegten Adressen im

Ein–/Ausgabe–Adressbereich (*I/O Address Space*) des Prozessors angesprochen.
- Im *Native Mode* werden sie über spezielle Register in ihrem Konfigura-
tionsbereich definiert und benötigen daher keine festgelegten Interrupt–
Eingänge und I/O–Adressen.

Serielle ATA–Schnittstelle (SATA, eSATA)

Das *Serial ATA Interface* (*SATA Interface*) wurde aus dem oben beschriebenen IDE/ATA–Standard entwickelt und dient wie dieser dem Datenaustausch
mit nichtflüchtigen Speichermedien. Um die Zahl der benötigten Adern zu
verringern und damit die Kabelführung zu vereinfachen, wurde ein serielles
Übertragungsprotokoll eingeführt. Kompatibilität wird durch SATA/ATA–
Adapter erreicht, über die SATA–Geräte auch an der IDE–Schnittstelle eingesetzt werden können (*Standard–ATA Emulation*).

Während die ersten SATA–Spezifikationen eine Datenrate von 150 MB/s
(SATA I) bzw. 300 MB/s (SATA II) vorsahen, arbeitet der neue Standard
SATA III[15] bereits mit einer Datenrate von 600 MB/s, was einer Brutto–
Datenrate von ca. 6 Gbit/s entspricht.[16] Um diese hohen Datenraten sicher zu
erreichen, benutzt man die Signalübertragung mit dem so genannten LVDS–
Verfahren (*Low Voltage Differential Signalling*), das zur Unterdrückung von
Fehlern, die durch elektrische Störungen hervorgerufen werden, die Signale
über Leitungspaare mit entgegengesetztem Signalpegel und niedrigen Span-
nungsdifferenzen überträgt.

Das *SATA Interface* stellt ebenfalls zwei unabhängig arbeitende Schnittstellen (gekennzeichnet durch 0 bzw. 1 in den Signalbezeichnungen), die jede
für sich aktiviert und deaktiviert werden kann. Diese Schnittstellen werden
durch zwei unabhängige Controller im *Bus Master*–Modus betrieben, d.h. sie
können selbständig auf den Hauptspeicher zugreifen. Im Unterschied zum
Standard–ATA sind jedoch nur Punkt–zu–Punkt–Verbindungen, also keine Master/Slave–Konfigurationen möglich. Insgesamt können somit nur bis
zu zwei SATA–Geräte, d.h. Festplattenlaufwerke (*Hard–Disk Drive* – HDD)
oder ATAPI–Geräte, betrieben werden. Im Gegensatz zur parallelen ATA–
Schnittstelle ist mit SATA ein Wechsel des Speichermediums im laufenden
Betrieb möglich (*Hot Plugging*). Jedoch ist ein unerwartetes Entfernen bzw.
Hinzufügen eines SATA–Gerätes nicht zulässig; es muss erst durch Software
vorbereitet werden, indem z.B. das Betriebssystem die gewünschte Schnittstelle in den *Power–Down*–Modus schaltet.

Der SATA–Standard sieht nur den Anschluss von Geräten innerhalb des
PCs vor. Die eingesetzten Kabel sind deshalb nicht gegen elektromagnetische
Störungen abgeschirmt und die Stecker nicht für den Anschluss von externen

---

[15] offizielle Bezeichnung: SATA 6Gb/s nach der SATA Revision 3.0
[16] Wird jedoch eine SATA–Schnittstelle im PIO–Modus betrieben, so reduziert sich
die Übertragungsrate auf maximal 16 Mbit/s.

Geräten ausgelegt. Um auch den externen Anschluss von Geräten über die SATA–Schnittstelle zu ermöglichen, wurden im neuen Standard auch Vorgaben zu externen Steckern und Anschlusskabeln gemacht. Diese Vorgaben definieren nun die externe serielle ATA–Schnittstelle – *External Serial ATA* oder kurz eSATA.

Audio–Schnittstelle

Heutzutage finden sich auf den PC–Hauptplatinen Audio–Schnittstellen, die zwei verschiedenen Standards genügen.

AC'97–Schnittstelle: Die AC'97–Schnittstelle (*AC'97 Link*) ist der ältere Standard.. Sie bietet dem PC–Entwickler die Möglichkeit, sehr kostengünstig Audio– und Modemfunktionen schon auf der Hauptplatine (*Onboard Sound*) zu realisieren und auf den Einsatz einer teuren Audio–Steckkarte (*Soundcard*) zu verzichten. Für diese Funktionen ist lediglich ein so genannter Codec (Codierer/Decodierer, besser: Converter/Deconverter) erforderlich, der in einem einzigen Baustein einen Analog/Digital– sowie einen Digital/Analog–Wandler für mehrere (Stereo–)Kanäle zur Verfügung stellt. Bei dieser einfachen Lösung muss jedoch der Prozessor die „Rechenaufgaben" zur Erzeugung von Audio–/Modem–Signalen übernehmen, die auf einer „Soundkarte" von Spezialchips geleistet werden. Die AC'97–Schnittstelle überträgt einzelne Stereo–Signale mit einer Abtastrate von bis zu 96 kHz und einer Datenbreite von 20 Bits. Im Mehrkanal–Betrieb in bis zu sechs getrennten Zeitkanälen werden im Zeit–Multiplexverfahren (*Time Division Multiplex Access* – TDMA) über eine einzige Leitung noch 48 kHz erreicht. So können maximal sechs verschiedene Codecs über die AC'97–Schnittstelle mit Ausgabedaten versorgt werden. Man spricht in diesem Fall von bis zu sechs „Ausgabekanälen". Bei den Codecs kann es sich um Audio–Codecs (AC), um Modem-Codecs (MC) oder aber um kombinierte Audio/Modem–Codecs (AMC) handeln. Die AC'97–Schnittstelle verfügt häufig über einen gesonderten Steckplatz, der mit AMR (*Audio/Modem Riser Slot*) bezeichnet wird und z.B. eine Steckkarte zum Anschluss des PCs an das Telefonnetz aufnehmen kann.

High Definition Audio: Die Audio–Schnittstelle moderner Hauptplatinen genügt den Anforderungen des *High Definition Audio-Standards* (HD–Audio), der im Jahr 2004 erlassen wurde und auf Entwicklungen der Firma Intel beruht. Längerfristig soll der HD–Audio–Standard die oben beschriebene AC'97–Schnittstelle ablösen. Audio–Controller nach dem HD–Audio–Standard übertragen Stereo–Signale mit einer Abtastrate von 192 kHz und einer Datenbreite von 32 Bits in bis zu acht getrennten Zeitkanälen (im sog. Zeitmultiplex–Verfahren, *Time Division Multiplex Access* – TDMA). Gibt man diese Kanäle auf sieben Lautsprechern und einem speziellen Bass–

Lautsprecher (*Subwoofer*) aus, so erhält man z.B. eine Rundum–Beschallung, die als *7.1 Surround* bezeichnet wird. Der Standard sieht aber auch die simultane Ausgabe von zwei oder mehr unabhängigen Audio–Strömen vor. So kann man sich z.B. mit fünf Lautsprechern und dem Bass–Lautsprecher (*5.1 Surround*) für den Musikgenuss zufrieden geben und die beiden restlichen Kanäle z.B. für eine zweite (Sprach–)Übertragung über einen Kopfhörer benutzen. Auch andere Aufteilungen sind möglich, um so z.B. zwei verschiedene Ausgaben in zwei verschiedenen Räumen zu unterstützen.

Der HDA–Standard erweitert auch die Möglichkeiten zur gleichzeitigen Aufzeichnung von Tönen, Geräuschen, Sprache und Musik durch eine Vielzahl von unabhängigen Mikrophonen (*Array Microphone*). Dadurch wird insbesondere die Spracherkennung und die „verständliche" Übermittlung von Sprache über das Internet (*Voice over IP*) unterstützt.

Netzwerkschnittstelle (LAN–Link)

PCs sind in der Regel an ein Lokales Netz (*Local Area Network* – LAN) angeschlossen. Dabei handelt es sich meist um das so genannte *Ethernet*, bei dem alle Rechner auf dasselbe physische Verbindungsmedium zugreifen und daher Kollisionen auftreten können. Zur Strukturierung der verwendeten Hard- und Software–Technologien und Protokolle wird die Netzwerkschnittstelle eines Rechners gewöhnlich in mehrere Schichten eingeteilt („Schichtenmodell"). Die beiden unteren Schichten des Schichtenmodells sind die MAC–Schicht (*Media Access Control Layer*) und die PHY–Schicht (*Physical Layer*). Die MAC–Schicht regelt hauptsächlich den kollisionsfreien Zugriff auf das gemeinsam genutzte Medium. Die unterste PHY–Schicht beschäftigt sich mit den mechanischen und physikalischen Eigenschaften des Verbindungsmediums und um die bitweise Datenübertragung über diese Verbindung.[17]

Die Netzwerkschnittstellen–Hardware eines PCs besteht in der Regel aus zwei Controllern, die die erwähnten beiden unteren Schichten des Ethernet realisieren, also einem MAC– und einem PHY–Controller. Je nach Aufbau des Chipsatzes existieren heute drei Lösungsansätze:

- Beide Controller sind extern in getrennten Bausteinen realisiert. Die Ankopplung des MAC–Controllers an die South Bridge geschieht z.B. über den oben beschriebenen PCIe. Die Verbindung zwischen den Controllern geschieht über eine dedizierte schnelle Schnittstelle, die z.T. mehrfach für unterschiedliche Übertragungsgeschwindigkeiten vorhanden sein muss.
- Beide Controller sind zusammen in einem externen Ethernet–Controller, also außerhalb der South Bridge, realisiert. Auch in diesem Fall bietet die South Bridge eine spezielle schnelle Schnittstelle zum Ethernet–Controller oder verwendet dazu den PCIe.

---

[17] Sie wird daher im Deutschen als Bitübertragungsschicht bezeichnet.

- Der MAC–Controller ist in der South Bridge integriert, der PHY–Controller muss extern als eigenständiger Baustein ergänzt werden. In diesem Fall werden beide Bausteine durch die im ersten Fall beschriebenen dedizierten Schnittstellen verbunden, die nun von der South Bridge zur Verfügung gestellt werden.

Moderne PCs unterstützen verschiedene Ethernet–Standards, die den Netzwerkanschluss über verdrillte Paare von Kupferkabeln (*Twisted Pair*) vornehmen: Das Standard–Ethernet überträgt mit 10 Mbit/s, das Fast–Ethernet mit 100 Mbit/s und das Gigabit–Ethernet mit 1000 Mbit/s (1 Gbit/s). Ethernet überträgt die Daten in Form von Paketen, die – neben einer jeweils 6 Byte langen Empfänger– und Sender–Adresse und einer 4 Byte langen Prüfsumme – bis zu 1500 Byte von Benutzerdaten enthalten können.

SMBus

Der SMBus (*System Management Bus*) verbindet wichtige Komponenten der Hauptplatine miteinander. Eine seiner Aufgaben ist es, Steuer– und Überwachungsinformationen zwischen den Brückenbausteinen und den Speichermodulen zu übertragen. Er unterstützt außerdem Überwachungsfunktionen (*Monitoring*) der folgenden Bauteile und physikalischen Größen: Batterie, Lüfter, Temperaturen, Betriebsspannungen für alle Komponenten, PCI–Takt, unterschiedliche Betriebszustände (*Power–Down*–Modi, Prozessor–Stop–Modus) usw. Die Ergebnisse seiner Überwachungsfunktion kann er durch Meldung an den Prozessor weiterreichen. Der SMBus erlaubt häufig auch einem externem Mikrocontroller den Zugriff auf bestimmte Systemkomponenten.

Der SMBus ist ein langsamer serieller Bus, der aus dem von der Firma Philips vor ca. 20 Jahren entwickelten I^2C–Bus zur Verbindung von Integrierten Bausteinen (ICs) hervorging. Er besitzt ein einfaches Übertragungsprotokoll.

LPC–Schnittstelle

Die wichtigsten Peripheriekomponenten, wie Tastatur– und Maus–Controller usw. sind häufig in einem externen Baustein, dem *Super–I/O*–Baustein (vgl. Abbildung 1.6), untergebracht, der an der *South Bridge* über die LPC–Schnittstelle (*Low Pin Count*) mit insgesamt neun Signalen angeschlossen ist. Adressen und Daten werden über vier Leitungen nacheinander und in mehreren Teilen übertragen (Multiplexbetrieb). Von den restlichen Signalen dient jeweils eines zur Übermittlung des Taktes bzw. zur Kennzeichnung einer laufenden Übertragung. An der LPC–Schnittstelle ist sehr oft auch das BIOS–ROM im *Firmware Hub* (FWH) angeschlossen.

Interrupt–Controller

In einem komplexen Mikrorechner-System wie einem PC werden immer wieder Unterbrechungsanforderungen durch die Peripheriekomponenten an den Prozessor gestellt. Diese so genannten *Interrupts* werden dem Prozessor in regelmäßigen oder unregelmäßigen zeitlichen Abständen über spezielle Leitungen übermittelt. Sie zeigen dem Prozessor z.B. an, dass eine Komponente Daten übertragen will oder die Ausführung einer Routine zur Durchführung einer bestimmten Aktion wünscht. Da dazu nicht jeder Komponente eine eigene Leitung zur Verfügung gestellt werden kann, muss ein *Interrupt–Controller* eingesetzt werden, der insbesondere auch die Aufgabe hat, gleichzeitig vorliegende Unterbrechungsanforderungen in eine geeignete Prioritäten-Reihenfolge zu setzen und dem Prozessor über die Anforderungsquelle mit momentan höchster Priorität zu informieren.

Der in der *South Bridge* integrierte Interrupt–Controller unterstützt drei unterschiedliche Möglichkeiten, Unterbrechungsanforderungen der Peripheriekomponenten anzunehmen und zum Prozessor weiterzuleiten.

1. Variante: In der ersten Variante, die als „Altlast" (*Legacy*) vom IBM AT–PC der 80er Jahre des letzten Jahrhunderts übernommen wurde, besitzt der Interrupt–Controller 15 Eingänge (IRQ0,...,IRQ15 – ohne IRQ2)[18], die den verschiedenen Interrupt–Quellen zugeordnet werden. Dazu enthält die *South Bridge* eine besondere Schaltung, *IRQ–Router* genannt, die die Unterbrechungssignale der internen Brückenkomponenten mit den oben erwähnten Eingängen IRQ0,...,IRQ13 (ohne IRQ2) des Interrupt–Controllers verbindet. Die Eingänge IRQ14 und IRQ15 werden über zwei Anschlüsse der *South Bridge* nach Außen geführt. Sie sind für die Geräte reserviert, die an den IDE–Schnittstellen betrieben werden, und zwar IRQ14 für den primären Kanal (*Primary Channel*, s.u.) und IRQ15 für den sekundären Kanal (*Secondary Channel*). Akzeptierte Unterbrechungsanforderungen reicht der Interrupt–Controller über ein Ausgangssignal (INTR) an den Prozessor weiter.

2. Variante: Bei der zweiten Variante werden Unterbrechungsanforderungen seriell über eine einzelne (bidirektionale) Leitung (*Serial Interrupt Request* – *SERIRQ*) an den Interrupt–Controller weitergereicht. Dazu werden über SERIRQ Zeitrahmen aus 32 Schlitzen (*Slots*), eingerahmt durch einen Start– und einen Stop–Slot, ausgesandt. Jeder Slot kann einer möglichen Interrupt–Quelle zugewiesen werden. Einige Slots sind für spezielle Anforderungen reserviert, darunter die oben genannten 15 Unterbrechungssignale IRQ0,...,IRQ15 (ohne IRQ2). Die restlichen Slots sind frei belegbar.

Jede Komponente, die eine Unterbrechungsanforderung an den Interrupt–Controller stellen will, markiert dies in dem ihr zugewiesenen Slot

---

[18] Die Abkürzung IRQ steht für *Interrupt Request*.

des SERIRQ–Zeitrahmens. Der Interrupt–Controller wertet den empfangenen Zeitrahmen aus, entscheidet über die Unterbrechungsanforderung mit
der momentan höchsten Priorität und leitet sie über das o.g. Signal INTR an
den Prozessor weiter.

3. Variante: In der dritten Variante benutzt der Brückenbaustein eine Erweiterung des oben beschriebenen Interrupt–Controllers, die als APIC (*Advanced Programmable Interrupt Controller*) bezeichnet wird. Dieser Controller
unterstützt bis zu 24 verschiedene Interrupt–Quellen, die seinen Eingängen
IRQ0,..,IQR23 zugewiesen werden. Dabei werden die IDE–Geräte – wie oben
beschrieben – wiederum mit den externen Eingängen IRQ14 und IRQ15 verbunden. Die IRQ–Eingänge IRQ16,...,IRQ23 werden insbesondere von den
internen Komponenten (USB, *LAN Link* usw.) benutzt.

Der APIC unterscheidet sich von der oben beschriebenen „Legacy"-Varian-
te insbesondere durch die Art, wie die Unterbrechungsanforderungen Komponenten an den Controller herangeführt werden. Dies geschieht nicht durch die
Eingangssignale des Interrupt–Controllers, sondern durch „normale" Schreibzugriffe auf den Hauptspeicher. Dazu wird dem APIC eine bestimmte Speicherzelle zugewiesen, die als *IRQ PIN Assertion Register* (IRQPA) bezeichnet
wird. In dieses „Register" schreibt eine „unterbrechungswillige" Komponente
ihre spezifische Kennung, die so genannte Interrupt–Vektornummer (IVN).

Der APIC liest die IVN aus dem IRQPA–Register, aktiviert den entsprechenden Interrupt–Eingang und löscht sofort das IRQPA–Register für die
nächste Anforderung. Er entscheidet dann über die Prioritäten der aktuellen Unterbrechungsanforderungen. Dabei wird die Prioritäten–Reihenfolge
nicht durch die Nummern der zugeordneten Controller–Eingänge festgelegt,
sondern sie kann frei zugeordnet werden. Die Interrupt–Vektornummer wird
einer Komponente bei der Systeminitialisierung zugewiesen und in ein bestimmtes Register ihres Konfigurationsbereichs eingetragen.

Neben der oben beschriebenen „konventionellen" Methode, die Unterbrechungsanforderung über das Signal INTR an den Prozessor weiterzureichen,
kann der APIC ein weiteres Verfahren dazu anwenden – sofern dieses vom
Prozessor unterstützt wird. Dieses wird als *FSB Interrupt Delivery* bezeichnet. Hierbei schreibt die *South Bridge* eine „Unterbrechungsnachricht" (*Interrupt Message*) in bestimmte Speicherzellen des Hauptspeichers. Durch diese
Nachricht und ihre Zieladresse wird die Interrupt–Quelle spezifiziert – für den
Einsatz in einem Mehrprozessorsystem aber auch der angesprochene Prozessor.

Der Prozessor liest regelmäßig die Speicherzellen und informiert sich dadurch über eventuelle Unterbrechungswünsche. Aus der gefundenen IVN ermittelt er die Startadresse der verlangten Unterbrechungsroutine (*Interrupt
Service Routine* – ISR) und führt sie aus.

Die Vorteile des beschriebenen APIC–Verfahrens sind:

- Die Durchführung eines speziellen Buszugriffes zur Ermittlung der IVN
  (*Interrupt Acknowledge Cycle*) ist nicht nötig.

- Es wird keine zusätzliche Busleitung zum Prozessor verlangt.
- In einem System sind mehrere APICs mit eigenen Interrupt–Vektoren einsetzbar – insbesondere in einem Mehrprozessorsystem.

Prozessor– und Systemsteuerung

Die Prozessor– und Systemsteuerung übernimmt üblicherweise die Funktion der Steuerung und Regulierung des Energieverbrauchs im PC. Diese Komponente wird *Advanced Configuration and Power Interface* (ACPI) genannt. Durch ACPI kann das Betriebssystem – nach Vorgaben im BIOS – vielfältige Aufgaben übernehmen, die werbewirksam als TCO–Funktionen (*Total Cost of Ownership*) bezeichnet werden, da sie helfen sollen, die Gesamtkosten für den PC–Besitzer zu vermindern:

- Steuerung und Überwachung der Systemkomponenten,
- Steuerung der Leistungsaufnahme (*Power Management* – ACPI/ APM) durch verschiedene Stromspar–Systemzustände (*Low–power States*) und der Deaktivierung nicht gebrauchter Komponenten und Schnittstellen (AC'97 bzw. HDA für Audio und Modem, ATA/IDE, SATA, LAN, USB, SMBus),
- Takterzeugung und –überwachung,
- Systemdiagnose und Meldung von Fehlern; dazu gehören z.B. ECC–Fehler, aber auch Warnungen, wenn das PC–Gehäuse geöffnet wird (*Intruder Detect*),
- Behebung von Systemblockaden, zu deren Erkennung die Zeitgeber–Bausteine (*Timer*) verwendet werden.

Bei heutigen Hauptplatinen werden die unterschiedlichen Komponenten der South Bridge in einem besonderen Platinenbereich mit einem Steckermodul verbunden, das durch eine Aussparung im Gehäuse nach Außen zugänglich ist. Die Lage dieses Steckermoduls wurde bereits in Abbildung 1.4 gezeigt. Abbildung 1.7 zeigt für die dort dargestellte Hauptplatine Intel DX48BT2 die „Außenansicht" des Steckermoduls mit den verschiedenen Anschlüssen der beschriebenen Schnittstellen.

Das gezeigte Steckermodul bietet acht USB–Anschlüsse. Die zugehörige Hauptplatine bietet, wie fast alle modernen Hauptplatinen, darüber hinaus noch weitere, leichter zugängliche USB–Anschlüsse auf der Frontplatte oder einer Seite des PC–Gehäuses. Die Kennung RJ45 in der Abbildung steht für den Anschluss der Netzwerkschnittstelle, zusätzlich gekennzeichnet durch die Skizze eines kleinen Rechnernetzes. Lautsprecher, Mikrophon und *Line In*[19] kennzeichnen die Anschlüsse der Audio–Schnittstelle. Auch diese ist häufig zusätzlich im vorderen Bereich des PC–Gehäuses zugänglich.

---

[19] *Line In* bezeichnet die Steckbuchse für ein Audio–Eingabegerät, das – anders als das Mikrophon – ohne Vorverstärker auskommt, also z.B. der Ausgang einer Stereoanlage.

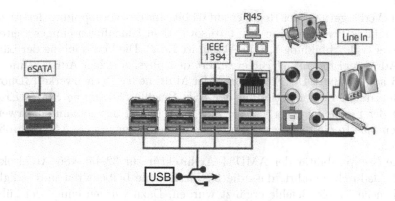

Abb. 1.7 Ein Schnittstellenmodul.

1.4 Prozessoren für Personal Computer

Die im PC–Bereich eingesetzten Mikroprozessoren werden bekanntermaßen als x86–kompatible Prozessoren bezeichnet. Über die Komponenten dieser Prozessoren haben Sie bereits im Band 2 [29] dieser Buchreihe eine Menge von Details erfahren, die wir hier nicht mehr wiederholen werden. Dort wurde auch die allgemeine Architektur dieser Prozessorklasse beschrieben. Gemeinsam ist allen modernen PC-Prozessoren, dass sie sowohl 32–bit–Daten wie auch 64–bit–Daten direkt verarbeiten, also als 32–bit– bzw. 64–bit–Prozessoren verwendet werden können. Dazu implementieren sie eine Architekturerweiterung, die zunächst von AMD unter dem Begriff AMD64 eingeführt wurde (vgl. Unterabschnitt 1.4.1.1).

Über die Leistungsfähigkeit der x86–Prozessoren entscheidet nicht zuletzt die komplexe virtuelle Speicherverwaltung und ihre Unterstützung durch die Speicherverwaltungseinheit (*Memory Management Unit* – MMU). Selbst eine oberflächliche Beschreibung der virtuellen Speicherverwaltung und ihrer vielfältigen Funktionen würde den Rahmen dieses Kapitels sprengen. Wir werden diesem Thema daher das folgende Kapitel 2 vollständig widmen.

1.4.1 Prozessoren der Firma AMD

1.4.1.1 AMD64

Die modernen Prozessoren der Firma AMD, die in PCs zum Einsatz kommen, besitzen die so genannte AMD64–Architektur, die eine Erweiterung der seit den 80er Jahren des letzen Jahrhunderts verwendeten 32–bit–Architektur der x86–Prozessoren auf 64 bit darstellt. Die Erweiterung besteht hauptsächlich in der „Verlängerung" der Register auf 64 bit, aus der Verdopplung der Anzahl der Architekturregister von 8 auf 16 sowie dem Hinzufügen einiger weiterer Register (vgl. Abbildung 1.10 in Abschnitt 1.4.2). Die Verdopplung der Länge der Adressregister auf 64 Bit erweitert den physikalischen Adressraum von 4 GB auf 2^{64} Byte. Die Fähigkeiten der Multimedia–Rechenwerke (3Dnow!) wurden durch Implementierung der SSE–Befehle (*Streaming SIMD Extension*) der Firma Intel verbessert. Zur Realisierung der genannten Erweiterungen musste die benötigte Chipfläche moderat nur um ca. 5 % vergrößert werden.

Die Kompatibilität der AMD64–Architektur zur 32–bit–x86–Architektur wurde dadurch gewahrt, dass die 32–bit–Befehle beibehalten und lediglich durch neue 64–bit–Befehle ergänzt wurden. Dazu wurden einige der „überflüssigen", d.h. selten gebrauchten, 1–byte–Befehle der x86–Architektur geopfert. Sie dienen in der AMD64–Architektur nun als Präfixe, also vorangestellte Kennungen, für die neuen 64–bit–Befehle.

Die AMD64–Architektur sieht drei verschiedene Betriebsarten vor:

- im 32–bit *Native Mode* („angeborene Betriebsart") arbeitet ein AMD64–Prozessor wie ein herkömmlicher 32–bit–Prozessor, kann aber vom zusätzlichen SSE–Befehlssatz und einer eventuellen Hardwareerweiterung (z.B. einer schnelleren Speicherschnittstelle und größeren internen Caches) profitieren.
- im 64–bit *Native Mode* werden die neuen 64–bit–Befehle (mit ihren Präfixen) und die Registererweiterungen verwendet. Zur Erreichung der vollen Leistungsfähigkeit muss natürlich auch ein entsprechendes 64–bit–Betriebssystem[20] eingesetzt werden.
- im 64–bit–Kompatibilitätsmodus kann solch ein 64–bit–Betriebssystem durch die Verwendung spezieller Systemsoftware auch 32–bit–Software ausführen.

32–bit–Software kann ohne jegliche Veränderung oder Anpassung auch auf der AMD64–Architektur laufen; wegen der o.g. Erweiterungen wird sie jedoch z.T. sogar schneller ausgeführt. Programme im 64–bit–Modus werden durch die benötigten Präfixe im Mittel zwar 15 % länger, führen ihre Aufgaben aber – nach AMD–Angaben – bis zu 20 % schneller aus.

1.4.1.2 Die AMD–Mikroarchitektur K10

Der Prozessorkern der K10–Mikroarchitektur – von AMD selbst als *Family 10h* bezeichnet – unterstützt die eben beschriebene AMD64–Architektur, d.h. es handelt sich um einen 32/64–bit–Prozessor (s. Abbildung 1.8). Er realisiert eine zweistufige Cache–Hierarchie: Der lokale L2–Cache (*Level-2 Cache*) ist 512 kB groß und enthält als *„unified"* Cache sowohl Befehle als

---

[20] d.h. ein Betriebssystem, das selbst für die 64–bit–Erweiterung geschrieben wurde,

auch Daten. Er arbeitet mit der vollen Prozessor–Taktgeschwindigkeit als so genannter *Victim Cache*, das heißt, er enthält nur Datenblöcke, die aus dem L1–Cache verdrängt worden sind. Über jeweils 256 bit breite Datenpfade werden Befehle und Daten in 64 kB große, getrennte L1–Caches geschrieben, dem I–Cache (*Instruction Cache*) bzw. D–Cache (*Data Cache*). Beide Caches sind als zweifach assoziative Caches (*2–Way set–assoziative Caches*) mit 64 Byte großen Einträgen (*Cache Lines*) ausgeführt. Der Daten–Cache arbeitet nach dem Rückschreibverfahren (*Write–Back Cache*) und setzt als Verdrängungs-strategie das LRU–Verfahren (*Least–recently used*) ein. Die Adressierung von Befehlen und Daten im L2–Cache wird durch eigene Übersetzungstabellen mit jeweils 512 Einträgen, den *Translation Lookaside Buffers* (ITLB, DTLB) unterstützt. (Auf ihre Realisierung wird in Kapitel 2 eingegangen.) Zwei wei-tere Adressen–Übersetzungstabellen, L1–ITLB und L1–DTLB, die 48 Einträ-ge umfassen, erleichtern den Zugriff auf Befehle und Daten in den L1–Caches. Die TLBs unterstützen Seitengrößen von 2 KB bis zu 1 GB.

Um Fehlzugriffe auf die L1–Caches möglichst zu vermeiden, verfügt der K10–Kern über je eine eigene „Vorab–Ladeeinheit" (*Prefetcher*) für Befehle und Daten, die im Bild mit IPF bzw. DPF bezeichnet sind: Wenn nach ei-nem erfolglosen Zugriff auf den L1–Cache (*Cache Miss*) ein Eintrag aus dem L2–Cache angefordert wird, holt der entsprechende Prefetcher nicht nur den angeforderten 64–Byte–Eintrag aus dem L2–Cache (oder sogar dem Arbeits-speicher), sondern auch die 64 Byte des folgenden Cache–Eintrags. Während des Ladens von neuen Befehlen aus dem Speicher werden automatisch zusätz-liche Decodier–Informationen (*Predecode Bits*) erzeugt und mit den geladenen Befehlen im L1–Befehls–Cache abgelegt. Darunter sind z.B. Kennungen für den Beginn und das Ende der geladenen x86–Befehle, die ja als komplexe CISC–Befehle (*Complex Instruction Set Computer*) zwischen einem und 16 byte lang sein können. Diese Informationen helfen der Befehls–Ladeeinheit (*Fetch Unit*), die unterschiedlich langen Instruktionen zu erkennen und zu trennen.

Diese *Ladeeinheit* überträgt die auszuführenden Befehle aus dem 64 kB großen I–Cache (*Instruction Cache*) in den 32 byte großen *Fetch Buffer* in der Decoder–Einheit (*Decode Unit*). Dieser Puffer kann in einem einzigen Takt über einen 256 bit breiten Datenpfad gefüllt werden. Weitere 152 bit dienen der Fehlerüberprüfung durch Paritätsbits oder tragen die oben erwähnten zusätzlichen Vorab–Decodierinformationen, die bereits beim Eintrag der Be-fehle in den I–Cache gewonnen wurden. Diese Bits werden von der Befehls–Ladeeinheit ausgewertet. Aufgrund dieser Bits entscheidet sie, welchen der vorhandenen Decodern (s.u.) die einzelnen Befehle zugeordnet werden. Wird unter den geladenen Befehlen ein Befehl erkannt, der zu einer Änderung des Programmflusses führt, also z.B. ein Sprung– oder Verzweigungsbefehl, ein Unterprogrammaufruf oder –rücksprung, so wird die Sprungziel–Vorhersage–Einheit (*Branch Prediction Unit*) aktiviert. Diese umfasst einen *Branch Tar-get Buffer* (BTB) mit maximal 2048 Einträgen für die Adressen von Sprung-befehlen und ihren Zielen sowie eine Tabelle mit 16384 Zwei–Bit–Zählern

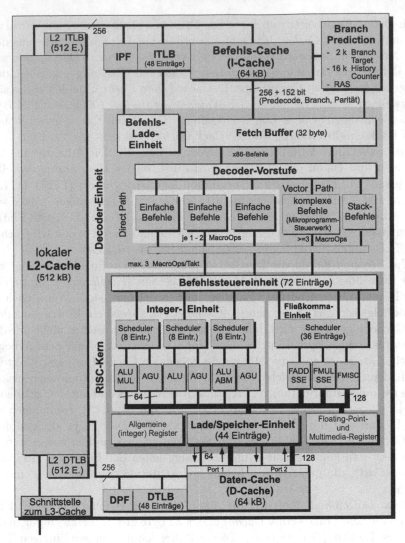

Abb. 1.8 Der Aufbau der AMD K10–Mikroarchitektur

(*Global History Bimodal Counter* – GHBC), die Auskunft über die „Vorgeschichte" der Befehle speichern. Der Zugriff auf den BTB und die GHBC–
Tabelle erfolgt parallel zum Zugriff des Befehlsholers auf den L1–Befehls–
Cache. Als Besonderheit ermöglicht die Sprungziel–Vorhersage–Einheit auch
die Vorhersage von Verzweigungen und Sprüngen mit indirekter Adressierung, bei denen also die Zieladresse erst zur Laufzeit des Programms, z.B.
aus Register– und Speicherinhalten, berechnet wird. Dazu besitzt sie eine Tabelle mit 512 Einträgen. Die Vorhersage von Zieladressen indirekter Sprünge
hat zu einer Verringerung falsch vorhergesagter Sprünge von bis zu 12% ge-

führt. Die richtige Vorhersage von Sprüngen führt beim AMD–K10 durch das
Holen des Zielbefehls zu einer Verzögerung von nur einem Takt; aus fehlerhaften Vorhersagen resultieren jedoch mindestens zehn Takte, die benötigt
werden, um die Pipeline zu leeren und die Ausführung an der richtigen Stelle
fortzusetzen. Zur kurzzeitigen Ablage der Rücksprungadressen bei Unterprogrammaufrufen ist ein Hardware–Stack mit 24 Einträgen vorhanden, der so
genannte *Return Address Stack* (RAS), auf den erheblich schneller zugegriffen
werden kann, als auf einem im Arbeitsspeicher angelegten Stack.

Der K10–Kern ist dreifach superskalar und kann also in jedem Taktzyklus mit der Bearbeitung von bis zu drei x86–Befehlen beginnen, die parallel
von der *Decoder–Einheit* aus dem *Fetch Buffer* in einen Vor–Decoder übertragen werden. Dieser stellt zunächst fest, ob es sich bei den Befehlen um
einfache oder komplexe Instruktionen bzw. Instruktionen zur Verwaltung des
Stacks handelt, und weist diese dann einem geeigneten Decoder zu. Für einfache Befehle stehen auf dem so genannten „direkten Weg" (*Direct Path*)
drei parallel arbeitende Decoder zur Verfügung, die diese Befehle in jeweils
eine oder zwei RISC–ähnliche Instruktionen (*Reduced Instruction Set Computer*), so genannte MacroOps (Macro–Operationen), umsetzen. Eine Ma-
croOp kann jeweils eine ganzzahlige oder Gleitkomma–Operation mit einer
Schreib/Lese–Operation verschlüsseln. Komplexe Befehle werden von einem
Mikroprogramm–Steuerwerk auf dem *Vector Path* verarbeitet, das sie in Folgen von wenigstens drei MacroOps, zum Teil aber sehr viel mehr, umwandelt.
Der letzte Decoder ist auf die Entschlüsselung von Stack–Befehle (*Sideband
Stack Optimizer*) spezialisiert. Die beschriebenen fünf Decoder können pro
Takt maximal drei MacroOps zu den Verarbeitungseinheiten im RISC–Kern
weitergeleitet werden.

Die zentrale Instanz im RISC–Kern ist die *Befehlssteuereinheit* (*Instruction Control Unit*), die mit Hilfe eines Anordnungspuffers (*Reorder Buffer*)
die Ausführung der in MacroOps codierten Befehle steuert und überwacht.
Dieser Puffer kann in 24 Registern jeweils bis zu drei MacroOps aufnehmen, so dass er insgesamt maximal 72 Einträge enthält. Die Teilaufgaben
der Befehlssteuereinheit sind: Zuteilung der MacroOps an die Ausführungseinheiten, Interrupt– und Ausnahmeverarbeitung, Auflösung von Registerabhängigkeiten und Setzen der Statusflags. Außerdem bestimmt sie die Ausführungsreihenfolge der Befehle, die in der Regel von der vorgegebenen Programmordnung abweicht (*out–of–order Execution*) sowie deren Beendigung
in der vorgesehenen Programmordnung (*in–order Completion*). Für die Verwaltung der ausgeführten Befehle steht der Befehlssteuereinheit ein Satz von
40 Umbenennungsregistern (*Rename Registers*) zur Verfügung, welche zur
Vermeidung von Registerabhängigkeiten zunächst die Ergebnisse der noch
nicht beendeten Befehle bis zu derem Abschluss (*Completion*) aufnehmen.[21]
Aus dem Anordnungspuffer können simultan bis zu sechs MacroOps an die
folgenden Ausführungseinheiten weitergeleitet werden.

---

[21] Mit den x86–Architekturregistern und weiteren technischen Maßnahmen ergibt
sich insgesamt ein Satz von 96 Arbeitsregistern.

Die *Ausführungseinheiten* (*Execution Units*) sind in zwei Untereinheiten angeordnet: der Integer–Einheit und der Gleitkomma–Einheit. Beide Untereinheiten sind nach dem Fließbandprinzip (*Pipelining*) realisiert, bei dem die Befehle parallel, aber in mehreren überlappenden Phasen zeitlich versetzt bearbeitet werden. Die Integer–Einheit besteht aus drei unabhängigen „Fließbändern" (*Pipelines*, kurz: *Pipes*), die Gleitkomma–Einheit nur aus einer.

Die *Integer–Einheit* (*Integer Unit*) übernimmt die Verarbeitung von Befehlen mit ganzzahligen Operanden und Ergebnissen, aber auch die Adressberechnung für die Lade–/Speicherbefehle (*Load/Store*). Ihr können von der Befehlssteuereinheit in jedem Takt bis zu drei MacroOps zugewiesen bekommen. Diese werden zunächst von einer Verwaltungseinheit, dem so genannten *Scheduler*, in so genannte MicroOps umgewandelt. Diese MicroOps sind sehr einfache Instruktionen mit einer festen Länge, die eine Ganzzahlen–Operation und die Adressberechnung für eine zusätzliche Lade–/Speicher–Operation umfassen können. Sie werden in einer Reservierungsstation (*Reservation Station*) mit acht Einträgen abgelegt. Dort warten sie, bis die vorgesehene Ausführungseinheit frei ist und alle benötigten Operanden zur Verfügung stehen. Jede Ausführungseinheit besteht aus einer Arithmetisch/Logischen Einheit (*Arithmetic and Logical Unit* – ALU) und einem Adressrechenwerk (*Address Generation Unit* – AGU), die die Ganzahlen– und Adressberechnung der MicroOps parallel ausführen können. Dabei ist es ist auch möglich, dass die ALU und die AGU die Teiloperationen aus zwei verschiedenen MacroOps parallel ausführen. Die Integer–Ausführungseinheiten sind unterschiedlich aufgebaut: Die ALU einer Ausführungseinheit besitzt zusätzlich einen Parallel–Multiplizierer (MUL) und muss daher alle Multiplikationsbefehle ausführen, eine zweite besitzt ein spezielles Rechenwerk zur Ausführung von Bitmanipulationen (ABM).

Die *Gleitkomma–Einheit* (*Floating Point Unit* – FPU) verarbeitet sämtliche Gleitkomma–Befehle sowie alle Multimedia–Befehle. Zu den letztgenannten zählen die Befehlssätze für ganzzahlige Operationen MMX (*Multi–Media Extension* von Intel) bzw. 3DNow! (von AMD) sowie die Befehle für Gleitkommazahlen, die so genannten SSE–Instruktionen (*Streaming SIMD Extension*), die bereits in verschiedenen Ergänzungen (Versionen von 1 bis 4a) vorliegen. Die Gleitkomma–Einheit verfügt insgesamt über 120 Register, einschließlich vieler Umbenennungsregister, sowie eine eigene Verwaltungseinheit. Dieser *Scheduler* enthält eine Reservierungsstation mit 36 Einträgen. Jeweils drei Einträge sind dabei so verbunden, dass sie parallel den angeschlossenen Ausführungseinheiten zugewiesen werden können. Diese Ausführungseinheiten bearbeiten verschiedene Operationsklassen: Die Erste ist für die Gleitkomma–Addition (FADD) und die oben erwähnten SSE–Befehle zuständig, die Zweite führt – neben den SSE–Operationen – Gleitkomma–Multiplikationen (FMUL) aus und die Dritte erledigt die restlichen anstehenden Gleitkomma–Operationen (FMISC – *Miscellaneous*). Insgesamt können also zwei SSE–Operationen simultan ausgeführt werden und mit jedem

Prozessortakt können Fließkamma– und Integer–Einheit zusammen maximal neun MicroOps gleichzeitig beenden.

Die letzte Komponente des K10–Kerns ist die *Lade/Speicher–Einheit* (*Load/Store Unit*), die die Zugriffe auf den L1–Daten–Cache verwaltet. Dieser ist als Zweiport–Speicher mit 128 bit breiten Datenpfaden ausgelegt und ermöglicht so den gleichzeitigen Zugriff auf zwei getrennte Speicherbereiche. Mit jedem Takt kann die Lade/Speicher–Einheit entweder zwei parallele 128–Bit–Lese– oder zwei 64–Bit–Schreiboperationen, aber auch eine Kombination aus beiden Zugriffen ausführen. Leseoperationen auf den L1–Daten–Cache können dabei zum Teil außerhalb der Programmreihenfolge (*out–of–Order*) durchgeführt werden. Natürlich kann auch die Befehlssteuereinheit selbst Lade/Speicher–Operationen umordnen und so eine weiteren Erhöhung des Befehlsdurchsatzes erreichen.

1.4.1.3 K10–Mehrkernprozessoren

Die modernen PC– und Server–Prozessoren der Firma AMD enthalten bis zu sechs K10–Kerne auf einem einzigen Chip. Wie in Abbildung 1.9 gezeigt, haben die Kerne Zugriff auf einen gemeinsamen, bis zu 6 MB großen Level–3–Cache (L3–Cache). Dieser Cache ist – wie bereits oben erwähnt – als *Victim Cache* („Opfer–Cache") organisiert, der – bis auf hier nicht darzustellende Ausnahmen – nur die Einträge aufnimmt, die aus einem der L2–Caches der Kerne verdrängt wurden. Diese Einträge, die 64 Byte lang sind, werden automatisch im L3–Cache gelöscht, wenn sie von einem der Kerne wieder angefordert werden. Die Zugriffe der Kerne auf den L3–Cache wird von einer speziellen Komponente verwaltet, die als *System Request Interface* (SRI) bezeichnet wird. Wollen mehrere Prozessorkerne gleichzeitig den L3–Cache ansprechen, so wird von ihr der Zugriff nach rotierenden Prioritäten (*Round Robin*) vergeben, d.h. der zuletzt zugreifende Kern muss sich in der Warteschlange „ganz hinten" wieder anstellen.

Ein weiterer zentraler Bestandteil eines AMD–Prozessors ist der integrierte Speicher–Controller, der über zwei getrennte 64 bit breite Speicherkanäle den Anschluss von DDR2– bzw. DDR3–Speichermodulen erlaubt (vgl. Abbildung 1.6 und Abschnitt 1.5). In einer speziellen Betriebsart können aber beide Kanäle auch zu einem einzigen 128 bit breiten Speicherkanal zusammengefasst und dadurch unter einer beliebigen Adresse auf ein 16-Byte-Datum zugegriffen werden. Durch die Integration des Speicher-Controllers auf den Prozessorchip werden der zeitaufwändige Umweg der Speicherzugriffe über den Prozessorbus und die *North Bridge* sowie Konflikte mit gleichzeitig stattfindenden Zugriffen auf Peripheriekomponenten vermieden. Zugriffe der Kerne auf den (externen) Hauptspeicher werden von der SRI-Komponente zum Speicher-Controller durchgeschaltet.

Für die Kommunikation mit den Peripheriekomponenten stehen dem Prozessor bis zu drei unabhängige HyperTransport–Schnittstellen (HT1 – 3, vgl.

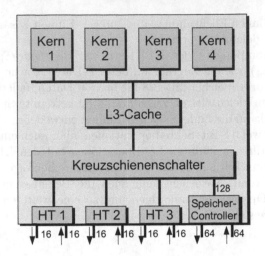

Abb. 1.9 Aufbau eines AMD–Prozessors mit vier K10–Kernen

Abschnitt 1.3.2) zur Verfügung, die über jeweils zwei 16–bit–Pfade den Datenaustausch im Vollduplexverfahren, d.h. gleichzeitige Lese– und Schreibzugriffe ermöglichen. Das SRI erkennt Zugriffe der Kerne auf Peripheriekomponenten und leitet sie an die richtige HT-Schnittstelle weiter. Über diese Schnittstelle(n) können aber auch externe Komponenten auf den Speicher–Controller – und damit auf den Hauptspeicher – zugreifen. Realisiert wird diese Vielfalt von Zugriffsmöglichkeiten durch den Kreuzschienenschalter (*Crossbar Switch*), der simultan mehrere Verbindungen unterhalten kann. So kann z.B. ein Prozessorkern über eine HT–Schnittstelle eine externe Komponente ansprechen und gleichzeitig einer weiteren externen Komponente über eine zweite HT–Schnittstelle der Zugriff auf den Hauptspeicher ermöglicht werden. Zu bemerken ist hier aber, dass realisierte K10–Prozessorfamilien für den PC–Bereich (mit den Bezeichnungen Athlon bzw. Phenom) lediglich eine HT–Schnittstelle besitzen. Drei HT–Schnittstellen sind nur in den so genannten Opteron–Prozessoren für den Server–Bereich zu finden und ermöglichen dort den Einsatz von Hauptplatinen mit mehreren Mehrkern–Prozessoren. Diese Prozessoren enthalten vier oder sechs K10–Kerne.

Die genannten PC-Prozessoren der Phenom-Familie besitzen drei oder vier Kerne. Sie arbeiten mit einer Taktfrequenz von maximal 2,8 GHz und verbrauchen dabei bis zu 140 Watt. Ihr L3-Cache ist auf 2 MB beschränkt. Phenom-Prozessoren werden in 65–*nm*–Technologie hergestellt, die moderneren Phenom-II-Prozessoren in 45–*nm*–Technologie. Die Anzahl der Adressleitungen ist auf 48 beschränkt, so dass Speicher mit maximal 256 Terabyte physikalisch adressiert werden können.

Die letzte, in Abbildung 1.9 mit *Power Management* bezeichnete Komponente ist nur der Einfachheit halber als eigenständige Einheit gezeichnet. In Wirklichkeit ist sie über alle Kerne und Komponenten des Prozessors verteilt.

Ihre Aufgabe ist es, denn „Stromverbrauch" und damit die Leistungsaufnahme des Prozessors in Abhängigkeit von den aktuell ausgeführten Funktionen intelligent zu steuern. Dazu kann sie u.a. die Taktfrequenzen der Prozessorkerne unabhängig voneinander einstellen, in den Kernen momentan nicht benutzte Funktionsblöcke (z.B. bestimmte Rechenwerke) abschalten oder die Versorgungsspannung einzelner Kerne und des Speicher-Controllers zeitweise absenken.

1.4.2 Prozessoren der Firma Intel

Der große Erfolg der AMD64-Architekturerweiterung der Firma AMD für die ursprünglichen x86-kompatiblen 32-bit-Prozessoren zwang die Firma Intel, mit etwas Verspätung ihre Prozessoren ebenfalls auf 64 bit zu erweitern, d.h. insbesondere die Register und die Verarbeitungmöglichkeit der Integer-Rechenwerke auf 64 bit zu „verbreitern". Im Wesentlichen übernahm man dazu die Lösungsansätze der Firma AMD. Die verschiedenen Betriebsarten im ursprünglichen 32–bit–Modus werden wir in Kapitel 2 ausführlich beschreiben. Im 64–bit–Betrieb wird bei der Firma Intel die durch die Erweiterung ermöglichte Unterscheidung der Betriebsart als *Intel IA-32e Mode* (kurz für: *Intel Instruction Architecture 32 Extension Mode*) bezeichnet. Sie umfasst

* den Kompatibilitätsmodus (*Compatibility Mode*), in dem ein 64–bit–Betriebssystem die meisten Programme unverändert ausführen kann, die für die 32–bit–Prozessorarchitektur entwickelt wurden,
* den 64–bit–Modus (*64–bit Mode*), in dem ein 64–bit–Betriebssystem Anwendungen ausführen kann, die speziell für die 64–bit–Prozessorarchitektur geschrieben wurden und auf sämtliche 64–bit–Daten– und Adressregister zugreifen können, insbesondere also auch einen 64–bit–Adressraum unterstützen.

Abbildung 1.10 zeigt die so genannten *Architekturregister*, d.h. die Register, die vom Programmierer direkt angesprochen werden können.

Alle betrachteten Prozessoren besitzen den Satz der ursprünglichen universellen Register (*General Purpose Register* – GPR) ihres „Stammvaters" Intel 8086, die jedoch im Laufe der Entwicklungsgeschichte von ursprünglich 8 bzw. 16 bit Länge auf – wie besprochen – bis zu 64 bit verlängert wurden. Dazu kommen die acht Gleitkommaregister (MMXi/FPRi) der ersten FPU Intel 8087, die von 80 auf 64 bit beschränkt wurden und gleichzeitig für die Verarbeitung der MMX-Daten dienen. Für die Verarbeitung der SSE–Gleitkomma–Operanden wurden 16 128-bit-Register (XMMi) hinzugefügt, die als zweiter Registersatz auch für die MMX-Befehle zur Verfügung stehen.

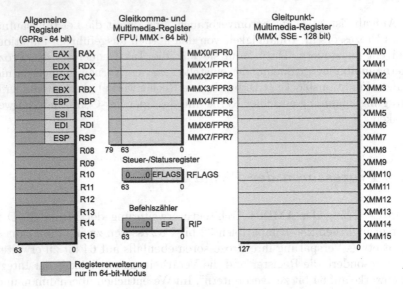

Abb. 1.10 Die Architekturregister der PC-Prozessoren.

1.4.2.1 Der Prozessorkern Intel Core 2

Wie fast alle modernen Prozessoren realisiert die Intel Core 2-Mikroarchitektur eine interne Havard–Architektur (s. Abbildung 1.11):

- Befehle werden im 32 kB großen I–Cache (*Instruction Cache*) abgelegt, der 8–fach assoziativ organisiert ist und durch einen TLB (*Translation Lookaside Buffer*) mit 128 Einträgen zur Unterstützung der Adressumsetzungen ergänzt wird.
- Der D–Cache (*Data Cache*) ist ebenfalls 32 kB groß und 8–fach assoziativ ausgelegt. Er besitzt jedoch zwei unabhängige Zugriffspfade (Zweiportspeicher, *dual ported*), sodass simultan auf zwei verschiedene Einträge zugegriffen werden kann.

Aus dem I-Cache werden die Befehle von der Befehlslade-Einheit über einen 128 bit breiten Datenpfad dem *Decoder* zugeführt. Dieser ist zweistufig realisiert: Zunächst werden durch den Vordecoder Beginn und Ende der x86–CISC-Befehle markiert und festgestellt, ob es sich um einfache oder komplexe Befehle handelt. Ausserdem wird ermittelt, ob Verzweigungs– oder Sprungbefehle vorliegen, und in diesem Fall die Sprungvorhersage-Einheit (*Branch Prediction Unit*) aktiviert, die das spekulative Nachladen der Befehle ab einer geeigneten Programmstelle veranlasst. Die vordecodierten Befehle werden in einem 32–Byte–Puffer (*Fetch Buffer*) zwischengelagert. Von dort können dann bis zu sechs Befehle gleichzeitig in die Befehls–Warteschlange übertragen werden, die bis zu 18 Einträge aufnimmt. Zur Beschleunigung der Befehlsverarbeitung können dabei zwei geeignete x86-Befehle zu einem

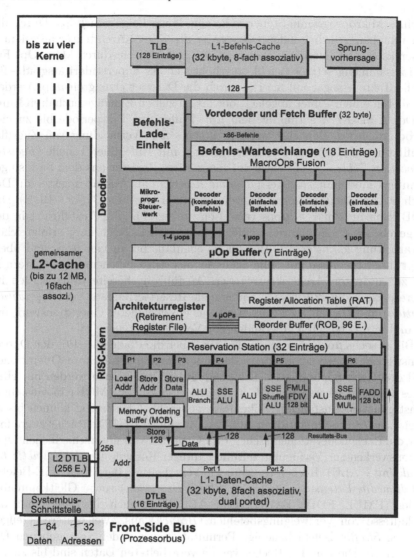

Abb. 1.11 Der Aufbau des Intel Core 2

einzigen kombiniert und weiterbehandelt werden. Ein wichtiges Beispiel für solch eine Befehlsverkettung ist ein Vergleichsbefehl und ein darauf folgender bedingter Verzweigungsbefehl. Dieses Verfahren wird von Intel als *MacroOps Fusion* bezeichnet. Die eigentliche Entschlüsselung wird durch vier nachfolgende, parallel arbeitende Decoder vorgenommen. Drei von ihnen sind für einfache Befehle ausgelegt, die in jeweils eine so genannte Micro–Operation (μop) umgesetzt werden. Der vierte Decoder erzeugt für komplexe Befehle entweder direkt $1 - 4$ μops oder aber – für sehr komplexe Befehle – mit Hilfe eines Mikroprogramm-Steuerwerks eine lange Folge von μops. Durch die vier unabhängig arbeitenden Decoder ist die Core 2-Architektur also 4–fach superskalar. (Ist unter den codierten x86–Befehlen ein durch MacroOps Fusion zusammengesetzter Befehl, so erhöht sich der Superskalaritätsgrad – für solche Takte – sogar auf 5.) Die durch die Decoder erzeugten μops werden parallel in einem Puffer abgelegt, der bis zu sieben Einträge enthalten kann.

Der *RISC-Kern* entnimmt dem μop–Puffer pro Taktperiode bis zu vier decodierte μops. Zunächst weist er ihnen – zur Vermeidung von Zugriffskonflikten auf gleiche Architekturregister – mit Hilfe einer Tabelle (*Register Allocation Table* – RAT) ein freies temporäres Register aus dem Satz so genannter Umbennungsregister (*Rename Register*) als Ausgaberegister zu. Danach trägt er die μops in den Anordnungspuffer (*Reorder Buffer* – ROB). Der ROB kann maximal 96 μops verwalten und ist für ihre Ausführung in der vorgegebenen Programmreihenfolge verantwortlich. Nach ihrer erfolgreichen Verarbeitung löscht er pro Taktzyklus ebenfalls bis zu vier μops und überträgt ihre Ergebnisse mit Hilfe der RAT aus den Umbenennungsregistern in die zugeordneten Architekturregister. Ausführungsbereite μops werden im Viererpack in die 32 Einträge umfassende Reservierungsstation (*Reservation Station*) übertragen. Hier warten sie, bis ein geeignetes Operationswerk frei ist und ihre benötigten Operanden zur Verfügung stehen.

Bis zu sechs μops können gleichzeitig (über die Pfade P1 – P6) den Operationswerken zugewiesen werden – davon jeweils drei Load/Store–Operationen und drei Rechenoperationen. Die Load/Store-Operationen werden mit Hilfe eines Pufferspeichers, dem *Memory Ordering Buffer* (MOB) in eine möglichst günstige Ausführungsreihenfolge gebracht. Gleichzeitig können bis zu zwei Load/Store-Operationen auf den Zweiport–L1–Datencache zugreifen. Für die Rechenoperationen stehen drei Gruppen von unterschiedlichen Operationswerken zur Verfügung, darunter Integer-Rechenwerke (*Arithmetic Logical Unit* – ALU), Rechenwerke für die Verarbeitung der MMX/SSE-Befehle (*Multimedia Extension, Streaming SIMD Extension*) sowie Gleitkommabefehlen (FMUL, FDIV, FADD). Eine ALU führt auch die Berechnung der Zieladresse von Verzweigungsbefehlen (*Branch*) aus, zwei weitere erzeugen für den *Shuffle*-Befehl beliebige Permutationen aus den vorgegebenen Datenwörtern. Die von den Rechenwerken verarbeiteten Daten sind bis zu 128 bit breit. Dem entspricht die Breite des Resultats-Busses, der die Ergebnisse in die entsprechenden Register oder den L1–Daten–Cache transportiert.

1.4.2.2 Core 2–Mehrkernprozessoren

Die Core 2-Architektur erlaubt es, bis zu vier Prozessorkerne auf einem einzigen Chip unterzubringen und miteinander zu verbinden. Abbildung 1.11 zeigt auf der linken Seite, dass diese Verbindung über einen gemeinsamen L2-Cache geschieht, der bis zu 12 MB groß und 16-fach assoziativ organisiert ist. Für den Datenzugriff auf diesen Cache steht eine gesonderte Adress-

Übersetzungstabelle L2–DTLB (*Data Translation Lookaside Buffer*) mit 256 Einträgen zur Verfügung. Die bis zu vier Kerne müssen über eine gemeinsame Systembus-Schnittstelle sowohl auf den Hauptspeicher als auch auf sämtliche Peripheriekomponenten zugreifen. Daher stellt diese Schnittstelle sicher einen Engpass in der Core–2–Architektur dar.

Es werden heute Core–2–Prozessoren mit einem, zwei oder vier Kernen angeboten, die den Namenszusatz Solo, Duo oder Quad führen. Die Taktfrequenz beträgt zwischen 1 und 3,33 GHz. Die Prozessoren werden in 65– oder 45–nm-Technologie gefertigt.

1.4.2.3 Der Prozessorbus des Core 2

Beim (semi–)synchronen Busprotokoll stimmt die Buszykluszeit mit der Zykluszeit des Prozessortakts überein. Bei realen Prozessoren der älteren Generationen entsprach ein Buszyklus häufig jedoch mehreren Prozessortaktzyklen. Üblich waren bis zu vier Perioden des Prozessortakts pro Buszyklus. Mit dem Begriff Systemtakt wurde typischerweise der Prozessortakt bezeichnet, von dem der Bustakt (durch Frequenzteilung) abgeleitet wurde. In späteren Jahren gab es dann Prozessoren, bei denen Prozessor– und Bustakt übereinstimmten. Während bei den universellen Hochleistungsprozessoren die Verarbeitungsgeschwindigkeit, vorgegeben durch den Prozessortakt, sehr schnell gesteigert wurde, konnte die Zugriffszeit der Speicherbausteine aus technologischen Gründen nicht entsprechend verringert werden. Ein erster Schritt aus diesem Dilemma bestand darin, die Frequenz des Bustakts nur mäßig zu steigern, den Prozessor intern aber mit einer viel höheren Taktfrequenz zu betreiben, die aus dem Bustakt durch Vervielfachung gewonnen wird. Als Folge davon wird heute typischerweise der Bustakt mit dem Begriff „Systemtakt" bezeichnet, nicht mehr der (interne) Prozessortakt. Die interne Taktvervielfachung hilft natürlich wenig, den oben beschriebenen Engpaß der langsamen Datenübertragung zwischen dem Prozessor und dem Speicher zu vermeiden. In einem zweiten Schritt wurden daher die folgenden Maßnahmen ergriffen:

- Der externe Zugriff auf einen Speicherbaustein und seine Speicherzellen wurde durch verschiedene Methoden, die hauptsächlich auf den Einsatz von schnellen Registern im Speicherbaustein beruhen, entkoppelt (s. Abschnitt 1.5). Auf diese kann der Prozessor schneller zugreifen als auf den eigentlichen Speicherinhalt.
- Aus dem Bustakt werden durch Vervielfachung (um einen geringen Faktor) schnellere Strobe–Signale gewonnen, die zur Synchronisation der Datenübertragung zwischen dem Prozessor und den Registern der Speicherbausteine dienen. Technisch gesehen, werden die genannten Strobe–Signale von den Flanken des Bustaktes abgeleitet. Bei der Nutzung beider Bustaktflanken gewinnt man (theoretisch) eine Verdopplung der Übertragungsrate. Daher spricht man hier von dem Zweiflanken–Übertragungsverfahren

(*Double Transition* – DT, *Double Data Rate* – DDR) oder einer 2x–Übertragung. Weitere Verdopplungen führen zur 4x– oder 8x–Übertragungsrate.

In Abbildung 1.12 ist der Systembus des Intel Core 2 als Beispiel für einen 200–MHz–Bustakt dargestellt, der als *Front–Side Bus* (FSB) bezeichnet wird. Der Systembus der neueren Core 2–Prozessoren kann mit einer Frequenz von bis zu 400 MHz, also 1600 MT/s, betrieben werden[22]. (Für diese Taktrate müssen die Zeiten in Abbildung 1.12 noch einmal halbiert werden.) Auf diesem Bus werden die Adressen im 2x–Modus übertragen, gesteuert durch das Signal 2x–Strobe. Seine Flanken liegen jeweils in der Mitte der Impuls– bzw. Pausenzeit des Bustakts.

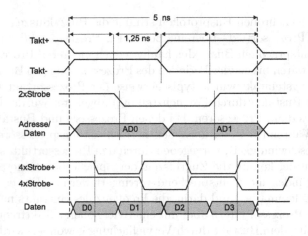

Abb. 1.12 Der Core 2–Bus mit Taktvervielfachung.

Wie bereits gesagt, ist der Core 2–Datenbus 64 bit (8 byte) breit. Dazu kommen noch einmal 8 Fehlererkennungsbits (*Error Correcting Code* – ECC). Die Daten werden im 4x–Modus transferiert, so dass bei einem 200–MHz–Takt bis zu 800 MT/s ausgeführt und damit maximal 6,4 GB/s übertragen werden können. Zur Steuerung werden Strobe–Signale 4xStrobe+, 4xStrobe– eingesetzt, die während eines Buszyklus vier Flanken aufweisen und zu diesen Zeitpunkten das Vorliegen gültiger Daten anzeigen. Auffällig ist die Form dieser Strobe–Signale: Im inaktiven Zustand liegen sie beide auf dem hohen Potential, im aktiven Zustand nehmen sie jeweils entgegengesetzte Pegel ein. Diese Form der Signalerzeugung wird differenzielle Übertragung genannt. Ihre Vorteile liegen hauptsächlich darin, dass sie mit geringeren Spannungspegeln auskommen und unempfindlicher gegen Störungen sind. Denn ein äußeres Störsignal wirkt sich mit großer Wahrscheinlichkeit auf beide Strobe–Signale

---

[22] Die Firma Intel spricht deshalb – vereinfachend, aber marketinggerecht – von einem 1600–MHz–Bus.

gleichartig aus und seine Wirkung kann daher vom Empfänger der Signale durch einfache Differenzbildung herausgefiltert werden. Zum Abschluss sei noch darauf hingewiesen, dass in Abbildung 1.12 auch der Takt zur Unterdrückung von Störsignalen in differentieller Form übertragen wird.

1.4.2.4 Der Prozessorkern Intel Core i7

Die modernste Mikroarchitektur der Firma Intel für PC-Prozessoren trägt die Bezeichnung Core i7, wird aber auch (nach ihrem Codenamen) Nehalem–Architektur genannt. In Abbildung 1.13 sind die Hauptmerkmale dieser Architektur dargestellt. Da sie in vielen Details mit der Core 2–Architektur übereinstimmt, beschränken wir uns im Weiteren darauf, auf die Unterschiede und Ergänzungen hinzuweisen.

- Der größte Unterschied besteht wohl darin, dass jeder i7–Prozessorkern einen eigenen („privaten") L2–Cache mit einer Kapazität von 256 kB besitzt, der 8-fach assoziativ organisiert ist. Für die Adress-Umsetzung von Datenzugriffen besitzt dieser Cache eine Übersetzungstabelle (*Translation Lookaside Buffer* – L2-TLB) mit 512 Einträgen.
- Der *Prefetch Buffer* ist gegenüber dem Core 2 auf 16 Byte halbiert, der μOp *Buffer* hingegen auf 28 Einträge vervierfacht worden.
- Zur Verringerung der Anzahl der von den Operationswerken auszuführenden μops werden in der mit μops *Fusion* indexμops Fusionbezeichneten Einheit mehrere μops zu einer einzigen zusammengefasst[23].
- Der Satz der Architekturregister und die zur Verwaltung benutzte Tabelle (*Register Allocation Table* – RAT) wurden zweifach realisiert. Auf den Grund dafür, gehen wir zum Schluss dieses Unterabschnitts unter der Überschrift *Hyper–Threading* ein.
- Die Anzahl der Einträge im *Reorder Buffer* wurde um ein Drittel auf 128 erhöht, in der Reservierungsstation auf 128 vervierfacht.
- Die Operationswerke zur Berechnung der Adressen in Load/Store–Befehlen wurden zu allgemeinen Adressrechenwerken erweitert (*Address Generation Unit* – AGU).
- Die Systembus-Schnittstelle des Core 2 wurde beim i7 durch eine Schnittstelle zu einem L3–Cache ersetzt, auf den wir im folgenden Unterabschnitt eingehen werden.

---

[23] Das Verfahren der μops Fusion wurde bereits beim mobilen Pentium M eingeführt. Ob es auch beim Core 2 realisiert wurde, ist leider den ausgewerteten Unterlagen nicht eindeutig zu entnehmen.

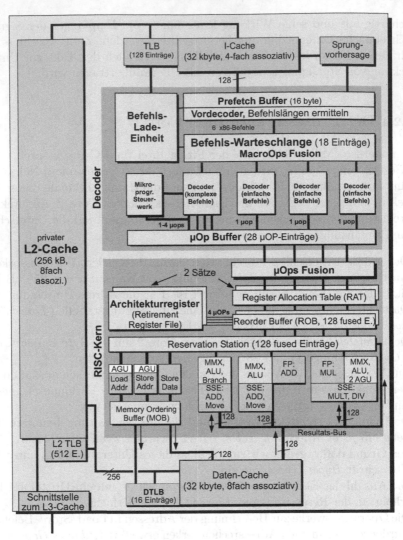

Abb. 1.13 Die Architektur des Intel Core i7

Hyper–Threading

Bereits seit Ende 2002 konnten die Pentium–4–Prozessoren (P4) mit Taktraten über 3 GHz im *Hyper–Threading Mode* arbeiten. Das Verfahren, das dahinter steht, wird in der Rechnerarchitektur üblicherweise als *Simultaneous
Multi–Threading* (SMT) bezeichnet und Prozessoren, die diese Fähigkeiten
besitzen, werden *simultan mehrfädige Prozessoren* genannt. Mehrfädige Prozessoren sind in der Lage, verschiedene Abschnitte und Befehlsfolgen eines
Programms, die unabhängig voneinander sind, bzw. mehrere Programme si-

multan auszuführen. Diese Befehlsfolgen werden *Kontrollfäden (Threads)* genannt. So können mehrere logische (virtuelle) Prozessoren auf einem einzigen physischen Prozessor(–kern) arbeiten. Für das Betriebssystem und die Anwendungssoftware liegt damit ein (virtuelles) Mehrprozessorsystem vor – was insbesondere von den modernen *Multitasking*–Betriebssystemen[24] für die „gleichzeitige" Ausführung verschiedener Prozesse genutzt werden kann. Simultan bearbeitete *Threads* können dabei sowohl zu einem Prozess, als auch zu verschiedenen Prozessen gehören. Unter einem *Prozess* verstehen wir dabei ein in Ausführung befindliches oder ausführbereites Programm mit seinen Daten (vgl. Abschnitt 2.5).

Beim Intel Core i7 sind es maximal zwei *Threads*, die simultan bearbeitet werden können. Für den zweiten *Thread* stellt der Prozessorkern u.a. jeweils eine weitere Version der folgenden Komponenten zur Verfügung: des (oben erwähnten) Architekturregistersatzes, der in Kapitel 2 beschriebenen Register zur Virtuellen Speicherverwaltung, des Umordnungspuffers (*Reorder Buffer* – ROB) mit Register-Zuordnungstabelle (RAT) sowie des Interruptcontrollers (APIC) und einiger weiterer Steuermodule. Die Gesamtheit der mehrfach ausgeführten Register speichert den so genannten *Architektur–Status (Architectural State)* der beiden logischen Prozessoren. Insbesondere muß für jede μop festgehalten werden, zu welchem der beiden aktiven *Threads* sie gehört. Alle anderen Prozessorkomponenten sind unverändert und werden von beiden *Threads* gemeinsam benutzt. Die Erweiterung des P4 um die Mehrfädigkeit verlangte z.B. lediglich die Erhöhung der Transistorzahl um ca. 1 %, der Chipfläche um ca. 5 %. Die erreichte Leistungssteigerung für typische Programme gab die Firma Intel aber mit bis zu 35 % an.

1.4.2.5 i7–Mehrkern–Prozessoren

Intel wird Prozessoren mit bis zu acht i7-Kernen anbieten. 6–Kern– und 8–Kern–Prozessoren werden im Server-Bereich eingesetzt. Im PC-Bereich werden Prozessoren mit bis zu vier Kernen verwendet. Abbildung 1.14 zeigt beispielhaft einen 8–Kern–Prozessor.

Das Bild zeigt, dass die i7-Kerne über die im letzten Unterabschnitt erwähnte Schnittstelle auf einen gemeinsamen L3-Cache mit einer Kapazität von 8 MB zugreifen können. Der Speicher-Controller wurde aus der North Bridge auf den Prozessorchip verlagert. Das beschleunigt einerseits den Zugriff auf den Speicher, da der zeitraubende Umweg über den Prozessorbus vermieden wird, und verhindert außerdem Zugriffskonflikte, wenn gleichzeitig einer der Kerne auf den Speicher, ein anderer auf eine Peripheriekomponente zugreifen möchte. Der Speicher-Controller unterstützt drei unabhängig arbeitende Speicher-Kanäle (vgl. Abbildung 1.6) mit einer Breite von 64 bit.

---

[24] Auf Multitasking–Betriebssysteme gehen wir ausführlicher in Kapitel 8 ein.

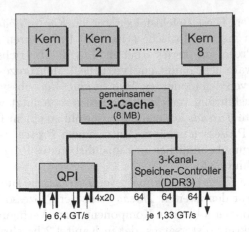

Abb. 1.14 Achtkern–Prozessor mit Intel Core i7

Jeder Kanal erlaubt eine maximale Übertragungsrate von 1,33 GT/s (Giga–Transfers pro Sekunde), also 10,67 GB/s.

Die wichtigste Neuerung der i7-Prozessoren ist sicher die neue Schnittstelle zur Peripherie. Der noch im Core 2 benutzte *Front–Side Bus* (FSB) wurde durch den *QuickPath Interconnect* (QPI) ersetzt, der bereits im Unterabschnitt 1.3.2 beschrieben wurde. Auf vier unidirektionalen Verbindungen, die je 20 Leitungen umfassen, kann er jeweils bis zu 6,4 GT/s ausführen und ist damit erheblich leistungsfähiger als der FSB. Außerdem ermöglicht er eine Vielzahl von Verbindungstopologien zwischen i7–Mehrkern–Prozessoren, auf die im Rahmen dieses Buches jedoch nicht eingegangen werden kann.

Die von Intel angebotenen Core i7–Prozessoren für den PC–Bereich sind in 32– oder 45–nm–Technologie gefertigt und werden mit Taktraten von 2,66 bis 3,33 GHz betrieben. Ihre Verlustleistung liegt bei 130 W bei einer Betriebsspannung von 0,8 bis 1,375 Volt.

1.5 Hauptspeicher

1.5.1 Speichermodule

Der Hauptspeicher eines PCs besteht heutzutage vollständig aus synchronen, dynamischen RAM–Bausteinen (SDRAMs). Dynamische RAMs (*Random Access Memory*) besitzen Speicherzellen, die die Information als Ladungsträger in kleinen Kapazitäten (Kondensatoren) speichern. Durch unvermeidliche Leckströme werden diese Kondensatoren im Laufe der Zeit entladen, sodass der Speicher–Controller die gesamte gespeicherte Information in regelmäßigen Abständen von wenigen Millisekunden (max. 64 ms) wieder auffrischen (*Refresh*) muss. Auch der Lesezugriff auf eine Speicherzelle zerstört deren Inhalt[25], so dass dieser danach erneut eingeschrieben werden muss. Der Zugriff auf den Speicher geschieht mit Hilfe eines Taktes, durch den die auszulesende Speicherzelle in ein Pufferregister geladen bzw. aus dem die eingeschriebene Information in die Speicherzelle gelangt. Das Pufferregister kann vom Controller erheblich schneller angesprochen werden (bis zu 800 MHz) als die Speicherzellen selbst (ca. 20 MHz). Wegen dieser Taktsteuerung spricht man von „synchronen Speichern".

Seit Anfang 2001 haben sich von den verschiedenen SDRAM–Bausteinen die DDR–SDRAMs, kurz: DDR–RAMs, im großen Umfang durchgesetzt. Ihr großer (namensgebender) Vorteil ist die Eigenschaft, mit jedem Zugriff vorausschauend gleich zwei nebeneinander liegende Speicherwörter in das Pufferregister zu laden (*Prefetch*) und diese dann in einer einzigen Taktperiode durch zwei Datentransfers zu lesen – je einen mit der positiven und der negativen Taktflanke. Beim Schreiben geht man analog vor, d.h. nachdem ein 64 Bit–Wort mit der ersten Taktflanke zwischengespeichert wurde, werden mit der fallenden Taktflanke ein zweites 64–Bit–Wort übertragen und beide Wörter gleichzeitig in den Speicher eingeschrieben. Zusammen mit einer zweikanaligen Ankopplung können pro Taktzyklus vier Datenwörter zwischen Prozessor und Speicher übertragen werden.[26]

Bei der zweiten Generation der DDR–RAMs, dem DDR2, wurde die Anzahl der vorausschauend geladenen Speicherwörter auf vier erhöht, die dann in zwei Taktperioden mit vier Datentransfers aus dem Pufferregister gelesen werden. Der aktuelle Standard, DDR3, erhöht die Anzahl der simultan gelesenen Speicherwörter weiter auf 8, die in vier Taktperioden übertragen werden. Die beschriebene Entwicklung machte eine Reduzierung der Betriebsspannung von 2,5 V bei DDR–RAMs über 1,8 V bei DDR2–RAMs auf 1,5 V bei den DDR3–RAMs nötig. Momentan werden in PCs hauptsächlich DDR2– und DDR3–Speicherbausteine eingesetzt. Daher beschränken wir unsere weiteren Erläuterungen auf diese Bausteine. Auf ihre genauen Spezifikationen und Eigenschaften gehen wir in einem Unterabschnitt ein.

Durch die beschriebene Integration der DRAM–Speicher–Controller in die *North Bridge* des Chipsatzes bzw. in den Prozessorchip selbst wird einerseits der Aufbau der Speichermodule vereinfacht und kostengünstiger. Andererseits verlangen die großen Stückzahlen und die geforderte Kompatibilität eine gewisse Standardisierung der Module. In Abbildung 1.15 ist eine Platine mit einem DDR2/DDR3–DRAM–Speichermodul skizziert.

Diese Platine ist ca. 133 x 30 mm^2 groß und wird in einem Steckplatz der Hauptplatine untergebracht. Dazu besitzt sie auf jeder ihrer Platinenseiten an der Unterkante eine Reihe von 120 Steckkontakten, die direkt in die

---

[25] Man spricht deshalb von einem „flüchtigen" Speicher (*volatile Memory*).

[26] Dieses Verfahren wird von Intel als *quad–pumped* bezeichnet.

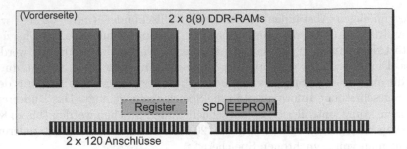

Abb. 1.15 Der Aufbau eines DDR2/DDR3–Speichermoduls

Platinenoberfläche eingeätzt werden („direkte Steckung").[27] Die beidseitigen
Steckkontakte geben dem Speichermodul die Bezeichnung DIMM (*Dual Inline Memory Module*). DIMMs werden in einseitig bestückte DIMMs (*single-
sided DIMMs*) und zweiseitig bestückte DIMMs (*double–sided DIMMs*) unterschieden, je nachdem, ob sie nur auf einer oder aber auf beiden Platinenseiten DRAM–Bausteine tragen. Leider bedingt der Aufbau eines DIMMs
und seine Verbindung mit der Hauptplatine über einen Steckplatz eine Verzögerung der Signale zwischen Speicher und Speicher–Controller in der North
Bridge. Daher erreichen DIMMs noch nicht die Übertragungsraten, die man
in speziellen Systemen (wie z.B. Spielecomputern oder Graphikkarten) durch
direkt auf der Systemplatine eingelötete schnelle Speicherbausteine erhält.

Die DIMMs unterscheiden sich nun wesentlich darin, welche Speicherbausteine auf ihnen implementiert sind. Wie gesagt, kann es sich dabei um
DDR2– oder DDR3–RAMs handeln. Auch die Kapazität der Bausteine kann
variieren. So können z.B. Speicherbausteine mit einer Datenbreite von $n = 4$,
8, 16 Bit eingesetzt werden. Die Anzahl der Speicherwörter pro Baustein kann
bis zu $m = 512$ M[28] betragen. Die Baustein–Organisation wird gewöhnlich
zu m×n angegeben, d.h. der Baustein enthält m Datenwörter zu je n Bits.
Für die Kapazität des Bausteins erhält man daraus $m \cdot n$ Bit. Für $n = 16$ und
$m = 512$ M erhält man beispielsweise die Organisation 512 M×16 und die
Kapazität 8 Gbit, also 1 GB. Die Anzahl der Bausteine und ihre Kapazität
bestimmen dann die Gesamtorganisation und –kapazität des DIMMs. Ist das
in Abbildung 1.15 dargestellte DIMM z.B. mit DDR3–RAM–Bausteinen mit
einer Organisation von 256M×4, d.h. einer Kapazität 256 M $\cdot$ 4 = 1/8 GB
bestückt, so hat das DIMM – bei einer Bestückung mit 16 RAM–Bausteinen
– eine Kapazität von 2 GB. Durch eine Erweiterung um zwei zusätzliche
Bausteine erhält man Platz für die Aufnahme von Prüfinformationen. Bei

---

[27] In früheren Jahren wurden auch Steckkarten eingesetzt, bei denen die übereinander liegenden Steckkontakte auf beiden Platinenoberflächen jeweils miteinander
verbunden waren, so genannte SIMMs (*Single Inline Memory Modules*).

[28] M steht für Mega, also 2^{20}, G im Folgenden für Giga, also 2^{32}.

der Angabe der DIMM–Kapazität wird dieses zusätzliche Speichervolumen jedoch meistens nicht berücksichtigt.

Die DDR–RAM–Bausteine unterstützen außerdem den „Seitenmodus" (*Page Mode*), bei dem durch einen Lesezugriff auf ein bestimmtes Speicherwort ein ganzer Block von Speicherzellen, eine so genannte Seite, in ein internes Pufferregister übertragen wird. Aus diesem Puffer kann der Speicher-Controller sehr viel schneller lesen als aus dem Speicher selbst. Die effektiven Zugriffszeiten auf weitere Speicherwörter im selben Block werden dadurch wesentlich verkleinert. Dies wirkt sich insbesondere für Übertragungen ganzer Datenblöcke, sog. *Bursts*, leistungssteigernd aus. Typische Seitengrößen von DDR–RAMs liegen bei 1 oder 2 kB. Pro Baustein können dabei mehrere Seiten in entsprechenden Pufferregistern des Bausteins abgelegt werden, auf die dann wahlfrei zugegriffen werden kann. Diese aktuell gespeicherten Seiten werden als „offene Seiten" bezeichnet. Ein einkanaliger Controller kann bis zu 32 offene Seiten verwalten. Außerdem sind die Speicherzellen von DDR–Bausteinen meist in vier bis acht Speicherbereiche, sog. Bänke, unterteilt. Bei der vorgestellten Organisation des DIMMs überträgt sich diese Bankaufteilung auf das gesamte Speichermodul. Bei der Selektion der Speicherwörter wird das Verfahren der „verschränkte Bankadressierung" (*Bank Interleaving*) angewandt. Spricht man die verschiedenen Bänke mit geeigneten Adresssignalen an[29], so kann erreicht werden, dass konsekutive Zugriffe mit großer Wahrscheinlichkeit auf verschiedene Bänke ausgeführt werden.

Abbildung 1.16 skizziert den möglichen Aufbau eines DIMM–Moduls. Dieses DIMM enthält auf jeder Oberfläche neun DDR3–RAM–Bausteine mit der oben gewählten Organisation von 256 M×4. Acht der Bausteine jeder Seite enthalten jeweils 32 Bit der Daten, zusammen also 64–Bit–Daten (8 Byte) – was der Datenbusbreite der typischen PC–Prozessoren entspricht. In den restlichen beiden Bausteinen wird für diese Datenbits eine 8–Bit–Prüfinformation gespeichert, auf jeder Seite des Moduls also 4 Bit. Speichermodule mit dieser ECC–Erweiterung (*Error Correcting Code*) werden hauptsächlich im Server- und Workstation–Bereich eingesetzt, im Heim- und Bürocomputer–Bereich sind sie (heute noch) eher unüblich. Neben den größeren Kosten haben sie noch den Nachteil, dass sie – durch die Prüfsummenberechnung – Schreibzugriffe auf den Speicher verlangsamen. Um die Transferrate zwischen Hauptspeicher und Prozessor zu erhöhen, unterstützen die meisten Chipsätze den parallelen Zugriff auf zwei Module, d.h. es können gleichzeitig 128 Bit übertragen werden.

Wie bereits gesagt, besitzt jede Oberfläche des DDR–DIMMs 120 Steckanschlüsse, das DIMM insgesamt also 240 Anschlüsse. Für die Datenbits werden insgesamt 64 Anschlüsse benötigt. Dazu kommen noch die acht Anschlüsse für die Realisierung der oben erwähnten ECC–Fehlerüberprüfung/Korrektur – unabhängig davon, ob diese implementiert ist oder nicht. Die Adresse ei-

---

[29] Welche Signale das sind, hängt von der inneren Organisation der Speicherbausteine, insbesondere auch von der realisierten Seitengröße, ab und kann hier nicht weiter behandelt werden.

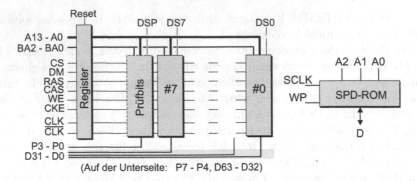

Abb. 1.16 Blockschaltbild einer Oberfläche des Speichermoduls

nes Speicherwortes benötigt insgesamt 28 Bit, was gerade den 256M Wörtern jedes Bausteins entspricht. Diese Adressen werden jedoch in drei Teile aufgeteilt, die z.B. folgendermaßen aussehen können: Drei Bits BA2 – BA0 (*Bank Address*) legen eine der oben beschriebenen Bänke fest. Die folgenden 14 Adressbits, die in den Speicherbausteinen eine Zeile von Speicherzellen („Zeilenadresse") selektieren, werden zunächst über die Adressleitungen A13 – A0 übertragen. Diese Übertragung wird durch das Steuersignal RAS (*Row Address Strobe*) aktiviert. Erst nach einer gewissen Verzögerung folgen über dieselben Leitungen die restlichen 11 Adresssignale, angezeigt durch das Signal CAS (*Column Address Strobe*). Diese selektieren innerhalb der angesprochenen Speicherzeile ein bestimmtes Speicherwort („Spaltenadresse"). Die zusätzlichen Anschlüsse der DDR–DIMMs werden hauptsächlich für die differentielle Übertragung der Takt– und Steuersignale benötigt.

Das betrachtete DIMM besitzt außerdem noch ein Register. Nach diesem Register wird dieses Speichermodul als *registered DIMM* oder *buffered DIMM* bezeichnet. Dieses Register dient als Treiberbaustein für die Adress– und Steuerleitungen (in Abbildung 1.16: A13 – A0, D63 – D0), die zu allen Speicherbausteinen geführt werden müssen. Es entlastet somit die Ausgangstreiberschaltungen in der *North Bridge*. Nachteilig wirkt sich jedoch aus, dass die Signale beim Durchlauf durch das Register eine Verzögerung von einer Taktperiode erleiden, der Zugriff auf *registered DIMMs* also relativ langsam ist. Es existieren deshalb auch *North Bridges*, deren Speicher-Controller auch mit schnelleren Speichermodulen ohne Register – sog. *unregistered DIMMs* bzw. *unbuffered DIMMs* – arbeiten können. Auf dem in Abbildung 1.15 gezeigten DIMM erkennt man auch das so genannte SPD–ROM (*Serial Presence Detect*), ein kleiner Festwertspeicher zur Aufnahme von Steuerinformationen in einer 128–byte–Speichertabelle. Das SPD–ROM hat eine Kapazität von 128 oder 256 Byte. Nur die Bedeutung der unteren 128 Byte ist fest vorgegeben, die oberen 128 Byte können vom Hersteller frei belegt werden.

1.5.2 Spezifikationen

Wie von allen wichtigen Komponenten des PCs muss auch von den Speicher-modulen erwartet werden, dass sie strengen Spezifikationen gehorchen. Nur so ist es möglich, dass Speicherbausteine, die mit ihnen bestückten Speichermo-dule, Hauptplatinen und Chipsätze – insbesondere ihre integrierten Speicher–Controller – problemlos funktionieren und „zusammenarbeiten", auch wenn sie von verschiedenen Herstellern stammen. Bei den Speichermodulen wer-den diese Standards einerseits von der Firma Intel, andererseits von einem Industriegremium (von ca. 120 Firmen) in den USA vorgegeben. Dieses Gre-mium nennt sich *Joint Electron Devices Engineering Council* und gibt die sog. JEDEC–Spezifikationen heraus.

Die maximale Übertragungsleistung eines DDR–RAM–Bausteins wird ty-pischerweise durch die „nominale Datenrate" vorgegeben. Diese wird bezogen auf die Frequenz des Speichertaktes *freq* in MHz, mit dem der Baustein als synchrones dRAM intern angesprochen werden kann[30], und die Anzahl π der mit jedem Takt vorausschauend geladenen Speicherwörter, bei DDR2 also $\pi=4$, bei DDR3 $\pi=8$ Wörter. Die Ein-/Ausgabe-Taktfrequenz (E/A-Takt – *I/O Clock*) hingegen, mit der die Übertragung zwischen dem Speichercontrol-ler und den Speicherbausteinen durchgeführt wird, ist bei DDR2-RAMs dop-pelt, bei DDR3-RAMs viermal so hoch wie die Rate des Speichertaktes. Als Angabe für die nominale Datenrate bekommt man $\pi \cdot freq$, für die wir die Ein-heit MT/s (Megatransfers/s) benutzen wollen. Die JEDEC–Spezifikation ver-wendet daher für diese Speicher die Bezeichnung DDR2–(4·*freq*) bzw. DDR3–(8 · *freq*). Beispielsweise steht DDR2–800 für einen DDR2–Speicherbaustein, der intern mit 200 MHz getaktet wird. Sein Pufferregister wird mit der dop-pelten Ein-/Ausgabefrequenz, also 400 MHz, angesprochen. Die maximale Übertragungsrate beträgt 800 MT/s. Denselben Wert erreicht ein DDR3–800–DIMM mit der halben Speicherfrequenz von 100 MHz.

Da vom Hauptspeicher des PCs mit jedem Transfer 8 Byte übertragen werden, erhält man eine Übertragungsrate von $\pi \cdot freq \cdot 8$ MB/s.[31] In der JEDEC–Spezifikationen für DDR2– und DDR3–Bausteine und damit auf-gebaute Speichermodule werden die heute gebräuchliche Speichermodule in der Form PC2–(4·*freq*·8) bzw. PC3–(8·*freq*·8) angegeben, wobei der in den Klammern stehende Wert zur Vereinfachung (auf ganzzahlige Vielfache von 100 MHz) gerundet wird. Häufig findet man auch die genaueren Bezeich-nungen aus Modul– und Bausteinbeschreibung, also z.B.: PC2–(4·*freq*·8)/DDR(4·*freq*). In Tabelle 1.1 werden die wichtigsten Daten einiger dieser Mo-dule zusammengefasst. Dazu ist jedoch zu bemerken, dass die Module in realen Anwendungen die aufgeführten („theoretischen") Maximalwerte kaum

---

[30] Davon zu unterscheiden ist jedoch die Zugriffs- bzw. Zykluszeit auf eine einzelne Speicherzelle, die auch heute noch im vielen ns-Bereich (40 ns oder mehr) liegen.
[31] Sie kann durch den Einsatz eines zweiten unabhängigen Speicherkanals noch ver-doppelt werden.

erreichen können. Diese setzen z.B. voraus, dass alle Zugriffe auf offene Speicherseiten (*Page Hit*, s.o.) geschehen. Diese Maximalwerte geben daher eigentlich nur die maximale Übertragungsleistung der Schnittstelle zwischen
Speicher–Controller und den Speicherbausteinen an.

Tabelle 1.1 Gebräuchliche Speichermodule.

DIMM–Bezeichnung	Baustein–Bezeichnung	Speichertakt in MHz	E/A-Takt in MHz	nominale Ü.–Rate in MT/s	Ü.–Leistung in GB/s
PC2–3200	DDR2–400	100	200	400	3,2
PC2–4200	DDR2–533	133	267	533	4,3
PC2–5300	DDR2–667	167	333	667	5,3
PC2–6400	DDR2–800	200	400	800	6,4
PC2–8500	DDR2–1066	267	533	1067	8,5
PC3–6400	DDR3–800	100	400	800	6,4
PC3–8500	DDR3–1066	133	533	1067	8,5
PC3–10600	DDR3–1333	167	667	1333	10,7
PC3–12800	DDR3–1600	200	800	1600	12,8

Die JEDEC–Spezifikationen legen alle wichtigen Parameter eines Speichermoduls fest. Dazu gehören insbesondere

- Anzahl, Form und Lage der Anschlusskontakte des Speichermoduls sowie
  die Größe des Moduls,
- die Kapazität und Organisation der verwendeten Speicherbausteine, also
  die Anzahl ihrer Datenanschlüsse, die Anzahl der Speicherbänke und deren
  Aufbau in Speicherwörtern × Bitlänge,
- die Zeit– und Spannungswerte der Daten–, Adress– und Steuersignale sowie die zulässigen Verzögerungszeiten zwischen den Steuersignalen (*Latency*); das Zeitverhalten allein wird von ca. 30 Parametern bestimmt.

Wie bereits gesagt, wird die Adressierung der Speicherbausteine und die
Datenübertragung vom bzw. in den Speicherbaustein mit Hilfe der beiden
Steuersignale RAS (*Row Address Strobe*) und CAS (*Column Address Strobe*)
durchgeführt. Diese Signale bestimmen die wichtigsten Zeitparameter für den
Zugriff auf den Speicher.

RAS–to–CAS Delay: (t_{RCD}) Dies ist die Zeit, die zwischen der Übernahme
der Zeilenadresse im Speicherbaustein mindestens vergeht, bevor durch das
Anlegen einer Spaltenadresse das gewünschte Speicherwort selektiert werden
kann.

CAS Latency: (t_{CL}, kurz: *CL*) Hierdurch wird angegeben, wie lange es dauert, bis das selektierte Speicherwort an den Ausgängen des Bausteins zur
Verfügung steht.

RAS Precharge Time: (t_{RP}) Die so genannte Vorladezeit gibt an, welche Zeit der Speicherbaustein für das Vorladen benötigt, bevor eine Speicherseite aktiviert werden kann.

RAS Pulse Width Time: (*Bank Active Time*, t_{RAS}) Das ist die minimale Zeit in Taktzyklen, die nach der Eingabe einer Zeilenadresse mit Hilfe des RAS–Signals vergeben muss, bevor die selektierte Zeile wieder geschlossen werden darf.

Die genannten Zeiten werden bei den heute üblichen synchronen, d.h. getakteten, dynamischen RAMs (SDRAM) in Zyklen des Ein-/Ausgabetaktes $t_{CK} = 1/(2*freq)$ angegeben. Typische Werte für die CAS–Latenz bei DDR2– und DDR3–RAMs liegen zwischen $t_{CL}=3 \cdot t_{CK}$ und $t_{CL}=11 \cdot t_{CK}$. Um die Schreibweise zu vereinfachen, werden diese Parameter in der Form: CL=2 bis CL=11 dargestellt, d.h. die Einheit t_{CK} wird nicht angegeben.

Bei der Darstellung der beiden anderen Parameter wird lediglich die Einheit t_{CK} weggelassen. Für t_{RCD} und t_{RP} findet man als typische ebenfalls Werte zwischen 3 und 11. Für t_{RAS} sind Werte zwischen 6 und 28 üblich, wobei t_{RAS} meist ein Vielfaches der übrigen Werte ist. Häufig wird der Wert t_{RAS} aber auch nicht angegeben, was wir im Folgenden ebenso halten werden.

Wenn man nun noch berücksichtigt, dass es gepufferte (*registered* – R) und nicht gepufferte (*unbuffered* – U) DIMMs gibt, so ergibt die Zusammenfassung des bisher Gesagten in allgemeiner Form die folgende Bezeichnung für ein DDR–Speichermodul. Die Angabe DDR2(4·*freq*) bzw. DDR3(8·*freq*) wird dabei zur Vereinfachung meist weggelassen.

PC2(4·*freq*·8)R/U–(t_{CL},t_{RCD},t_{RP}) bzw.
PC3(8·*freq*·8)R/U–(t_{CL},t_{RCD},t_{RP}).

Dazu wollen wir nun lediglich zwei Beispiele angeben:

- PC2–6400R–555 bezeichnet ein mit einem internen Speichertakt von 200 MHz betriebenes, gepuffertes DDR–Speichermodul, das eine CAS–Latenz, eine RAS/CAS–Verzögerungszeit und eine RAS–Vorladezeit von jeweils fünf Ein-/Ausgabetaktperioden, also $t_{CL} = t_{RCD} = t_{RP} = 12{,}5$ ns, besitzt.
- PC3–8500U–777 kennzeichnet ein mit 133 MHz intern getaktetes, ungepuffertes Modul, das eine CAS–Latenz, eine RAS/CAS–Verzögerungszeit und eine RAS–Vorladezeit von jeweils sieben Ein-/Ausgabetaktperioden, also $t_{CL} = t_{RCD} = t_{RP} = 13{,}3$ ns, aufweist.

Die wichtigsten Parameter des Speichermoduls werden vom Hersteller im SPD–ROM (*Serial Presence Detect*) einprogrammiert. Das BIOS liest nach dem Einschalten des PCs diese Parameter über den oben beschriebenen SM-Bus ein und teilt sie dem Speicher–Controller in der Host–Brücke mit. Dieser ist damit in der Lage, das Speichermodul „zeitgerecht" anzusprechen.

Neben den oben beschriebenen Parametern finden sich im SPD–ROM u.a. Informationen zu den folgenden Moduleigenschaften:

- Typ der eingesetzten Speicherbausteine: SDRAM, DDR–RAM, DDR2–RAM, DDR3–RAM usw.,
- gepuffertes oder nicht gepuffertes Modul (*registered/unbuffered DIMM*),
- Kapazität, Anzahl der Zeilen–/Spalten–Adressleitungen und Speicherbänke sowie der Datenleitungen der Speicherbausteine; je nach Kapazität besitzen heutige RAM–Bausteine 4, 8, 16 oder 32 Datenleitungen;
- Existenz der ECC–Fehlerkorrektur,
- mögliche *Burst*–Längen, d.h. Anzahl der unmittelbar hintereinander ausgeführten Transfers pro Speicherzugriff: 1, 2, 4, 8,
- sowie eine JEDEC–Identifikation für den Modulhersteller und den Herstellungsort, eine Artikel– und Seriennummer sowie das Herstellungsdatum.

Zum Abschluss sei noch erwähnt, dass die in Abbildung 1.4 gezeigte Hauptplatine DX48BT2 der Firma Intel den Einsatz aller in Tabelle 1.1 beschriebenen DDR3–DIMMs erlaubt und so über seine beiden Kanäle eine maximale Übertragungsrate zwischen Hauptspeicher und North Bridge von bis zu 25 GB/s ermöglicht. Da die Übertragungsrate des CPU–Busses jedoch auf maximal 12,8 GB/s beschränkt ist, kann dieser schnelle Speicherzugriff nur zur Hälfte ausgenutzt werden.

Kapitel 2

Hauptspeicher– und Prozessverwaltung

In diesem Kapitel soll gezeigt werden, wie durch die Architektur moderner Mikroprozessoren, insbesondere von Seiten der Hardware, die Grundlagen für die Implementierung von Betriebssystemen (*Operating Systems* – OS) geschaffen werden. Dabei greift dieses Kapitel z.T. dem Kapitel 8 vor, das sich ausführlicher mit Fragen bzgl. der Struktur und der Implementierung von PC–Betriebssystemen, wie beispielsweise MS–Windows oder Unix, sowie mit der Gestaltung von Benutzungsoberflächen beschäftigt. Dabei betrachten wir in diesem Kapitel ausschließlich die Konzepte und Möglichkeiten der modernen x86-Prozessoren und stützen uns fast vollständig auf die Unterlagen der Firma Intel [17]. Die Ausführungen sind damit im weiten Maße auch für die Prozessoren der Firma AMD gültig. Vorausgesetzt wird dabei stets, dass der PC nur einen zentralen Prozessor besitzt. Nicht betrachtet werden also Mehrprozessor–Systeme mit ihren speziellen (verteilten) Betriebssystemen.

Die Entwicklung der PC-Systemsoftware ist seit einigen Jahren durch die fortschreitende Verbreitung von *Virtualisierungstechniken*[1] gekennzeichnet, die von den tatsächlich vorhandenen physischen Gegebenheiten abstrahieren und für den Benutzer das Vorhandensein einer oder mehrerer, gegebenenfalls erheblich von dem realen Rechensystem abweichenden Plattformen simulieren. So ist es beispielsweise möglich, auf einem PC mehrere (u.U. verschiedene) Betriebssysteme zu installieren und gleichzeitig laufen zu lassen. Die Prozessorhersteller versuchen momentan, immer mehr Unterstützungsfunktionen für die Virtualisierung direkt in Hardware ausführen zu lassen. Auf diese Hardware–Maßnahmen können wir im Rahmen dieses Buches nicht eingehen. Im Kapitel 8 werden jedoch die Software–Aspekte der Virtualisierung ausführlicher besprochen.

Zu den Hauptaufgaben, die ein Betriebssystem erfüllen muss, gehören die

---

[1] von der Firma Intel mit „VT-x" bezeichnet, also *Virtualization Technology for x86–Processors*.

1. Speicherverwaltung (*Memory Management*),

2. Prozessverwaltung (*Process Management*),

3. Betriebsmittelverwaltung (*Resource Management*).

Obwohl wir uns – wie bereits gesagt – erst im Kapitel 8 ausführlich mit PC–
Betriebssystemen beschäftigen werden, handeln wir die beiden erstgenannten
Problemkreisen bereits in diesem Kapitel ab, da sie in modernen Prozessoren
nur mit massiver Unterstützung der Hardware durchgeführt werden können
und ihre Funktionen zum großen Teil sogar in Hardware realisiert werden. Die
dritte Aufgabe, die Betriebsmittelverwaltung, die den Zugriff auf alle restlichen Betriebsmittel, wie z.B. Festplatte, CD–ROM, Drucker sowie sonstige
Ein–/Ausgabegeräte, leisten muss, wird kurz in den Kapiteln 3 (Dateisysteme) und 5 (Gerätetreiber) beschrieben.

2.1 Virtuelle Speicherverwaltung

2.1.1 Grundlagen

In diesem Abschnitt werden die allgemeinen Grundlagen der virtuellen Speicherverwaltung vorgestellt. Obwohl der Hauptspeicher moderner PCs einige
Gigabyte groß ist, werden durch immer größer werdende Programme und die
Möglichkeit von den sog. Multitasking–Betriebssystemen (vgl. Kapitel 8),
z.B. Windows oder Linux, mehrere Aufträge verzahnt, also quasi gleichzeitig von der CPU ausführen zu lassen, die Grenzen des vorhandenen Hauptspeichers schnell erreicht. Zu einem ständigen Anwachsen der Anforderungen
an Speicherplatz tragen insbesondere auch komplexe Anwendungen, wie z.B.
Datenbanken und CAD–Systeme oder hoch auflösende Graphikdarstellungen,
bei. Sogar bei rasch sinkenden Preisen für Halbleiterspeicherbausteine kann
der Hauptspeicher nicht im Tempo der steigenden Anforderungen vergrößert
werden – insbesondere auch deshalb nicht, weil die Größe des implementierten
Hauptspeichers in vielen Systemen bereits die Grenzen der Adressierbarkeit
durch den Prozessor erreicht hat.

Um trotz dieses Hauptspeicher–Engpasses eine Multitasking–Betriebsart
realisieren zu können, wurden bei Großrechnern schon frühzeitig Verfahren
zur *virtuellen Speicherverwaltung* entwickelt. Virtuelle Speicherverwaltungs-
systeme nutzen die *Lokalitätseigenschaft von Programmen* (*Locality of Reference*) aus. Darunter versteht man die Beobachtung, dass Prozesse während
ihrer Ausführung im Allgemeinen nicht ständig sämtliche Daten und den gesamten Programmcode benutzen, sondern in jedem Zeitintervall jeweils nur
einen kleinen Teil davon. Häufig werden z.B. bestimmte Programmschlei-

fen, Prozeduren und Datenstrukturen[2] wiederholt vom Programm benutzt, bevor andere Programmteile ausgeführt werden. Durch die modulare Programmentwicklung moderner Programmiersprachen wird diese Eigenschaft noch verstärkt. Aus diesem Grund ist es ausreichend, nur den momentan benötigten Anteil an Programmcode und Daten, die so genannte *Arbeitsmenge* (*Working Set*), in den Hauptspeicher einzulagern. Der restliche Programmcode und momentan nicht benögtigte Daten verbleiben in ihrer Gesamtheit im Hintergrundspeicher, üblicherweise auf einer Festplatte. Werden Daten benötigt, die sich aktuell nicht im Hauptspeicher befinden, so müssen sie bei Bedarf vom Hintergrundspeicher in den Hauptspeicher eingelagert werden (s. Abbildung 2.1). Der Vorgang des Ein- und Auslagerns wird als *Swapping* bezeichnet, in einer Spezialform auch als *Paging* (vgl. Unterabschnitt 2.1.2). Der Austausch von Daten zwischen Hintergrund- und Hauptspeicher kostet natürlich Zeit. Trotzdem stellt dieses Verfahren einen Kompromiss zwischen Speicherkosten und Zugriffsgeschwindigkeit dar, weil bei einer geschickten Speicherverwaltung die Zugriffe auf den Hintergrundspeicher recht selten erforderlich sind.

Der Benutzer selbst merkt nichts von dieser aufwändigen Speicherverwaltung. Insbesondere kann er nicht erkennen, dass ihm nur ein begrenzter Hauptspeicherplatz zur Verfügung steht. Der Vorgang des häufigen Austauschens von Programmen und Daten zwischen Hintergrund- und Hauptspeicher bleibt dem Benutzer verborgen, d.h. er ist ihm vollständig transparent. Weil nur die gerade benötigte Arbeitsmenge eingelagert wird, können ein Programm und seine Daten durchaus einen Speicherbedarf besitzen, der die Hauptspeichergröße bei weitem übersteigt. Aus dieser Tatsache resultiert der Begriff des *virtuellen Speichers*, der in keiner Weise andeuten soll, dass der eingesetzte Speicher nicht physisch vorhanden ist. (Es sei schon hier darauf hingewiesen, dass Programme und ihre Daten sowohl im Hintergrund- wie im Hauptspeicher nicht zusammenhängende Speicherbereiche belegen, sondern fast beliebig über diese verteilt sein können.)

Eine effizient arbeitende virtuelle Speicherverwaltung lässt sich dann erreichen, wenn sie möglichst weitgehend durch die Hardware unterstützt wird. Bei den 32- bzw. 64-bit-Prozessoren der neuesten Generation ist dies fast ausnahmslos der Fall. Im Mikroprozessor-Chip sind dann bereits eine oder zwei **Speicherverwaltungseinheiten** (*Memory Management Unit* – MMU) integriert. Die Architektur und Arbeitsweise dieser MMUs vorzustellen, ist ein Anliegen dieses Kapitels.

In der Literatur über Betriebssysteme wird eine Vielzahl von Verfahren untersucht, um eine geeignete Arbeitsmenge für jedes Programm zu bestimmen. Die Wahl der Größe der Arbeitsmenge legt fest, wie oft Daten aus dem Hintergrundspeicher in den Hauptspeicher eingelagert werden müssen. Sie ist von entscheidender Bedeutung für die Systemleistung:

---

[2] Man denke insbesondere an die Bearbeitung von Tabellen.

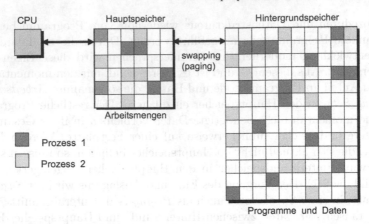

Abb. 2.1 Grundkonzept virtueller Speicherverwaltung.

- Wird die Arbeitsmenge zu klein gewählt, dann müssen bei der Auftrags-
  ausführung fast ständig Daten vom Hintergrundspeicher eingelagert werden, so dass das System im Extremfall fast nur noch mit dem Einlagern
  beschäftigt ist. Dieser Effekt wird in der englischsprachigen Literatur mit
  Thrashing („Seitenflattern") bezeichnet.

- Wird die Arbeitsmenge zu groß gewählt, dann sind für das Programm
  mehr Daten im Hauptspeicher eingelagert, als gerade benötigt werden.
  Das Rechensystem wird in diesem Fall nicht effizient genutzt, da es wegen Speicherplatzmangels weniger Aufgaben als eigentlich möglich parallel
  abarbeiten kann.

Die Hauptaufgabe der virtuellen Speicherverwaltung ist die Umsetzung virtueller (logischer) Adressen in physikalische Adressen (s. Abbildung 2.2).

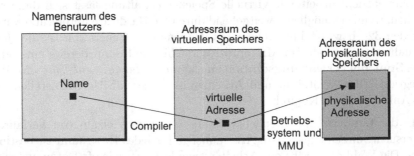

Abb. 2.2 Bestimmung physikalischer Adressen.

Die vom Benutzer in einer höheren Programmiersprache eingesetzten Namen der benutzten Objekte (Programme, Unterprogramme, Variablen etc.) werden vom Compiler in *virtuelle Adressen* (logische Adressen) übersetzt, die noch nicht den Ort des gesuchten Objektes im Hauptspeicher bezeichnen. Dieser lässt sich vielmehr erst durch das Betriebssystem während der Ausführungszeit des Auftrags bestimmen, wenn die Stelle des Hauptspeichers feststeht, an der die benötigten Programme oder Daten eingelagert werden. Sobald dies geschehen ist, kann die virtuelle Adresse auf eine *physikalische Adresse* abgebildet werden, d.h. die Adresse, mit der schließlich auf das gesuchte Speicherwort zugegriffen werden kann. Formal wird durch die MMU also die so genannte *Speicherabbildungsfunktion*

$$f : virtuellerAdressraum \rightarrow physikalischerAdressraum$$

realisiert. Dabei ist normalerweise der physikalische Adressraum sehr viel kleiner als der virtuelle.

Im Folgenden soll noch genauer untersucht werden, wie bei verschiedenen Prozessoren die Speicherabbildungsfunktion realisiert wird. Zunächst unterscheiden wir jedoch zwei grundlegende Verfahren der virtuellen Speicherverwaltung, die Segmentierung und die Aufteilung in Seiten.

2.1.2 Segmentierungs– und Seitenwechselverfahren

Segmentierungsverfahren: Bei diesem Ansatz ist der virtuelle Adressraum in Segmente verschiedener Länge unterteilt. Jedem Prozess – darunter versteht man ein in Ausführung befindliches oder ausführbereites Programm, zusammen mit seinen Daten – sind ein oder mehrere Segmente – z.B. für den Programmcode und die Daten – zugeordnet. Die einzelnen Segmente enthalten logisch zusammenhängende Informationen und können relativ groß sein. Auf der Ebene höherer Programmiersprachen finden sie ihre Entsprechungen in den (Unter-)Programm- oder Datenmodulen. Jeder Auftrag kommt im Normalfall mit einer relativ kleinen Anzahl von Segmenten aus. Die Festlegung der Segmente kann entweder durch den Benutzer oder durch den Compiler erfolgen.

Seitenwechselverfahren: Bei den Seitenwechselverfahren (*Paging*) werden der logische und der physikalische Adressraum in „Segmente fester Länge", die so genannten *Seiten* (*Pages*) unterteilt. Physikalische Seiten im Hauptspeicher werden häufig auch als *Rahmen* (*Frames*), seltener als Kacheln bezeichnet. Durch Seitenwechselverfahren verwaltete Speicher nennt man oft verkürzend Seitenspeicher oder seitenorientierte Speicher. Auf Programmebene finden Speicherseiten meist keine direkte Entsprechung. Die Kapazität einer Seite ist relativ klein. Typisch sind bei Mikroprozessoren Seitengrößen zwischen 256 byte und 8 kB, so dass jeder Auftrag normalerweise eine Vielzahl von Seiten benötigt; es werden aber auch 4-MB-Seiten unterstützt (s. Abschnitt 2.3). Die Aufteilung des Adressraums in Seiten ist für den Benutzer vollständig transparent, d.h. sie wird vom Betriebssystem mit entsprechender Hardwareunterstützung durchgeführt, ohne dass der Benutzer davon etwas merkt und ohne dass er sich darum kümmern muss.

Im Mikroprozessor-Bereich gab es in den frühen 80er Jahren heftige Kontroversen zwischen den Anhängern beider Verfahren. Insbesondere die Firma Intel unterstützte mit ihren Prozessortypen die Segmentierung. Viele RISC-Prozessoren hingegen arbeiteten mit dem Seitenwechselverfahren. Seit dem Intel 80386 benutzen die x86-Prozessoren beide Verfahren.

Beide Ansätze haben in Abhängigkeit von der konkreten Anwendung durchaus ihre Berechtigung. Die Vor- und Nachteile, speziell bzgl. des Verwaltungsaufwandes und der Speicherplatzausnutzung, sollen im Folgenden diskutiert werden.

2.1.3 Probleme der virtuellen Speicherverwaltung

Um den Austausch von Daten zwischen Haupt- und Hintergrundspeicher durchführen zu können, ergeben sich für das Betriebssystem drei verschiedene Problemkreise:

- der Einlagerungszeitpunkt,
- das Zuweisungsproblem,
- das Ersetzungsproblem.

2.1.3.1 Einlagerungszeitpunkt

Das Betriebssystem muss festlegen, *wann* Daten in den Hauptspeicher eingelagert werden. Normalerweise geschieht dies sowohl bei Segmentierungs- als auch bei Seitenwechselverfahren ausschließlich auf *Anforderung*, d.h. Daten werden dann eingelagert, wenn auf sie zugegriffen wird und sie sich nicht im Arbeitsspeicher befinden. Bei Seitenspeichern hat sich dafür in der Literatur der Begriff des *Demand Paging* durchgesetzt. Den Zugriff auf ein nicht im Hauptspeicher vorhandenes Segment bzw. eine Seite bezeichnet man auch als *Segment-* oder *Seitenfehler* (*Segment Fault*, *Page Fault*, vgl. Unterabschnitt 2.7.4).

2.1.3.2 Zuweisungsproblem

Im Betriebssystem muss eine Strategie implementiert sein, die festlegt, an welche Stelle des Arbeitsspeichers nicht vorhandene Daten eingelagert werden.

Segmentierungsverfahren

Bei den Segmentierungsverfahren stellt sich für jedes einzulagernde Segment das Problem, im Arbeitsspeicher eine ausreichend große Lücke, d.h. einen zusammenhängenden freien Speicherbereich, zu finden. Lücken entstehen, wenn nicht mehr benötigte Segmente ausgelagert werden. Diese Auslagerung wird z.B. dann durchgeführt, wenn eine Datei geschlossen wird oder ein Prozess terminiert. Da die Segmente keine einheitliche Größe besitzen, wird für ein einzulagerndes Segment im Allgemeinen keine Lücke gefunden, in die es ganz genau hineinpasst. Vom Betriebssystem können dann unterschiedliche Strategien benutzt werden, um eine geeignete Lücke zu finden. Die bekanntesten Zuweisungsstrategien sind:

- *first–fit*: Die Lücken sind nach aufsteigenden Anfangsadressen geordnet. Das Segment wird in die erste Lücke eingelagert, in die es hineinpasst.

- *best–fit*: Das Segment wird in die kleinste Lücke eingelagert, in die es gerade noch hineinpasst.

- *worst–fit*: Das Segment wird stets in die größte der zur Verfügung stehenden Lücken eingelagert.

Bei jeder der genannten Strategien zerfällt der Arbeitsspeicher nach einiger Zeit in belegte und unbelegte Speicherbereiche. Es stellt sich dann das Problem der *externen Fragmentierung*, d.h. es gibt viele Lücken, die so klein sind, dass kaum ein Segment mehr hineinpasst. Der zur Verfügung stehende Speicherplatz hat sich faktisch um diese Bereiche verkleinert. Im Beispiel, das Abbildung 2.3a) zeigt, sind die belegten Speicherplätze dunkel–grau, die freien hell-grau dargestellt.

Beispiel: Der Arbeitsspeicher nach Abbildung 2.3 sei bis auf zwei Lücken der Größen 1300 und 1200 Byte vollständig belegt. Die nächsten Speicheranforderungen benötigen Segmente der Größen 1000, 1100, 250 Bytes.

Abbildung 2.3b) und Abbildung 2.3c) zeigen, dass bei der Anwendung des First–fit–Verfahrens alle drei Speicheranforderungen erfüllt werden können, beim Best–fit–Verfahren jedoch kein Platz für die Ausführung der dritten Speicheranforderung (250 Bytes) bleibt, obwohl auch in diesem Fall (mit 400 Bytes) genügend freie Speicherzellen zur Verfügung stehen.

Vom *Best–fit*–Verfahren erhofft man sich eine geringere Fragmentierung und damit auch eine bessere Speicherausnutzung. Der Nachteil von *best–fit*

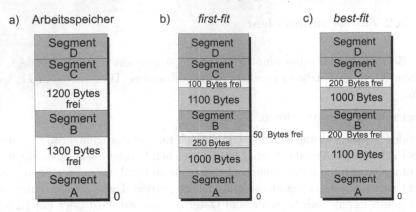

Abb. 2.3 Externe Fragmentierung bei einem segmentierten Speicher.

gegenüber *first–fit* liegt im höheren Suchaufwand zum Finden einer freien Lücke.

Bei *first–fit* sammeln sich an den unteren Adressen des Arbeitsspeichers die kleinen Lücken, während am Speicherende die größeren Lücken zu finden sind. Damit erhöht sich auch die mittlere Anzahl der erforderlichen Suchschritte zum Auffinden der ersten passenden Lücke.

Eine zunehmende externe Fragmentierung des Hauptspeichers lässt sich durch eine vom Betriebssystem in regelmäßigen Abständen durchgeführte *Speicherverdichtung* (Kompaktierung) beheben. D.h., alle im Speicher vorhandenen Daten werden so verschoben, dass ein zusammenhängender belegter und ein zusammenhängender freier Speicherbereich entstehen. Nach der Kompaktierung gibt es also keine Speicherfragmente mehr.[3]

Seitenwechselverfahren

Bei den Seitenwechselverfahren stellt sich das Zuweisungsproblem nicht, weil die Größe aller belegten und freien Speicherbereiche ganzzahlige Vielfache einer Seitengröße sind. Für jede einzulagernde Seite gibt es also immer eine genau passende Lücke, denn es werden stets „Segmente fester Länge" zwischen Hintergrund- und Arbeitsspeicher ausgetauscht. Aus diesem Grund tritt bei seitenorientierten Speichern das Problem der externen Fragmentierung nicht auf.

Doch leider bedeutet das trotzdem keine vollständige Ausnutzung des Arbeitsspeichers. Bei Seitenspeichern tritt vielmehr das Problem der *internen Fragmentierung* auf. Denn die Datenmengen eines Auftrags entsprechen im Allgemeinen nicht dem Vielfachen einer Seitengröße. Somit ist zumindest die

---

[3] Bis zu den nächsten Segment-Ein-/Auslagerungen.

„letzte" Seite eines Programms meist nicht vollständig genutzt. Bei modular strukturierten Programmen verschärft sich dieses Problem sogar noch, weil (getrennt übersetzte) Module nicht in gleichen Seiten abgespeichert sind, so dass bei einem großen Programm durchaus sehr viele, nur teilweise genutzte Seiten existieren können.

2.1.3.3 Ersetzungsproblem

Durch das Betriebssystem muss festgelegt werden, welche Daten aus dem Arbeitsspeicher in den Hintergrundspeicher ausgelagert werden müssen, um Platz für neu benötigte Daten zu schaffen. Es muss ein entsprechender Algorithmus implementiert sein, der auswählt, welche Seite bzw. welches Segment zuerst „geopfert", d.h. aus dem Hauptspeicher ausgelagert wird.

Segmentierungsverfahren

Bei den Segmentierungsverfahren stellt sich oft das Problem der Ersetzung nicht, weil ein Programm gleichzeitig nur eine bestimmte, maximale Anzahl von Segmenten benutzen darf, z.B. ein Segment für den Programmcode und eines für die Programmdaten. Wird für ein Programm auf Anforderung ein neues Segment eingelagert, dann bedeutet dies stets die Auslagerung seines entsprechenden, zuvor benutzten Segmentes. Es ist jedoch auch möglich, dass das Betriebssystem genauso verfährt, wie es im Folgenden für seitenorientierte Speicher beschrieben wird.

Seitenwechselverfahren

Bei den Seitenwechselverfahren umfasst die Arbeitsmenge eines Programms normalerweise recht viele Seiten, unter denen die zu opfernde Seite ausgewählt werden muss. Die dabei bekanntesten *Verdrängungsstrategien* (Ersetzungsstrategien), die dabei angewandt werden, sind:

FIFO (*First in, First out*) Es wird die Seite ersetzt, die sich am längsten im Arbeitsspeicher befindet.

LIFO (*Last in, First out*) Es wird die zuletzt eingelagerte Seite ersetzt.

LRU (*Least Recently Used*) Es wird die Seite ausgelagert, auf die die längste Zeit nicht mehr zugegriffen wurde.

LFU (*Least Frequently Used*) Es wird die Seite ersetzt, auf die seit ihrer Einlagerung am seltensten zugegriffen wurde.

Zusätzlich werden solche Seiten als „Opfer" bevorzugt, die während ihrer Einlagerungsdauer nicht verändert worden sind, was z.B. bei Seiten gewährleistet ist, die ausschließlich Programmcode enthalten.[4] In diesem Fall sind die im Hauptspeicher befindlichen Seiten mit den auf dem Hintergrundspeicher befindlichen Seiten identisch und müssen nicht explizit zurückgeschrieben werden. Daten, die durch den Prozess geändert werden, müssen hingegen vor ihrer Ersetzung in den Hintergrundspeicher zurückgebracht werden.

2.1.3.4 Segmentierung versus Seitenaufteilung

Bei den neueren 32/64–bit–Mikroprozessoren hat sich ein in Seiten aufgeteilter Speicher durchgesetzt. Zwar gibt eine Aufteilung des Programms in Seiten nicht – wie bei einer Segmentierung – die logische Struktur des Programms wieder, jedoch ist der Verwaltungsaufwand bei der Zuweisung von Hauptspeicherplatz deutlich geringer.

Ein wesentlicher Unterschied zwischen beiden Ansätzen besteht auch in der Häufigkeit der erforderlichen Datentransfers: Jedes Programm benutzt meist nur wenige der relativ großen Segmente, so dass auch nur selten – dann allerdings umfangreiche – Datentransfers erforderlich sind. Durch die relativ kleine Seitengröße besitzt ein Programm vergleichsweise sehr viel mehr Seiten, und es sind auch entsprechend mehr Seiteneinlagerungen erforderlich.

Allerdings kann beim Seitenwechselverfahren sehr viel besser dafür gesorgt werden, dass nur die aktuelle Arbeitsmenge eines Programms in den Hauptspeicher eingelagert wird. Dazu werden genau die Seiten eingelagert, auf die am häufigsten zugegriffen wird. Segmente hingegen werden durch den Compiler oder (Assembler–)Programmierer festgesetzt und sind oft so groß, dass sie den Lokalitätsbereich eines Programms wesentlich überschreiten. Besteht ein Programm z.B. nur aus einem Code- und einem Daten–Segment, so kann es nur vollständig in den Arbeitsspeicher eingelagert werden.

Es ist offensichtlich, dass zur Implementierung der oben aufgeführten Strategien eine Menge Zusatzinformationen benötigt werden. So erfordert z.B. das häufig benutzte LRU–Verfahren Kenntnisse über den letzten Zugriffszeitpunkt aller Seiten im Arbeitsspeicher. Eine solche Strategie kann nur durch Unterstützung seitens der Hardware effizient implementiert werden. Dies wird durch die MMUs der modernen Mikroprozessoren gewährleistet.

---

[4] Außer bei selbstmodifizierenden Programmen.

2.1.3.5 Zusammenspiel zwischen Cache und MMU

Durch den Einsatz eines Cache-Speichers kann die mittlere Zugriffszeit zum Hauptspeicher erheblich reduziert werden kann. Ist im System eine MMU vorhanden, so stellt sich die Frage, wie zusätzlich ein Cache im System eingesetzt werden kann. In Abbildung 2.4 sind zwei Möglichkeiten für die Zusammenarbeit von Cache und MMU dargestellt, die sich darin unterscheiden, ob die virtuelle oder die physikalische Adresse gespeichert wird. In beiden Fällen werden die Daten an der MMU vorbei zwischen der CPU, dem Cache und dem Speicher ausgetauscht.

Der *virtuelle Cache* (Abbildung 2.4a) wird zwischen CPU und MMU gelegt. In ihm werden die höherwertigen Bits der logischen Adressen als Tags abgelegt.

Der *physikalische Cache* (Abbildung 2.4b) wird zwischen MMU und Speicher eingesetzt. In ihm werden die höherwertigen Bits der durch die MMU berechneten physikalischen Adressen gespeichert.

Vergleich beider Realisierungen

Der virtuelle Cache hat den Vorteil, dass bei den (meist mit hoher Wahrscheinlichkeit) auftretenden Treffern die MMU nicht benötigt wird und daher keine Verzögerung durch eine Adressberechnung der MMU verursacht wird. Beim physikalischen Cache hingegen muss jede Adresse zunächst von der MMU bearbeitet werden. Als ein Nachteil des virtuellen Caches ist zu nennen, dass der logische Adressraum in der Regel sehr viel größer ist als der physikalische und daher stets mehr Bits einer Adresse als Tag gespeichert werden müssen als beim physikalischen Cache. Der zweite Nachteil tritt auf, wenn – wie bei den modernen Mikroprozessoren – Cache und MMU auf dem Prozessorchip integriert sind. Hier besteht keine Möglichkeit, den virtuellen Cache außerhalb des Chips zu vergrößern und so eine höhere Trefferrate zu erzielen. Beim physikalischen Cache ist dies jedoch im Prinzip ohne weiteres möglich. Ein dritter Nachteil ist dadurch gegeben, dass in einem Multitasking–System mehrere Prozesse unter verschiedenen logischen Adressen auf dieselben Daten zugreifen wollen. Hier werden im virtuellen Cache mehrfache Kopien derselben Hauptspeichereinträge abgelegt (*Alias Entries*).

Bei realen Prozessoren findet man – neben den eben beschriebenen Grundformen – auch Mischformen. So kann z.B. die (Orts-)Adressierung eines Eintrags im Cache durch einen Teil (*Index*) der virtuellen Adresse, der eingetragene Adressteil (*Tag*) aber von der physikalischen Adresse gewonnen werden.[5] Dies ist in Abbildung 2.4c skizziert. Der Vorteil dieser Lösung ist (vermutlich) darin zu sehen, dass die Ortsadressierung des Caches simultan zur Berechnung des Tags durch die MMU geschehen kann.

---

[5] Diese Form findet man zum Beispiel beim Alpha 21264 von Digital Equipment.

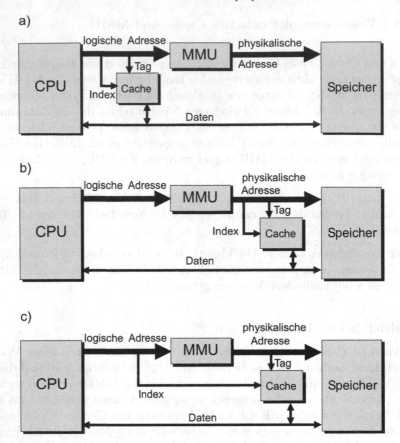

Abb. 2.4 Zusammenspiel zwischen Cache und MMU,
a) virtueller Cache, b) physikalischer Cache, c) Mischform.

2.2 Segmentorientierte Speicherverwaltung

In diesem und dem Folgenden Abschnitt 2.3 werden die durch Mikroprozessoren unterstützten Speicherverwaltungskonzepte vorgestellt. Dabei werden wir die Speicherverwaltung an typischen Vertretern moderner PC–Prozessoren vorstellen, den x86–Prozessoren der Firmen Intel und AMD[6], bei denen die MMU bereits auf dem Chip realisiert ist und beide Konzepte – Segmentierung und Seitenverwaltung – unterstützt. Durch die im Kapitel 1 beschriebene Erweiterung der ursprünglichen x86–kompatiblen 32–bit–Prozessoren auf eine Register– bzw. Verarbeitungsbreite von 64 bit wurden einige Änderungen und Ergänzungen in der Speicherverwaltung nötig. In diesem Kapitel konzentrieren wir uns im Wesentlichen auf die in der 32–bit–Architektur realisierten

---

[6] Z.B. Intel Pentium Core2, Core i7 sowie AMD K10

Konzepte. Änderungen, die sich im IA–32e–Modus bzw. 64–bit–Modus ergeben, werden entsprechend gekennzeichnet. Aussagen, die explizit nur für
die 32–bit–Architektur bzw. den Kompatibilitätsmodus im IA–32e–Betrieb
gelten, kennzeichnen wir hingegen durch die Angabe „32–bit–Modus". Im
Kapitel 1 wurde bereits erwähnt, dass die Aktivierung des IA–32e–Modus
durch das Setzen des LME–Bits (*Long Mode Enable*) in einem Steuerregister
des Prozessors geschieht, das mit EFER (*Extended Feature Enable Register*)
bezeichnet wird. Diese Aktivierung kann nur in den weiter unten beschriebenen Adressierungs-Modi *Real Address Mode* und *Protected Virtual Address
Mode*, aber ohne Verwendung der Segmentierung geschehen.

Zunächst betrachten wir die segmentorientierte Speicherverwaltung. Danach wird die Realisierung des Seitenwechselverfahrens genauer untersucht
und gezeigt, wie das Zusammenspiel beider Verfahren bei diesen Prozessoren
funktioniert. Der Kürze halber werden im Folgenden beide Verfahren auch
mit „Segmentverwaltung" bzw. „Seitenverwaltung" bezeichnet.

2.2.1 Adressierung durch Segmentregister

In diesem Abschnitt soll gezeigt werden, wie die segmentorientierte Speicherverwaltung (Segmentverwaltung) durch einen Mikroprozessor unterstützt
werden kann.

Bei der Segmentverwaltung ist, wie im letzten Abschnitt dargestellt, der
virtuelle Adressraum jedes Prozesses in ein oder mehrere physikalische Segmente unterteilt. Ein Segment ist ganz allgemein ein zusammenhängender
Speicherbereich variabler Länge. Weil bei modernen Mikroprozessoren häufig
Code und Daten strikt voneinander getrennt sind, wird zwischen verschiedenen Segmenttypen, z.B. Code– und Daten–Segmenten unterschieden. Die
maximale Größe eines Segments betrug beim Intel 80286 nur 64 kB und reicht
bei den modernen x86-Prozessoren bis zu 4 GB. Zunächst betrachten wir allgemein die Speicherabbildungsfunktion für die Segmentverwaltung. Ein Teil
der virtuellen Adresse verweist auf das Segment, in dem sich das Speicherwort
befindet, der restliche Teil bestimmt die genaue Position des Speicherwortes
innerhalb des Segmentes.[7]

Ein Speicherwort wird im 32–bit–Modus durch eine virtuelle (logische) 48-
bit-Adresse angesprochen, wie sie in Abbildung 2.5 schematisch dargestellt
ist[8]. Die höherwertigen 16 Bits bilden den so genannten *Segment–Selektor*.

---

[7] Die angegebene Form der virtuellen Adresse wird auch als „Zeiger" (*Pointer*) bezeichnet.

[8] Hier und in den folgenden Zeichnungen gelten in eckigen Klammern ([ ]) angegebene
Werte nur für den 64–bit–Modus.

Der Selektor zeigt auf einen Eintrag im Arbeitsspeicher, den so genannten Segment-Deskriptor, der (u.a.) die Basisadresse des Segmentes enthält, in dem sich das gesuchte Speicherwort befindet. Die niederwertigen 32 Bits der virtuellen Adresse legen als Offset die genaue Position des Wortes innerhalb des selektierten Segments fest. Die aus der Segment-Basisadresse und dem Offset gebildete 32-bit-Adresse wird als *lineare Adresse* bezeichnet. Im 64–bit–Modus umfasst die virtuelle Adresse 80 bit und der Offset und die lineare Adresse sind natürlich jeweils 64 bit lang. Die Deskriptoren aller Segmente sind in *Segment-Deskriptor-Tabellen* zusammengefasst, deren Aufbau wir im Unterabschnitt 2.2.4 behandeln werden.

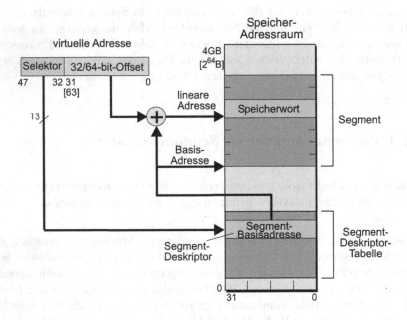

Abb. 2.5 Darstellung der Adressierung bei einem segmentierten Speicher.

Der Aufbau des Selektors jeder virtuellen Adresse ist in Abbildung 2.6 skizziert. Das Indexfeld und der Tabellenindikator TI spezifizieren den Eintrag in einer Deskriptor-Tabelle, in dem für das angesprochene Segment der Deskriptor abgelegt ist. Der Index gibt für das ausgewählte Segment die Nummer des Eintrags in der Deskriptor-Tabelle an. Dabei wird mit dem Indexwert 0 begonnen. Eine Indexlänge von 13 bit entspricht 8192 möglichen Einträgen. Da jeder Eintrag (jeder Deskriptor, s. Unterabschnitt 2.2.3) acht byte lang ist (im 64–bit–Modus z.T. auch 2×8 byte!), wird der Index von der MMU zunächst mit dem Faktor 8 skaliert, bevor er als Offset zum Zugriff auf die Deskriptor-Tabelle benutzt wird. Das Bit TI (*Table Indicator*) bestimmt, ob die virtuelle Adresse zum globalen Adressraum aller Prozesse oder lokalen Adressraum eines bestimmten Prozesses gehört. Für beide Adressräume werden getrennte

Deskriptor-Tabellen verwaltet. (Diese werden im Unterabschnitt 2.2.4 ausführlich beschrieben.) Die Bits RPL im Selektor geben eine Privileg-Ebene (*Requested Privilege Level*) an, die ein Befehl besitzen muss, um überhaupt auf das gewünschte Segment zugreifen zu dürfen (vgl. Abschnitt 2.4).

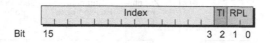

Abb. 2.6 Selektor einer virtuellen Adresse.

Alle vom Mikroprozessor benutzten Speicheradressen müssen von der in Abbildung 2.5 dargestellten Form sein, d.h. aus einem Selektor und einem Offset bestehen. Wegen der Lokalitätseigenschaft (vgl. Abschnitt 2.1.1) wird normalerweise nicht bei jedem Zugriff zum Arbeitsspeicher ein neues Segment benutzt. Daher werden für längere Zeit dieselben Segment-Selektoren benötigt, und es ist aus Geschwindigkeitsgründen sinnvoll, diese in speziellen Segmentregistern abzuspeichern. Ein Speicherwort wird dann nicht durch die Angabe der vollständigen virtuellen Adresse im Befehl adressiert, sondern durch das Segmentregister und den Offset. Dies führt außerdem zu einer Verkürzung der Befehle und damit auch der Programme. Die Assemblerschreibweise ist:

$$< Mnemocode > \quad < Segmentregister >:< Offset >$$

Die Adressierung lässt sich dadurch noch weiter erleichtern und verkürzen, dass jedes der Segmentregister für bestimmte Segmenttypen (Code–Segment, Stack–Segment, Daten–Segment etc., s.u.) zuständig ist. Dadurch kann bei den meisten Speicherzugriffen auf eine explizite Angabe des Segmentregisters verzichtet werden, denn der Prozessor erkennt anhand des Befehls, ob z.B. ein Zugriff auf einen Befehlscode oder einen Operanden stattfindet. Dies verkürzt die Assemblerschreibweise zu:

$$< Mnemocode > \quad < Offset >$$

Ein x86-Prozessor stellt dem Benutzer die in Abbildung 2.7 dargestellten sechs verschiedenen Segmentregister zur Verfügung. Immer dann – und nur dann –, wenn ein neuer Selektor in eines der Segmentregister geschrieben wird, werden automatisch von der Prozessorhardware wichtige Informationen über das ausgewählte Segment, die in den oben genannten Segment-Deskriptoren[9] abgelegt sind, in einen fest zugeordneten, „versteckten" Puf-

---

[9] Auf Form und Inhalt der Segment-Deskriptoren gehen wir im Abschnitt 2.2.3 ausführlich ein.

fer[10], den *Segment–Deskriptor–Puffer*, geschrieben (*Hidden Descriptor Cache, Shadow Register*).

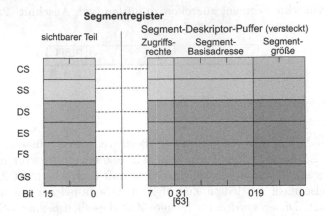

Abb. 2.7 Segmentregister und Segment-Deskriptor-Puffer.

Der Deskriptor-Puffer enthält insbesondere die Basisadresse des Segments im Arbeitsspeicher, die im 64–bit–Modus 64 bit, sonst 32 bit lang ist. Durch diesen Puffer kann der Prozessor ein Segment bearbeiten, ohne für jeden Befehl zeitaufwendig auf den Segment-Deskriptor im Arbeitsspeicher zugreifen zu müssen. Das Laden der Segmentregister mit neuen Selektoren geschieht

- direkt durch spezielle Ladebefehle oder

- indirekt bei Unterprogramm-Aufrufen bzw. Rücksprüngen, Ausnahmebehandlungen oder Sprüngen über die Segmentgrenzen hinweg (*Jump Far*).

Im Folgenden wollen wir die verschiedenen Segmentregister und die von ihnen verwalteten Segmente beschreiben.

CS-Register (Code–Segment)

Jede Instruktion eines Prozesses ist in einem *Code–Segment* (*Code Segment*) abgespeichert. Das CS-Register enthält den Selektor und den Deskriptor für das Segment, in dem der aktuell benutzte Programmcode abgelegt ist. Beim Laden eines Befehls (*Instruction Fetch, OpCode Fetch*) wird automatisch der Selektor aus diesem Register benutzt. Der Offset des gewünschten Befehls zum Segmentanfang wird durch den Befehlszähler IP (*Instruction Pointer*) spezifiziert. Die Addition der Segment-Basisadresse im CS–Register und des Inhalts von IP, in Assemblerschreibweise „CS:IP", gibt die vollständige Adresse (32 bzw. 64 bit) für den neu zu ladenden Befehlscode. Eine Änderung

---

[10] „Versteckt" heißt, dass auf ihn nicht durch einen Befehl, sondern nur durch die Hardware zugegriffen werden kann.

des Inhalts des CS–Registers und damit ein Wechsel zu einem neuen Code–
Segment kann nur indirekt durch *Interrupts, Traps, Exceptions* oder durch
Sprünge zu virtuellen Adressen in anderen Segmenten (*Jump Far*) erfolgen.
Das Segmentregister CS kann also nicht direkt, beispielsweise durch einen
Transferbefehl (MOVE[11]), neu gesetzt werden.

SS-Register (Stack–Segment)

Fast jeder Prozess benötigt einen Stack, z.B. für Unterprogramm-Aufrufe.
Auch ein Stack beansprucht Speicherplatz, für den ebenfalls ein bestimmtes Segment, das *Stack–Segment* (*Stack Segment*), im Speicher vorgesehen
ist. Dieses Segment wird durch den Selektor im SS–Register spezifiziert. Alle Stack–Operationen beziehen sich automatisch auf dieses Segment. Der
Adressen–Offset zum Segmentanfang wird durch den Stackpointer SP festgelegt. Das SS–Register lässt sich (im Gegensatz zu CS) auch explizit neu laden,
z.B. durch den Befehl: MOVE SS,AX, wobei AX den (16-bit-)Akkumulator
des x86-Prozessors bezeichnet.

DS-, ES-, FS- und GS-Register (Daten–Segmente)

Jedes sinnvolle Programm benutzt selbstverständlich auch Daten. Die Register DS, ES, FS und GS ermöglichen es, vier verschiedene *Daten–Segmente*
(*Data Segment, Extra Data Segments*) zu spezifizieren, auf die das Programm
unter Angabe der Segmentregister direkt zugreifen kann. Wenn kein Daten-
Segmentregister explizit angegeben ist, werden alle Datenzugriffe standardmäßig auf das Register DS bezogen. Lediglich Ziele von Zeichenkettenopera-
tionen (*String Operations*) beziehen sich stets auf das durch ES spezifizierte
Segment.

Der Befehl MOVSW kopiert z.B. das Speicherwort an der Stelle DS:[SI]
nach ES:[DI], wobei [SI], [DI] die indirekte Registeradressierung mit den In-
dexregistern SI, DI kennzeichnen. Die Manipulation der Segmentregister ist
durch Befehle möglich, die nur im „Betriebssystemmodus" (*Supervisor Mode*)
des Prozessors ausgeführt werden können. So lassen sich die Register DS, ES,
FS und GS explizit durch MOVE–Befehle laden, um zusätzlich noch weitere
Daten–Segmente benutzen zu können.

Jedes Segment, dessen Anfangsadresse in einem der Segmentregister abgelegt ist, befindet sich physikalisch im Hauptspeicher, so dass darauf unverzüglich zugegriffen werden kann. Somit bilden die durch die Segmentregister
spezifizierten Segmente die Arbeitsmenge des Prozesses (s. Abschnitt 2.1.1).
In Abbildung 2.8 ist die Adressierung der verschiedenen Segmente, die wir
soeben beschrieben haben, skizziert, wobei beispielhaft das GS–Register nicht
benutzt wurde.

---

[11] Intel–Bezeichnung: MOV.

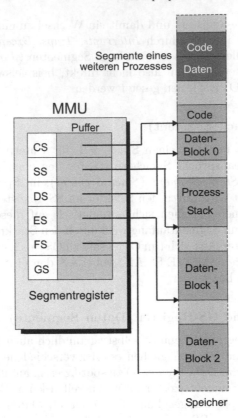

Abb. 2.8 Zugriff auf die Arbeitsmenge eines Prozesses mit Hilfe der Segmentregister.

2.2.2 Adressierungsmodi

In Abbildung 2.5 wurde nur schematisch dargestellt, wie mit einem Segment-Selektor und einem Offset ein Speicherwort ausgewählt werden kann. Wir wollen nun genauer darstellen, wie mit Hilfe dieser beiden Größen physikalische Adressen generiert werden. Um Kompatibilität zu den älteren Mikroprozessoren innerhalb der x86–Produktfamilie zu gewährleisten, können die Prozessoren in verschiedenen Adressierungsmodi arbeiten, dem *Real Address Mode* und dem *Protected Virtual Address Mode*. Damit der Prozessor unterscheiden kann, in welchem Modus er sich gerade befindet, ist im letztgenannten Modus in seinem Statusregister MSW (Maschinenstatuswort, *Machine Status Word*) ein entsprechendes Bit gesetzt (*Protection Enable* – PE).

Real (Address) Mode

Da in diesem Modus die Adressierungsfähigkeiten des Intel 8086 maßgebend sein sollen, sind nur 20 bit lange physikalische Adressen zugelassen, d.h. die maximal adressierbare Hauptspeichergröße beträgt 1 MB.[12] Wie aus dem 16-bit-Selektor und dem 32–bit–Offset eine 20 bit lange physikalische Adresse gebildet wird, zeigt Abbildung 2.9. In diesem Fall gibt der Selektor[13] die 16 höherwertigen Bits der 20 bit langen Segment–Basisadresse an. Die verbleibenden 4 Bits werden als '0000' angenommen. Durch den 16 bit langen Offset können Segmente einer maximalen Länge von 64 kB angesprochen werden. Die physikalische Adresse errechnet sich durch die Addition von Segment-Basisadresse und Offset.

In diesem Modus können alle auf dem 8086 entwickelten Programme verarbeitet werden. Allerdings sind die erweiterten Möglichkeiten und Fähigkeiten der modernen x86–Prozessoren, z.B. zur Speicherverwaltung, nicht nutzbar.

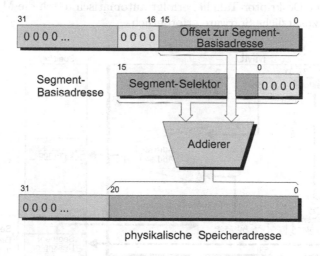

Abb. 2.9 Adressberechnung im *Real Address Mode*.

Protected (Virtual Address) Mode

Im Folgenden werden wir uns ausschließlich mit diesem Adressierungsmodus beschäftigen, in dem alle erweiterten Möglichkeiten der x86-Prozessoren

---

[12] Der 8086 hatte nur 20 Adressbits!

[13] Hier haben die Bits 2 – 0 des Selektors keine besondere Bedeutung, vgl. Abbildung 2.6.

voll ausgeschöpft werden können, d.h. in diesem Modus stehen die erweiterte Speicherverwaltung, die Multitasking–Fähigkeit und die implementierten
Schutzmechanismen zur Verfügung. So kann z.B. von der Speicherverwaltung ein mehrere Terabyte großer virtueller Adressraum in einen maximal 4
GB[14] großen physikalischen Adressraum abgebildet werden. Die Begrenzung
des physikalischen Adressraums ergibt sich hier aus den 32 Adressleitungen
(ab 80386), die beim x86–Prozessor (wenigstens) zur Verfügung stehen. In
Abbildung 2.10 ist der Adressierungsmodus dargestellt.

Wie bereits in den vorhergehenden Abschnitten kurz dargestellt, spezifiziert der Selektor-Teil der virtuellen Adresse im *Protected Mode* nicht direkt
die Basisadresse des Segments, sondern verweist auf den Eintrag einer im
Speicher vorhandenen Tabelle. Dieser Eintrag wird *Segment–Deskriptor* genannt und enthält – im 32–bit–Modus – u.a. die 32 bit lange Basisadresse
des Segments. Um die physikalische (lineare) Adresse zu erhalten, wird zu
dieser Basisadresse – wie im *Real Mode* – der 32–bit–Offset addiert, der in
der virtuellen Adresse angegeben ist. Die Wahl der (richtigen) Tabelle, der
sog. Segment-Deskriptor-Tabelle, erfolgt automatisch durch die MMU; es ist
dazu keine zusätzliche Software erforderlich.

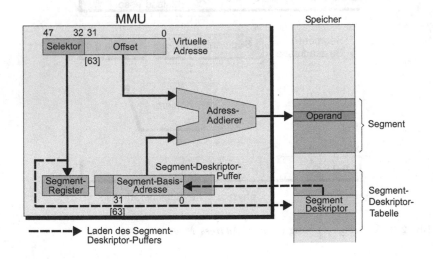

Abb. 2.10 Adressberechnung im *Protected Virtual Address Mode*.

Im 64–bit–Modus wird die Basisadresse auf 64 bit erweitert. Hier ist die
Segmentierung für Code– und Daten–Segmente ohne Funktion, d.h. es wird
ein zusammenhängender 64–bit–Adressraum verwendet. Die Angaben in den
Segment–Deskriptoren werden dabei ignoriert und die Basisadressen der Segmente werden automatisch als auf 0 gesetzt angenommen. Eine Überprüfung

---

[14] bzw. 64 TB (Terabyte) im erweiterten Adressierungsmodus ab dem Intel Pentium
Pro.

auf Speicherbereichs–Überschreitungen wird nicht durchgeführt. Nur für die so genannten System-Segmente (s.u.) wird die Segmentierung im vollen Umfang durchgeführt.

Flache Speichermodelle (*Flat Models*)

Anders als die Seitenverwaltung kann man die Segmentierung bei den x86–Prozessoren nicht grundsätzlich ausschalten (z.B. durch ein bestimmtes Steuerbit). Moderne Betriebssysteme machen jedoch nur rudimentär von der Segmentierung Gebrauch. Dazu existieren im 32–bit–Modus zwei so genannte „flache" Speichermodelle (*Flat Models*), die sich folgendermaßen unterscheiden:

Im *Basic Flat Model* wird der gesamte 4–GB–Adressraum als ein einziges Segment aufgefasst. Dazu müssen wenigstens ein Code– und ein Daten–Segment–Deskriptor angelegt werden, die mit der Segment–Basisadresse 0 und der Segment–Größe 4 GB belegt werden. Dadurch findet hier keine Fehlerunterbrechung statt, wenn eine Adresse außerhalb des physikalisch realisierten Adressraums angesprochen wird.

Für das *Protected Flat Model* gelten dieselben Bedingungen, nur wird hier die Größe der Segmente auf die Größe des physikalisch realisierten Adressraums eingestellt. In diesem Fall werden also Fehlerunterbrechungen beim Zugriff auf eine nicht realisierte Speicheradresse ausgelöst. Natürlich ist es auch möglich, den physikalisch realisierten Speicher in zwei getrennte Segmente aufzuteilen, eines für den Code, das andere für die Daten, und so einen etwas feineren Speicherschutz zu erhalten.

2.2.3 Segment–Deskriptoren

Wir wollen uns jetzt die Einträge in den Segment–Deskriptor–Tabellen, also die Segment–Deskriptoren, genauer ansehen. Dabei beschränken wir uns der Einfachheit halber zunächst auf die Darstellung im 32–bit–Modus. Die Deskriptoren bilden die Basis der virtuellen Speicherverwaltung und der Schutzmechanismen. Jedes Segment kann durch drei Attribute beschrieben werden:

- die Segment–Basisadresse (*Base Address*),
- die Segmentgröße in byte (*Limit*),
- die Zugriffsrechte (*Access Rights*) zur Realisierung von Schutzmechanismen (*Protections*).

Diese Attribute sind in den Segment-Deskriptoren abgelegt, die den Segmentzugriff steuern. Die Deskriptoren sind 8 byte lang und haben das in Abbildung 2.11 dargestellte Format.

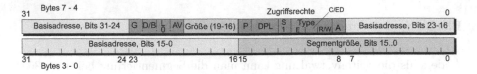

Abb. 2.11 Format des Segment-Deskriptors.

Die Basisadresse des Segments ist 32 bit lang und kann jede Adresse des (linearen) 4–GB–Adressraums darstellen. Die Größe des Segments (*Limit*) wird im Deskriptor in Einheiten von 1 byte bzw. 4 kB (s.u.) angegeben.[15] Es gilt:

- kleinste Segmentadresse = Basisadresse,
- größte Segmentadresse = Basisadresse + Segmentgröße.

Die Segmentgröße ist also der größtmögliche Offset. Damit ist die Länge des Segments durch (Segmentgröße + 1) gegeben. Weil 20 Bits zur Verfügung stehen, ist eine maximale Segmentgröße von 2^{20} Einheiten (1 MEinheiten)[16] möglich. Die Größe dieser Einheiten wird durch das Granularitätsbit G (*Granularity*) vorgegeben: Ist G=0, so ist diese Einheit 1 byte, für G=1 ist sie 4 kB. Dem entsprechen maximale Segmentgrößen von 1 MB bzw. 4 GB. Die Basisadresse besteht aus 4 Bytes und erlaubt so die vollständige Adressierung des maximalen, physikalischen Adressraums von 4 GB (2^{32} byte).

Im fünften Byte (*Access Byte*) werden die Zugriffsrechte spezifiziert, wobei die einzelnen Bits die folgenden Bedeutungen haben:

P   (*Present Bit*): Dieses Bit zeigt an, ob sich das durch den Deskriptor beschriebene Segment im Hauptspeicher befindet. Ist P=0, ist es nicht speicherresident und muss vom Betriebssystem zunächst in den Hauptspeicher eingelagert werden, bevor auf Daten aus diesem Segment zugegriffen werden kann (vgl. Abschnitt 2.1.1). Der Versuch, einen Selektor in ein Segmentregister zu laden, der auf einen Deskriptor mit P=0 zeigt, führt zu einer Ausnahmesituation (*Segment not Present* – NP). Bis auf das *Access Byte* mit den

---

[15] Die merkwürdig anmutende Verteilung der Basisadresse (wie auch der Segmentgröße) über den Deskriptor hat nur historische Gründe, die mit der Kompatibilität der Mitglieder der x86–Familie zusammenhängen.

[16] 1 M = 1 Mega...

Zugriffsrechten kann das Betriebssystem frei über die Bytes eines Deskriptors verfügen, in dem das P–Bit auf 0 gesetzt ist. Dort kann es z.B. nähere Informationen über das ausgelagerte Segment ablegen.

DPL   (*Descriptor Privilege Level*): Eine der wichtigsten Erweiterungen zur Implementierung von Schutzmaßnahmen ist die Einführung spezieller Prioritäten, die bei den x86–Prozessoren *Privileg-Ebenen* (*Privilege Levels* – PL) genannt werden. Sie ermöglichen, dass Segmente vor unzulässigem Zugriff direkt durch die Hardware geschützt werden. Es gibt die vier Privileg–Ebenen 0 – 3. Sowohl Segmente als auch Prozesse gehören stets eindeutig zu einer bestimmten Privileg–Ebene. Es gibt genaue Zugriffsregeln, die festlegen, welche Segmente von einem bestimmten Prozess benutzt werden dürfen. Genaueres zu diesem Problemkreis wird im Abschnitt 2.4 erklärt.

S   (*Descriptor Type Flag*): Dieses Bit ist hier auf '1' gesetzt. Dadurch wird gekennzeichnet, dass es sich um einen Deskriptor für ein Code–, Daten– oder Stack–Segment handelt. Bei anderen Deskriptor-Arten, die zu den so genannten System–Segmenten gehören, ist das S–Bit auf '0' gesetzt. Diese so genannten *Kontroll-Deskriptoren* werden Sie in den folgenden Abschnitten kennen lernen.

TYPE   Diese drei Bits unterscheiden die verschiedenen Segmenttypen. Die in Abbildung 2.11 angegebene Belegung gilt für Code– und Daten–Segmente, da S=1 ist. Auf diese wollen wir uns hier zunächst beschränken. Stack–Segmente werden dabei als Daten–Segmente mit Schreib–/Lesezugriff behandelt. Die Bits des *Type*–Feldes bedeuten im Einzelnen:

E   (*Executable Bit*, Bit 3 von Byte 5): Mit diesem Bit lässt sich feststellen, ob es sich um ein Daten–Segment (E=0) oder ein Code–Segment (E=1) handelt.

C/ED   (*Conforming Bit* bzw. *Expand–Down Bit*, Bit 2):

Code–Segment: Beschreibt der Deskriptor ein Code–Segment (d.h. E=1) und ist das Bit 2 gesetzt (C=1), dann ist es ein so genanntes *Conforming Code Segment*. Segmente dieses Typs können auch von Prozessen mit einer niedrigeren Privileg–Ebene benutzt werden. Gilt C=0, so handelt es sich um ein *Nonconforming Code Segment*. Genaueres dazu finden Sie im Unterabschnitt 2.4.2.

Daten–Segment: Beschreibt der Deskriptor ein Daten–Segment (E=0), dann bedeutet das gesetzte Bit 2, d.h. ED=1, dass es sich um ein *Expand–Down Segment* handelt. Solche Segmente werden bevorzugt zur Realisierung von Stacks benutzt[17]. (Der Begriff *Expand–*

---

[17] Stack–Segmente können prinzipiell aber auch *Expand–Up*–Segmente sein.

Down bedeutet gerade, dass dieses Segment sich nach unten, also zu kleineren Adressen hin, ausdehnt.) Bei ihnen darf der Offset größer als die maximale Segmentgröße werden. Die Adressierung verläuft anders als bei normalen Segmenten, und zwar gilt:

kleinste Segmentadresse = Basisadresse + Segmentgröße + 1,

größte Segmentadresse = Basisadresse + $2^{16+B*16}$,

wobei das Bit B (als Bit 6) im Byte 6 angegeben ist. Für B=0 ergibt sich also die zur Basisadresse addierte Zweierpotenz zu 64 kB, für B=1 zu 4 GB (*Big*).

Im Weiteren wollen wir nicht weiter auf *Expand–Down*–Segmente eingehen.

R/W   (*Read/Write Bit*, Bit 1):

Code–Segment Bei einem Code–Segment (E=1) bedeutet ein gesetztes Bit 1, d.h. R=1, dass in diesem Segment enthaltene Wörter gelesen werden dürfen. Dies kann insbesondere nötig sein, wenn ein Code–Segment auch Konstanten oder andere statische Daten enthält[18].

Im anderen Fall, d.h. R=0, dürfen die Befehle im Code–Segment nur ausgeführt werden.

Daten–Segment Bei einem Daten–Segment legt das Bit 1 fest, ob in das Segment neue Daten eingeschrieben werden dürfen (W=1) oder nicht (W=0).

A   (*Accessed Bit*, Bit 0): Dieses Bit im Segment–Deskriptor eines Daten– oder Code–Segments wird von der MMU dann gesetzt, wenn ein Selektor, der auf diesen Deskriptor zeigt, in ein Segmentregister geladen wird. Danach führt jeder Zugriff auf dieses Segment zum erneuten Setzen des A–Bits. Das Betriebssystem kann das *Accessed Bit* in bestimmten Zeiträumen wieder zurücksetzen und so feststellen, wie häufig auf ein bestimmtes Segment zugegriffen wurde. Mit Hilfe dieses Bits wird für das Betriebssystem die Implementierung von Ersetzungsstrategien wie z.B. LRU erleichtert (vgl. Abschnitt 2.1.1).

Im Byte 6 des Deskriptors finden sich die folgenden vier Kontrollbits:

G   (*Granularity Bit*, Bit 7 von Byte 6): Dieses Bit wurde bereits am Anfang dieses Unterabschnitts beschrieben.

D/B   (*Data/Big Bit*, Bit 6 von Byte 6): Wie oben beschrieben, gibt dieses Bit bei *Expand–Down*–Segmenten die Größe der betrachteten Spei-

---

[18] Z.B. ein in einem Festwertspeicher abgelegter Teil des Betriebssystems mit bestimmten Systemtabellen.

chereinheiten an (*Big Bit*). In Code- und Daten–Segmenten werden durch D=0 die Adressen- und Datenlängen auf 16 bit begrenzt[19], bei D=1 werden 32-bit-Adressen und –Daten unterstellt (*Data Bit*). Bei Stack–Segmenten legt B die Länge des *Stack Pointers* (SP: 16 bit, ESP: 32 bit) fest.

L   (Bit 5 von Byte 6): Dieses Bit zeigt nur für ein Code–Segment (!) im IA–23e–Modus an, in welcher Betriebsart der Prozess ausgeführt wird, zu dem dieses Segment gehört: L=0 kennzeichnet einen Prozess im Kompatibilitätsmodus, L=1 einen Prozess im 64–bit–Modus. Bei Prozessoren mit 32–bit–Architektur ist dieses Bit ohne Bedeutung und sollte auf 0 gesetzt werden.

AV   (*Available Bit*, Bit 4 von Byte 6): Dieses Bit kann vom Betriebssystem (oder vom Anwendungsprogrammierer) für beliebige Zwecke benutzt werden.

Die oben vorgestellten Deskriptoren werden in Tabellen abgelegt und verwaltet. Mit diesen Tabellen werden wir uns nun beschäftigen.

2.2.4 Deskriptor–Tabellen

Für die Segmente, die von allen Prozessen gemeinsam benutzt werden müssen, gibt es eine globale Deskriptor–Tabelle. Des weiteren kann es für jeden Prozess eine oder mehrere lokale („private") Deskriptor–Tabellen geben. Diese lokalen Tabellen können wiederum von mehreren Prozessen gemeinsam benutzt werden. Da jeder Deskriptor 8 byte lang ist und der Index im Selektor, der einen bestimmten Deskriptor auswählt, 13 bit lang ist, kann jede Tabelle höchstens 64 kB groß sein und maximal 8k (8192) Deskriptoren enthalten. Im 64–bit–Modus, in dem – wie oben bereits erwähnt – nur die so genannten System-Segmente der vollen Segmentierung unterworfen werden, werden deren Deskriptoren auf 16 byte erweitert, indem in der Tabelle jeweils zwei hintereinander folgende Einträge verwendet werden. Neben den bereits beschriebenen Segment–Deskriptoren werden wir in den folgenden Abschnitten noch weitere Deskriptortypen, die so genannten *System–Deskriptoren*, erklären, die ebenfalls in den Deskriptor–Tabellen abgelegt sind und den Zugriff auf Interrupt- und *Trap*-Routinen sowie den Wechsel zwischen Prozessen steuern.

---

[19] Wie es beim 80286 gegeben war.

Globale Deskriptor-Tabelle (GDT)

Die GDT (*Global Descriptor Table* enthält – wie eben gesagt – die Deskriptoren derjenigen Segmente, die von allen Prozessen gemeinsam benutzt werden dürfen. Dies können z.B. Segmente mit dem Betriebssystemcode, Compilern, Editoren oder ähnliche, für viele Prozesse wichtige Dienste sein.

Der Eintrag (mit der Nummer 0) in der GDT wird von der MMU nicht benutzt. Ein Selektor mit dem Index 0 wird daher als *Null Segment Selector* bezeichnet. Er kann zur Initialisierung der Daten–Segmentregister (DS, ES, FS, GS) benutzt werden. Ein fehlerhafter Zugriff auf eines dieser Segmente über diesen Selektor führt dann zu einer Ausnahmesituation im Speicherschutz (s. Abschnitt 2.7.4, *General Protection Exception* – GP). Diese Ausnahmesituation wird beim Code– und Stack–Segmentregister CS bzw. SS bereits beim Laden mit dem Wert 0 verursacht.

Lokale Deskriptor-Tabelle (LDT)

Die LDT (*Local Descriptor Table*) enthält die Segment-Deskriptoren der „privaten" Code- und Daten–Segmente eines Prozesses, auf die nicht jeder andere Prozess Zugriff erhalten soll. Jeder Prozess kann seine eigene LDT besitzen. Es gibt spezielle Mechanismen, die einem Prozess den kontrollierten Zugriff auf fremde Segmente erlauben (s. Abschnitt 2.6).

2.2.4.1 Verwaltung der Deskriptor-Tabellen

Die globale Deskriptor-Tabelle kann sich an einer beliebigen Stelle im Hauptspeicher befinden. Weil aber in jedem System nur eine einzige GDT vorhanden ist, ist zu ihrer Spezifikation kein spezieller Deskriptor erforderlich. Der Zugriff auf diese Tabelle erfolgt statt dessen über ein spezielles Register im Prozessor, das so genannte globale Deskriptor–Tabellen–Register (*Global Descriptor Table Register* – GDTR). Es ist ein 48–bit–Register, im 64–bit–Modus ein 80–bit–Register, mit der in Abbildung 2.12 angegebenen Form. Die höchstwertigen vier bzw. acht Bytes bestimmen die Basisadresse, die letzten zwei Bytes die Größe der GDT. Bei jedem Zugriff auf die GDT wird die durch den Index des Selektors bestimmte (relative) Deskriptor-Adresse mit der Tabellengröße verglichen (*Limit Check*) und führt bei einer Überschreitung zu einer Ausnahmesituation (vgl. Abschnitt 2.4). Das *Access Byte* fehlt im GDTR, weil alle Prozesse das Zugriffsrecht auf die GDT besitzen.

Sobald ein neuer Prozess generiert wird, erzeugt das Betriebssystem für ihn eine LDT. Dort trägt es alle Deskriptoren ein, die die Segmente des Prozesses beschreiben. In diesen Deskriptoren werden die *Present Bits* P zunächst zurückgesetzt und zeigen dadurch an, dass sich die Segmente noch

Basisadresse (32 bzw. 64 bit)	Tabellen-Größe (16bit)

Bit   47 [79]   16 15   0

Abb. 2.12 GDT-Register.

nicht im Hauptspeicher befinden. Zusätzlich erzeugt das Betriebssystem in der GDT einen Deskriptor, der auf die LDT verweist.

Wenn der Prozess im Zustand „aktiv" ist, werden vom Betriebssystem die vom Prozess aktuell benötigten Segmente vom Hintergrundspeicher in den Hauptspeicher geladen. Anhand der momentanen Hauptspeicher-Belegung bestimmt es für jedes Segment eine geeignete Speicherlücke und legt dadurch die Basisadresse fest. Diese wird im Segment-Deskriptor eingetragen und das Segment durch das P-Bit als speicherresident gekennzeichnet.

Die vom System verwalteten lokalen Deskriptor-Tabellen sind spezielle Segmente, die ausschließlich Deskriptoren enthalten. Wie jedes Segment können auch die LDTs verschiedene Größen aufweisen und sind, wie z.B. Code- und Daten–Segmente, durch

- die Basisadresse (*Base Address*),
- die Größe (*Limit*) und
- die Zugriffsrechte (*Access Rights*)

gekennzeichnet. Im Gegensatz zur GDT–Tabelle, die es ja nur einmal gibt und auf die alle Prozesse zugreifen dürfen, besitzt eine LDT also auch spezielle Zugriffsrechte. Die oben genannten Kenngrößen einer LDT sind in einem speziellen LDT–Deskriptor abgespeichert, der das in Abbildung 2.13 dargestellte Format besitzt. Damit der Prozessor die Basisadressen der benötigten LDTs finden kann, müssen sämtliche LDT–Deskriptoren in der GDT abgespeichert sein. Die Lage eines LDT–Deskriptors in der GDT kann vom Betriebssystem frei gewählt werden.

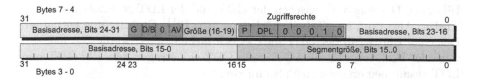

Abb. 2.13 LDT–Deskriptor.

Die im doppelt umrandeten (*Access-*)Byte eingetragenen Zugriffsrechte sowie alle anderen Bitfelder haben dieselbe Bedeutung wie bei den im Unterabschnitt 2.2.3 beschriebenen Segment-Deskriptoren. Die auf „00010" gesetzten *Type*–Bits dieses Bytes identifizieren den Deskriptor als einen LDT–Deskriptor. Wie bereits erwähnt, zeigt dabei das auf '0' gesetzte S-Bit[20], dass es sich um einen Kontroll–Deskriptor (*System Descriptor*) handelt.

Für den Zugriff auf die LDT des augenblicklich aktiven Prozesses gibt es im Prozessor ein Register, das so genannte LDT–Register (*Local Descriptor Table Register* – LDTR), das das in Abbildung 2.14 dargestellte Format besitzt.

Selektor	Zugriffsr.	LDT-Basisadresse (32/64 bit)	LDT-Größe
Bit 15 0	7 0	31[63] 0	15 0

Abb. 2.14 Das LDT-Register – LDTR.

Durch einen Befehl kann nur auf die 16 höchstwertigen Bits des Registers direkt zugegriffen werden, die den Selektor des aktuellen LDT–Deskriptors in der GDT enthalten. Wird nach einem Prozesswechsel ein neuer Selektor dort eingetragen, so lädt der Prozessor automatisch aus der GDT die Basisadresse, die Größe der neuen LDT sowie die Zugriffsrechte (*Access Byte*) in den niederwertigen, „unsichtbaren" Teil des LDT–Registers (*Invisible, Hidden Descriptor Cache*).[21] Dadurch wird für alle folgenden Zugriffe auf die LDT das zeitaufwendige Lesen ihres Deskriptors aus der GDT vermieden.

In Abbildung 2.15 wird dargestellt, wie die lokalen Datenbereiche zweier Prozesse A und B voneinander getrennt werden. Auf den globalen Adressraum können beide gemeinsam zugreifen. Das LDT–Register zeigt im dargestellten Beispiel auf die LDT des Prozesses B, d.h. B ist der momentan vom Prozessor bearbeitete Prozess. In der GDT gibt es für beide Prozesse Deskriptoren, die auf ihre LDTs verweisen.

Mit den angegebenen Informationen kann man für einen x86–Prozessor die folgenden Werte berechnen:

Maximale Anzahl von Segmenten: Jeder Segment–Deskriptor ist 8 (2^3) Bytes groß. Ein Prozess kann seine Segment–Deskriptoren sowohl in seiner LDT wie auch in der GDT haben. Der Index im Segment–Selektor ist 13 Bits lang. Die Auswahl zwischen der GDT und der LDT geschieht durch das TI–Bit. Also kann jede Tabelle höchstens 8192 (2^{13}) Deskriptoren enthalten. Der erste Eintrag in der GDT darf jedoch nicht benutzt werden. Außerdem muss der Deskriptor für die LDT in der GDT eingetragen sein. Für GDT und LDT zusammen ergeben sich also maximal:

$$2^{13} - 2 + 2^{13} = 2^{14} - 2 = 16\,382 \text{ Segmente.}$$

[20] Bit 4 des *Access Bytes*.
[21] Ähnlich dem Laden des „versteckten" Segment–Deskriptor–Puffers, vgl. Abbildung 2.7.

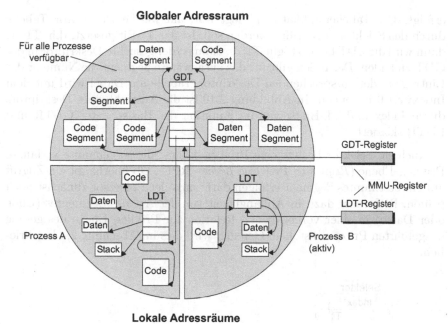

Abb. 2.15 Aufteilung der Datenbereiche zweier Prozesse A, B durch GDT und LDT.

Maximale Größe des virtuellen Adressraums: Jedes einzelne Segment besitzt eine maximale Größe von 2^{20} Einheiten. Die Größe der Einheit wird durch das G–Bit (*Granularity*) auf 1 Byte bzw. 4 kB festgelegt. Damit kann ein Segment einen maximalen Adressraum von 1 MB bzw. 4 GB umfassen. Die maximale Größe des virtuellen Adressraums eines einzelnen Prozesses liegt damit (näherungsweise)

$$\text{zwischen } 2^{14} \cdot 1 \text{ MB} = 16 \text{ GB und } 2^{14} \cdot 4 \text{ GB} = 64 \text{ TB.}[22]$$

Maximale Größe des linearen Adressraums: Eine Segment–Basisadresse hat eine Länge von 32 Bits, zu der ein 32 Bit großer Offset addiert wird. Jede lineare Adresse hat also eine Länge von 32 Bits, deshalb umfasst der lineare Adressraum:

$$2^{32} \text{ byte} = 4 \text{ GB.}$$

Nachdem wir die im System zur Speicherverwaltung vorhandenen Tabellen beschrieben haben, können wir uns wieder der Berechnung physikalischer Adressen zuwenden. In Abbildung 2.5 hatten wir den Aufbau des Selektors dargestellt, mit dessen Hilfe der Zugriff auf eine Segment–Deskriptor–Tabelle

---

[22] 1 TB = 1 Terabyte = 2^{40} byte.

erfolgt. Der Tabellenindikator TI legt fest, auf welche Deskriptor–Tabelle durch den Selektor zugegriffen werden soll. Ist das TI-Bit gesetzt, d.h. TI=1, dann wird die LDT benutzt; gilt TI=0, dann ist der gesuchte Deskriptor in der GDT zu finden. Der Index gibt für das ausgewählte Segment die Nummer des Eintrags in der entsprechenden Deskriptor–Tabelle an. Dabei wird mit dem Indexwert 0 begonnen. In Abbildung 2.16 ist die Auswahl eines Deskriptors durch Index und TI–Bit sowie die Funktion der Basisregister GDTR und LDTR skizziert.

Auch ein Selektor besitzt eine Privileg–Ebene, die so genannte verlangte Privileg–Ebene (*Requested Privilege Level* – RPL). Ob überhaupt ein Zugriff auf ein bestimmtes Segment erfolgen darf, muss der Prozessor zunächst noch prüfen. RPL muss dazu in Abhängigkeit von der Art des Segmentes (Code oder Daten) in einer vorgegebenen Relation zur Privileg–Ebene des gerade ausgeführten Prozesses stehen. Genauer wird dies im Abschnitt 2.4 beschrieben.

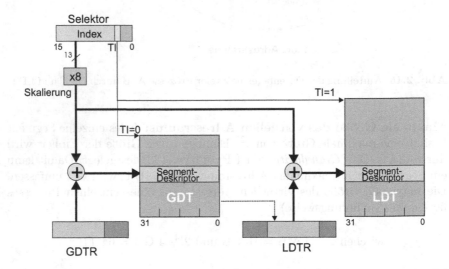

Abb. 2.16 Auswahl zwischen GDT und LDT.

Beispiel:

Wir ermitteln nun einen Deskriptor – in graphischer und hexadezimaler Form –, der ein *Nonconforming Code Segment* eines 32–bit–Prozessors beschreibt, auf das noch nicht zugegriffen wurde und das folgende Eigenschaften hat:

- Privileg–Ebene: 3,
- Größe: 256 kB, Einheit: 1 Byte,
- Basisadresse: $73A1 0300,

- Lage: im Arbeitsspeicher,

- Zugriffsrechte: Daten dürfen gelesen werden.

Die Segmentgröße (*Limit*) ist definiert als der größtmögliche Offset. Es gilt damit:

Segmentgröße = Größe des Segments in byte − 1 = \$040000 − 1 = \$03FFFF.

Für das Zugriffsbyte (*Access Byte*) bekommt man die in Abbildung 2.17 gezeigte Belegung. Hexadezimal ist dies: \$FA.

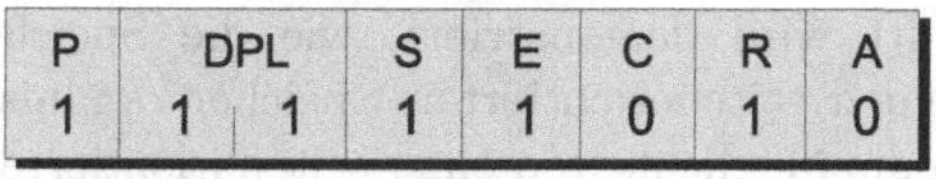

P	DPL	S	E	C	R	A
1	1 1	1	1	0	1	0

Abb. 2.17 Belegung des Zugriffsbytes.

Für den Segment–Deskriptor erhält man daraus die in Abbildung 2.18 gezeigte Belegung. In hexadezimaler Form ist das: \$7343FAA1 0300FFFF.

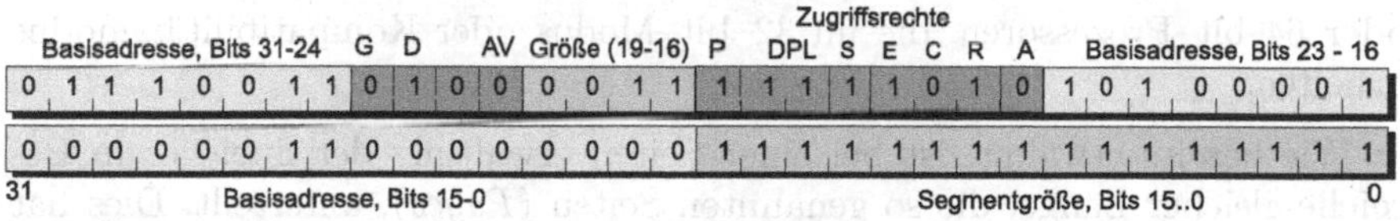

Abb. 2.18 Belegung des Segment–Deskriptors.

Nun wollen wir die virtuelle (logische) Adresse einer Variablen bestimmen, die sich mit einem Offset von \$022A 0FA3 in einem Code–Segment der Privileg-Ebene PL=3 befindet. Der zugehörige Deskriptor liege in GDT(250), d.h. im Eintrag mit der (dezimalen) Nummer 250 der GDT.

Die virtuelle Adresse wird durch den Index, den Tabellenindikator TI und die Privileg–Ebene RPL bestimmt. Mit 250 = \$FA erhalten wir die in Abbildung 2.19 gezeigte Adresse.

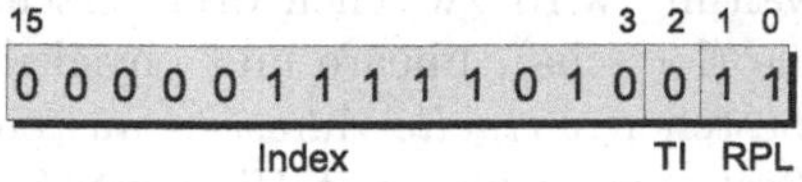

Abb. 2.19 Ermittelte Adresse.

In Hexadezimal–Schreibweise ist dann der Selektor $07D3 und damit die
komplette logische Adresse $07D3 : $022A 0FA3.

Wenn in GDT(250) der oben angegebene Deskriptor steht, ergibt sich
die zugehörige lineare Adresse, indem man Basisadresse und Offset addiert:
$73A1 0300 + $022A 0FA3 = $75CB 12A3.   (**Ende des Beispiels**)

2.3 Seitenorientierte Speicherverwaltung

In diesem Abschnitt wird demonstriert, wie die Speicherverwaltungseinheit (MMU) für einen seitenorientierten Speicher organisiert ist. Die x86-
Prozessoren bieten die Möglichkeiten einer seitenorientierten Speicherverwaltung zusätzlich zu der im letzten Abschnitt beschriebenen segmentorientier-
ten Verwaltung an. Die Speicheraufteilung in Seiten ist dabei optional, d.h.
der Prozessor kann auch ausschließlich mit Segmenten arbeiten, so dass die
Kompatibilität mit dem Prozessor Intel 80286 gewährleistet ist. Die erforderlichen Erweiterungen zur Verwaltung von Speicherseiten werden im Folgenden näher beschrieben. Dabei beschränken wir uns zunächst wieder auf
die Darstellung der Seitenverwaltung bei Prozessoren mit 32–bit–Architektur
oder 64–bit–Prozessoren, die im 32–bit–Modus oder Kompatibilitätsmodus
arbeiten.

Wie bereits erwähnt, ist bei einer Seitenverwaltung der Speicher in Bereiche gleicher Länge, die so genannten Seiten (*Pages*), unterteilt. Dies hat
Konsequenzen für die Adressierung:

Während Segmente an jeder beliebigen Stelle im Hauptspeicher beginn-
nen können, ist das bei Speicherseiten nicht möglich. Der gesamte Speicher-
Adressraum wird bei der Adresse 0 beginnend in ein Raster aus Seiten fester
Größe – auch Rahmen oder Kacheln genannt – unterteilt. Deshalb sind bei
den Basisadressen aller Seiten die niederwertigen Bits auf 0 gesetzt. Diese
Einschränkung vereinfacht die Verwaltung des Speichers sowie die Adress-
rechnung erheblich. Im Gegensatz zu den Segmenten finden sich jedoch – wie
bereits erwähnt – für einzelne Seiten keine Entsprechungen in der logischen
Struktur des Programms. Allerdings kann aber bei Seiten fester Länge die
Lokalitätseigenschaft von Programmen effizienter ausgenutzt werden.

Bei der Seitenverwaltung wird zwischen drei verschiedenen Adressarten
unterschieden: virtuelle (logische), lineare und physikalische Adressen. Wie
bereits beschrieben, bestehen *virtuelle Adressen* aus einem 16–bit–Selektor
und einem 32–bit–Offset. Sie werden mit Hilfe von Segment–Deskriptoren
in 32 bit lange *lineare Adressen* umgesetzt. Die Deskriptoren sind in den
Deskriptor–Tabellen abgelegt. Werden keine Speicherseiten verwendet, ist die

lineare Adresse auch bereits die physikalische Adresse, mit der auf den Arbeitsspeicher zugegriffen wird. Ist jedoch der Speicher zusätzlich in Seiten aufgeteilt, dann werden die linearen Adressen durch die auf dem Prozessor integrierte Seitenverwaltungseinheit (*Paging Unit*) in *physikalische Adressen* umgesetzt (Abbildung 2.20). Dazu dienen die Seitentabellen, die wir im Folgenden beschreiben werden.

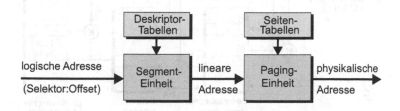

Abb. 2.20 Berechnung physikalischer Adressen.

Die für uns neue Umsetzung der linearen Adresse durch die *Paging*-Einheit betrachten wir im Folgenden Unterabschnitt genauer.

2.3.1 Berechnung physikalischer aus linearen Adressen

Zur Bestimmung physikalischer Speicheradressen wird ein zweistufiges, hierarchisches Tabellenverfahren angewendet. Zur Adressberechnung werden dabei das *Seitentabellen–Verzeichnis* (*Page Directory*), die *Seitentabellen* (*Page Tables*) und die Seiten selbst benötigt. Seitentabellen–Verzeichnis und Seitentabelle sind stets genau 4 kB groß, die Seiten selbst können 4 kB oder 4 MB groß sein. Die (im Folgenden noch genauer beschriebenen) Tabelleneinträge umfassen jeweils 4 byte[23], so dass in jeder Tabelle genau 1024 (teilweise auch ungenutzte) Einträge enthalten sind, die von 0 bis 1023 durchnumeriert sind. Abbildung 2.21 veranschaulicht die Umsetzung linearer Adressen in physikalische Adressen.[24]

Bevor wir ausführlicher auf den Aufbau der Tabellen, ihre Funktion sowie den Aufbau der einzelnen Tabelleneinträge eingehen, wollen wir ganz kurz die Ermittlung der physikalischen Adresse beschreiben.

Wie aus der Abbildung ersichtlich, wird jede lineare Adresse logisch in verschiedene Teile zerlegt. Auf ein bestimmtes Seitentabellen–Verzeichnis wird

---

[23] Auf Erweiterungen mit 8–byte–Einträgen und 2–MB–Seiten gehen wir erst später ein.

[24] Aus zeichnerischen Gründen werden in den folgenden Bildern Seitentabellen in getrennten Blöcken untergebracht.

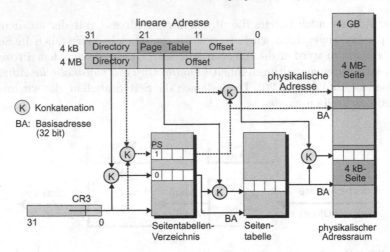

Abb. 2.21 Umsetzung linearer in physikalische Adressen mit Hilfe von Seitentabellen.

über ein spezielles Systemregister CR3 zugegriffen, in dem die Basisadresse des Verzeichnisses abgelegt ist. Die höchstwertigen 10 Bits der linearen Adresse (*Directory*) selektieren einen Eintrag in diesem Verzeichnis. In einem Bit des Verzeichniseintrags (*Page Size* – PS) wird die Größe der Speicherseite und ihre Adressierung festgelegt:

- Ist PS=0, so wird eine 4–kB–Seite angesprochen. Der Eintrag im Verzeichnis enthält die höherwertigen 20 Bits der Basisadresse einer weiteren Tabelle, der *Seitentabelle*. Die mittleren 10 Bits der linearen Adresse (*Page Table*) selektieren einen der 1024 Einträge aus der Seitentabelle. In diesem Eintrag stehen die höherwertigen 20 Bits der Basisadresse der angesprochenen Seite. Die niederwertigen 12 Bits der linearen Adresse werden als Offset an die Basisadresse der Seite gehängt und bilden so die endgültige, physikalische Adresse.

- Ist PS=1, so ist die gesuchte Seite 4 MB groß. Der Verzeichniseintrag enthält bereits die höherwertigen 10 Bits der Basisadresse der 4–MB–Seite im Speicher. Die niederwertigen 22 Bits der linearen Adresse werden als Offset an die Basisadressbits angehängt (Konkatenation) und bilden so die physikalische Adresse des angesprochenen Speicherwortes.

Zur Steuerung der Seitenverwaltung stehen der CPU fünf 32–bit–Register zur Verfügung. Da wir mehrfach auf diese Register verweisen müssen, werden sie bereits hier – in Abbildung 2.22 – dargestellt, ohne dass wir die einzelnen Bits schon erklären können. Im ersten Register CR0 ist das Maschinenstatuswort (MSW) abgespeichert. Sein höchstwertiges Bit (*Paging Enable* – PG) wird dann gesetzt, wenn der Prozessor eine Seitenverwaltung durchführen soll. (Dieses Register kann z.B. im Betriebssystemmodus durch den Befehl MOVE CR0 geladen werden.) Im Register CR2 wird die lineare Adresse derjenigen Seite abgelegt, die zu einem Seitenfehler geführt hat. Auf dieses Register kann das Betriebssystem zugreifen, um den Seitenfehler zu behandeln (s. Unterabschnitt 2.3.5). Im Register CR3 ist, wie schon erwähnt, die Basisadresse des Seitentabellen–Verzeichnis des gerade vom Prozessor bearbeiteten Prozesses abgelegt. Bei einem Prozesswechsel wird automatisch die Basisadresse des neuen Seitentabellen–Verzeichnisses ins Register CR3 eingetragen.

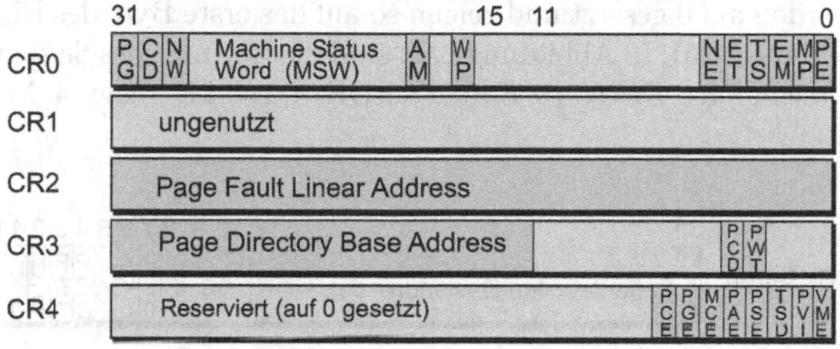

	31	15 11	0
CR0	P C N | Machine Status | A | W		N E T E M P
	G D W | Word (MSW) | M | P		E T S M P E
CR1	ungenutzt		
CR2	Page Fault Linear Address		
CR3	Page Directory Base Address		P P C W D T
CR4	Reserviert (auf 0 gesetzt)		P P M P P T P V C G C A S S V M E E E E E D I E

Abb. 2.22 Systemregister zur Verwaltung der Speicherseiten.

Hier sei weiter nur auf zwei Bits im Steuerregister CR4 verwiesen:

PSE (*Page Size Enable*): Nur dann, wenn dieses Bit gesetzt ist, werden 4–MB–Seiten unterstützt und das PS–Bit in den Verzeichniseinträgen ausgewertet. Im anderen Fall beschränkt sich die Speicherverwaltung auf 4–kB–Seiten.

PGE (*Page Global Enable*): Nur wenn dieses Bit gesetzt ist, kann eine Seite durch ihr G–Bit (*Global*, s.u.) für so wichtig erklärt werden, dass ihre einmalig ausgeführte Adressumsetzung permanent im TLB gespeichert wird, also z.B. bei einem Prozesswechsel nicht daraus entfernt wird.

2.3.1.1 Das Seitentabellen-Verzeichnis

Jeder aktive Prozess bekommt vom Betriebssystem sein eigenes Seiten(tabellen)–Verzeichnis (*Page Directory*[25]) zugewiesen. Die höherwertigen Bits der Basisadresse dieses Verzeichnisses sind im Systemregister CR3 der CPU abgespeichert (s. Abbildung 2.22). In CR3 sind nur die 20 höchstwertigen Bits

---

[25] Wörtlich und kürzer: Seitenverzeichnis. Enthält i.d.R. aber Verweise auf Seitentabellen.

signifikant für die Adressberechnung, die niederwertigen 12 Bits enthalten zwei Steuerbits, der Rest ist stets auf 0 gesetzt.[26] Die beiden Steuerbits (PCD, PWT) werden wir im Zusammenhang mit den Tabelleneinträgen beschreiben.

Wie bereits gesagt, ist jeder Eintrag im Seitentabellen–Verzeichnis genau 4 byte lang, so dass (in der 4–kB–Seite) maximal 1024 Einträge untergebracht werden können. Die Adressierung eines bestimmten Eintrags erfolgt durch die Konkatenation der signifikanten Bits des CR3–Registers mit den höchstwertigen 10 Bits der linearen Adresse, dem *Directory*–Teil, der die Nummer des Eintrags im Seitentabellen–Verzeichnis enthält. Die unteren beiden Bits der Adresse werden auf 0 gesetzt und zeigen so auf das erste Byte des Eintrags (s. dazu Abbildung 2.25). In Abbildung 2.23 sind die Einträge des Seitentabellen–Verzeichnisses (*Page Directory Entry* – PDE) für 4–kB– bzw. 4–MB–Seiten dargestellt.

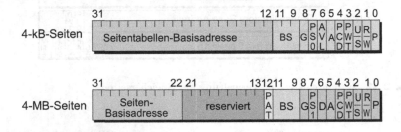

Abb. 2.23 Einträge im Seitentabellen–Verzeichnis für 4–kB– und 4–MB–Seiten.

Der wesentliche Unterschied zwischen den beiden Einträgen besteht in der Länge und Funktion der angegebenen Basisadressen, genauer der höherwertigen Bits dieser Adressen. Bei den 4–kB–Seiten sind sie 20 bit lang und zeigen nicht auf die Speicherseite selber, sondern auf die zwischengelagerte Seitentabelle; bei 4–MB–Seiten umfassen sie nur 10 bit, weisen jedoch direkt auf die selektierte Speicherseite.[27] Es sei noch einmal betont, dass im Seitentabellen–Verzeichnis wahlweise beide Typen von Einträgen, d.h. für 4–kB– und 4–MB–Seiten, in beliebigen Positionen untergebracht werden können. Die Bits 0–11 enthalten Steuerinformationen zur Verwaltung und zum Zustand der Seiten, auf die wir erst im Unterabschnitt 2.3.1.3 eingehen werden. Hier sei nur darauf hingewiesen, dass – wie oben beschrieben – die Unterscheidung zwischen 4–kB– und 4–MB–Seiten durch das PS–Bit (Bit 7) getroffen wird.

---

[26] Sie werden gegebenenfalls vom Prozessorhersteller für zukünftige Erweiterungen benutzt.

[27] Für 4–MB–Seiten übernimmt das Seitentabellen–Verzeichnis daher eher die Funktion einer Seitentabelle.

2.3.1.2 Die Seitentabellen

Ein Eintrag in einer *Seitentabelle* (*Page Table Entry* – PTE) hat ein Format gemäß Abbildung 2.24. Wie eben beschrieben, existieren die Seitentabellen nur für 4–kB–Seiten, so dass hier keine Alternativen berücksichtigt werden müssen.

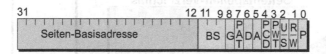

Abb. 2.24 Eintrag in der Seitentabelle (für 4–kB–Seiten).

Mit der 20 bit langen Basisadresse der selektierten Seiten aus der Seitentabelle und dem 12 bit langen *Offset*–Teil der linearen Adresse (Bits 0 – 11) lässt sich schließlich die 32 bit lange physikalische Adresse des gesuchten Speicherwortes in der 4–kB–Seite bestimmen. Die in jedem Seitentabellen-Eintrag angegebenen Steuerinformationen (Bits 0 – 11) haben eine vergleichbare Funktion wie diejenigen im Seitentabellen–Verzeichnis. Sie werden deshalb zusammen im nächsten Unterabschnitt beschrieben. Die „verschwenderisch" erscheinende Ausstattung an Steuerinformation erlaubt eine sehr feine, aufgabengemäße Steuerung des Zugriffs auf die Seiten eines laufenden Programms. So können z.B. Zugriffsbeschränkungen auf einzelne Seiten oder aber – über den Eintrag im Seitentabellen–Verzeichnis – für alle Seiten in einer bestimmten Seitentabelle gemeinsam ausgesprochen werden.

In der folgenden Abbildung 2.25 wird noch einmal der Ablauf einer Adressierung einer 4–kB–Seite über die zwischengeschalteten Tabellen und die Adressierung der benötigten Tabelleneinträge skizzenhaft dargestellt.

Das Bild zeigt, wie aus den höherwertigen Teiladressen, die aus dem Register CR3 sowie den Tabelleneinträgen entnommen werden, durch Anhängen der entsprechenden Teile der linearen Adresse die Zwischenadressen zur Selektion der Tabelleneinträge sowie die physikalische Adresse zum Zugriff auf die Speicherseite gewonnen werden. Zu beachten ist, dass die beiden unteren Bits der Zwischenadressen auf 00 gesetzt werden, da die angesprochenen Tabelleneinträge jeweils 32 bit (4 byte) lang sind und an Doppelwort–Grenzen ausgerichtet sind.[28]

Die Gewinnung der physikalischen Adresse in einer 4–MB–Seite ist in Abbildung 2.26 dargestellt. Auf eine Erläuterung wird verzichtet.

---

[28] D.h., die Anfangsadresse eines Eintrags ist durch 4 ohne Rest teilbar.

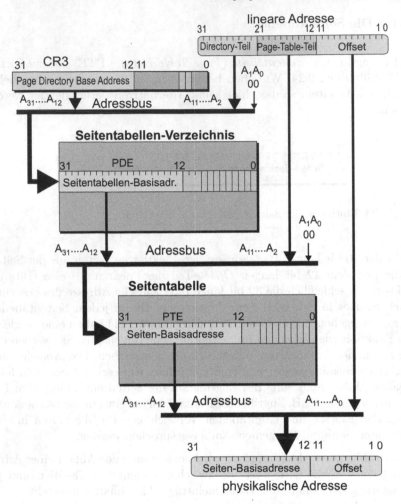

Abb. 2.25 Adressierung bei 4–kB–Seiten.

2.3.1.3 Die Steuerbits in den Tabelleneinträgen

Abschließend müssen wir noch die restlichen, bei beiden Tabellentypen iden-
tischen Bits der Einträge erklären (vgl. Abbildung 2.23 und Abbildung 2.24).
Sie dienen – wie bei den Segment–Deskriptoren – der Implementierung von
Schutzmechanismen und unterstützen das Betriebssystem bei der effizienten
Durchführung von Speicher–Ersetzungsstrategien.

P   (*Present Bit*): Genau wie bei Segment–Deskriptoren zeigt dieses Bit
            an, ob die spezifizierte Seitentabelle bzw. Seite im Hauptspeicher vor-
            handen ist. Ist dies der Fall, so kann die Adressberechnung durch-

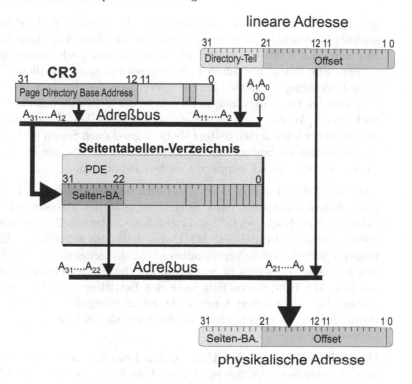

Abb. 2.26 Gewinnung der physikalischen Adresse in einer 4–MB–Seite.

geführt werden. Wird auf eine nicht vorhandene Seitentabelle oder Seite zugegriffen, dann liegt der bereits erwähnte Seitenfehler vor, und die gewünschte Seite muss vom Betriebssystem in den Speicher eingelagert werden (*Page Fault Exception* – PF, s. Unterabschnitt 2.3.5). Dieses Bit wird nur vom Betriebssystem manipuliert, nicht von der MMU selbst.

U/S (*User/Supervisor Bit*): Beim Zugriff auf Speicherseiten wird nur zwischen zwei Privileg–Ebenen unterschieden. Ist das Bit U/S=1 gesetzt, so dürfen alle Prozesse auf die Seite zugreifen (Benutzermodus, *User Mode*). Gilt U/S=0, so ist nur Prozessen der Privileg-Ebenen 0 – 2 (vgl. Unterabschnitt 2.2.2) ein Zugriff auf die Seite erlaubt ((Betriebs–)Systemmodus, *Supervisor Mode*). Das U/S–Bit im Eintrag eines Seitentabellen-Verzeichnisses bezieht sich auf alle in der selektierten Seitentabelle angegebenen Seiten und nicht auf die selektierte Seitentabelle selbst. Es erlaubt also, die Privileg–Ebene für eine ganze Gruppe von Seiten festzulegen.

R/W (*Read/Write Bit*): Bei Speicherseiten wird nicht zwischen Code- und Datenseiten unterschieden. Durch das R/W–Bit wird allerdings gere-

gelt, ob im Benutzermodus auf eine Seite, die durch U/S=1 gekennzeichnet ist, nur lesender oder auch schreibender Zugriff erfolgen darf.
Nur wenn das R/W–Bit gesetzt ist, kann die Seite auch beschrieben
werden. Für Seiten, die durch U/S=0 geschützt sind, hat dieses Bit
keine Bedeutung; sie dürfen immer gelesen oder beschrieben werden,
aber nur im Betriebssystemmodus. Wie das U/S–Bit bezieht sich
auch das R/W–Bit im Eintrag eines Seitentabellen–Verzeichnisses
auf alle in der selektierten Seitentabelle angegebenen Seiten und nicht
auf die selektierte Seitentabelle selbst. Es erlaubt also, die Privileg–
Ebene für eine ganze Gruppe von Seiten festzulegen.

A   (*Accessed Bit*): Dieses Bit wird vom Betriebssystem nach dem Laden
           einer Seitentabelle bzw. einer Speicherseite in den Arbeitsspeicher
           zurückgesetzt. Nach jedem Zugriff auf diese Seitentabelle oder diese
           Speicherseite wird durch die MMU das A–Bit im zugehörigen Ein-
           trag des Seitentabellen–Verzeichnisses bzw. der Seitentabelle gesetzt.
           Das Rücksetzen des Bits ist wiederum nur durch das Betriebssystem
           möglich. Mit Hilfe dieses Bits kann das Betriebssystem feststellen,
           auf welche Seiten schon lange nicht mehr zugegriffen worden ist.
           Dadurch kann es entscheiden, welche Seite als nächste ausgelagert
           werden kann.

D   (*Dirty Bit*): Dieses Bit wird nur in den Einträgen der Seitentabel-
           le oder denjenigen des Seitentabellen–Verzeichnisses, die auf 4-MB-
           Seiten zeigen, benutzt, um anzuzeigen, dass in der entsprechenden
           Seite ein Speicherwort verändert worden ist. Es wird durch das Be-
           triebssystem nach dem Einlagern in den Arbeitsspeicher gelöscht und
           beim ersten Schreibzugriff durch die MMU gesetzt. Auch danach ist
           ein Löschen des Bits nur durch das Betriebssystem möglich. Der In-
           halt sehr vieler Seiten, z.B. solcher, die Programmcode enthalten,
           wird während ihrer Einlagerung im Arbeitsspeicher nicht verändert.
           Diese Seiten, die durch ein gelöschtes D–Bit gekennzeichnet sind,
           müssen deshalb bei der Ersetzung durch andere Seiten nicht in den
           Hintergrundspeicher zurückgeschrieben werden.

AVL   (*Available Bit*): Dieses Bit belegt die Position des D–Bits in Seiten-
           tabellen–Verzeichnissen. Es kennzeichnet eine Seitentabelle als für
           das Betriebssystem benutzbar (*available*), d.h. im Arbeitsspeicher
           verfügbar.

PCD   (*Page–Level Cache Disable*): Dieses Bit legt fest, ob die Speicher-
           wörter einer Seitentabelle oder einer Seite in den/einen Cache ein-
           gelagert werden dürfen oder nicht. Im Steuerregister CR3 (s. Abbil-

dung 2.22) findet sich ein PCD-Bit mit derselben Funktion für das Seitentabellen–Verzeichnis.[29]

PWT   (*Page-Level Write-Through*: Durch dieses Bit wird für eine Seitentabelle oder eine Seite, die durch das PCD–Bit für die Einlagerung im Cache freigegeben ist, die Cache–Strategie festgelegt: Durchschreib- oder Rückschreibverfahren (*Write–Through* bzw. *Write–Back*). Im Steuerregister CR3 (s. Abbildung 2.22) findet sich ein PWT–Bit mit derselben Funktion für das Seitentabellen-Verzeichnis.

        Die beiden Bits PCD und PWT haben nur dann die beschriebenen Funktionen, wenn im Steuerregister CR0 (s. Abbildung 2.22) das Bit CD (*Cache Disable*) zurückgesetzt ist, „Caching" also prinzipiell erlaubt ist.

PS   (*Page Size*): Wie bereits beschrieben (vgl. Abbildung 2.21), wird durch dieses Bit in den Einträgen im Seitentabellen–Verzeichnis festgelegt, ob der Eintrag auf eine Seitentabelle für 4–kB–Seiten (PS=0) oder direkt auf eine 4–MB–Seite (PS=1) verweist.

PAT   (*Page Attribute Table*): Die Seitenattributs–Tabelle ist eine Ergänzung der x86–Prozessoren ab dem Pentium III und erlaubt – vereinfachend gesagt – die Zuordnung von verschiedenen (physikalischen) Speichertypen zu bestimmten Seiten des Adressraumes. Auf ihre genaue Funktion können wir hier nicht eingehen. Bei diesen Prozessoren wird durch die Bits PAT, PWT und PCD ein bestimmter Eintrag in der Seitenattributs–Tabelle selektiert und dadurch ein Speichertyp festgelegt. Bei Prozessoren, die keine PAT unterstützen, muss das PAT–Bit auf 0 gesetzt werden. Bei Einträgen für 4–kB–Seiten in der Seitentabelle ist dies Bit 7, bei Einträgen für 4–MB–Seiten im Seitentabellen–Verzeichnis ist dies Bit 12.

G   (*Global*): Durch dieses Bit soll – wie es die Bezeichnung andeutet – dafür gesorgt werden, dass auf wichtige Seiten im Speicher möglichst schnell zugegriffen werden kann. Das geschieht dadurch, dass die Adressumrechnungen für ihre Daten nur ein einziges Mal durchgeführt und danach „permanent" gespeichert werden. Wie und wo das geschieht, wird im nächsten Abschnitt beschrieben. Das G–Bit hat nur dann eine Funktion, wenn im Steuerregister CR4 (s. Abbildung 2.22) das entsprechende Bit PGE gesetzt ist (*Page Global Enable*). Ein Beispiel für wichtige Seiten sind solche, die häufig benutzte Teile des Betriebssystemkerns enthalten.

BS   Die restlichen drei Bits (Bits 9 – 11) stehen dem Betriebssystem zur freien Verfügung. Dort können zusätzliche Informationen über die

---

[29] Das Sperren einzelner Seiten gegen die Einlagerung im Cache macht insbesondere dann Sinn, wenn in diesen Seiten die Register von Peripheriebausteinen, also auch von Ein-/Ausgabeschnittstellen, eingeblendet sind.

Seite bzw. Seitentabelle abgespeichert werden, auf die wir hier nicht eingehen wollen.

Mit Hilfe des *Accessed Bit* läßt sich auf einfache Weise eine LRU–ähnliche Ersetzungsstrategie implementieren. Dies kann folgendermaßen geschehen:

Bei der Seiteneinlagerung (Einlagerung auf Anforderung) wird das *Accessed Bit* zunächst durch die Betriebssoftware zurückgesetzt. Bei jedem Zugriff wird danach das *Accessed Bit* automatisch durch den Prozessor gesetzt. Aufgabe des Betriebssystems ist es nun, dieses Bit in regelmäßigen, verhältnismäßig kurzen Zeitabständen T zurückzusetzen.

Wird nun zu einem beliebigen Zeitpunkt t eine zu opfernde Seite gesucht, dann ist bei diesem Vorgehen gesichert, dass auf Seiten mit gesetztem *Accessed Bit* im Zeitraum [t–T,t] zugegriffen worden ist.

Diese Strategie wird in vielen Betriebssystemen angewendet, um ein LRU–ähnliches Verhalten zu erzielen. Allerdings wird nicht der exakte LRU–Algorithmus implementiert, denn dann müssten die genauen Zugriffszeitpunkte aller im Hauptspeicher eingelagerten Seiten gemerkt werden. Alle Seiten, auf die im genannten Intervall nicht zugegriffen worden ist, sind Kandidaten für eine Ersetzung. Bei diesem „Pseudo–LRU"–Verfahren kann nicht weiter differenziert werden, auf welche der Kandidatenseiten am längsten nicht zugegriffen wurde.

Beispiel: In diesem Beispiel wollen wir die physikalische Adresse einer Speicherzelle aus der linearen Adresse \$FFFF F002 (in Hexadezimal–Schreibweise) berechnen. Das CR3–Register soll den Wert \$001F A000 enthalten. Der Hauptspeicher habe die in der Tabelle 2.1 ausschnittsweise gezeigte Belegung.

Wir beginnen mit der Ermittlung des Selektors des Eintrags im Seitentabellen–Verzeichnis. Diser Eintrag wird nach Abbildung 2.25 durch \$001F AFFC selektiert. (Die niederstwertige Tetrade entsteht aus den Bits 22 und 23 der linearen Adresse und zwei angehängten 0–Bits: 1100 = \$C.)

Daran schließt sich die Ermittlung des Eintrags im Seitentabellen–Verzeichnis an: Die vier Bytes des durch \$001F AFFC selektierten Eintrags im Seitentabellen–Verzeichnis sind: \$0020 0025. Darin sind \$00200 die oberen 20 Bits der Basisadresse (\$0020 0000) der gesuchten Seitentabelle. Der Rest – \$025 – legt die zugehörigen Zustandsbits fest. In Binärschreibweise erhalten wir dafür die in Abbildung 2.27 gezeigte Belegung.

verfügbar f. BS			G	PS		A	PCD	PWT	U/S	R/W	P
0	0	0	0	0	0	1	0	0	1	0	1

Abb. 2.27 Eintrag im Seitentabellen–Verzeichnis.

Tabelle 2.1 Ausschnitt der Speicherbelegung.

Adresse	Inhalt	Adresse	Inhalt
$00200FFF	0 0		
$00200FFE	3 0	$001FB000	3 1
$00200FFD	1 0	$001FAFFF	0 0
$00200FFC	0 6	$001FAFFE	2 0
$00200FFB	4 0	$001FAFFD	0 0
$00200FFA	A 1	$001FAFFC	2 5
$00200FF9	1 1	$001FAFFB	3 0
$00200FF8	2 3	$001FAFFA	0 4
$00301006	4 5	$001FA004	A 1
$00301005	2 B	$001FA003	0 2
$00301004	0 0	$001FA002	3 0
$00301003	0 5	$001FA001	4 1
$00301002	2 0	$001FA000	0 4
$00301001	3 0		
$00301000	0 2		

Die Tabelleneinträge haben die folgende Bedeutung:

P=1   die spezifizierte Seitentabelle befindet sich im Hauptspeicher;

R/W=0   sie ist nur lesbar;

U/S=1   sie befindet sich im Benutzermodus;

PWT=0   als Cache–Strategie wird *Write-Through* gewählt;

PCD=0   Auslagerung der Seitentabellen–Einträge in den Cache erlaubt;

A=1   auf die Seitentabelle ist bereits zugegriffen worden;

PS=0   die gewählte Seitengröße ist 4 kB;

G=0   es liegt keine globale Seite vor.

Der nächste Schritt dient zur Ermittlung des Seitentabellen–Eintrags: Die Nummer $FFC des Seitentabellen–Eintrags erhält man durch den *Page-Table*-Teil der linearen Adresse (Bits b_{21} bis b_{12}: 1111 1111 11) mit zwei angehängten 0–Bits (s. Abbildung 2.25). Mit der Seitentabellen–Basisadresse lässt sich nun der Eintrag in der Seitentabelle durch den Wert $0020 0FFC selektieren.

Hiermit ist nun die Ermittlung der physikalischen Adresse möglich: Im selektierten Eintrag der Seitentabelle findet sich $0030 1006. Die höherwertigen 20 Bits bestimmen wiederum die Basisadresse der gesuchten Seite; diese ist also $0030 1000. Durch Konkatenation mit dem Offset $002 der linearen Adresse ergibt sich als physikalische Adresse: $0030 1002. Die Zustandsinformation $006 der Seite ist in Binärschreibweise: 000 0000 0110. Daraus folgt die in Abbildung 2.28 gezeigte Belegung.

verfügbar f. BS	G		D	A	PCD	PWT	U/S	R/W	P
0 0 0	0	0	0	0	0	0	1	1	0

Abb. 2.28 Zustandsinformation der Seite.

P=0   Die gesuchte Seite befindet sich nicht im Hauptspeicher;

R/W=1   die Seite darf auch beschrieben werden;

U/S=1   die Seite befindet sich im Benutzermodus,[30]

PWT=0   als Cache–Strategie wird *Write–Through* gewählt;

PCD=0   die Daten der Seite dürfen in den Cache eingelagert werden;

A=0   auf die Seite wurde noch nicht zugegriffen;

D=0   auf die Seite wurde noch nicht schreibend zugegriffen;.

G=0   es liegt keine globale Seite vor.

Unter der physikalischen Adresse $0030 1002 findet sich der Wert $20.

2.3.2 Adressraum–Erweiterung der 32–bit–Architektur

Seit dem Pentium Pro (P6) der Firma Intel besitzen die x86–Prozessoren mehr als 32 Adressleitungen. Um dieser Erweiterung des physikalischen Adressraums Rechnung zu tragen, wurden in der MMU einige Ergänzungen vorgenommen, die wir in den beiden folgenden Unterabschnitten kurz beschreiben wollen. Zu beachten ist jedoch, dass durch beide Verfahren die Größe des linearen Adressraums durch die konstante Länge der linearen Adressen von 32 bit unverändert bleibt. Anwendungen, die von der Adressraum–Erweiterung profitieren wollen, müssen also ihre Arbeitslast auf mehrere (unabhängige) Prozesse verteilen, die simultan im vergrößerten Speicher gehalten werden können.

2.3.2.1 Adressraum–Erweiterung durch Änderung der PDEs

Diese Form der Adressraum–Erweiterung[31] wird nicht von allen Pentium–Pro–Nachfolgern unterstützt. Der Grundgedanke ergibt sich aus Abbildung 2.23, in dem gezeigt wurde, dass in den Einträgen des Seiten(tabellen)–

---

[30] d.h. auf sie darf von Prozessen aller Privileg–Ebenen zugegriffen werden

[31] *Page Directory Entry*: Eintrag im Seitentabellen–Verzeichnis.

Verzeichnisses für 4–MB–Seiten die Bits 21 – 12 nicht benutzt werden. Bei der (mit *Page Size Extension* – PSE bezeichneten) Erweiterung von 32 auf 36 Adressleitungen werden die Bits 16 – 13 mit den zusätzlichen vier Adressbits belegt (s. Abbildung 2.29). Im Steuerregister CR4 wird im PSE–Bit diese Form der Adressraum–Erweiterung aktiviert oder deaktiviert.

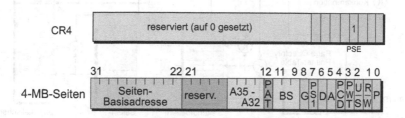

Abb. 2.29 Einträge im Seitentabellen–Verzeichnis für 4–MB–Seiten.

Die Berechnung der physikalischen Adresse entspricht dem in Abbildung 2.21 gestrichelt gezeichneten Verfahren, wenn man den 4–GB–Adressraum auf 64 GB erhöht und für die Basisadresse (BA) der Seite, die aus dem Seitenverzeichnis gewonnen wird, eine Breite von 36 bit annimmt.

Diese Form der Adressraum–Erweiterung hat den Vorteil, dass die Länge der Einträge in den Tabellen konstant bei 4 byte pro Seite sowie die Anzahl der Einträge mit 1024 pro Tabelle erhalten bleiben. Nachteilig ist, dass die Erweiterung nur bei 4–MB–Seiten greift; für 4–kB–Seiten bleibt es bei dem ursprünglichen 32–bit–Adressraum. Auch dass sie ohne zusätzliche Tabelle, also ohne eine weitere Stufe der Adressberechnung auskommt.

2.3.2.2 Adressraum–Erweiterung durch mehrfache Seitentabellen– Verzeichnisse

Der zweite Weg der Anpassung der virtuellen Speicherverwaltung an den erweiterten physikalischen Adressraum besteht darin, eine weitere Tabelle einzusetzen, die bei der bisher beschriebenen Seitenverwaltung zwischen das CR3–Register und das Seitentabellen–Verzeichnis geschoben ist. Diese Tabelle wird mit *Page–Directory Pointer Table*[32] bezeichnet. Sie ist (nur) 32 byte groß und enthält vier 8–byte–Zeiger (*Pointer*) auf bis zu vier verschiedene Seitentabellen–Verzeichnisse (s. Abbildung 2.30).

Das CR3–Register enthält nun die (oberen 27 Bits der) Basisadresse dieser Tabelle. Aus Gründen der Kompatibilität kann die Erweiterung des Adressraums aktiviert oder deaktiviert werden. Dies geschieht durch das

---

[32] Hier erschien uns die deutsche Übersetzung „Seitentabellen–Verzeichnis–Zeiger– Tabelle" wenig sinnvoll.

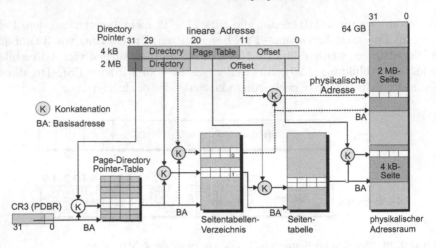

Abb. 2.30 Erweiterte Adressberechnung.

PAE–Bit (*Physical Address Extension*) im Steuerregister CR4. Ist dieses Bit gesetzt, so ändert sich die Bedeutung des Basisadressregisters CR3, wie es in Abbildung 2.31 gezeigt ist.

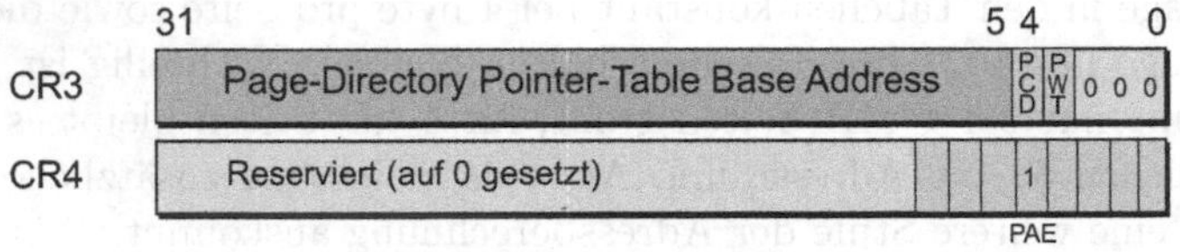

Abb. 2.31 Die Steuerregister für Adressraum–Erweiterung.

Die Einträge in den Seitentabellen–Verzeichnissen und den Seitentabellen wurden auf acht byte vergrößert. Von den zusätzlichen 4 Bytes werden jedoch nur die niederwertigen 4 Bits für die Adresserweiterung von 32 auf 36 bit benutzt. Die übrigen Bits sind reserviert und müssen auf 0 gesetzt sein. Sie bieten Platz für zukünftige Erweiterungen des Adressraums. Da sich die Größe der Seitentabellen–Verzeichnisse und der Seitentabellen (jeweils 4 kB) nicht verändern sollte, enthalten diese Tabellen jetzt nur noch maximal 512 Einträge (mit jeweils 8 byte). Dem entsprechend wurden die Adressteile der linearen Adresse zur Selektion eines Eintrags auf 9 bit verkürzt und machten dadurch Platz für einen 2–bit–Offset (Bits 31, 30) in die *Page–Directory Pointer Table*. In Abbildung 2.32 sind die Einträge für alle drei Tabellen gezeigt. Das zurückgesetzte PS–Bit (*Page Size*, Bit 7) zeigt wieder an, dass es sich um die Einträge von 4–kB–Seiten handelt.

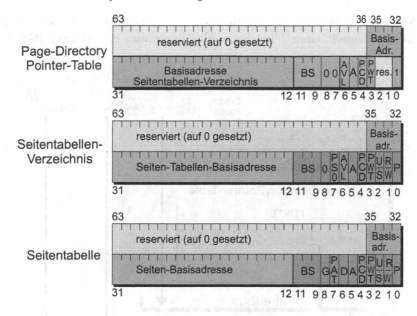

Abb. 2.32 Die Einträge der Tabellen bei Adressraum–Erweiterung, 4–kB–Seiten.

Auch bei erweiterter Adressierung können wieder 4–kB–Seiten mit größeren Seiten gemischt verwendet werden. Diese sind nun 2 MB groß und werden durch PS=1 (*Page Size*, Bit 7 im Eintrag) gekennzeichnet. Sie werden wiederum direkt über das Seiten(tabellen)–Verzeichnis und nicht über eine Seitentabelle angesprochen. In Abbildung 2.33 ist der geänderte Eintrag im Seitentabellen–Verzeichnis dargestellt, der nur noch die oberen 15 Bits der Seiten–Basisadresse enthält.

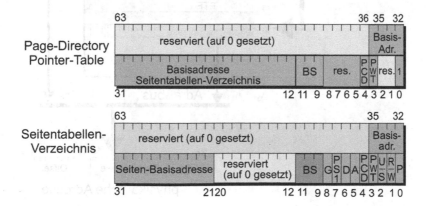

Abb. 2.33 Eintrag in der *Page–Directory Pointer–Table* und im Seitentabellen–Verzeichnis für 2–MB–Seiten.

Abbildung 2.34 zeigt die Erzeugung der physikalischen Adresse aus der linearen Adresse in einer 4–kB–Seite mit Adressraum–Erweiterung PAE.

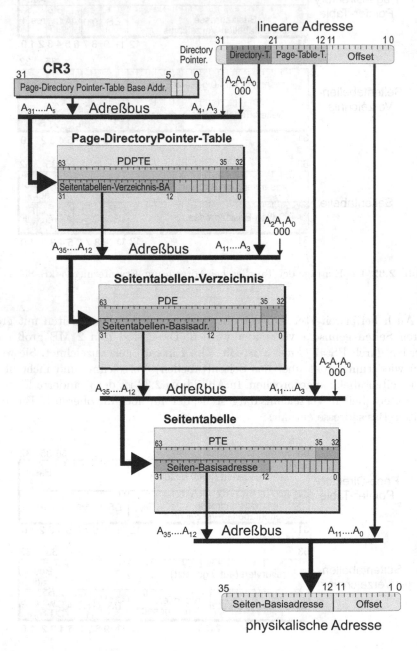

Abb. 2.34 Erzeugung der physikalischen Adresse (PDPTE: *Page–Directory Pointer–Table Entry*, PDE: *Page–Directory Entry*, PTE: *Page–Table Entry*.)

Zusammenfassend zeigt Tabelle 2.2 die Belegung der genannten Bits des Steuerregisters CR4 sowie des PS–Bits in den Seitentabellenverzeichnis– Einträgen (PDE) für die erwähnten Seitengrößen und physikalischen Adressen. Für die maximale Anzahl der verwalteten Seiten erhält man die folgenden Werte, wenn man voraussetzt, dass keine Seiten verschiedener Größen gemischt auftreten sollen:

- 4–kB–Seiten, keine Adressraumerweiterung:
  1024 PDEs zu je 1024 PTEs = 2^{20} Seiten;

- 4–MB–Seiten, keine Adressraumerweiterung:
  1024 PDEs = 1024 Seiten;

- 4–kB–Seiten, mit Adressraumerweiterung:
  4 PDPTEs zu je 512 PDEs zu je 512 PTEs = 2^{20} Seiten;

- 2–MB–Seiten, mit Adressraumerweiterung:
  4 PDPTEs zu je 512 PDEs = 2048 Seiten.

Tabelle 2.2 Bedeutung der Steuerbits („–": „ohne Bedeutung").

PG (CR0)	PAE (CR4)	PSE (CR4)	PS (PDE)	Seitengröße	Adressbreite
0	–	–	–	Seitenverw.–	– deaktiviert
1	0	0	–	4 kB	32 bit
1	0	1	0	4 kB	32 bit
1	0	1	1	4 MB	36 bit
1	1	–	0	4 kB	36 bit
1	1	–	1	2 MB	36 bit

2.3.3 Seitenverwaltung der 64–bit–Architektur

Die 64–bit–Architektur dehnt die eben beschriebenen physikalische Adressraum-Erweiterung (PAE)noch weiter aus. Sie übersetzt logische Adressen mit einer Länge von 64 bit in physikalische 48–bit–Adressen, wie es in Abbildung 2.35 gezeigt wird. Dabei geben jedoch die oberen 16 bit der logischen Adresse lediglich das Vorzeichen der eigentlichen 48–bit–Adresse wieder. (Diese Bits sind dadurch für zukünftige Erweiterungen der Adressumsetzung reserviert.) Vor den Eintritt in den IA–32e–Modus muss die Erweiterung der Adressumsetzung durch das Setzen des PAE–Bits im Steuerregister CR4 (vgl. Abbildung 2.31) aktiviert werden, wodurch die Seitentabellenverzeichnis- und Seitentabellen–Einträge von vier auf acht Byte, also von 32 auf 64 bit, verlängert werden.

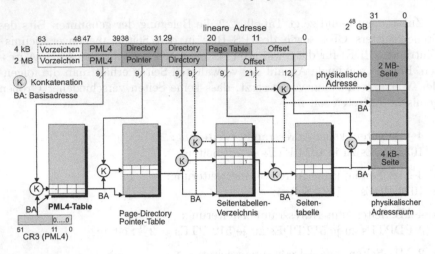

Abb. 2.35 Adressberechnung in der 64–bit–Architektur.

Der *Directory Pointer* der PAE wurde auf neun bit erweitert, sodass nun die *Page-Directory Pointer-Table* 512 Einträge der Länge acht Byte enthalten kann. Als wesentliche Neuerung wurde eine vierte Ebene der Seitenverwaltung, die *Page Map Level 4 Table* (PML4) eingeführt. Auch diese Tabelle enthält 512 8–byte–Einträge, die jeweils durch die neun höchstwertigen Bits (47,.., 39) der logischen 48–bit–Adresse selektiert werden. Die Basisadresse der *PML4-Table* steht wiederum im CR3-Steuerregister und ist 52 bit lang, von denen die unteren 12 auf '0' gesetzt werden.

Da jede der verwendeten Tabellen 512 Einträge enthält, wird der physikalische 48–bit–Adressraum (2^{48} byte) durch die beschriebene Erweiterung in maximal 2^{36} (512^4) 4–kB–Seiten bzw. 2^{27} (512^3) 2–MB–Seiten unterteilt. Abbildung 2.36 zeigt die Einträge der Seiternverwaltungstabellen im IA–32e–Modus.

Die wesentlichen Änderungen und Ergänzungen bestehen aus:

- Das Bit 63 legt als *Execute Disable Bit* (EXB) fest, ob die Daten, die in den angesprochen Seiten abgelegt sind, als ein ausführbares Programm behandelt werden dürfen oder nicht. Es dient damit der Abwehr gegen Versuche von „böswilliger Software" (*Malicious Software*), über eingeschleuste Daten, die dann als Programm ausgeführt werden, Schaden im Rechner anzurichten.

- Die Bits 52 – 62 stehen – wie bereits die Bits 9, 10 und 11 – dem Entwickler von Systemsoftware bzw. dem Betriebssystem für eigene Anwendungen zur Verfügung.

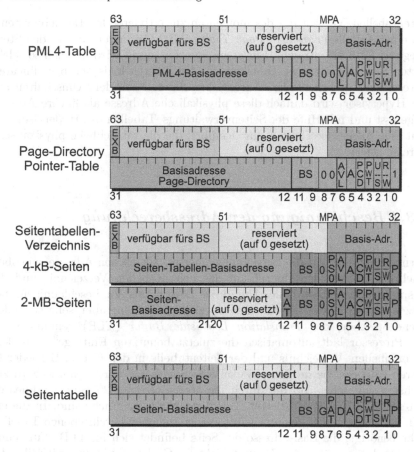

Abb. 2.36 Die Einträge der Tabellen im IA–32e–Modus für 4–kB–Seiten und 2–MB–Seiten.

- Die Länge der Basisadresse wird durch den Wert MPA (*Maximal Physical Address*) vorgegeben und ist wenigstens 40 bit lang. Sie kann aber in zukünftigen Prozessoren noch weiter erhöht werden.[33]

- Alle Tabellen enthalten nun einheitlich die Bits P, R/W, U/S, PCD und A (vgl. Unterabschnitt 2.3.1).

Bemerkung: Die durch die in der Einleitung angesprochene Virtualisierungstechnik gegebene Möglichkeit, auf einem PC zwischen einer Basis–Systemsoftware, dem so genannten *Hypervisor* oder *Virtual Machine Monitor* (VMM), und verschiedenen Gast–Betriebssystemen (*Guest Operating Systems*) umzuschalten, beruht im Wesentlichen darauf, die Startadresse der

---

[33] Diese Adresserweiterung wird nun auch im PAE–Modus unterstützt, auch wenn sie im Abschnitt 2.3.2 nicht erwähnt wurde.

Seitentabellen–Verwaltung des momentan zu aktivierenden Betriebssystems aus einer Tabelle (*Extended Page Table* – EPT) zu laden und in das Steuerregister CR3 einzutragen. Für einen Speicherzugriff wird mit den so selektierten Seitenverwaltungs–Tabellen zunächst aus der logischen bzw. linearen Adresse eine „physikalische" Adresse berechnet. Nach dem Umschalten auf den Hypervisor wird danach diese physikalische Adresse als lineare Adresse aufgefasst und mit Hilfe der Seitenverwaltungs–Tabellen des Hypervisors erneut eine Adressberechnung durchgeführt, die die tatsächliche physikalische Adresse liefert.

2.3.4 Beschleunigung der Adressberechnung

Normalerweise erfolgt die Berechnung einer physikalischen Adresse, wie oben beschrieben, über den Zugriff auf das Seitentabellen–Verzeichnis und die entsprechende Seitentabelle. Um diese Berechnung zu beschleunigen, benutzen die x86–Prozessoren einen speziellen, kleinen, aber sehr schnellen Cache–Speicher, der *Translation Lookaside Buffer* (TLB) genannt wird. Der Prozessor lädt automatisch die zuletzt benutzten Einträge[34] aus dem Seitentabellen–Verzeichnis und der Seitentabelle in den Cache. Bei jeder linearen Adresse, die in eine physikalische umgesetzt werden muss, wird zunächst nachgesehen, ob die durch die höchstwertigen 20 Bits der linearen Adresse (als *Tag*) spezifizierten Tabelleneinträge im Cache sind. In diesem Fall, der Treffer (*Hit*) genannt wird, werden die oben beschriebenen Tabellen nicht benötigt, die Basisadresse der Seite befindet sich im TLB. Nur dann, wenn es den gewünschten Eintrag nicht im Cache gibt, muss mit Hilfe der im Hauptspeicher (oder im Peripheriespeicher) residierenden Tabellen die physikalische Adresse bestimmt werden (s. Abbildung 2.37). Von der Herstellerfirma wird angegeben, dass es in typischen Anwendungen bei weit über 90% der Seitenzugriffe einen Treffer gibt, d.h. die Adressberechnung kann über den schnellen Cache erfolgen. Eine hohe Trefferrate lässt sich wiederum durch die Lokalitätseigenschaft von Programmen erklären.

Moderne Mikroprozessoren besitzen häufig getrennte TLBs für den Zugriff auf Daten– bzw. Programmseiten im Speicher. Außerdem besitzen die Prozessoren der x86–Familie getrennte TLBs für den Zugriff auf 4–kB– bzw. 4–MB–Seiten. Der Zugriff auf die TLBs ist nur auf der höchsten Privilegien-Stufe, also nur dem Betriebssystem möglich. Das Betriebssystem erklärt jeden TLB–Eintrag für ungültig (*invalid*), sobald der entsprechende Tabelleneintrag geändert wird. Dies ist insbesondere der Fall, wenn das P-Bit (*Present Bit*) auf 0 gesetzt, die zugehörige Seite also ausgelagert wird. Je-

---

[34] Die Größe der TLBs variiert sehr stark von Prozessor zu Prozessor und liegt typischerweise zwischen 32 und 128 Einträgen.

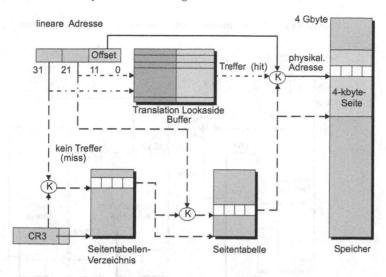

Abb. 2.37 Benutzung eines TLBs zur Beschleunigung der Adressberechnung.

de Änderung der Adresse im CR3–Register, die ja zur Auswahl einer neuen Seitentabellen–Verzeichnisses führt, verursacht ein vollständiges Leeren der TLBs (*Flushing*).[35] Vor diesem Löschen sind nur Einträge geschützt, deren zugehörige Seiten in ihrem Eintrag in der Seitentabelle das G–Bit (*Global*) gesetzt haben – sofern außerdem im Steuerregister CR4 das PGE–Bit (*Page Global Enable*) den Wert 1 hat. Einzelne TLB–Einträge – auch solche, die durch das G–Bit als „global" gekennzeichnet sind – können (vom Betriebssystem) durch einen speziellen Befehl (INVLPG – *Invalidate TLB Entry*) gelöscht werden.

Die Abbildung 2.38 zeigt abschließend noch einmal in kombinierter Form, wie im 32–bit–Modus die virtuellen Adressen zunächst mit Hilfe der Segmenttabellen und dann mit einer zweistufigen Seitentabellen–Verwaltung in physikalische Adressen umgewandelt werden. Die prinzipielle Gewinnung der linearen Adresse wurde im Abschnitt 2.2 beschrieben, die anschließende Umwandlung in eine physikalische Adresse war Gegenstand dieses Abschnitts.

Die folgende Abbildung 2.39 stellt noch einmal die Funktion der Segmentregister und ihrer versteckten Deskriptor–Puffer und des TLBs bei der Adressumwandlung im Zusammenhang dar. Die schon mehrfach erwähnte Lokalitätseigenschaft typischer Programme stellt sicher, dass bei der überwiegenden Mehrzahl aller Berechnungen der „gerade Weg", der im Bild fett gezeichnet ist, genommen wird. Die gestrichelten Umwege über die Segmentierungs– und

---

[35] Bei der Adressraum–Erweiterung PAE muss nach jeder Änderung einer Adresse in der *Page–Directory Pointer–Table* die TLB durch einen Schreibzugriff auf das Register CR3 gelöscht werden.

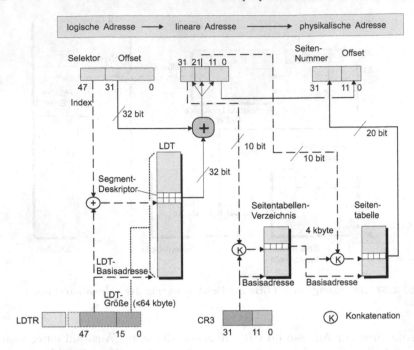

Abb. 2.38 Berechnung physikalischer Adressen mit Hilfe von Segment– und Seitentabellen.

Paging–Einheiten mit ihren vielfältigen Tabellenzugriffen auf den Arbeitsspeicher oder sogar Peripheriespeicher werden hingegen so selten genommen,
dass die virtuelle Speicherverwaltung ein gut funktionierendes Verfahren zur
Nutzung der knappen Ressource „Arbeitsspeicher" bietet.

2.3.5 Behandlung von Seitenfehlern

Entscheidend für eine effiziente Verwaltung des Seitenspeichers durch das
Betriebssystem ist die Häufigkeit, mit der benötigte Seiten vom Hintergrundspeicher in den Hauptspeicher eingelagert werden müssen. Ein Maß dafür ist
die so genannte *Seitenfehler–Rate*[36] (*Page Fault Rate*), d.h. die Anzahl der
erforderlichen Seiteneinlagerungen pro Zeiteinheit.

Ist bei einem Seitenzugriff die erforderliche Seitentabelle nicht im Hauptspeicher, d.h. ist im entsprechenden Eintrag des Seitentabellen–Verzeichnisses

---

[36] Der Begriff „Fehler" ist hier wörtlich zu nehmen: eine Seite *fehlt* im Speicher. Es
liegt aber kein Defekt vor.

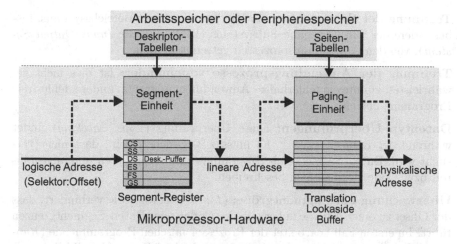

Abb. 2.39 Zur Funktion der Segmentregister und des TLBs.

das P–Bit nicht gesetzt, generiert der Prozessor eine Unterbrechungsanforderung (*Page Fault Exception* – PF). Daraufhin muss die Seitentabelle durch
das Betriebssystem eingelagert werden. Genauso wird vorgegangen, wenn in
der zweiten Stufe der Adressberechnung die gewünschte Seitennummer nicht
in der Seitentabelle vorliegt, die Seite also nicht im Hauptspeicher residiert.

Von den in Abbildung 2.22 gezeigten Steuerregistern CR0 bis CR4 (*System
Control Register*) wird für die Behandlung von Seitenfehlern das Register
CR2 benutzt: Tritt ein Seitenfehler auf, so enthält es die aktuelle lineare
Adresse (*Page Fault Linear Address*), die zu dieser Ausnahmesituation führte.
Das Betriebssystem greift auf dieses Register zu, um die benötigte Seite in
den Arbeitsspeicher einzulagern. Im Unterabschnitt 2.7.4 kommen wir noch
einmal auf die Behandlung von Seitenfehlern zurück.

2.4 Schutzmechanismen

Im Folgenden werden wir uns mit den weiteren Möglichkeiten moderner Mikroprozessoren zur Unterstützung von Betriebssystemen beschäftigen, speziell zur Realisierung von Schutzmechanismen (*Protections*) und der Multitasking–Betriebsart. Sobald es um genaue Implementierungen geht, greifen wir
auf unseren Beispiel–Prozessor Intel x86 zurück. Vom Prozessor werden während der Laufzeit von Programmen eine Reihe von Konsistenzüberprüfungen
(*Protection Checks*) vorgenommen, um nicht erlaubte Speicherzugriffe zu verhindern. Generell wird auf drei Ebenen Schutz gewährleistet:

Trennung der Systemsoftware: Hier muss z.B. des Betriebssystems, insbesondere des Ein–/Ausgabe–Subsystems (BIOS – *Basic Input/Output System*), von den Anwendungsprozessen getrennt werden.

Trennung der Anwendungsprozesse voneinander: Ist dies nicht gewährleistet, könnte ein fehlerhaftes Anwendungsprogramm andere, fehlerfreie Programme beeinflussen.

Datentyp–Überprüfungen: Diese Überprüfung (*Type Checking*) findet während der Laufzeit statt.[37] Es muss z.B. gesichert sein, dass nicht versucht wird, Daten–Segmente als Programme zu interpretieren und auszuführen bzw. Code–Segmente zu beschreiben.

Überwachung der Segmentgröße: (*Limit Checking*) Sie verhindert, dass der Offset zu einer Adresse außerhalb der Code– oder Daten–Segmentgrenzen führt. Im ersten Fall bearbeitet der Prozessor falschen Programmcode (*Runaway Code*[38]), im zweiten adressiert er „unerlaubte" Daten (*Invalid Pointer*). Diese Überprüfung wird auch bei den Deskriptor–Tabellen GDT und LDT angewandt.

2.4.1 Schutzebenen und Zugriffsrechte

Das wichtigste Mittel zur Realisierung von Schutzmechanismen sind die so genannten Schutz– oder Privileg–Ebenen (PL – *Privilege Levels*). In vielen μP–Systemen, z.B. beim Motorola 68xxx, wird (nur) zwischen zwei verschiedenen Privileg–Ebenen, nämlich dem (Betriebs–)Systemmodus (*Supervisor Mode*) und dem Benutzermodus (*User Mode*) unterschieden. Dabei darf ein Auftrag im Benutzermodus in der Regel keine Daten oder Programme des höher privilegierten Betriebssystemmodus benutzen. Dieses Konzept zweier Schutzebenen wird auch bei der Seitenverwaltung der x86–Prozessoren eingehalten.

Bei der Segmentverwaltung hingegen wurde das Konzept auf eine vierstufige Hierarchie der Vertrauenswürdigkeit (*Hierarchy of Trust*) erweitert (vgl. Abbildung 2.40). Entsprechend gibt es vier verschiedene Privileg–Ebenen (PL). Die Privileg–Ebene PL=0 entspricht der vertrauenswürdigsten Ebene (*Most Trusted Level*), PL=3 der am wenigsten vertrauenswürdigen Ebene (*Least Trusted Level*). Diese vier Ebenen ermöglichen eine differenzierte Unterscheidung zwischen den verschiedenen Arten von Code und Daten.

---

[37] Dazu dienen insbesondere die Bits S und *Type* im Segment–Deskriptor.

[38] „Der Prozessor läuft in den Wald."

Ein typisches System, das alle vier Privileg–Ebenen ausnutzt, ist in Abbildung 2.40 dargestellt. Dies Bild macht auch deutlich, warum man anstelle von Schutzebenen auch von Schutzringen (*Protection Rings*) spricht.

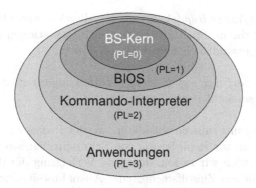

Abb. 2.40 Beispielsystem mit vier Schutzringen.

Die in Abbildung 2.40 dargestellten Systemkomponenten sind:

Betriebssystemkern: Der Betriebssystemkern (BS–Kern, *Kernel*) realisiert die Hauptaufgaben des Betriebssystems, wie z.B. die Speicher– und Prozessverwaltung sowie die Ausnahmebehandlung. Er ist der wichtigste Softwareteil des Systems, der von allen Benutzerprogrammen benötigt wird. Deshalb wird er als besonders fehlerfrei und zuverlässig vorausgesetzt.

BIOS: Das BIOS (*Basic Input/Output System*) ist ein Teil des Betriebssystemkerns und befindet sich resident im Rechner. Es beinhaltet alle standardisierten Grundfunktionen, die für die Ein–/Ausgabe benötigt werden, und macht die darüber liegenden Schichten des Betriebssystems von der aktuellen Rechnerhardware unabhängig.

Kommandointerpreter: Der Kommandointerpreter (*Command Interpreter*) bildet die Benutzerschnittstelle des Betriebssystems. Diese Komponente nimmt die vom Benutzer eingegebenen Befehle an, interpretiert sie und übergibt sie zur Ausführung an das Betriebssystem.

Anwendungsprogramme Die Anwendungsprogramme (*Applications*) sind vom Benutzer geschriebene Programme, die normalerweise keine systemweiten Dienste zur Verfügung stellen.

Selbstverständlich müssen nicht immer alle vier Privileg–Ebenen auch wirklich benutzt werden. Bei einem ungeschützten System können alle Segmente derselben Privileg–Ebene (PL=0) angehören. Genauso ist es möglich, nur zwei verschiedene Ebenen zu unterscheiden, beispielsweise – wie oben erwähnt – den Benutzermodus (mit PL=3) und den Betriebssystemmodus (mit PL=0). Von dieser Möglichkeit machen moderne Betriebssysteme, wie z.B.

Windows XP, Gebrauch. Die in Unterabschnitt 2.3.3 kurz erwähnten Virtualisierungstechniken führen eine weitere Privileg-Ebene ein, auf der der Hypervisor mit höchster Vertrauenswürdigkeit arbeitet und die daher als Ebene „–1" bezeichnet wird.

Zugriffsrechte (Access Rights) garantieren, dass nur unter bestimmten Voraussetzungen auf die im Speicher abgelegten Informationen zugegriffen werden darf. Das angewandte Grundprinzip ist dabei:

Jeder Auftrag darf nur auf diejenigen Daten zugreifen, die er wirklich zur Erfüllung seiner Aufgabe benötigt.

In diesem Abschnitt müssen wir klären, wo der Prozessor Privileg–Ebenen benutzt und wie sie zur Realisierung von Schutzmechanismen herangezogen werden. Dabei werden wir zeigen, dass jede Verletzung der durch die Schutzebenen vorgegebenen Zugriffsrechte eine Ausnahmesituation erzeugt (*General Protection Exception* – GP). Im nächsten Unterabschnitt beschreiben wir zunächst die Schutzmaßnahmen bei der Segmentverwaltung, im darauf folgenden Unterabschnitt die Maßnahmen bei der Seitenverwaltung.

2.4.2 Schutzmaßnahmen bei Segmentverwaltung

Um Schutzmaßnahmen bei einer Segmentverwaltung zu realisieren, werden Schutz– oder Privileg–Ebenen an verschiedenen Stellen eingesetzt. Dabei wird sowohl den Daten– als auch den Code–Segmenten eine Privileg-Ebene zugeordnet, die – wie wir im Abschnitt 2.2 gezeigt haben – im Segment–Deskriptor spezifiziert wird. Also besitzt jedes Daten–Segment ein eigenes Privileg, aber auch die Ausführung jedes Prozesses findet auf einer bestimmten Privileg–Ebene statt.

2.4.2.1 Zugriffsregeln

Bei der Realisierung von Schutzmechanismen muss zwischen einem Zugriff auf Daten und einem Zugriff auf Programmcode unterschieden werden. Dabei gelten generell die in Abbildung 2.41 für eine vierstufige Vertrauenshierarchie veranschaulichten Regeln für den Zugriffsschutz (*Protection Rules*):

- Ein Prozess darf nur auf Daten zugreifen, die höchstens genauso vertrauenswürdig (*trusted*) sind wie er selbst (Abbildung 2.41a).

- Ein Prozess darf nur Code benutzen, der mindestens genauso vertrauenswürdig ist wie er selbst (Abbildung 2.41b).

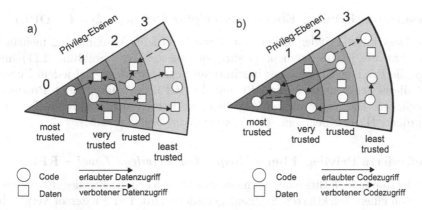

Abb. 2.41 Regeln für den Zugriffschutz.

Die erste Regel ist insbesondere deshalb notwendig, damit nicht Prozesse mit geringen Privilegien wichtige Daten verändern, insbesondere die System- tabellen des Betriebssystems, also z.B. die Deskriptor–Tabellen. Die zwei- te Regel stellt sicher, dass der aufgerufene Code wenigstens den gleichen Qualitäts- und Sicherheitsansprüchen genügt wie der aufrufende. Insbesonde- re verhindert sie, dass in einer aufgerufenen Prozedur mit niedrigem Privileg vor dem Rücksprung (durch den Befehl RETURN) in die höhere Privileg– Ebene die Rücksprungadresse auf dem Stack manipuliert und dadurch ge- schützter Code auf der höheren Ebene angesprungen wird.

2.4.2.2 Schutzkonzept

Wir wollen jetzt konkret aufzeigen, wie Zugriffsregeln implementiert werden können. Dazu werden u.a. die folgenden Privileg–Ebenen benutzt:

Prozess–Privileg–Ebene (*Current Privilege Level* – CPL)

Jedem gerade ausgeführten Prozess wird eine Privileg–Ebene zugeordnet, das *Current Privilege Level*. Das CPL ist eine sich dynamisch ändernde (zeit- abhängige) Größe, die durch die Privileg–Ebene des gerade ausgeführten Code–Segments bestimmt wird – abgelegt im DPL–Feld seines Segment– Deskriptors. Mit dem Wechsel zu einem anderen Code–Segment kann sich also auch das CPL ändern.[39] Das CPL ist in den beiden niederwertigen Bits des (sichtbaren Teils des) Code–Segmentregisters (CS) des Prozesses abgelegt (vgl. Abbildung 2.7).

---

[39] Nicht bei einem Zugriff auf ein *Conforming Code–Segment*, der das CPL unverän- dert lässt (vgl. Unterabschnitt 2.2.3).

Deskriptor–Privileg–Ebene (*Descriptor Privilege Level* – DPL)

Die Deskriptor–Privileg–Ebene haben wir bereits im Abschnitt 2.2 mehrfach erwähnt. Sie ist im Segment–Deskriptor abgelegt (s. Abbildung 2.11) und legt die Privileg–Ebene eines bestimmten Segmentes fest. Bei jedem Zugriff auf dieses Segment wird das DPL mit dem CPL des zugreifenden Prozesses verglichen. Die angewandten Zugriffsrechte richten sich nach dem Typ des Segments (Daten–Segment, *Conforming Code–Segment* usw.).

Geforderte Privileg–Ebene (*Requested Privilege Level* – RPL)

Die letzten beiden Bits eines Segment–Selektors legen die Privileg–Ebene fest, die von einem selektierten Segment gefordert wird. Der Prozessor vergleicht bei jedem Zugriff das RPL mit dem CPL und überprüft damit die Zugriffs-rechte. Das RPL kann vom Betriebssystem dynamisch modifiziert werden. Die Angabe des RPL im Selektor (vgl. Abbildung 2.6) dominiert das CPL des aktiven Code–Segments: Durch die Wahl von RPL kann das Betriebssystem den Prozess der Privileg–Ebene EPL := max(RPL,CPL)[40], der so genann-ten *effektiven Privileg–Ebene* (*Effective Privilege Level*), zuordnen. Ob durch die Vorgabe des Selektors im Falle eines Code–Segments ein Wechsel der Prozess–Privileg–Ebene oder bei einem Daten–Segment ein Speicherzugriff erfolgen darf, hängt davon ab, ob für EPL die Regeln für den Zugriffsschutz erfüllt sind, die wir oben beschrieben haben.

Im „Normalfall" wird RPL := CPL gesetzt. Jedoch kann das Betriebssy-stem z.B. mit Hilfe der verlangten Privileg–Ebene RPL verschiedene Pro-zesse (aber auch denselben Prozess in unterschiedlichen Situationen) beim Zugriffsversuch auf ein bestimmtes Segment dynamisch wechselnden, effekti-ven Privileg–Ebenen zuordnen, ohne dass die DPL im Segment–Deskriptor geändert werden muss. Wichtig ist dies insbesondere dann, wenn durch einen Prozess C ein Selektor (als Parameter) einer Prozedur C' auf höherer Privileg–Ebene übergeben wird und dort ein Daten–Segment adressiert. Hier wird RPL auf den Wert CPL des übergebenden Prozesses C gesetzt und dadurch ver-hindert, dass C indirekt, quasi durch die „Hintertür" auf ein Daten–Segment mit höherem Privileg zugreift.

2.4.2.3 Interpretation der Zugriffsregeln

Zugriff auf Daten: Ein Prozess mit der Privileg–Ebene CPL kann auf alle Daten zugreifen, die sich in einem Segment befinden, dessen Privileg–Ebene DPL zahlenmäßig mindestens genauso groß ist. Es muss also gelten: DPL ≥ CPL. Nach der ersten Regel für den Zugriffsschutz ist es dem Prozess also möglich, Daten–Segmente zu verwenden, die weniger vertrauenswürdig

---

[40] max(x,y): Maximum von x und y.

sind, d.h. deren DPL numerisch größer als das aktuelle CPL ist, oder anders gesagt: Daten dürfen nur durch Code verändert werden, der mindestens genauso vertrauenswürdig wie sie selbst ist!

Zugriff auf Code: Ein Prozess C mit der Prozess–Privileg–Ebene CPL kann ohne spezielle Voraussetzungen zunächst nur solchen Code C' benutzen (in Form von CALL–oder JUMP–Befehlen), der dieselbe Privileg–Ebene DPL wie er selbst besitzt (vgl. Abbildung 2.42a), d.h. es muss im Deskriptor des Code–Segmentes DPL = CPL gelten.

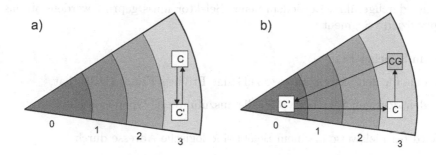

Abb. 2.42 Zugriff auf ein neues Code–Segment
a) mit derselben Privileg–Ebene, b) mit einer höheren Privileg–Ebene über ein *Call Gate*.

Der Zugriff auf Code mit einem höheren Privileg, d.h. CPL > DPL, ist nur mit der Hilfe einer speziellen Kontrollstruktur, den so genannten *Call Gates* (s. Unterabschnitt 2.4.4 und Abbildung 2.42b) oder durch einen Prozesswechsel möglich (s. Abschnitt 2.5). Ruft z.B. ein Anwendungsprogramm C mit der CPL=3 über ein *Call Gate* (CG) eine Betriebssystemroutine C' mit einer DPL=0 auf, so hat der Prozess die Privileg–Ebene CPL=0, solange die Betriebssystemroutine abgearbeitet wird. Danach wechselt er wieder automatisch auf die Privileg–Ebene CPL=3. Für die Entscheidung, ob ein Wechsel der Prozess–Privileg–Ebene erfolgen kann, d.h. CPL:=DPL gesetzt wird, wird die zweite Regel für den Zugriffsschutz angewandt.

Jetzt wollen wir erklären, wie die Zugriffsrechte im einzelnen überprüft werden. Überprüfungen (*Protection Checks*) werden vom Prozessor in drei Situationen durchgeführt:

- Zugriff auf eine virtuelle Adresse, die einen neuen Selektor enthält,
- Zugriff auf ein Segment,
- Durchführung einer privilegierten Operation.

2.4.2.4 Überprüfung der Zugriffsrechte beim Zugriff auf einen neuen Selektor

Wie im Unterabschnitt 2.2.1 beschrieben, wird jedes Mal, wenn ein neu-er Selektor in ein Segmentregister geladen wird, der zugehörige Segment–Deskriptor in den entsprechenden Segment–Deskriptor–Puffer geschrieben (vgl. Abbildung 2.7). Auf diesen kann von Anwendungsprogrammen aus nicht explizit zugegriffen werden. Sämtliche Zugriffsüberprüfungen werden vielmehr vom Prozessor selbst hardwaremäßig, d.h. ohne Softwareunterstüt-zung, durchgeführt. Bei jedem neuen Selektor muss geprüft werden, ob das spezifizierte Segment

- im Speicher ist,
- eine für den aktiven Prozess zulässige Privileg–Ebene (DPL) hat,
- den richtigen Segmenttyp für die auszuführende Operation hat.

Wird beispielsweise in einem Befehl eine logische Adresse durch

$$< Selektor >:< Offset >$$

mit einem neuen Selektor definiert, der auf ein Daten–Segment verweist, dann werden im Einzelnen die folgenden Schritte durchgeführt (vgl. Abbildung 2.43):

1. Zeigt der Index des Selektors auf einen Eintrag in der LDT/GDT (*Limit Checking*)?

2. Der Prozessor prüft die Zugriffsrechte über das *Access Byte* im Deskriptor:

   - Ist das Segment im Speicher vorhanden, d.h. ist das *Present Bit* P gesetzt?

   - Besitzt das Segment den richtigen Segmenttyp? So muss im Beispiel das Segmentregister DS auf ein Daten–Segment verweisen, d.h. im *Access Byte* muss E=0 gelten.

   - Ist die Privileg–Ebene des Segments nach den oben genannten Zugriffs-regeln zulässig? Gilt also:

     - allgemein: RPL $\leq$ DPL?

     - bei einem Daten–Segment: CPL $\leq$ DPL?

     - bei einem Code–Segment: CPL $\geq$ DPL?

3. Ergibt eine der genannten Prüfungen einen Fehler, dann wird eine Unterbrechung des Programms (*Exception*) generiert. (Wie die möglichen Fehler behandelt werden, wird im Abschnitt 2.7 beschrieben.)

4. Wurde kein oder ein behebbarer Fehler festgestellt, so wird vom Prozessor der Selektor in das Segmentregister geladen sowie die im benutzten Selektor erwartete Privileg–Ebene RPL auf die Deskriptor–Privileg–Ebene DPL gesetzt, d.h. RPL := DPL.

5. Das *Accessed Bit* im Deskriptor (in der LDT oder GDT) wird gesetzt, um festzuhalten, dass ein Segmentzugriff erfolgte.

6. Die Basisadresse, die Größe des Segments sowie seine Zugriffsrechte werden aus dem Segment–Deskriptor in den entsprechenden Segment–Deskriptor–Puffer übertragen. Dabei entscheidet der Tabellenindikator TI (*Table Indicator*) im Selektor, ob der Deskriptor in der LDT (TI=1) oder der GDT (TI=0) zu finden ist.

7. Der Offset der im Befehl benutzten Variablen VAR ist relativ zum Beginn des Segments festgelegt. Zur eigentlichen Berechnung der physikalischen Adresse werden schließlich die Basisadresse aus dem Deskriptor–Puffer und der Offset addiert. Mit dieser physikalischen Adresse werden die folgenden Überprüfungen vorgenommen.

2.4.2.5 Überprüfung der Zugriffsrechte beim Segmentzugriff

Weil jeder Code und alle Daten immer in Segmenten mit bestimmten Privileg–Ebenen und Zugriffsrechten gespeichert sind, kann auch bei jedem Segmentzugriff eine Konsistenzüberprüfung stattfinden:

Segmenttyp: Liegt der richtige Segmenttyp vor? So müssen z.B. Unterprogramm–Aufrufe (*Call*) oder Sprünge (*Jump Far*) stets auf ein Code–Segment zugreifen.

Lese–/Schreib–Recht: Beim Lesen von Daten eines Code–Segments muss das R–Bit gesetzt sein. Sollen neue Daten in ein Daten–Segment geschrieben werden, muss W=1 gelten (vgl. Unterabschnitt 2.2.3).

Segmentgröße: Zusätzlich wird bei jedem Segmentzugriff überprüft, ob der Offset der virtuellen Adresse innerhalb der durch die Segmentgröße (*Limit*) gegebenen Grenzen liegt, d.h. kleiner bzw. bei *Expand–Down*–Segmenten (vgl. Abschnitt 2.2.3) größer als die Segmentgröße ist.

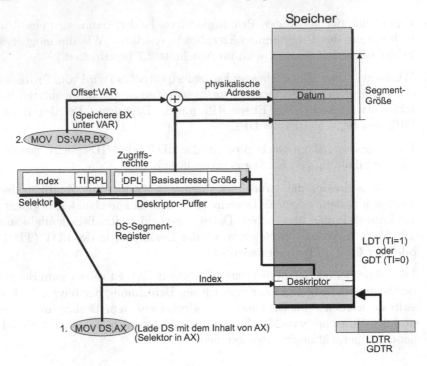

Abb. 2.43 Berechnung der physikalischen Adresse beim Befehl „MOV DS,AX" mit neuem Selektor.

2.4.2.6 Überprüfung der Zugriffsrechte bei Ausführung einer privilegierten Operation

Bestimmte privilegierte Operationen dürfen nur von Prozessen der Privileg–
Ebene PL=0, also z.B. durch Betriebssystemprozesse, benutzt werden. Dabei handelt es sich z.B. um solche Operationen, die Systemregister verändern. So kann verhindert werden, dass Systemtabellen durch nicht hinreichend vertrauenswürdige Anwendungsprozesse verfälscht werden. Bei den
Intel–Prozessoren ist z.B. der Befehl

> LLDT   *Load LDTR (lade das lokale Deskriptor–Tabellen–Register (LDTR)*
>   *mit neuem Selektor)*

eine privilegierte Operation. Bei diesem Befehl wird wiederum geprüft, ob
der neue Selektor einen Eintrag in der LDT anspricht (*Limit Checking*).

2.4.3 Schutzmaßnahmen bei Seitenverwaltung

Genau wie einem Segment können auch jeder einzelnen Seite bzw. jeder Seitentabelle Zugriffsrechte zugeordnet werden. Auch bei einer Seite kann geprüft werden, ob sie

- sich im Speicher befindet,

- ein Privileg besitzt, das dem aktiven Prozess nach den Zugriffsregeln den Zugriff auf die Seite gestattet,

- beschrieben werden darf.

Wie bereits gesagt, ist beim x86–Prozessor das Seitenverwaltungskonzept dem Segmentverfahren „aufgesetzt" worden, d.h. zunächst wird mit den Segment–Deskriptoren eine lineare Adresse errechnet, und danach wird mit Hilfe der Seitentabellen die physikalische Adresse bestimmt (vgl. Unterabschnitt 2.3.1). Die Schutzmaßnahmen werden ebenfalls in zwei Schritten durchgeführt:

1. Schritt: Wie im vorhergehenden Abschnitt beschrieben, werden im zuerst die Schutzanforderungen der Segmente überprüft, die zur Berechnung der linearen Adresse benötigt werden. Wird eine Verletzung der oben genannten Regeln vom Prozessor festgestellt, so wird unverzüglich eine Programmunterbrechung (*Exception*) generiert.

2. Schritt: Nun werden die Attribute zum Schutz der Seiten betrachtet. Wie teilweise schon in Abschnitt 2.2 erläutert wurde, werden bei der Berechnung der physikalischen Adresse die folgenden Überprüfungen vorgenommen:

- Befindet sich die gewünschte Seite im Hauptspeicher, d.h. ist das *Present Bit* P gesetzt?

- Ist das U/S–Bit (*User/Supervisor*) nicht gesetzt, dann muss die Prozess–Privileg–Ebene CPL $\leq$ 2 sein.

- Ist beim Beschreiben einer Seite im Benutzermodus (U/S=1) das R/W–Bit (*Read/Write*) gesetzt?

Diese Überprüfungen finden sowohl beim Zugriff auf ein Seitentabellen–Verzeichnis als auch auf eine Seitentabelle statt. Auch hier wird bei der Verletzung einer Zugriffsregel eine Programmunterbrechung generiert. Bei jedem Zugriff wird zusätzlich noch das *Accessed Bit* und gegebenenfalls das *Dirty Bit* gesetzt.

2.4.4 Kontrolltransfer

In diesem Unterabschnitt soll erklärt werden, wie auf Code mit einer höheren Privileg–Ebene zugegriffen werden kann. Dieses Verfahren wird als *Kontroll-transfer (Control Transfer)* bezeichnet. Der Aufruf von Programmcode zwischen verschiedenen Privileg–Ebenen soll zwar prinzipiell möglich sein, aber gleichzeitig nur nach bestimmten Schutzregeln erlaubt sein. Im Folgenden werden wir das *Call–Gate*–Konzept vorstellen.[41]

Wie bereits bei den Zugriffsregeln erwähnt, ist für einen Prozess mit der Privileg–Ebene CPL der Zugriff auf Code mit einem höheren Privileg DPL, d.h. DPL < CPL, normalerweise nur mit Hilfe einer speziellen Kontrollstruktur, den so genannten *Call Gates* möglich.

2.4.4.1 Conforming Code Segment

Es kann beim Zugriff auf höher privilegierten Code auf ein *Call Gate* verzichtet werden, wenn im Segment–Deskriptor des aufgerufenen Code–Segments das *Conforming Bit* C gesetzt ist (s. Unterabschnitt 2.2.3). Abbildung 2.44 zeigt den Ablauf des Kontrolltransfers über ein *Conforming Code Segment*.

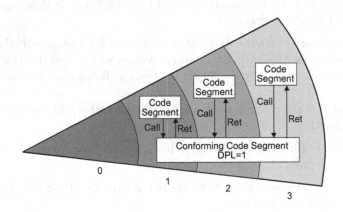

Abb. 2.44 Aufruf eines *Conforming Code Segments* von verschiedenen Privileg–Ebenen aus.

Im Regelfall wird eine aufgerufene Prozedur auf der Privileg–Ebene ausgeführt, die durch den Wert DPL im Deskriptor des Segments, in dem die Prozedur liegt, festgelegt ist. Dies ist bei *Conforming Code Segments* anders.

---

[41] Im Folgenden werden wir mit dem *Trap Gate, Interrupt Gate* und *Task Gate* noch weitere *Gate*–Typen beschreiben.

Hier wird der aufgerufene Code auf derselben Privileg–Ebene ausgeführt wie der aufrufende Prozess (CPL). (Vorausgesetzt wird natürlich nach den Regeln für den Zugriffsschutz, dass CPL ≥ DPL ist.) Durch diesen Mechanismus kann das Conforming Code Segment von allen Prozessen benutzt werden, die wenigstens auf derselben Privileg–Ebene arbeiten, und nimmt während seiner Ausführung immer die Privileg–Ebene des aufrufenden Codes an. Es erfolgt somit für den aufrufenden Prozess kein Privileg–Wechsel.

2.4.4.2 Call Gates

Call Gates (CG) (CG) regeln die Ausführung von Programmcode, der sich auf einer höheren (d.h. zahlenmäßig kleineren) Privileg–Ebene DPL befindet als derjenige des aktuell ausgeführten Prozesses. Es gilt also: DPL < CPL. Gehört das Code–Segment, in das durch das *Call Gate* gewechselt werden soll, hingegen zu einer niedrigeren Privileg–Ebene DPL, d.h. DPL > CPL, so wird eine Programmunterbrechung generiert.

Im Gegensatz zur Verwendung von *Conforming Code Segments* findet bei *Call Gates* ein Wechsel der Privileg–Ebene des aktuellen Prozesses statt, d.h. es wird CPL := DPL gesetzt.

Wechsel der Privileg–Ebene

Ein Wechsel der Privileg–Ebene mit Hilfe eines *Call Gates* kann durch eine Befehlsfolge

CALL FAR <Selektor>:<Offset> {Unterprogramm–Aufruf}

.... {Unterprogramm}

....

RET {Rücksprung}

geschehen, wenn die virtuelle Adresse einen Selektor enthält, der nicht direkt auf den Deskriptor eines neuen Code–Segmentes, sondern auf ein *Call Gate* zeigt. Über das *Call Gate* erfolgt dann der kontrollierte Zugriff auf den höher privilegierten Code. Der Offset des Sprungziels beim CALL FAR hat in diesem Fall keine Bedeutung, muss aber angegeben werden.

Der kontrollierte Zugriff auf höher privilegierten Code mit Hilfe von *Call Gates* ist aus den folgenden Gründen sinnvoll:

• Einerseits benötigen Anwendungsprozesse Zugriff auf Betriebssystemdienste.

- Andererseits muss der Zugriff von Anwendungsprozessen auf das Betriebssystem kontrolliert werden, um Schutz zu gewährleisten.

Ein *Call Gate* ist wiederum ein spezieller, 8 byte langer Deskriptor mit dem in Abbildung 2.45 dargestellten Format, der entweder in der globalen (GDT) oder der lokalen Deskriptor–Tabelle (LDT) eingetragen ist.

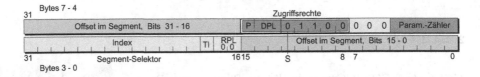

Abb. 2.45 *Call–Gate*–Deskriptor.

Das (doppelt umrahmte) *Access Byte*, das die Zugriffsrechte spezifiziert, unterscheidet einen Call–Gate–Deskriptor von einem Segment–Deskriptor. Ganz allgemein ist das zurückgesetzte Bit 4 (S–Bit) eine Kennzeichnung dafür, dass es sich nicht um einen Segment–, sondern einen *Kontroll–Deskriptor* handelt. (In den nächsten Abschnitten werden Sie weitere Kontroll–Deskriptoren kennen lernen.) Das P–Bit im Deskriptor zeigt hier an, ob der Deskriptor gültig (*valid*) ist oder nicht.

Der aus Index und Tabellenindikator TI bestehende Selektor (mit RPL=00, vgl. Abbildung 2.45) verweist auf einen Segment–Deskriptor in der LDT bzw. GDT. Der Segment–Deskriptor enthält insbesondere die Basisadresse des Programmcodes. Der Offset gibt die Differenz der Startadresse (*Entry Point*) des Programms zu dieser Basisadresse an. Dabei wird geprüft, ob diese Startadresse innerhalb des Segments liegt (*Limit Checking*).

Im IA–32e–Modus (64–bit–Modus und Kompatibilitätsmodus) wird der *Call–Gate*–Deskriptor auf 16 byte erweitert. Die Bytes 8 – 11 enthalten dabei die vier höchstwertigen Bytes des 8–byte–Offsets im Segment. Im 13. Byte wird durch die Bitkombination '00000' der Deskriptor-Typ angegeben. Alle anderen Bits sind (für mögliche zukünftige Erweiterungen) reserviert.

Stackverwaltung

Für jede der maximal vier Privileg–Ebenen innerhalb eines Prozesses gibt es einen eigenen Stack, jeweils in einem eigenem Segment untergebracht. Dies ist erforderlich, weil sonst keine vollständige Trennung der verschiedenen Privileg–Ebenen möglich wäre. Beim Aufruf eines *Call Gates* im 32–bit–

Modus[42], das auf ein *Nonconforming Code Segment* mit höherer Privileg–Ebene zeigt, findet ein Wechsel des Stacks (*Stack Switching*) statt[43]: Es werden automatisch der Stackpointer sowie der Befehlszähler der durch den CALL–Befehl unterbrochenen Ebene auf dem Stack der neuen Ebene gesichert. Zusätzlich ist es möglich, Parameter vom Stack der aufrufenden Privileg–Ebene auf den Stack der aufgerufenen (höheren) Privileg–Ebene zu kopieren. Der 5 bit lange *Word–Count*–Teil (WC) legt die Anzahl (≤ 31) der zu kopierenden Parameter fest (s. Abbildung 2.45). Die Parameterübergabe mit Hilfe von *Call Gates* wird in Abbildung 2.46 graphisch dargestellt. Dabei ruft ein Prozess der Ebene PL=3 ein (*Nonconforming*) Code–Segment der Ebene PL=0 auf. Der Befehl PUSH steht darin für die Übertragung einer Anzahl von Parametern auf den Stack der Ebene PL=3.

Beim Aufruf eines Call Gates zu einem *Nonconforming Code Segment* mit höherer Privileg–Ebene werden zunächst die folgenden Überprüfungen vorgenommen – neben den „üblichen" Bereichsüberprüfungen (*Limit Checks*):

- Es wird geprüft, ob die effektive Privileg–Ebene EPL := max(CPL,RPL)[44] des aufrufenden Prozesses höher als die Deskriptor–Privileg–Ebene DPL des *Call Gates* oder wenigstens ihr gleich ist: EPL $\leq$ DPL?

- Das aufgerufene Code–Segment (*Target*) muss höher als oder wenigstens genau so hoch privilegiert sein wie der aktuelle Prozess, d.h. es muss gelten: $DPL_{Target} \leq$ CPL.[45]

Wird nicht durch einen CALL–Befehl, sondern durch einen Sprungbefehl (*Jump Far*) auf das Call Gate zugegriffen, so muss in der letztgenannten Überprüfung DPL_{Target} = CPL gelten.

Ergibt eine der Prüfungen einen Fehler, so wird wiederum eine Ausnahmebehandlung (*Invalid TSS Exception* – TS, vgl. Abschnitt 2.7) eingeleitet. Im anderen Fall werden folgende Schritte durchgeführt[46]:

1. CPL wird auf die Privileg–Ebene des aufgerufenen Code–Segment gesetzt: CPL := DPL_{Target}.

---

[42] Die Stackverwaltung im 64–bit–Modus weist einige Änderungen auf, die wir hier aus Platzgründen nicht beschreiben können.

[43] Bei einem *Conforming Code Segment* bzw. einem *Nonconforming Code Segment* mit gleicher Privileg–Ebene findet kein Wechsel der Privileg–Ebene und damit auch kein Stackwechsel statt.

[44] CPL ist im CS–Register des aufrufenden Prozesses vorgegeben, RPL im Selektor des Unterprogramm–Aufrufs.

[45] DPL_{Target} steht im Segment–Deskriptor des aufgerufenen Segments.

[46] Hier wollen wir auf die weiter oben beschriebenen Überprüfungen des Typs, der Privileg–Ebene und der Grenzen der Segment–Deskriptoren nicht mehr besonders eingehen.

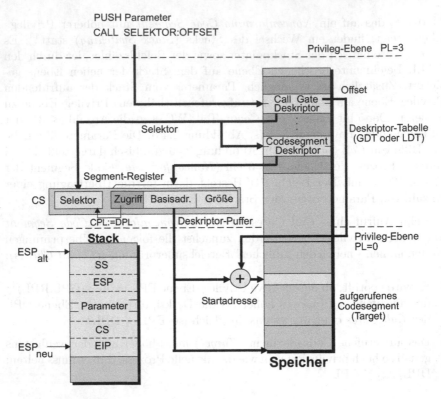

Abb. 2.46 Parameterübergabe und Stackverwaltung beim Aufruf von *Call Gates.*

2. Der Stackpointer SS:ESP des aufrufenden Prozesses wird in einem Pufferregister zwischengespeichert (SS: Stack–Segmentregister, ESP: Stackpointer).

3. Aus dem Prozess–Kontroll–Block[47] werden der Stack–Segment–Selektor und der Stackpointer des Stacks der neuen Prozess–Privileg–Ebene CPL entnommen und in den Registern SS und ESP abgelegt.

4. Der zwischengespeicherte Stackpointer SS:ESP des aufrufenden Prozesses wird auf den neuen Stack gelegt.

5. Vom Stack des aufrufenden Code–Segments werden WC Wörter auf den neuen Stack des Targets kopiert.

6. Der Befehlszähler CS:EIP des durch den CALL–Befehl unterbrochenen Codes wird auf den neuen Stack gelegt (CS: Code Segment, EIP: Instruction Pointer).

---

[47] Den Prozess–Kontroll–Block werden wir im nächsten Abschnitt beschreiben.

7. Der Segment–Selektor und die (relative) Startadresse des Targets werden aus dem Call Gate ins CS–Register bzw. EIP–Register geladen. Gleichzeitig wird der Segment–Deskriptor des Targets in den „unsichtbaren" Puffer des CS–Registers gebracht und dadurch die Ausführung der aufgerufenen Routine gestartet.

Durch die beschriebenen Speicherzugriffe wird der Stackpointer des neuen Stacks vom Wert ESP_{alt}, der im Prozess–Kontroll–Block angegeben war, auf den Wert ESP_{neu} erniedrigt. Wird ein *Call Gate* nicht durch einen Unterprogramm–Aufruf, sondern durch die Aktivierung einer Interrupt– oder Trap–Behandlungsroutine angesprochen, so werden – zusätzlich zu den oben genannten Parametern – noch der Inhalt des Statusregisters EFLAGS sowie ein Fehlercode[48] auf dem Stack abgelegt.

Rückkehr ins aufrufende Programm

Die Rückkehr aus einem Unterprogramm ins aufrufende Programm geschieht durch den Befehl

$$RET \ <Anzahl> \ .$$

Dabei bezeichnet <Anzahl> die Zahl der vom Stack zu nehmenden Bytes. Durch diesen Befehl geschieht automatisch die Stack–Bereinigung, d.h. es wird die gleiche Anzahl von Bytes vom Stack genommen, wie beim Aufruf des *Call Gates* bzw. bei der Ausführung seines Programmcodes als Parameter dort abgelegt wurden. Dies geschieht durch einfaches Erhöhen des Stackpointers um die angegebene Anzahl von Parameterbytes.

Beim Rücksprung müssen auch die restlichen der oben beschriebenen Schritte rückgängig gemacht werden. So muss anhand der Privileg–Ebenen (CPL, RPL, DPL) festgestellt werden, ob ein Wechsel der Privileg–Ebene und damit ein Stackwechsel stattfinden müssen. Falls ja, müssen die Register CS, EIP sowie die Register SS, ESP aus dem Target–Stack restauriert werden. Dabei werden die beschriebenen Typ–, Privileg– und Grenzüberprüfungen durchgeführt.

Außerdem wird der Inhalt der Daten–Segmentregister DS, ES, FS, GS überprüft: Zeigt eines dieser Register auf ein Segment mit einer Privileg–Ebene DPL kleiner als das CPL des Prozesses, zu dem zurückgesprungen wird, so liegt eine Verletzung der Zugriffsregeln vor. Es wird deshalb mit dem *Null Segment Selector* geladen. Ein nachfolgender Zugriff auf das zugehörige Segment führt dann zu einer Ausnahmesituation (*General Protection Exception* – GP, s. Unterabschnitt 2.2.4).

---

[48] Vgl. Unterabschnitt 2.2.4.

2.5 Prozessverwaltung

Die zweite wichtige Aufgabe von Betriebssystemen – nach der Speicherverwaltung – ist die Verwaltung von Aufträgen (*Task Management*), der so genannten **Prozesse** (*Tasks*). Unter einem Prozess verstehen wir dabei ein in
Ausführung befindliches oder ausführbereites Programm, zusammen mit seinen Daten, also den Variablen und Konstanten, mit ihren aktuellen Werten.
Ein Prozess kann im Laufe seiner Bearbeitung die folgenden unterscheidbaren
Zustände annehmen:

aktiv: (*running*) Der Prozess wird gerade vom Prozessor bearbeitet;

blockiert: (*suspended*) Der Prozess muss auf ein bestimmtes Ereignis warten,
z.B. auf das Ende einer Ein–/Ausgabeoperation, auf die Einlagerung von
Daten in den Hauptspeicher oder auf einen anderen Prozess.

bereit: (*ready*) Der Prozess ist bereit, vom Prozessor ausgeführt zu werden,
und muss insbesondere auf kein Ereignis warten.

Besondere Bedeutung besitzen dabei wieder die Multitasking–Systeme, in
denen es mehrere Prozesse gibt, die abwechselnd vom Prozessor bearbeitet werden (*Process Multiplexing, Process Switching, Task Switching*). Dabei
muss ein schneller Prozesswechsel durch die Hardware unterstützt werden.
Schutzmechanismen sorgen dabei für einen kontrollierten Prozesswechsel. Das
Betriebssystem muss dazu eine spezielle Routine, den so genannten *Dispatcher*, zur Verfügung stellen, der das Umschalten der CPU auf verschiedene
Aufträge bewerkstelligt.

Typischerweise arbeitet ein *Dispatcher* folgendermaßen: Jedes Mal wenn
ein Prozess in den Zustand „blockiert" übergeht, kann die CPU von diesem
nicht mehr genutzt werden. In dieser Situation kann der *Dispatcher* der CPU
einen anderen „bereiten" Prozess zuteilen. Dadurch bleibt der Prozessor beschäftigt (*busy*), und das System wird effizienter genutzt. Sobald das Ereignis
eingetroffen ist, das einen Prozess in den Zustand „blockiert" versetzt hat,
kann er gegebenenfalls wieder vom Prozessor ausgeführt werden, d.h. er geht
in den Zustand „bereit" über. Diese Zustandsübergänge werden in Abbildung
2.47 dargestellt.

Bei (Multitasking–)Systemen ist es wünschenswert, dass ein Prozesswechsel nicht nur nach der vollständigen Abarbeitung eines Prozesses erfolgt. Aus
Effizienzgründen ist es vielmehr erforderlich, einen Prozesswechsel vorzunehmen, wenn irgendein Ereignis eine (Weiter–)Bearbeitung des gerade aktiven
Prozesses durch die CPU verhindert. Dazu gehört z.B. das Fehlen einer benötigten Speicherseite, die erst noch vom Hintergrundspeicher eingelagert
werden muss. In dieser Situation muss der aktive Prozess unterbrochen werden, damit die CPU nicht „arbeitslos" (*idle*) wird, sondern mit einem anderen Prozess fortfahren kann. Der unterbrochene Prozess geht in den Zustand

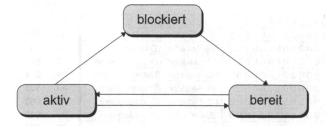

Abb. 2.47 Übergänge zwischen den verschiedenen Prozesszuständen.

„blockiert" über (s. Abbildung 2.47). Um die Ausführung dieses Prozesses zu einem späteren Zeitpunkt fortsetzen zu können, ist es erforderlich, sich seinen Zustand zu merken. Unter dem Zustand eines Prozesses versteht man den gesamten Kontext, in dem er sich bei seiner Unterbrechung befindet. Zu diesem Kontext gehören:

- die Inhalte sämtlicher allgemeiner Register der ALU,
- der Inhalt des Statusregisters und der Stand des Befehlszählers,
- der Wert des Stackpointers,
- die Inhalte der Segmentregister, des LDT–Registers sowie des CR3–Registers,
- sonstige Systemregister–Inhalte.

Kurzum, es müssen sämtliche Informationen über den unterbrochenen Prozess abgespeichert werden, die es zum Zeitpunkt seiner Wiederaufnahme ermöglichen, den Prozessor in denselben Zustand zu versetzen, wie er zum Zeitpunkt der Prozessunterbrechung vorlag. Dieser Prozesskontext wird in einer speziellen Datenstruktur abgespeichert, die oft *Prozess–Kontroll–Block* (*Process Control Block* oder auch *Task Control Block*) genannt wird.

2.5.1 Das Task State Segment im 32–bit–Modus

In den Unterlagen der Firma Intel wird statt „Prozess" (*Process*) stets der Begriff *Task* verwendet, den wir deshalb ebenfalls benutzen werden. Der Prozess–Kontroll–Block ist selbst ein spezielles Segment; er wird deshalb *Task State Segment* (TSS) genannt. Das TSS eines Prozesses umfasst mindestens 26 (32–bit–)Wörter und hat im 32–bit–Modus den in Abbildung 2.48 dargestellten Aufbau.

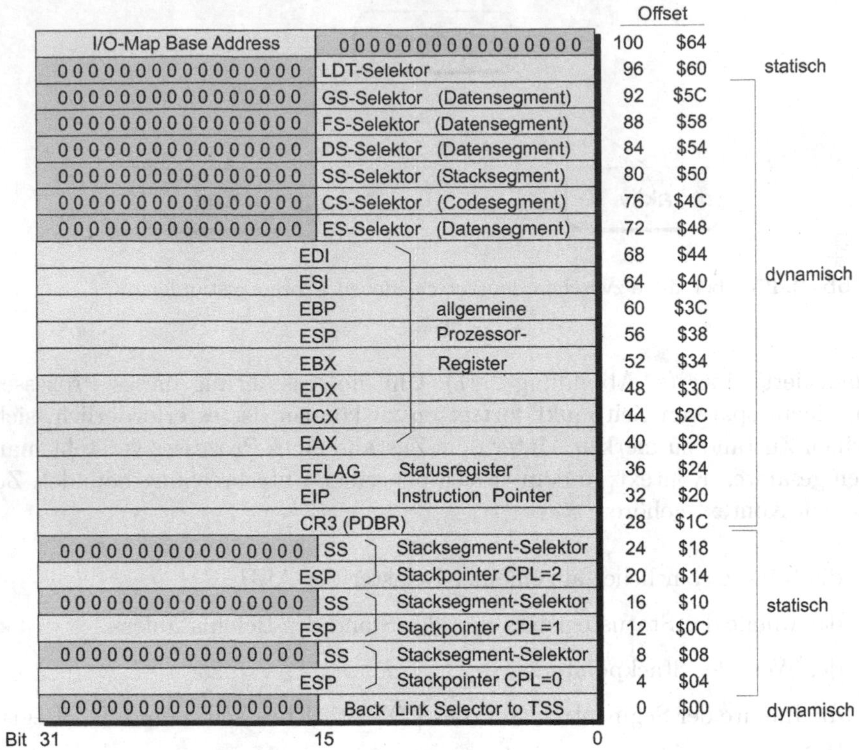

		Offset		
I/O-Map Base Address	0000000000000000	100	$64	
0000000000000000	LDT-Selektor	96	$60	statisch
0000000000000000	GS-Selektor (Datensegment)	92	$5C	
0000000000000000	FS-Selektor (Datensegment)	88	$58	
0000000000000000	DS-Selektor (Datensegment)	84	$54	
0000000000000000	SS-Selektor (Stacksegment)	80	$50	
0000000000000000	CS-Selektor (Codesegment)	76	$4C	
0000000000000000	ES-Selektor (Datensegment)	72	$48	
EDI		68	$44	
ESI		64	$40	dynamisch
EBP	allgemeine	60	$3C	
ESP	Prozessor-	56	$38	
EBX	Register	52	$34	
EDX		48	$30	
ECX		44	$2C	
EAX		40	$28	
EFLAG	Statusregister	36	$24	
EIP	Instruction Pointer	32	$20	
CR3 (PDBR)		28	$1C	
0000000000000000 SS	Stacksegment-Selektor	24	$18	
ESP	Stackpointer CPL=2	20	$14	
0000000000000000 SS	Stacksegment-Selektor	16	$10	statisch
ESP	Stackpointer CPL=1	12	$0C	
0000000000000000 SS	Stacksegment-Selektor	8	$08	
ESP	Stackpointer CPL=0	4	$04	
0000000000000000	Back Link Selector to TSS	0	$00	dynamisch

Bit 31   15   0

Abb. 2.48 Aufbau des Prozess–Kontroll–Blocks.

Jeder Prozess–Kontroll–Block besteht zunächst aus einem statischen Teil, der sich während der Prozessausführung nicht ändert. Dazu gehören:

- der Selektor für die lokale Deskriptor–Tabelle (LDT) des Prozesses und

- die Initialisierungswerte SS:ESP der Stackpointer für die Privileg–Ebenen PL=0 bis PL=2.[49]

Der dynamische Teil des TSS umfasst alle Informationen, die sich während der Laufzeit ändern können. Dazu gehören:

- sämtliche Inhalte der allgemeinen Prozessorregister,

- die Selektoren in den sechs Segmentregistern CS, SS, DS, ES, FS, GS,

- der Inhalt des Statusregisters EFLAGS,

---

[49] Die Ebene PL=3 benötigt keinen Tabelleneintrag, da kein Privileg–Wechsel von einer noch niedrigeren Ebene stattfinden und das Retten des Stackpointers verlangen kann.

- der Befehlszeiger EIP (*Instruction Pointer*),

- ein *Back Link Selector* zum vorher ausgeführten Prozess (s.u.) und

- das Systemregister CR3 mit der Basisadresse des Seitentabellen–Verzeichnisses (*Page Directory Base Register* – PDBR).

Der *Back Link Selector* dient dazu, die Abarbeitung von so genannten verschachtelten Prozessen (*Nested Tasks*) zu ermöglichen. Dieser Fall liegt dann vor, wenn nach Beendigung eines Prozesses wieder in den Prozess zurückgesprungen werden soll, der den Prozess aufgerufen hatte. Der *Back Link Selector* verweist dann auf den Prozess–Kontroll–Block TSS dieses Prozesses. Verschachtelte Prozesse werden daran erkannt, dass im Statusregister EFLAGS (*Extended Flag Register*) das NT–Bit (*Nested Task*) gesetzt ist.

Die *I/O–Map Base Address* gibt den Offset einer Tabelle – bezogen auf die Basisadresse des TSS – an, in der für jedes Register der Schnittstellen, die im Ein–/Ausgabe–Adressraum (*I/O Address Space*) untergebracht sind, angegeben werden kann, ob der betreffende Prozess auf dieses Register zugreifen darf oder nicht. Auf diese spezielle, zusätzliche Form des Zugriffschutzes werden wir nicht näher eingehen.

Zusätzlich ist es möglich, dass das Betriebssystem in den Prozess–Kontroll–Block – oberhalb der dargestellten Adressen – noch weitere notwendige Informationen hinzufügt, wie z.B. Prioritäten, Speicherplatzbedarf usw.

2.5.2 Der TSS–Deskriptor im 32–bit–Modus

Um einen Prozess–Kontroll–Block (*Task State Segment*) zu beschreiben, wird ein spezieller Deskriptor, der TSS–Deskriptor benutzt, der das in Abbildung 2.49 gezeigte Format aufweist.[50] Im 64–bit–Modus ist der TSS-Deskriptor wiederum auf 16 Bytes verlängert. Die Bytes 8 – 11 enthalten die höherwertigen vier Bytes der Basisadresse. Die Bytes 12 – 15 sind – bis auf die Kennung „00000" im Byte 13 – reserviert

Der TSS–Deskriptor enthält, wie alle anderen Deskriptoren, im (doppelt umrahmten) *Access Byte* das *Present Bit* P und die DPL–Bits, die seine Prozess–Privileg–Ebene angeben, sowie die spezifische Kennung „010B1" zu seiner Identifikation. Das B–Bit innerhalb dieser Kennung ist gesetzt, d.h. B=1, wenn der Prozess gerade bearbeitet wird (*busy*), also aktiv (*running*) oder blockiert (*suspended*) ist, andernfalls gilt B=0. Des Weiteren sind die

---

[50] In Unterlagen der Firma Intel sind die als reserviert bezeichneten Bits im Byte 6 mit den Bits 19 – 16 der Segmentgröße belegt, obwohl das TSS maximal 64 kB groß sein kann, vgl. die Größenangabe im Register TR.

Basisadresse und die Größe (*Limit*) des Prozess–Kontroll–Blocks[51] (TSS) abgespeichert. Aus der Beschreibung des TSS (s.o.) folgt, dass die Größe stets über \$68 (=104_{10}) liegen muss, andernfalls wird eine Ausnahme (*Invalid TSS Exception* – TS) generiert. Jeder TSS–Deskriptor muss ständig zugreifbar sein, weshalb er in der GDT abgespeichert sein muss.

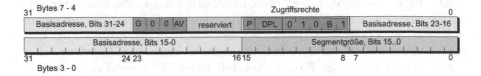

Abb. 2.49 TSS–Deskriptor.

Der Zugriff auf einen Prozess–Kontroll–Block ist jedem Prozess erlaubt, dessen CPL kleiner oder gleich dem DPL im TSS–Deskriptor ist. Obwohl prinzipiell ein DPL = 3 möglich ist, wird in vielen Betriebssystemen stets DPL < 3 oder sogar auf DPL = 0 gesetzt, so dass ein Prozesswechsel nur höher privilegierten Prozessen möglich ist.

Der Zugriff auf einen TSS geschieht über ein spezielles Register, das so genannte *Task Register* TR, das den entsprechenden Selektor für die GDT enthält. In einem (für das Programm unsichtbaren Teil) des Task Registers werden die Größe des Prozess–Kontroll–Blocks und seine Basisadresse aus dem selektierten TSS–Deskriptor abgespeichert. Das *Task Register* verweist stets auf den gerade von der CPU ausgeführten Prozess. Die Zusammenhänge zwischen Task Register, TSS–Deskriptor und Prozess–Kontroll–Block TSS werden in Abbildung 2.50 veranschaulicht.

Ursachen für einen Prozesswechsel

Ein Umschalten zwischen verschiedenen Prozessen (*Task Switching*) kann alternativ bei der Durchführung eines der beiden Befehle

JMP <Selektor>:<Offset> oder

CALL <Selektor>:<Offset>

erfolgen, wenn der Selektor auf einen TSS–Deskriptor verweist. Der Offset wird dabei wiederum nicht benötigt. In diesem Fall werden vom Prozessor die folgenden Schritte durchgeführt[52]:

---

[51] Einschließlich der *I/O–Map* sowie evtl. weiterer Daten.

[52] Dies ist eine etwas vereinfachte Darstellung.

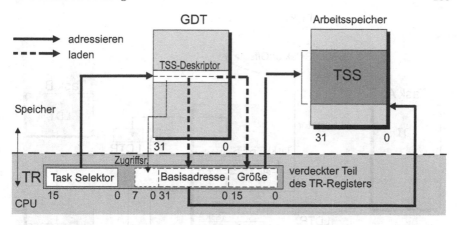

Abb. 2.50 Adressierung von Prozessen.

1. Zunächst werden die bereits beschriebenen Überprüfungen des Typs, der Privileg–Ebenen und der TSS–Größe durchgeführt. Anhand der P–Bits wird festgestellt, ob der neue TSS und alle für den Prozesswechsel benötigten Deskriptoren bereits im Arbeitsspeicher vorliegen oder nachgeladen werden müssen. Nur falls alle diese Prüfungen fehlerfrei erfolgten, werden die folgenden Aktionen vorgenommen.

2. Alle Registerinhalte des gerade bearbeiteten (aufrufenden) Prozesses werden im Prozess–Kontroll–Block TSS abgelegt. Das B–Bit im TSS–Deskriptor des Prozesses wird dabei zurückgesetzt, wenn ein JUMP–Befehl ausgeführt wurde, bei einem CALL–Befehl bleibt es gesetzt.

3. Der sichtbare Teil des *Task Registers* TR wird mit dem Selektor des neuen TSS–Deskriptors sowie der unsichtbare Teil mit der Basisadresse, den Zugriffsrechten und der Größe des TSS aus diesem Deskriptor geladen.

4. Der Registersatz des Prozessors wird komplett neu mit den Registerinhalten geladen, die im neuen, durch den TSS–Deskriptor adressierten Prozess–Kontroll–Block gespeichert sind. U.a. zeigt dann auch das LDT–Register auf die neue lokale Deskriptor–Tabelle (LDT).

5. Der neue Prozess wird gestartet.

Ein Prozesswechsel von Task A nach Task B sowie der Rücksprung (*Return*) nach Task A ist in Abbildung 2.51 dargestellt.

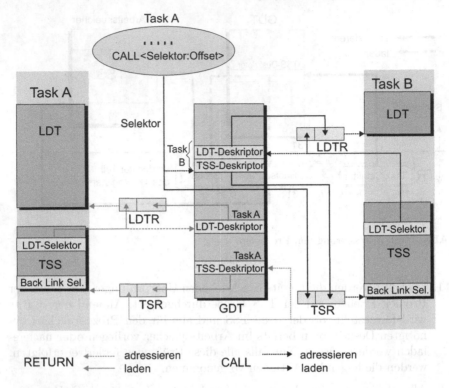

Abb. 2.51 Prozesswechsel von Task A nach Task B.

Zugriffsschutz beim Prozesswechsel

Auch bei einem Prozesswechsel werden Schutzmechanismen verwendet. Jeder TSS–Deskriptor muss in der GDT residieren, so dass von jedem Prozess aus darauf zugegriffen werden kann. Um trotzdem eine unkontrollierte Prozessbenutzung zu verhindern, ist häufig die Deskriptor–Privileg-Ebene DPL innerhalb jedes TSS–Deskriptors auf '0' gesetzt (vgl. Abbildung 2.49). Dadurch kann ein Prozesswechsel nur durch einen Prozess durchgeführt werden, der ebenfalls das Privileg '0' besitzt. Dies dürfte im allgemeinen ein zum Betriebssystem gehöriger Prozess sein. (Normalerweise ist der *Dispatcher*, der weiter oben kurz beschrieben wurde, für das Umschalten auf einen anderen Prozess zuständig.)

Eine andere Möglichkeit des kontrollierten Zugriffs auf Prozesse ist wiederum durch spezielle *Task Gates* gegeben. In diesem Fall weist bei einem CALL– oder JUMP–Befehl der Selektor–Teil der Adresse nicht direkt auf einen TSS–Deskriptor, sondern auf einen *Task Gate Descriptor*, der eigentlich nur eine bestimmte Deskriptor–Privileg-Ebene DPL sowie den gewünschten

TSS–Selektor enthält. Er besitzt daher das in Abbildung 2.52 gezeigte Aussehen.

Ein Task–Gate–Deskriptor kann auch in den LDTs verschiedener Prozesse abgelegt sein. Dadurch wird erreicht, dass ein bestimmter Prozess nur von denjenigen Prozessen benutzt werden kann, in deren LDT der entsprechende Task–Gate–Deskriptor abgelegt ist. Diese Prozesse dürfen dann u.U. auch eine Privileg–Ebene besitzen, die zahlenmäßig größer als 0 ist, also nicht zur höchsten Privileg–Ebene gehören. Einen Prozesswechsel mit Hilfe eines Task Gates, das in der LDT des Prozesses A untergebracht ist, veranschaulicht abschließend Abbildung 2.53. Die gestrichelten Pfeile beschreiben die Vorgänge beim Rücksprung von Task B zu Task A. Der Einfachheit halber sind lediglich die Verweise auf die benötigten Tabelleneinträge, nicht die Ladevorgänge zu den Registern LDTR und TSR gezeigt.

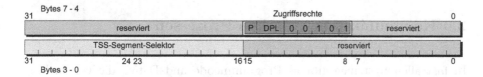

Abb. 2.52 Aufbau des *Task–Gate*-Deskriptor.

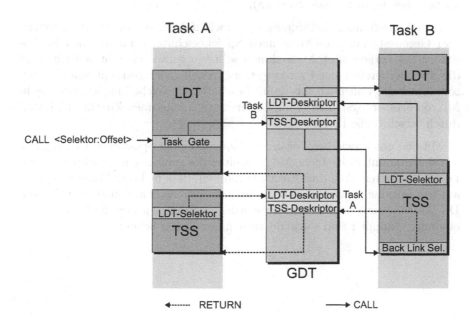

Abb. 2.53 Prozesswechsel von Task A nach Task B mit Hilfe eines *Task Gates*.

2.5.3 Prozessverwaltung im 64–bit–Modus

Der Aufbau eines Prozesses und die Prozesszustände unterscheiden sich im 64–bit–Modus nicht von denen im 32–bit–Modus. Im 64–bit–Modus werden die Prozessverwaltung und der Prozesswechsel jedoch nicht von der Hardware unterstützt und müssen daher vollständig durch die Software ausgeführt werden. Diese muss für jeden Prozess einen Prozess–Kontroll–Block (TSS) im Speicher anlegen und verwalten. Im TSS liegen insbesondere die Stapelzeiger (*Stack Pointer*) für die Privileg–Ebenen 0 – 2, bis zu sieben 64–bit–Zeiger auf die Stackbereiche bestimmter Interruptquellen (vgl. Unterabschnitt 2.7.3) sowie die oben beschriebene *I/O Map Base Address*. Aus Platzgründen können wir auf die Prozessverwaltung im 64–bit–Modus nicht näher eingehen.

2.6 Kommunikation zwischen Prozessen

In fast allen Systemen gibt es Programmcode und Daten, die von mehreren Prozessen benutzt werden. Beispiele dafür sind das Betriebssystem, aber auch Editoren oder Compiler. Oft ist es auch sinnvoll, dass Prozesse miteinander kommunizieren, d.h. Daten gemeinsam benutzen bzw. untereinander austauschen können (*Data Sharing*).

Der Wunsch nach Kommunikation zwischen Prozessen steht in gewissem Gegensatz zur Forderung nach Speicherschutz; denn mit den in Abschnitt 2.4 vorgestellten Maßnahmen sollte ja gerade erreicht werden, dass die Speicherbereiche der Prozesse streng voneinander getrennt sind. In diesem Abschnitt wollen wir uns damit beschäftigen, welche Möglichkeiten es in Mikroprozessor–Systemen dennoch für den gemeinsamen Zugriff auf Daten durch verschiedene Prozesse gibt.

Mit den uns inzwischen bekannten Konzepten der Speicherverwaltung lassen sich drei unterschiedliche Möglichkeiten des gemeinsamen Gebrauchs von Daten realisieren. Alle drei Ansätze erlauben, dass mehrere Prozesse sowohl auf gemeinsame Segmente als auch auf gemeinsame Seiten zugreifen können. Die Ansätze unterscheiden sich wesentlich dadurch, wie eng die Prozesse aneinander gekoppelt sind sowie durch den gewährten Schutz.

2.6.1 Kommunikation beim Segmentierungsverfahren

Data Sharing mit Hilfe der GDT

Die einfachste Möglichkeit, mehreren Prozessen den Zugriff auf gemeinsame Segmente (*Shared Segments*) zu ermöglichen, ist es, die entsprechenden Segment–Deskriptoren in einem globalen, allen Prozessen zugänglichen Adressbereich abzuspeichern. Dazu müssen die entsprechenden Deskriptoren in der globalen Deskriptor–Tabelle (GDT) abgelegt werden. Der Vorteil dieses Verfahrens ist, dass ohne besonderen Aufwand Änderungen bei den Segmenten, z.B. eine Modifikation der Segmentgröße, vorgenommen werden können, weil es im Gegensatz zu den im Folgenden beschriebenen Verfahren nur einen Deskriptor pro „gemeinsames" Segment gibt.

Dies wird dadurch erkauft, dass alle Prozesse im System auf den Deskriptor und damit auch auf das Segment zugreifen können, falls sie die Zugriffsregeln erfüllen. Oftmals ist es aber wünschenswert, dass nur diejenigen Prozesse eine Zugriffsmöglichkeit erhalten, die das gemeinsame Segment auch wirklich benötigen, d.h. nur eine Teilmenge aller Prozesse im System soll ein Zugriffsrecht erhalten.

Data Sharing mit einer gemeinsamen LDT

Falls mehrere Prozesse fast nur gemeinsame Segmente (*Shared Segments*) besitzen, ist es sinnvoll, ihnen dieselbe lokale Deskriptor–Tabelle (LDT) zuzuordnen. Dies kann geschehen, indem man den LDT–Selektor des gemeinsamen LDT–Deskriptors in den Prozess–Kontroll–Block (TSS) aller beteiligten Prozesse lädt (vgl. Abbildung 2.54).

Der Nachteil dieses Vorgehens liegt auf der Hand: Auf sämtliche Segmente können alle beteiligten Prozesse zugreifen. Es ist hier nicht möglich, dass in differenzierter Weise nur auf einzelne Segmente gemeinsam zugegriffen werden kann. Dieser Nachteil wird beim dritten Verfahren umgangen.

Data Sharing durch Aliasing

Die Methode des *Aliasing* wird in Abbildung 2.55 veranschaulicht. Die beiden Prozesse A und B benutzen ein gemeinsames Daten–Segment, indem in der LDT jedes Prozesses ein Segment–Deskriptor vorhanden ist, der auf das gemeinsame Daten–Segment verweist. Es gibt also für dieses Segment mehrere Versionen des zugehörigen Segment–Deskriptors in den LDTs verschiedener Prozesse.

Der große Vorteil dieses Verfahrens liegt in seiner Flexibilität. Ein einzelnes Segment kann von beliebig vielen Prozessen gemeinsam benutzt werden, indem jeder Prozess für dieses Segment seinen eigenen Deskriptor in seiner LDT hat. Dabei müssen die verschiedenen Versionen der Segment–

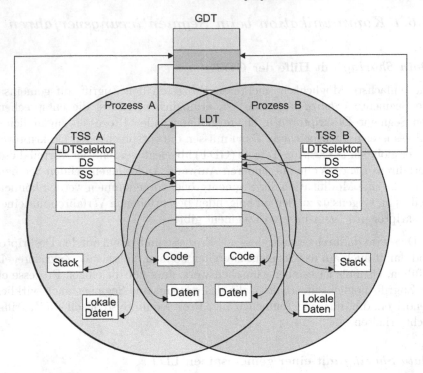

Abb. 2.54 *Data Sharing* mit einer gemeinsamen LDT.

Deskriptoren nicht identisch sein. Es ist möglich, verschiedenen Prozessen unterschiedliche Zugriffsrechte einzuräumen. So kann ein gemeinsam benutztes Daten–Segment für Prozess A nur lesbar, jedoch für den Prozess B auch veränderbar (beschreibbar) sein.

Dieses mächtige Konzept wird durch den Nachteil erkauft, dass der Prozessor nicht selbst für die Konsistenz der verschiedenen Deskriptor–Versionen sorgen kann. Ändern sich also Eigenschaften des Segments, z.B. die Zugriffsrechte oder die Basisadresse bei der Einlagerung in den Hauptspeicher, so müssen sämtliche *Alias*–Deskriptoren entsprechend modifiziert werden. Diese Aufgabe muss vom Betriebssystem übernommen werden. Dazu muss es sich merken, zu welchen Deskriptoren es *Alias*–Versionen gibt und in welchen LDTs diese abgespeichert sind.

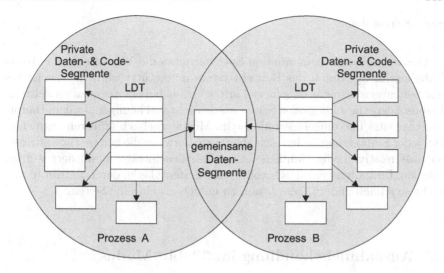

Abb. 2.55 *Data Sharing* durch *Aliasing*.

2.6.2 Kommunikation beim Seitenwechselverfahren

Dieselben Möglichkeiten der Kommunikation, nun aber über gemeinsame Seiten (*Shared Pages*), bestehen selbstverständlich auch beim Seitenwechselverfahren. In Analogie zu den oben genannten Verfahren gibt es die im Folgenden
beschriebenen Möglichkeiten.

Data Sharing über ein gemeinsames Seitentabellen–Verzeichnis

Es ist für zwei oder mehrere Prozesse möglich, ein gemeinsames Seitentabellen–
Verzeichnis (*Page Directory*) zu verwalten. In diesem Fall kann auf alle Seitentabellen und sämtliche Seiten gemeinsam zugegriffen werden.

Data Sharing über eine gemeinsame Seitentabelle

Mindestens zwei Prozesse besitzen eine gemeinsame Seitentabelle, d.h. es gibt
in beiden Seitentabellen–Verzeichnissen einen Eintrag, der auf dieselbe Seitentabelle weist. Es existieren also zwei Alias–Versionen der Seitentabelle in
zwei verschiedenen Seitentabellen–Verzeichnissen. Auch hier können die Einträge in den Verzeichnissen durchaus unterschiedliche Zugriffsrechte zulassen.

Data Sharing über eine gemeinsame Seite

Schließlich gibt es noch die Möglichkeit, eine einzelne Seite gemeinsam zu
nutzen. In diesem Fall gibt es mehrere Alias–Versionen für einen Eintrag in

einer Seitentabelle.

Genau wie beim segmentierten Speicher muss die Verwaltung der *Alias*–Tabelleneinträge durch das Betriebssystem unterstützt werden. Dies ist bei der Seitenverwaltung u.U. sehr viel kritischer als bei der Segmentverwaltung. Insbesondere die 4 kB großen Seiten werden sehr viel häufiger aus dem Hauptspeicher aus– und eingelagert als die im Mittel erheblich größeren Segmente. Bei jeder Einlagerung ändert sich aber normalerweise die Seiten–Basisadresse, so dass relativ häufig sämtliche Alias–Tabelleneinträge modifiziert werden müssen. Deshalb ist es oft sinnvoller, eine Seitentabelle, deren Attribute sich nicht so schnell ändern, gemeinsam zu nutzen als einzelne Seiten.

2.7 Ausnahmebehandlung im 32–bit–Modus

Üblicherweise werden – je nach Art des aufgetretenen Ereignisses – die folgenden Ausnahmesituationen (*Exceptions*) unterschieden:

- *Interrupts*, die durch externe Ereignisse über die INTR– oder NMI–Leitung generiert werden.
- durch den INT–Befehl erzeugte *Software–Interrupts*.
- *Traps*, die auftreten, wenn beim Abarbeiten eines Befehls ein Fehler auftritt.

Die Behandlung von Interrupts und Exceptions ist eine spezielle Form eines Kontrolltransfers. In diesem Abschnitt sollen die durch die MMU generierten Ausnahmesituationen vorgestellt werden, und wir wollen erläutern, welche Möglichkeiten der Ausnahmebehandlung es unter Berücksichtigung des Schutzkonzeptes im *Protected Mode* gibt.[53] Dabei beschränken wir uns der Einfachheit halber auf den 32–bit–Modus.

2.7.1 Interrupt–Deskriptor–Tabelle

Jeder Interrupt bzw. jeder Trap erfordert seine spezielle Behandlung. Deshalb wird jeder Ausnahmesituation eine Vektornummer (*Exception/Interrupt Vector Number*) zwischen 0 und 255 zugeordnet. Einige dieser Nummern sind bereits vom Hersteller vergeben, andere sind vom Benutzer frei zuzuordnen.

---

[53] Im Gegensatz zu unserer Begriffsbildung wird in den Unterlagen der Firma Intel der Begriff *Interrupt* synonym zum Begriff *Exception* benutzt.

Die Verbindung zwischen dieser Nummer und der ihr zugeordneten Ausnah-me–Behandlungsroutine (*Exception Handler, Interrupt Handler*) liefert wie-derum eine spezielle, im System nur einmal vorhandene Tabelle. Diese wird von Intel Interrupt–Deskriptor–Tabelle (*Interrupt Descriptor Table* – IDT) genannt. Wie alle anderen Systemtabellen besteht auch sie aus einer Liste von Deskriptoren, die in diesem Fall auf die jeweils erforderliche Behand-lungsroutine verweisen. Der Zugriff auf die IDT erfolgt ebenfalls durch ein besonderes Systemregister, das IDT-Register (IDTR, vgl. Abbildung 2.56). Das IDTR enthält die Basisadresse und die Größe der IDT. Es wird norma-lerweise vom Betriebssystem mit Hilfe der privilegierten Instruktion LIDT (*Load IDT*) geladen.

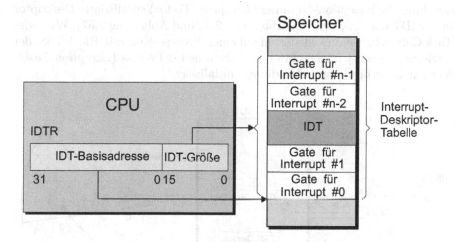

Abb. 2.56 Interrupt–Deskriptor–Tabelle und IDT–Register.

Ein Zugriff auf die IDT erfolgt nur, wenn eine Ausnahmesituation aufgetre-ten ist. Jeder Eintrag in der IDT ist, wie in allen anderen Tabellen, ein 8 byte langer Deskriptor, der einen kontrollierten Übergang (*Gate*) zur Ausnahme–Behandlungsroutine darstellt. Je nach Art der Ausnahmebehandlung werden drei verschiedene Arten von *Gates* unterschieden:

- *Task Gates*,
- *Interrupt Gates*,
- *Trap Gates*.

Jedes Gate in der IDT besitzt eine eigene Deskriptor–Privileg–Ebene DPL, die festlegt, welches Privileg erforderlich ist, um die entsprechende Behand-lungsroutine aufzurufen. Wie bei den *Call Gates* muss die Privileg–Ebene des aktuell ausgeführten Prozesses CPL zahlenmäßig kleiner oder gleich dieser

DPL sein. Bei der Ausnahmebehandlung geschieht ein Wechsel der Privileg–
Ebene, wenn für das Code–Segment, in dem die Behandlungsroutine abgelegt
ist, DPL < CPL gilt. Es gelten dieselben Regeln wie für einen Privilegwechsel
über ein *Call Gate* (vgl. Unterabschnitt 2.4.4).

2.7.2 Prozessorientierte Ausnahmebehandlung

Eine Möglichkeit der Ausnahmebehandlung besteht darin, sie durch einen eigenen Prozess durchführen zu lassen (*Task–based Handler*). In diesem Fall ist
der durch die Exception–Nummer (*Exception Vector*) spezifizierte Deskriptor
in der IDT ein *Task Gate* (s. Abbildung 2.52 und Abbildung 2.57). Wie jedes
Task Gate verweist dies wiederum auf einen Prozess–Kontroll–Block TSS, der
– wie in Abschnitt 2.5 beschrieben – einen neuen Prozess (*Exception Task*),
hier zur Unterbrechungsbehandlung, initialisiert.

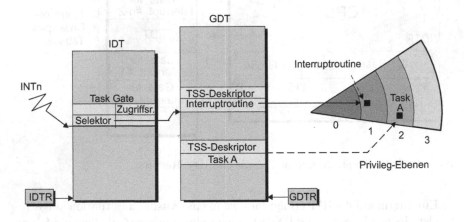

Abb. 2.57 Prozessorientierte Ausnahmebehandlung.

Bei einer solchen Form der Ausnahmebehandlung wird – wie bei jedem
Prozesswechsel – automatisch der gesamte, aktuelle Kontext des unterbrochenen Prozesses in seinem TSS gesichert, und das Unterbrechungsprogramm
läuft in einem eigenen, neuen Kontext ab. Somit sind der unterbrochene
Prozess (im Beispiel Task A) und die Ausnahmebehandlung (Interruptrouti-
ne) logisch vollständig voneinander getrennt. Um nach der Beendigung eines
unterbrochenen Prozesses wieder zu ihm zurückkehren zu können, ist jeder
Prozess zur Behandlung einer Ausnahmesituation ein verschachtelter Prozess
(*Nested Task,* s. Abschnitt 2.5), d.h. im Prozess–Kontroll–Block der Unterbrechungsroutine ist (als *Back Link Selector*) der TSS–Selektor des unterbrochenen Prozesses eingetragen.

2.7.3 Prozedurorientierte Ausnahmebehandlung

Zeigt der *Exception*–Vektor in der IDT auf ein *Trap Gate* oder ein *Interrupt Gate*, dann erfolgt die Ausnahmebehandlung innerhalb des unterbrochenen Prozesses. Es handelt sich daher um eine prozedurorientierte Ausnahmebehandlung, in der der Kontext des unterbrochenen Prozesses erhalten bleibt. In Abbildung 2.58 ist ein *Trap/Interrupt Gate Descriptor* dargestellt.

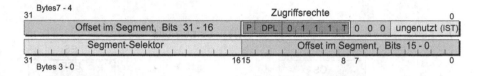

Abb. 2.58 *Trap/Interrupt Gate Deskriptor.*

Im 64–bit–Modus ist der Deskriptor wieder auf 16 Bytes erweitert. Die Bytes 8 – 11 enthalten die höherwertigen vier Bytes des 64–bit–Offsets im Segment, die Bytes 12 – 15 sind (für zukünftige Erweiterungen) reserviert. Byte 4 enthält in seinen niederwertigen Bits 2 – 0 einen Index IST (*Interrupt Stack Table*), mit dem im Prozess–Kontroll-Block (TSS) einer von sieben Zeigern auf die Stackbereiche spezieller Interrupts, z.B. dem NMI (*Non Maskable Interrupt*), selektiert werden kann.

Ein *Interrupt Gate* bzw. *Trap Gate* spezifiziert eine Prozedur, d.h. es verweist mit einem Selektor und einem Offset auf ein Code–Segment, und es besitzt fast dieselbe Struktur wie ein *Call Gate* (s. Abbildung 2.45).[54] Der Prozessor führt einen solchen Prozeduraufruf auch genauso wie einen Call–Gate–Aufruf durch.

Um wieder an die Stelle zurückzukehren, an der der Prozess unterbrochen wurde, muss jede durch ein *Trap Gate* bzw. *Interrupt Gate* initialisierte Ausnahme–Behandlungsroutine durch einen IRET–Befehl (*Return from Interrupt*) abgeschlossen werden.

Zur Unterscheidung der beiden *Gate*–Typen ist bei einem Trap Gate im *Access Byte* des Deskriptors das T–Bit gesetzt, bei einem Interrupt Gate nicht. Im Gegensatz zum Call Gate fehlt im Deskriptor lediglich das *Word–Count*–Feld, so dass keine Parameterübergabe des unterbrochenen Codes möglich ist.

Wird durch eine Ausnahmesituation ein *Trap Gate* oder ein *Interrupt Gate* in der IDT selektiert, sichert der Prozessor – wie bei einem Call–Gate–Aufruf – das Statusregister und den Befehlszähler CS:EIP (*Code Seg-*

---

[54] Natürlich unterscheidet es sich durch die Typkennung („0011T") vom Call Gate („00100").

ment : Instruction Pointer) des unterbrochenen Prozesses auf dem Stack der
Trap/Interruptroutine. Erfolgt kein Wechsel der Privileg–Ebene, so ist dies
der Prozessstack selbst. Erfolgt jedoch ein Privileg–Wechsel, so wird auf den
Stack der neuen Privileg–Ebene umgeschaltet, dessen Stackpointer SS:ESP
im TSS abgelegt ist (s. Abbildung 2.48). Darin wird – zusätzlich zu den
eben beschriebenen Registerinhalten – noch der alte Stackpointer SS:ESP
gesichert. Die Belegung des Stacks nach einer prozedurorientierten Ausnahmebehandlung ist für diese beiden Fälle in Abbildung 2.59 dargestellt. Die
im Bild erwähnten Fehlercodes (*Error Codes*) werden weiter unten erläutert.

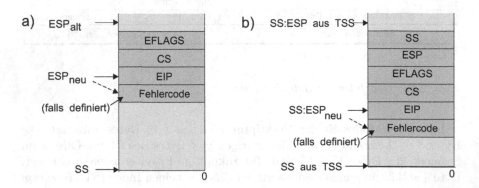

Abb. 2.59 Belegung des Stacks nach einer prozedurorientierten Ausnahmebehandlung; a) ohne Privileg–Wechsel, b) mit Privileg–Wechsel.

Der Unterschied zwischen einem *Interrupt Gate* und einem *Trap Gate* besteht darin, dass im ersten Fall das *Interrupt Enabled Flag* IF[55] im Steuerregister der CPU zurückgesetzt wird, im zweiten hingegen nicht verändert
wird. Dadurch kann die Behandlungsroutine eines Interrupt Gates ihrerseits
nur dann durch eine andere Ausnahmesituation unterbrochen werden, wenn
in der Routine das IF–Flag gezielt gesetzt wird. (Unterbrechungen durch
NMI–Interrupts sind allerdings weiterhin stets möglich.) Da beim Trap Gate das IF–Bit nicht verändert wird, sind je nach seinem aktuellen Zustand
Unterbrechungen der Behandlungsroutine möglich oder nicht.

Ein Vergleich zwischen prozess– und prozedurorientierter Ausnahmebehandlung ergibt:

Zur Behandlung von internen Unterbrechungen (*Traps*) ist oft eine prozedurorientierte Ausnahmeroutine sinnvoll, weil dort der *Interrupt Handler*
Zugriff auf sämtliche Daten des unterbrochenen Prozesses besitzt. Ein Beispiel ist ein *Page Fault Handler*, der auf die Seitentabelle des unterbrochenen
Prozesses zugreifen muss (vgl. Unterabschnitt 2.7.4).

---

[55] Bei Intel <u>nicht</u> IE abgekürzt!

Externe Unterbrechungen (*Interrupts*) haben normalerweise keinen Bezug zu dem unterbrochenen Prozess. Deshalb ist es sinnvoll, sie durch einen eigenen Prozess zu behandeln, also durch eine prozessorientierte Ausnahmeroutine. Allerdings dauert ein Prozesswechsel länger als ein Prozeduraufruf.

2.7.4 Trap–Behandlung

Sobald der Prozessor beim Abarbeiten eines Befehls einen Fehler entdeckt, generiert er einen für diesen Fehler spezifischen Trap. Dabei wird von der Firma Intel noch zwischen *Traps* im engeren Sinne, *Faults* und *Aborts* unterschieden, auf die die Ausnahmebehandlung auf verschiedene Weisen reagieren muss:

Trap   (im engeren Sinne) Der Prozess wird über einen Fehler informiert, kann aber fortgesetzt werden.

Traps werden <u>nach</u> der Ausführung eines Befehls gemeldet. Die Rücksprungadresse für die Behandlungsroutine zeigt auf den Befehl, der dem „fehlerhaften" Befehl folgt. Beispiele für Traps sind ein Überlauf des Zahlenbereiches (*Overflow*) sowie die Einzelschritt–Unterbrechung.

Fault   Der Fehler kann behoben und danach die abgebrochene Aktion wiederholt werden.

Beim Auftreten eines *Faults* speichert der Prozessor seinen Zustand <u>vor</u> der Abarbeitung des fehlerhaften Befehls und kann so nach Behebung des Fehlers den Befehl mit unverändertem Prozessorzustand wiederholen. Dieses Vorgehen ist für viele Fehler sinnvoll. Wird z.B. festgestellt, dass sich eine benötigte Seite nicht im Hauptspeicher befindet (*Page Fault*), so kann sie durch den *Page Fault Handler* eingelagert werden, und danach kann der unterbrochene Prozess mit dem jetzt erfolgreichen Seitenzugriff fortfahren. Ein weiterer Fault wird durch den Versuch erzeugt, durch 0 zu dividieren (*Divide by 0*).

Abort   Der Prozess muss abgebrochen werden.

Dies ist bei den Fehlern erforderlich, die nicht eindeutig einem bestimmten Befehl zugeordnet werden können und daher keine Wiederholung eines Befehls oder erneuten Start des Prozesses ermöglichen. Beispiele für solche Fehler sind Hardwarefehler oder falsche Werte in Systemtabellen.

2.7.4.1 Ausnahmesituationen der Speicher– und Prozessverwaltung

Als Beispiel wollen wir jetzt die von der MMU erzeugten Ausnahmesituationen vorstellen. Diese Unterbrechungen finden bei der Speicher– oder Prozessverwaltung, z.B. wegen einer Verletzung des Privilegs oder der Zugriffsrechte, statt.

Ungültiges TSS (*Invalid TSS Exception – TS, Exception 10*): Diese *Exception* wird ausgeführt, wenn bei einem Prozesswechsel der neue Prozess–Kontroll–Block (TSS) „ungültig" ist. Ein TSS kann aus sehr vielen Gründen ungültig sein: z.B. kann die Segmentgröße zu klein sein, der Inhalt eines Systemregisters (z.B. LDT–Selektor, Segmentregister CS usw.) kann fehlerhaft sein, oder die Privileg–Ebene DPL erlaubt keinen Prozesswechsel. Bei dieser *Exception* wird ein Fehlercode (*Error Code*, s.u.) auf den Stack gelegt.

Segment nicht im Hauptspeicher (*Segment Not Present Exception – NP, Exception 11*): Diese *Exception* wird generiert, wenn beim Laden eines neuen Segments oder beim Zugriff auf ein Gate das *Present Bit* P nicht gesetzt ist. Auch hier wird ein Fehlercode, der den Selektor des Deskriptors enthält, auf den Stack gelegt. Zur Behandlung dieser Unterbrechung wird das fehlende Segment in den Hauptspeicher eingelagert. Anschließend kann der unterbrochene Prozess fortgesetzt werden.

Stack–Segment–Fehler (*Stack Fault Exception – SS, Exception 12*): *Exception* 12 wird vom Prozessor generiert, wenn beim Stackzugriff die im Deskriptor angegebene Segmentgröße (*Limit*) überschritten wird oder das Stack–Segment nicht im Arbeitsspeicher liegt. Diese Ausnahmesituation kann behandelt werden, indem die Segmentgröße erhöht bzw. das Segment in den Arbeitsspeicher eingelagert wird.

Allgemeiner Fehler im Schutzkonzept (*General Protection Exception – GP, Exception 13*): Alle Fehler, die durch den implementierten Schutzmechanismus erkannt werden und nicht durch einen anderen der genannten *Exceptions* behandelt werden, generieren diese Ausnahmesituation. Unter die mehr als 30 Ursachen[56] fallen insbesondere das Verletzen der Privileg–Regeln, das Schreiben in ein Segment, auf das nur lesender Zugriff erlaubt ist (*Read–only Segment*) usw. Normalerweise können diese Fehler nicht behoben werden, so dass der betroffene Prozess abgebrochen werden muss.

Seitenfehler (*Page–Fault Exception – PF, Exception 14*): Bei einem Seitenfehler erzeugt der x86–Prozessor automatisch eine Unterbrechung und speichert die lineare Adresse, bei der ein Fehler aufgetreten ist, im Systemregister CR2 ab (s. Unterabschnitt 2.3.5).

---

[56] Einige dieser Ursachen haben wir bereits in den vorhergehenden Abschnitten beschrieben.

2.7.4.2 Fehlercode bei einem Seitenfehler

Bei bestimmten *Exceptions* ist es für den Interrupt Handler wichtig, die genaue Unterbrechungsursache zu kennen. Bei einer prozeduriorientierten Ausnahmebehandlung legt der Prozessor in diesen Fällen einen speziellen Fehlercode (*Error Code*), der oben bereits erwähnt wurde, auf den Stack der Ausnahme–Behandlungsroutine (s. Abbildung 2.59). Wird jedoch ein neuer Prozess initialisiert, d.h. wird die Ausnahmesituation prozessorientiert behandelt, dann wird der Fehlercode auf den Stack des neuen Prozesses abgelegt. Bei den oben beschriebenen *Exceptions* 10, 11, 12 und 13 besteht der Fehlercode im Wesentlichen aus dem Selektor desjenigen Segment–Deskriptors, auf den gerade zugegriffen wurde, als der Fehler auftrat.

Bei einem Seitenfehler *(Exception* 14) wird auf den Stack ein Fehlercode mit dem in Abbildung 2.60 dargestellten Format abgelegt.

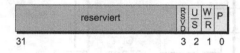

Abb. 2.60 Format des Fehlercodes bei einem Seitenfehler.

Die einzelnen Bits haben bei diesem Fehler die folgende Bedeutung:

P   Das P–Bit unterscheidet, ob die Ursache des Seitenfehlers eine nicht im Hauptspeicher vorhandene Seite (P=0) oder eine Verletzung des Schutzkonzepts (P=1, *Protection Violation*) ist.

W/R   Das W/R–Bit informiert darüber, ob der Fehler beim Schreiben (W/R=1) oder beim Lesen der Seite (W/R=0) auftrat.

U/S   Das U/S–Bit zeigt an, ob der Seitenzugriff im Benutzermodus (*User Mode*) oder im Betriebssystemmodus (*Supervisor Mode*) erfolgte.

RSVD   Dieses Bit zeigt an, ob der Fehler beim Zugriff auf ein reserviertes Bit (RSVD=1) in einem Tabelleneintrag der Seitenverwaltung auftrat, das auf den „unerlaubten" Wert „1" gesetzt war.

Anhand dieses Fehlercodes kann die Ausnahme–Behandlungsroutine also erkennen, ob sie aufgrund einer im Hauptspeicher fehlenden Seite oder wegen einer Verletzung der Schutzmechanismen aktiv werden muss.

2.8 Deskriptor–Tabellen im Überblick

Zum Abschluss dieses Kapitels zeigt Abbildung 2.61 noch einmal die beschriebenen Deskriptor–Tabellen GDT, LDT und IDT sowie ihre Adressierung durch die entsprechenden Basisregister GDTR, LDTR und IDTR in der CPU.[57]

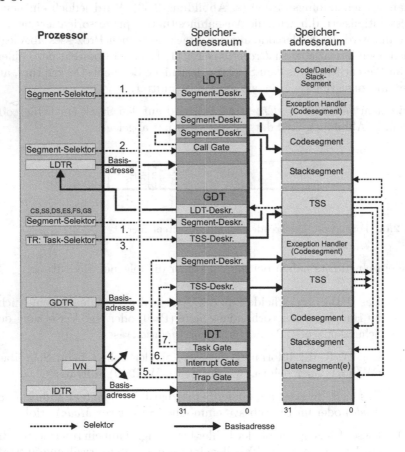

Abb. 2.61 Gesamtübersicht der Deskriptor–Tabellen.

Im Bild sind die folgenden Segmentzugriffe dargestellt:

1. Zugriff auf ein Code–, Stack– oder Daten–Segment über einen Segment–Deskriptor, der in der GDT oder LDT liegen kann. Der Selektor wird in einem der Segmentregister CS, SS, DS, ES, FS, GS abgelegt.

---

[57] Nur aus technischen Gründen ist der Speicher–Adressraum zweigeteilt dargestellt. Die Lage der Tabellen und Segmente ist beliebig.

2. „Indirekter" Zugriff auf ein Code–Segment über ein *Call Gate*. Dieses kann in der LDT oder GDT liegen und verweist auf den Segment–Deskriptor des Code–Segments, der ebenfalls in einer der beiden Tabellen liegen kann. (Der Zugriff über die GDT ist nicht gezeichnet.)

3. Adressierung des aktiven Prozesses: Das *Task Register* selektiert einen TSS–Deskriptor, der das aktuelle *Task State Segment* (TSS) beschreibt. Im TSS sind die Selektoren für Code–, Stack– und Daten–Segmente des Prozesses sowie der Stacks der verschiedenen Privileg–Ebenen angegeben. Außerdem enthält es einen Selektor auf den LDT–Deskriptor in der GDT, der die lokale Deskriptor–Tabelle des Prozesses beschreibt.

4. Beim Auftreten einer Ausnahmesituation wird ein entsprechendes Gate in der IDT durch die Interrupt–Vektornummer (IVN) selektiert.

5. Tritt ein Trap auf, so wird vom zugehörigen *Trap Gate* ein Segment–Deskriptor in der LDT oder GDT (nicht gezeichnet) selektiert, der die Trap–Behandlungsroutine (Code–Segment) beschreibt.

6. Die Behandlung einer Interruptanforderung wird wie eine Trap–Anforderung durchgeführt.

7. Die Ausnahmesituation kann auch durch einen eigenständigen Prozess behandelt werden. In diesem Fall zeigt die IVN auf ein *Task Gate* in der IDT. Dieses Gate verweist wiederum auf einen TSS–Deskriptor in der GDT. Das beschriebene TSS enthält die Selektoren für alle benötigten Code–, Stack– und Daten–Segmente.

Kapitel 3

Massenspeichermedien

In diesem Kapitel werden wir uns mit den Massenspeichern beschäftigen. Die hierbei verwendeten Speichermedien dienen zur *permanenten* Speicherung von Programmen und Daten. Die gespeicherten Informationen bleiben also auch nach Abschalten der Betriebsspannung erhalten. Dabei werden im Wesentlichen zwei verschiedene physikalische Phänomene ausgenutzt: *Magnetismus* bei Disketten und Festplatten sowie die *Reflektionseigenschaften* von verspiegelten Oberflächen bei CD–ROM und DVD.

Wir beginnen mit der ausführlichen Beschreibung von *magnetomotorischen Speichermedien*, insbesondere der Festplatten. Dabei behandeln wir die Funktionsprinzipien und Codierungsverfahren magnetomotorischer Speichermedien sowie den mechanischen Aufbau und die Kenndaten von Festplatten–Laufwerken. Danach beschäftigen wir uns mit der Formatierung und Partitionierung einer Festplatte. Ein weiterer Abschnitt führt in die Realisierung von Dateisystemen ein. Der Abschluß dieses Themenkomplexes widmet sich den Aufgaben eines Festplatten–Controllers und seinen gebräuchlichsten Schnittstellen zu den Brückenbausteinen.

Im zweiten Teil des Kapitels wenden wir uns den Funktionsprinzipien der sog. *optischen Speichermedien*, hauptsächlich der CD–ROM und DVD, zu und beschreiben u.a. die Datenorganisation bei diesen Speichermedien.

3.1 Funktionsprinzipien magnetomotorischer Speichermedien

Magnetomotorische Speicher basieren auf dem physikalischen Phänomen des Magnetismus. Die beiden wichtigsten Vertreter sind *Disketten* und *Festplatten*. Wir werden später jedoch nur Festplatten ausführlicher behandeln, da Disketten immer mehr an Bedeutung verlieren.

3.1.1 Speicherprinzip

Bestimmte Materialien, so genannte *Ferromagnete*, sind permanent magnetisierbar. Ferromagnetische Materialien kann man sich aus mikroskopisch kleinen Magneten zusammengesetzt vorstellen. Sie werden auf eine unmagneti-
sche Trägerscheibe aufgebracht, die zum Schreiben und zum Lesen an einem
winzigen Elektromagneten, dem so genannten *Schreib-/Lesekopf*, vorbeigeführt wird. Der Schreibkopf bewegt sich dabei auf diskreten konzentrischen
Ringen auf der runden Trägerscheibe, die als Spuren (*Tracks*) bezeichnet
werden.

Bei Disketten wird eine flexible Folie als Trägerscheibe verwendet. Daher
bezeichnet man Disketten häufig auch als *Floppy–Disks*. Der Durchmesser
heutiger Disketten beträgt 3,5 Zoll. Bei Festplatten werden *feste* 3,5– und
2,5–Zoll–Scheiben eingesetzt, von denen mehrere übereinander gestapelt werden und die aus Aluminium oder Glas als Träger für das ferromagnetische
Speichermaterial bestehen.

3.1.2 Schreibvorgang

Nach der Herstellung des Ferromagneten sind die Elementarmagnete völlig
regellos verteilt. Durch Anlegen eines äußeren Magnetfeldes wird das Speichermaterial bis zur Sättigung magnetisiert, so dass auf der Speicherscheibe
Abschnitte (Kreissektoren) bleibender Magnetisierung entstehen (Abbildung
3.1). In diesen Magnetisierungsmustern wird die Information codiert. Hierzu
gibt es mehrere Möglichkeiten. Man verfolgt dabei zwei Ziele:

- Einerseits möchte man möglichst viel Information pro Flächeneinheit unterbringen.

- Andererseits muss sichergestellt sein, dass die Information beim Lesepro-
  zess sicher zurückgewonnen werden kann.

Da die mechanische Genauigkeit bei den Laufwerken prinzipiell und aus Kostengründen beschränkt ist, muss aus den gespeicherten Magnetisierungsmustern ein Lesetakt zurückgewonnen werden. Dieser Lesetakt wird mit Hilfe
eines PLL–Schaltkreises (Phased Locked Loop) mit den Übergängen unterschiedlicher Magnetisierung (Flusswechseln) synchronisiert. Er „rastet" somit
auf das geschriebene Muster ein und gleicht mechanische Ungenauigkeiten des
Laufwerks aus.

Damit eine permanente Magnetisierung entstehen kann, muss ein Magneti-
sierungsabschnitt auf einer Festplatte und einer Diskette eine bestimmte Mindestgröße haben. Die kleinsten Abschnitte gleichgerichteter Magnetisierung

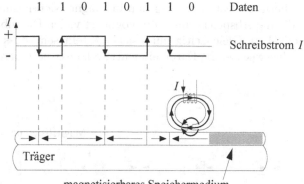

Abb. 3.1 Schreibvorgang bei einem magnetomotorischen Speichermedium.

nennen wir *Spurelemente*[1]. Die Größe eines solchen Spurelements beträgt bei einer Festplatte ca. $50 \cdot 10^{-9}$ m = 50 Nanometer (nm). Dies entspricht einer Dichte von 200.000 Spurelementen pro cm oder rund 500.000 Spurelementen per Inch. Im Unterabschnitt 3.1.5 werden wir zeigen, wie viele Bit man in diesen Spurelementen abspeichern und welche Bitdichte in Bit pro Zoll (*Bits per Inch* – bpi) man durch die verschiedenen Aufzeichnungsverfahren erreichen kann. Außer der Erhöhung der Anzahl der Bit, die man pro cm oder Zoll auf einer Spur abspeichern kann, hat man in den letzten Jahren auch die Spurdichte wesentlich erhöhen können, d.h. der radiale Abstand zwischen den Spuren konnte wesentlich verkleinert und dadurch die Anzahl der Spuren pro Zoll erhöht werden. Dies führt dann zur heute üblichen Angabe der zweidimensionalen Bitdichte (*Areal Density*) in Bit pro Quadratzoll (*Bits per Square Inch* – bits/sq.in.). Auf diese Kenngröße werden wir im folgenden Abschnitt 3.2 eingehen.

3.1.3 Lesevorgang

Wir betrachten im Folgenden den Lesevorgang bei einem magnetomotorischen Speicher, der einen ferromagnetischen Schreib–/Lesekopf besitzt. Dabei muss man beachten, dass ein solcher Lesekopf nur auf Wechsel der Magnetisierung anspricht. Die Magnetisierung wird in der Physik auch als magnetischer Fluss bezeichnet. Nur bei einem Wechsel des magnetischen Flusses (Flusswechsel) entsteht in der Spule des Lesekopfs ein Spannungsimpuls aufgrund der so genannten *elektromagnetischen* Induktion (Abbildung 3.2).

---

[1] Spurelemente werden in der Literatur irreführend auch als „Bitzellen" bezeichnet. Wir schließen uns diesem Gebrauch nicht an.

Die zu speichernden Daten müssen nun in Magnetisierungsmuster umgesetzt werden, die die Abspeicherung von möglichst vielen Datenbits pro Spurelement ermöglichen. Gleichzeitig muss sichergestellt sein, dass anhand der entstehenden Flusswechsel die Daten eindeutig rekonstruiert werden können.

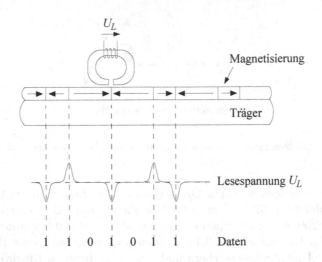

Abb. 3.2 Lesevorgang bei einem magnetomotorischen Speichermedium.

Es gibt verschiedene Möglichkeiten, die Daten durch Magnetisierungszustände oder –wechsel zu codieren. Die hier untersuchten Verfahren betreffen konventionelle Schreib–/Lese-köpfe, bei denen Leseimpulse durch Flusswechsel erzeugt werden. Der Datenstrom muss also in Flusswechsel codiert werden. Die einfachste Codierungsvorschrift ordnet einer „1" im Datenstrom einen Flusswechsel zu; „0"–Bits werden durch einen fehlenden Flusswechsel codiert. Zur Rückgewinnung der Datenbits ist ein Taktsignal erforderlich, das die verstärkte Lesespannung des Kopfes abtastet. Die Abtastimpulse müssen genau an den Stellen liegen, an denen Flusswechsel möglich sind. Der Taktgenerator muss demnach mit dem bewegten Speichermedium synchronisiert werden.

3.1.4 Abtasttakt

Unter *idealen* Bedingungen würde es ausreichen, einen Taktgenerator ein einziges Mal (z.B. beim Einschalten) mit der rotierenden Platte zu synchronisieren. Ein Spurelement entspricht dem kleinsten Abschnitt auf einer Spur, in dem eine konstante Magnetisierung herrschen muss. Die Länge l_0 eines

Spurelements entspricht dem Kehrwert der Aufzeichnungsdichte. Bei 200.000 Flusswechseln pro cm ist ein Spurelement nur 50 nm breit. Nur wenn sich das Speichermedium mit konstanter Geschwindigkeit bewegt und ein hochwertiges Trägermaterial verwendet wird, ist der zeitliche Abstand t_0 zwischen zwei aufeinander folgenden Flusswechseln konstant. Schwankungen der Rotationsgeschwindigkeit oder Längenänderungen des Trägermaterials durch Temperatureinwirkung führen aber dazu, dass sich t_0 permanent ändert. Um trotz dieser Störeinflüsse mit einem nur einmal synchronisierten Taktgenerator zu arbeiten, müssten mechanisch und elektrisch sehr präzise arbeitende Komponenten verwendet werden. Die hohen Anforderungen bedeuten gleichzeitig auch hohe Kosten. Aus diesem Grund wurden für die Praxis *selbsttaktende* Codierungen entwickelt.

Der Datenstrom wird vor der Aufzeichnung in einen *Speichercode* umgeformt, der eine Rückgewinnung des Taktsignals ermöglicht. Eine '1' im Speichercode bezeichnet einen Flusswechsel. Eine '0' gibt an, dass die momentane Magnetisierungsrichtung beibehalten bleibt. Jedem Bit des Speichercodes steht ein konstantes Längen– bzw. Zeitintervall zur Verfügung. Der Speichercode wird auf das Speichermedium übertragen, indem man den minimalen Abstand zwischen zwei Flusswechseln auf ein Spurelement abbildet. Ein Maß für die Effektivität einer Codierung ist die mittlere Zahl der Flusswechsel pro Datenbit. Je weniger Flußwechsel in dem gewählten Speichercode vorkommen, umso weniger Bitzellen werden zur Darstellung der Daten benötigt. Da die Zahl der Spurelemente durch die physikalischen Grenzen des Systems „Speichermedium–Kopf" begrenzt ist, kann durch geeignete Speichercodierung die Speicherkapazität maximiert werden.

Beim Lesevorgang erfolgt die Trennung von Takt und Daten mit dem so genannten *Datenseparator*. Hauptbestandteil dieser Komponente ist ein Phasenregelkreis (*Phase Locked Loop* – PLL), der einen spannungsgesteuerten Taktgenerator VCO (*Voltage Controlled Oscillator*) enthält (Abbildung 3.3). Das Signal dieses Taktgenerators wird durch Leseimpulse synchronisiert und dient gleichzeitig auch zur Abtastung der Leseimpulse. Durch ein Antivalenzschaltglied (exklusives ODER) wird die Phasenlage der digitalisierten Leseimpulse mit der Phase des VCO–Taktsignals verglichen. Ein Analogfilter glättet dieses Differenzsignal und bildet daraus die Steuerspannung für den VCO. Durch den Regelkreis werden eventuell vorhandene Phasendifferenzen ausgeregelt, d.h. der Abtasttakt *rastet* auf die Leseimpulse ein. Über einem Spurelement liegen dann genau N Taktzyklen des Abtasttaktes. Damit sind die Zeitpunkte bestimmbar, an denen Flusswechsel auftreten können. Die Abtastung der digitalisierten Leseimpulse an diesen Stellen liefert den Speichercode, der gemäß dem verwendeten Aufzeichnungsverfahren in den Datenstrom zurückgewandelt wird. Voraussetzung für die korrekte Funktion des Datenseparators ist, dass der maximale Abstand zwischen zwei Leseimpulsen nicht zu groß wird. Die Speichercodierung muss so gewählt werden, dass die maximale Zahl der Nullen zwischen zwei Einsen nicht zu groß wird.

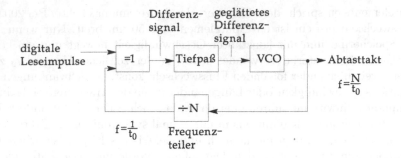

Abb. 3.3 Aufbau eines Phasenregelkreises (PLL) zur Gewinnung eines Abtasttaktes, der synchron zum Aufzeichnungtakt ist.

Eine praktisch anwendbare Speichercodierung muss zwei gegensätzliche Anforderungen erfüllen. Einerseits soll bei technologisch gegebener Aufzeichnungsdichte eine hohe Speicherkapazität erzielt werden. Dies bedeutet möglichst wenig Einsen im Speichercode. Andererseits soll eine Rückgewinnung des Taktes möglich sein, d.h. es sollen möglichst wenig Nullen im Speichercode vorkommen. Die existierenden Codierungen stellen einen Kompromiss dar. Die drei gebräuchlichsten Speichercodierungen werden im Folgenden untersucht. Grundsätzlich gilt: Je höher die erreichbare Speicherkapazität, desto komplexer wird die benötigte Hardware zur Codierung und Decodierung.

3.1.5 Ältere Codierungs- und Aufzeichnungsverfahren

Im Folgenden wollen wir drei bekannte Codierungen betrachten, die in den vergangenen Jahrzehnten bei magnetomotorischen Speichern eingesetzt wurden. Die ersten beiden wurden für Disketten benutzt, die dritte für Festplatten.

3.1.5.1 FM–Codierung (Frequenzmodulation)

Diese Speichercodierung zeichnet mit jedem Datenbit wenigstens einen Flusswechsel zur Taktrückgewinnung auf. Die folgende Tabelle 3.1 zeigt die Zuordnung der Datenbits zum FM–Code. Jedem „F" im Speichercode entspricht ein Flusswechsel, jedem „–" kein Flußwechsel.

Man erkennt, dass bei gleicher Verteilung von Nullen und Einsen im Datenstrom für 2 Datenbits 3 Flusswechsel aufgezeichnet werden. Pro Daten-

Tabelle 3.1 Zuordnung der Datenbits zum FM–Code.

Datenbit	Speichercode
0	F –
1	F F

bit werden also im Mittel 1,5 Flusswechsel bzw. zwei Spurelemente benötigt. Die beschriebene Speichercodierung ist in Abbildung 3.4 dargestellt[2]. Da Floppy–Disks und Festplatten mit gleichförmiger Winkelgeschwindigkeit rotieren, kann die Abszisse als Längen- oder Zeitachse interpretiert werden. FM–Codierung wird auch als Wechseltaktschrift, Manchester–Codierung oder *Single Density* (SD) bezeichnet. Die Bezeichnung Single Density soll zum Ausdruck bringen, dass mit der FM–Codierung die verfügbare Zahl der Flusswechsel auf dem Speichermedium nicht optimal ausgenutzt wird.

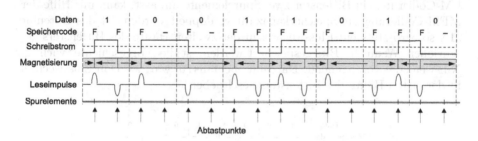

Abb. 3.4 Lesevorgang bei der FM–Codierung.

3.1.5.2 MFM–Codierung (Modifizierte Frequenzmodulation)

Bei der FM–Codierung wird nur die Hälfte der vorhandenen Spurelemente für Datenbits genutzt. Wenn durch geeignete Codierung sichergestellt wird, dass genug Leseimpulse zur Synchronisierung des Abtasttaktes entstehen, kann die Speicherkapazität verdoppelt werden. Dies ist bei der *modifizierten* FM–Codierung der Fall. Man spricht auch vom *Miller–Code*. Die folgende Tabelle 3.2 zeigt die Zuordnung der Datenbits bei der *MFM–Codierung*.

Bei gleicher Verteilung von Nullen und Einsen im Datenstrom werden für 4 Datenbits 3 Flusswechsel aufgezeichnet. Wesentlich dabei ist, dass zwischen zwei Flußwechseln stets wenigstens ein Abschnitt ohne Flußwechsel liegt. Dadurch können jeweils zwei „Zeichen" des Speichercodes, also „F –", „– F" oder

---

[2] Um die Verbesserung der Aufzeichnungsdichte zu zeigen, ist in den folgenden Abbildungen die Länge der Spurelemente konstant gehalten.

Tabelle 3.2 Zuordnung der Datenbits zum MFM–Code.

Datenbit D_{n-1}	D_n	Speichercode
0	0	F –
1	0	– –
0	1	– F
1	1	– F

„– –" auf ein einziges Spurelement abgebildet werden. Pro Datenbit werden also im Mittel 0,75 Flusswechsel bzw. ein Spurelement benötigt. Das bedeutet, dass sich im Vergleich zu FM die Speicherkapazität verdoppelt. Deshalb wird die MFM–Codierung auch als *Double Density* (DD) bezeichnet. Vergleicht man Abbildung 3.5 mit Abbildung 3.4, so erkennt man, dass die Bitfenster bei der MFM-Codierung genauso lang wie die Spurelemente sind. Da bei der FM-Codierung ein Bitfenster zwei Spurelemente umfasst, kann mit Hilfe der MFM-Codierung die Speicherkapazität verdoppelt werden. Ist das Datenbit „1", so wird stets ein Flusswechsel in der zweiten Hälfte des Bitfensters geschrieben. Wenn „0"–Bits gespeichert werden, ist die „Vorgeschichte" wichtig: Nur wenn das vorangehende Datenbit ebenfalls „0" war, wird ein Flusswechsel in der ersten Hälfte des Bitfensters geschrieben.

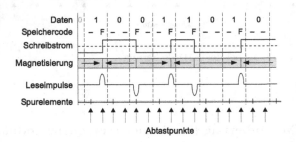

Abb. 3.5 Lesevorgang bei der MFM–Codierung (Maßstab wie in Abbildung 3.4).

3.1.5.3 RLL–Codierung (*Run Length Limited*)

Während die MFM–Codierung bei Disketten benutzt wird, verwendet man bei Festplatten die RLL–Codierung. Mit ihr kann man — bei gleich bleibender Breite der Spurelemente, d.h. gleichen technologischen Voraussetzungen — die Speicherkapazität gegenüber MFM–Codierung etwa verdoppeln. Während bei FM und MFM jeweils ein einzelnes Datenbit auf einen 2–Bit–Speichercode umgesetzt werden, ist bei der RLL–Codierung die Zahl der umcodierten Datenbits *variabel*. Die Zahl der Codebits ist aber ebenfalls doppelt so groß wie die Zahl der Datenbits. Die nachfolgende Tabelle 3.3 zeigt die Zuordnung der Datenbits zu der RLL–Codierung.

Tabelle 3.3 Zuordnung der Datenbits zum RLL–Code.

Datenbits	Speichercode
000	– – – F – –
10	– F – –
010	F – – F – –
0010	– – F – – F – –
11	F – – –
011	– – F – – –
0011	– – – – F – – –

Aus der angegebenen Codetabelle entnimmt man, dass bei gleicher Verteilung von „0" und „1" Datenbits 9 Flusswechsel für 21 Datenbits nötig sind. Dies entspricht im Mittel 0,43 Flusswechseln pro Datenbit. Die oben angegebene Speichercodierung wird als *RLL 2.7–Code* bezeichnet. Zwischen zwei Flusswechseln („F" im Speichercode) liegen mindestens 2 und höchstens 7 Abschnitte gleicher Magnetisierung („–" im Speichercode). Bei RLL 2.7 werden jeweils drei Codebits auf ein Spurelement abgebildet (Abbildung 3.6). Der beim Lesen abgetastete Speichercode muss mit einer aufwendigen Decodierlogik in den Datenstrom zurückgewandelt werden.

Bei genauer Betrachtung erkennt man, dass die MFM–Codierung ebenfalls ein RLL–Verfahren darstellt. Die Zahl der trennenden Abschnitte („–") im Speichercode beträgt minimal 1 und maximal 3. Demnach handelt es sich um einen RLL 1.3–Code.

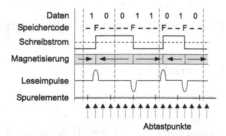

Abb. 3.6 Lesevorgang mit RLL 2.7–Codierung bei einer Festplatte (Maßstab wie in Abbildung 3.4).

Zum Abschluss sollen die drei behandelten Aufzeichnungsverfahren in der Tabelle 3.4 miteinander verglichen werden. Darin ist für jedes Verfahren die *durchschnittliche* Anzahl von Flußwechseln pro Datenbit angegeben. Die Reduktion dieser Anzahl ist jedoch nicht allein für die Erhöhung der Aufzeichnungsdichte verantwortlich: Wesentlich dafür ist außerdem, dass beim MFM–Verfahren zwischen zwei Flußwechseln (Speichercode „F") wenigstens ein Abschnitt ohne Flußwechsel (Speichercode „–") liegt, beim RRL 2.7–Verfahren sogar wenigstens zwei solcher Abschnitte liegen.

Tabelle 3.4 Vergleich der Aufzeichnungsverfahren.

	Flusswechsel/Datenbit
FM (SD)	1,5
MFM (DD)	0,75
RLL 2.7	0,43

Im Folgenden wollen wir uns auf die Betrachtung von Festplatten beschränken, da Disketten fast vollständig an Bedeutung verloren haben. Festplatten in der gängigen Bauform 3,5 Zoll hatten mit dem RLL 2.7–Aufzeichnungsverfahren Mitte der 1990er Jahre eine Speicherkapazität von ca. 1000 MB = 1 GB. Gut 15 Jahre später erreichen Festplatten gleicher Größe eine Kapazität von ca. 2000 GB = 2 TB. Diese immense Kapazitätssteigerung ist neben verbesserten Produktionsverfahren ganz besonders drei neuen Technologien zuzurechnen, die nachfolgend kurz vorgestellt werden:

- PRML (*Partial Response, Maximum Likelihood*),
- *Perpendicular Recording*,
- GMR (*Giant Magnetoresistive Effect*).

3.1.6 Neuere Codierungs– und Aufzeichnungsverfahren

3.1.6.1 Das PRML–Verfahren

Grundlagen

Wie bereits im Unterabschnitt 3.1.3 dargestellt, erkennt die Leseelektronik einer mit dem MFM– oder RLL–Verfahren aufzeichnenden Festplatte die Flusswechsel und interpretiert diese dann anhand der vorher beim Schreiben der Daten verwendeten Codierungsmethode. Zur Erkennung der Flusswechsel sucht die Leseelektronik nach Spannungsspitzen im von der Speicherscheibe abgetasteten Signal, die ja gerade die vorgenannten Flusswechsel darstellen. Diese konventionelle Methode, Rohdaten von Speicherscheiben einer Festplatte zu lesen und zu interpretieren, nennt man *Spitzenwerterkennung* (*Peak Detection*). Sie funktioniert zufrieden stellend, solange die Spitzenwerte groß genug sind, um eindeutig aus dem immer vorhandenen Hintergrundrauschen eines Signals hervorzutreten. Mit zunehmender Datendichte auf dem Trägermaterial rücken jedoch auch die magnetischen Flusswechsel immer enger zusammen. Somit wird es schwieriger, das gelesene Signal korrekt zu analysieren, da die Spitzenwerte sich nun gegenseitig überlagern oder störend beeinflussen. Hierdurch könnten einzelne Bits oder auch Serien von Bits falsch gelesen werden, was natürlich sicher verhindert werden muss. Deshalb wird die so genannte Flächendichte (*Areal Density*) des Magnetspeichers, d.h. die Anzahl der pro Fläche aufgezeichneten Flusswechsel, bei einer Spitzenwerterkennung soweit begrenzt, dass eine zu Lesefehlern führende Beeinträchtigung ausbleibt. Um dieser Beschränkung auszuweichen und damit die Speicherdichte weiter steigern zu können, wurde das *PRML–Verfahren* (*Partial Response, Maximum Likelihood*) entwickelt. Konventionelle Verfahren, wie MFM oder RLL, identifizieren beim Lesen des analogen Datenstroms einzelne Flusswechsel per Spitzenwerterkennung und konvertieren diese dann in eine Sequenz von Daten- und Steuerinformationen eines digitalen MFM– oder RLL–Datenstroms. Im Gegensatz hierzu wird bei PRML die Überlagerung einzelner Flusswechsel im Datenstrom und damit die Beeinflussung der Spitzenwerte bewusst in Kauf genommen. Durch ausgefeilte Verfahren der digitalen Signalverarbeitung werden die Überlagerungen jedoch heraus gerechnet – der „*Partial Response*"-Anteil des Verfahrens. Das analoge Signal wird anschließend mit Erkennungsalgorithmen abschnittsweise betrachtet und das Ergebnis auf Plausibilität geprüft und mit vorgegebenen Mustern verglichen, um das ähnlichste bzw. das wahrscheinlichste Muster zu finden, das einer gültigen Bitfolge entspricht – der „*Maximum Likelihood*"-Anteil des Verfahrens. Üblicherweise werden 8 Bits oder 16 Bits zusammen codiert, so dass ein erkanntes Muster gleich einer ganzen Sequenz von Bits entspricht. PRML steigert die Speicherdichte um 40% im Vergleich zum RLL–Verfahren. EPRML (*Extended PRML*) mit nochmals verbesserten Algorithmen und Schaltungen zur effektiveren und genaueren Rekonstruktion der gespeicherten Informationen erreicht sogar eine um 70% höhere Speicherdichte als das RLL-Verfahren. Der Rest dieses Unterabschnitts 3.1.6.1 beschäftigt sich im Detail mit dem Ablauf des PRML–Verfahrens.[3]

Detaillierter Ablauf des PRML–Verfahrens

Das erste PRML-Aufzeichnungsverfahren, das sich auf breiter Front durchsetzte, basiert auf der so genannten *PR4–Kodierung* (*Class 4 partial Response System*). Diese definiert die Vorgehensweise zur Gewinnung der digitalen Abtastwerte aus den gelesenen Signalimpulsen. Abbildung 3.7 zeigt die Si-

---

[3] Diese Details sind nur für den technisch interessierten Studierenden gedacht und können von allen anderen Studierenden übersprungen werden.

gnalform eines einzelnen Impulses, der einen isolierten Flusswechsel darstellt, wobei T die Zeit in Periodendauern des Abtasttaktes angibt.

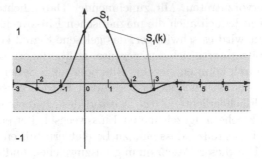

Abb. 3.7 Isolierter PR4–Impuls.

Die Abtastwerte vor und nach Auftreten des Impulses sind alle null, zu den Zeitpunkten $t = 0$ und $t = 1$ sind die Werte jedoch 1. Die digitalisierten Abtastwerte eines einzelnen Impulses S_1 sind daher durch die folgende Tabelle 3.5 gegeben.

Tabelle 3.5 Abtastwerte eines einzelnen Impulses.

T	−2	−1	0	1	2	3	4	5
S_1	0	0	1	1	0	0	0	0

Eine wichtige Beobachtung ist somit, dass bei der PR4–Codierung ein isolierter Flusswechsel genau zwei Abtastwerte ungleich Null erzeugt. Wurde der nächste Flusswechsel unmittelbar anschließend geschrieben, interferieren die zwei benachbarten Impulse beim Zurücklesen, d.h. sie beeinflussen sich gegenseitig. Ein sog. Di–Bit („Doppel–Bit") entsteht immer dann, wenn der zweite Flusswechsel S_2 unmittelbar nach dem ersten Flusswechsel S_1 in die darauffolgende Bitzelle geschrieben wurde. Beim Zurücklesen erhält man – wie in Abbildung 3.8 dargestellt – einen sog. Di–Impuls („Doppel–Impuls") S_D, der durch die lineare Überlagerung ($S_1 + S_2 = S_D$) der induzierten Spannungen von zwei Flusswechseln (S_1 und S_2) mit entgegengesetzter Polarität entsteht.

Die Abtastwerte eines Di-Bits sind also durch die letzte Zeile in der Tabelle 3.6 gegeben.

Drei aufeinanderfolgend geschriebene Flusswechsel S1, S2 und S3, die ein sog. Tri-Bit („Drei-Bit") S_T darstellen, das durch lineare Überlagerung (S_T=S1 + S2 + S3) ihrer induzierten Spannungen entsteht, erzeugen beim

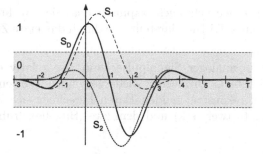

Abb. 3.8 PR4–Di–Impuls.

Tabelle 3.6 Datenwerte eines Di–Impulses.

T		−2	−1	0	1	2	3	4	5
S_1		0	0	1	1	0	0	0	0
S_2	+	0	0	0	−1	−1	0	0	0
S_D	=	0	0	1	0	−1	0	0	0

Zurücklesen das in der letzten Zeile der folgenden Tabelle 3.7 gegebene PR4–Bitmuster.

Tabelle 3.7 Datenwerte eines Tri–Impulses.

T		−2	−1	0	1	2	3	4	5
S1		0	0	1	1	0	0	0	0
S2	+	0	0	0	−1	−1	0	0	0
S3	+	0	0	0	0	1	1	0	0
S_T	=	0	0	1	0	0	1	0	0

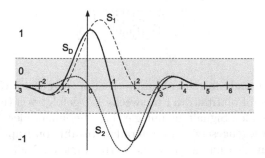

Abb. 3.9 PR4–Tri–Impuls.

Abbildung 3.9 verdeutlicht auch graphisch, dass die berechnete Sequenz S_T die Abtastwerte eines Tri-Bits darstellt, die durch die letzte Zeile der Tabelle gegeben sind.

Aus dem Strom analoger Signalpulse kann also relativ einfach das ursprünglich geschriebene Bitmuster wiedergewonnen werden: Der aktuelle Wert a(k) der zu rekonstruierenden Daten berechnet sich als Summe aus dem aktuellen Abtastwert s(k) und dem zwei Bitzellen früher berechneten Wert:

$$a(k) = s(k) + a(k\text{--}2)$$

Kurz soll auch noch eine Folge von vier aufeinanderfolgenden Signalpulsen betrachtet werden.

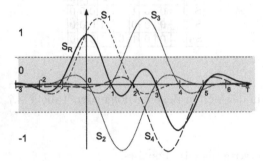

Abb. 3.10 PR4–Signal mit vier Impulsen.

Die in Abbildung 3.10 leicht abzulesende Sequenz S_R von Abtastwerten für vier Signalpulse ist durch folgende Tabelle 3.8 gegeben.

Tabelle 3.8 Datenwerte eines vierfachen Impulses.

T	−2	−1	0	1	2	3	4	5
S_R	0	0	1	0	0	0	−1	0

N direkt aufeinanderfolgende Flusswechsel erzeugen also einen Signalplus (1 oder −1, je nach Polarität des Flusswechsels), gefolgt von (n−1) Nullen und einem abschließenden Signalplus mit gleicher (bei ungerader Anzahl von Impulsen) bzw. entgegengesetzter (bei gerader Anzahl von Impulsen) Polarität. Maximal können also nur zwei Abtastwerte ungleich Null direkt aufeinander folgen – wenn einen isolierter Signalpuls auftritt. Andernfalls entstehen Nullwerte durch Überlagerung und gegenseitige Auslöschung von Impulsen unterschiedlicher Polarität. Auf einen ausführlichen mathematischen Nachweis, warum eine Folge von drei oder mehr direkt aufeinanderfolgender Einsen nicht möglich ist, soll hier aus Platzgründen verzichtet werden.

Funktionsweise eines Maximum–Likelihood–Detektors

Die Signalamplitude des analogen Signals, das mit der PR4–Kodierung zurückgewonnen werden soll, hat idealerweise nur eine kleine Zahl diskreter Werte, wie z.B. [−1, 0, +1]. Ein Schwellendetektor könnte dann den aktuellen Abtastwert mit definierten Grenzwerten vergleichen und so sofort bestimmen, welches der korrekte Wert ist, der rekonstruiert werden soll.

Beispiel:

IF sample >0.5 THEN richtiger Wert = 1
IF sample <−0.5 THEN richtiger Wert = −1
IF −0.5 < sample <0.5 THEN richtiger Wert = 0

Liegt jedoch ein Datenstrom mit verrauschten Abtastwerten vor, wie z.B. in der Tabelle 3.9, so erzeugt der Schwellendetektor die fehlerhafte Ausgangssequenz S_D in der letzten Tabellenzeile.

Tabelle 3.9 vertauschte Abtastwerte.

k	1	2	3	4	5	6	7	8
Abtastwert	0.7	0.2	−0.8	−0.2	0.6	0.9	1.1	0.3
Sequenz	1	0	−1	0	1	1	1	0

Die Sequenz S_D ist fehlerhaft, da „111" in einem PR4-Datenstrom, wie bereits dargelegt, gar nicht auftreten kann. Eine Folge „11" entspricht nämlich einem isolierten Impulssignal, so dass der nächste Flusswechsel von entgegengesetzter Polarität sein muss, d.h. gültige Sequenzen wären z.B. „1 1 0 0", „1 1 −1 −1", „1 0 0 1", aber nicht „1 1 1 0". Offensichtlich ist hier ein Schwellendetektor nicht mehr in der Lage, die korrekte Bitsequenz zu erzeugen.

Anders als der Schwellendetektor trifft ein ML-Detektor keine sofortige Entscheidung, ob er dem gerade eintreffenden Abtastwert eine +1, 0 oder −1 zuordnen soll. Stattdessen analysiert er den Datenstrom und wählt dann die Sequenz mit der höchsten Wahrscheinlichkeit aus. Daher wird der ML-Detektor auch *Sequenzdetektor* genannt. Der ML-Detektor erkennt, dass die Sequenz „111" falsch ist, und versucht daher, eine Sequenz zu finden, die am wahrscheinlichsten zu den Abtastwerten passt. Für das o.g. Beispiel gibt es mehrere gültige Sequenzen S_{Di}, die in folgender Tabelle 3.10 dargestellt sind.

Diese Sequenzen können nun mit den gelesenen Abtastwerten verglichen werden, um die wahrscheinlichste zu finden. Hierfür berechnet der ML-

Tabelle 3.10 Gültige Sequenzen.

k	1	2	3	4	5	6	7	8
S_{D1}	1	0	-1	0	1	1	0	0
S_{D1}	1	0	-1	0	0	1	1	0
S_{D1}	1	0	-1	0	0	0	1	1

Detektor fortlaufend die Varianz zwischen den Abtastwerten s(k) und der vermuteten Sequenz b(k), wie das in Tabelle 3.11 gezeigt ist.

Tabelle 3.11 Berechnung der Varianz.

$$Var(K) = \sum_{i=1}^{N} [s(k) - b(k)]^2$$

k	1	2	3	4	5	6	7	8	Var(K)
Abtastwert	0.7	0.2	-0.8	-0.2	0.6	0.9	1.1	0.3	
$S_{D1}(k)$	1	0	-1	0	1	1	0	0	
b(k)	0.09	0.04	0.04	0.04	0.16	0.01	1.21	0.09	1.68
$S_{D2}(k)$	1	0	-1	0	0	1	1	0	
b(k)	0.09	0.04	0.04	0.04	0.36	0.81	0.01	0.09	0.68
$S_{D3}(k)$	1	0	-1	0	0	0	1	1	
b(k)	0.09	0.04	0.04	0.04	0.36	0.81	0.01	0.49	1.88

Die mit Sequenz S_{D2} ermittelten Werte liegen am dichtesten an den Abtastwerten des gelesenen Datenstroms und gleichzeitig ist Sequenz S_{D2} auch eine gültige PR4–Sequenz. Anders ausgedrückt, ist Sequenz S_{D2} die wahrscheinlichste unter den Kandidaten, die an dieser Stelle des Datenstroms in Frage kommen, da sie die kleinste Distanz (d.h. größte Wahrscheinlichkeit – *Maximum Likelihood*) zum Datenstrom hat. Daher wählt der ML–Detektor diese Sequenz als Ergebnis des Erkennungsvorgangs aus und reicht sie als erkannten Datenstrom an die nachfolgenden Einheiten weiter. Ein Maximum–Likelihood Detektor arbeitet somit nach folgenden Grundprinzipien:

- Die Entscheidung für einen bestimmten Datenwert basiert auf der Auswertung einer Folge von Abtastwerten statt nur auf einem Abtastwert.

- Für jede Folge von Abtastwerten wird eine Liste zulässiger Datensequenzen generiert.

- Jede der zulässigen Datensequenzen wird mit der gelesenen Folge von Abtastwerten verglichen, indem die Varianz (oder eine andere passende Abstandsfunktion) für jede Sequenz berechnet wird. Die Sequenz mit der kleinsten Varianz, d.h. mit der größten Wahrscheinlichkeit, wird als Ergebnis des Detektionsvorgangs gewählt.

- Der Entscheidungsvorgang des ML–Detektors benötigt etwas Zeit, so dass sich die Latenz des Datenkanals geringfügig erhöht.

Das *Perpendicular Recording*–Verfahren

Eine weitere technologische Innovation, die entscheidenden Anteil am immensen Kapazitätszuwachs moderner Festplatten hat, ist das *Perpendicular Recording*–Verfahren („senkrechte Aufzeichnung"). Bei Festplatten älterer Bauart (vor 2005) wurde ausschließlich das longitudinale Aufzeichnungsverfahren verwendet, welches in den Abschnitten 2.1.1 und 2.1.2. bereits schematisch vorgestellt wurde. *Longitudinal Recording* („Längsaufzeichnung") hat den Nachteil, dass die erforderliche Mindestgröße für ein Spurelement, die ein korrektes Zurücklesen sicherstellt, in Laufrichtung des Schreib–/Lesekopfes eingehalten werden muss. Zusätzlich muss ein relativ breiter Übergangsbereich zwischen den Spurelementen berücksichtigt werden, da der Schreib–/Lesekopf auf Grund seiner Größe im Randbereich eines Spurelements auch die Magnetisierung der Nachbarzelle auffängt und so ein falscher Wert gelesen werden könnte. Beim *Perpendicular Recording* Verfahren jedoch ist die Magnetisierungsrichtung senkrecht zur Trägerscheibe ausgerichtet, d.h. die kleinsten magnetischen Einheiten, die magnetischen Dipole, sind senkrecht zur Laufrichtung des Schreib–/Lesekopfes orientiert. Durch eine entsprechende Dicke der Speicherschicht kann so eine für ein korrektes Zurücklesen notwendige Mindestlänge bzw. Mindestgröße eines Spurelements auf deutlich verringerter Fläche der Speicherscheibe erreicht werden. Außerdem fallen die Übergangsbereiche zwischen den Spurelementen kleiner aus, da der schmale Schreibkopf die Magnetisierung punktförmiger schreiben kann. Abbildung 3.11 soll dies verdeutlichen. Unter der eigentlichen magnetischen Speicherschicht muss nun jedoch eine zweite Schicht aus „weichmagnetischem" Material angebracht werden, die den magnetischen Rückfluss zum Schreibkopf ermöglicht, ihre Magnetisierung nach dem Schreibvorgang jedoch verliert. Der entsprechende Bereich des Schreibkopfes, der für den Rückfluss sorgt, das so genannte Joch, ist relativ breit ausgelegt, damit die Feldstärke des Rückflusses nicht die Magnetisierung der unter dem Joch liegenden Spurelementen ungewollt verändert.

In Abbildung 3.11 sind rechts die Signalverläufe für die Lesevorgänge beim *Longitudinal* und *Perpendicular Recording* gegenübergestellt. Man erkennt, wie die Verkürzung der Spurelemente und der Übergangsbereiche – bei gleich bleibender Umdrehungsgeschwindigkeit – zu einer Erhöhung der Speicherdichte führt.

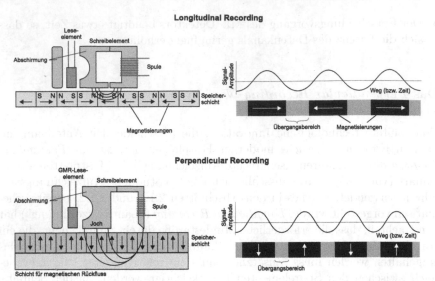

Abb. 3.11 *Longitudinal* und *Perpendicular Recording* im Vergleich.

Der GMR-Effekt

Der GMR-Effekt (*Giant Magnetoresistance Effect*) oder Riesenmagneto-Wi-
derstand ist ein quantenmechanischer, magnetoresitiver Effekt, der in dünnen
Schichten auftritt, die aus sich abwechselnden ferromagnetischen und nicht-
magnetischen Bereichen mit einigen Nanometern Schichtdicke bestehen. Der
elektrische Widerstand dieser Struktur ist von der gegenseitigen Orientierung
der Magnetisierung der magnetischen Schichten abhängig, und zwar ist er bei
Magnetisierung in entgegengesetzten Richtungen deutlich höher als bei Magnetisierung in die gleiche Richtung. Der Effekt bewirkt, dass der elektrische
Widerstand in der Gegenwart eines externen Magnetfeldes deutlich abnimmt
(üblicherweise um 10 – 80%), da sich benachbarte ferromagnetische Schichten parallel ausrichten. Fehlt das externe Magnetfeld, orientieren sich diese
Schichten antiparallel, wodurch die magnetische Streuung deutlich zunimmt
und der elektrische Widerstand deutlich ansteigt. GMR–Leseköpfe bewir-
ken ein deutlich stärkeres Signal beim Abtasten der Flusswechsel auf den
Speicherscheiben als konventionelle Leseköpfe, so dass im Umkehrschluss die
Flusswechsel für eine gleich bleibende Signalstärke deutlich enger geschrieben
werden können, wodurch sich die Speicherdichte und somit auch die Speicherkapazität erhöhen.

3.2 Festplatten

3.2.1 Geschichte

Die erste Festplatte wurde 1956 von IBM hergestellt. Sie hatte eine Speicherkapazität von rund 5 MB[4] und einen Durchmesser von ca. 60 Zentimetern (24
Zoll). IBM beherrschte von diesem Zeitpunkt an fast 20 Jahre lang den Fest-
plattenmarkt. 1973 führte es die so genannten *Winchester*–Laufwerke ein, die
bis heute die Basis beim Bau von Festplatten bilden. Dabei wird ein System
von Speicherplatten, Schreib-/Leseköpfen und deren Antriebs- bzw. Positio-
niereinrichtungen in einem hermetisch gekapselten Gehäuse untergebracht.
Durch die Winchester–Technik wurde es möglich, die Speicherkapazität und
Betriebssicherheit der Festplatten zu erhöhen, da durch die gekapselte Bauweise Schäden aufgrund von Luftverunreinigungen vermieden wurden. Ohne
diese Technik kann es bereits durch Staubteilchen mit einem Durchmesser von
nur ca. 5 μm zur Zerstörung der empfindlichen Schreib-/Leseköpfe kommen
(so genannte *Head Crashes*), da der Abstand zwischen Schreib-/Lesekopf und
Platte nur bei ca. 20 nm liegt – beim *Perpendicular Recording* sogar nur bei
10 nm.[5]

Die Bezeichnung *Winchester* wurde später auch von anderen Herstellern
benutzt, die im Laufe der Zeit immer kompaktere Festplattenlaufwerke entwickelten. So brachte 1980 die Firma Seagate mit der ST506, die erste 5,25–
Zoll–Festplatte mit 6,4 MB auf den Markt. Aus der Weiterentwicklung dieser Festplatte entstand dann der später von fast allen Herstellern akzeptierte Schnittstellenstandard ST506/412 mit dem eine Datentransferrate von 5
MBit/s erreicht wurde.

Heute übliche Festplatten haben eine Größe (auch Formfaktor genannt)
von 3,5 Zoll, die hauptsächlich im Desktop-Bereich eingesetzt wird, bzw. 2,5
Zoll im Bereich der mobilen PCs. Sie erreichen Speicherkapazitäten bis zu
2 TB (Terabyte) und verfügen über integrierte Festplatten–Controller mit
SATA– oder USB 2.0–Schnittstelle, die Datentransferraten von 3 Gbit/s bzw.
480 Mbit/s erreichen (vgl. Abschnitt 3.5).

Die Festplattentechnik entwickelt sich ständig weiter. Durch die mittlerweile fest etablierten Schnittstellenstandards können die Hersteller die Laufwerke
intern immer weiter optimieren. Obwohl auf diese Weise stets das Maximum
an Speicherkapazität aus dem Speichermaterial herauszuholen ist, können die
Festplatten trotzdem leicht gegeneinander ausgetauscht werden.

---

[4] Festplattenhersteller geben die Kapazitäten ihrer Produkte meist als Potenzen zur
Basis 10 an, also z.B. 1 GB = 10^9 Byte. Wir folgen diesem Brauch in den Berechnungen
dieses Abschnitts (vgl. Absatz über Größeneinheiten auf Seite 175).

[5] Zum Vergleich: Ein menschliches Haar hat einen Durchmesser von ca. 10 μm =
10000 nm.

Zwischen 1956 und 1990 erreichte man jährliche Steigerungsraten von etwa 25%. Seit 1990 vergrößerte sich die jährliche Steigerung auf ca. 60%, d.h. man erreichte alle 18 Monate eine Verdopplung der Speicherkapazität. Im Jahr 2000 war die jährliche Steigerungsrate bereits auf 150% gestiegen. Die Flächendichte lag 1957 bei ca. 2 KBit/inch^2. Festplatten mit longitudinaler Aufzeichnung erreichen heute einen um mehr als den Faktor 50.000 größeren Wert von über 100 GBit/inch^2 auf. Platten mit *perpendicular Recording* ermöglichen hingegen Flächendichten von bis zu 400 GBit/inch^2. Die Aufzeichnungsdichte auf den Spuren erreichen Werte von max. 1,5 MBit/inch. Heutige (2009) 3,5–Zoll–Festplatten können eine Spurdichte von fast 200.000 Spuren pro Zoll (*Tracks per Inch* – tpi) besitzen.

Geht man bei einer 3,5–Zoll–Festplatte vereinfachend von einem nutzbaren Kreisring mit dem inneren Radius von $r_i = 2$ cm und dem äußeren Radius r_a = 4,5 cm aus, so erhält man eine Ringbreite von 1 Zoll und eine Ringfläche von ca. 8,25 Quadratzoll. Für ein System mit fünf Scheiben und 10 Oberflächen erhält man damit auf zwei alternativen Rechenwegen:

- Die mittlere Spur mit dem Radius 3,25 cm ist ca. 8 Zoll lang und kann nach oben stehenden Angaben somit bis zu 12 Mbit aufzeichnen. Bei 200.000 Spuren pro Zoll[6], ergeben sich pro Oberfläche 2,4 TBit. Für 10 Oberflächen erhält man 24 TBit oder ca. 3 TB.

- Bei einer Dichte von 300 GBit/inch^2 ergibt sich ein Näherungswert von 2.500 GBit, also 2,5 TBit, pro Plattenoberfläche von 8,25 Quadratzoll. Für 10 Oberflächen folgt daraus eine maximale Kapazität von 25 TBit, d.h. ca. 3,125 TB.

Die berechneten Werte geben sehr grobe Schätzungen an. Die erhaltenen Kapazitäten liegen aber wenigstens größenordnungsmäßig im Bereich der heute verfügbaren 2–TB–Platten. Für eine exaktere Berechnung muss man z.B. berücksichtigen, dass bei konstanter Umdrehungsgeschwindigkeit der Platte der Aufzeichnungsbereich für ein einzelnes Bit von Innen nach Außen immer größer wird. Außerdem werden nicht alle Spuren für eine Datenaufzeichnung genutzt und zwischen den Datenblöcke bleiben immer Plattenbereiche frei.

3.2.2 Mechanischer Aufbau von Festplatten

Eine Festplatte enthält einen Plattenstapel mit mehreren (typisch 2 – 6) magnetisierbar beschichteten Aluminium– oder Glas–Scheiben, die mit Winkel- oder Rotationsgeschwindigkeiten zwischen 4.800 und 15.000 Umdrehungen pro Minute rotieren (Abbildung 3.12). Im Desktopbereich findet man meist

---

[6] also auch pro Oberfläche, da die Ringbreite gerade 1 Zoll ist.

Festplatten mit 7.200 rpm[7]. Je höher die Drehzahl, desto kleiner ist auch die mittlere Zugriffszeit (s.u.) und desto größer die erreichbare Datentransferrate.

Die Schreib–/Leseköpfe greifen kammartig in den Plattenstapel ein und können mit einem Elektromotor positioniert werden. Mit Hilfe der Schreibköpfe können magnetische Muster auf konzentrische Spuren der Festplattenscheiben geschrieben werden. Die Schreibköpfe wirken dabei wie kleine Elektromagnete, die je nach Richtung des Stromflusses zwei verschieden gerichtete Magnetfelder erzeugen (vgl. Unterabschnitt 3.1.5). Wenn der Schreibkopf nahe genug an die Speicherschicht herangeführt wird, dringt das magnetische Feld in die Speicherschicht ein und magnetisiert einen winzigen Kreisbogenabschnitt des Datenträgers. Die erreichbare Bitdichte pro Fläche (*Areal Density*) auf einer Plattenoberfläche hängt von der maximalen Anzahl der Spurelemente pro Längeneinheit (auf dem Kreisbogen) und der Anzahl der Spuren pro radial gemessener Längeneinheit ab und wird in Bit pro Quadratzoll (Bits/in^2) angegeben. Bestimmend dafür sind die magnetischen Eigenschaften der Speicherschicht, der Abstand zwischen Schreib–/Lesekopf und Speicherschicht sowie die magnetischen Eigenschaften und die Geometrie des Schreib–/Lesekopfes ab. Die heute erreichbaren Werte wurden bereits im Unterabschnitt 3.2.1 angegeben.

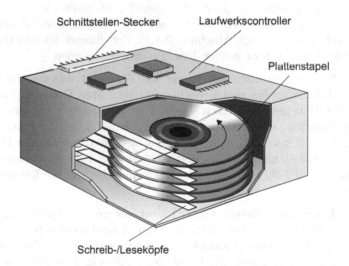

Abb. 3.12 Aufbau eines Festplattenlaufwerks.

---

[7] rpm steht für *Rotations per Minute*.

3.2.3 Kenndaten von Festplatten

In diesem Unterabschnitt werden wir die wichtigsten Kenndaten einer Festplatte beschreiben.

Rotationsgeschwindigkeit: Die Leistungsfähigkeit einer Festplatte wird in hohem Maße von der Rotationsgeschwindigkeit des Plattenstapels bestimmt. Im Gegensatz zu CD/DVD–Laufwerken drehen sich Festplatten mit konstanter Winkelgeschwindigkeit. Während früher Winkelgeschwindigkeiten von 5.400 rpm gebräuchlich waren, rotieren heutige Festplatten im PC–Bereich typischerweise mit 7.200 rpm. Je höher die Rotationsgeschwindigkeit, desto größer ist näherungsweise die Datentransferrate.

Positionierzeit (*Seek Time*): Diese Zeit gibt an, wie lange es dauert, bis die Schreib–/Lese–Köpfe eine bestimmte Spur erreicht haben. Bei modernen Festplatten liegt diese Zeit in der Größenordnung von 8 ms. Eine weitere wichtige Größe ist die Spur–zu–Spur–Suchzeit für einen Spurwechsel, die bei modernen Platten ca. 2 ms beträgt.

Einstellzeit: Beim Wechsel von einem Kopf auf den anderen vergeht Zeit, die als Einstellzeit bezeichnet wird. Obwohl die elektrischen Umschaltung auf einen anderen Schreib–/Lesekopf sehr schnell geht, muss dieser erst einmal auf die angesteuerte Spur „einrasten", indem er die *Low–Level*–Formatdaten ausliest und auswertet (vgl. Abschnitt 3.4.1). Erst danach können Daten von dem angeforderten Sektor gelesen bzw. geschrieben werden.

Latenzzeit: Die Latenzzeit bezeichnet die Wartezeit von der Kopfpositionierung auf der Spur bis zum Erreichen der gesuchten Daten und ist direkt von der Rotationsgeschwindigkeit der Festplatte abhängig. Bei einer Rotationsgeschwindigkeit von 7.200 rpm dauert eine Umdrehung des Plattenstapels $\frac{1}{\omega_{rot}} = \frac{60\,s}{7.200} = 8{,}33$ ms. Die Latenzzeit ergibt sich im Mittel aus der Hälfte der Zeit, die für eine Umdrehung benötigt wird. Bei heutigen Festplatten mit einer Drehzahl von 7200 Umdrehungen pro Minute beträgt die Latenzzeit also ca. 4,2 ms.

Mittlere Datenzugriffszeit: Dieser Parameter einer Festplatte gibt an, wie lange es zwischen der Anforderung und der Ausgabe eines Sektors dauert. Diese Zeit wird durch die Positionierzeit, die Latenzzeit, die Einstellzeit und durch die Verarbeitungsgeschwindigkeit des Laufwerks–Controllers bestimmt. Sie liegt bei heutigen Plattenspeichern bei ca. 12 – 13 ms. Eine geringe mittlere Zugriffszeit ist wichtig, wenn man viele kleinere Dateien verarbeitet. Bei Multimediaanwendungen kommt es dagegen vorwiegend auf hohe Datenraten an. Hier versucht man, die Daten möglichst zusammenhängend auf der Festplatte anzuordnen und durch eine hohe Rotationsgeschwindigkeit die Datentransferrate zu maximieren. Die mittlere Datenzugriffszeit spielt dann eher eine untergeordnete Rolle.

Mediumtransferrate: Die Mediumtransferrate gibt an, wie viele Daten pro Sekunde von oder zur Speicherschicht der Festplatte übertragen werden können. Sie wird in MB/GB pro Sekunde angegeben und hängt von folgenden Parametern ab:

- Die *Bitdichte* wird in *Bits per Inch* (bpi) gemessen. Sie hängt von den physikalischen Eigenschaften des Schreib-/Lesekopfes und des verwendeten Speichermaterials ab (vgl. Unterabschnitt 3.2.1). Um eine hohe Speicherdichte zu erreichen, sollte der Abstand zwischen Schreib-/Lesekopf und Speichermaterial möglichst klein sein.

- *Die benutzte Codierung* – MFM, RLL,... – legt fest, wie viele Spurelemente im Mittel für die Speicherung eines Bits benötigt werden (vgl. Unterabschnitt 3.1.5).

- *Lage der Spur*, auf der der Sektor liegt. Bei konstanter Winkelgeschwindigkeit und konstanter Größe der Spurelemente ändert sich die Rate der Flusswechsel in Abhängigkeit von der jeweiligen Spur. Auf den inneren Spuren ist die Bahngeschwindigkeit und damit die Flusswechselrate geringer als auf den äußeren Spuren. Somit ergeben sich auch unterschiedliche Transferraten. Auf der innersten Spur ist die Datentransferrate am kleinsten, auf der äußersten Spur ist sie am größten.

Datentransferrate: Die Datentransferrate, gibt an, wie schnell Daten zwischen Hauptspeicher und Festplatten–Controller übertragen werden können. Diese Kenngröße ist für die Praxis wichtiger als die Mediumtransferrate. Man beachte, dass die real erreichbare Datentransferrate (*sustained Data Rate*) einer Festplatte meist deutlich unter der maximalen Bandbreite des aktuellen Schnittstellenstandards liegt. So lagen z.B. Ende 2009 die maximale Datentransferrate von Festplatten mit SATA–Schnittstelle bei 300 MB/s, die maximale Mediumtransferrate innerhalb der Festplatte bei 200 MB/s und die real erreichbare durchschnittliche Rate über die SATA-Schnittstelle jedoch nur bei ca. 130 MB/s.

Größeneinheiten

Zum Abschluss soll noch einmal auf die Größeneinheiten bei der Angabe der Speicherkapazität hingewiesen werden. Da alle Computer im Dualsystem rechnen, ist es sinnvoll, Größenangaben auch auf dieses Zahlensystem zu beziehen (Tabelle 3.12). Die Tatsache, dass die Größeneinheiten des Dezimalsystems deutlich geringeren Werten entsprechen, nutzen viele Hersteller bzw. Händler, um ihre Festplatten mit größeren Speicherkapazitäten anzupreisen, als diese tatsächlich besitzen. Eine Rechtfertigung dieser Angabeform besteht darin, dass im Zusammenhang von Festplatten häufig über Transferraten gesprochen wird und diese typischerweise im Dezimalsystem angegeben werden. So hat z.B. eine Festplatte, die bezogen auf das Dezimalsystem eine Speicherkapazität von 150 GB hat, im Dualsystem nur eine Speicherkapazität von ca.

140 GB. Bei einer Transferrate von 150 MB/s, also 150.000.000 B/s, dauert es eben – rein rechnerisch – 1000 Sekunden, den gesamten Platteninhalt zu übertragen.

Tabelle 3.12 Vergleich von Größeneinheiten im Dual- und Dezimalsystem.

Zeichen	Name	Wert Dual	Wert Dezimal
K	Kilo	2^{10}=1.024	10^3=1.000
M	Mega	2^{20}=1.048.576	10^6=1.000.000
G	Giga	2^{30}=1.073.741.824	10^9=1.000.000.000
T	Tera	2^{40}=1.099.511.627.766	10^{12}=1.000.000.000.000
P	Peta	2^{50}=1.125.899.906.842.624	10^{15}=1.000.000.000.000.000

3.3 Halbleiter–Festplatten

3.3.1 Aufbau und Funktion einer Halbleiter–Festplatte

Trotz der rasanten Fortschritte der Technik der Festplattenlaufwerke (*Hard-Disk Drives* – HDD), die zu immer größeren Kapazitäten, kleineren Abmessungen und sinkenden Preisen führen, haben die Festplatten einige Nachteile, die ihren Einsatz in mobilen Geräten (Laptops, Netbooks, PDAs) und in „rauen" Einsatzumgebungen erschweren:

- relativ hoher Energieverbrauch durch den Antriebsmotor für die rotierenden Scheiben, auch wenn aktuell kein Zugriff stattfindet, und die Bewegung der Schreib/Lese-Köpfe,
- große Einstell- und Datenzugriffszeiten,
- hohes Gewicht,
- Wärmeentwicklung,
- zum Teil störende Geräuschentwicklung,
- geringe Stoß- und Vibrationsfestigkeit,

Seit einigen Jahren werden deshalb bereits – vorzugsweise in den oben genannten Einsatzbereichen – so genannte *Solid State Drives* (SSD) verwendet. Ihren Namen bekamen sie einerseits von den eingesetzten Halbleiterspeichern, die hauptsächlich in den Anfangsjahren der Halbleitertechnik als *Solid State Circuits*, also Festkörper-Schaltkreise, bezeichnet wurden. Die irreführende Bezeichnung *Drive*, also Laufwerk, wurde von den Festplatten übernommen, obwohl in den SSDs nichts „läuft" oder sich bewegt. Der Grund für die Namensgebung liegt wohl darin, dass sie die Festplattenlaufwerke im weiten

Maß ersetzen sollen. Dazu werden sie häufig im selben Größen–Format wie
die HDDs angeboten, also z.B. als 3,5–, 2,5– oder 1,8–Zoll–Laufwerke, die
über die SATA–Schnittstelle betrieben werden. Da sie elektrisch, mechanisch
und softwaremäßig vollständig kompatibel gebaut werden, können sie direkt
mit der HDD ausgetauscht werden. Wir werden im Folgenden die Bezeichnung *Halbleiter–Festplatte*[8] benutzen.

Die Vorteile der Halbleiter–Festplatten gegenüber den HDDs liegen kurz
gesagt darin, dass sie alle der oben aufgeführten Nachteile nicht besitzen. So
wiegen sie z.B. nur ca. 25 – 50 % einer vergleichbaren HDD und verbrauchen lediglich 1/8 der Energie. Sie arbeiten völlig geräuschfrei und verursachen nur eine geringe Wärmeentwicklung. Der zulässige Temperaturbereich
ist erheblich weiter als bei HDDs und reicht bis an den Nullpunkt heran.
Da die Einstellzeiten der Köpfe von Festplatten entfallen, ist die Zugriffszeit
auf verstreut liegende Daten bei SSDs nahezu konstant. Im Unterschied zu
magnetischen Festplatten, die (fast) permanent in Bewegung sind, verbrauchen Halbleiter–Festplatten hauptsächlich dann Energie, wenn gerade auf sie
zugegriffen wird. Die Leistungsaufnahme von SSDs liegt z.B. bei 75 – 150
mW im inaktiven Betrieb und 150 – 260 mW im aktiven Zustand; magnetische Festplatten verbrauchen in beiden Zuständen bis zu 4 bzw. 10 W. Der
größte Unterschied zwischen beiden Festplatten-Typen liegt aber in der sehr
viel größeren Unempfindlichkeit der Halbleiter–Festplatten gegen Stöße und
Vibrationen.

Abbildung 3.13 zeigt den Aufbau einer Halbleiter-Festplatte.

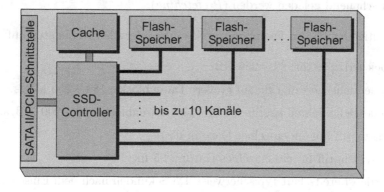

Abb. 3.13 Aufbau einer Halbleiter–Festplatte.

---

[8] Häufig findet man auch die Bezeichnungen *Solid State Disk* oder SSD-Festplatte.

Die Hauptkomponenten sind:

- eine Anzahl von z.B. 10 bis 16 hochintegrierten Halbleiter–Speichern, die als Flash-Speicher bezeichnet und deren Aufbau und Funktion wir in den folgenden Unterabschnitten beschreiben werden. Um die Zugriffs- und Übertragungsgeschwindigkeit zu den bzw. von den Speicherbausteinen werden sie bei einigen SSDs über getrennte Datenpfade, den so genannten Kanälen (*Channel*), getrennt und gleichzeitig angesprochen. Die in Abbildung 3.13 dargestellte Halbleiter-Festplatte hat z.B. 10 Kanäle.

- ein SSD–Controller, der einerseits die Ansteuerung der Flash–Bausteine und ihre Programmierung übernimmt und andererseits die Kommunikation mit der *South Bridge* des PCs übernimmt. Dazu verwendet er meistens die SATA–II–Schnittstelle mit einer Übertragungsrate von 300 MB/s, entsprechend 3 Gbit/s – z.T. aber auch die PCIe–Schnittstelle. Der Controller übersetzt die Kommandos des Befehlssatzes der SATA–Schnittstelle (*ATA General Feature Command Set*) in die entsprechenden Befehle für die Ansteuerung der Flash–Bausteine (vgl. den folgenden Unterabschnitt 3.3.2). Dazu kommen z.T. noch einige Hersteller-spezifische Kommandos. Einige SSD–Controller bieten zusätzlich die Möglichkeit zur hardwaremäßigen Verschlüsselung[9] der Daten, um sie so vor unbefugtem Zugriff zu schützen.

- ein schneller Zwischenspeicher mit einer Kapazität von 64 bis 128 MB, der als Cache bezeichnet wird und der Pufferung von Schreib– oder Lesedaten dient, die vom Controller mit langsamerer Geschwindigkeit in die Flash–Speicher geschrieben („einprogrammiert") bzw. von dort z.T. vorausschauend geladen werden (*Prefetching*).

Heutige Halbleiter–Festplatten weisen die folgenden Kenndaten auf:

- Speicherkapazität: 64 – 256 GB,

- sequentielle Lesezugriffe auf größere Datenblöcke: 180 – 250 MB/s,

- sequentielle Schreibzugriffe auf größere Datenblöcke: 70 – 200 MB/s,

- Lesezugriff auf ein einzelnes Datum: 65 μs,

- Schreibzugriff für ein einzelnes Datum: 85 μs,

- Betriebsbereitschaft typischerweise 1,5 Sekunden nach dem Einschalten,

- Betriebsspannungen zwischen 3,3 und 5,0 Volt.

Durch den oben beschriebenen Einsatz eines Caches und mehrerer Speicherkanäle schwanken auch bei Halbleiter–Festplatten die real erzielbaren Übertragungsraten z.T. erheblich. Dennoch übertreffen sie typischerweise die bei Festplatten erreichbaren Werte. Der auffallende Zeitunterschied zwischen

---

[9] Es wird das AES–Verfahren mit einem 128–bit–Schlüssel angewendet.

den Lese– und Schreibzugriffen resultiert aus der Tatsache, dass vor dem Einschreiben eines Datums zunächst ein gesamter Speicherblock gelöscht und danach mit der gewünschten Information blockweise neu beschrieben (programmiert) werden muss. Leider ist die Anzahl der für eine Speicherzelle zulässigen Lösch–/Programmierzyklen aus technologischen Gründen auf ca. 10.000 Zyklen beschränkt. Diese Zahl kann in modernen PCs je nach Bedeutung der gespeicherten Daten für viele Speicherzellen sehr schnell erreicht werden. Auf beide Nachteile gehen wir im folgenden Unterabschnitt 3.3.2 genauer ein.

Der oben beschriebene SSD-Controller versucht durch geeignete Gegenmaßen, den langsamen Schreibzugriffen und der Zerstörung einzelner Zellen entgegenzuwirken. Zu diesen Maßnahmen gehören:

- Der Controller fasst selbständig die Daten in nicht vollständig gefüllten Datenblöcken zusammen und speichert sie in kompakter Form wieder ab. Gleichzeitig löscht er die dafür nicht mehr benötigten Datenblöcke im Voraus zur Beschleunigung des nächsten Schreibzugriffs darauf. Dieses Verfahren wird als Speicherbereinigung (*Garbage Collection*[10]) bezeichnet. Leider wird aber durch diese Speicherbereinigung das Problem der „endlichen" Lösch–/Programmierzugriffe noch verschärft.

- Der Controller versucht, die Schreibzugriffe möglichst gleichmäßig über den gesamten Speicher zu verteilen und so die „Alterung" der Speicherzellen in etwa gleich zu halten. Voraussetzung dafür ist jedoch, dass die Halbleiter–Festplatte nicht bereits zu sehr „gefüllt" ist, sodass dem Controller noch freie Speicherblöcke zur Auswahl stehen. Dieses Verfahren wird als *Wear Levelling* bezeichnet, was in etwa mit „gleichmäßiger Verteilung der Abnutzung" übersetzt werden kann.

- Stellt der Controller eine fehlerhafte Speicherzelle fest, so kann er sie deaktivieren und durch eine Reserve–Speicherzelle ersetzen. Dazu stehen ihm für jeden 512-Byte-Block z.B. 16 Ersatzbytes zur Verfügung.

3.3.2 Aufbau und Funktion eines Flash-Bausteins

In diesem Unterabschnitt wollen wir nun eine kurze Beschreibung von Aufbau und Funktion eines Flash-Speicherbausteins geben. Die exakte Bezeichnung für diese Bausteine lautet Flash–EEPROM und steht für *Electrically Erasable Programmable Read-Only Memory*, also einen elektrisch lösch– und programmierbaren Festwertspeicher. Grundlage dieser Speichertechnologie ist der so genannte MOS-Transistor (*Metal Oxide Semiconductor*), dessen Schaltsymbol Sie in Abbildung 3.14 sehen.

---

[10] wörtliche Übersetzung: Müllabfuhr

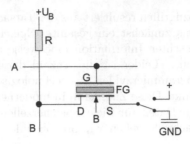

Abb. 3.14 Aufbau eines *Floating–Gate–*Transistors.

Dieser Transistor besitzt drei Anschlüsse, die als *Drain* (D – „Senke"),
Source (S – „Quelle") und *Gate* (G – „Gatter", Steuerelektrode) bezeichnet
werden. Grundlage des Transistors ist eine dünne Schicht aus dem Halblei-
termaterial Silizium, die als Substrat (*Bulk* – B, „Masse") bezeichnet wird
und (meist) mit dem *Source–*Bereich verbunden ist. Das Gate ist durch eine Isolierschicht (aus Siliziumdioxid – SIO_2) vom Bulk getrennt. Liegt am
Steuereingang G keine positive Spannung, d.h. ein L-Pegel (*Low*–Pegel), gegenüber dem *Bulk*, so ist dieses nicht leitend und es kann auch bei einer
positiven Spannung U_{DS} zwischen D und dem auf Masse (GND) liegendem
S kein Strom fließen. An der Bitleitung B[11] misst man in diesem Fall über
den Widerstand R die positive Betriebsspannung $+U_B$. Bei einer positiven
Spannung U_{GB} von z.B. 5 V, dem H–Pegel (*High*–Pegel), entsteht jedoch im
Bulk–Bereich zwischen D und S ein so genannter leitender „Kanal" und eine
positive Spannung U_{DS} führt nun zu einem Stromfluss von D nach S. Dadurch wird das Potential an der Bitleitung B auf das Massepotential GND
herabgezogen. Den logischen Zustand der Flash–Speicherzelle kann man nun
mit dem Zustand der Bitleitung B assoziieren, also z.B.

„0": Potenzial an B niedrig, „1": Potential an B hoch.

Für den Aufbau einer Flash-Speicherzelle wird nun der MOS-Transistor,
wie in Abbildung 3.14 gezeigt, durch eine weitere Elektrode FG ergänzt, die
ohne Anschluss nach Außen im Isolator „schwebt" und deshalb als *Floating
Gate* bezeichnet wird. Gelingt es nun, Elektronen, also negative Ladungsträger, auf das *Floating Gate* zu bringen, so sorgen sie dort für eine negative
Vorspannung, sodass nun die einfache Lesespannung von $U_{GB}=5$ V nicht mehr
ausreicht, einen leitenden Kanal zu erzeugen. In diesem Fall sperrt der Transistor und an der Bitleitung B liegt wieder die positive Betriebsspannung $+U_B$.
Der beschriebene Vorgang, durch die Elektronen negative Ladungsträger auf
dem *Floating Gate* anzureichern, wird als Programmierung der Flash–Zelle
bezeichnet.

---

[11] nicht zu verwechseln mit dem *Bulk* B!

Es existieren im Wesentlichen zwei technische Verfahren für die *Program-mierung* eines *Floating–Gate*-Transistors:

Beim ersten Verfahren legt man an das *Gate* G sowie zwischen D und S eine erhöhte Spannung von z.B. $U_{GB}=12$ V bzw. $U_{DS}=12$ V an. Dadurch werden die Elektronen im leitenden Kanal im *Bulk* so energiereich (*Hot Elec-trons*), dass einige den Isolator durchdringen und sich auf dem *Floating Gate* ansammeln können.

Beim zweiten Verfahren, das insbesondere bei den weiter unten beschrie-benen NAND–Flash–Bausteinen eingesetzt wird, wird zwischen *Gate* G und *Drain* D eine hohe Programmierspannung von z.B. $U_{GD}=12$ V angelegt. Diese Spannung führt dazu, dass wiederum einige Elektronen den Isolator durch-wandern und sich auf dem *Floating Gate* ansammeln können. Dieser physi-kalische Effekt wird „Tunnelung" und das Programmierverfahren nach ihren Erfindern als *Fowler–Nordheim Tunneling* bezeichnet.

Bei der beschriebenen Flash–Zelle wird nur zwischen den Zuständen „FG enthält/enthält keine Ladungsträger" bzw. „Vorspannung vorhanden/nicht vorhanden" unterschieden. Daher kann diese Zelle nur ein Bit speichern und es existiert ein einziger Spannungspegel (*Level*) am Steuereingang G, der über den Zustand der Zelle „programmiert/gelöscht" entscheidet. Man spricht des-halb von einer SLC–Zelle (*Singel–Level Cell*).

Heute ist man jedoch in der Lage, gezielt eine unterschiedliche Ladungs-trägerdichte auf das *Floating Gate* zu bringen, die dann für unterschiedliche Spannungspegel sorgt, mit denen der Transistor gerade noch durchgeschal-tet werden kann. Durch drei Pegel $U_{P1}<U_{P2}<U_{P3}$ kann man so feststellen, in welchem Bereich die Eingangsspannung U_{GB} liegen muss, um den Transi-stor durchzusteuern: $U_{GB}<U_{P1}$, $U_{P1}<U_{GB}<U_{P2}$, $U_{P2}<U_{GB}<U_{P3}$, $U_{P3}< U_{GB}$. Diese vier Eingangsspannungs-Bereiche kann man nun durch zwei Bits B1, B0 codieren und z.B. den Zuständen B1, B0 = 00, 01, 10, 11 zuordnen. Auf diese Weise ist man in der Lage, in jeder Flash–Zelle zwei Bits zu speichern. Man spricht von einer MLC–Zelle (*Multi–Level Cell*). Das Lesen einer MLC–Zelle dauert natürlich in etwa viermal solange wie einer SLC–Zelle, da mit der Eingangsspannung die vier Spannungsbereiche „durchprobiert" werden müssen.

Das *Löschen* einer Speicherzelle geschieht dadurch, dass man den Source–Anschluss S durch den in Abbildung 3.14 rechts gezeichneten Schalter auf eine positive Spannung von z.B. +12 V bringt. Legt man nun das *Gate* G auf Massepotenzial 0 V, so können durch die hohe negative Spannung $U_{GS}= -12$ V die Elektronen vom *Floating Gate* zum Anschluss S abfließen und dadurch die negative Vorspannung beseitigen.

Der erwähnte Schalter wird in Flash–Bausteinen für einen großen Block von Speicherzellen gemeinsam benutzt, die dadurch auch nur gemeinsam, also blockweise, gelöscht werden können. Von dieser Eigenschaft, ganze Speicherblöcke gleichzeitig und „blitzschnell" zu löschen, hat die *Flash–Technologie* ihre Bezeichnung erhalten. Natürlich stellt das blockweise Löschen auch einen großen Nachteil dar, da selbst für die Änderung eines einzelnen Speichereintrags stets der gesamte Block gelöscht und – mit dem geänderten Eintrag – erneut eingeschrieben, also programmiert, werden muss.

Leider „altert" ein Flash–Baustein durch jeden Lösch–/Programmierzyklus. Dies ist hauptsächlich darauf zurückzuführen, dass bei jedem Lösch– bzw. Programmiervorgang Elektronen auf ihrem Weg durch die Isolierschicht dort „hängen" bleiben und so den Isolator dauerhaft schädigen, was zu einem vermehrten Abfluss von Ladungsträgern führt. Dieser Effekt ist bei MLC–Zellen sogar noch schwerwiegender als bei SLC–Zellen, da durch ihn eine Unterscheidung zwischen den verschiedenen Spannungspegeln erschwert wird. Von den Herstellern der Flash–Speicher werden (Minimal–)Werte von 10.000 bis 100.000 für die zulässige Anzahl von Lösch–/Programmierzyklen angegeben.

Flash–Speicher werden im Mikrorechner–Bereich in zwei unterschiedlichen Funktionsbereichen eingesetzt: Einerseits dienen sie als nicht flüchtige Speicher zur Aufnahme von Programmen und Daten, die nach dem Abschalten der Betriebsspannung nicht verloren gehen sollen. Ein Beispiel für diese Einsatzart ist das im Abschnitt 1.3 beschriebene BIOS–ROM, das Teile des Betriebssystems enthält. In Flash–Speichern dieser Betriebsart werden die einzelnen Zellen wahlfrei durch die Angabe von Adressen angesprochen, wie es vergleichbar im Arbeitsspeicher aus dynamischen RAM–Bausteinen geschieht. Ein Baustein dieses Typs wird als *NOR–Flash* bezeichnet.

Der Flächenbedarf einer NOR–Flash–Zelle ist jedoch relativ hoch, sodass man für die Ablage von Massendaten, wie es z.B. in den SSDs, Speicherkarten für Digitalkameras oder MP3–Playern verlangt wird, eine andere, Platz sparende Art der Verschaltung der Flash–Zellen entwickelt hat, die nun das sequenzielle Auslesen von größeren Zellblöcken unterstützt. Diese Bausteine werden als *NAND–Flash* bezeichnet. Ihre Anordnung der Speicherzellen ist in Abbildung 3.15 skizziert.

Die wesentliche Platzersparnis resultiert hier daraus, dass die Speichertransistoren in Ketten mit 8, 16 oder 32 Transistoren angeordnet werden, in denen der Source–Anschluss mit dem Drain-Anschluss des nächsten Transistors – ohne externen Anschluss – verbunden ist. Abbildung 3.15b zeigt beispielhaft einen Schnitt durch solch eine Kette von 16 Speichertransistoren und den an den Enden angebrachten Auswahlschaltern (AS). Es macht deutlich, dass durch die zusammengelegten Source- und Drain-Bereiche der Platzbedarf eines Bausteins in NAND–Technik nur etwa 40% des Platzbedarfs eines Speichers gleicher Kapazität in NOR–Technik beträgt. An einer Bitleitung, an der nur Transistoren mit nicht negativ vorgeladenen *Floating Gates* hängen, müssen alle Auswahlleitungen im H–Pegel sein, um die Bitleitung auf L–Pegel herunterzuziehen. Als logische Funktion entspricht dies

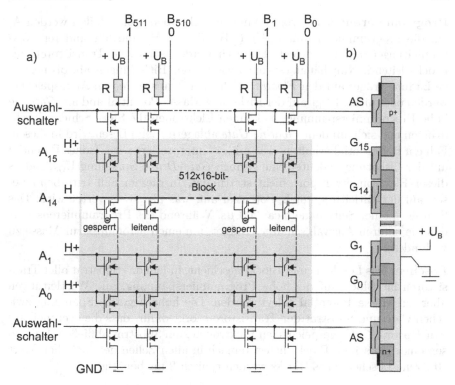

Abb. 3.15 Aufbau einer 512x16-bit-Scheibe.

gerade einer NAND–Schaltung (invertierte UND–Schaltung), was für die Namensgebung verantwortlich ist.

Für jeden Zugriff auf eine Seite müssen zunächst die Auswahlschalter zu $+U_B$ bzw. Masse (GND) durchgeschaltet werden. Etwas vereinfachend, beschreiben wir nun zuerst die wesentlichen Funktionen des Speichers: Lesen, Löschen und Programmieren (Schreiben).

Lesen: Zum sequentiellen Lesen eines Blocks werden die Auswahlleitungen A_i nacheinander auf H–Potential gelegt; alle anderen nicht selektierten Auswahlleitungen werden mit einem so hohen Potential H+ (z.B. 8 V) angesteuert, dass ihre Transistoren – unabhängig von Ladungsträgern auf dem *Floating Gate* – leiten. Dadurch wird erreicht, dass es nur vom Zustand der Transistoren an der Auswahlleitung A_i abhängt, ob an den Bitleitungen H– oder L–Potential festgestellt werden kann: Zellen an A_i mit negativ vorgeladenen *Floating Gates* sperren und sorgen so für einen H–Pegel an der zugeordneten Bitleitung, was in positiver Logik als „1" gewertet wird; nicht vorgeladene Transistoren steuern durch und ziehen dadurch die Bitleitung auf L–Potential, liefern also eine „0".

Programmieren: Zum Programmieren (Schreiben) einer Zeile i werden A_i auf die Programmierspannung U_P (z.B. 18 – 21 V) und alle anderen Auswahlleitungen auf U+ gelegt. Dadurch werden sämtliche Transistoren des Blocks leitend. Nun hängt es vom Zustand der Bitleitungen ab, ob negative Ladungsträger auf den *Floating Gates* der Transistoren an A_i gespeichert werden oder nicht: Liegt auf der Bitleitung Masse–Potential und am *Gate* die hohe Programmierspannung, so können Elektronen die SiO_2–Schicht durchdringen und sich auf dem *Floating Gate* ablagern. Beim Lesen wird in diesem Fall ein H–Potential erhalten, was mit „1" interpretiert wird. Hohes Potential auf der Bitleitung bedeutet eine geringe *Gate–Drain*–Spannung U_{GS}, sodass dieser Elektronentransport nicht stattfindet. In diesem Fall tritt beim Lesen auf der Bitleitung ein L–Potential auf, was als „0" gewertet wird. Das Schreiben einer Seite dauert ca. 200 μs. Während des Programmierens werden die unteren Auswahlschalter geöffnet, um einen Stromfluss zur Masse zu verhindern.

Löschen: Das Löschen eines Blocks geschieht, indem das Substrat aller Transistoren im Block auf die hohe Programmierspannung, alle Wortleitungen aber auf Masse–Potential gelegt werden. Die hohe negative Spannung zwischen Gate und Substrat der Transistoren sorgt dafür, dass die eventuell auf den *Floating Gates* gespeicherten Elektronen zum Substrat abfließen. Das Lesen eines gelöschten Blocks liefert danach in allen Zellen den logischen Wert „0". Zum Löschen eines Blocks werden typisch 2 ms benötigt.

NAND–Flash–Bausteine werden seitenweise verwaltet – ähnlich der Speicherung von Daten in Sektoren auf einer Festplatte. Dies ist in Abbildung 3.16 skizziert. Die Seitengröße beträgt üblicherweise 512 Byte. Mehrere Seiten, z.B. 16 oder 32, werden in einem 16/32 x 512–Byte–Block organisiert, indem – wie in Abbildung 3.16 gezeigt – sich entsprechende Speichertransistoren der Seite zu einer Kette verbunden werden. Mehrere dieser Blöcke, z.B. 1024, werden an dieselben Bitleitungen angeschlossen und so zu einem größeren Block zusammengefasst.

Den Abschluss der Bitleitungen bildet ein Register mit 256 x 8 Flipflops, das als A_i *Seitenregister* (*Page Register*) bezeichnet wird. Mit einem einzigen Zugriff kann somit eine gesamte Seite in das Seitenregister geladen werden. Der wahlfreie Zugriff auf ein bestimmtes Datum dauert bis zu 15 μs, da dazu zunächst die gewünschte Seite adressiert werden muss und die gesamte Seite in das Seitenregister transportiert wird. Der Zugriff auf die restlichen Bytes der Seite benötigt hingegen jeweils nur 50 ns.

Wegen ihres geringen Platzbedarfs sind es die NAND–Flash–Speicher, die in Kapazitäten von bis zu einigen Gbyte als Einsteckkarten – außer in den hier behandelten Halbleiter–Festplatten – in mobilen Anwendungen, z.B. für Laptops, USB–Sticks, MP3–Player oder Digitalkameras eingesetzt werden

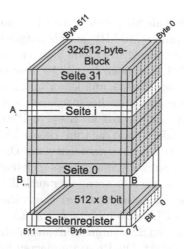

Abb. 3.16 Aufbau eines *NAND-Flash*-Speicherblocks.

und insbesondere in störungsanfälligen Umgebungen ihre Vorteile ausspielen können.

Abbildung 3.17 zeigt den typischen Aufbau eines NAND–Flash–Bausteins mit einer Kapazität von 128 MB.

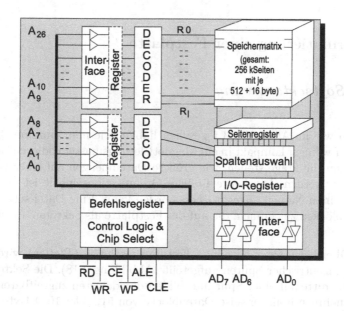

Abb. 3.17 Aufbau eines *NAND-Flash*-Bausteins.

Die Speicherzellen sind als SLC–Zellen realisiert und auf acht Speichermatrizen aufgeteilt. Jede umfasst 16 MB, jeweils aufgeteilt in 1024 Blöcken mit
32 Seiten und eigenem Seitenregister. Jede Seite enthält – wie oben beschrieben – 512 Byte, zusätzlich aber noch jeweils 16 Reserve–Bytes (*Spare Bytes*),
die für die Markierung von Seiten mit fehlerhaften Speicherzellen oder zur
Ablage von Fehlerkorrektur–Daten herangezogen werden können. Der Baustein enthält damit insgesamt 4 MB an Reserve–Bytes. Er kann gleichzeitig
mehrere Seiten programmieren und mehrere Blöcke löschen, wenn sie in unterschiedlichen Speichermatrizen untergebracht sind. Die Schnittstelle des Bausteins besteht aus acht bidirektionalen Adress-/Datenleitungen AD7,...,AD0,
über die sowohl die Daten, die Adressen, aber auch die Befehle (Kommandos)
übertragen werden. Die Unterscheidung zwischen diesen Übertragungen wird
durch die Steuersignale CLE (*Command Latch Enable*) und ALE (*Address
Latch Enable*) vorgenommen. Das momentan auszuführende Kommando wird
im Befehlsregister gespeichert. Die Programmierzeit für eine Speicherseite beträgt typisch 200 μs, ein 16–kB–Block (32 Seiten zu je 512 Bytes) kann in 2
ms gelöscht werden. Der Lesezugriff auf ein einzelnes Bytes dauert maximal
15 μs, auf ein Byte in einem seriell gelesenen Datenblock jedoch nur ca. 50
ns. Die Anzahl der garantierten Lösch-/Schreibzugriffe wird vom Hersteller
mit 100.000 angegeben und der Speicher soll seinen Informationsinhalt wenigstens 10 Jahre lang halten können. Der Baustein wird in einem Gehäuse
mit 63 Anschlüssen verkauft.

3.4 Formatierung einer Festplatte

3.4.1 Softsektorierung

Nachdem wir im Abschnitt 3.1 gesehen haben, wie man einzelne Bitmuster
mehr oder weniger kompakt in ein Magnetisierungsmuster codieren kann, wollen wir nun die Frage stellen, wie größere Datenmengen auf einer Festplatte
organisiert werden. Die heute übliche Organisationseinheit ist eine *Datei*,
die über einen Namen angesprochen werden kann. Eine Datei setzt sich aus
Speicherblöcken zusammen, die auf der Festplatte als Sektoren abgelegt werden.

Die Oberfläche einer einzelnen Festplattenscheibe (*Platter*) wird in eine
Menge konzentrischer Spuren aufgeteilt (Abbildung 3.18). Die Sektoren sind
Kreisabschnitte auf einer Spur und bilden die kleinsten zugreifbaren Einhei-
ten. Sie nehmen üblicherweise Datenblöcke von 512 oder 1024 Byte auf.

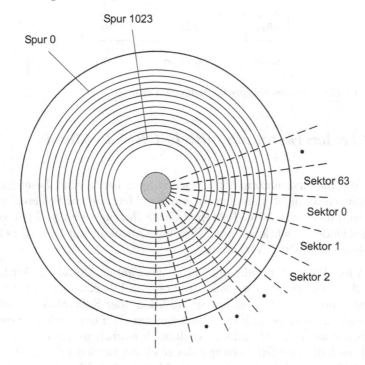

Spur 1023

Spur 0

Sektor 63

Sektor 0

Sektor 1

Sektor 2

Abb. 3.18 Aufteilung der Plattenoberfläche.

Die Einteilung des Datenträgers in Spuren und Sektoren wird Softsektorierung oder auch *Low–Level*-Formatierung genannt.[12] Bei der Softsektorierung wird der Anfang eines Sektors durch bestimmte Magnetisierungsmuster markiert. Daran schließt sich dann ein so genannter *Header* an, in den die Sektornummer und weitere Verwaltungsinformationen (z.B. CRC–Prüfsummen zur Fehlererkennung) eingetragen werden. Dann folgen die eigentlichen Nutzdaten und die Prüfbits zur Fehlerkorrektur, die als ECC–Bits (*Error Correcting Code*, manchmal auch: *Error Checking and Correcting*) bezeichnet werden (s. Abbildung 3.19).

Die Low–Level–Formatierung wird bereits bei der Fertigung der Festplatte vom Hersteller durchgeführt. Sie bildet die Grundlage für die übergeordnete Partitionierung und spätere Formatierung mit einem Dateisystem, das einen komfortablen Zugriff auf die Daten über Verzeichnis– und Dateinamen ermöglicht.

---

[12] Früher benutzte man auch die Hardsektorierung, bei der in die Plattenoberfläche ein oder mehrere Indexlöcher gestanzt wurden, um die Sektorgrenzen zu markieren.

Abb. 3.19 Format eines Sektors bei Softsektorierung.

3.4.2 Fehlererkennung mittels CRC–Prüfung

Da bei der magnetomotorischen Speicherung Schreib– und Lesefehler auftreten können, braucht man eine zuverlässige Methode zur Fehlererkennung. Hierzu wird meist eine CRC–Prüfung (*Cyclic Redundancy Check*) eingesetzt, die im Folgenden beschrieben wird. Die Fehlerkorrektor mit ECC–Bits basiert ebenfalls auf dem CRC–Verfahren.

Die CRC–Prüfung beruht auf der so genannten Modulo–2–Arithmetik, bei der die einzelnen Stellen zweier Binärzahlen bitweise miteinander XOR–verknüpft werden. Im Gegensatz zur Addition oder Subtraktion werden bei der Modulo–2–Arithmetik keine Überträge zwischen den Stellen berücksichtigt. (Daher kann die Modulo–2–Arithmetik einfach und schnell mit Hilfe parallel geschalteter XOR–Schaltglieder realisiert werden.) Erstaunlicherweise sind Addition und Subtraktion in der Modulo–2–Arithmetik identisch. Da die Verknüpfungen sehr schnell durchgeführt werden können, ist eine CRC–Prüfung während des Festplattenbetriebs (in Echtzeit) möglich.

Ausgangspunkt für die CRC–Prüfung ist die Division in Modulo–2–Arithmetik. Wie bei einer „normalen" Division wird eine Binärzahl (Dividend) durch eine zweite Binärzahl (Divisor) geteilt. Die dabei auszuführende Subtraktion wird durch eine stellenweise XOR–Verknüpfung realisiert. Wie bei der normalen Division erhält man als Ergebnis einen Quotienten und gegebenenfalls einen von Null verschiedenen Rest.

Der Rest wird als CRC–Prüfsumme verwendet. Die Wortlänge des Restes ist stets um eine Stelle kleiner als die Wortlänge des Divisors, da die Modulo–2–Division eigentlich einer Polynomdivision entspricht. Die Divisoren bezeichnet man auch als Generatoren (Generatorpolynome). Mit 17– und 33–Bit–Generatoren erhalten wir dann 16– bzw. 32–Bit–Prüfsummen. Die Prüfsummenbildung durch eine Modulo–2–Division ist bei der Fehlererkennung erstaunlich leistungsfähig. Mit dem 16–Bit–CRC–CCITT–Generatorpolynom $x^{16}+x^{12}+x^5+1$ werden folgende Fehler 100% sicher erkannt:

- Einzel– und Doppelbitfehler,
- Fehler, bei denen eine gerade Zahl von Bits verfälscht wurden,
- Bündelfehler, die bis zu 16 Bit lang sein können.

Unter einem Bündelfehler (*Burst Error*) versteht man eine zusammenhängende Bitfolge der Länge n, bei der mindestens die beiden Randbits, aber auch eine beliebige Kombination der Bits dazwischen fehlerhaft sind – im Extremfall alle Bits zwischen den Randbits. Bündelfehler treten bevorzugt bei der Übertragung von Daten unter dem Einfluss länger anhaltender Störungen auf – nicht so häufig jedoch bei der Speicherung von Daten. Mit dem o.g. Generatorpolynom werden Bündelfehler einer Länge von 17 Bit mit 99,9967 %, kürzere Bündelfehler sogar mit mehr als 99,9984 % erkannt. Wegen dieser hohen Erkennungsraten wird die CRC–Prüfung sowohl bei Speichermedien als auch bei der Datenübertragung eingesetzt.

Zur Anwendung der CRC–Prüfung kann man zu jedem Sektor mit beispielsweise 512 Byte eine 16 (bzw. 32)–Bit–CRC–Prüfsumme berechnen und diese im Sektor (vgl. Abbildung 3.19) abspeichern. Der Laufwerks–Controller muss dann beim Lesen des Sektors die Prüfsumme in gleicher Weise ermitteln und die beiden Prüfsummen miteinander vergleichen.

Dieser abschließende Vergleich kann jedoch vereinfacht und beschleunigt werden, wenn man beim Schreiben die Datenlänge um zwei Bytes aus lauter Null–Bits („Nullbytes") auf 514 Byte erhöht und die daraus resultierende CRC–Prüfsumme im Sektor abspeichert. Betrachtet man die Nutzdaten als Polynom $S(x)$, so erhält man bei einem 16–Bit–CRC–Generatorpolynom $G(x)$ folgendes CRC–Prüfsummenpolynom $R(x)$:

$$R(x) = S(x) \cdot x^{16} : G(x)$$

Die Multiplikation mit x^{16} entspricht der Erweiterung der Sektordaten um zwei Nullbytes. Wenn man nun auf beiden Seiten $R(x)$ gemäß der Modulo–2–Arithmetik addiert (bitweise XOR–Verknüpfung, $\oplus$–Operator), so erhält man

$$
\begin{aligned}
R(x) \oplus R(x) &= 0 \\
&= (S(x) \cdot x^{16} : G(x)) \oplus R(x) \\
&= (S(x) \oplus R(x)) : G(x)
\end{aligned}
$$

Hieraus folgt, dass die Modulo–2–Division der um die CRC–Prüfsumme erweiterten Sektordaten Null ergibt, wenn keine Schreib– oder Lesefehler aufgetreten sind. Der Controller muss also die CRC–Prüfsumme nur auf den Wert Null testen, was unmittelbar während des Lesevorgangs geschehen kann.

3.4.3 Festplatten–Adressierung

Wie wir in Unterabschnitt 3.4.1 gesehen haben, bilden die Sektoren die kleinsten adressierbaren Speichereinheiten einer Festplatte. Um auf einen Sektor zugreifen zu können, muss man dem Laufwerks–Controller eine Adresse übergeben. Aufgrund der Geometrie der Festplatte ist es nahe liegend, eine Festplattenadresse in drei Komponenten aufzuteilen: Zylinder–, Kopf– und Sektornummer.

Unter dem Begriff *Zylinder* (*Cylinder*) fasst man bildhaft alle konzentrischen Spuren (*Tracks*) zusammen, die auf den einzelnen Scheiben an derselben Position zu finden sind, d.h. denselben Radius haben. Die Zylindernummer gibt also zunächst nur an, auf welcher Spur der Sektor liegt. Da aus dieser Angabe noch nicht hervorgeht, auf welcher Festplattenscheibe (*Platter*) sich der Sektor befindet, ist der geometrische Ort zunächst einmal ein Zylinder. Mit der *Kopfnummer* wird diese Ortsangabe nun verfeinert, d.h. hiermit wird die jeweilige Festplattenscheibe und auch die Seite bestimmt, auf der der Sektor liegt. Mit der *Sektornummer* wird schließlich ein bestimmter Sektor ausgewählt.

Die gerade beschriebene Adressierung anhand der Festplattengeometrie wurde früher vom BIOS (*Basic Input/Output System*) ausgeführt und wurde als CHS–Adressierung (*Cylinder–Head–Sector*) bezeichnet. Hierzu mussten im BIOS–Setup die Parameter der Festplatte eingegeben werden: Anzahl der Zylinder, Anzahl der Köpfe und Anzahl der Sektoren pro Spur. Als logische Schnittstelle zum Betriebssystem diente der BIOS–Interrupt 13h. Mit diesem Interrupt konnte das Betriebssystem die Eigenschaften (Größe) der angeschlossenen Platte abfragen und auf einen ganz bestimmten Sektor zugreifen.

Da das BIOS jedoch nur max. 10 Bit für die Adressierung der Zylinder, 8 Bit für die Adressierung der Köpfe und 6 Bit zur Adressierung der Sektoren bereitstellte, war die Festplattenkapazität bei einer Sektorgröße von 512 Byte auf 8 GB (2^{33} Byte) begrenzt.

In Kombination mit den Kenngrößen von IDE–Schnittstellen (10 Bit für Zylinder, 4 Bit für Köpfe und 8 Bit für Sektoren) ergab sich sogar eine noch niedrigere Grenze von 504 MB, da jeweils nur der kleinere Wert angesetzt werden konnte. Dabei besteht die maximal adressierbare CHS–Kombination aus 1024 Zylindern, 16 Köpfen und 63 Sektoren (nicht 64, da der Wert 0 für die Sektoranzahl ungültig ist).

Durch Erweiterung zur *Large* oder E–CHS–Adressierung (*Extended CHS*) beim EIDE–Standard konnte die 504–MB–Grenze aufgehoben werden. Dabei wurde die Zahl der Bits zur Adressierung der Köpfe auf 8 erhöht (wie vom BIOS bereits unterstützt), obwohl es tatsächlich keine Laufwerke mit 255 Köpfen gab. Die Umrechnung auf die tatsächliche geometrische Position

(*Mapping*) musste deshalb der Laufwerks–Controller intern durchführen.[13] Als maximal möglicher E–CHS–Adressbereich ergibt sich bei 1024 Zylindern, 256 Köpfen und 63 Sektoren eine Festplattengröße von 8,456 GB.

Die Festplattenadressierung mit Geometriedaten wurde ständig durch den Fortschritt der Technologie an die Grenzen ihrer Möglichkeiten gebracht. So kam es Mitte der 90er Jahre häufig dazu, dass die von einer Festplatte bereitgestellte Speicherkapazität vom Betriebssystem nur teilweise genutzt werden konnte. Für kurze Zeit konnte man dieses Problem durch Partitionierung einer Festplatte in zwei oder mehrere logische Festplatten lösen.

Später ging man jedoch dazu über, anstatt der Geometriedaten die Sektoren einfach von Null ab durchzunummerieren und die Abbildung (*Mapping*) auf die Geometriedaten im Festplatten–Controller zu realisieren.

Bei feststehender Sektoraufteilung wird außerdem auch nicht die technologisch maximal mögliche Speicherkapazität erreicht. Daher verwendet man die so genannte Zonenaufzeichnung, die wir im folgenden Abschnitt 3.4.4 vorstellen.

3.4.4 Zonenaufzeichung

Bei gleicher Größe der Spurelemente passen auf die innerste Spur einer Festplatte deutlich weniger Sektoren als auf die äußerste Spur. Um die vorhandene Dichte der Spurelemente optimal auszunutzen, ist es daher sinnvoll, auf den äußeren Spuren mehr Sektoren unterzubringen als auf den inneren Spuren. Man teilt daher die Festplatte in Zonen auf, in denen die Sektoranzahl gleich bleibt (Abbildung 3.20). Man nennt dieses Verfahren *Zone Bit Recording* (ZBR). Da die interne Geometrie solcher Festplatten unregelmäßig ist, wäre es schwierig, auf die Sektoren (Speicherblöcke) über eine Zylinder–Kopf–Sektor–Adresse (CHS) zuzugreifen.

Insbesondere kann diese Art der Festplattengeometrie nicht mehr über das BIOS oder ein Betriebssystem verwaltet werden, da man ein kompliziertes *Mapping*–Schema bräuchte, das die herstellerspezifischen Geometriedaten berücksichtigt. Es ist daher bei modernen Festplatten üblich, das LBA–Verfahren (vgl. Unterabschnitt 3.4.5) zur Festplattenadressierung zu verwenden und das interne *Mapping* durch den Laufwerks–Controller auszuführen. Dadurch wird gleichzeitig das Betriebssystem entlastet und man kann die Festplatten verschiedener Hersteller nach einem einheitlichen Adressierungsschema ansteuern.

---

[13] Moderne Platten bilden z.B. moderat 16 logische Köpfe auf 10 physi(kali)sche Köpfe ab.

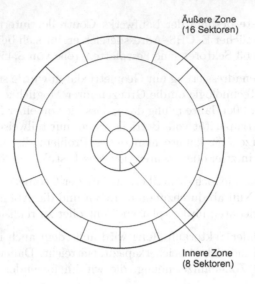

Abb. 3.20 Prinzip der Zonenaufzeichnung: Bei gleich bleibender Sektorlänge können auf den äußeren Spuren mehr Sektoren untergebracht werden.

Bei heutigen Festplatten findet man 4 bis 30 Zonen. Die innerste Spur einer Zone bestimmt, wie viele Sektoren in der Zone untergebracht werden können. In der innersten Zone findet man meist halb so viele Sektoren (z.B. 63) wie in der äußersten Zone.

Die Datenrate ändert sich beim Übergang zwischen den Zonen. Innerhalb einer Zone bleibt die Datenrate konstant. Das bedeutet, dass die Sektoren der äußersten Spur einer Zone geometrisch länger sind, d.h. einen längeren Abschnitt der zugehörigen Kreisspur belegen, als die Sektoren der innersten Spur einer Zone.

Die Zonenaufzeichnung erschwert die Softsektorierung einer Festplatte, da sich der Lesetakt von Zone zu Zone ändern muss. Daher fügt man zusätzliche Synchronisationsmuster in konstanten Winkelabständen ein, auf die der Laufwerks–Controller „einrasten" kann. Durch diese so genannten *Spokes* müssen die Sektoren teilweise in zwei Hälften zerlegt werden: eine Hälfte vor und eine hinter dem Spoke.

3.4.5 LBA–Adressierung (Linear Block Addressing)

Moderne Festplatten enthalten einen integrierten Laufwerks–Controller, der die Adressierung der Sektoren über eine so genannte LBA (*Linear Block Ad-*

dress) ermöglicht. Dabei wird die interne Festplattengeometrie, d.h. die physische Zuordnung der Sektoren auf den Plattenstapel vor dem Betriebssystem verborgen.

Die Sektoren werden einfach durchnummeriert, d.h. jeder Sektor erhält eine ab Null fortlaufende Nummer. In dieser Art und Weise wird eine klar definierte Schnittstelle für das Betriebssystem bereitgestellt. Seit 1996 wurde die BIOS–Schnittstelle (Software Interrupt 13h) so erweitert, dass ATA–Festplatten über eine LBA angesprochen werden. Während vor 1996 beim „Int 13h" dem BIOS die genauen Daten der physischen Position des Sektors mit einem 24–Bit–Wort übergeben wurden (CHS–Adressierung), wurde beim „*extended* Int 13h" der Adressraum im BIOS auf 64 Bit erhöht. Obwohl damit eine kaum vorstellbare Speicherkapazität adressiert werden kann, wird die Adresslänge durch die Festplattenschnittstelle auf 48 Bit reduziert (nach SATA– oder Ultra–ATA/133 Spezifikation). Aber auch die mit der verbleibenden Adresslänge ansprechbare Speicherkapazität von 128 PB (Petabyte) wird in absehbarer Zeit nicht erreicht werden (vgl. Schnittstellenstandards in Abschnitt 3.5).

3.5 Festplatten–Controller und Schnittstellenstandards

Der Laufwerks–Controller hat die Aufgabe, den internen Aufbau einer Festplatte für das Betriebssystem transparent zu machen. Er besteht aus einem speziellen Mikrorechner, der nach außen eine standardisierte Schnittstelle (ATA, SATA oder USB 2.0) bereitstellt. An diese Schnittstelle schickt der Prozessor Befehle, um einzelne Sektoren von der Festplatte zu lesen oder zu schreiben.

Bei dem heute üblichen LBA–Verfahren wird dem Controller eine 48 Bit große Sektornummer übergeben. Der Controller ordnet dieser Sektornummer eine physische Position auf dem Plattenstapel zu (*Mapping*). Dann positioniert er den Kopf am Ende des Stellarms über dem entsprechenden Zylinder, wählt den zugehörigen Kopf aus und liest solange den Inhalt der selektierten Spur, bis er den Sektor gefunden hat. Je nach gewünschter Operation wird dieser dann gelesen oder geschrieben. In Abbildung 3.19 wurde bereits der grundlegende Aufbau eines Sektors dargestellt. Darin werden hinter den eigentlichen 512 Byte Nutzdaten auch noch 12 Byte zur Fehlererkennung und –korrektur gespeichert. Der am häufigsten verwendete Code ist der Reed–Solomon ECC (*Error Correcting Code*).

Die Aufteilung eines Laufwerks in physische Sektoren wird vom Hersteller eines Laufwerks ausgeführt. Bei dieser so genannten *Low–Level*–Formatierung werden alle Spuren mit Sektoren beschrieben. Anschließend wird deren ordnungsgemäße Funktion überprüft. Fehlerhafte Sektoren werden markiert und durch Reservesektoren ersetzt. Sie werden beim späteren *Mapping*–Prozess nicht mehr berücksichtigt.

Um den Prozessor beim Schreiben auf die Festplatte nicht zu blockieren, puffert der Laufwerks–Controller die Daten zunächst in einem so genannten Cachespeicher. Beachten Sie bitte, dass es sich dabei nicht um den Prozessor–Cachespeicher handelt, der im Abschnitt 1.4 über PC–Prozessoren erwähnt wurde. Der Festplatten–Cache wird exakter auch nur als Datenpuffer (*Data Buffer*) bezeichnet und keineswegs assoziativ oder teilassoziativ angesprochen. Er umfasst z.B. 32 MB und befindet sich im Laufwerks–Controller der Festplatte. Aus dem Festplatten–Cache werden die Daten so schnell wie möglich auf die Platte geschrieben.

Auch der Lesevorgang kann durch einen Cachespeicher optimiert werden: Sobald der Kopf über der jeweiligen Spur positioniert ist, beginnt der Controller sofort mit dem Lesen von Sektoren – auch wenn der gewünschte·Sektor noch nicht erreicht wurde. Die gelesenen Sektoren werden dabei im Cache zwischengespeichert. Aufgrund der Lokalitätseigenschaft von Programmen und Daten ist es sehr wahrscheinlich, dass im weiteren Verlauf der Programmausführung einer der gespeicherten Sektoren vom Prozessor angefordert wird. Liegt der angeforderte Sektor kurz vor dem Sektor, an dem sich gerade der Kopf befindet, so entfällt die Latenzzeit für (fast) eine vollständige Plattenumdrehung. Die im Cache vorliegenden Sektoren können daher ohne weitere Zeitverzögerungen direkt an die Festplattenschnittstelle übergeben werden.

Der Laufwerks–Controller sorgt für eine optimale Nutzung des Cachespeichers, indem er die vorhandene Cache–Kapazität (bis zu 32 MB) fürs Lesen und Schreiben aufteilt. Liegen gleichzeitig mehrere Speicheranforderungen vor, so versuchen moderne Laufwerks–Controller auch die beim Positionieren zurückgelegten Wege der Köpfe zu minimieren, indem die nahe liegenden Sektoren zuerst angefahren werden. Dadurch kann Zeit eingespart werden.

Andererseits wird aber auch versucht, die für einen Zugriff verfügbare Zeit voll auszuschöpfen (*Just–in–Time Seek*). Wenn der Kopf gerade rechtzeitig über der anzusteuernden Sektorposition ankommt, wird Strom gespart und die Geräuschentwicklung reduziert. Durch die geringeren Trägheitsmomente wird auch die Zuverlässigkeit der mechanischen Bauteile erhöht. Die typische MTBF (*Mean Time Between Failure*) liegt bei modernen Festplatten über 10^6 Stunden, d.h. im Mittel muss man bei einer solchen Festplatte erst nach einer Betriebszeit von mehr als 110 Jahre mit einem Ausfall rechnen.

Um den Stromverbrauch weiter zu minimieren, wird von manchen Herstellern statt des Dualcodes der Gray–Code verwendet. Da sich beim Gray–Code bei aufeinander folgenden Adressen jeweils nur ein Bit ändert, wird der Stromverbrauch aufgrund von Umladungsprozessen der beteiligten Transistoren und auf den Verbindungsleitungen minimiert.[14]

Zum Anschluss einer Festplatte an den Prozessor wird eine standardisierte Schnittstelle benötigt. Nur so ist es möglich, Festplatten verschiedener Hersteller in einem PC zu betreiben. Diese Schnittstelle wird durch einen Host–Adapter der Hauptplatine realisiert und durch den Chipsatz unterstützt.

Die folgenden Schnittstellenstandards beherrschen heute den Markt:

IDE/ATA: (*Integrated Device Electronics/Advanced Technology Attachment*) bzw. SATA (*Serial ATA*). Als interne Laufwerke sind die SATA– und ATA–Schnittstellen im PC–Bereich am weitesten verbreitet. Als eSATA (*external SATA*) setzt sich dieser Standard auch immer mehr im Bereich der extern anschließbaren Festplattenlaufwerke durch.

USB 2.0: Der USB 2.0 (*Universal Serial Bus*) ist insbesondere im Anschlussbereich von „mobilen" externen Plattenlaufwerken im PC–Bereich sehr weit verbreitet.

SCSI: Die SCSI–Schnittstelle (*Small Computer System Interface*) findet man heute fast nur noch im Serverbereich. Durch die Einführung von SATA mit nur einem Endgerät pro Kanal entfällt ein wichtiger Vorteil des SCSI–Schnittstellenstandards vor dem ATA–Standard und es ist zu erwarten, dass SCSI–Festplatten in der Zukunft an Bedeutung verlieren.

Im Folgenden wollen wir die ATA/SATA– und die SCSI–Schnittstelle und deren Entwicklungsgeschichte näher betrachten. Die USB–Schnittstelle haben wir bereits im Abschnitt 1.3 kurz beschrieben.

3.5.1 ATA/SATA–Schnittstelle

Auch die ATA/SATA–Schnittstellen wurden bereits im Abschnitt 1.3 beschrieben. Sie sind Realisierungen des IDE–Standards, der Mitte der 80er Jahre als kostengünstige Festplattenschnittstelle entwickelt und später in der ATA–Norm standardisiert wurde. Wegen ihrer überragenden Bedeutung wollen wir beide Schnittstellen hier noch einmal kurz beschreiben.

Bei der ATA–Schnittstelle handelt sich im Wesentlichen um einen 16–Bit–Parallelbus, an dem Festplatten über ein 40–poliges Flachbandkabel angeschlossen werden. Die ATA–Schnittstelle in dieser parallelen Form wird heute oft auch als PATA–Schnittstelle (*Parallel ATA*) bezeichnet. An der IDE–Schnittstelle einer Hauptplatine können bis zu vier Festplatten angeschlossen

---

[14] Beim Dualcode ändern sich z.B. beim Übergang von 127 (0111.1111) auf 128 (1000.0000) alle acht Bits gleichzeitig.

werden, von denen sich jeweils zwei im Master–/Slavebetrieb einen primären und einen sekundären Anschlusskanal teilen.

Nach der Erweiterung der IDE–Schnittstelle 1993 zum EIDE (*Enhanced IDE*) durch die Firma Western Digital und der Spezifikation des ATA–Standards wurde auch der Unterstandard ATAPI (*ATA Packet Interface*) eingeführt, der den Anschluss von optischen Wechselspeicherlaufwerken wie CD und DVD ermöglicht.

Während bei den ersten IDE– bzw. EIDE–Festplatten die programmierte Ein–/Ausgabe (*Programmed Input/Output* – PIO) üblich war, findet bei modernen Festplatten der Datentransfer ausschließlich im DMA–Modus statt. Dabei wird allerdings kein DMA–Kanal belegt, sondern der Host–Adapter am PCI–Bus steuert als Bus–Master den Datentransfer zwischen dem Speichermedium und dem Hauptspeicher. Die Daten werden also ohne Beteiligung des Prozessors zum oder vom Hauptspeicher übertragen. Der direkte Speicherzugriff entlastet die CPU und optimiert so die Datentransferrate zwischen Speichermedium (Festplatte) und Hauptspeicher. Den PIO–Modus findet man heute höchstens noch bei langsameren Speichermedien wie z. B. CD–ROM–Laufwerken. Selbst beim schnellsten PIO–Modus (PIO–4) bleibt die Datentransferrate auf 16,6 MB/s beschränkt.

Die Programmierung eines ATA–Laufwerks erfolgt über die Register des Host–Adapters mittels der in der ATA–Spezifikation festgelegten Protokolle zur Abwicklung von IDE–Kommandos. Es würde den Umfang dieses Kapitels sprengen, die Funktion der 13 Register und 5 Protokolle im Detail zu besprechen. [15]

Seit der Spezifikation der ersten ATA–Schnittstelle mit DMA wurde dagegen die Datentransferrate stetig gesteigert. Bereits 1999 erreichte man mit der Ultra–ATA/66–Spezifikation Datentransferraten von 66 MB/s. Bis zu dieser Spezifikation betrug die Adresslänge der LBA nur 28 Bit, d.h. die Festplattenkapazität war auf $2^{28} \cdot 512$ Byte = 128 GB begrenzt. Ab der Ultra–ATA/133– und der nachfolgenden SATA–Spezifikation (*serial ATA*) wurde die Adresslänge auf 48 Bit erweitert. Damit können bei einer Sektorgröße von 512 Byte bis zu $2^{48} \cdot 512$ Byte = 128 PB (Petabyte) adressiert werden[16]. Diese Speicherkapazität wird wohl von Festplatten so schnell nicht erreicht werden.

Ultra–ATA–Schnittstellen werden über ein 80–poliges Kabel mit dem Host–Adapter auf der Hauptplatine verbunden. Da diese Kabel sehr unhandlich sind, hat man mit der SATA–Spezifikation eine serielle Datenübertragung eingeführt, die mit einem 7–adrigen Kabel auskommt. Die dünnen Anschlusskabel verfügen über ca. 8 mm breite Anschluss-Stecker und können Platz sparend im Gehäuse verlegt werden oder sogar – nach dem eSATA–Standard – für den Anschluss externer Festplatten benutzt werden. Gleichzeitig wurde

---

[15] Eine ausführliche Beschreibung findet man z.B. in [30].
[16] Der „enhanced" Interrupt 13h unterstützt bereits 64–Bit–Festplattenadressen.

die Nutz–Datentransferrate im SATA–I–Standard zunächst auf 150 MB/s, im SATA–II–Standard auf 300 MB/s erhöht[17]. In naher Zukunft soll sie sogar bis zu 600 MB/s erreichen. Außerdem entfällt bei SATA der Master–/Slave–Betrieb, da nun jedes SATA–kompatible Gerät eine separate Verbindung zum Host–Adapter erhält. Durch die Entkopplung der einzelnen Laufwerke werden Leistungsengpässe durch langsame Geräte an einem ATA–Kabel aufgehoben.

3.5.2 SCSI–Schnittstelle

Der SCSI–Bus (*Small Computer Systems Interface*) ist ein 1986 von der AN-SI standardisierter Schnittstellenstandard, der auf dem SASI[18] basiert. Er hatte ursprünglich eine Datenbreite von 8 Bit und konnte bis zu 8 Geräte (inklusive dem Hostadapter) miteinander verbinden. Mittlerweile wurde die Datenbreite auf 16 Bit erhöht, so dass bis zu 16 Geräte (ebenfalls inklusi-ve dem Hostadapter) angeschlossen werden können. Und zwar resultiert die Begrenzung der anschließbaren Geräte auf die Anzahl der Datenbits daraus, dass für die Selektion jedes Gerätes genau eine Datenleitung benutzt wird.

Der SCSI–Bus unterstützt nicht nur Massenspeicher (wie Festplatten und CD/DVD–Laufwerken), sondern eignet sich auch zum Anschluss von Periphe-riegeräten (z.B. Scanner). Die am SCSI–Bus angeschlossenen Geräte erhalten eine über Steckbrücken (*Jumper*) oder kleine Schalter im IC–Format (*Integra-ted Circuit*) – so genannte DIP–Schalter (*Dual-Inline Package*) – einstellbare, eindeutige Identifikationsnummer (ID). Geräte mit hoher ID–Nummer haben gegenüber Geräten mit niedriger ID eine höhere Priorität beim Buszugriff. Der größte ID–Wert (7 bzw. 15) ist meist für den Host–Adapter reserviert, der oft als Buskarte in die Hauptplatine eingesteckt wird. Die an den SCSI–Bus angeschlossenen Geräte müssen nicht ausschließlich über den Prozessor gesteuert werden. Sie können auch direkt miteinander Daten austauschen, da der Bus Multimaster–fähig ist.

Der SCSI–Bus setzt bei den angeschlossenen Geräten voraus, dass sie be-stimmte standardisierte Befehle ausführen können. Der Standard beschränkt sich also nicht nur auf die mechanische und elektrische Spezifikation, sondern erfasst auch die Software–Schnittstelle.

Während der Datenübertragung übernimmt je ein Gerät die *Initiator–*Funktion (*Master*) und die *Target*–Funktion (*Slave*). Der Initiator fordert ein Target dazu auf, eine bestimmte Aufgabe auszuführen. An einem SCSI–Bus werden die Geräte über 50–polige Kabel (intern Flachbandkabel, extern Rundkabel) miteinander verbunden (s. Abbildung 3.21). Dabei ist zu beach-

---

[17] Die exakten Bezeichnungen sind: SATA 1.5 Gbits/s bzw. SATA 3GBits/s
[18] Shugart Associates Systems Interface.

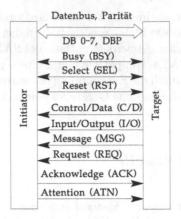

Abb. 3.21 Verbindung zwischen Initiator und Target beim SCSI–Bus.

ten, dass die Enden mit *Terminatoren* abgeschlossen werden. Diese enthalten aktive oder passive Abschlusswiderstände, die störende Reflexionen auf dem Bus verhindern.

Der SCSI–Bus kann sich zu einem bestimmten Zeitpunkt immer nur in einem der folgenden vier Zustände befinden (Abbildung 3.22):

1. *Bus free Phase*,
2. *Arbitration Phase*,
3. *Selection/Reselection Phase*,
4. *Information Transfer Phase*.

In der *Arbitration Phase* wird der Initiator einer Verbindung bestimmt. Falls gleichzeitig mehrere SCSI–Geräte den Bus anfordern, erhält das Gerät mit der höheren SCSI–ID als erstes die Buszuteilung. Diese Arbitrationsfunktion ist allerdings optional; sie wird nur dann benötigt, wenn mehr als ein Gerät als Initiator arbeiten kann.

In der *Selection Phase* wählt der aktuelle Initiator seinen Kommunikationspartner aus, indem er seine eigene ID und die des gewünschten Partners (z.B. einer Festplatte) auf die Datenleitungen legt und über entsprechende Steuersignale die Verbindung herstellt. Nun schickt der Initiator Befehle an das ausgewählte Target, die dieses Gerät dann ausführt. Während der Bearbeitung kann das Target–Gerät den Bus wieder freigeben, z.B. während des Formatierens einer Festplatte. Hiermit wird vermieden, dass der SCSI–Bus während zeitintensiver Aufgaben blockiert wird. Der Bus kann zwischenzeitlich solange von anderen Geräten genutzt werden, bis das Target–Gerät in einer *Reselection Phase* den Initiator über die erfolgreiche Ausführung seines Befehls informiert und zur Wiederaufnahme der Verbindung auffordert.

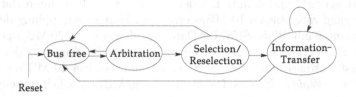

Abb. 3.22 Mögliche Zustände des SCSI–Busses.

Die *Information Transfer Phase* ist in vier weitere Phasen unterteilt:

1. *Command Phase*,
2. *Data Phase* (In/Out),
3. *Status Phase*,
4. *Message Phase* (In/Out).

Befehle an das Target–Gerät werden in der *Command Phase* übergeben. Zur Steuerung von Festplatten gibt es einen besonderen Befehlssatz, den *Common Command Set* (CCS). Der Opcode der gewünschten Festplattenoperation wird zusammen mit den zugehörigen Parametern, wie z.B. der *Logical Block Address* (LBA) und der Länge des Transfers, im so genannten *Command Descriptor Block* (CDB) übergeben. Der SCSI–Laufwerks–Controller ordnet den angeforderten logischen Blockadressen physische Sektoren zu (*Mapping*) und liefert in der *Data Phase* die gewünschten Daten an die Schnittstelle. Die Blockgröße wird nicht durch die SCSI–Norm festgelegt. Sie kann 512, 1.024 oder 2.048 Byte betragen.

Das Target–Gerät gibt dem Initiator in der *Status Phase* eine Rückmeldung über den Verlauf der Datenübertragung. Die Übermittlung von Zustandsinformationen erfolgt in der *Message Phase*, die auch durch das Target–Gerät selbst gesteuert werden kann. Der SCSI–Standard definiert hierzu eine Reihe von Zustandsbedingungen und –codes, wie z.B. die „*Command complete*"– Nachricht des Target–Geräts.

Entwicklung

Seit der ersten Standardisierung im Jahre 1986 wurden ständig Verbesserungen und Erweiterungen des SCSI–Standards vorgenommen. Während SCSI–1 im asynchronen *Handshake*–Betrieb bei einer Wortbreite von 8 Bit lediglich 3,3 MB/s erreichte, konnte man im getakteten Synchronbetrieb bereits auf 5 MB/s kommen. Der SCSI–Standard abstrahierte von Anfang an von der jeweilige Festplattengeometrie, d.h. schon die ersten SCSI–Festplatten–Controller führten bereits ein *Mapping* von logischen zu physischen Blockadressen durch. SCSI–2 arbeitete schon mit der (schnelleren) synchronen Datenübertragung[19] und konnte mit der als *Fast–SCSI* benannten Betriebsart Übertragungsraten bis zu 10 MB/s erreichen. Durch Verdopplung der Wortbreite konnten mit *Wide–SCSI* die Datentransferraten auf 20 MB/s gesteigert werden. Dann erfolgte zweimal hintereinander eine Verdopplung der Taktrate. Zuerst wurde so mit *Ultra–SCSI* eine Datenrate von 40 MB/s und dann mit *Ultra–2–Wide SCSI* eine Datenrate von 80 MB/s möglich (jeweils mit 16 Bit Datenbusbreite).

Die beiden aktuellen SCSI–Standards heißen *Ultra–160* und *Ultra–320*. Sie bieten jeweils Datentransferraten von 160 bzw. 320 MB/s, sind aber deutlich teurer als vergleichbare Systeme nach dem aktuellen Ultra–ATA– bzw. SATA–Standard, die ähnliche Leistungswerte liefern. Festplatten mit SCSI–Controllern findet man heute vor allem in Verbindung mit schnell rotierenden Festplatten (10.000 bzw. 15.000 rpm) für Anwendungen in Servern.

Auch vom SCSI–Standard existiert seit dem Jahr 2004 eine serielle Form, der *Serial Attached SCSI* (SAS). Er erreicht in den Versionen SAS, SAS 2 und SAS 3 Übertragungsbandbreiten von 300, 600 und 1200 MB/s und erlaubt theoretisch den Anschluss von bis zu 16.384 (2^{14}) Geräten.

3.5.3 RAID (Redundant Array of Independent Discs)

Die Idee von RAID–Systemen besteht darin, mehrere Festplatten parallel zu betreiben, um die Datentransferrate zu erhöhen und/oder um sich vor Datenverlust beim Ausfall einer Festplatte zu schützen. Hierzu kann man zwei oder mehrere (S)ATA– bzw. SCSI–Festplatten verwenden, die meist über einen entsprechenden RAID–Controller für den jeweiligen Schnittstellenstandard angeschlossen werden.

Je nach Anwendungsbereich unterscheidet man verschiedene RAID–Level. Die am häufigsten anzutreffenden Level sind RAID–0 und RAID–1, bei denen zwei physische Festplatten zu einer logischen Festplatte zusammengeschaltet werden. Während bei RAID–0 die Erhöhung von Datentransferrate und Speicherkapazität im Vordergrund steht, möchte man mit RAID–1 die Datensicherheit erhöhen. Bei RAID–0 werden die Festplatten alternierend geschrieben bzw. gelesen. Die Daten werden also gleichmäßig auf die beiden Festplatten verteilt. Dabei verdoppelt sich zwar annähernd die Datentransferrate, gleichzeitig verdoppelt sich aber auch das Risiko des Datenverlusts bei Ausfall einer der beiden Platten.

---

[19] Befehle und Statusmeldungen wurden weiterhin asynchron übertragen.

RAID–1 erhöht dagegen die Datensicherheit durch Spiegelung (*Mirroring*) bzw. doppelte Datenhaltung (*Duplexing*) auf zwei identischen Festplatten. Beide RAID–Varianten können entweder durch das Betriebssystem oder (besser) durch einen entsprechenden RAID–Controller implementiert werden. Während dazu früher meist nur SCSI–Laufwerke verwendbar waren, gibt es heute auch RAID–Controller für die preiswerteren (S)ATA–Laufwerke.

Mit höheren RAID–Level können weitere Steigerungen der Leistung bzw. Datensicherheit in Form von Festplatten–Arrays aufgebaut werden (vgl. [33]).

3.6 Partitionierung

Eine Festplatte mit großer Speicherkapazität wird häufig in mehrere logische Festplatten aufgeteilt. Die einzelnen Bereiche werden auch *Partitionen* genannt. Die Partitionen sind in der Partitionstabelle verzeichnet, die Bestandteil des *Master Boot Records* (MBR) ist.[20]

Der MBR aller angeschlossenen Festplatten wird nach dem Einschalten des PC als erstes ausgelesen. Jede Festplatte kann in max. vier Partitionen unterteilt werden. Man unterscheidet primäre und erweiterte Partitionen. Eine Partitionstabelle enthält entweder vier primäre oder drei primäre und eine erweiterte Partition.

Primäre Partition: Primäre Partitionen werden zum Speichern von Betriebsystemen benutzt, weil sie *bootfähig* sind, d.h. von ihnen aus der PC gestartet werden kann. An den Beginn der Partition wird ein Boot–Sektor geschrieben, der das Programm zum Laden des Betriebssystems enthält – auch Urlader oder Lader genannt. Falls das Programm kein Betriebssystem vorfindet, gibt es eine Fehlermeldung aus und stoppt. Beim Partitionieren wird festgelegt, an welcher logischen Block–Adresse (LBA) der Boot–Sektor der jeweiligen Partition abgelegt wird.

Wenn man mehrere Betriebssysteme auf einer Festplatte speichern möchte, wird ein so genannter *Bootmanager* benötigt, der meist (zusammen mit der Partitionstabelle) im MBR abgelegt ist. Der Bootmanager ist ebenfalls ein kleines Programm, mit dem der Benutzer wählen kann, welches Betriebssystem gestartet werden soll. Dabei kann vom Benutzer auch ein bevorzugtes Betriebssystem festgelegt werden, das automatisch gestartet wird, falls der Benutzer nicht nach einer vorgegebenen Zeit mit Maus oder Tastatur ein anderes Betriebssystem gewählt hat. Beispiele für Bootmanager sind „LILO" (Linux) oder „Boot–Magic" (PowerQuest).

---

[20] Mit dem deutsch–englischen Begriff „Booten" wird das Starten bzw. „Hochfahren" des PCs bezeichnet.

Neben sinnvollen Programmen wie Bootmanagern gibt es leider auch Computerviren, die sich im MBR einnisten und von dort den ganzen PC verseuchen können, da sie bei jedem Bootvorgang ausgeführt werden.

Erweiterte Partition: Man wählt eine erweiterte Partition, wenn eine Festplatte in mehr als vier Partitionen aufgeteilt werden soll. Die erweiterte Partition muss dann weiter in zwei oder mehr logische Laufwerke unterteilt werden. Es macht keinen Sinn, in einer erweiterten Partition nur ein Laufwerk zu definieren, da man das gleiche Ergebnis auch mit vier primären Partitionen erreichen kann. Erweiterte Partitionen sind nicht bootfähig, d.h. es gibt keinen Boot–Sektor am Beginn einer erweiterten Partition. Obwohl eine erweiterte Partition auch zur Speicherung eines Betriebssystems genutzt werden kann, muss dieses Betriebssystem dann über den Boot–Sektor einer primären Partition gestartet werden.

Früher wurden Festplatten vor allem deshalb partitioniert, weil das Dateisystem nur begrenzte Datenmengen verwalten konnte. So konnte man z.B. früher mit dem DOS–Dateisystem nur maximal 504 MB große Partitionen verwalten (s.u.). Heute partitioniert man aus folgenden Gründen:

- Man möchte mehrere Betriebssysteme auf einer Festplatte bereitstellen.

- Die Datensicherung (*Backup*) soll durch Trennung von Anwenderdaten und System– bzw. Anwendungsprogrammen erleichtert werden.

- Man möchte das Verhältnis zwischen Verwaltungsaufwand und verfügbarer Speicherkapazität durch die Verwendung unterschiedlicher Clustergrößen optimieren (s.u. und Abschnitt 3.7.2).

Wie wir später sehen werden, fasst man beim DOS–Dateisystem[21] eine feste Anzahl von Sektoren zu einem so genannten *Cluster* zusammen. Wenn nun ein Anwender vorwiegend viele kleinere Dateien erzeugt, ist es günstiger, zum Speichern von Anwenderdaten eine Partition mit kleiner Clustergröße (wenige Sektoren pro Cluster) zu wählen. Dadurch steigt zwar der Verwaltungsaufwand, der Kapazitätsverlust durch interne Fragmentierung wird dagegen verringert. Im Falle von vielen großen Dateien ist die Situation umgekehrt. Da pro Datei größere Datenmengen gespeichert werden müssen, ist es günstiger, die Clustergröße zu erhöhen. Man kommt dann mit weniger Clustern aus und reduziert so den Verwaltungsaufwand.

Die folgende Tabelle 3.13 stellt beispielhaft die Aufteilung einer Festplatte in zwei primäre Partitionen dar.

---

[21] Dieses wurde teilweise auch bei den ersten Windows–Betriebssystemen verwendet.

Tabelle 3.13 Aufteilung einer Festplatte in zwei primäre Partitionen.

LBA	Inhalt
0	MBR und Partitionstabelle der Festplatte
1	Boot–Sektor der ersten primären Partition
2	Erster Datensektor der ersten primären Partition
$\vdots$	$\vdots$
L_1	Letzter Datensektor der ersten primären Partition
L_1+1	Boot–Sektor der zweiten primären Partition
L_1+2	Erster Datensektor der zweiten primären Partition
$\vdots$	$\vdots$
L_2	Letzter Datensektor der zweiten primären Partition

Wenn die Partition mit dem DOS–Dateisystem formatiert ist, entspricht der erste Datensektor dem Anfang der so genannten FAT (*File Allocation Table*, vgl. Unterabschnitt 3.7.2).

3.7 Dateisysteme

Um auf einem Speichermedium Daten oder Programme permanent zu speichern, werden die dazu benötigten Speicherblöcke in einer *Datei* zusammengefasst. Wenn eine Datei erzeugt wird, wählt man einen Namen, über den man sie später ansprechen kann. Natürlich müssen bei der Wahl des Dateinamens gewisse Regeln beachtet werden, die das jeweilige Dateisystem vorgibt. So dürfen beispielsweise bestimmte Sonderzeichen nicht benutzt werden. Dateien können ausführbare Programme, Texte, Bilder, Grafiken, Musik oder digitalisierte Videofilme enthalten. Um die Eigenschaften einer Datei bereits am Namen erkennbar zu machen, erhalten gleichartige Dateien alle eine gleichlautende Namenserweiterung (Suffix), die meist aus drei Buchstaben besteht und die durch einen Punkt vom eigentlichen Dateinamen abgetrennt wird. So wird beispielsweise mit der Erweiterung "txt" angezeigt, dass es sich um eine Textdatei handelt.

Die Hauptaufgabe eines Dateisystems ist es, dem Anwender eine logische Sicht zum Zugriff auf Dateien bereitzustellen und außerdem diese logische Sicht auf die physische Schicht, d.h. auf das Speichermedium, abzubilden. Die physische Schicht besteht im Wesentlichen aus der Menge durchnummerierter Speicherblöcke, die jeweils eine feste Datenmenge, z.B. Sektoren mit 512 Byte, aufnehmen können.

Zur übersichtlichen Verwaltung von Dateien benutzen heutige Dateisysteme *Verzeichnisse* (*Directory*), die hierarchisch in einer Baumstruktur gegliedert sind. Die Wurzel bildet das so genannte *Stammverzeichnis* (*Root Directory*). Verzeichnisse können demnach nicht nur Dateien sondern wiederum selbst Verzeichnisse enthalten. Zur Verwaltung der Datei– und Verzeichnisnamen bzw. –strukturen müssen vom Dateisystem zusätzliche Informationen auf dem Speichermedium abgelegt werden.

Da ein Sektor mit 512 Byte eine zu kleine Zuordnungseinheit darstellt, fasst man mehrere aufeinander folgende Sektoren zu einem *Cluster* zusammen und benutzt zu ihrer Adressierung die LBA des Basissektors.[22] Bei Festplatten werden üblicherweise 4 – 16 Sektoren zu einem Cluster zusammengefasst. Dies entspricht Clustergrößen von 2 – 8 kB.

Um die vorhandene Speicherkapazität einer Festplatte optimal zu nutzen, sollte man die Speicherblöcke (Cluster) jedoch nicht zu groß wählen. Am Ende jeder Datei entsteht dann nämlich im Mittel ein mehr oder weniger großer Rest, da in den seltensten Fällen die Dateigröße ein Vielfaches der gewählten Blockgröße ist. Der durch diese Reste entstehende Verlust an Speicherkapazität wird *interne Fragmentierung* genannt (vgl. Kapitel 2).

Außerdem wäre es ungünstig, Dateien in vielen zusammenhängenden Speicherblöcken abzulegen. Da in einem Dateisystem ständig Dateien gelöscht werden und neue hinzukommen, würden im Laufe der Zeit kleinere Lücken entstehen, die nicht mehr genutzt werden könnten. Der durch die Lücken entstehende Verlust an Speicherkapazität wird *externe Fragmentierung* genannt (vgl. Kapitel 2).

Um die externe Fragmentierung zu vermeiden ist es sinnvoll, jeden einzelnen Speicherblock getrennt den Dateien zuzuordnen. Sobald eine Datei gelöscht wird, werden die zu ihrer Speicherung verwendeten Speicherblöcke wieder frei gegeben und können *einzeln* weiterverwendet werden.

Die effiziente Zuordnung von Dateinamen zu den Speicherblöcken ist die zentrale Aufgabenstellung, die ein Dateisystem lösen muss.

3.7.1 Typen von Dateisystemen

Es gibt eine große Vielfalt von Dateisystemen, die im Laufe der Jahre entwickelt wurden (siehe Tabelle 3.14). Die meisten Betriebssysteme unterstützen neben ihrem eigenen Dateisystem auch Festplattenpartitionen, die mit dem DOS–Dateisystem formatiert sind. Darüber hinaus können sie meist auch frühere Dateisystemversionen unterstützen. Linux verfügt über ein vir-

---

[22] Bei Disketten ist wegen der geringen Speicherkapazität ein Sektor als Zuordnungseinheit ausreichend.

tuelles Dateisystem VFS (*Virtual File System*), das eine Zwischenschicht zwischen Betriebssystem und den Gerätetreibern der Speichermedien bildet. Hiermit können über entsprechende Treiber quasi alle gebräuchlichen Dateisysteme durch Linux unterstützt werden.

Tabelle 3.14 Bekannte Dateisysteme für verschiedene Betriebssysteme.

DOS	Windows 95/98	OS/2	NT/Windows 2000/XP	Linux
FAT	VFAT, FAT32	HPFS	NTFS, FAT32	Ext2fs, Reiserfs, Swapfs

Im Folgenden wollen wir die grundlegenden Konzepte der zwei gebräuchlichsten Dateisysteme vorstellen: das DOS– und das Linux–Dateisystem. Das DOS–Dateisystem basiert auf der so genannten FAT (*File Allocation Table*), die im Abschnitt 3.7.2 genauer beschrieben wird. Daraus sind später die VFAT und die FAT32 hervorgegangen. Das heute bei Microsoft Windows übliche Dateisystem NTFS (*New Technology File System*) ging aus dem HPFS (*High Performance File System*) von OS/2 hervor. Das NTFS–Dateisystem ist im Wesentlichen ähnlich wie das Linux–Dateisystem strukturiert und bietet gegenüber dem DOS–Dateisystem (FAT–basiert) deutliche Stabilitäts- und Geschwindigkeitsvorteile.

3.7.2 DOS–Dateisystem

Die einfachste Lösung zum Aufbau eines Dateisystems besteht darin, jedem Dateinamen eine physische Blockadresse zuzuordnen. Die letzten vier Byte in dem damit adressierten Speicherblock kann man dann als Blockadresse für den nachfolgenden Speicherblock interpretieren. Ein besonderer Wert für eine Blockadresse muss das Dateiende (*End–Of–File* – EOF) anzeigen.

Die oben skizzierte Organisationsform einer Datei als verkettete Liste von Blockadressen bildet auch die Grundlage des FAT–Dateisystems. Da jedoch das vollständige Einlesen der Speicherblöcke zum Bestimmen der nachfolgenden Blockadresse sehr viel Zeit kostet, realisiert man die Verkettung der Blockadressen in einer Tabelle, die als *File Allocation Table* (FAT) bekannt ist.

Durch die Clusterbildung wird die Anzahl der benötigten Tabelleneinträge reduziert. Aus dem Tabellenindex (beginnend bei 0) kann leicht die LBA des Anfangssektors eines Clusters berechnet werden. So muss bei einer Clustergröße von vier Sektoren der Tabellenindex nur mit 4 multipliziert werden, um die LBA des zugehörigen Startsektors zu bestimmen. Die Tabelleneinträge enthalten nun einfach den Tabellenindex des nachfolgenden Clusters. Unter diesem Tabelleneintrag findet man dann den Tabellenindex des nächsten Clusters usw. bis man schließlich auf das Dateiendezeichen EOF stößt.

Boot–Sektor

Im Boot–Sektor eines DOS–Dateisystems wird die Art des Speichermediums anhand von verschiedenen Parametern beschrieben. Am Ende des Boot–Sektors befindet sich ein Programm zum Laden des Betriebssystems. Die wichtigsten Parameter sind:

- Kennung, die Hersteller und Betriebssystemversion angibt,
- Sektorgröße, d.h. die Anzahl der Byte pro Sektor,
- Clustergröße,
- Anzahl der FATs, die unmittelbar auf den Boot–Sektor folgen,
- Anzahl der Einträge im Stammverzeichnis,
- Anzahl der logischen Block–Adressen (LBAs) im Stammverzeichnis,
- *Medium–Descriptor Byte.*

Anhand des letztgenannten Parameters gibt DOS den Typ des Speichermediums an. Heute sind nur noch zwei Werte von Bedeutung: $F8_H$ für eine Festplatte und $F0_H$ für eine zweiseitige 3,5 Zoll Diskette (mit 80 Spuren, 18 Sektoren und 1,44 MB Speicherkapazität).

Das Programm zum Laden des Betriebssystems ist auf jedem Boot–Sektor vorhanden. Es prüft, ob die zum Start des Betriebssystem benötigten Systemdateien (IO.SYS, COMMAND.SYS) auf der Diskette oder Partition vorhanden sind. Nur wenn dies der Fall ist, kann das Betriebssystem von der in der Partitionstabelle (MBR) aktivierten Partition booten.

FAT (*File Allocation Table*)

Die FAT wird unmittelbar nach dem Boot–Sektor gespeichert. Direkt hinter der Originaltabelle wird auch eine Kopie abgelegt, auf die im Falle von Fehlern zurückgegriffen werden kann. Zur Erhöhung der Datensicherheit können auch mehr als zwei FATs vorgesehen werden. Dies reduziert aber bei großen Festplatten die verfügbare Speicherkapazität erheblich.

Die FAT dient zur Realisierung einer verketteten Liste, die sämtliche Cluster einer Datei oder eines Verzeichnisses umfasst. Man beginnt mit dem

Startcluster als Index. Unter diesem Index wird in der Tabelle der Index des darauf folgenden Clusters gespeichert. Je nach Clustergröße entsprechen dem Indexwert ein (Diskette) oder mehrere Sektoren (bei Festplatten 4–64). Anhand des Indexwertes können die Adressen (LBAs) der zugehörigen Sektoren bestimmt werden. Da eine Datei bzw. ein Verzeichnis aber nur eine begrenzte Länge hat, muss man besondere Indexwerte reservieren, die das Dateiende anzeigen. Außerdem gibt es besondere Indexwerte bzw. Wertebereiche, die spezielle Zustände der zugeordneten Cluster kennzeichnen. Damit die verkettete Liste schnell bearbeitet werden kann, wird sie ganz oder teilweise im Cache bzw. Hauptspeicher zwischengespeichert und es werden nur die Änderungen auf die Festplatte zurückgeschrieben.

Im Laufe der Entwicklung von DOS/Windows gab es drei verschiedene Formate für die FAT–Indizes. Anfangs wurde ein Cluster–Index mit 12 Bit (DOS), dann mit 16 Bit (ab Windows 95) und schließlich mit 32 Bit dargestellt. Die Bedeutung der Indexwerte ist aus Tabelle 3.15 ersichtlich. Man beachte, dass die FAT–32 nur 28 Bit zur Adressierung von Clustern ausnutzt.

Tabelle 3.15 Bedeutung der verschiedenen FAT–Einträge.

FAT–12	FAT–16	FAT–32	Bedeutung
000	0000	0000.0000	freier Cluster
XXX	XXXX	0XXX.XXXX	nächster Cluster
obige Zeile gilt nur, sofern nicht eine der nachfolgenden Belegungen vorliegt			
FF0–FF6	FFF0–FFF6	FFFF.FFF0–FFFF.FFF6	reservierte Werte
FF7	FFF7	FFFF.FFF7	Cluster defekt
FF8–FFF	FFF8–FFFF	FFFF.FFF8–FFFF.FFFF	Letzter Cluster der Datei

Unmittelbar auf die erste und zweite FAT folgt das Stammverzeichnis (Root Directory), das aus jeweils 32 Byte großen Verzeichniseinträgen besteht, deren Anzahl im Boot–Sektor festgelegt ist. Die Größe des Stammverzeichnisses kann später nicht mehr geändert werden. Außerdem enthält ein Verzeichniseintrag auch Attribute wie Datum und Uhrzeit der letzten Änderung der Datei bzw. des Verzeichnisses. Der Aufbau eines Verzeichniseintrags ist in Tabelle 3.16 dargestellt.

Die Länge des Stammverzeichnisses wird in einem Parameter des Boot–Sektors angegeben. Sie muss so gewählt werden, dass die Zahl der Verzeichniseinträge auch den letzten Sektor vollständig auffüllt. Da man pro Sektor mit 512 Byte 16 Verzeichniseinträge speichern kann, sollte die Zahl der Stammverzeichniseinträge stets ein Vielfaches von 16 sein. Eine Festplatte mit DOS–Dateisystem wird nicht nur als voll gemeldet, wenn ihre Speicherkapazität ausgeschöpft ist, sondern auch dann, wenn im Stammverzeichnis keine freien Verzeichniseinträge mehr verfügbar sind. Man sollte daher im Stammverzeichnis die Anzahl der Dateien bzw. Verzeichnisse klein halten.

Tabelle 3.16 Aufbau eines Verzeichniseintrags.

Offset	Bedeutung	Größe
00_H	Dateiname	8 Byte, ASCII
08_H	Erweiterung	3 Byte, ASCII
$0B_H$	Attribut	1 Byte
$0C_H$	reserviert	10 Byte
16_H	Uhrzeit der letzten Änderung	2 Byte
18_H	Datum der letzten Änderung	2 Byte
$1A_H$	Startcluster	2 Byte
$1C_H$	Dateilänge	4 Byte

An das Stammverzeichnis schließt sich der so genannte Dateibereich an. Aufeinander folgende Sektoren werden hier zu Clustern zusammengefasst. Da die ersten beiden FAT–Einträge reserviert sind, beginnt der Dateibereich mit der Cluster–Nummer 2.

Unterverzeichnisse werden im Stammverzeichnis wie normale Dateien behandelt. Durch ein spezielles Attributbit können sie von Dateien unterschieden werden. Der Inhalt eines Verzeichnisses besteht – wie beim Stammverzeichnis – aus 32 Byte langen Verzeichniseinträgen.

Die Verzeichniseinträge können wiederum Dateien oder weitere Unterverzeichnisse beschreiben. In jedem Unterverzeichnis werden bei seiner Erzeugung standardmäßig zwei Verzeichniseinträge vorgenommen. Einer der beiden Einträge verweist auf das Unterverzeichnis selbst. Dieser Eintrag erhält einen Punkt als Verzeichnisnamen ('.'). Der zweite Eintrag verweist auf das übergeordnete Verzeichnis, in dem das aktuelle Verzeichnis erzeugt wurde. Dieser Verzeichniseintrag bekommt einen zweifachen Punkt als Verzeichnisnamen ('..'). Mit Hilfe dieser beiden Verzeichnisnamen ist es möglich, Dateinamen relativ zum aktuellen Verzeichnis anzugeben.

Im Folgenden wird beschrieben, wie drei häufige Dateioperationen unter dem DOS–Dateisystem ablaufen.

Lesen einer Datei

Zum Lesen einer Datei wird diese zunächst geöffnet. Dazu wechselt man anhand des Dateinamens in das entsprechende Verzeichnis (eventuell über ein oder mehrere Unterverzeichnisse) und sucht darin den Verzeichniseintrag (Abbildung 3.23). Dort wird dem Dateinamen ein Startcluster (hier 10) zugeordnet[23]. Nehmen wir an, die Clustergröße sei 4. Dann wird die Startcluster–Nummer mit 4 multipliziert und wir erhalten die Sektornummer (LBA) des

---

[23] Im Folgenden seien alle Zahlen ohne einen Index H Dezimalzahlen

ersten Sektors. Dieser Sektor (40) und die drei darauf folgenden Sektoren (41–43) werden von der Festplatte gelesen. Der Wert des Startclusters (10) wird nun als Index für die FAT benutzt. Unter diesem Index finden wir den Index des nächsten Clusters (351). Damit kann wie oben die Startadresse der nächsten 4 Sektoren bestimmt werden (1404–1407). Dieser Vorgang wiederholt sich nun solange, bis das Dateiende erreicht wird. Dies ist der Fall, wenn zu einer Cluster–Nummer in der FAT der Wert $FFFF_H$ gefunden wird. In unserem Beispiel endet die Datei mit dem Cluster 520. Die 4 letzten Sektoren der Datei befinden sich somit unter den Festplattenadressen 2080–2083. Folgende Clusterkette wird also mit Hilfe der FAT erzeugt:

$$10 \rightarrow 351 \rightarrow 205 \rightarrow 520$$

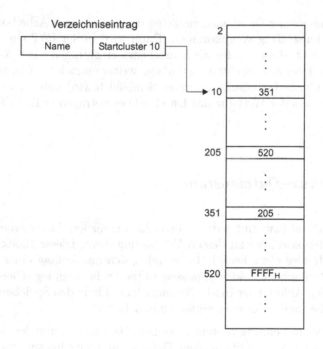

Abb. 3.23 Beispiel für das Lesen einer Datei mittels FAT.

Löschen einer Datei

Beim Löschen einer Datei wird das erste Zeichen im Verzeichniseintrag auf den Wert 229 gesetzt. Damit wird angezeigt, dass der Verzeichniseintrag nicht belegt ist. Ab dem Startcluster–Index werden dann alle FAT–Einträge einschließlich dem Endcluster–Eintrag auf 0 gesetzt. Damit wird angezeigt, dass die Cluster unbelegt sind und dass sie zum Erzeugen neuer Dateien verwendet werden können. Die Sektoren auf der Festplatte bleiben beim Löschen einer Datei zunächst unverändert. Nur die Einträge in der Clusterkette werden also gelöscht. Es ist daher unter Umständen möglich, eine versehentlich oder „voreilig" gelöschte Datei (oder ein gelöschtes Verzeichnis) wiederherzustellen. Ein weiterer Vorteil dieser Vorgehensweise beim Löschen von Dateien besteht darin, dass nur ein Bruchteil der Einträge auf der Festplatte gelöscht werden muss und dass dadurch der Löschvorgang beschleunigt wird.

Erzeugen einer Datei

Zum Erzeugen einer Datei wird zunächst im momentanen Arbeitsverzeichnis ein Verzeichniseintrag vorgenommen. Dann wird in der FAT ein unbelegter Cluster gesucht, dessen Index als Startcluster eingetragen wird. Nun werden entsprechend der gewünschten Dateilänge weitere unbelegte Cluster gesucht und in die Clusterkette aufgenommen. Schließlich wird unter dem Index des letzten Clusters der Wert für das Dateiende eingetragen (z.B. FFFF bei der FAT–16).

3.7.3 Linux–Dateisystem

Mit jeder Datei bzw. mit jedem Verzeichnis assoziiert Linux einen 64 Byte großen Datenblock, der zu dessen Verwaltung dient. Dieser Block heißt "Inode". Die Inodes einer Festplatte befinden sich am Anfang einer Partition. Bei 1024 Byte großen Sektoren passen 16 Inodes in einen logischen Speicherblock (LBA). Anhand der Inode–Nummer kann Linux den Speicherort finden, indem es die Inode–Nummer einfach durch 16 teilt.

Ein Verzeichniseintrag besteht aus einem Dateinamen und der zugehörigen Inode–Nummer. Beim Öffnen einer Datei sucht Linux im angegebenen Verzeichnis nach dem Dateinamen und liefert die Inode–Nummer zurück. Nun wird der zugehörige Inode von der Festplatte in den Hauptspeicher gelesen. Mit den im Inode gespeicherten Informationen kann auf die Datei zugegriffen werden.

Man hat beim Linux–Betriebssystem die Wahl zwischen mehreren Dateisystem–Varianten. Obwohl das Format eines Inodes vom jeweils ausgewählten Dateisystem abhängt, sind die folgenden Informationen stets vorhanden (vgl. Abbildung 3.24):

- Dateityp und Zugriffsrechte,

- Eigentümer der Datei,

- Gruppenzugehörigkeit des Eigentümers,

- Anzahl von Verweisen (Links) auf die Datei,

- Größe der Datei in Byte,

- 13 Festplattenadressen (LBAs),

- Uhrzeit des letzten Lesezugriffs,

- Uhrzeit des letzten Schreibzugriffs,

- Uhrzeit der letzten Inode–Änderung.

Dateien und Verzeichnisse werden anhand des Dateityps unterschieden. Da Linux alle Ein–/Ausgabegeräte als Dateien betrachtet, wird durch den Dateityp auch angezeigt, ob es sich um ein unstrukturiertes oder blockorientiertes Ein–/Ausgabegerät handelt.

Wichtig für die physische Abbildung der Datei auf die Festplatte sind die unter Punkt 6 aufgeführten Einträge für Festplattenadressen (LBAs). Linux verwaltet die Festplattenadressen *nicht* wie die FAT durch Verkettung, sondern mittels Indexierung der Festplattenadressen einzelner Speicherblöcke.

Mit den ersten zehn Einträgen können bei einer Blockgröße von 1024 Byte Daten mit bis zu 10.240 Byte verwaltet werden. Wegen der direkten Indexierung ist – gegenüber dem FAT–Dateisystem – ein wahlfreier Zugriff möglich. So muss man beispielsweise zum Lesen des letzten Speicherblocks nicht sämtliche Vorgängerindizes durchlaufen.

Ist die Datei größer als 10.240 Byte, so geht man zur einfach indirekten Adressierung über. Die 11. Festplattenadresse verweist auf einen indirekten Block, der zunächst von der Festplatte gelesen werden muss und der auf weitere 256 (1024/4) Festplattenadressen verweist. Hier wird angenommen, dass eine Festplattenadresse 32 Bit lang ist. D.h. es können 2^{32} Speicherblöcke angesprochen werden. Bei 1024 Byte pro Speicherblock entspricht die Verwendung von 32–Bit–Werten für LBAs einer maximalen Speicherkapazität der Festplatte von $2^{42} = 4$ TB.

Die maximale Dateigröße bei einer Beschränkung auf elf Festplattenadressen beträgt somit[24]

$$(10.240 + 256 \cdot 1024) \text{ Byte} = 272.384 \text{ Byte} \approx 266 \text{ kB}$$

Die 12. Festplattenadresse zeigt auf einen Block, der doppelt indirekt auf weitere Speicherblöcke zeigt. Wie beim einfach indirekt adressierten Block

---

[24] Die Kapazitätsangaben in diesem Abschnitt sind zur Basis 2 gerechnet.

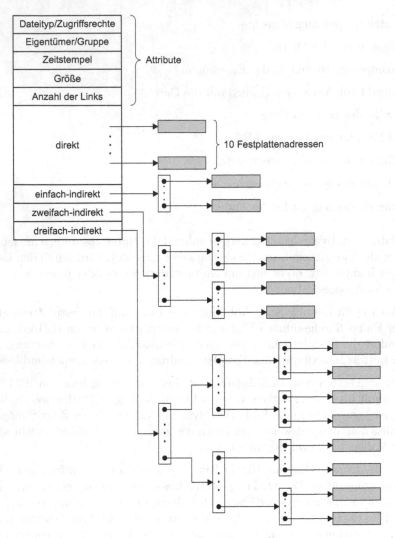

Abb. 3.24 Aufbau eines Inode.

wird dieser Block zunächst von der Festplatte gelesen und in den Hauptspeicher gebracht. Jeder der 256 in diesem Block stehenden 32–Bit–Werte (4
Byte) wird wiederum als Speicherblockadresse auf einen Block mit weiteren
256 Festplattenadressen interpretiert. Somit können mit Hilfe der ersten 12
Festplattenadressen des Inodes insgesamt

$$(272.384 + 256 \cdot 256 \cdot 1024) \text{ Byte} = 67.381.248 \text{ Byte} \approx 64,26 \text{ MB}$$

große Dateien verwaltet werden.

Falls die zu verarbeitende Datei noch größer sein sollte, nimmt man noch die 13. Festplattenadresse hinzu. Hiermit ist dann eine dreifach indirekte Adressierung möglich. Analog zu der obigen Darstellung können nun Dateien bis zu einer Größe von

$$(67.381.248 + 256 \cdot 256 \cdot 256 \cdot 1024) \text{ Byte} = 17.247.250.432 \text{ Byte} \approx 16,06 \text{ GB}$$

verwaltet werden.

Wir sehen, dass hiermit ausreichend große Dateien angesprochen werden können. Wie oben gezeigt, können mit dem beschriebenen Linux–Dateisystem Festplatten mit bis zu 4 TB verwaltet werden. Durch Verdopplung der Sektorgröße könnte die maximale Dateigröße sogar auf 256 GB erhöht werden.

3.8 CD–ROM

Speichermedien, die auf der 1985 von Philips und Sony eingeführten CD (Compact Disc) basieren, werden als CD–ROM (*Compact Disc Read–Only Memory*) bezeichnet. Auf einer CD–ROM können Datenmengen von bis zu 650 MB (bzw. 682 MB im Dezimalsystem) abgelegt werden. CD–ROMs eignen sich für die Distribution von Software und für die Speicherung anderer Daten, die sich selten ändern (z.B. Bilder, Enzyklopädien usw.).

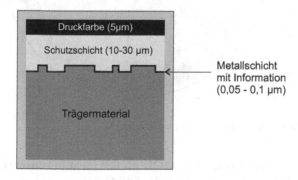

Abb. 3.25 Schichtenfolge bei einer CD–ROM.

3.8.1 Aufbau und Speicherprinzip

Anstelle von magnetosensitiven Leseköpfen werden bei CD–Laufwerken Laserstrahlen[25] benutzt. Die CD–ROM besteht aus einer Kunststoffscheibe aus Polycarbonat, die einen Durchmesser von 12 cm hat. Der Schichtenaufbau ist in Abbildung 3.25 dargestellt. Auf die silberfarbige Speicherschicht wird von der Unterseite der CD zugegriffen. Sie wird von einer durchsichtigen Kunststoffschicht vor Beschädigungen geschützt. Man codiert die Information in der Speicherschicht durch Erhöhungen (*Lands*) und Vertiefungen (*Pits*), die beim Herstellungsprozess als winzige Einkerbungen eingepresst werden. Hierzu wird in einem als *Mastering* bezeichneten Prozess eine Metallplatte als Negativvorlage erstellt.

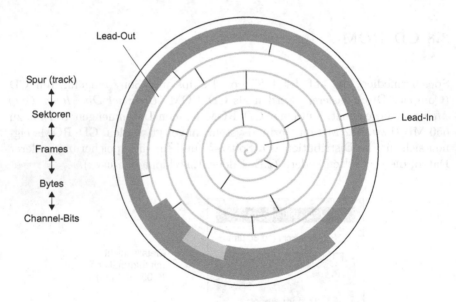

Abb. 3.26 Datenorganisation bei einer CD–ROM.

Im Gegensatz zu Festplatten sind CD–ROMs nicht in konzentrische Spuren und gleichwinklige Sektoren aufgeteilt. Die Daten werden vielmehr in einer einzigen *spiralförmigen* Spur mit einer Länge von ca. 5,6 km und ca. 22.000 Windungen geschrieben. Die Spur beginnt im Zentrum und läuft nach außen (Abbildung 3.26). Der Spurabstand beträgt 1,5 μm, die Länge der Pits und Lands muss zwischen 0,9 und 3,3 μm liegen. Die Pits sind 0,5 μm breit und 0,125 μm tief (Abbildung 3.27). Die Tiefe der Pits spielt eine wichtige Rolle bei der Datenspeicherung, da sie auf die Wellenlänge des Laserstrahls abgestimmt sein muss (s.u.).

---

[25] Bei CD–R und CD–RW werden auch zum Schreiben Laserstrahlen verwendet.

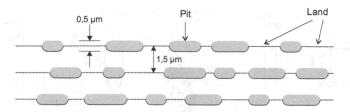

Abb. 3.27 Abmessungen der Speicherelemente auf einer CD–ROM.

3.8.2 Lesen

Zum Lesen wird ein Laserstrahl mit Licht aus dem Infrarotbereich (780 nm) auf die Speicherschicht fokussiert. Mit der im Strahlerzeugungssystem integrierten Leseoptik wird nun festgestellt, in welcher Weise der Strahl von der Oberfläche der CD–ROM reflektiert wird (Abbildung 3.28). Trifft der Laserstrahl auf einen Übergang zwischen Land und Pit, so wird er nur diffus reflektiert und am Lichtsensor kommt ein schwaches Lichtsignal an. Da die Einkerbungen genau so tief sind wie ein Viertel der Wellenlänge des Laserstrahls, kommt es aufgrund der Interferenz zwischen hinlaufendem und dem rücklaufenden (phasenverschobenen) Strahl zu einer deutlichen Abschwächung des reflektierten Lichts. Einem derart abgeschwächten Signal wird eine „1" zugeordnet. Laserstrahlen, die vollständig auf eine Erhebung oder eine Vertiefung treffen, werden dagegen mit annähernd voller Intensität reflektiert. Sie erzeugen daher ein starkes Signal am Lichtsensor.

Aus dem Reflektionsmuster wird die gespeicherte Bitfolge rekonstruiert. Durch Kratzer auf der Schutzschicht und durch andere Lesefehler könnten die Daten leicht verfälscht werden. Daher benutzt man zum Speichern eine besondere Form der redundanten Codierung der Daten, die es erlaubt, Fehler zu erkennen bzw. zu korrigieren (siehe Abschnitt 3.8.4).

3.8.3 Laufwerksgeschwindigkeiten

CDs wurden ursprünglich zur Wiedergabe von Audiodaten entwickelt. Um einen konstanten Datenstrom bei der Wiedergabe zu erreichen, mussten die Daten mit konstanter Bahngeschwindigkeit gelesen werden. Dies erreichte man mit der CLV–Technik (*Constant Linear Velocity*). Dabei ändert sich die Drehzahl der CD in Abhängigkeit von der momentanen Position der Leseoptik genau so, dass sich die gespeicherten Daten stets mit einer konstanten Bahngeschwindigkeit von 1,3 m/s unter dem Laserstrahl vorbeibewegen. Die CD muss dazu im innersten Teil der CD mit 540 rpm und im äußersten Teil

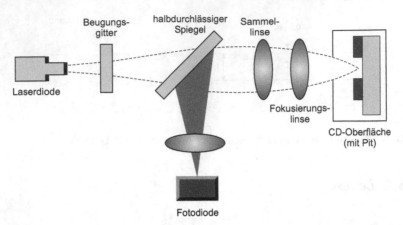

Beugungs-gitter   halbdurchlässiger   Sammel-linse
                   Spiegel

Laserdiode

                                        Fokusierungs-linse

                                        CD-Oberfläche
                                        (mit Pit)

Fotodiode

Abb. 3.28 Schematischer Aufbau der Leseoptik.

der CD mit 214 rpm rotieren. Mit den Winkelgeschwindigkeiten ergibt sich eine konstante Datenrate von 153 kByte/s. Ein Laufwerk mit diesen Eigenschaften wird als 1x–Laufwerk oder *Single–Speed*–Laufwerk bezeichnet.

Um die Datenrate zu erhöhen, entwickelte man entsprechend schnellere Laufwerke mit 2x–, 4x–, 8x–, 12x und 48x–Transferraten. Ein 12x–Laufwerk mit CLV–Technik muss jedoch schon in der Lage sein, seine Drehzahl von 2.568 rpm (außen) bis zu 5.959 rpm (innen) zu verändern. Da es schwierig ist, Spindelmotoren für solche großen Drehzahlbereiche zu entwickeln, ging man bei CD–Laufwerken ab 16x–Geschwindigkeit zu Antrieben mit konstanter Drehzahl (Winkelgeschwindigkeit) über. Wegen der geringeren Anforderungen an die Antriebsmotoren sind CD–Laufwerke mit dieser so genannten CAV–Technik (*Constant Angular Velocity*) preiswerter und dazu auch noch leiser. Dagegen liefern sie je nach Position der Leseoptik unterschiedliche Datentransferraten. Die volle Lesegeschwindigkeit wird nur im äußeren Bereich der CD erreicht. So liefert ein 56x–Laufwerk im inneren Bereich lediglich die 24fache Geschwindigkeit.

Vor allem bei CD–RW–Laufwerken[26] werden die CLV– und CAV–Antriebstechnik miteinander kombiniert. Solche Laufwerke werden als PCAV–Laufwerke (*Partial CAV*) bezeichnet. Zum Brennen wird ein solches Laufwerk im CLV–Modus und zum Lesen im CAV–Modus betrieben.

---

[26] Auch als „CD–Brenner" bezeichnet. RW steht für „ReWriteable".

3.8.4 Datencodierung

Für die verschiedenen Einsatzmöglichkeiten von CD–ROMs (z.B. digitale Audio– oder Datenspeicherung) wurden entsprechende CD–Typen und CD–Formate definiert. Diese Definitionen findet man in „farbigen" Büchern. So wird z.B. das Format der klassischen Audio–CD (CD–DA) im *Red Book* spezifiziert. CD–Formate zur Datenspeicherung findet man im Yellow Book (CD–ROM) bzw. im *Orange Book* (CD–R, CD–RW). Im Folgenden wird die grundlegende Konzeption zur Datenspeicherung mit CDs vorgestellt.

Die Speicherung der Daten auf einer CD–ROM erfolgt hierarchisch und ist in hohem Maße redundant. Dies ist dadurch begründet, dass man Fehler erkennen und beheben möchte. Um eine hohe Datensicherheit zu erreichen, werden Fehlerkorrekturmethoden auf drei Ebenen angewandt:

- *Channel–Bits*,
- *Frames* und
- Sektoren.

Channel Bits: Auf der untersten Ebene findet man die Bitzellen, die in Form von 0,3 μm langen Abschnitten als Pits oder Lands dargestellt werden. Diese kleinsten Speichereinheiten werden *Channel–Bits* genannt.

Auf der nächsten Ebene werden Daten als 8–Bit–Wörter (Byte) betrachtet. Man verwendet das so genannte EFM–Verfahren (*Eight–to–Fourteen Modulation*). Hierbei wird jedes Byte in ein 14–Bit–Muster übersetzt, das dann auf der CD–ROM–Spur in Channel–Bits gespeichert wird (Abbildung 3.29). Der EFM–Code sorgt dafür, dass zwischen zwei Einsen (*Land–Pit*–Übergang) mindestens zwei und höchstens 10 Nullen (*Land*–Bereiche) stehen. Es handelt sich also um eine RLL 2.10–Codierung. Die EFM–Codierung stellt sicher, dass der im Laufwerks–Controller enthaltene Taktgenerator zur Abtastung der vom Sensor gelieferten Signal häufig genug synchronisiert wird. Als selbsttaktender Code erlaubt der RLL 2.10–Code also eine sichere Lesetaktgewinnung mit Hilfe eines Datenseparators. Beim Lesen werden von den 16.384 (2^{14}) möglichen Kombinationen der *Channel–Bits* nur 256 zugelassen. Alle anderen Bitmuster werden als falsch erkannt.

Frames: In der nächsten Stufe werden 42 Byte zu einem *Frame* zusammengefasst. Ein Frame entspricht daher 588 (42·14) Channel–Bits. Von diesen werden 396 Bit (!) zur Fehlerkorrektur und Adressierung verwendet. Der Rest von 192 Bit bleibt schließlich für 24 Byte Nutzdaten übrig.

Sektoren: Schließlich werden 98 *Frames* zu einem Sektor zusammengefasst. Das so genannte *Yellow Book* spezifiziert zwei Modi für den Aufbau eines CD–ROM–Sektors. Im Modus 1 besteht ein Sektor aus einer 16–Bit–Präambel,

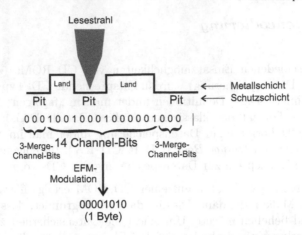

Abb. 3.29 Datencodierung mit dem EFM–Verfahren.

2.048 Byte nutzbaren Daten und 288 Byte ECC–Code, der aus einem Reed–Solomon–Code besteht.

Im Modus 2 wird auf die Fehlerkorrektur auf Frame–Ebene verzichtet und stattdessen die Zahl der nutzbaren Datenbytes auf 2.336 erhöht. Dieser Modus ist für gegen Fehler unempfindliche Anwendungsdaten wie z.B. Musik oder Videos gedacht.

Zur Speicherung eines Sektors (mit 2.048 bzw. 2.336 Byte) werden 98 · 588 Bit = 57.624 Bit, d.h. 7.203 Byte, benötigt.

3.8.5 Datenorganisation in Sessions

Der zur Datenspeicherung nutzbare Teil einer CD–ROM wird als *Session* bezeichnet und ist im Wesentlichen in drei Abschnitte gegliedert:

- *Lead–In*,
- Daten– und/oder Audiospuren,
- *Lead–Out*.

Das *Lead–In* beschreibt den Inhalt der Session, d.h. es enthält ein Inhaltsverzeichnis des nachfolgenden Datenbereichs. Dieser kann in maximal 99 Spuren (*Tracks*) aufgeteilt sein, die sowohl Daten als auch Audioinformationen enthalten können. Eine Spur ist ein zusammenhängender Abschnitt auf der CD, der eine bestimmte Zahl aufeinander folgender Sektoren enthält. Das *Lead–In* ist selbst eine Spur, die bis zu 4.500 Sektoren oder 9,2 MB an Daten enthalten kann.

Um CDs schrittweise beschreiben zu können, hat man im so genannten *Orange Book* die Möglichkeit der *Multisession*–Aufzeichnung spezifiziert. Dies ist jedoch nur für beschreibbare CDs wie CD–R und CD–RW von Interesse.

Eine Multisession–CD besteht sozusagen aus mehreren virtuellen CDs, die alle jeweils aus *Lead–In*, Daten– und Audio–Spuren und dem zugehörigen *Lead–Out* zusammengesetzt sind. Das erste Lead–Out einer Multisession–CD[27] enthält stets 6.750 Sektoren bzw. belegt 13,8 MB an Daten. Alle nachfolgenden Lead–Outs sind 2.250 Sektoren lang bzw. belegen 4,6 MB an Daten. Wie man sieht, ist der Speicherbedarf für das Anlegen einer Session sehr groß. Man sollte daher nicht zu viele Sessions auf einer CD–R oder CD–RW anlegen.

Es gibt zwei Arten, eine Multisession–CD zu schreiben:

- *Track–at–Once* und
- *Packet Writing*.

Während bei der ersten Variante stets eine komplette Spur geschrieben wird, kann bei der zweiten Variante eine Spur auch in kleineren Einheiten geschrieben werden. Mit Hilfe eines speziellen Treiberprogramms ist es so möglich, auf eine CD–R oder CD–RW[28] wie auf eine Festplatte zuzugreifen. Dazu wird das leistungsfähige Dateisystem UDF (*Universal Disc Format*) benötigt, bei dem – im Gegensatz zu den klassischen CD–ROM–Dateisystemen (ISO 9660, Joilet, s.u.) – das Inhaltsverzeichnis der CD nicht abgeschlossen werden muss. *Packet Writing* in Kombination mit dem UDF–Dateisystem ist jedoch recht langsam und hat leider auch noch einige Kompatibilitätsprobleme. Es ist daher ratsam, die Daten erst auf der Festplatte zu sammeln und dann auf einmal auf die CD zu schreiben.

3.8.6 Dateisysteme für CDs

Wie bei einer Festplatte wird auch für die Speicherung von Daten auf CDs (und DVDs) ein Dateisystem benötigt. Dieses baut auf den Sektoren auf und stellt dem Betriebssystem eine logische Schnittstelle in Form von Dateinamen bereit, unter denen dann die Daten dauerhaft gespeichert werden

---

[27] gehört zur ersten Session.
[28] Beschreibbare CD–Varianten (s.u.).

können. Damit man CDs unter verschiedenen Betriebssystemen verwenden kann, benötigt man ein einheitliches Dateisystem.

Das erste international anerkannte CD–Dateisystem war der ISO 9660–Standard.[29] Es gibt insgesamt drei Varianten des ISO 9660–Dateisystems. Der Level 1 ist am weitesten verbreitet und wird von jedem Betriebssystem unterstützt. ISO 9660 ermöglicht daher einen systemübergreifenden Datenaustausch mit Hilfe von CDs.

Der ISO 9660–Standard wurde 1998 freigegeben und baut auf Vorarbeiten des so genannten High Sierra–Standards auf. Es handelt sich um ein hierarchisches Dateisystem, das folgenden Beschränkungen unterliegt:

- Für Dateinamen sind nur acht ASCII–Zeichen plus drei ASCII–Zeichen für eine Erweiterung zulässig.

- Die Dateinamen dürfen nur aus Großbuchstaben, Zahlen und dem Unterstrich gebildet werden.

- Die Verzeichnisnamen dürfen nur acht Zeichen enthalten; Erweiterungen sind nicht zulässig.

- Die maximale Verzeichnistiefe ist auf acht Ebenen beschränkt.

- Daten müssen in aufeinander folgenden Sektoren abgelegt werden, d.h. die Daten dürfen nicht fragmentiert sein.

Level 2 unterscheidet sich lediglich dadurch, dass längere Dateinamen (bis zu 31 Zeichen) verwendet werden dürfen. Im Level 3 wird zusätzlich die letzte oben aufgelistete Beschränkung aufgehoben, d.h. dort sind auch fragmentierte Dateien zulässig.

Die Daten des ISO 9660–Dateisystems beginnen in der ersten Datenspur (nach dem Lead–In) mit dem logischen Sektor 16. Im Gegensatz zu Festplatten–Dateisystemen werden bei CD–Dateisystemen auch die absoluten Adressen zu Dateien in Unterverzeichnissen angegeben. Hierdurch wird der Aufwand beim Navigieren auf der langen Spiralspur erheblich verringert.

Um die o.g. Beschränkungen des ISO 9660–Standards zu beseitigen, hat Microsoft eine Erweiterung dazu entwickelt. Bei diesem so genannten Joilet–Dateisystem dürfen Datei– und Verzeichnisnamen bis zu 64 Unicode–Zeichen enthalten, Verzeichnisnamen dürfen Erweiterungen haben und tiefer als acht Ebenen verschachtelt sein. Darüber hinaus werden auch Multisession–CDs unterstützt.

Neben den langen Dateinamen für Windows enthält das Joilet–Dateisystem auch ein ISO 9660–kompatibles Subsystem, so dass auch andere Betriebssysteme eine Joilet–formatierte CD benutzen können.

---

[29] Abkürzung für International Standardization Organisation.

3.8.7 CD–R (CD Recordable)

Die Herstellung von CD–ROMs ist nur bei einer Massenproduktion rentabel. Um einzelne CDs oder kleine Stückzahlen herzustellen, eignet sich die CD–R (CD–Recordable). CD–Rs unterscheiden sich von CD–ROMs im Aufbau der Speicherschicht. Bei CD–Rs werden keine Vertiefungen eingepresst, sondern es werden mit einem Schreiblaser Farbschichten zerstört, die dadurch ihre Reflektionseigenschaften ändern.

Die unbeschriebenen CD–Rs werden *Rohlinge* genannt. Es gibt sie in verschiedenen Farben (grün, blau, gold– und silberfarbig), die ein mehr oder weniger gutes Reflektionsvermögen haben. Silberfarbene Rohlinge haben die besten Eigenschaften und sind daher auch am teuersten.

Zum Beschreiben einer CD–R wird ein *CD–Writer* benötigt, der über einen zusätzlichen Schreiblaser verfügt. Um den Strahl des Schreiblasers zu führen und der Schreiboptik eine Positionsbestimmung zu ermöglichen, ist auf einer CD–R bereits eine spiralförmige Spur eingeritzt. Die Positionsbestimmung erfolgt mit Hilfe eines fortlaufenden Wellenmusters, das der Spurrille überlagert ist.

Während des Schreibens wird das Laufwerk meist im CLV–Modus betrieben, um möglichst genau die Land– und Pit–Abstände einzuhalten. Zum Schreiben wird die Leistung des Laserstrahls erhöht. Dadurch wird die Molekülstruktur der Farbschicht zerstört und es entsteht eine dunkle Stelle, die beim Lesen als Pit interpretiert wird.

Wichtig ist, dass die gesamte Spur an einem Stück geschrieben wird. Um leichte Schwankungen der von der Festplatte gelieferten Datenrate abzufedern, wird ein Pufferspeicher verwendet. Wenn die Festplatte die benötigten Daten nicht schnell genug liefern kann, läuft dieser Speicher leer. Da der CD–Writer später nicht nochmals an die Stelle zurückkehren kann, an der der Pufferunterlauf stattfand, wird die teilweise beschriebene CD unbrauchbar. Um Pufferunterläufe zu vermeiden, bietet die CD–Writer–Software meist die Option, ein vollständiges Abbild der Datenspur (CD–Image) zu erzeugen. Dabei wird versucht, die gesamte Datenspur so auf der Festplatte zu platzieren, dass während des Schreibvorgangs ohne Verzögerungen darauf zugegriffen werden kann.

Mittlerweile gibt es auch CD–Writer mit einer so genannten *Burn–Proof–* Technologie. Sobald der CD–Writer einen drohenden Pufferunterlauf erkennt, unterbricht er den Brennvorgang an einer genau positionierbaren Stelle, die er später wieder ansteuert. Sobald der Puffer wieder ausreichend gefüllt ist, setzt er den Brennvorgang ab dieser Stelle fort.

3.8.8 CD–RW (CD Rewritable)

Die CD–RW ist ähnlich wie die CD–R aufgebaut. Statt einer organischen Farbschicht wird eine Legierung aus Silber, Indium, Antimon und Tellur als Speicherschicht benutzt. Das Speichermaterial nimmt je nach Erhitzungsgrad durch den Schreiblaser unterschiedliche Aggregatzustände an.

Im gelöschten Zustand liegt eine kristalline (regelmäßige) Struktur vor. Dieser Zustand kann herbeigeführt werden, wenn man die Legierung über einen längeren Zeitraum mit mittlerer Laserleistung erhitzt. Dabei schmilzt die Legierung und die Schmelze erstarrt im kristallinen Zustand.

Zum Schreiben wird der Laser mit hoher Leistung betrieben. Wenn man eine bestimmte Stelle der Speicherschicht kurzzeitig erhitzt, geht das Speichermaterial lokal in einen amorphen (ungeordneten) Zustand über.

Die beiden Aggregatzustände zeigen unterschiedliches Reflektionsverhalten. Zum Lesen wird der Laser mit niedrigster Leistung betrieben. Während an Stellen in kristallinem Zustand eine hohe Reflektion des Laserstrahls erfolgt, wird dieser an Stellen in amorphem Zustand nur schwach reflektiert.

Das oben beschriebene Speicherprinzip wird als Phasen–Wechsel–Technik (*Phase–Change Technology*) bezeichnet. Es wird sowohl für CDs als auch für wiederbeschreibbare DVDs eingesetzt.

Da die Reflektionen bei RW–Medien geringer sind als bei CD–R– und CD–ROM–Medien, benötigt man zum Lesen solcher Speichermedien ein Laufwerk mit einem Leseverstärker, der die schwächeren Sensorsignale auf einen brauchbaren Signalpegel anhebt. Wenn dieser so genannte AGC (*Automatic Gain Controller*) vorhanden ist, bezeichnet man das Laufwerk als *multiread-fähig*.

3.9 DVD (Digital Versatile Disc)

DVD stand früher für „*Digital Video Disc*", da sie ursprünglich für die Aufzeichnung von Videos gedacht war. Ähnlich wie bei den CDs erkannte man aber bald, dass man damit auch sehr gut Software und Daten dauerhaft speichern kann, und nahm dementsprechend ihre „Vielseitigkeit" in die Bezeichnung auf[30]. Prinzipiell gibt es keine wesentlichen Unterschiede zur CD–ROM, sogar die Abmessungen sind identisch. Gegenüber CD–ROMs wurden jedoch die folgenden kapazitätssteigernden Maßnahmen vorgenommen:

---

[30] *versatile*: vielseitig

- Der Abstand zwischen den Spuren wurde von 1,6 μm auf 0,74 μm verringert. Dadurch erreicht man mehr Windungen und eine insgesamt mehr als doppelt so lange Spiralspur.

- Die Wellenlänge der Leseoptik wurde von 780 nm auf 650 nm verringert (rotes statt infrarotes Licht).

- Die Länge der Pits und damit die Länge der Channel–Bits wurde halbiert. Die Pits der DVD sind nur noch 0,4 μm lang (0,9 μm bei der CD).

- Der nutzbare Datenbereich wurde vergrößert.

- Die Leistungsfähigkeit der Fehlerkorrektur wurde um mehr als 30% verbessert.

- Der Sektor–Overhead konnte reduziert werden.

Die aufgeführten Maßnahmen steigern die Speicherkapazität gegenüber der CD–ROM um den Faktor 7 auf 4,7 GB. Man bezeichnet dieses Speichermedium als *DVD-5*. Wegen der großen Ähnlichkeit zwischen DVD und CD–ROM kann ein DVD–Laufwerk auch benutzt werden, um CD–ROMs zu lesen. Wegen der unterschiedlichen Pit–Größe wird dazu meist ein zweiter Laser im Infrarotbereich benutzt.

Um die Speicherkapazität der DVD–5 zu erhöhen, führte man drei weitere DVD–Varianten ein. Die einfachste Methode besteht darin, zwei 4,7–GB–Speicherschichten in eine einzige DVD zu integrieren. Diese Variante wird als *DVD-10* bezeichnet. Die DVD–10 hat eine Speicherkapazität von 9,4 GB und muss von Hand umgedreht werden, wenn eine Seite ausgelesen wurde.

Man kann aber auch eine einseitige *DVD-9* herstellen, die zwei übereinander liegende Schichten hat. Die erste Schicht (von der Leseoptik gesehen) besteht aus einem halbtransparenten Material, das von einem entsprechend fokussierten Laser durchdrungen werden kann, um die dahinter liegende zweite Speicherschicht abzutasten. Währen auf der ersten Schicht 4,7 GB Platz finden, können auf der zweiten Speicherschicht nur 3,8 GB gespeichert werden. Dies ist dadurch zu erklären, dass die zweite Schicht etwas größere Pits und Lands erfordert. Wie bei der DVD–10 kann man nun wieder zwei Doppelspeicherschichten in einer einzigen DVD verschmelzen. Man erhält so eine DVD mit einer Speicherkapazität von 17 GB. Diese *DVD-18* muss allerdings wieder von Hand umgedreht werden.

Kapitel 4

Monitore und Sound–Systeme

In diesem Kapitel beschäftigen wir uns mit den wohl wichtigsten Ausgabemedien eines PCs, den Monitoren und Sound–Systemen. Sie ermöglichen einerseits die graphische Darstellung von Texten, Bildern und Videos, andererseits die Ausgabe von Tönen, Sprache und Musik. Vereinfachend werden sie auch als „Multimedia–Ausgabeschnittstellen" bezeichnet. Auf die „MultimediaEingabeschnittstellen" z.B. zur Aufnahme von Bildern oder Videos mittels einer digitalen Kamera gehen wir erst in Kapitel 5 ein.

Im ersten Teil des Kapitels beschäftigen wir uns zunächst mit dem Aufbau und Funktionsprinzip eines Monitors. Aus historischen Gründen beschreiben wir dabei auch noch Geräte mit *Kathodenstrahlröhre*, bevor wir uns den moderneren *LCD–Bildschirmen* zuwenden. Im zweiten Teil behandeln wir *Graphikkarten* – ihren prinzipiellen Aufbau, gebräuchliche Standards und Prinzipien der 3D–Darstellung. Der letzte Teil hat Sound–Systeme zum Thema und beschreibt insbesondere den Aufbau von Soundkarten sowie ihre gebräuchlichsten Standards.

4.1 Monitore

4.1.1 Monitore mit Kathodenstrahl–Röhren

In den letzten Jahren wurden die Monitore (Bildschirmgeräte), die Bilder mittels einer *Kathodenstrahl–Röhre* (*Cathode Ray Tube* – CRT) erzeugen, fast vollständig durch die in den folgenden Abschnitten behandelten Monitore mit Flachbildschirm vom Markt verdrängt. Da die Funktionsweise der CRTRöhren aber die Ausgabeschnittstelle von Graphikadaptern geprägt hat, ist es angebracht, kurz auf ihr Funktionsprinzip einzugehen. Der Aufbau einer *Kathodenstrahl-Röhre* ist in Abbildung 4.1 schematisch dargestellt.

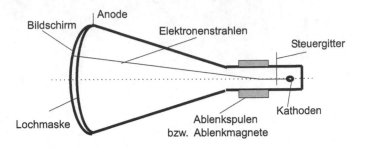

Abb. 4.1 Aufbau einer Kathodenstrahl–Röhre.

Am schmalen Ende der Röhre sitzt eine sog. „Elektronenkanone", bestehend aus einer Kathode und einer Ablenkeinheit. Die Beschichtung der Bildschirminnenseite ist elektrisch leitend und wirkt als Anode, also als Gegenpol zur Kathode. Die von der beheizten, glühenden Kathode freigesetzten Elektronen werden als Elektronenstrahl durch die Anoden–Kathoden–Spannung beschleunigt und in Richtung des Bildschirms geschickt. Der Elektronenstrahl wird durch Magnetfelder oder elektrische Felder horizontal und vertikal abgelenkt, damit er jeden Punkt des Bildschirms erreichen kann. Auf der Innenseite des Bildschirms sind in regelmäßigem Abstand leuchtende Phosphorpunkte aufgebracht. Der Elektronenstrahl fährt zeilenweise von links nach rechts [1] und von oben nach unten über die Leuchtschicht. Er kann durch Veränderung der Spannung am Steuergitter (s. Abbildung 4.1) vor der Kathode in seiner Stärke variiert werden, um verschiedene Leuchtintensitäten zu erzeugen. Vor der Innenseite des Bildschirms befindet sich eine Lochmaske (s. Abbildung 4.2), die dafür sorgt, dass der Elektronenstrahl auf dem Bildschirm möglichst genau auf die Phosphorpunkte trifft. Der Abstand zwischen zwei Löchern, gemessen von ihren Mittelpunkten aus, liegt zwischen 0,32 und 0,21 mm. Je kleiner dieser Abstand ist, desto größer ist die Auflösung des Monitors. Wird ein Phosphorpunkt getroffen, so beginnt er für eine gewisse Zeit zu leuchten. Um den Elektronenfluss nicht abzubremsen, herrscht im Glaskolben der Röhre ein Vakuum.

Ein Farb–CRT–Monitor besitzt drei getrennte Steuergitter, die die Elektronenstrahlen für die Darstellung der Grundfarben Rot, Grün und Blau (RGB) erzeugen und ihre Intensitäten individuell beeinflussen. Auf der Bildschirminnenseite sind regelmäßig Phosphorpunkte aufgebracht, die in diesen drei Grundfarben leuchten. Aus der geeigneten Kombination von Rot, Grün und Blau kann durch additive Farbmischung jede Farbe erzeugt werden. Ein Gesamtbild entsteht als Matrix aus unterschiedlich hellen, farbigen

---

[1] aus Sicht des Betrachters

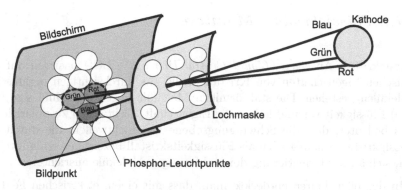

Abb. 4.2 Prinzip der Bilderzeugung mit Kathodenstrahlen.

Punkten, den sog. Bildpunkten (*Pixel*). Je enger die Punkte zusammenstehen, desto besser wirkt das Bild. Der Abstand (*Dot pitch*) sollte höchstens 0,26 mm betragen. Dies bedeutet aber auch, dass bei einer gegebenen Fläche[2] des Monitors mehr Punkte angebracht werden müssen. Haben die Elektronenstrahlen den ganzen Bildschirm abgefahren, so fangen sie „oben links" wieder von vorn an, da das Leuchten des Phosphors schnell nachlässt. Für Computer-Bildschirme, die häufig auch statische Bilder darstellen, gilt eine Bildwiederholrate von 85 Hz als ausreichend, um Flimmerfreiheit zu erzielen. Hier ist nicht nur darauf zu achten, dass ein Monitor mit einer solch hohen Bildwiederholrate arbeiten kann, der Graphikadapter muss die Bilddaten auch mit dieser Rate liefern können. Heutige CRT–Monitore stellen sich in der Regel automatisch auf die Bildwiederholrate, mit der der Graphikadapter arbeitet, ein. Gleiches gilt für die *Auflösung*, d.h. die Anzahl der Bildzeilen und –spalten, die der Graphikadapter liefert.

Über die übliche VGA–Schnittstelle (vgl. Unterabschnitt 4.1.5) werden die von der Graphikkarte erzeugten Ansteuersignale für die CRT–Bildschirm in analoger Form übertragen. Diese Signale werden durch einen eng mit dem Bildspeicher (RAM) des Graphikadapters verbundenen Digital/Analog–Umsetzer (*Random Access Memory Digital/Analog Converter* – RAMDAC) erzeugt (vgl. Unterabschnitt 4.2.4).

CRT–Monitore zeichnen sich insbesondere durch ihre hohe Reaktionsgeschwindigkeit aus. Gegenüber den im Folgenden beschriebenen Flachbildschirmen sind sie aber sehr sperrig und schwer. Außerdem weisen sie deutlich schlechtere Darstellungseigenschaften auf. So treten selbst bei hochwertigen CRTs Randverzerrungen und Verzerrungen der Bildobjekte aufgrund von sog. Konvergenzfehlern auf. Darüber hinaus ist bis heute nicht eindeutig geklärt, ob die von ihnen ausgehende elektromagnetische Strahlung gesundheitliche Schäden hervorrufen kann.

---

[2] Meist wird statt der Fläche die Länge der Diagonalen angegeben.

4.1.2 Flüssigkristall–Monitore

Flüssigkristall–Anzeigen (*Liquid Crystal Displays* – LCD basieren auf den
optischen Eigenschaften von Kristallen, die aus durchsichtigen organischen
Molekülen bestehen. Die stabförmigen Moleküle liegen als zähflüssige (vis-
kose) Flüssigkeit vor und haben die Eigenschaft, Lichtwellen zu polarisieren.
Dies bedeutet, dass die Schwingungsebene von Lichtwellen, die durch den
Flüssigkristall – häufig auch als Flüssigkeitskristall bezeichnet – hindurchge-
hen, sich an der Orientierung der stabförmigen Moleküle ausrichtet.

   In den 60er Jahren entdeckte man, dass mit einem elektrischen Feld die
Orientierung der Moleküle beeinflusst werden kann. Damit hat man die Möglichkeit, die Polarisationsrichtung des durch den Flüssigkristall hindurchge-
henden Lichts elektrisch umzuschalten. In Abbildung 4.3 ist der schematische
Aufbau eines Pixels auf einem LCD–Bildschirm[3] dargestellt.

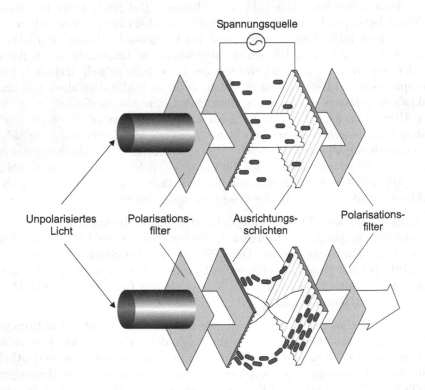

Abb. 4.3 Funktionsprinzip eines Flüssigkristall–Bildschirms

---

[3] Genauer müsste es heißen: LC–Bildschirm.

Betrachten wir zunächst den unteren Teil der Abbildung. Von links kommt unpolarisiertes Licht aus einer Lichtquelle, die den gesamten Bildschirm eines LCDs von hinten gleichmäßig ausleuchtet. Diese Hintergrundbeleuchtung (*Backlight*) wird durch Leuchtstoffröhren oder Reihen von Leuchtdioden (*Edge–LED Display*)[4] realisiert, die an den Seiten des Displays angebracht sind. Bei hochwertigeren Monitoren erfolgt die Hintergrundbeleuchtung direkt durch LEDs (*Full–LED Display*), von denen je eine für 4×4 Bildpunkte verwendet wird. Die horizontale Schwingungsebene der Hintergrundbeleuchtung wird mit Hilfe einer Polarisationsfolie herausgefiltert. Die Polarisationsfolie deckt die gesamte Anzeigefläche ab, d.h. alle Bildpunkte (*Pixel*) werden von hinten mit horizontal polarisiertem Licht angestrahlt. Bei den heute üblich Farbmonitoren besteht jeder Bildpunkt, wie beim CRT–Monitor, wieder aus drei Leuchtpunkten in den Farben Rot, Grün und Blau.

Der eigentliche Flüssigkristall befindet sich zwischen zwei durchsichtigen Folien (oder Glasplatten), in die winzige horizontale und vertikale Rillen eingeritzt sind. Diese „Ausrichtungsschichten" (*Alignment Layer*) sind um $90°$ gegeneinander verdreht und der Zwischenraum wird vom Flüssigkristall ausgefüllt. Die stabförmigen Moleküle richten sich parallel zu den Ausrichtungsschichten aus und sorgen so dafür, dass die Polarisationsebene des eindringenden Lichts ebenfalls um $90°$ gedreht wird. Das Licht tritt daher auf der anderen Seite mit vertikaler Polarisation aus. Dort befindet sich nun eine zweite Polarisationsfolie, die ebenfalls vertikal ausgerichtet ist und somit das eintreffende Licht passieren lässt. Der Betrachter, der auf die Anzeige schaut, wird folglich einen hellen Bildpunkt wahrnehmen.

Betrachten wir nun das obere Teilbild in Abbildung 4.3, bei dem zwischen beiden Ausrichtungsschichten eine elektrische Spannung angelegt wird. Infolge des elektrischen Feldes richten sich alle Moleküle gleichförmig horizontal aus, so dass die Polarisationsebene *nicht* mehr um $90°$ verdreht wird. Das aus dem Flüssigkristall austretende, horizontal polarisierte Licht wird nun von dem vertikal ausgerichteten Polarisationsfilter blockiert. Der Betrachter sieht daher einen dunklen Bildpunkt. Durch die Höhe der elektrischen Spannung kann die Polarisationsrichtung des austretenden Lichts von vertikal bis horizontal kontinuierlich verändert werden. In Verbindung mit der zweiten Polarisationsfolie kann dadurch auch die Bildpunkthelligkeit gesteuert werden.

Um die Spannungen an die einzelnen Bildpunkte heranzuführen, werden auf die Ausrichtungsschichten von außen transparente Elektroden in Form eines Leitungsgitters aufgebracht. LCD–Bildschirme haben daher — im Gegensatz zu CRT–Monitoren — eine feststehende Auflösung. Wenn man z.B. einen Monitor mit einer Auflösung von 1024×768 Bildpunkten mit einer Auflösung von 640×480 Bildpunkten ansteuert, so muss der Bildschirminhalt entsprechend vergrößert werden. Diese Vergrößerung führt aber insbe-

---

[4] LED steht für *Light Emitting Diode*.

sondere bei Schriften zu unschönen Artefakten. Die meisten modernen LCD–
Bildschirme sind jedoch in der Lage, diese Artefakte durch das so genannte
Anti–Aliasing–Verfahren zu unterdrücken. Die bestmögliche Bildqualität erhält man aber bei LCD–Bildschirmen nur dann, wenn man den Graphikadapter genau auf die geforderte Monitor–Auflösung einstellt.

4.1.3 Passiv– und Aktivmatrix–Anzeigen

Da die Schichtenfolge des in Abbildung 4.3 dargestellten LCD–Bildschirms
bewirkt, dass die Polarisationsebene des durchgehenden Lichts gedreht wird,
spricht man auch von einem *Twisted Nematic Display* (TN). Je nachdem,
wie man die lokalen elektrischen Felder zum Schalten der Pixel erzeugt, unterscheidet man LCD–Bildschirme mit *passiver* oder *aktiver* Pixelmatrix.

Passivmatrix: Bei einer Passivmatrix lassen sich, wie wir oben gesehen haben, die Bildpunkte durch eine Spannung an zwei sich kreuzenden Leiterbahnen ausschalten. Beim Anlegen der Spannung kommt es wegen der Um-
ladungsprozesse im Flüssigkristall zu einem exponentiell abfallenden Stro-
mimpuls. Da zu einem bestimmten Zeitpunkt immer nur ein einziger Pixel
angesteuert werden kann, muss der Schaltvorgang so schnell wiederholt werden, dass der Betrachter wegen der Trägheit des menschlichen Auges glaubt,
ein stehendes Bild zu sehen.

Bei einer passiven Matrix befinden sich die Schalttransistoren im Controller des Flüssigkristall–Bildschirms. Dort wird für jede Zeile und Spalte genau
ein Transistor benötigt. Da bei dieser Technik die Pixel zyklisch ein– und
ausgeschaltet werden, ergibt sich ein kontrastarmes Bild. Außerdem ist die
Reaktionszeit sehr groß, d.h. der Helligkeitswechsel eines Bildpunktes – von
Schwarz zu Weiß oder umgekehrt – dauert so lange, dass das menschliche
Auge die Verzögerung deutlich wahrnimmt. Schnelle Bewegungen des Mauszeigers erscheinen verschmiert, weil die Flüssigkristalle aufgrund der ständig
nötigen Umladungen nicht schnell genug folgen können. Um die Reaktionszeiten zu verkürzen, teilt man daher den Bildschirm oft in zwei Teile, die
dann mit zwei getrennten Steuereinheiten parallel betrieben werden. Diese so
genannten *DSTN Displays* (*Dual Scan Twisted Nematic*) erreichen typische
Antwortzeiten von 300 ms. Obwohl dies für normale Bildschirmarbeit genügt,
schränken diese noch recht hohen Antwortzeiten den Bereich der möglichen
Anwendungen ein.

Aktivmatrix: Deutliche Verbesserungen der Reaktionszeiten (bis zu wenigen ms) erreicht man nur mit *Aktivmatrix*–Anzeigen. Hier werden in jedem
Kreuzungspunkt der Matrix Dünnfilm–Transistoren integriert. Man spricht
von *TFT–Displays* (*Thin Film Transistor*). Der Aufwand zur Herstellung
ist jedoch deutlich höher als bei Passivmatrix–Anzeigen. Während bei einer

farbigen Passivmatrix–Anzeige mit 1024 × 768 Bildpunkten und je einem
Transistor für jede Grundfarbe 5376 (3×1792) Transistoren benötigt werden, müssen bei gleicher Auflösung für eine Aktivmatrix–Anzeige insgesamt
3 · 1024 · 768 = 2.359.296 Dünnfilm–Transistoren auf der Außenseite der
Ausrichtungsschichten integriert werden. Das sind rund 1000–mal so viele
Transistoren wie bei einer Passivmatrix–Anzeige. Da die Verbraucher nur eine geringe Zahl fehlerhafter Bildpunkte (Pixelfehler) tolerieren, ergeben sich
bei der Herstellung relativ hohe Ausschussraten. Dies schlägt sich wiederum
in hohen Preisen für TFT–Anzeigen nieder.

4.1.4 Kenndaten von Flüssigkristall–Anzeigen

Allgemeine Daten

Moderne LCD–Monitore bieten eine maximale Auflösung von 1920 Zeilen
und 1200 Spalten, also insgesamt 1920×1200 Bildpunkten (2,3 Mio. Punkte).[5] Der Abstand der Bildpunkte (Pixelabstand) liegt bei 0,25 mm. Für jede
Farbe stehen acht Bits zur Verfügung. Das bedeutet, dass bis zu 2^{24} Farben, also ca. 16,8 Mio. Farben, dargestellt werden können. Die Anzahl der
Bits pro Bildpunkt zur Speicherung der möglichen Farben (manchmal auch
einer Farbkomponente) wird als *Farbtiefe* bezeichnet. Die Frequenz, mit der
die einzelnen Bildschirmzeilen angesprochen werden, die sog. Horizontalfre-
quenz, liegt im Bereich von 30 bis 83 kHz. Die gesamte Anzeige wird mit einer
Bildwiederholrate, der sog. Vertikalfrequenz, von 50 bis 85 Hz zyklisch „aufge-
frischt". Die Reaktionszeit, die ein Bildpunkt zum Wechseln seines Zustands
benötigt, liegt bei 2 ms, was ein klares, nicht verschmiertes Bild ermöglicht.[6]

Die Leistungsaufnahme beträgt bis zu 55 Watt im aktiven Betrieb und
unter 1 W im Bereitschaftsmodus (*Standby*). Übliche PC–Monitore weisen
eine Größe von bis zu 22 Zoll (ca. 56 cm) in der Diagonalen auf. (Sehr große
Exemplare erreichen aber auch eine Diagonallänge von 32 bis 82 Zoll – ca. 81
bis 208 cm). Wie bei den Fernsehgeräten findet auch hier ein Übergang vom
Seitenverhältnis 4 : 3 (Breite × Höhe) zum Seitenverhältnis 16 : 9 statt, das
eine bessere Wiedergabe von Kinofilmen auf einem Multimedia–PC erlaubt.

Pixelfehler

Bei TFT–Anzeigen treten zwei Arten von Pixelfehlern auf:

---

[5] Dies übertrifft die Auflösung des (*Full–*)HD–Fernsehens (*High–Definition TV*) mit
1920 × 1080 Bildpunkten.

[6] Genauer handelt es sich hier um die sog. Grau–zu–Grau–Zeit, also die Zeit für einen
Wechsel von einem Grauton zum anderen. Daneben wird noch die Schwarz–zu–Weiß–
Zeit zum Umschalten von Schwarz auf Weiß betrachtet

- Ein ständig leuchtender (roter, grüner oder blauer) Bildpunkt vor einem schwarzen Hintergrund tritt auf, wenn der zugehörige Transistor nicht eingeschaltet werden kann.

- Ein ständig dunkler Bildpunkt auf einem weißen Hintergrund tritt auf, wenn der zugehörige Transistor einen Kurzschluss aufweist und nicht mehr abgeschaltet werden kann.

Der erstgenannte Fehler tritt am häufigsten auf. Da ein ständig leuchtender Bildpunkt sehr störend wirkt, wandelt man diesen Fehler häufig mit einem Laserstrahl in den zweitgenannten Fehler um. Damit TFT–Anzeigen zu akzeptablen Preisen hergestellt werden können, müssen die Kunden Pixelfehler in gewissen Grenzen akzeptieren. Man beachte, dass z.B. 10 Pixelfehler bei einer TFT–Anzeige mit 1024×768 Bildpunkten einer sehr geringen Fehlerrate von nur 0,0127 Promille entsprechen.

Mit der ISO–Norm 13406–2 werden Pixelfehlerklassen vorgegeben, in welche die LCD–Bildschirme anhand der Art und Zahl der Fehler eingeordnet werden. Dabei werden drei Fehlertypen unterschieden: Typ 1 – ständig leuchtend, Typ 2 – ständig dunkel, Typ 3 – teildefekt. Bei Typ–3–Fehlern sind nicht alle drei Leuchtpunkte eines Bildpunktes fehlerhaft, d.h. vom Typ 1 oder 2. Die Hersteller garantieren für einen Bildschirm einer bestimmten Pixelfehlerklasse, dass die Zahl der Fehler nicht die in Tabelle 4.1 angegebenen Werte überschreitet. LCD–Bildschirme der Pixelfehlerklasse I sind absolut fehlerfrei und daher auch am teuersten.

Tabelle 4.1 Übersicht über Pixelfehlerklassen nach ISO 13406–2.

Klasse	Typ 1 ständig leuchtend	Typ 2 ständig dunkel	Typ 3 teildefekt
I	0	0	0
II	2	2	5
III	5	15	50
IV	50	150	500

Statischer Kontrast und Blickwinkel

Der statische Kontrast ergibt sich als Verhältnis aus den Helligkeitswerten bei der Darstellung von weißen und schwarzen Flächen. Die Farbwiedergabe wird dabei nicht berücksichtigt. Ein hohes Kontrastverhältnis ist wichtig, wenn man den LCD–Bildschirm bei hellem Umgebungslicht benutzt. Maximal-Werte für den statischen Kontrast bei hochwertigen Bildschirmen liegen bei 1000 : 1 (weiß : schwarz). Der häufig – insbesondere auch bei LCD–Fernsehern – angegebene dynamische Kontrast wird durch eine Veränderung der Stärke der Hintergrundbeleuchtung erreicht. Dadurch werden Werte bis zu 2.000.000 : 1 erreicht. Ihre Aussagekraft für LCD–Monitore ist jedoch umstritten.

Der maximale Betrachtungswinkel gibt an, unter welchem Winkel das Kontrastverhältnis auf 10 Prozent des Wertes abfällt, der bei senkrechter Betrachtung des Bildschirms erreicht wird. Ähnlich wie bei Pixelfehlern werden durch die ISO–Norm 13406–2 auch Blickwinkelklassen definiert. Bildschirme der Klasse I ermöglichen die gleichzeitige Nutzung durch mehrere Personen, da hier Leuchtdichte, Farbdarstellung und Kontrast nur wenig vom Betrachtungswinkel abhängen. Für einzelne Benutzer, die stets frontal auf den Bildschirm sehen, ist die Blickwinkelklasse IV ausreichend. Typische PC–Monitore erreichen heute bereits Blickwinkel von 170° in horizontaler und 160° in vertikaler Richtung.

Helligkeit

Ein weiterer häufig angegebener Wert ist die Helligkeit eines Monitors. Sie gibt die Leuchtdichte, also das Verhältnis der Lichtstärke zur Fläche, an und wird in der Einheit cd/m^2 (Candela) gemessen. Durch die Helligkeit wird im Wesentlichen die Darstellung der Farbe Schwarz bestimmt, die nur wenig heller als ein ausgeschalteter Monitor sein sollte. Ist die Helligkeit zu gering, lassen sich in den dunklen Bildbereichen keine unterschiedlichen Farbabstufungen mehr erkennen. Typische Werte[7] für die Helligkeit von LCD–Monitoren liegen bei 250 bis 300 cd/m^2.

Farbtemperatur

Die Farbqualität eines LCD–Bildschirms wird in hohem Maße von der so genannten *Farbtemperatur* der Hintergrundbeleuchtung bestimmt. Ein auf eine bestimmte Temperatur erhitzter schwarzer Körper strahlt elektromagnetische Wellen mit einem charakteristischen Wellenlängenspektrum ab. Bei niedrigen Temperaturen findet man vorwiegend langwellige, rote Strahlung, bei hohen Temperaturen überwiegt die kurzwellige, blaue Strahlung. Dazwischen liegt die Farbtemperatur des Tageslichts. Die Farbtemperatur der Hintergrundbeleuchtung wirkt zusammen mit den Farbfiltern der LCD–Anzeige und bestimmt damit die darstellbare Farbpalette. Sie entscheidet letztendlich darüber, in welchem „Ton" beispielsweise eine weiße Bildfläche erscheint: bei einem hohen Anteil langwelliger Strahlen als eher „warmes" Weiß (wie bei einer Standard-Glühbirne), bei einem hohen Anteil kurzwelliger Strahlen als „kaltes" Weiß (wie bei einer Neon—Leuchte). Monitore sind in der Regel auf eine Farbtemperatur über der des Tageslichts eingestellt, da ein leichter „Blaustich" zu einer scheinbar höheren Farbbrillianz führt. Hochwertige Monitore erlauben jedoch, die Farbtemperatur an die jeweilige Aufgabenstellung (z.B. Bildverarbeitung) anzupassen und so auf z.B. die weitaus schonendere Farbtemperatur des Tageslichts einzustellen.

---

[7] Zum Vergleich: Helligkeit einer 60–W–Glühbirne: 120.000 cd/m^2, Vollmond: 0,1 cd/m^2

4.1.5 Monitor–Schnittstellen

Flachbildschirme weisen – im Unterschied zu den CRT–Monitoren – stets eine digitale Steuerung auf. Damit ist die Umwandlung der Digital– in Analogsignale überflüssig und es vollzieht sich bei den Graphikschnittstellen ein Wechsel: Statt der früher üblichen, analogen VGA–Schnittstelle (*Video Graphics Array*) werden zunehmend digitale Schnittstellen wie DVI und HDMI eingesetzt. Auf die genannten Schnittstellen werden wir in den folgenden Unterabschnitten ausführlicher eingehen. Auch bei CRT–Monitoren wird vermehrt die Digital/Analog–Wandler (RAMDAC, s.o.) in den Monitor verlagert und so die nötige Umsetzung der Digital– in Analogsignale „vor Ort" ausgeführt. So vermeidet man außerdem Qualitätsverluste, die aufgrund der analogen Signalübertragung auftreten können.

In der Geschichte der Monitor–Schnittstellen hat es eine ganze Reihe von weiteren Standards gegeben, wie zum Beispiel *Hercules Graphic* (HGC), *Common Graphic Adapter* (CGA), und *Enhanced Graphic Adapter* (EGA). Auf diese wollen wir hier nicht weiter eingehen. Interessanterweise übertrugen einige dieser Standards die Bildinformation bereits digital zum Monitor. Der Übergang zur analogen Übertragung kam mit dem VGA–Standard, da zur damaligen Zeit die für die vorgesehene Auflösung und Farbtiefe (s.u.) erforderliche Datenmenge nicht digital zu einem vertretbaren Preis übertragen werden konnte.

4.1.5.1 Video Graphics Array (VGA)

Der VGA–Standard für CRT–Farbmonitore sah im Graphikmodus lediglich eine (für heutige Anforderungen eher „bescheidene") Auflösung von 640×480 Bildpunkten bei einer Farbtiefe von 18 Bits, also 262000 (2^{18}) verschiedenen Farben vor. Sehr schnell kamen deshalb Erweiterungen auf den Markt, die höhere Auflösungen ermöglichten: SVGA mit 800×600 Pixel, XGA mit 1024×768 Pixel sowie UVGA mit 1280×1024 Pixel. Auch die Farbtiefe wurde auf 24 Bits erweitert. Unabhängig von der maximal möglichen Auflösung wird die Schnittstelle des Graphikadapters zum CRT–Monitor jedoch weiterhin als VGA–Schnittstelle bezeichnet.

Der Anschluss eines „VGA"–Monitors erfolgt über einen 15–poligen sog. Sub–D–Stecker, der neben den RGB–Analogsignalen auch Horizontal– und Vertikal–Synchronisationssignale bereitstellt. Die Übertragung der Analogsignale erfordert insbesondere bei hohen Auflösungen hochwertige Kabel– und Anschlusskontakte. Um Verluste bei der Bildqualität zu vermeiden, benutzt man z.T. separate Koaxialkabel.

Abbildung 4.4 zeigt diesen Stecker und die Signalbelegung der einzelnen Anschlüsse (*Pins*).

Pin	Signal	Pin	Signal	Pin	Signal
1	Rot	6	GND Rot	11	ID0
2	Grün	7	GND Grün	12	ID1
3	Blau	8	GND Blau	13	H-SYNC
4	ID2	9	frei	14	V-SYNC
5	frei	10	GND Sync	15	frei

Abb. 4.4 Signale der VGA–Schnittstelle

Die drei mit Rot, Grün und Blau bezeichneten Anschlüsse tragen die analogen Signale zur Ansteuerung der drei Farbkathoden in der Elektronenstrahlröhre des CRT–Monitors (vgl. 4.2.1). Für jedes Signal ist eine eigene Masseleitung (*Ground* – GND) vorhanden. Die mit V–SYNC und H–SYNC bezeichneten Signale dienen der Synchronisation der Bilddarstellung: V–SYNC (*Vertical Synchronisation*) zeigt dabei jeweils den Zeilenwechsel, also den Sprung vom Ende einer Zeile zum Beginn der nächsten, an; H–SYNC (*Horizontal Synchronisation*) kennzeichnet das Ende eines Bildes und den Beginn des folgenden, also den Rücksprung von der unteren rechten Ecke zur oberen linken Ecke des Bildschirms. Für beide Synchronisiersignale trägt der Stecker ein gemeinsames Massesignal (GND Sync).

Wird ein LCD–Monitor über die VGA–Schnittstelle angesteuert, so müssen die „mühsam" vom Graphikadapter aus den digitalen Signalen erzeugten Analogsignale durch Analog/Digital–Wandler im Monitor wieder in die digitale Form überführt werden.

4.1.5.2 Digital Video Interface (DVI)

Moderne Graphikadapter verfügen über einen DVI–Port (*Digital Video Interface*) zum Anschluss von LCD–Monitoren. Der DVI–Standard geht auf die Arbeit der *Digital Display Working Group* (DDWG) zurück und führt eine bitserielle Übertragung mit dem so genannten TMDS–Protokoll aus, das die Zahl der (binären) Signalübergänge minimiert (*Transition Minimized Differential Signalling* – TMDS). Durch dieses Protokoll werden die elektromagnetischen Interferenzen reduziert. Abbildung 4.5 zeigt den Anschluss eines LCD–Monitors an einen Graphikadapter über die digitalen Signale der DVI–Schnittstelle.

Abbildung 4.6 zeigt die vollständige Anschlussbelegung eines DVI–Steckers. Die digitalen RGB–Farbsignale (Data0+/Data0– bis Data2+/Data2–) mit einer Farbtiefe von maximal 24 Bits und ein Taktsignal (Clock+/Clock–) werden über vier verdrillte Leitungspaare (*twisted Pair*) zum Bildschirm über-

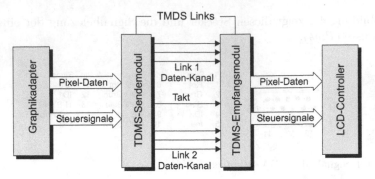

Abb. 4.5 Digitale Signale der DVI–Schnittstelle

tragen. Für jedes Leitungspaar steht noch eine Abschirmung (*Shield* – Shld)
zur Verfügung, die sich jedoch jeweils zwei Datenleitungen teilen müssen.

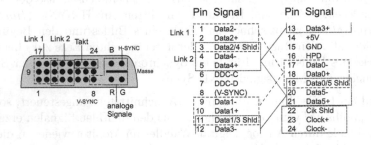

Abb. 4.6 DVI–Stecker mit Anschlussbelegung

Im DVI–Standardstecker sind noch Anschlüsse für einen zusätzlichen
zweiten Datenkanal (Data3+/Data3– bis Data5+/Data5–) vorhanden (*Dual
Link*), so dass die Übertragungsbandbreite für Bildschirme mit sehr hoher
Auflösung leicht verdoppelt werden kann. Dabei benutzen beide Kanäle das
gleiche Taktsignal, das eine Übertragungsrate von 1,65 Gbit/s pro Leitungspaar ermöglicht. Da für jeweils vier Datenbits einer Farbinformation ein zu-
sätzliches Steuerbit übertragen wird, pro Byte also 10 Bits (ANSI–8B10B),
beträgt die maximale Übertragungsrate pro Verbindung 165 MPixel/s. Eine
Dual-Link-Schnittstelle erlaubt daher eine Rate von maximal 330 MPixel/s.

Über die Leitungen DDC (*Display Data Channel*) kann ein einfacher Kommunikationskanal implementiert werden, der auf dem I²C–Bus (*Inter–IC–
Bus*) basiert. Dieser Bus (vgl. Kapitel 1) ist ein langsamer serieller Bus, der
von der Firma Philips vor ca. 30 Jahren entwickelt wurde und zunächst zur
Verbindung von Integrierten Bausteinen (ICs) diente. Er besitzt ein einfaches Busprotokoll und überträgt die Daten auf der Leitung DDC–D (*serial*

Data) und den Takt auf der Leitung DDC–C (*serial Clock*). Dieser Kanal unterstützt das Einfügen und Entfernen eines Gerätes während des Betriebs (*Hot Plug and Play*) und besitzt dazu das Erkennungssignal HPD (*Hot–Plug Detect*).

Den DVI–Anschluss gibt es in drei Varianten, wobei die beiden letzten mit einfachem oder doppeltem Datenkanal realisiert sein können:

- DVI–A enthält die analogen Videosignale der VGA–Schnittstelle (R, G, B, V–SYNC, H–SYNC und Masse), den Kommunikationskanal DDC sowie die Spannung +5 V und Masse (GND),

- DVI–D enthält nur die digitalen Videosignale des einfachen oder zweifachen Datenkanals sowie den Kommunikationskanal DDC und die Betriebsspannungen,

- DVI–I integriert die beiden o.g. Varianten. Als Dual–Link–Schnittstelle besitzt sie eine vollständige Anschlussbelegung.

4.1.5.3 High Definition Multimedia Interface (HDMI)

Moderne Monitore bieten mit dem HDMI–Anschluss eine weitere digitale Schnittstelle, die zunächst für den privaten Bereich der Unterhaltungselektronik entwickelt und von dort „natürlicherweise" in die Multimedia-PCs zur Übertragung von Audio– und Videodaten übernommen wurde. Da HDMI auf dem DVI–Anschluss basiert, ist es „abwärtskompatibel" zum DVI–D–Standard. Daher können über spezielle Adapter z.B. auch Monitore mit DVI–Eingang über den HDMI–Ausgang von Graphikkarten mit allen DVI–Signalen versorgt werden. Beim Anschluss von Monitoren mit HDMI–Eingang am DVI–Ausgang von Graphikkarten wird jedoch nur eine Teilmenge der HDMI–Signale benutzt.

Wie beim DVI werden die Signale beim HDMI bitseriell mit dem TMDS–Protokoll (s.o.) übertragen, das die Zahl der (binären) Signalübergänge minimiert. Für die digitalen RGB–Farbsignale (Data0+/Data0– bis Data2+/Data2–) und das Taktsignal (Clock+/Clock–) stehen vier verdrillte Leitungspaare (*twisted Pair*) zur Verfügung (s. Abbildung 4.7). Jedes Leitungs- bzw. Taktsignalpaar besitzt noch eine zusätzliche Leitung für die elektrische Abschirmung (*Shield* – Shld).

Im Unterschied zum DVI unterstützt HDMI jedoch nicht nur das 24–Bit–RGB–Farbmodell, sondern auch weitere Modelle mit 30 (3×10), 36 (3×12) oder sogar 48 Bits (3×16) pro Bildpunkt. (Auf diese Modelle kann hier aus Platzgründen nicht eingegangen werden.) Die neueste HDMI–Version 1.4 ermöglicht eine maximale Übertragungsrate von 340 MPixel/s. Wegen der Codierung eines Halbbytes durch 5 Bits entspricht dies einer Übertragungsrate

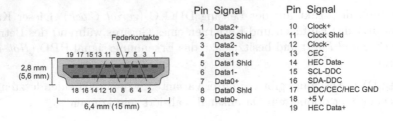

Abb. 4.7 HDMI–Steckerbuchse mit Anschlussbelegung

von 3,4 GBit/s auf jedem der drei Farb–Leitungspaare DATA2, DATA1, DA-TA0, also insgesamt 10,2 GBit/s. „Netto" erhält man also eine maximale Video–Bandbreite von 8,16 GBit/s. Bei einer 24–Bit–Farbcodierung reicht diese Übertragungsrate für einen Monitor mit der „riesigen" Auflösung von 4096×2160 Bildpunkten und einer Bildwiederholrate von 24 Bildern pro Sekunde. Im Multimediabereich können damit auch Videos des neuen *Blu–Ray*-Standards mit voller HD–Auflösung (*High Definition*) von 1920×1080 Bildpunkten abgespielt werden.

Da HDMI im Multimedia–Bereich eingesetzt wird, erlaubt diese Schnittstelle auch die volldigitale Übertragung von Audio–Daten, die zusammen mit dem Bild im TDMS–Signal codiert sind. Dazu unterstützt sie alle heute üblichen Audio–Formate, auf die wir hier nicht näher eingehen können, von denen wir jedoch die wichtigsten benennen wollen: Dolby Digital Plus, DVD–Audio und Dolby TrueHD (für die Ausgabe auf einem Voll–HD–Fernseher). Digitale Audio–Daten können mit Ausgaberaten von bis zu 192 kHz und einer Wortbreite von bis zu 24 Bit vorliegen. Die Übertragung kann dabei in bis zu acht getrennten Kanälen vorgenommen werden.

Abbildung 4.7 zeigt den gebräuchlichen HDMI–Stecker mit 19 Kontakten und ihre Belegung. In der Abbildung sind die Maße 15×5,6 mm² für den größeren Steckertyp A und 6,4×2,8 mm² für den Stecker C (Mini–HDMI) angegeben. Auch beim HDMI gibt es – wie beim DVI–Anschluss – die Möglichkeit, zwei getrennte Kanäle über eine einzige Verbindung zu führen. Von dieser Möglichkeit wird jedoch kaum Gebrauch gemacht. Der Steckertyp B für einen Doppelkanal umfasst 29 Kontakte.

Für den Einsatz im Multimedia–Bereich verfügt HDMI noch über weitere Signale, die hier nur kurz erwähnt werden sollen[8]:

- Über den 1–Draht–Bus CEC (*Consumer Electronics Channel*) werden verschiedene Busprotokolle für den Einsatz von universellen Fernbedienungen

---

[8] HDMI wie der im Folgenden beschriebene DisplayPort sehen Maßnahmen vor, die übertragenen Videodaten mit einem Kopierschutz zu versehen. Auf diese Fähigkeiten wollen wir hier nicht eingehen, da sie eher für den reinen Unterhaltungsbereich wichtig sind.

unterstützt, so dass eine einzige Fernbedienung zur Steuerung mehrerer HDMI–Geräte benutzt werden kann.

- Wie bei der DVI–Schnittstelle kann über die Leitungen DDC (*Display Data Channel*) ein einfacher Kommunikationskanal implementiert werden, der auf dem I^2C–Bus (*Inter–IC–Bus*) basiert und die Daten auf der Leitung SDA–DDC (*serial Data*) sowie den Takt auf der Leitung SCL–DDC (*serial Clock*) überträgt.

- Über das Leitungspaar HEC Data+/Data– (*HDMI Ethernet Channel*) können Signale des Ethernets – einem weit verbreiteten Lokalen Netz, das Sie in Kapitel 6 kennen lernen werden – mit bis zu 100 MBit/s übertragen werden.

4.1.5.4 DisplayPort

Im Frühjahr 2006 kam eine weitere Monitor–Schnittstelle auf den Markt, die als *DisplayPort* bezeichnet wird. In Abbildung 4.8 ist sein Anschluss dargestellt. Die Steckverbindung des DisplayPorts ist wesentlich kleiner als der VGA– oder DVI–Anschluss. Darüber hinaus wird er in einer kleineren Version als Mini DisplayPort eingesetzt. Ein weiterer Vorteil gegenüber den anderen beschriebenen Schnittstellen besteht darin, dass der Stecker über eine mechanische Verrieglung verfügt, die stets für einen guten Kontakt sorgt und ein unbeabsichtigtes Herausziehen des Steckers verhindert. Durch den Einsatz von kostengünstigen Adaptern (ohne eigene Elektronik) können einige Graphikkarten mit DisplayPort auch Monitore mit anderen Schnittstellen betreiben, also insbesondere mit VGA–, DVI– oder HDMI–Schnittstellen.

Abb. 4.8 DisplayPort–Anschluss, rechts: Produkt–Logo

Für eine einzelne Datenleitung erreicht der DisplayPort (in der Spezifikation 1.2) Bitraten von bis zu 5,4 GBit/s. Dabei ist zu berücksichtigen, dass – wie beim DVI und HDMI – für die Übertragung von jeweils vier Datenbits ein Zusatzbit verwendet wird, also für ein Byte 10 Bits übertragen werden. Die Nutzdatenrate beträgt somit pro Leitung 4,32 GBit/s oder umgerechnet 540 MB/s. Der DisplayPort kann 1, 2 oder 4 Datenleitungen unabhängig voneinander verwenden und so verschiedene Leistungsanforderungen erfüllen. Anders als beim DVI oder HDMI, bei denen drei Kanäle für die einzelnen Farbinformationen (Rot, Grün, Blau) und ein zusätzlicher Kanal für ein gemeinsames Taktsignal verwendet werden, wird jedoch beim DisplayPort die

gesamte Farbinformation eines Bildpunktes und der darin „eingebettete" Takt
stets sequentiell über dieselbe Leitung übertragen. Geht man von einer Bildwiederholrate von 60 Hz und einer Farbtiefe von 24 (3×8) Bits aus, so ergeben
sich die in Tabelle 4.2 aufgeführten Roh– und Nutzdatenraten sowie die damit
möglichen Bildschirmauflösungen.

Tabelle 4.2 Kenndaten des DisplayPorts

Anzahl der Leitungen	Rohdatenrate GBit/s	Nutzdatenrate GBit/s (MB/s)	Auflösungen
1	5,4	4,32 (540)	1600×1200, 1920×1200
2	10,8	8,64 (1080)	3072×1920, 2560×1600
4	21,6	17,28 (2160)	3840×2400, 4096×2560

Im Unterschied zur DVI– und HDMI–Schnittstelle ist der DisplayPort mit
dem Ziel entwickelt worden, LCD–Anzeigen ohne besondere Controllerbau-
steine direkt anzusteuern. Dies kann zu schmaleren Monitoren führen und
erlaubt zum Beispiel auch, den DisplayPort in einem mobilen PC (Laptop,
Netbook usw.) intern zur Verbindung von Graphikadapter und Anzeige zu
verwenden. Auf seine einfache Integration in PC–Chipsätze, Graphikprozessoren und Monitor–Controller wurde besonders geachtet. Wie die HDMI–
Schnittstelle verfügt auch der DisplayPort über einen weiteren getrennten
Signalkanal (*Auxiliary* – Aux) für andere bidirektionale Kommunikationen.
Zum Abschluss sei noch ein wesentlicher Vorteil des DisplayPorts gegenüber
den anderen digitalen Schnittstellen genannt: Der DisplayPort kann lizenzfrei
ohne Kosten von jedem Entwickler eingesetzt werden.

4.2 Graphikadapter

4.2.1 Allgemeine Grundlagen

Da heutige Softwareanwendungen sehr viele graphische Elemente nutzen, ist
die Qualität eines Computersystems in hohem Maße auch von der Leistungsfähigkeit des Graphikadapters[9] abhängig. Dieser hat die Aufgabe, den Hauptprozessor zu entlasten, indem er aus einer sehr kompakten parametrischen
Beschreibung eines graphischen Elements das dazu passende Pixelmuster berechnet und dieses im Graphikspeicher ablegt.

---

[9] im Englischen mit *Graphics Card, Video Card/Adapter, Display Adapter* oder *Graphics Accelerator* bezeichnet.

So wird beispielsweise ein Kreis durch die Mittelpunktskoordinaten und den Radius beschrieben. Der Graphikadapter berechnet dann anhand dieser drei Parameter die Pixel, deren Gesamtheit einen entsprechenden Kreis auf dem Bildschirm formen. Während das hier angeführte Beispiel noch relativ wenig Zeitersparnis für den Hauptprozessor darstellt, entfalten moderne 3D–Graphikbeschleuniger (3D – dreidimensional) ihr ganzes Potential bei aufwändigeren dreidimensionalen Anwendungen, wie dem rechnergestützten Entwurf (*Computer Aided Design* – CAD) oder Computerspielen.

Graphikadapter sind entweder direkt im Chipsatz der Hauptplatine (*Onboard*–Graphik) integriert oder sie werden als Einsteckkarte an einer standardisierten Schnittstelle wie dem PCIe–Bus betrieben. Integrierte Adapter besitzen keinen eigenen Graphikspeicher, sondern greifen auf einen reservierten Teil des Hauptspeichers im PC zu. Die zweite Variante ist bei anspruchsvollen Graphikanwendungen zu empfehlen, da externe Graphikadapter sehr viel leistungsfähiger sind. (Auf den Aufbau einer Graphikkarte und die Architektur des eingesetzten Graphikprozessors gehen wir im Unterabschnitt 4.2.4 ausführlich ein.) Mit Einführung des PCIe–x16 wurden Übertragungsraten von bis 4 GB/s bereitgestellt. Leider ist die elektrische Leistungsaufnahme mit bis zu 300 W sehr hoch und es müssen entsprechende Kühlsysteme eingesetzt werden.

Moderne Graphikadapter können in Kombination mit schnellen LCD–Bildschirmen auch für Videoanwendungen genutzt werden. Dabei erreichen sie Bildwiederholraten von bis zu 30 Rahmen pro Sekunde (*Frames per Second* – fps). Das bedeutet, dass sie in längstens 33 ms ein neues Bild errechnen und bereitstellen müssen. Um eine ruckelfreie Darstellung zur ermöglichen, versuchen sie, schon einige Bilder im Voraus zu erstellen. Diese legen sie in so genannten Rahmen–Puffern (*Frame Buffer*) in ihrem eigenen Speicher ab. Da dieser Speicher direkt, d.h. ohne Sockel auf der Graphikkarte montiert ist, kann er sehr viel schneller angesprochen werden als der Hauptspeicher des PCs. Moderne Graphikkarten haben Speicher mit bis zu 2 GB und arbeiten mit einem Speichertakt von bis zu 2,2 GHz. Der Zugriff auf den Speicher geschieht dabei parallel über bis zu 512 Datenleitungen und ermöglicht eine Übertragungsbandbreite bis zu 256 GB/s. Viele Graphikadapter stellen auch einen speziellen Ausgang zum Anschluss eines Fernsehers (TV–Ausgang) bereit. Außerdem werden heutzutage fast ausschließlich so genannte *Multihead*–Karten verwendet, die den Anschluss von zwei oder drei Monitoren erlauben und dem Anwender damit einen deutlich größeren Arbeitsbereich zur Verfügung stellen.

Die bekanntesten Hersteller von Graphikkarten sind ATI[10] und Nvidia. Die eingesetzten Graphikchips unterstützen meist die Graphikfunktionen der DirectX– und OpenGL–Graphikbibliotheken (vgl. Unterabschnitt 4.2.3) und bieten so eine komfortable Programmierschnittstelle. Computerspiele stel-

---

[10] Heute ein Tochterunternehmen der Firma AMD.

len die wohl höchsten Ansprüche an die Rechenfähigkeit der Graphikkarten und treiben die Entwicklung immer leistungsfähigerer Graphiksysteme nach vorn. So erlauben viele Hauptplatinen bereits den Einsatz von zwei oder mehr Graphikkarten, die dann auf unterschiedliche Weise zur Erledigung einer gemeinsamen Aufgabe zusammenarbeiten. Das Verfahren der Firma Nvidia wird z.B. als *Scalable Link Interface* (SLI) bezeichnet. Es erlaubt den Einsatz von zwei oder mehr Graphikeinheiten zur Leistungssteigerung bei der Rasterung von Bildern, dem so genannten „Rendern" zur Umwandlung einer (zwei– oder dreidimensionalen) Vektor– in eine (zweidimensionale) Rastergraphik (*SLI Frame Rendering*), und/oder bis zu vier Monitoren (*SLI Multiview*). (Auf das Rendern gehen wir im Unterabschnitt 4.2.2 ausführlich ein.) Dabei kann z.B. die eine Graphikkarte die obere Bildhälfte bearbeiten, die zweite Karte die untere. Eine andere Möglichkeit besteht darin, das Bild schachbrettartig in Teilbildern aufzuteilen (*Supertiling*) und diese abwechselnd von den verschiedenen Graphikkarten bearbeiten zu lassen. Die Ausprägung *Quad SLI* ermöglicht die Kopplung von bis zu vier Graphikadaptern; beim *Hybrid SLI* können auch ein im Chipsatz integrierter Graphikprozessor mit einer externen Graphikkarte zur Zusammenarbeit zusammengeschaltet werden. Eine vergleichbare Lösung der Firma ATI ermöglicht ebenfalls den Zusammenschluss von bis zu vier Graphikkarten und weist bereits im Namen *CrossFireX* („Kreuzfeuer") auf den Haupteinsatzbereich der Computerspiele hin.

Theoretisch entspricht die Renderleistung je nach Betriebsmodus im Mittel der Rechenleistung des langsamsten Graphikprozessors mal die Anzahl der verwendeten Graphikprozessoren. Bei zwei baugleichen Graphikkarten wird somit eine theoretische Verdoppelung der Rechenleistung erreicht, in der Praxis sind allerdings nur Leistungssteigerungen von etwa 30 bis 90 % möglich. Nicht verschwiegen werden soll aber auch, dass bei manchen Anwendungen die erzielte Rechenleistung sogar schlechter ist als bei einer einzelnen Graphikkarte.

4.2.2 Anforderungen an Graphikadapter

Wie aus dem vorigen Abschnitt 4.1.1 hervorgeht, stellt ein Monitor eine rechteckige Matrix von farbigen Punkten dar. Demzufolge muss der Graphikadapter aus den Informationen, die er vom Prozessor erhält, eine solche Matrix erstellen. Ausgangsseitig muss er die gerade aktuelle Bildmatrix in eine Folge analoger Signale wandeln oder sie digital zum Monitor übertragen. Die derzeitig (noch) benutzte analoge Schnittstelle ist VGA, als digitale Schnittstelle zu Flachbildschirmen wird häufig DVI, z.T. aber auch schon HDMI eingesetzt. Wichtig ist hauptsächlich, dass der Graphikadapter mit einer Geschwindigkeit, die mit der Bildwiederholrate Schritt halten muss, eine Pixelmatrix zu aktualisieren hat, deren Größe durch die gewählte Bildauflösung definiert ist.

Die Daten, die festlegen, was darzustellen ist, kommen vom Prozessor und/oder aus dem Hauptspeicher. Im einfachsten Fall sind es Textdaten, ansonsten sind es entweder Pixeldaten, die bereits eine Graphik darstellen, oder Befehle, aus denen der Graphikadapter Pixeldaten errechnen muss. Der Graphikadapter muss daher sowohl in einem *Textmodus* als auch in einem *Graphikmodus* arbeiten können. Im Graphikmodus muss er aus Befehlen, die er vom Prozessor erhält, Bildelemente wie Kreise oder Linien erzeugen können. Dazu braucht der auf dem Graphikadapter untergebrachte *Graphikprozessor* eine erhebliche Rechenleistung, die heutzutage typischerweise die Rechenleistung des Zentralprozessors (CPU) – insbesondere im Bereich der Gleitkommazahlen – bei weitem übersteigt. Wie im Unterabschnitt 4.2.1 schon erwähnt, benutzt er dazu einen eigenen großen Arbeitsspeicher, den so genannten *Graphikspeicher*.

Pixeldarstellung

Wie bereits gesagt, wird das darzustellende Bild als Matrix von Pixeln generiert. Eine solche Matrix heißt auch *Frame* (Rahmen), der Speicherplatz dafür heißt *Frame Buffer*. Im einfachsten Fall kann jeder Pixel im Frame nur die Werte schwarz oder weiß annehmen. In diesem Fall braucht man nur ein Bit, um einen Pixel zu speichern. Soll ein Graustufenbild erstellt werden, muss für jeden Pixel die gewünschte Graustufe abgespeichert werden. Üblicherweise gibt es 256 Stufen, die von Schwarz (0) bis Weiß (255) reichen. Hier benötigt man für jeden Pixel ein Byte. Es wurde schon erläutert, dass zur Darstellung von farbigen Bildern meist die RGB–Darstellung benutzt wird. Dabei wird jede Farbe eines Bildpunkts aus den drei Farbkomponenten Rot, Grün und Blau zusammengesetzt. Für jede Farbkomponente gibt es typischerweise wenigstens 256 Stufen. Dabei steht (0,0,0) für Schwarz und (255,255,255) für Weiß. Zum Speichern eines solchen Pixelwertes werden drei Bytes gebraucht. Oft benötigt man in einem Bild nicht alle der so darstellbaren 16,8 Mio. (2^{24}) verschiedenen Farben. In diesem Fall benutzt man eine *Lookup*-Tabelle der Länge 256 (2^8) oder 65.536 (2^{16}). Ein Pixelwert stellt dann einen Index in diese Tabelle dar; der entsprechende Tabelleneintrag enthält die Pixelfarbe, die in drei Bytes gespeichert ist.

Die Farbtiefe und die Auflösung beeinflussen stark den Speicherplatzbedarf eines Graphikadapters. Dies gilt um so mehr, da ein Graphikadapter oft nicht nur ein einziges, sondern mehrere Bilder gleichzeitig speichern muss. Hierfür gibt es mehrere Gründe. Zum einen gab es in der Vergangenheit wegen der verschiedenen Modi oft die Notwendigkeit, ein Textbild und ein Graphikbild gleichzeitig zu speichern, sodass jederzeit zwischen ihnen um-

geschaltet werden kann. Zum anderen möchte man ein Bild, das gerade aus
dem Bildspeicher an den Monitor übertragen wird, nicht gleichzeitig dadurch
ändern, dass man ein neues Bild in den Bildspeicher schreibt. Dies kann un-
schöne Effekte (so genannten „Schnee") zur Folge haben. Der Schnee entsteht
dadurch, dass unvollständige Bilder übertragen werden, weil von den beiden
Zugriffen (lesend zur Darstellung auf dem Monitor, schreibend zum Ändern
des Bildes) einer warten muss. Die Pixel mit falschen Werten stechen ab, was
wie kleine Schneeflocken auf dem Bildschirm aussieht. Zur Vermeidung dieses
Effekts braucht man mindestens zwei Pufferbereiche, zwischen denen alternierend umgeschaltet wird. Geschrieben wird stets in den Puffer, der gerade
nicht zum Anzeigen verwendet wird. Alternativ kann man RAM-Speicher mit
zwei Ports (*Dual–Port RAM*) benutzen, bei denen beide Zugriffe gleichzeitig erfolgen können. Dabei ist nur an einem Port tatsächlich ein wahlfreier
Lese– oder Schreibzugriff erlaubt. Am anderen Port ist lediglich ein sequen-
tieller Lesezugriff möglich, d.h., sobald eine Anfangsadresse gesetzt ist, wird
diese für die weiteren Zugriffe stets im Speicher selbst erhöht. Solche RAMs
nennt man auch *Video–RAM* (VRAM). Mit dem Aufkommen von synchronen DRAMs (SDRAM) hat sich auch eine spezielle Variante zur Unterstützung von Graphikadaptern etabliert, die so genannten *synchronous Graphic
DRAMs (SGRAMs)*.

Textmodus

Dieser Modus wurde von den ersten Graphikadaptern unterstützt, er ist bei
modernen Realisierungen aber nicht mehr vorhanden. Im Textmodus wurden lediglich ASCII–Zeichen an den Graphikadapter geschickt. Um daraus
ein Bild zu erzeugen, benötigte der Graphikadapter eine Tabelle, das so genannte *Character–ROM*, die für jedes druckbare ASCII-Zeichen eine entsprechende kleine Pixelmatrix (oft 8×8 Pixel) enthielt. Jeder Pixel wurde in
der Regel nur durch ein einziges Bit repräsentiert, wobei bei einer Schwarz–
/Weiß–Darstellung die weiter oben beschriebene Zuordnung galt. Bei einer
Farbdarstellung hingegen bedeutete der Wert 1 das Setzen des Pixels in der
Schriftfarbe und der Wert 0 das Setzen des Pixels in der Hintergrundfarbe.
Tabelle 4.3 zeigt beispielhaft die Pixelmatrix für den Buchstaben D.

Bereits bei einem alten Graphikbaustein, dem CRTC 6845 (*Cathode Ray
Tube Controller*), wurde zu jedem ASCII–Zeichen noch ein weiteres Byte gespeichert. Dieses so genannte *Attribut–Byte* beinhaltete Informationen über
die Hintergrund– und Vordergrundfarbe (jeweils drei Bits), über die Intensität der Zeichendarstellung (hoch/niedrig, ein Bit), sowie darüber, ob die
Darstellung des Zeichens blinken sollte (ein Bit). Der Farbwert mit drei Bits
stellte dabei einen Index in eine Tabelle von acht Farben, die so genannte aktuelle Farbpalette, dar. Durch die Vertauschung der normalen Vorder– und

Tabelle 4.3 Pixelmatrix zur Darstellung des Buchstabens D.

```
    1       8
 1  00000000
    11111000
    11001100
    11000110
    11000110
    11000110
    11001100
 8  11111000
```

Hintergrundfarben konnte eine inverse Darstellung eines Zeichens erreicht werden.

Im Textmodus musste der Graphikbaustein lediglich die Verwaltung der *Frame Buffers* und die Umsetzung der ASCII–Zeichen mit Hilfe des Character–ROMs bewerkstelligen. Dies erforderte nur eine sehr geringe Rechenleistung. Insbesondere musste der Graphikbaustein hierfür nicht – im engeren Sinne – programmierbar sein; es mussten „nur" die Bitfelder in 18 Steuerregistern richtig gesetzt werden. Aus diesen Gründen nannte man die entsprechenden Bausteine, wie den CRTC 6845, auch nicht Graphikprozessor, sondern *CRT Controller (Cathode Ray Tube)*.

Graphikmodus

Im Graphikmodus muss die Pixelmatrix des darzustellenden Bildes generiert werden. Hierfür gibt es mehrere Möglichkeiten. Im einfachsten Fall berechnet der Prozessor die Pixelmatrix und diese wird vollständig an den Graphikadapter übertragen. In diesem Fall benötigt der Graphikprozessor auch im Graphikmodus keine große Rechenleistung. Allerdings wird der Prozessor stark belastet. Deshalb ist dieses Verfahren, das in frühen Graphikadaptern üblich war, heute fast verschwunden. Eine Ausnahme bildet das Abspielen von Videos, die in einem festen Format (MPEG) von einer DVD oder CD–ROM gelesen werden. Der MPEG–Decoder, der das Kernstück der DVD–Abspiel–Software darstellt, erzeugt eine Folge von Bildern, die dann zum Graphikadapter übertragen und abgespielt werden. Viele Graphikadapter besitzen mittlerweile jedoch auch einen Graphikprozessor, der MPEG dekodieren kann.

Der Standardfall ist heute ein Graphikprozessor, der mindestens einfache graphische Operationen selbsttätig ausführen kann, wie zum Beispiel das Zeichnen einer Linie oder eines Kreises oder das Ausfüllen eines Rechtecks mit einer gegebenen Farbe. Soll eine 2D–Graphik dargestellt werden, muss der Prozessor dem Graphikadapter nur noch die Graphikbefehle senden, aus denen der Graphikprozessor dann die Pixelmatrix errechnet. Belastend bleibt in diesem Fall allerdings weiterhin die Darstellung dreidimensionaler Szenen, da deren Berechnung weiterhin vom Prozessor übernommen werden muss. Außerdem müssen in diesem Fall die Pixeldaten noch zum Graphikadapter übertragen werden. Beschleuniger auf Graphikadaptern, die Funktionen bei der Darstellung von 3D–Szenen übernehmen, wollen wir im nächsten Unterabschnitt besprechen.

Darstellung von 3D–Szenen

Eine computergenerierte dreidimensionale Szene wird heute als Menge von geometrischen Objekten modelliert. Prinzipiell könnte man solche Szenen auch einmalig visualisieren und die entstandenen Graphiken auf einem Datenträger vorhalten. Allerdings werden solche Szenen häufig in interaktiven Spielen benutzt, weshalb vorproduzierte Szenen dem Spielablauf nicht gerecht werden können und eine Visualisierung in Echtzeit notwendig ist.

Die Oberflächen der Objekte sind mit Farb–, Muster– und Reflexionsinformationen attributiert. Einige der Objekte sind in der Regel Lichtquellen. Zur Visualisierung, dem so genannten *Rendering*[11] einer solchen Szene, geht man in der Regel in folgenden Verarbeitungsschritten vor, die man als *Rendering–Pipeline* bezeichnet.

Triangulierung: Zunächst werden die Oberflächen der Objekte in einfache Polygone aufgeteilt. Da man dafür sehr häufig Dreiecke nimmt, spricht man von *Triangulierung*. Ein Dreieck ist hierbei durch die Koordinaten seiner Eckpunkte bestimmt. Zu jedem Eckpunkt gehört weiterhin ein Farbwert sowie ein Normalenvektor. Der Normalenvektor definiert, welche Seite des Dreiecks „außen" ist. Durch die Nutzung von drei Normalenvektoren pro Dreieck ist es möglich zu erkennen, ob dieses Dreieck eine gekrümmte Oberfläche annähert. Eventuell gehört zu einem Dreieck auch die Information über die zu verwendende Textur (siehe weiter unten).

Clipping und Backface Culling: Danach findet das *Clipping* und *Backface Culling* statt. Dabei wird zunächst – ausgehend von dem Rechteck (*View Plane*), auf das die Szene projiziert werden soll – ein Quader[12] definiert, der die sichtbaren Dreiecke enthält. Die Blickrichtung stellt dabei einen Normalenvektor auf der *View Plane* dar. Dreiecke, die außerhalb liegen, können gelöscht werden. Dreiecke, die teilweise aus dem Quader hinausragen, müssen abgeschnitten werden. Dies bezeichnet man als *Clipping*. Weiterhin werden

---

[11] auch mit Rasterung (*Rasterization*) bezeichnet, s. Unterabschnitt 4.2.1

[12] Teilweise wird zur perspektivischen Darstellung auch eine Pyramide mit abgeschnittener Spitze, ein sog. Frustum, benutzt.

alle Dreiecke, deren Normalenvektor einen Winkel von weniger als 90 Grad mit der Blickrichtung bilden, gelöscht, da sie die Rückseite eines Objekts repräsentieren[13]. Das Löschen solcher Dreiecke bezeichnet man als *Backface Culling*.

Beleuchtung: Nun wird ein einfacher Beleuchtungsalgorithmus durchgeführt, d.h. die Farben der Eckpunkte werden gemäß der Beleuchtung modifiziert. Außerdem werden die Szenentransformation und die Projektion auf die *View Plane* durchgeführt.

Einfärbung: Die Pixel der *View Plane*, die von einem Dreieck überdeckt werden, müssen jetzt eingefärbt werden.[14] Dies erfolgt im einfachsten Fall mittels Interpolation zwischen den Farbwerten der Eckpunkte. Da dies zeilenweise erfolgt, spricht man von *Scanline Conversion*. Auf diese Weise lassen sich unregelmäßige Muster – wie die Fellzeichnung eines Leoparden – allerdings nur schwer und unter Verwendung sehr vieler winzig kleiner Dreiecke erzeugen. Ein Ausweg stellt hier die Nutzung von Texturen dar. Eine Textur ist eine Pixelmatrix, die das gewünschte Muster enthält. Die Textur wird nun stückweise, unter Berücksichtigung der Beleuchtung, auf die Dreiecke projiziert, die sie bedecken soll. Somit kann zum Beispiel die Fellzeichnung eines Leoparden in mehreren Stücken aus einem Foto gewonnen und als Pixelmatrix abgespeichert werden. Diese Textur wird im Graphikspeicher (bzw. im Hauptspeicher, falls der Graphikspeicher nicht ausreicht oder kein spezifischer Graphikspeicher vorhanden ist) abgelegt. Die Felloberfläche des Leoparden kann nun mit größeren Dreiecken als zuvor modelliert werden. Diese Dreiecke werden mit der Textur eingefärbt.

Die Leistungsfähigkeit eines Graphikprozessors wird häufig als Texturfüllrate angegeben, also als Anzahl der Pixel, die er pro Sekunde verarbeiten kann. Sie liegt bei modernen Prozessoren im Bereich vieler Milliarden Pixel/s.

Anodrnung der Dreiecke: Zu berücksichtigen ist noch, dass sich einige Dreiecke gegenseitig teilweise verdecken. Dies kann dadurch behoben werden, dass man die Dreiecke so ordnet, dass ein Dreieck nur von einem Dreieck verdeckt werden kann, das in dieser Ordnung weiter hinten steht. Die Dreiecke müssen dann gemäß dieser Ordnung, also von hinten nach vorne, zur Erzeugung der Pixelmatrix der *View Plane* benutzt werden.

Eine andere Möglichkeit, die die Verwendung der Dreiecke in beliebiger Reihenfolge erlaubt, stellt der *Z–Buffer*–Algorithmus dar: Wird ein Dreieck projiziert und färbt einige Pixel der *View Plane*, dann wird im so genannten

---

[13] Dies gilt nicht für transparente Objekte, die wir hier aber nicht betrachten wollen.
[14] Die Einheit des Graphikprozessors, die diese Aufgabe übernimmt, wird als *Shader* bezeichnet.

Z–Buffer zu jedem dieser Pixel der Abstand gespeichert, den das Dreieck vor der Projektion auf diese Stelle der *View Plane* hatte. Zu Beginn werden dabei alle Z–Buffer–Inhalte auf Unendlich gestellt. Ein Dreieck darf einen Pixel nur färben, wenn sein eigener Z–Wert kleiner als der Wert im Z–Buffer dieses Pixels ist.

Der zentrale Prozessor (CPU) übernimmt bei einfachen Graphikadaptern mit 3D–Beschleunigern weiterhin die Modellierung sowie die Triangulierung. Er sendet die Dreiecke zum Graphikadapter, der das *Rendering* erledigt und sich um die Verwaltung der Texturen kümmert.

Die gerade beschriebenen Operationen bestehen zum großen Teil aus Gleitkomma–Operationen, da die Koordinatenwerte der Dreiecke in Gleitkomma–Darstellung abgespeichert werden. Graphikprozessoren mit 3D–Be\-schleunigern haben daher eine sehr hohe Rechenleistung. Weiterhin ist klar, dass speziell bei der Verwendung des Z–Buffer–Algorithmus eine große Anzahl unabhängiger Operationen entsteht, die auch gleichzeitig abgearbeitet werden können. Deshalb haben Hochleistungs–Graphikprozessoren auch mehrere Rendering–Pipelines (vgl. Unterabschnitt 4.2.4).

Um alle Dreiecke und die Texturen speichern zu können, ist ein großer Graphikspeicher notwendig. Hochleistungs–Graphikkarten, die vorwiegend im Unterhaltungsbereich eingesetzt werden[15], haben Graphikspeicher in Größen bis zu 2 GB.

Natürlich gibt es zur Erzeugung möglichst realistischer 3D–Szenen noch eine ganze Reihe weiterer graphischer Operationen, die teilweise von 3D–Beschleunigern in Graphikprozessoren unterstützt werden, zum Beispiel das so genannte *Alpha–Blending*, das verwendet wird, um transparente Objekte zu unterstützen.

Zur Beurteilung der Leistung von Graphikadaptern mit 3D–Unterstützung dient die Anzahl der Dreiecke, die pro Sekunde verarbeitet werden können. Bei gegebener Komplexität der Szene (Anzahl der Dreiecke, die zur Visualisierung der Szene verarbeitet werden müssen), ist hierdurch die *Frame Rate* definiert, d.h. die Anzahl der 3D–Szenen, die der Graphikadapter pro Sekunde visualisieren kann. Die *Frame Rate* sollte nicht unter 30 liegen, da sonst ein Ruckeln erkennbar wird. Dieses Ruckeln ähnelt den Effekten bei einer zu geringen Bildwiederholrate des Monitors.

---

[15] Dies bedeutet, dass sie von Privatpersonen in heimische PC eingebaut werden, um aufwändige 3D–Spiele genießen zu können.

4.2.3 Software-Schicht

Auf Grund der zahlreichen zu unterstützenden Ebenen ist die Software–
Schicht zum Graphikadapter sehr komplex. Einfache Zugriffe erfolgen über
das BIOS. Komplexere Graphikadapter, insbesondere auch schon die VGA–
Adapter, besitzen ein eigenes Graphik–BIOS. In der Interrupt–Vektortabelle
ersetzt das Graphik–BIOS beim „Hochfahren" des PCs (*„Booten"*) den entsprechenden BIOS–Interrupt durch eine eigene Interrupt–Routine. Unter dem
Betriebssystem DOS (*Disk Operating System*) konnten einfache Textdarstel-
lungen auch über *DOS–Handler* (d.h. Betriebssystem–Aufrufe) stattfinden.
Die Nutzung des Graphikmodus erforderte allerdings, die Graphik–Hardware
direkt anzusprechen. Eine Folge war, dass jede Anwendung, die den Graphikmodus nutzen wollte, eigene Ansteuerungsroutinen beinhalten musste, weshalb die meisten Anwendungen nur wenige verschiedene Graphikadapter unterstützten. Alle Versionen des Betriebssystems *Windows* nutzen so genannte
Treiber zur Ansteuerung der Graphikadapter. Der Treiber stellt dabei eine
Software dar, die der Anwendung gegenüber eine einheitliche Schnittstelle,
das sog. *Application Programming Interface* (API), bietet, unabhängig von
der genau darunter liegenden Hardware. Damit bietet der Treiber für den
Programmierer des Graphikadapters das, was das BIOS für die Hauptplatine
macht.

Zusätzlich erlaubt der Treiber auch bei der Übergabe komplexerer Kommandos, den verwendeten Graphikprozessor bestmöglich zu nutzen. Damit
auch solche komplexen Kommandos standardisiert sind, gibt es es neben der
Treiber–Schnittstelle selbst noch darüber liegende Software–Schichten mit
weiteren APIs. Ein Beispiel hierfür ist *DirectX* von Microsoft, das es Anwendungen erlaubt, ihre Fensterverwaltung durch diese Software durchführen
zu lassen. Viele Treiber von Graphikadaptern wiederum bieten spezielle Unterstützung für DirectX–Befehle, so dass soviel Arbeit wie möglich an den
Graphikprozessor delegiert wird, der diese Arbeit mit spezieller Hardware
besonders schnell erledigen kann. Ein weiteres Beispiel ist *OpenGL*, das speziell für 3D–Anwendungen geschaffen wurde. Es wird allerdings vorwiegend
im professionellen Bereich eingesetzt. Im Heimbereich sind Direct3D, ein Teil
von DirectX, sowie *Glide* verbreitet. Die stärksten Auswirkungen hat die geeignete Treiber–Software im Unterhaltungsbereich, speziell bei aufwändigen
3D–Spielen. Hier ist oft weniger die Prozessorleistung als eher die Leistung
des Graphikprozessors und seine geeignete Unterstützung durch die Treiber–
Software entscheidend.

Um die Leistung von Graphikadaptern noch zu steigern, hat man damit begonnen, Graphikprozessoren mit 3D–Beschleunigern durch den Anwender selbst programmierbar zu machen. Ein Beispiel dafür ist das CUDA
(*Compute Unified Device Architecture*) der Firma Nvidia, das eine vollständige Entwicklungsumgebung von parallelen Anwendungsprogrammen für die

Nvidia–Graphikprozessoren in der Programmiersprache C bietet. So hat zum Beispiel ein Spiele–Hersteller die Möglichkeit, Algorithmen der Rendering–Pipeline zu ändern, um für sein Spiel Spezialeffekte zu erzeugen. Solche Graphikadapter können natürlich auch als Co–Prozessor mit hoher Gleitkomma–Rechenleistung zweckentfremdet werden. Dies hat speziell wegen des günstigen Preises von Graphikadaptern, der aus der hohen Stückzahl resultiert, zur kostengünstigen Konstruktion von Rechnern für Spezialanwendungen geführt.

4.2.4 Graphikkarten

Abbildung 4.9 zeigt (vereinfachend) den typischen Aufbau einer Graphikkarte, die über den PCIe–Bus an die PC–Hauptplatine angeschlossen wird. Die zentrale Komponente ist der Graphikprozessor, der auch als GPU (*Graphics Processing Unit*) bezeichnet wird. Höchstleitungs–Graphikkarten[16] besitzen zur Leistungssteigerung zwei gleichartige Graphikprozessoren. Graphikprozessoren arbeiten mit Taktfrequenzen von 800 MHz oder darüber, wobei aber einige ihrer internen Komponenten z.T. noch mit viel höheren Taktfrequenzen betrieben werden (s.u.). Auf den möglichen internen Aufbau eines Graphikprozessors gehen wir weiter unten ein.

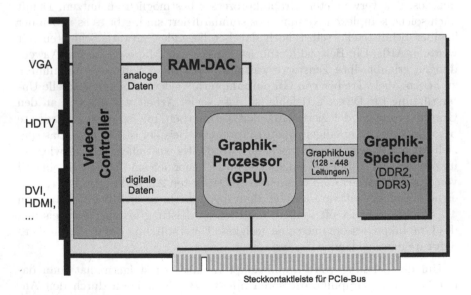

Abb. 4.9 Der Aufbau einer Graphikkarte

[16] wie z.B. die Karte GeForce GTX 295 der Firma Nvidia

Wie bereits gesagt, sind die Graphikspeicher direkt auf der Graphikkarte aufgelötet, da der Einsatz von Speichersockeln zu einer unerwünschten Verzögerung des Zugriffs führen würde. Die Verbindung zwischen GPU und Speicher ist extrem breit – mit 128 bis zu 512 Datenleitungen – ausgelegt, was ebenfalls den Zugriff auf die Daten wesentlich beschleunigt. Als Speicherbausteine werden heute hauptsächlich DDR2– bzw. DDR3–Chips eingesetzt. Die Frequenz des Speichertakts beträgt bis zu 2,2 GHz.

Der Graphikprozessor gibt seine berechneten Daten in rein digitaler Form aus. Diese werden entweder direkt dem Video–Controller zugeführt, der daraus die Ausgangssignale für unterschiedliche digitale Schnittstellen zum Anschluss von Monitoren erzeugt. Dazu gehören z.B. das wohl am weitesten verbreitete DVI zur Übertragung von Videodaten oder das leistungsfähigere HDMI, das zusätzlich auch Audio-Daten übertragen kann (vgl. Unterabschnitt 4.1.1). Der Video–Controller erzeugt aber auch analoge Signale für den Anschluss älterer Monitore, die meist nach dem VGA–Standard arbeiten. In diesem Fall müssen die digitalen Ausgabedaten der GPU durch den so genannten RAMDAC (*Random Access Memory Digital/Analog Converter*) in analoge Signale umgewandelt werden. Dabei handelt es sich um drei schnelle Digital/Analog-Wandler (DAC) für jede der Grundfarben Rot, Grün, Blau (RGB). Die DACs werden mit einer Taktrate von bis zu 400 MHz betrieben, mit der die berechneten Farbinformationen für die Bildschirmpunkte (Pixelrate) ausgegeben werden. In einem zusätzlich kleinen Speicher (RAM) werden Tabellen für die aktuell gewählten Farbpaletten abgelegt (*Colour Look–up Table* – CLUT). Der RAMDAC kann auch in der GPU selbst integriert sein. Immer mehr Graphikkarten bieten auch eine Schnittstelle für den Anschluss eines hoch auflösenden Fernsehapparats (*High Division TV* – HDTV, s.u.).

Moderne Graphikkarten erreichen eine Bildschirmauflösung von 2048 × 1536 Pixel mit einer Farbtiefe von 24 Bits pro Pixel, d.h. es werden bis zu 2^{24} Farben dargestellt. Die Rate, mit der neue Bilder ausgegeben werden, beträgt dabei bis zu 85 Hz. Dabei besteht ein umgekehrt proportionaler Zusammenhang zwischen der Bildwiederholrate und der Auflösung: Je höher die Auflösung, desto geringer die erreichbare Wiederholrate.

4.2.4.1 Graphikprozessoren

Herausragendes Merkmal aller leistungsfähigen Graphikprozessoren ist die extreme Parallelarbeit vielfacher unabhängiger Teilprozessoren. Dies zeigt Abbildung 4.10 beispielhaft und vereinfachend am Aufbau der Graphikprozessoren GeForce der Firma Nvidia. Diese GPUs bestehen aus 128 bis 240

einzelnen Prozessoren, die als *Thread Processors* bezeichnet werden[17]. Andere Hersteller nennen ihre vergleichbaren Prozessoren *Stream Processors* oder
Pixel Shaders. Bei der betrachteten GPU arbeiten die Thread–Prozessoren
mit einer Taktrate bis zu 1,242 GHz und bestehen aus einem Rechenwerk
zur Verarbeitung von 32–Bit–Gleitpunktzahlen (*Floating–Point Unit* – FPU)
und 1024 eigenen Registern mit einer Länge von 32 Bits. Dabei werden jeweils zwei oder drei Gruppen aus je acht Thread–Prozessoren zu einer Einheit
(*Cluster*) zusammengefasst. Jede Gruppe teilt sich den Zugriff auf einen ihr
zugeordneten „privaten" Speicher (*shared Memory*) mit einer Kapazität von
8 bzw. 16 kB. [18]

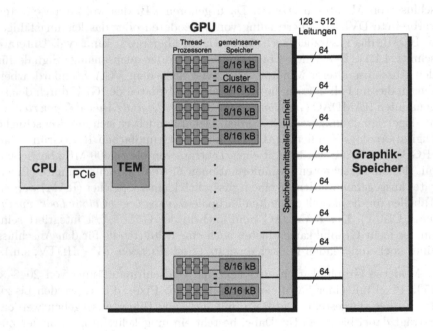

Abb. 4.10 stark vereinfachter Aufbau eines Graphikprozessors

Eine Speicherschnittstellen–Einheit ermöglicht den Austausch der 64–bit–
Rechendaten zwischen den privaten Cluster–Speichern und dem externen
Graphikspeicher über die bereits erwähnten 128 bis 512 Datenleitungen, al-
so simultan über zwei bis acht 64–bit–Schnittstellen. Damit wird insgesamt
eine maximale Übertragungsgeschwindigkeit von bis zu 159 GB/s erreicht.
Die Kommunikation zwischen dem Hauptprozessor (CPU) des PCs und dem
Graphikprozessor geschieht über den PCIe–x16–Bus. Über diesen Bus wer-

---

[17] Weitere Verarbeitungseinheiten für die Erzeugung von Graphiken, wie z.B. die bis
zu 80 Textur– und bis zu 32 Rastereinheiten, wurden im Bild nicht dargestellt.

[18] G8–Familie: 8 Cluster mit 2 Gruppen, entsprechend: 128 Prozessoren,
G200–Familie: 10 Cluster mit 3 Gruppen, entsprechend: 240 Prozessoren

den der GPU Aufträge übermittelt. Die hardwaremäßig realisierte TEM–
Komponente (*Thread Execution Manager*) zerlegt diese Aufträge in parallel
auszuführende Teilaufträge, die jeweils aus einem Strang von Befehlen bestehen (*Threads*), reicht diese automatisch an freie Thread–Prozessoren weiter
und überwacht ihre Ausführung. So kann z.B. schon in einer GPU mit 128
Thread–Prozessoren jeder von ihnen bis zu 96 Auftragsstränge simultan bearbeiten, was insgesamt maximal 12.288 gleichzeitig in Bearbeitung befindliche
Threads bedeutet. Jeder Strang in einem der Thread–Prozessoren benötigt
dafür von den 1024 oben erwähnten Registern seinen eigenen Satz an Ver-
waltungsregistern. Schließlich sei erwähnt, dass moderne Graphikprozessoren
aus bis zu 1,4 Milliarden Transistoren aufgebaut sind.

Abbildung 4.11 zeigt eine Graphikkarte mittlerer Leistungsfähigkeit der
Firma Nvidia mit dem Graphikprozessor GeForce 8600. Sie erreicht eine Texturfüllrate von bis zu 10,8 Mrd. Pixel/s. Höherwertige (Einprozessor–)Gra-
phikkarten von Nvidia erreichen Texturfüllraten von bis zu 52 Mrd. Pixel/s,
als Doppelprozessor–Karten bis zu 92 Mrd. Pixel/s. Gut zu erkennen sind
in der Abbildung der Graphikprozessor und die vier, rechts und oberhalb
von ihm angeordneten DDR3–Speicherbausteine, die zur Erhöhung der Zugriffsgeschwindigkeit über dedizierte Leiterbahnen mit dem Prozessor verbunden sind und eine Gesamtkapazität von 256 MB aufweisen. Die Karte
besitzt am linken Rand zwei digitale DVI–Schnittstellen und eine analoge S–
Video Schnittstelle. Über die analogen Anschlüsse der DVI–Schnittstelle (s.
Abbildung 4.5) kann mit Hilfe eines Adapter–Kabels auch ein Monitor mit
VGA–Schnitttstelle angeschlossen werden.

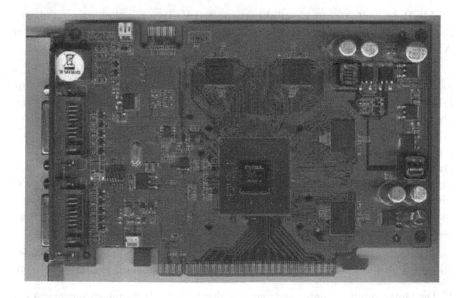

Abb. 4.11 Graphikkarte Nvidia geForce 8600 GT

4.2.4.2 Fernseher–Funktion eines Graphikadapters

Mit dem Zusammenwachsen von Fernseh–, Video–, und Computertechnik hat sich eine weitere Funktion des Graphikadapters ergeben:

Da ein PC heute in der Regel ein DVD– bzw. Blu–Ray–Laufwerk zum Abspielen von Kinofilmen besitzt, erscheint es sinnvoll, eine Verbindung vom Computer zum Fernseher zu haben, da letzterer in der Regel einen größeren und häufig besseren HD–Bildschirm hat. Deshalb gibt es heute eine Reihe von Graphikadaptern, die einen speziellen TV–Ausgang haben. Dieser hat entweder die Form einer S–Video–Buchse oder einer herstellerspezifischen Buchse. Zu dieser werden dann verschiedene Adapter mitgeliefert, die in der Regel die Ausgangssignale auf S–Video–, Scart– oder dreifachen Cinch–Steckern umsetzen. Der eigentliche Graphikadapter wird hiervon nicht beeinflusst, lediglich der Baustein, der den Frame–Buffer ausliest und in analoge VGA–Signale umwandelt.

Konsequenterweise besitzen einige Karten mit TV–Ausgang auch einen eigenen Fernsehempfänger–Baustein (*TV-Tuner*). Häufig ist ein solcher allerdings wegen seiner Größe auf einer separaten Karte untergebracht.[19] Neben der Erzeugung des analogen Video–Signals aus dem hochfrequenten Trägersignal (die bei Verwendung eines S–Video–Anschlusses entfällt) ist weiterhin die Digitalisierung mit anschließender Kompression des analogen Signals vorzunehmen. Zielformat ist hier in der Regel das MPEG–Format. Deshalb ist ein *MPEG-Encoder* in der Regel in der Hardware eines TV–Tuners integriert.

Als Beispiel für eine Graphikkarte mit TV–Tuner wollen wir an dieser Stelle den (etwas älteren) Graphikadapter *ATI All–in–Wonder 9800 Pro* von ATI Technologies Inc. beschreiben.

Dieser Graphikadapter arbeitet noch mit dem (veralteten) AGP–Bus (*Accelerated Graphics Port*). Er besitzt einen Graphikspeicher von 128 MB aus DDR–SDRAMs. Als Graphikprozessor wird die *RADEON 9800 PRO Visual Processing Unit* (VPU) verwendet. Ausgangsseitig wird entweder ein VGA– oder ein DVI–Anschluss eingesetzt. Zusätzlich gibt es einen S–Video–Ausgang zum Betrieb eines Fernsehers oder Videorecorders. Die Karte hat außerdem einen Koaxial–Eingang, um Fernsehprogramme über eine Antenne zu empfangen. Sie unterstützt 8–, 16– und 32–Bit–Farbtiefe bei einer Auflösung von bis zu 2048×1536 Pixel und einer Bildwiederholrate von 85 Hz. Die Platine des Adapters ist in Abbildung 4.12 dargestellt. Abbildung 4.13 erläutert schematisch die einzelnen Teile, die im Foto zu sehen sind.

Man erkennt, dass die gesamte Funktionalität der Karte im TV–Tuner sowie im Graphikprozessor vereint ist. Wir werden uns auf letzteren konzen-

---

[19] Die Größe resultiert unter anderem aus der Metall–Abschirmung, die wegen der Hochfrequenz–Schaltungsteile notwendig ist.

Abb. 4.12 Foto des Graphikadapters ATI All–in–Wonder 9800 Pro.

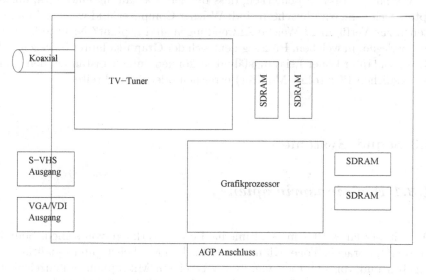

Abb. 4.13 Prinzipzeichnung des Graphikadapters ATI All–in–Wonder 9800 Pro. Freie Bereiche enthalten kleinere, hauptsächlich analoge elektronische Bauelemente.

trieren. Die Radeon 9800 Pro VPU beinhaltet acht *Rendering Pipelines*. Sie implementiert sehr leistungsfähige *Rendering*-Fähigkeiten und unterstützt unter anderem DirectX und OpenGL. Zu ihrer Zeit galt sie als einer der leistungsfähigsten Graphikprozessoren in ihrem Segment. Im Gegensatz zu CPUs, bei denen mittlerweile relativ viel über ihr Innenleben publiziert wird, sind die Details über das Innenleben von Graphikprozessoren eher spärlich. Sie werden am ehesten über ihre Ergebnisse (Leistung und erzeugtes Bild) auf *Benchmarks*, die aus einer Menge von Testprogrammen bestehen, verglichen. Zu jeder Karte gibt es dort eine Rubrik *Benchmarking* sowie in der Regel eine spezielle Kategorie zur Leistung bei Verwendung von OpenGL.

Neben der Hardware ist es vor allem die Software, die über die Wahl eines Graphikadapters entscheidet, denn erst sie erlaubt es, die technischen Fähigkeiten des Graphikadapters zu nutzen. Hierzu bietet die Herstellerfirma AMD/ATI ein sog. *Multimedia–Center*, mit dem DVD– oder MPEG–Dateien von der Festplatte abgespielt werden können, das die Bearbeitung von Videos erlaubt und das eine Benutzerschnittstelle zum einfachen Einstellen aller TV–Kanäle und zum Aufnehmen von Fernsehsendungen enthält. Die Intention ist dabei, dass bei einem geeignet großen Monitor (bzw. bei Benutzung eines Projektors) die Funktionalitäten von Fernseher, Videorecorder, DVD–Player und Computer in einem Gerät (dem PC) integriert werden können. Sogar eine schnurlose Fernbedienung, deren Empfänger über den USB–Port angeschlossen wird, gehört dazu.

Abschließend ist zu bemerken, dass bei der Beschaffung eines Graphikadapters viele Dinge zu beachten sind: Welcher Computer und welcher Monitor stehen zur Verfügung? Welche Anwendungen sind geplant? Nicht zuletzt ist zu überlegen, in welchem Preissegment sich der Graphikadapter bewegen soll. Graphikadapter hoher Leistungsfähigkeit können unter Umständen den Preis des restlichen PCs (ohne Monitor) erreichen oder überschreiten!

4.3 Sound–Systeme

4.3.1 Funktionsprinzipien

Der Einsatz eines PCs im Multimedia–Bereich verlangt von seinem Sound–System[20], Sprache, Töne, Klänge und Musik in möglichst guter Qualität auszugeben und von externen Geräten, z.B. einem Mikrophon, aufzuzeichnen. Soundsysteme besitzen Schnittstellen zu den restlichen Computerkomponenten und analoge Ein– und Ausgänge zur Außenwelt. Da sie analoge Signale in digitalisierter Form verarbeiten, verfügen sie über Konverter, die analoge Signale digitalisieren (Analog/Digital–Wandler, A/D–Wandler) bzw. digitale in analoge Signale umwandeln (Digital/Analog–Wandler, D/A–Wandler). Diese Wandler sind häufig in einem einzigen Bauteil zusammengefasst und werden dann als Codec (Kurzform für: Converter/Deconverter, besser: Codierer/Decodierung) bezeichnet. Höherwertige Sound–Systeme besitzen speziel-

---

[20] Wir benutzen diesen Ausdruck in Ermangelung eines treffenden deutschen Begriffs.

le Audioprozessoren, sog. Digitale Signalprozessoren (DSP), die zur Klang-
erzeugung, zur Klangveränderung (Effekterzeugung) und zum Einlesen von
extern zugeführten, digitalisierten Klängen dienen.[21] Sound–Systeme werden
in zwei Realisierungsformen angeboten:

Bei PCs der unteren und mittleren Preisklasse oder mobilen Geräten (Laptops usw.) stellt die Hauptplatine grundlegende Funktionalitäten zur Audioverarbeitung bereit. Man spricht hier auch von einem *Onboard–Sound–
System*. Üblich ist hier ein Codec–Chip für Stereo–Signale nach den Spezifikationen AC'97 bzw. HDA, der an die South Bridge angeschlossen wird. Die
South Bridge enthält einen Controller zur Steuerung des Codecs (vgl. Unterabschnitt 1.3.3 in Kapitel 1). Onboard–Sound–Systeme enthalten in der Regel
keine spezialisierten Hardware–Komponenten, um aufwändige Synthese oder
Bearbeitung mit Effekten durchzuführen. Bei dieser einfachen Lösung muss
daher der Prozessor die „Rechenaufgaben" zur Erzeugung von Audio–Signalen
übernehmen, die auf einer der im Folgenden beschriebenen Soundkarten von
Spezialchips geleistet werden.

Höherwertige Audio–Systeme benutzen spezielle Einsteckkarten, die sog.
Soundkarten (*Sound Cards*), die typischerweise neben einem Codec auch
einen Digitalen Signalprozessor besitzen. Soundkarten dienen dazu, mit dem
Computer Töne und Klänge zu erzeugen, digital gespeicherte Klänge abzu-
spielen und von analogen Quellen (Kassettenrecorder, Mikrofon) gelieferte
Klänge auf dem Computer zu digitalisieren und zu speichern.

Geht man aber davon aus, dass viele PC-Benutzer das Sound–System nur
zum Abspielen einer CD oder von Sound–Dateien benutzen, dann ist ein
Onboard–System eine Alternative zu einer geringwertigen Soundkarte. So haben Onboard–Systeme die Soundkarten in weitem Maße in den Bereich geho-
bener und höchster Qualitätsansprüche verdrängt. Bei beiden Realisierungen
ist jedoch zu prüfen, ob die analogen Schaltungen den für das menschliche
Gehör möglichen Frequenzgang bis über 20 kHz unterstützen.

4.3.2 Audio–Standards

Heutzutage finden sich auf den PC–Hauptplatinen Audio–Schnittstellen, die
den beiden bereits im Kapitel 1 beschriebenen Standards genügen. Sie bieten
dem Entwickler die Möglichkeit, sehr kostengünstig Audio– und Modemfunktionen schon auf der Hauptplatine zu realisieren und auf den Einsatz einer
teuren Audio–Steckkarte zu verzichten.

Die Audio–Standards ermöglichen durch ihre Mehrkanal–Ausgaben im
Zeitmultiplex–Verfahren auf einer einzigen Leitung (*Time Division Multiplex*

---

[21] Wir werden uns in diesem Abschnitt nur mit den digitalen Komponenten befassen.

Access – TDMA) eine Rundum–Beschallung (*Surround Sound*, 3D–Audio) zu erzeugen. Hierbei werden vier oder sechs Lautsprecher rund um den Zuhörer angeordnet und zusätzlich jeweils ein zentraler Front–Lautsprecher und ein Tiefbass–Lautsprecher (*Subwoofer*) am Boden installiert. Im ersten Fall spricht man von einem *5.1–Surround Sound*, im zweiten von einem *7.1–Surround Sound* (s. Abbildung 4.14).[22]

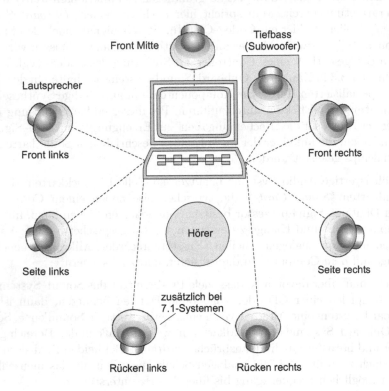

Abb. 4.14 Anordnung der Lautsprecher beim 5.1– bzw. 7.1–Sound

Der ältere Standard ist die *AC'97–Schnittstelle* (*AC'97 Link*). Sie überträgt einzelne Stereo–Signale mit einer Ausgaberate von bis zu 96 kHz und einer Datenbreite von 20 Bits. Im Zeit–Multiplexverfahren mit bis zu sechs getrennten Zeitkanälen (*5.1–Sound*) kann eine Ausgaberate von bis zu 48 kHz verwendet werden. So können maximal sechs verschiedene Codecs über die AC'97–Schnittstelle mit Ausgabedaten versorgt werden. Man spricht in diesem Fall von bis zu sechs „Ausgabekanälen". Bei den Codecs kann es sich um Audio–Codecs (AC), um Modem–Codecs (MC) oder aber um kombinierte Audio/Modem–Codecs (AMC) handeln. Die AC'97–Schnittstelle verfügt häufig über einen gesonderten Steckplatz auf der Hauptplatine, der mit AMR

---

[22] Die Bezeichnung „n.1" soll daher stammen, dass der Basslautsprecher nur höchstens ein Zehntel (0.1) des Frequenzbereichs der anderen *n* Lautsprecher überträgt.

(*Audio/Modem Riser Slot*) bezeichnet wird und z.B. eine Steckkarte zum Anschluss des PCs an das Telefonnetz aufnehmen kann.

Die *Onboard*–Audio–Schnittstelle moderner Hauptplatinen genügt den Anforderungen des *High Definition Audio–Standards* (HD–Audio), der im Jahr 2004 erlassen wurde und auf Entwicklungen der Firma Intel beruht. Längerfristig soll der HD–Audio–Standard die oben beschriebene AC'97–Schnittstelle ablösen. Audio–Controller nach dem HD–Audio–Standard müssen einzelne Stereo–Ausgabesignale mit einer Digital/Analog–Wandlerrate von 192 kHz und einer Datenbreite von 32 Bits erzeugen können. Bei der Verwendung von bis zu acht getrennten Zeitkanälen (*7.1–Sound*) werden noch Ausgaberaten von bis zu 96 kHz erreicht. Der Standard sieht aber auch die simultane Ausgabe von zwei oder mehr unabhängigen Audio–Strömen vor (s.u.). So kann man sich z.B. mit fünf Lautsprechern und dem Bass–Lautsprecher (*5.1–Sound*) für den Musikgenuss zufrieden geben und die beiden restlichen Kanäle z.B. für eine zweite (Sprach–)Übertragung über einen Kopfhörer benutzen. Auch andere Aufteilungen sind möglich, um so z.B. zwei verschiedene Ausgaben in zwei verschiedenen Räumen zu unterstützen.

Der Standard erweitert auch die Möglichkeiten zur gleichzeitigen Aufzeichnung von Tönen, Geräuschen, Sprache und Musik durch eine Vielzahl von unabhängigen Mikrophonen (*Array Microphone*). Dadurch wird insbesondere die Spracherkennung und die „verständliche" Übermittlung von Sprache über das Internet (*Voice over IP*) unterstützt.

Zum Abschluss dieses Unterabschnitts wollen wir kurz den zeitlichen Ablauf der Audio–Übertragung nach dem HDA–Standard beschreiben, der in Abbildung 4.15 skizziert ist.

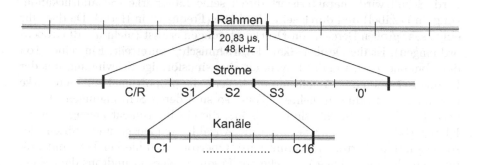

Abb. 4.15 Audio–Übertragung nach dem HDA–Standard

Die Übertragung geschieht in zeitlichen Rahmen (*Frames*) der Länge 20,83 μs, was einer Rahmen–Wiederholrate von 48 kHz entspricht. Jeder Rahmen beginnt mit der Übertragung von Befehlen zu den angeschlossenen Codecs bzw. mit deren Antworten darauf (*Commands/Responses* – C/R). Danach folgen bis zu 30 Rahmenabschnitte für die oben bereits erwähnten, unabhängigen Audio–Ströme (*Streams* – S1, S2, ...). Dabei übertragen bis zu 15 Ströme Eingabesignale zum HDA–Controller mit einer Übertragungsrate von 24 Mbit/s (*Single Data Rate* – SDR). Die restlichen bis zu 15 Ströme geben Audio–Signale an die angeschlossenen Codecs mit einer Rate von 48 Mbit/s aus, wobei die Übertragung nach dem Zweiflanken–Verfahren (*Dual Data Rate* – DDR), also mit jeder Taktflanke, erfolgt. Ein eventuell frei bleibender Rest des Rahmens wird mit 0–Bits aufgefüllt. Jedem Audio–Strom können pro Rahmen wiederum bis zu 16 Kanäle zugeordnet werden. Die Länge der in den einzelnen Kanälen übertragenen Audio–Signale kann für jeden Strom individuell mit 8, 16, 20, 24 oder 32 Bits festgelegt werden. In einem Strom für ein einfaches Stereo–Signal können über den linken und rechten Stereo–Kanal jeweils bis zu vier Signalwerte pro Rahmen ausgegeben werden, sodass die oben erwähnte Ausgaberate von 192 kHz (4×48) erreicht wird. Bei einem Audio–Strom für den 7.1–*Surround–Sound* können in einem Rahmen bis zu zwei Ausgabewerte für jeden der in Abbildung 4.14 gezeigten acht Kanäle zu den angeschlossenen Lautsprechern übertragen und dadurch die o.g. Ausgaberate von 96 kHz (2×48, 16 Kanäle) erreicht werden. Es ist leicht zu zeigen, dass die angegebenen Maximalwerte für die Anzahl der Ströme, Kanäle und Bits pro Audiowerte nicht alle gleichzeitig erfüllt werden können, da dies die Übertragungskapazität des HDA–Protokolls bei Weitem übersteigt.

4.3.3 Verarbeitung von Klängen

Schall ist eine Druckveränderung der Luft, die vom Gehör wahrgenommen wird. Schall wird charakterisiert durch seine Lautstärke (Schalldruckänderung, in Dezibel) und durch seine Tonhöhe (Frequenz, in Hertz). Da das Ohr einen sehr großen Bereich von Druckänderungen erfasst (mehr als 10 Größenordnungen), ist die Dezibel–Skala logarithmisch[23] unterteilt. Ein reiner Ton der Tonhöhe f wird in der Physik als eine sinusförmige Schwingung mit der Frequenz f und einer Amplitude modelliert, die proportional zur Lautstärke des Tons ist. Erklingen mehrere Töne, so sind deren Schwingungen überlagert. Ein Beispiel hierfür sind die Töne, die ein Instrument erzeugt, da die Klangfarbe des Instruments durch die Anzahl, Frequenzen und Stärken der so genannten Obertöne bestimmt wird. Obertöne sind hierbei Töne mit Frequenzen, die ganzzahlige Vielfache der Frequenz eines Grundtons darstellen. Bei der Aufnahme einer solchen Schwingung mit einem analogen Mikrofon wird das Tonsignal in ein elektrisches Signal umgesetzt.

---

[23] Berechnung: $(\text{Schalldruckpegel})_{db} = 20 \times \log_{10}(\text{Schalldruckamplitude})$

Aufzeichnung von Klängen

Zur digitalen Aufzeichnung eines solchen analogen elektrischen Signals dient das Abtasten (*Sampling*), d.h. die zeitdiskrete Messung der Amplitude sowie die Diskretisierung und Digitalisierung der Messwerte. Für die Qualität der Aufnahme entscheidend sind die Anzahl der Abtastwerte pro Sekunde (*Sampling Rate*) und die Auflösung, d.h. die Anzahl der Bits, in die der analoge Wert digitalisiert wird. Die notwendige Abtastrate für die verlustfreie Abtastung eines Signals wird durch das Abtasttheorem bestimmt. Dies besagt, dass ein Signal, dessen Frequenz durch eine maximale Grenzfrequenz f beschränkt ist, mit einer Abtastrate von mindestens $2 \cdot f$ abgetastet werden muss, damit es aus diesen Abtastwerten verlustfrei rekonstruiert werden kann. Da der Hörbereich des Ohres etwa von 20 Hz bis 20 kHz reicht, sollte die Abtastrate mindestens doppelt so hoch sein. Typisch ist daher eine minimale Abtastrate von 44 kHz. Bessere Audio–Verfahren benutzen aber auch Abtastraten von bis zu 48 oder 96 kHz. Obwohl der Hauptsprachbereich etwa von 300 Hz bis 3500 Hz reicht, sind auch die höheren Frequenzen wichtig, da die Obertöne bei Menschen die Erkennung verschiedener Sprecher ermöglichen und bei Instrumenten die Klangfarbe bestimmen. Damit bei der Digitalisierung nicht zu viel Qualität verloren geht, sollte die Auflösung wenigstens 16 Bits pro Abtastwert betragen.

Die Anzahl der Daten kann beim Abtasten sehr groß werden. Bei einer Abtastrate von 44 kHz, einer Auflösung von 16 Bits und zwei Kanälen ergeben sich bei einer Dauer von 10 Minuten Rohdaten im Umfang von ca. 100 MB. Deshalb ist viel Aufwand in die Entwicklung von Kompressionsverfahren für solche Daten gesteckt worden. Bekanntestes Beispiel ist das MP3–Format (*MPEG–1 Audio Layer 3*).[24] Während verlustbehaftete Kompression auch im Bereich der Computergraphik üblich ist, zum Beispiel beim MPEG–Format (*Motion Picture Experts Group*), zeichnet sich das MP3–Format durch eine Erhöhung der Kompressionsrate dadurch aus, dass man Eigenschaften des menschlichen Gehörs und der menschlichen Lautwahrnehmung ausnutzt, wie zum Beispiel die sog. Ruhegehörschwelle. Man nennt diese Art der Kodierung deshalb auch *psychoakustisch*.

Ein weiteres Beispiel zur Speicherung von Audio–Daten ist das WAV–Format (*Waveform Sound*) der Firma Microsoft, das nach dem PCM–Verfahren (*Pulse Code Modulation*) speichert und insbesondere bei Audio–CDs angewandt wird. Dieses Format benutzt keine Kompression. Damit beschränkt zum Beispiel die Speicherkapazität einer Audio–CD von 740 MB die maximale Musikdauer auf 74 Minuten.

Die Komprimierung digitaler Audio–Daten erfordert – unabhängig vom verwendeten Verfahren – eine recht hohe Rechenleistung. Diese kann durch die Verwendung eines speziellen *Encoder–Chips* zur Verfügung gestellt wer-

---

[24] Näheres dazu beschreibt Salomon [26].

den. Interessanter ist aber heute die Verwendung eines der o.g. Digitalen Signalprozessoren, der mehrere solcher Kompressionsverfahren durch Software implementieren kann.

Erzeugung von Klängen

Außer der Möglichkeit, durch Abtastung aufgenommene Klänge zu dekomprimieren und durch Digital/Analog–Wandlung wieder abzuspielen, haben sich die Synthese von Klängen mittels Frequenz–Modulation (FM) und die Wavetable–Synthese etabliert. Beide Syntheseverfahren bedingen, wenn sie digital durchgeführt werden, ebenfalls eine hohe Rechenleistung.

- Bei der Frequenz–Modulation werden Grundton und Obertöne jeweils durch einen Phasenmodulator zur Bereitstellung der Frequenz des Signals und einen Hüllkurvengenerator erzeugt, der den Lautstärkeverlauf (durch die Hüllkurve der Schwingungsamplitude) regelt. Die Lautstärke jedes Obertons[25], bezogen auf die Lautstärke des Grundtons, und die Hüllkurve bestimmen die Klangfarbe.

- Bei der *Wavetable*–Synthese sind Geräuschproben – beispielsweise ein Geigenton – im Wavetable–Speicher untergebracht. Diese durch Abtastung eines Signals gewonnenen Werte werden auf die geforderte Tonhöhe transponiert und durch Wiederholung geeigneter Ton–Segmente auf die gewünschte Länge gebracht.

Bei Musikern hat sich weiterhin das MIDI-Format (*Musical Instrument Digital Interface*) etabliert. MIDI umfasst sowohl die Standardisierung von Hardware–Schnittstellen, als auch ein gleichnamiges Dateiformat. Bei diesem Dateiformat werden nicht die Töne selbst übertragen, sondern die Informationen, die man braucht, um diesen Ton, z.B. auf einem *Synthesizer*, zu spielen. Bei der Variante *General MIDI* wird auch Information übertragen, auf welchem Instrument ein Ton gespielt werden soll, d.h. welche Klangfarbe er haben soll.

Erzeugung von speziellen Effekten

Hat man bereits Klänge erzeugt oder aufgenommen und digital gespeichert, so möchte man diese eventuell mit Effekten nachbearbeiten oder unter Verwendung von Effekten abspielen. Ein einfaches Beispiel ist eine Hall–Funktion. Eine solche Funktion ist digital sehr einfach darzustellen: Bezeichnen wir z.B.

---

[25] Das menschliche Ohr hört in der Regel die ersten 30 bis 40 Obertöne.

die gespeicherte Folge von Signalwerten mit $(a_i)_{i=0,1,\ldots}$, so entsteht die bearbeitete Folge mit Hall im einfachsten Fall durch die Zuweisung $b_i = a_i + c \cdot a_{i-1}$, wobei $0 \leq c \leq 1$ ein Dämpfungsfaktor für den vorhergehenden Signalwert ist. Auch viele weitere, in der Analogtechnik sehr aufwändige Effekte lassen sich digital durch einfache Algorithmen beschreiben, wie zum Beispiel ein Tiefpass– oder Hochpass–Filter. Allen diesen Algorithmen ist gemeinsam, dass sie eine hohe Datenbandbreite verarbeiten müssen, weshalb dazu ein Digitaler Signalprozessor eingesetzt werden sollte.

4.3.4 Schnittstellen

Ein Sound–System besitzt Schnittstellen sowohl zum PC hin als auch zur Außenwelt. Onboard–Sound–Systeme sind, wie bereits dargestellt, direkt mit speziellen Anschlüssen der South Bridge verbunden. Soundkarten werden am Peripheriebus der Hauptplatine eingesteckt, heute also meist am PCI– oder PCIe–Bus. Die seltener eingesetzten externen Karten werden auch mit USB–Schnittstelle ausgerüstet. Das Sound–System wird über eine Software–Schnittstelle (Treiber) angesteuert. In den 80er und 90er Jahren des letzten Jahrhunderts hat sich die „Sound–Blaster"–Karte (vgl. Unterabschnitt 4.3.5) zu einem Standard entwickelt, so dass andere Karten mit der Kompatibilität ihrer Software–Schnittstelle warben. Neuerdings werden unter dem Betriebssystem *Windows* Sound–Systeme über die Software *DirectX* angesprochen.

Die Schnittstelle zur analogen Außenwelt wird durch die analogen Stereo–Ein– und Ausgänge *Line–In*, *Line–Out* gebildet, an die eine analoge Quelle (z.B. ein Kassettenrecorder) bzw. ein externer Verstärker mit Lautsprechern angeschlossen werden können[26]. Bei einigen Systemen gibt es weiterhin einen speziellen Mikrofon–Eingang (mono) und eine direkte Verbindung (analog oder digital) zum CD–Laufwerk zum Abspielen von Audio–CDs. Es können auch weitere Schnittstellen, zum Beispiel nach dem MIDI–Standard (siehe auch Abschnitt 4.3.3), zu einem Telefonanschluss (wenn die Soundkarte ein Modem ersetzt) o.ä. vorhanden sein.

Abbildung 4.16 zeigt die Anschlüsse eines 7.1–Sound–Systems mit mehrfarbigen Klinkenstecker–Buchsen für den paarweisen Anschluss der Front–, Seiten– und Rücken–Lautsprechern sowie des zentralen Front– und Tiefbass–Lautsprechers. Diese Lautsprecher werden im Stereobetrieb angesteuert. An der rosafarbigen Buchse kann ein Mikrophon im Mono–Betrieb verwendet werden. Stereo–Ausgänge von Audio–Geräten (z.B. CD–Player) können mit der blauen *Line–In*–Buchse verbunden werden, der grüne Ausgang (*Line–*

---

[26] vgl. auch Abb. 1.7 in Kapitel 1

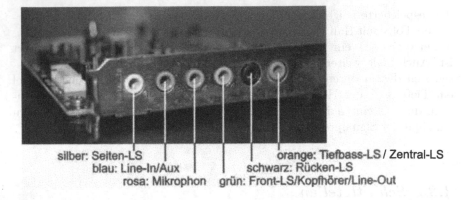

silber: Seiten-LS   orange: Tiefbass-LS / Zentral-LS
blau: Line-In/Aux   schwarz: Rücken-LS
rosa: Mikrophon   grün: Front-LS/Kopfhörer/Line-Out

Abb. 4.16 Anschlüsse einer Soundkarte (LS: Lautsprecher)

Out) dient auch für den Betrieb eines Kopfhörers bzw. zur Verbindung mit einem Stereo–Eingang eines Audio–Gerätes.[27]

Das Anschlussmodul kann außerdem noch einen digitalen Ein– und Ausgang namens *SPDIF* (*Sony/Philips Digital Interface*) umfassen, mit dem von Geräten, die dieses Format unterstützen, digitale Klänge direkt und ohne A/D– bzw. D/A–Wandlung von und zur Soundkarte übertragen werden können. Dafür wird dann die orange–farbige Buchse verwendet.

4.3.5 Soundkarten

Abbildung 4.17 zeigt den typischen Aufbau einer Soundkarte, die über den PCIe–Bus mit der South Bridge auf der Hauptplatine verbunden wird. Die wesentlichen digital arbeitenden Komponenten sind der Digitale Signalprozessor mit seinem Arbeitsspeicher. Der benötigte Arbeitsspeicher ist in der Regel so klein, dass er im DSP selbst integriert sein kann. Über die im vorhergehenden Unterabschnitt beschriebenen Anschlüsse werden die Eingangssignale eines Mikrophons oder eines anderen elektronischen Gerätes, z.B. eines CD–Players (über *Line-In*), dem Analog/Digital–Wandler (ADC) zugeführt und von diesem in digitaler Form an den DSP weitergereicht. Für PC–interne Geräte, wie z.B. CD–ROM–Laufwerke oder TV–Tunerkarten, gibt es weitere Anschlüsse direkt auf der Karte. In der anderen Richtung werden die vom DSP erzeugten digitalen Daten durch den Digital/Analog–Wandler (DAC) in analoge Signale konvertiert und dann über die Ausgänge den Lautsprechern bzw. einem angeschlossenen elektronischen Gerät (über *Line-Out*) zu-

---

[27] Andere Soundkarten besitzen hochwertige vergoldete Anschlussbuchsen, die auf dem Tragblech beschriftet sind.

geführt. Neben den Audio–Ein–/Ausgängen verfügen die Soundkarten häufig
noch über weitere digitale Schnittstellen.

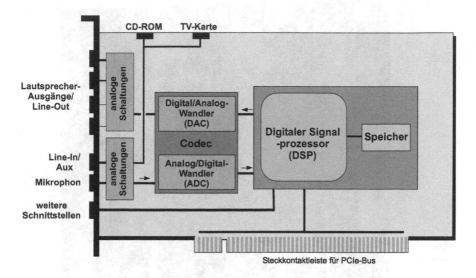

Abb. 4.17 Aufbau einer Soundkarte

Häufig sind ADC und DAC in einem einzigen Baustein zusammengefasst,
den wir weiter oben bereits als Codec bezeichnet haben. Das in Abbildung
4.18 wiedergegebene Photo einer Soundkarte zeigt, dass diese Karte – im
Unterschied zu den anderen in diesem Buch beschriebenen Komponenten –
über eine große Anzahl von analogen Schaltungen und Bauelemente verfügt.
Diese dienen hauptsächlich der Verstärkung, Konditionierung und Filterung
der analogen Signale.

Die im Unterabschnitt 4.3.3 beschriebenen Audio–Standards haben sich
besonderes im Bereich der *Onboard–Sound*systeme durchgesetzt, im Bereich
der Soundkarten findet man sie jedoch relativ selten. Einer der bekanntesten Hersteller von Soundkarten ist die Firma *Creative Labs*, die Anfang der
1990er Jahre die *Sound–Blaster*–Karte entwickelte. Diese Karte ist seitdem
zu einem Quasi–Standard geworden. Eine Soundkarte mittlerer Leistungsfähigkeit von Creative Labs ist die *Sound Blaster X–Fi Xtreme Audio PCI
Express*. Abbildung 4.18 zeigt ein Foto dieser Karte. Es ist deutlich sichtbar,
dass die Karte nur einen einzigen größeren Chip trägt (in der Mitte unten).
Dies zeigt, dass alle wesentlichen Verarbeitungsfunktionen hier in einem mit
X–Fi Xtreme Fidelity bezeichneten Audioprozessor zusammengefasst sind.

Diese Karte ist für den PCIe–x1–Bus entwickelt. Sie verfügt auf dem Anschlussblech über die in Abbildung 4.16 gezeigten farbigen Buchsen für die
Ausgangssignale des *7.1–Surround Sounds*. Die Karte unterstützt Abtast-
und Ausgaberaten bis zu 96 kHz bei einer Auflösung bis zu 24 Bits. Die Syn-

Abb. 4.18 Soundkarte *Sound Blaster X–Fi Xtreme* der Fa. *Creative Labs*

these von Klängen geschieht nach dem *Wavetable*–Verfahren und kann bis zu 64–stimmig[28] erfolgen bzw. 128 Instrumente wiedergeben. Auf der Platine wird ein Stecker mit 2×5 Anschlüssen zur Verfügung gestellt, über den auf der Vorderseite des PC–Gehäuses (*Front Panel*) eine Schnittstelle nach dem HDA–Standard (*High Definition Audio*, s. Unterabschnitt 4.3.2) realisiert werden kann. Neben den Audio–Ein–/Ausgängen besitzt die Karte noch jeweils einen optischen digitalen Ein– und Ausgang, deren Steckerbuchsen auf dem Anschlussblech unten zu sehen sind.

---

[28] Andere Soundkarten des Herstellers ermöglichen die Erzeugung von bis zu 128–stimmigen Ausgaben.

Kapitel 5

Peripheriegeräte

In diesem Kapitel wenden wir uns den Peripheriegeräten zu. Diese Geräte befinden sich meist außerhalb des PC–Gehäuses und dienen – im weitesten Sinne – zur Kommunikation des Benutzers mit dem PC; sie stellen somit eine „Schnittstelle" zum Benutzer dar. Dazu ermöglichen sie die Ein– und Ausgabe von Steuer– bzw. Statusinformationen sowie von Daten und Programmen. Sie werden über standardisierte Schnittstellen mit dem PC verbunden. Diese Verbindungen können über ein Kabel, per Funk oder auf optischem Wege realisiert sein.

Wir können die Peripheriegeräte in drei Gruppen einteilen:

- *Eingabegeräte*, wie z.B. Tastatur, Maus, *Touchpad*, Tablett, *Joystick, Scanner*, Kamera, Mikrophon.

- *Ausgabegeräte*, wie z.B. Monitor, Drucker, Projektor, Lautsprecher.

- Peripheriegeräte mit *kombinierter Ein– und Ausgabe*, wie z.B. Touch– oder Tablett–Monitore, PDA–Displays (*Personal Digital Assistant*), mobile Festplatten, Flash–Speicherkarten, Modems, Netzwerkkarten.

Monitore wurden bereits im Kapitel 4 ausführlich behandelt. Mobile Festplatten sind Massenspeicher, die sich von den in Kapitel 3 beschriebenen Festplatten nur dadurch unterscheiden, dass sie extern angeschlossen werden und damit „tragbar" (portabel) sind. Modems und Netzwerkkarten dienen der Kommunikation mit anderen Rechnern. Sie werden im folgenden Kapitel 6 behandelt. In diesem Kapitel wollen wir uns daher auf die anderen aufgeführten Ein– und Ausgabegeräte konzentrieren. Im Mittelpunkt stehen daher die Funktionsprinzipien von Tastatur, Maus, Scanner, Digitalkamera, Drucker und Projektoren sowie deren Integration ins Betriebssystem mit Hilfe von Gerätetreibern.

5.1 Anschluss der Geräte an den PC

5.1.1 Ein–/Ausgabe–Schnittstellen

Zum Anschluss eines Gerätes an den PC wird eine Schnittstelle benötigt. Diese wird von einem Controller–Baustein bereitgestellt, der entweder bereits im Chipsatz der Hauptplatine integriert ist oder über eine spezielle Steckkarte realisiert wird.

Wenn man die Rückseite eines Desktop–PCs betrachtet, findet man standardisierte Schnittstellen für alle o.g. Peripheriegeräte. In Abbildung 5.1 sind die typischen Schnittstellen eines Desktop–PCs dargestellt – als Wiederholung von Kapitel 1, aber ergänzt um die Schnittstellen des Graphikadapters.

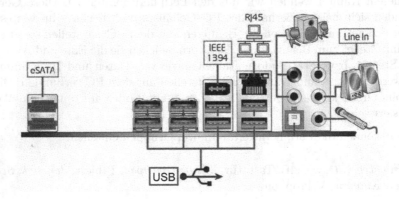

Abb. 5.1 Schnittstellenanschlüsse auf der Rückseite eines Desktop–PCs

Bei Desktop–PCs werden häufig die USB–, Firewire– und Audio–Schnittstellen auch an der Frontseite herausgeführt, damit man Flash–Speicherkarten (*Memory Sticks*, *USB Sticks*), Kameras (*WebCams*), Mikrophone und Kopfhörer (zusammengefasst in sog. *Headsets*) leichter anschließen kann.

In Tabelle 5.1 wird aufgelistet, über welche Schnittstelle die einzelnen Peripheriegeräte typischerweise angeschlossen werden. Außerdem sind darin die in früheren Jahren benutzten Schnittstellen eingetragen. Die Schnittstellen lassen sich grob in die folgenden Klassen einteilen:

Klassische Standard–Schnittstellen: Dazu gehören die parallele Centronics–Schnittstelle und die serielle V.24–Schnittstelle. Die Parallel–Schnittstelle wurde hauptsächlich für den Anschluss von Druckern benutzt und auf Betriebssystemebene mit LPT: (*Line Printer*) bezeichnet. Die serielle Schnittstelle war typischerweise wenigstens doppelt vorhanden und diente häufig dem Anschluss der Maus, eines Tabletts, eines Modems oder – in sel-

Tabelle 5.1 Peripheriegeräte und deren Schnittstellen

Peripheriegerät	aktuelle Schnittstelle	frühere Schnittstellen
Tastatur	USB, Bluetooth	PS/2 oder 5pol. DIN
Maus	USB, Bluetooth	PS/2 oder seriell
Tablett	USB	seriell
Joystick	USB	Gameport
Scanner	USB	Parallelport oder SCSI
Kamera	USB, Firewire, Bluetooth	
Mikrophon/Lautsprecher	Klinkenstecker, USB	
Monitor / Projektor (*Beamer*)	VGA, DVI	
Drucker	USB	Parallelport oder seriell
Touch Screen/Tablett–Monitor	VGA/DVI plus USB	
interne Festplatten	SATA	Parallel–ATA, SCSI
externe Festplatten	USB, eSATA	
ext. CD/DVD–Laufwerke	USB	SCSI
Flash–Speicherkarten	USB	
DSL–Modems	USB, Ethernet	
ISDN–Modems	USB, Ethernet	
Analog–Modems	seriell, USB	

teneren Fällen – eines Druckers. Serielle Schnittstellen wurden auf Betriebssystemebene mit COM1:, COM2:, ... (*Communication Equipment*) bezeichnet. Beide Schnittstellen sind bei modernen Ein-/Ausgabegeräten fast vollständig durch die USB–Schnittstelle verdrängt worden, sodass moderne Notebooks oder PCs meist ganz auf sie verzichten. Man bezeichnet sie daher auch als „*Legacy*"–Schnittstellen (engl. für Vermächtnis).

Monitorschnittstellen: Hierzu zählen die analoge VGA–Schnittstelle sowie die digitalen Schnittstellen DVI und HDMI. Diese Schnittstellen wurden bereits im Kapitel 4 beschrieben.

Busschnittstellen: Unter einer Busschnittstelle verstehen wir eine Schnittstelle, an der – wenigstens vom Prinzip her – mehrere Geräte gleichzeitig angeschlossen werden können – auch wenn dies den Einsatz eines speziellen Verteilers, z.B. eines sog. *Hubs* (engl. für Nabe, Mittelpunkt) bedingt. Zu den Busschnittstellen gehören der USB und der *FireWire*. Zur Vereinfachung wollen wir hier auch die eSATA dazu zählen, die dem Anschluss von externen Festplatten, CD-ROM– bzw. DVD–Laufwerken dient. Alle drei Schnittstellen wurden bereits in Kapitel 1 als Anschlüsse der *South Bridge* behandelt.

Netzschnittstellen: Netzschnittstellen werden zur Integration des PCs in ein Rechnernetz benutzt. Dabei kann es sich um ein Lokales Netzwerk (*Local Area Network* – LAN), das ganz im Verantwortungsbereich des Benutzers liegt, oder um ein Fernverkehrsnetz (*Wide Area Network* – WAN) wie dem Internet handeln. Der vorherrschende Standard ist das Ethernet, das im Kapitel 6 ausführlich beschrieben wird.

Netzwerkverbindungen werden gewöhnlich über den sog. RJ45–Anschluss (*Registered Jack*, „genormte Buchse") durchgeführt. Ein für den Anschluss an die Telefonleitung genutztes Modem (Modulator/Demodulator) wird häufig aber auch über den USB angeschlossen. Analog–, ISDN– oder DSL–Modems sind jedoch oft als Steckkarten ausgeführt und – als Peripheriegerät – im PC–Gehäuse eingebaut. In diesem Fall wird die Schnittstelle an der Gehäuserückseite über entsprechende Telefonbuchsen realisiert.

Audio–Schnittstellen: Die wichtigsten Audio–Schnittstellen genügen dem AC'97– oder dem HDA–Standard und wurden im Kapitel 4 ausführlich behandelt. Sie stellen in der Regel (meist farbige) Buchsen für sog. Klinkenstecker (*Cinch*) zur Verfügung. Als analoge Schnittstellen enthalten sie Analog/Digital–Wandler, die Eingangssignale, z.B. vom Mikrophon, in entsprechende digitale Zahlenfolgen umwandeln, bzw. Digital/Analog–Wandler, die in umgekehrter Richtung aus Zahlenfolgen Ausgangssignale formen und z.B. zu den Lautsprechern ausgeben.

Funkschnittstellen: Wie der Name es sagt, übertragen diese Schnittstellen die Signale per Funk[1]. Die Datenübertragung vom und zum PC erfolgt dadurch sehr komfortabel, da keine Verkabelung notwendig ist. Zu ihnen zählt insbesondere die WLAN–Schnittstelle (*Wireless LAN*), die die Funk–Variante einer Netzschnittstelle darstellt. Sie wird in Kapitel 6 behandelt.

Eine weitere wichtige Funkschnittstelle ist die *Bluetooth*–Schnittstelle[2] zum kostengünstigen Anschluss von Ein–/Ausgabegeräten im Nahbereich des PCs, insbesondere von Kameras und *Headsets*, aber auch zur Kopplung mit tragbaren Rechnern (Laptops, PDAs usw.) und Mobiltelefonen. Bluetooth überbrückt bei einer Sendeleistung von 1 mW[3] eine Entfernung von 0,1 bis 1 m, bei einer Sendeleistung von 100 mW mehr als 100 m. Es überträgt im Frequenzbereich von 2,402 – 2,480 GHz, dem sog. ISM-Band (*Industrial, Scientific and Medical Band*), das für industrielle, medizinische und wissenschaftliche Zwecke freigegeben ist und lizenzfrei benutzt werden darf[4]. In diesem Frequenzband nutzt Bluetooth bis zu 79 Kanäle mit jeweils 1 MHz Breite. Dabei wird nach der Übertragung jedes Pakets einer Nachricht automatisch ein schneller Kanalwechsel durchgeführt (*Frequency Hopping*), um die Gefahr von Störungen zu vermindern.[5] Durch den Einsatz mehrerer Kanäle ist auch ein Vollduplex–Betrieb, d.h. gleichzeitiges Senden und Empfangen, möglich. Für Sprachanwendungen erreicht Bluetooth eine Übertragungsrate von 64 kbit/s, in Netzwerkanwendungen bis zu 432 kbit/s. Im asymmetrischen Betrieb kann die Empfangsrate bis zu 706 kbit/s betragen, die Senderate ist dabei aber auf ca. 58 kbit/s beschränkt. Weiterhin bietet Bluetooth spezielle

---

[1] Da die Signale damit auch durch die Luft übertragen werden, werden diese Schnittstellen häufig auch als „Luftschnittstellen" bezeichnet

[2] genannt nach dem dänischen König Harald „Blauzahn" (940 – 985)

[3] mW: Milliwatt

[4] In diesem Frequenzbereich arbeiten auch die Mikrowellenherde.

[5] Ein Kanalwechsel ist bis zu 1600-mal in der Sekunde möglich.

Stromsparmodi und die Möglichkeit, Nachrichten zu verschlüsseln. Außerdem kann eine Authentifizierung des Anwenders gefordert werden, durch die er nachweisen muss, dass er der berechtigte Benutzer ist.

Optische Schnittstellen: Die wichtigste optische Schnittstelle im PC-Bereich ist die Infrarot–Schnittstelle nach dem IrDA–Standard (*Infrared Data Association*) die – ebenso wie Bluetooth – für den Anschluss verschiedenster Geräte im Nahbereich des PCs entwickelt wurde, von Bluetooth aber immer mehr verdrängt wird. Die IrDA–Schnittstelle überträgt ihre Signale mit einer Frequenz von 341 THz (TeraHerz) im Bereich des Infrarotlichts.[6] Die maximale Nutzweite beträgt im Standard–Betrieb 1 m, im *Low–Power*–Betrieb nur 20 cm. Das Senden geschieht mit Hilfe von Leuchtdioden (IR–LED), die Wellen mit der genannten Frequenz ausgeben. Der Empfang wird durch Phototransistoren vorgenommen. Die typische Einsatzart ist die Punkt–zu–Punkt–Verbindung zwischen dem PC und einem einzigen Gerät. Jedoch sieht der Standard auch Punkt–zu–Mehrpunkt–Verbindungen vom PC zu mehreren Geräten vor. Der Standard unterscheidet vier verschiedene Datenraten:

SIR   (*Serial Infrared*) 2,4 bis 115,2 kbit/s

MIR   (*Medium Infrared*) 0,576 oder 1,152 Mbit/s

FIR   (*Fast Infrared*) 4 Mbit/s

VFIR (*Very Fast Infrared*) 16 Mbit/s

Am häufigsten eingesetzt werden der SIR–Standard und der FIR–Standard. Im ersten Fall kann der IrDA–Controller an einer einfachen seriellen Schnittstelle (V.24–Schnittstelle) des PCs betrieben werden. Im zweiten Fall, der im PC bzw. Laptop typischerweise vorliegt, wird er am USB betrieben. Bei der FIR–Übertragung werden Bitpaare nach dem 4PPM–Verfahren (*Pulse Position Modulation*) in 4–bit–Symbole codiert, die jeweils genau ein 1–Bit und drei 0–Bits enthalten. Dadurch wird dafür gesorgt, dass nie mehr als zwei 1–Bits hintereinander ausgegeben werden. Da die o.g. IR–LED nur bei der Übertragung der 1–Bits aktiviert wird, also während 3/4 der Zeit ausgeschaltet ist, ist der Energieverbrauch relativ gering.

Für die optische Übertragung der Audio–Ausgabedaten einer Soundkarte wird die in Kapitel 4 erwähnte SPDIF–Schnittstelle (*Sony/Philips Digital Interface*, auch mit S/PDIF bezeichnet) eingesetzt.

---

[6] Dies entspricht einer Wellenlänge von 880 nm (Nanometer)

5.1.2 Gerätetreiber

Alle Geräte werden über das Betriebssystem verwaltet. Dieses macht sie den Benutzern durch logische Gerätenamen zugänglich. Um die Peripheriegeräte im Betriebssystem zu integrieren, werden Gerätetreiber benötigt. Diese greifen auf so genannte Ressourcen zurück, die einerseits aus einem festgelegten Adressbereich und andererseits aus der Zuordnung eines Interrupts bestehen. Der Gerätetreiber kann über bestimmte Adressen auf die Register des Controllers zugreifen. Darüber wird dieser programmiert. Der Controller wiederum kann durch Interrupts ereignisgesteuerte Datenübertragungen anstoßen. In diesem Unterabschnitt werden wir die Systemintegration von Peripheriegeräten mit Hilfe von Gerätetreibern genauer betrachten.

Zunächst wollen wir uns der Frage zuwenden, wie man Peripheriegeräte aus einem Programm heraus ansprechen kann. Die Ein–/Ausgabe–Software wird meist nach einem Schichtenmodell organisiert, um auf der höchsten Ebene eine einheitliche Programmierschnittstelle für den Benutzer bereitzustellen (Abbildung 5.2). Auf diese Weise wird von Details der jeweiligen Hardware abstrahiert, sodass man für Peripheriegeräte auch dann Programme schreiben kann, wenn die jeweiligen Controller–Befehle oder E/A–Adressen nicht bekannt sind.

Um dem Anwender die Programmierung zu erleichtern, stellt das Betriebssystem *geräteunabhängige* Software–Schnittstellen zur Verfügung. Damit kann der Programmierer über so genannte Systemaufrufe auf die Geräte zugreifen. Der Betriebssystemkern muss diese in gerätespezifische Befehlsfolgen umwandeln. Hierzu benötigt er die Gerätetreiber, welche die Verbindung zur eigentlichen Hardware herstellen.

Für jedes Peripheriegerät muss es daher einen eigenen Gerätetreiber geben. Dieser entspricht quasi einer Bedienungsanleitung, die dem Betriebssystem sagt, wie das Gerät zu benutzen ist. Da meist nur die Hersteller der Geräte die komplexen Details der Controller kennen, legen moderne Betriebssysteme klar definierte Schnittstellen fest, die ein Gerätetreiber bedienen bzw. bereitstellen muss. Dadurch wird es möglich, dass die Hersteller gerätespezifische Treiber–Software erstellen, die optimal auf das jeweilige Peripheriegerät zugeschnitten ist. Die Gerätetreiber werden zusammen mit dem Gerät ausgeliefert und müssen vom Systemadministrator zur Inbetriebnahme des Geräts installiert werden.

Ein–/Ausgabe–Geräte können in zwei Klassen eingeteilt werden: *zeichen*– und *blockorientierte* Geräte. Sie unterscheiden sich lediglich dadurch, dass bei blockorientierten Geräten der Zugriff in Blöcken mit fester Blockgröße (z.B. 1024 Byte bei Festplatten) erfolgt und dass diese Blöcke *adressierbar* sind. Bei zeichenorientierten Geräten erfolgt der Zugriff in einem Zeichenstrom (Stream), in dem nicht vor– oder zurückgesprungen werden kann. Zeichen-

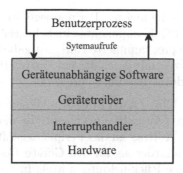

Abb. 5.2 Das Schichtenmodell abstrahiert von der Hardware (Der Betriebssystemkern ist grau hinterlegt).

orientierte Geräte sind also *nicht adressierbar*. Beispiele hierfür sind Tastatur und Maus.

Mit Hilfe dieser Einteilung können mehrfach verwendbare, geräteunabhängige Software–Schnittstellen in Form von Systemaufrufen definiert werden. So wird z.B. in Linux auf zeichenorientierte Geräte logisch wie auf Dateien zugegriffen, die im Verzeichnisknoten /dev „eingehängt" werden. Der Zugriff auf einen Drucker erfolgt z.B. mit dem Systemaufruf write auf das Device /dev/lp0. Weitere Beispiele für Systemaufrufe sind open, read und close.

Blockorientierte Geräte werden ebenfalls über Dateisystem–Einträge verwaltet. Dort werden beim Zugriff auf eine Datei stets ganze Blöcke von z.B. 1024 Byte übertragen. Beispiele für Linux–Systemaufrufe für blockorientierte Geräte sind create (Erzeugen einer Datei) oder lseek (Positionieren des Dateizeigers).

Mit geräteunabhängigen Systemaufrufen können also verschiedene Peripheriegeräte in einheitlicher Weise angesprochen werden. Das Betriebssystem prüft die im Systemaufruf angegebenen Parameter und wählt dann die entsprechenden Gerätetreiber aus, um die gerätespezifische Operation auszuführen.

Ein–/Ausgabe–Methoden

Gerätetreiber können nach drei Methoden realisiert werden:

Programmierte Ein–/Ausgabe: Bei der programmierten Ein–/Ausgabe erfolgt nach einem Systemaufruf ein Wechsel in den Betriebssystemkern (Supervisor–Mode), der gemäß der Parameter eine Treiberroutine aufruft. Dieses Programmstück wartet solange, bis das Peripheriegerät die gewünschte Operation ausgeführt hat. Danach erfolgt die Rückkehr ins Benutzerprogramm (User Mode). Da die meisten Peripheriegeräte im Vergleich zum Prozessor und den anderen PC–Komponenten im Schneckentempo arbeiten (Größenordnung ms), ist die programmierte Ein–/Ausgabe nicht sehr effizient. Sie verschwendet Prozessorzeit mit geschäftigem Warten (busy wait) auf den Abschluss der Operation durch das Peripheriegerät.

Interruptgesteuerte Ein–/Ausgabe: Aus diesem Grund wird meist die interruptgesteuerte Ein–/Ausgabe angewandt. In diesem Fall schicken die Gerätetreiber nur einen Auftrag an das Peripheriegerät. Dieser Auftrag beinhaltet zusätzlich die Aufforderung an den Geräte–Controller (über die PC–Schnittstelle), eine aktive Rückmeldung mittels Interrupts zu geben, sobald der Auftrag erledigt ist. Danach wechselt der Gerätetreiber–Prozess in den Zustand „blockiert" (vgl. Kapitel 2) und wartet dort solange, bis er von dem zugehörigen *Interrupt Handler* „aufgeweckt" wird. Nun holt er die Ergebnisse des Auftrags aus einem Puffer im Adressraum des Betriebssystems, überträgt sie in den Adressraum des Benutzerprogramms und kehrt schließlich zu diesem zurück. Mit dieser Vorgehensweise wird der Prozessor im Vergleich zur programmierten Ein–/Ausgabe effektiver genutzt, da das aktive Warten auf das Peripheriegerät entfällt.

DMA–basierte Ein–/Ausgabe: Die DMA–basierte Ein–/Ausgabe wird meist mit der interruptgesteuerten Ein–/Ausgabe kombiniert. Der Gerätetreiber übergibt allerdings den Auftrag zur Datenübertragung an einen DMA–Controller, um den Prozessor noch stärker zu entlasten.

Aufbau von Gerätetreibern

Gerätetreiber haben meist eine gleich bleibende Grundstruktur, die dem Systemprogrammierer die Arbeit erleichtert. Nach ihrem Aufruf durch das Betriebssystem überprüfen sie zunächst die Eingangsparameter auf Korrektheit, dann übermitteln sie Befehle und Daten in die Controller–Register bzw. Speicherbereiche und warten, bis die so erteilten Aufträge ausgeführt wurden. Nachdem sie vom Interrupt Handler wieder „aufgeweckt" wurden, überprüfen Sie, ob Fehler aufgetreten sind. Da die Verbindung von Peripheriegeräten zum PC leicht getrennt werden kann, müssen die Gerätetreiber für diesen Fall eine Fehlerbehandlung vorsehen.

Da Gerätetreiber während ihrer Ausführung durch einen weiteren Interrupt erneut instanziiert werden können, müssen sie so programmiert werden, dass sie wiedereintrittsfähig (*reentrant*) sind. Damit keine Daten von einem sehr schnellen Peripheriegerät (z.B. Festplatte) verloren gehen, implementieren die Gerätetreiber meist einen Puffer, dessen Inhalt später in den Benutzeradressraum übertragen werden muss.

Aus Effizienzgründen werden Gerätetreiber meist in Maschinensprache (Assembler) geschrieben. Dabei werden die Parameter über einen Stapel-speicher (Stack) übergeben. Eine ausführliche Anleitung zum Entwickeln von Gerätetreibern würde den Rahmen dieses Kapitels sprengen.

Integration ins Betriebssystem

Alle Gerätetreiber sind Bestandteil des Betriebssystems. Es gibt drei Arten, einen Gerätetreiber im Betriebssystemkern (Kernel) verfügbar zu machen:

Kernel–Treiber: Kernel–Treiber sind fest im Betriebssystemkern (Linux) eingebaut, d.h. man muss den Kernel neu übersetzen, sobald ein neues Ge-rät angeschlossen werden soll. Da dieser Vorgang nur von versierten PC–Benutzern durchgeführt werden kann, findet man in der Praxis meist eine der beiden anderen Methoden.

Modultreiber: Modultreiber werden dynamisch ins Betriebssystem (Linux, Windows) eingebunden. Sie sind insbesondere für Geräte wichtig, die wäh-rend des laufenden Betriebs (z.B. über die USB–Schnittstelle) an den PC angeschlossen oder wieder entfernt werden.

Konfigurierbare Treiber: Diese Treiberart findet man nur bei Windows. Hier werden Name und Speicherort des neuen Treibers in eine Tabelle ein-getragen. Da diese Tabelle nur beim Neustart des Betriebssystems abgefragt wird, muss der PC nach der Installation eines neuen Gerätetreibers neu ge-startet werden.

5.2 Standard–Eingabegeräte

Mit dem Monitor und den Sound–Systemen haben wir in Kapitel 4 bereits die Standard–Ausgabegeräte eines PCs ausführlich beschrieben. In diesem Abschnitt beschäftigen wir uns nun mit den Standard–Eingabegeräten.

5.2.1 Tastatur

Grundlagen

Das wichtigste Eingabegerät eines PCs ist wohl die Tastatur. Sie wird heute überwiegend über die USB–Schnittstelle angeschlossen, in selteneren Fällen noch über die PS/2–Schnittstelle. Es gibt auch drahtlose Tastaturen, die mit einem Funkmodul kommunizieren, das an der USB–Schnittstelle angeschlossen wird.

Tastaturen gibt es mit zeilenförmiger oder ergonomisch veränderter Anordnung der Tasten, die durch eine natürlichere Stellung der Hände eine gesunde und ermüdungsfreie Arbeit ermöglichen sollen. Am häufigsten findet man jedoch zeilenförmig angeordnete Tasten, die wegen der Reihenfolge der ersten Buchstaben (von links oben nach rechts) auch als QWERTZ–Tastaturen bezeichnet werden. Diese Anordnung der Tasten ist vor allem in Europa verbreitet. In Amerika findet man die QWERTY–Anordnung, bei der im Wesentlichen die Z– und die Y–Taste vertauscht sowie einige Sonderzeichen anders platziert sind. Neben den Buchstaben– und Zifferntasten gibt es Funktionstasten (F1,..,F12), Steuertasten (Strg, Alt, Umschalten – *Shift*, AltGr), Cursor–Tasten und oft einen numerischen Tastenblock. Der bei uns übliche Tastaturtyp MF II (*Multi–Function II*) hat 102 Tasten (s. Abbildung 5.3).

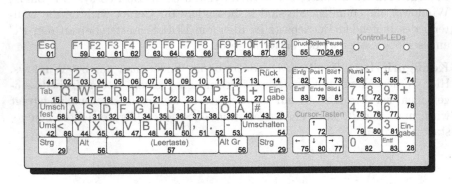

Abb. 5.3 Tastenanordnung und Scan Codes einer MF II–Tastatur

Moderne Tastaturen verfügen darüber hinaus über eine Reihe weiterer Funktionstasten, die z.B. zum Aufruf einer Internet–Seite (*Home Page*), zum Starten eines E–Mail–Programms, eines Taschenrechner–Programms oder eines Wiedergabeprogramms für Multimedia–Dateien, wie z.B. dem *Windows Media Player*, dienen. Über weitere Tasten kann man die Lautstärke der Audioausgaben des PCs steuern. Der Tastatur–Controller ermöglicht außerdem eine relativ freie Belegung der Sondertasten mit unterschiedlichen Funktionen. Einige Tastaturen verfügen sogar über eine kleine LCD–Anzeige, die zur Ausgabe verschiedenster Informationen verwendet werden kann, z.B. der Uhrzeit, der Anzahl der empfangenen E–Mails, Nachrichten anderer Computernutzer im Internet oder Daten zu den momentan wiedergegebenen Multimedia–Dateien. Es besteht aber auch die Möglichkeit, in eigenen Programmen diese Anzeige als Ausgabemedium zu benutzen.

Funktion einer Tastatur

Wenn man eine Taste der Tastatur drückt, kommt es zu einem kurzzeitigen Schließen eines Kontakts, der sich im Kreuzungspunkt einer Matrix befindet, die aus Zeilen– und Spaltenleitungen besteht. Jede Taste kann über ihre Zeilen– und Spaltennummer eindeutig identifiziert werden. Auf der Tastaturplatine befindet sich ein Mikrocontroller (meist ein Intel 8049), der die Leitungsmatrix so schnell abtastet, dass jeder einzelne Tastendruck getrennt registriert werden kann. Hierzu legt der Controller zyklisch 1–Signale auf die Zeilenleitungen. Wenn in der momentan angewählten Zeile eine Taste gedrückt wird, entsteht eine Verbindung zur zugeordneten Spaltenleitung. Dadurch kann der Controller die Dualcodes der Zeilen– und Spaltennummern der gedrückten Taste ermitteln. Aus physikalischen Gründen wird bei einem Tastendruck der Kontakt jedoch nicht nur einmal, sondern mehrere Male hintereinander geschlossen bzw. zwischendurch kurzzeitig geöffnet. Man bezeichnet dies als Tastenprellen. Der Tastaturcontroller kann aufgrund der kurzen zeitlichen Abstände das Tastenprellen von aufeinander folgenden Betätigungen derselben Taste unterscheiden.

Wegen der unterschiedlichen Größe und der von einer regelmäßigen Matrix abweichenden Anordnung der Tasten können aus der Tastaturbelegung die Spalten– und Zeilennummern nicht eindeutig zugeordnet werden. Aus der Abbildung 5.3 geht jedoch hervor, welcher *Scan Code* beim Drücken einer Taste erzeugt wird. Dieser Scan Code setzt sich, wie oben beschrieben, aus dem Dualcode der Spalten– und Zeilennummer zusammen, an der sich die gedrückte Taste in der Leitungsmatrix befindet. Er wird zunächst in einem FIFO–Pufferspeicher (*First in, first out*) zwischengespeichert und dann vom Tastatur–Controller zur entsprechenden Schnittstelle (USB oder PS/2) an den PC übermittelt. Dort befindet sich ein Schnittstellen–Controller, der meist bereits im Chipsatz enthalten ist und der den seriellen Datenstrom wieder in eine Folge von (parallelen) Scan Codes umwandelt (s. Abbildung 5.4). Die bitserielle Datenübertragung erfolgt synchron, d.h. neben dem Datensignal wird auch eine Taktleitung benötigt.

Sobald der Schnittstellen–Controller Daten vom Tastatur–Controller empfangen hat, erzeugt er einen Interrupt am Prozessor. Bei den Intel–Prozessoren wird dieser Interrupt mit IRQ_1 bezeichnet. Damit informiert er den Prozessor darüber, dass der Benutzer Daten eingegeben hat. Die Scan Codes werden nun mit Hilfe der Interrupt–Behandlungsroutine (*Interrupt Handler*) im BIOS vom Prozessor in ASCII–Zeichencodes umgewandelt und zusammen mit den Scan Codes in einem Ringpuffer (s.u.) zwischengespeichert. Zum Aufrufen der Routine wird im PC der Software–Interrupt INT 9H verwendet. Das BIOS sendet ein spezielles Signal zum Tastatur–Controller, durch das er aufgefordert wird, das übertragene Zeichen aus seinem Pufferspeicher zu löschen.

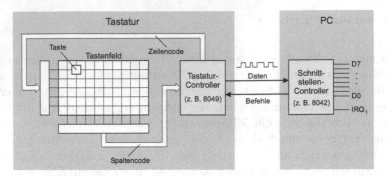

Abb. 5.4 Datenaustausch zwischen Tastatur– und Schnittstellen–Controller.

Make Codes und Break Codes

Obwohl eine MF II–Tastatur nur 102 Tasten hat, kann man durch die Kombinationen mit den Steuertasten den kompletten (erweiterten) ASCII–Zeichensatz von 256 (2^8) Zeichen eingeben. Um zu erkennen, in welcher Kombination bzw. Reihenfolge die Tasten gedrückt wurden, ordnet man jeder Taste nicht nur einen, sondern zwei Scan Codes zu. Der Scan Code, der beim Drücken der Taste ausgegeben wird, heißt *Make Code* und ist in Abbildung 5.3) dargestellt.

Beim Loslassen einer Taste wird der so genannte *Break Code* ausgegeben. Er ergibt sich aus dem Make Code durch Addition von 128. Da die Scan Codes als 8–Bit–Zahlen im Hexadezimalsystem ausgegeben werden, entspricht diese Addition dem Hinzufügen einer 1 in der höchstwertigen Bitposition.

Der Interrupt Handler wertet die Folge der Make Codes und Break Codes aus und ordnet ihnen ASCII–Zeichencodes zu. Wenn z.B. zuerst der Make Code der Umschalttaste (*Shift Key*), dann der Make Code der „A"–Taste und danach der Break Code der „A"–Taste registriert wird, so ordnet der Interrupt Handler den ASCII–Code für ein großes „A" zu. Wird die Umschalttaste [7] vor dem Break Code der „A"–Taste losgelassen, so wird der ASCII–Code für ein kleines „a" gespeichert.

Die Tastatur liefert also den Anwendungsprogrammen entweder Scan Codes und/oder ASCII–Codes. Über entsprechende Tastaturtreiber erfolgt dann die Zuordnung zu den jeweiligen Zeichensätzen. So ist es möglich, mit einer standardisierten Tastatur auch asiatische Zeichen im so genannten *Unicode* einzugeben. Im Gegensatz zum ASCII–Code werden hier 16 Bits zur Co-

---

[7] Obwohl sie dieselbe Funktion erfüllen, haben die linke und die rechte Umschalttaste einen unterschiedlichen Scan Code. So kann der Prozessor zwischen beiden Tasten unterscheiden und unterschiedlich reagieren.

dierung eines Zeichens verwendet. Folglich kann man hiermit bis zu 65536 verschiedene Zeichen codieren.[8] Es sind bereits über 60.000 Zeichen definiert.

Ringpuffer

Der Ringpuffer realisiert einen FIFO–Speicher, in den die Scan Codes und die zugehörigen ASCII–Codes für Anwenderprogramme zwischengespeichert werden (s. Abbildung 5.5). Im PC liegt er im Speicherbereich $0040001E_H$ bis $0040003D_H$ und kann 16 Wörter zu je zwei Byte aufnehmen. Um den Ringpuffer zu verwalten, gibt es zwei Zeiger, die jeweils auf die nächste freie bzw. letzte belegte Position in dem o.g. Speicherbereich zeigen. Sobald diese Zeiger die obere Speichergrenze überschreiten, werden sie wieder auf den Anfang des Speicherbereichs zurückgesetzt. Daher stammt der Name Ringpuffer.

In einem weiteren Pufferbereich merkt sich das BIOS – ebenso wie der Tastaturcontroller selbst – den Zustand der Sondertasten, die die Funktion der Tastatur beeinflussen. Dazu gehören z.B. die Umschalttasten für Groß–Kleinschreibung (*SHIFT Lock*), für die Funktion des Zehnerblocks (*NUM Lock*) bzw. zur Auswahl der Einfüge–/Überschreib–Funktion (Einfg–Taste).

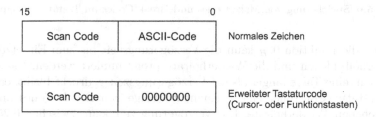

Abb. 5.5 Aufbau eines Eintrags im Tastatur–Ringpuffer

Tastaturfunktionen des BIOS

Das BIOS stellt über den Software–Interrupt INT 16_H sieben verschiedene Funktionen bereit, um aus einem Anwendungsprogramm auf die Tastatur zuzugreifen (s. Tabelle 5.2). Die jeweilige Funktion wird durch einen 8–Bit–Funktionscode im Register AH des x86–Prozessors ausgewählt. So kann beispielsweise mit der Funktion 00_H das nächste Zeichen aus dem Tastaturpuffer ausgelesen werden. Wenn der Puffer leer ist, wartet die Funktion solange, bis

---

[8] Auf der Webseite `www.unicode.org/charts` finden Sie sämtliche benutzen Hexadezimalcodes und die zugeordneten Zeichen.

ein Zeichen eingegeben wurde. Als Ergebnis der Funktion wird im Register
AH der Scan Code der gedrückten Taste zurückgeliefert. Dieser oder eine
Folge mehrerer Scan Codes können nun in Anwendungsprogrammen in einen
beliebigen Zeichencode (z.B. Unicode) umgewandelt werden.

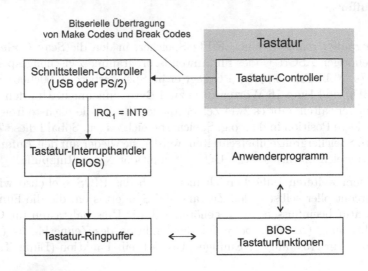

Abb. 5.6 Speicherung von Make Codes und Break Codes im Tastatur–Ringpuffer

Über die Funktion 03_H kann die Verzögerungszeit bis zum Einsetzen der
Wiederholfunktion und die Wiederholrate programmiert werden. Das heißt,
erst wenn eine Taste länger als die Verzögerungszeit gedrückt bleibt, erzeugt
der Tastatur–Controller eine permanente Folge von Break Codes mit der
angegebenen Wiederholrate. Die Verzögerungszeit kann zwischen 0,25 und
1,0 s, die Wiederholrate zwischen 2 und 30 Zeichen pro Sekunde eingestellt
werden.

Tabelle 5.2 Funktionen des BIOS–Interrupts 16_H

Funktionscode	Aufgabe
00_H	nächstes Zeichen lesen
01_H	Pufferstatus ermitteln
02_H	Zustand der Umschalttasten ermitteln
03_H	Verzögerungszeit und Wiederholrate programmieren
05_H	Scan– und Zeichencode in den Tastaturpuffer schreiben
10_H	Lesen eines Zeichen von der MF II–Tastatur
12_H	Zustand der Umschalttasten von MF II–Tastatur ermitteln

5.2.2 Maus

Während die ersten PCs noch überwiegend mit der Tastatur bedient wurden, ist heute die Maus als sog. Zeigegerät (*Pointing Device*) zur Bedienung von graphischen Benutzungsoberflächen nicht mehr wegzudenken. Mäuse sind entweder mit einem optomechanischen oder optischen Abtastsystem ausgestattet. Hiermit wird die relative Bewegung der Maus auf einer Unterlage gemessen. Die Lageänderungen werden digitalisiert und als bitserieller Datenstrom an einen entsprechenden Schnittstellen–Controller (USB oder PS/2) übermittelt.

Mechanische Maus

Bei der mechanischen Maus[9] wird die Eingabe durch die Bewegung einer Kugel vorgenommen, die durch mechanische oder optomechanische Sensoren beobachtet wird. Sie wird häufig auch als Rollmaus oder Kugelmaus bezeichnet und ist heutzutage weitgehend von der rein optischen Maus verdrängt worden, die wir weiter unten beschreiben werden. Ein Grund dafür ist die Tatsache, dass mechanische Mäuse durch die Rollbewegung der Kugel, die Staub ins Innere des Mäusegehäuses transportiert, sehr stark verschmutzen und regelmäßig gereinigt werden müssen, um die Funktionsfähigkeit zu erhalten.

Aus Platzgründen ist es jedoch nicht immer möglich, eine Maus zu verwenden. Dies ist insbesondere bei mobilen Geräten der Fall. Daher hat man als Platz sparende Alternative die Maus einfach umgedreht und damit den so genannten *Track Ball* entwickelt. Die Vorteile des Track Balls liegen darin, dass er auf engstem Raum bedient werden kann und durch Schonung des Handgelenks ein ermüdungsfreieres Arbeiten ermöglicht. Track Balls werden sowohl mit optomechanischen wie optischen Sensoren zur Erfassung der Bewegung der eingebauten Kugel hergestellt.

Aus einem eher historischen Interesse wollen wir die Funktionsweise einer mechanischen Maus hier kurz beschreiben. Ihre Funktion basiert auf einem Umsetzungsverfahren, das die Bewegungen einer Gummikugel oder einer gummierten Stahlkugel erfasst und in elektrische Signale umwandelt. Die Kugel steht durch eine Öffnung an der Unterseite des Mausgehäuses mit der Auflagefläche in Kontakt. Durch ihre Bewegung treibt sie zwei im Winkel von 90° zueinander angeordnete Wellen an (s. Abbildung 5.7).

Auf diese Weise wird die Bewegung der Maus in eine Vorwärts/Rückwärts– und eine Rechts/Links–Komponente zerlegt. An den Enden beider Wellen

---

[9] genauer: Maus mit mechanischen Sensoren; der Rest der Maus arbeitet immer elektrisch.

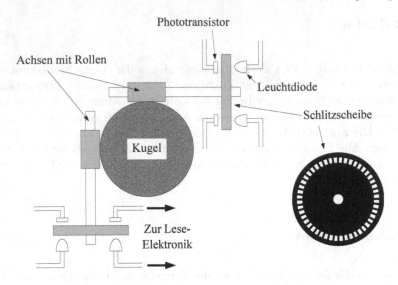

Abb. 5.7 Schematischer Aufbau einer optomechanischen Maus

ist je eine runde Scheibe (*Encoder*) befestigt. Bei den alten, rein mechanischen Mäusen trugen diese Scheiben kurze Kontaktstreifen, die zur Ermittlung der Drehbewegung der Scheibe durch Schleifkontakte abgetastete
wurden. Bei jeder Berührung mit einem der Kontaktstreifen wurde ein elek-
trischer Impuls an die Maus–Elektronik übermittelt. Da die Schleifkontakte
großem Verschleiß unterlagen, wurden sie durch optomechanische Sensoren
ersetzt. Bei dieser Lösung besitzen die Scheiben radial angeordnete Schlitze,
die den Strahlengang zweier Lichtschranken unterbrechen (s. Abbildung 5.7).
Die beiden Lichtschranken einer Scheibe sind – ebenso wie die Schleifkontakte
der mechanisch abgetasteten Scheiben – so platziert, dass sie Impulse liefern,
die um 90° phasenverschoben sind. Wenn sich die Schlitzscheibe dreht, kann
durch das Vorzeichen der Phasenverschiebung die Richtung der Drehbewegung festgestellt werden.

Optische Maus

In früheren Jahren benötigten optische Mäuse eine spezielle, mit Gitterli-
nien versehene Unterlage (*Mouse Pad*), die mit Leuchtdioden angestrahlt
und deren Reflexionsmuster mit Photodioden abgetastet wurde, um die Bewegung der Maus zu messen. Bei modernen optischen Mäusen reicht eine
glatte, reibungsarme und nicht spiegelnde Arbeitsfläche. Sie wird von einer
roten Leuchtdiode oder einer Laser–Diode angestrahlt (s. Abbildung 5.8).
Dabei werden mit einer Laserdiode eine größere Auflösung und Empfindlich-

keit (s.u.) erreicht. Außerdem ermöglicht sie das Arbeiten auf einer polierten Oberfläche.

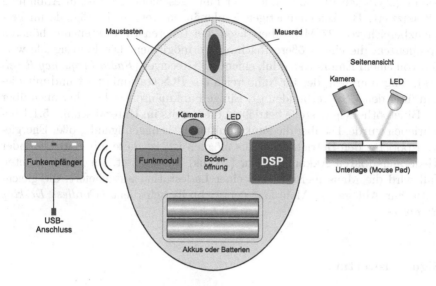

Abb. 5.8 Schematischer Aufbau einer optischen Maus (mit Funkübertragung)

Die Photodioden werden durch miniaturisierte Digitalkameras ersetzt, die Schwarz/Weiß–Aufnahmen erzeugen und auch als *IntelliEye*–Sensoren bezeichnet werden. Mit einem solchen Bildsensor werden von der Oberfläche bis zu 1500 Bilder pro Sekunde aufgenommen. Ein in der Maus integrierter Digitaler Signalprozessor (DSP) vergleicht die aufeinander folgenden Bilder und errechnet aus kleinsten Bildunterschieden die Bewegungsrichtung und die Geschwindigkeit der Maus. Die Auswertung von Bildunterschieden – *Image Correlation Processing* genannt – liefert sehr präzise und weiche Mausbewegungen. Dazu kann der DSP einige Millionen Bildpunkte pro Sekunde verarbeiten. Da optische Mäuse auf Basis dieser Technologie keine mechanisch beweglichen Teile haben, die abgenutzt werden oder verschmutzen können, bieten sie außerdem einen sehr hohen Benutzerkomfort.

Signalübertragung

Mechanische oder optomechanische Mäuse wurden üblicherweise durch ein Kabel mit dem PC verbunden. Über dieses Kabel fand auch die Spannungsversorgung der Maus statt. Diese Lösung ist auch bei den optischen Mäusen, die über den USB betrieben werden, immer noch weit verbreitet.

Daneben hat sich jedoch in den letzten Jahren eine zweite Verbindung –
insbesondere bei optischen Mäusen – durchgesetzt, bei der die Datenübertragung zwischen PC und Maus über Funk geschieht. Dies ist in Abbildung
5.8 skizziert. Bei kostengünstigen Funkmäusen werden die Signale im Frequenzbereich von 27 MHz übertragen, bei teueren Produkten mit höheren
Frequenzen, die eine größere Reichweite ermöglichen. Die Funksignale werden von einem Empfangsmodul, einem RF–Receiver (*Radio Frequency Receiver*), aufgenommen, der im Nahbereich des PCs stationiert ist und mit diesem über den USB verbunden ist. Einige Funkmäuse werden aber auch über
die Bluetooth–Schnittstelle betrieben, die bereits im Unterabschnitt 5.1.1 beschrieben wurde. Da über die Funkschnittstelle kein genügend großer Energie-
transport für den Betrieb der Maus möglich ist, ist diese mit Batterien oder
wiederaufladbaren Akkumulatoren (Akkus) ausgerüstet. Im letztgenannten
Fall wird die Maus meistens mit einer Ladestation ausgeliefert, die gleichzeitig zur Ablage der Maus auf dem Schreibtisch dient (*Cordless Desktop
Receiver*).

Signalauswertung

Die Anzahl der von der Maus–Elektronik ermittelten optischen oder elektrischen Signale ist ein Maß für die von der Maus zurückgelegte Wegstrecke in
der jeweiligen Richtung. Die Rate, mit der die Signale auftreten, ist ein Maß
für die Geschwindigkeit, mit der die Maus bewegt wird. Die insgesamt vier
Signale, je zwei für die x– und y–Richtung, werden von einem in der Maus
befindlichen Controller ausgewertet und das Ergebnis in bitserieller Form an
den Schnittstellen–Controller im PC (USB oder PS/2) übertragen. Pro Sekunde werden dabei bis zu 125 Datensätze übertragen.

Die maximal mögliche Auflösung einer Maus wird in *Counts Per Inch*
(CPI), angegeben, also durch die Anzahl der während der Mausbewegung pro
Zoll ermittelten elektrischen oder optischen Signale. Häufig wird jedoch auch
die von Druckern bekannte Bezeichnung „Punkte pro Zoll" (*Dots Per Inch*
– DPI) benutzt. Die effektive Auflösung kann so verändert werden, dass die
Geschwindigkeit der Mausbewegung den Wünschen des Benutzers entspricht.
Die Mausbewegung wird verlangsamt, indem man den CPI–Wert reduziert.
Die höchste Mausgeschwindigkeit erhält man mit der maximal möglichen
Auflösung.

Die Auflösung hat auch Einfluss auf die Empfindlichkeit der Maus, die angibt, wie weit man auf der Unterlage die Maus bewegen muss, um den Mauszeiger auf dem Bildschirm eine bestimmte Strecke zu versetzen: Je größer die
Empfindlichkeit der Maus ist, desto geringer fällt die benötigte Mausbewegung aus.

Meist wird die Maus so konfiguriert, dass sie nur dann Daten sendet, wenn sie eine bestimmte Strecke weit bewegt wurde (meist 0,01 Zoll). Die kleinste wahrnehmbare Strecke hängt von den Parametern der Maus–Sensorik ab, bei optomechanischen Systemen z.B. vom Durchmesser der Kugel und Laufrollen und der Anzahl der Schlitze auf den Sensorscheiben. Diese Strecke wird auch als *Mickey* bezeichnet.

Nach einer vorgegebenen Anzahl von Mickeys werden die Informationen über die Mausbewegung seit der letzten Übertragung ausgesandt, also die Anzahl der zurückgelegten Streckeneinheiten in x–Richtung und y–Richtung sowie den aktuellen Zustand der Maustasten.

Der Maustreiber im Betriebssystem des PC wertet die Informationen der Maus–Elektronik aus, indem er aus den Relativbewegungen die aktuelle Position der Maus berechnet. Anschließend wird die Position des Mauszeigers auf dem Bildschirm entsprechend aktualisiert. Dazu übersetzt er die Vorwärts/Rückwärts–Bewegung der Maus auf dem Bildschirm in eine vertikale Bewegung und die Links/Rechts–Bewegung der Maus in eine entsprechende Seitwärtsbewegung. Die Form des Mauszeigers – häufig ein irgendwie gearteter kleiner Pfeil oder ein kurzer senkrechter Strich zur Textpositionierung – kann von einem Anwendungsprogramm verändert oder vom Benutzer aus einer breiten Palette selektiert werden. Die Anwendungssoftware kann direkt auf die Informationen der Maus–Elektronik über BIOS– oder Betriebssystemaufrufe zugreifen und je nach Mausposition und gedrückter Maustaste (s.u.) reagieren.

Funktionstasten

Schon bald nach ihrer Markteinführung wurden die Mäuse durch Zusatztasten (*Buttons*) erweitert, die den Aufruf einer Reihe von Aktionen im PC ermöglichen. Zunächst besaßen die Mäuse nur zwei Tasten (linke/rechte Maustaste), die während der Mausbewegung mit Zeige– und Mittelfinger bedient werden können und üblicherweise zur Selektion eines Objekts auf dem Bildschirm (linke Maustaste)[10] bzw. zum Aufruf eines Menüs (rechte Maustaste) auf dem Bildschirm dienen. Die Tatsache, dass das Betätigen der Funktionstasten ein hörbares Klickgeräusch erzeugt, führte dazu, das Betätigen einer Taste als Mausklick (*Mouse Click*) zu bezeichnen.

Der nächste Entwicklungsschritt bestand darin, eine dritte Maustaste einzuführen, die mittig zwischen die beiden o.g. platziert wurde. Über dieser Taste wurde dann ein senkrecht stehendes Rad angebracht, das durch den Zeigefinger vorwärts oder rückwärts gedreht werden, aber auch durch Her-

---

[10] In Abhängigkeit von der aktiven Anwendung wird häufig noch unterschieden, wie häufig die Taste unmittelbar hintereinander betätigt wird (einfacher Klick bzw. Doppelklick).

unterdrücken zur Betätigung der dritten Taste verwendet werden kann. Ein weiterer optischer Sensor in der Maus stellt die Drehbewegung und die Drehrichtung des Rades fest, die ebenfalls vom Maus–Controller an den PC übermittelt werden. Nach seiner ursprünglichen Funktion, dem schnellen Durchblättern (*to scroll*) von Textseiten auf dem Bildschirm, wird dieses Rad im Englischen *Scroll Wheel* genannt und eine so ausgerüstete Maus als Scroll–Maus bezeichnet. Heute steuert das Scroll–Rad – allgemeiner auch Mausrad genannt – in vielen Anwendungen die Ausführung weiterer Funktionen aus, z.B. das Vergrößern oder Verkleinern (Zoomen) von Darstellungen oder Text bzw. das Betätigen von Schiebebalken am seitlichen Bildschirmrand (*Scroll Bars*). Durch leichten seitlichen Druck auf das Scroll–Rad nach rechts oder links kann man z.B. auch das Betätigen von Schiebebalken am unteren Bildschirmrand erreichen. In gleichzeitig geöffneten Bildschirmfenstern kann das Mausrad unterschiedliche Funktionen besitzen.

Moderne Mäuse verfügen darüber hinaus über weitere Tasten mit unterschiedlichsten Funktionen. Sämtliche Tasten sind dazu meist vom Benutzer zu „programmieren", d.h. mit speziellen Funktionen seiner Wahl zu belegen. So können zwei weitere Tasten für die Betätigung mit dem Daumen vorhanden sein und z.B. das Durchblättern von Seiten im Internet ermöglichen. Im Spielebereich werden typischerweise Mäuse mit weiteren Sondertasten und –Funktionen zur Steuerung bestimmter Spielaktionen eingesetzt. Darauf wollen wir hier aber nicht näher eingehen.

5.2.3 Alternativen zur Maus

Track Ball

Mit dem *Track Ball* hatten wir oben schon eine erste Alternative zur Maus angesprochen, die einfach daraus besteht, dass man eine Maus umgedreht und mit der Kugel nach oben stationär auf den Schreibtisch stellt. Die Bewegung der Kugel wird hier mit Daumen oder Zeigefinger hervorgerufen. Es sind auch Tastaturen und Scroll–Mäuse auf dem Markt erhältlich, die über einen integrierten Track Ball verfügen.

Track Point

Eine weitere Miniaturisierung eines graphischen Zeigegerätes erreicht man mit dem *Track Point*, einem kleinen, in die Tastatur von Notebooks integrierten Stiftes, der durch seine Gummikappe einem Bleistiftende mit Radiergummi ähnelt. Ihn findet man fast ausschließlich bei den früheren IBM–Notebooks, die heute von der Firma Lenovo weitergeführt werden. Dort ist er zwischen den Tasten B, G und H der Tastatur (s. Abbildung 5.3) angebracht.

Der Track Point endet unten zwischen vier druckempfindlichen Widerstän-
den, die im Winkel von jeweils 90° angeordnet sind. Ein seitlicher Druck auf
den Track Point wird auf diese Widerstände weitergeleitet, die dadurch ihre
Widerstandswerte – und damit die zugehörigen Spannungen – ändern. Diese Widerstands–/Spannungsänderungen werden durch einen Mikrocontroller
ausgewertet und in die Bewegungen des Mauszeigers auf dem Bildschirm umgerechnet.

Touchpad

Bei den Notebooks hat sich – als Alternative zu Maus und Track Point –
das sog. *Touchpad* (Tastfeld) durchgesetzt. Es ist typischerweise mittig vor
der Leertaste der Tastatur angebracht und wird durch Gesten bedient, die
man mit den Fingerspitzen darauf ausführt. Unter der Abdeckung des Touchpads befinden sich zwei Schichten aus streifenförmigen Elektroden, die von
Schicht zu Schicht einen Winkel von 90° und damit ein orthogonales Gitter
von Elektroden bilden. Durch die Einbettung des Gitters in ein nicht leiten-
des Material, einem Dielektrikum, wird dafür gesorgt, dass sich die beiden
Gitterschichten nicht berühren und auch ein unmittelbarer Kontakt mit der
Abdeckung bzw. dem Finger des Benutzers unmöglich ist.

Legt man je eine Elektrode der beiden Schichten auf ein unterschiedliches
Spannungspotenzial, so wird im Bereich ihres Kreuzungspunktes ein elektrisches Feld aufgebaut. Näherungsweise kann man sich den Kreuzungspunkt im
Gitter als kleinen, geladenen Kondensator vorstellen. Während des Betriebs
spricht der Touchpad–Controller zeilen– und spaltenweise zyklisch nacheinander jeden Kreuzungspunkt (mehrere Dutzend Mal pro Sekunde) an, indem
er auf die selektierte Zeilen– und Spaltenelektrode einen Rechteckimpuls legt
(*Scannen*). Durch Messung des resultierenden Signals kann permanent die
Kapazität der „Kondensatoren" in allen Kreuzungspunkten ermittelt werden. Die Fingerspitze des Benutzers übt einen Störeffekt auf die Kapazitäten
der Gitterpunkte aus und verändert sie dadurch. Aus der Beobachtung der
örtlichen Abweichungen der Kapazitäten von den Referenzwerten kann der
Touchpad–Controller die Lage (der Mitte) der Fingerspitze ermitteln und
daraus die Daten zur Auswertung der Bewegung erstellen. Der Touchpad–
Treiber im Betriebssystem rechnet diese Bewegungsdaten wiederum in die
entsprechenden Bewegungen des Mauszeigers auf dem Bildschirm um.

Ein einmaliges oder mehrfaches leichtes Antippen des Touchpads kann
durch den Treiber als Ersatz für einen einfachen oder doppelten Mausklick
mit der linken Maustaste interpretiert werden. Darüber hinaus besitzt das
Tastfeld am vorderen oder hinteren Rand (wenigstens) zwei Tasten, die der
linken bzw. rechten Taste einer Maus entsprechen. Außerdem ist der rechte
Rand des Tastfeldes manchmal als berührungsempfindlicher Schiebebalken
(*Scroll Bar*) realisiert, der z.T. das Scroll–Rad der Maus ersetzen kann.

Die Lage des Touchpads vor der eigentlichen Tastatur erweist sich häufig als Nachteil, da es durch die Auflage der Finger zu unbeabsichtigten Bewegungen des Mauszeigers kommen kann. Daher kann es meistens durch eine Taste oder eine bestimmte Tastenkombination abgeschaltet werden, wenn eine Maus als Zeigegerät verwendet wird. Ein weiterer Nachteil ist, dass die Auflösung und Empfindlichkeit eines Touchpads relativ gering sind, wenn man sie mit den Werten einer guten Maus vergleicht.

Graphiktablett

Das Graphiktablett (*Digitiser Tablet*) stellt im Wesentlichen ein vergrößertes Touchpad dar. Es dient zur Eingabe (Digitalisierung) von Freihandzeichnungen in den PC, die z.B. auch von einer über dem Tablett ausgebreiteten Papiervorlage durchgezeichnet ("durchgepaust") werden können. Es wird überwiegend im professionellen Graphikbereich angewendet, insbesondere im Bereich des computerunterstützten Entwerfens (*Computer Aided Design* – CAD). Wegen seiner Größe ist es nicht in der Tastatur integriert, sondern wird als eigenständiges Eingabegerät neben dem PC platziert. Es besitzt häufig das DIN–A4–Format (210×297 mm^2), wird aber auch im Format DIN–A3 (297×420 mm^2) angeboten. Heute wird ein Graphiktablett üblicherweise über USB mit dem PC verbunden.

Im Vergleich zum Touchpad besitzen seine technischen Funktionen gewisse Ähnlichkeiten, aber auch wesentliche Unterschiede. Wie beim Touchpad befindet sich beim Graphiktablett unter der Zeichenoberfläche ein Gitter von waagerechten und senkrechten streifenförmigen Elektroden, die vom Tablettcontroller zyklisch nacheinander, kreuzweise mit einer Spannung versorgt werden (*Scannen*).

Das Zeichnen auf dem Tablett geschieht jedoch nicht mit den Fingerspitzen[11], sondern mit einem Zeigestift (*Pen*) oder einem sog. *Puck*, einer mit einem Fadenkreuz – zur exakteren Positionierung – versehenen kleinen Lupe. Beide Bedienungselemente besitzen eine kleine Spule (Induktivität), die auf das (durch die angelegten Rechteckimpulse erzeugte) magnetische Feld zwischen den in ihrer Nähe liegenden Elektroden einen induktiven Störeffekt ausüben. Durch die permanente zyklische Selektion der Zeilen- und Spaltenelektroden und dem Vergleich des ausgelesenen Signals mit einem Referenzsignal kann wiederum der aktuelle Ort, an dem diese Störung auftritt, und damit die Position des Bedienungselementes bestimmt werden. Der Tablettcontroller reicht die ermittelten Ortsangaben an die Anwendung auf dem PC weiter, die es in die entsprechenden Koordinaten auf der Bildschirmzeichenfläche umrechnet; im Unterschied zur Maus wird die Position des Bedienelements beim Tablett jedoch in absoluten Bildschirmkoordinaten ausgegeben (absolute Positionierung). Der Vorteil der induktiven Ermittlung der Eingabeposition beim Graphiktablett gegenüber der kapazitiven beim Touchpad

---

[11] Es gibt auch Graphiktabletts, die eine Eingabe per Fingerspitze erlauben.

besteht hauptsächlich darin, dass durch die Auflage des Handballens keine ungewünschte Eingabe verursachen kann.

Die Spitze des Eingabestiftes ist gewöhnlich mit einem Drucksensor ausgestattet. Außerdem verfügen der Stift sowie die Eingabelupe meist über einen oder mehrere Tasten. Jeder Druck auf die Stiftspitze oder die Tasten führt zu einer Veränderung des o.g. induktiven Störsignals. Dadurch ist der Controller in der Lage, nicht nur die momentane Position des Eingabeelements, sondern auch die Ausübung eines Drucks auf Stiftspitze oder Tasten festzustellen. Wie die Funktionstasten bei der Maus ermöglicht dies einer Anwendung, in Abhängigkeit von der Lage des Bedienelementes bestimmte Aktionen auszuführen. So können z.B. am Tablettrand platzierte Repräsentationen für bestimmte Objekte aktiviert und in der Zeichnung eingesetzt oder über „virtuelle Tasten" (*Softkeys*) verschiedene Menüpunkte aufgerufen werden. Die Funktion der Stift–, Lupen– oder virtuellen Tasten kann gewöhnlich vom Anwender selbst festgelegt (programmiert) werden.

Touch Screen

Die Integration der Funktionen eines der eben beschriebenen Eingabegeräte – Touchpad oder Graphiktablett – in einen LCD–Monitor führt zu einem berührungsempfindlichen Bildschirm . Er ermöglicht die direkte Eingabe von Daten oder Steuerinformationen mit Hilfe eines Zeigestiftes oder der Fingerspitzen über den LCD–Monitor des PCs. (Die Eingabe von Daten ist z.B. mit Hilfe einer auf dem Bildschirm dargestellten virtuellen Tastatur möglich.) Dazu ist unter der darstellenden Flüssigkristallschicht z.B. wieder ein Gitter aus Elektroden angebracht, das die durch die Berührungen verursachten kapazitiven oder induktiven Störeffekte wahrnimmt. Bei einer dritten, druckempfindlichen Lösung werden zwei leitfähige Schichten mit geringem Abstand zueinander eingesetzt, die durch den Finger– oder Stiftdruck lokal kurzgeschlossen werden und durch Messung des resultierenden Widerstands eine Ortsbestimmung ermöglichen. Daneben existieren weitere Realisierungen, auf die wir hier jedoch nicht eingehen wollen.

Tablett–PC

Ein weiterer wichtiger Einsatzort für einen Touch Screen sind die sog. Tablett–PCs (*Tablet PC*)[12]. Dabei handelt es sich um kompakte PCs mit einem integrierten berührungsempfindlichen Bildschirm. Obwohl einige Tablett–PCs auch über eine Tastatur verfügen, die z.B. unter die Anzeigeeinheit geklappt werden kann, ist als Haupteingabemittel der Zeigestift (oder die Fingerspitze) vorgesehen. Für die Eingabe per Handschrift verfügt der Tablett–PC typischerweise über ein Programm zur Handschriftenerkennung. Meistens

---

[12] *Tablet* – Notizblock, Schreibtafel

kann der Benutzer entscheiden, ob er das Gerät im Hoch– oder Querformat bedienen möchte. Tablett–PCs werden in Kapitel 7 noch einmal behandelt.

Nach der Euphorie, mit der die ersten Tablett–PCs Anfang des 21. Jahrhunderts begrüßt wurden, war es zwischenzeitlich relativ ruhig um sie geworden. Ein Grund dafür lag wohl in der geringen Leistungsfähigkeit der eingesetzten Prozessoren. Dies wird sich sicher mit dem für 2010 angekündigten *iPad* der Firma Apple wesentlich ändern, der über einen berührungsempfindlichen 9,7–Zoll–Monitor (ohne Stifteinsatz), bis zu 64 GB Flash–Speicher sowie einen Prozessor mit einem Arbeitstakt von 1 GHz verfügt. Seine Leistungsfähigkeit soll ihm einen Einsatz im Multimediabereich zum Abspielen von Musik und Videos sowie zum Lesen von „elektronischen" Büchern[13] (*E–Book*) ermöglichen.

Touch Screens werden nicht nur in PC–Monitoren eingesetzt, sondern in einer großen Anzahl weiterer elektronischer Geräte, z.B. in tragbaren Kleincomputern (*Personal Digital Assistant* – PDA), mobilen Komfort–Telephonen (*„Handys", Smartphones*), Navigationssystemen, Camcordern, Bürogeräten (Kopierer), industriellen Steuerungen, Haushaltsgeräten, Info–/Auskunftsystemen oder Bankautomaten.

5.3 Weitere Eingabegeräte

5.3.1 Scanner

Ein *Scanner* („Abtaster") ist ein Eingabegerät, mit dem man Zeichnungen, Photos oder andere Papiervorlagen abtasten und in eine Bilddatei umwandeln kann. Es existiert eine breite Palette von speziellen Scannern für unterschiedliche Anwendungsbereiche, wie z.B. Diascanner, Filmscanner, Belegscanner, 3D–Scanner, Fingerabdruckscanner und Buchscanner. Gedruckte Texte können mit Hilfe einer Mustererkennungssoftware (*Optical Character Recognition* – OCR) sogar in ASCII–Zeichen übersetzt werden, sodass sie anschließend mit einem Textverarbeitungsprogramm weiterverarbeitet werden können. Für den Einsatz im PC–Bereich zur Eingabe von allgemeinen Daten unterscheiden wir in Abhängigkeit von der Größe und Führung des Scan–Kopfes die folgenden drei Typen von Scannern:

---

[13] genauer: mit Hilfe der Elektronik aufgezeichneter, gespeicherter und dargestellter Bücher

Handscanner

Ein Handscanner wird von Hand über die Vorlage geführt. Seine Scan–Breite liegt im Bereich von einigen Millimetern (zum Einscannen von Wörtern oder kurzen Textpassagen) bis zu etwa 10 Zentimetern. Um größere Bereiche einzuscannen, müssen zwei oder mehrere sich überlappende Scanvorgänge durchgeführt und die einzelnen Scanabschnitte per Software zusammengefügt werden. Während des Scanvorgangs dient eine Gummirolle zur Führung und Wegmessung. Ein Spiegel und eine Linse bilden jeweils eine Zeile der Vorlage auf einen CCD–Zeilensensor (*Charge Coupled Device*) ab. Beim Auslesen des CCD–Chips wird die analoge Bildinformation mit einem AD–Wandler in eine digitale Darstellung überführt. Handscanner findet man heute fast nur noch in der Spezialform als *Barcode Scanner* zum Einlesen von Strichmarkierungen.

Einzugscanner

Einzugscanner sind nur für das Einscannen loser Blätter geeignet und arbeiten ähnlich wie Fax–Geräte.[14] Die Vorlage wird durch ein Walzensystem an der CCD–Zeile vorbeigeführt und wie beim Handscanner digitalisiert. Einzugscanner sind zwar recht kompakte Geräte, liefern jedoch wegen ungenauer Vorlagenführung nicht die Qualität wie Flachbettscanner. Wegen des Einzelblatteinzugs ermöglichen sie nicht das Einscannen von ganzen Büchern. Geheftete Dokumente müssen vor dem Scannen zunächst mühsam in ihre Einzelblätter zerlegt werden. Moderne Einzugscanner erreichen eine Scan–Geschwindigkeit von bis zu 25 Blättern pro Minute und scannen dabei – mit Hilfe eines doppelten CCD–Zeilensensors (*Duplex–Scan*) – beide Seiten eines Blattes gleichzeitig.

Flachbettscanner

Beim Flachbettscanner wird die Vorlage — wie bei einem Kopierer — auf eine Glasplatte gelegt und von unten beleuchtet (s. Abbildung 5.9). Im Unterschied zum Einzugscanner sind damit auch Buchseiten einzuscannen. Das Bildmuster einer Zeile wird über längs verschiebbare Spiegel auf einen feststehenden CCD–Zeilensensor abgebildet. Wegen der im Scanner integrierten Mechanik wird mit Flachbettscannern die beste Bildqualität erreicht.

Da die Zeilensensoren nur auf Helligkeiten reagieren, müssen Farbvorlagen durch drei getrennte Farbkanäle für die Grundfarben Rot, Grün und Blau erfasst werden. Während dazu früher noch drei Durchgänge erforderlich waren, genügt heute ein einziger Durchgang. Dabei werden meist drei parallel arbeitende Zeilensensoren für je eine Grundfarbe verwendet. Die Zeilensignale werden mit sehr hochauflösenden A/D–Umsetzern in digitale Daten für die einzelnen Bildelemente (*Pixel*) umgewandelt.

---

[14] Deshalb findet man oft auch Kombigeräte.

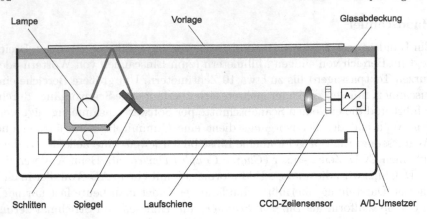

Abb. 5.9 Schematischer Aufbau eines Flachbettscanners

Moderne Flachbettscanner bieten Farbtiefen zwischen 30 und 48 Bit.[15] Meist werden jedoch nur 24 Bit pro Pixel benutzt, um die Dateigröße zu beschränken. Außerdem sind viele Anwendungsprogramme auf eine Wortbreite von einem Byte pro Farbkanal ausgelegt und daher nicht in der Lage, höhere Auflösungen zu verarbeiten.

Neben der Farbtiefe ist die geometrische Auflösung ein wichtiges Leistungsmerkmal eines Scanners. Sie wird meist in dpi (*Dots Per Inch*) angegeben und hängt vom elektromechanischen Aufbau des Scanschlittens sowie von den optischen Eigenschaften der Umlenkspiegel, Linsen, Filter und den CCD-Sensoren ab. Hochleistungsscanner erreichen Auflösungen von bis zu 2400 dpi.

Neben der „wahren" Auflösung geben die Hersteller häufig noch eine interpolierte Auflösung an, die deutlich über der realen optischen Auflösung liegt. Hierbei werden einfach zwischen den tatsächlich abgetasteten Bildpunkten noch ein oder mehrere fiktive Zwischenpunkte angenommen, deren Farbwerte dann durch (lineare) Interpolation der Randwerte berechnet werden. Interpolierende Scanner liefern also in Wirklichkeit nicht die zu Werbezwecken angegebene Auflösung, sondern nur „errechnete" Werte. Typisch sind z.B. interpoliert bis zu 9600×9600 dpi bei einer optischen Auflösung von 600×1200 dpi. Man sollte daher beim Kauf primär auf eine hohe optische Auflösung achten und die Angaben zur interpolierenden Auflösung einfach ignorieren.

Moderne Hochleistungsscanner sind als Flachbettscanner realisiert, besitzen aber zusätzlich einen automatischen Einzelblatteinzug (für bis zu 100 Blätter), sodass sie auch als Einzugscanner (im Duplex–Scan–Modus) verwendet werden können.

---

[15] Dies entspricht einer Auflösung des A/D–Umsetzers von 10 bis 16 Bit.

5.3.2 Kameras

Digitalkameras

Das Haupteinsatzgebiet der Digitalkameras liegt sicher immer noch im privaten, PC–fernen Bereich. Die Bearbeitung und Archivierung von digitalen Photos wird jedoch immer häufiger mit dem PC durchgeführt. Außerdem werden Digitalkameras im verstärkten Maße zur Eingabe von Dokumenten – Bildern, Graphiken und Texten – in den Rechner verwendet. Deshalb wollen wir uns hier kurz mit dem Aufbau von Digitalkameras beschäftigen.

Eine Digitalkamera ist bzgl. des optischen Systems genauso aufgebaut wie eine klassische Kamera (s. Abbildung 5.10). Der Film wird jedoch gegen einen Bildsensor ausgetauscht. (Vorherrschend sind heute noch CCD–Sensoren, jedoch erreichen die CMOS–Sensoren (*Complementary Metal Oxid Semiconductor*) einen immer größeren Marktanteil.) Im Gegensatz zu Scannern handelt es sich dabei nicht um Zeilen–, sondern um Flächen–Sensoren. Das von den Linsen im Objektiv auf den Bildsensor projizierte Bild wird aufgrund des Photoeffekts in ein elektrisches Ladungsmuster überführt, das sequentiell ausgelesen und mit einem A/D–Umsetzer in eine Matrix digitaler Zahlenwerte umgewandelt wird. Farbige Digitalbilder erhält man, indem drei Kamerabilder für die Grundfarben Rot, Grün und Blau gleichzeitig aufgenommen werden.

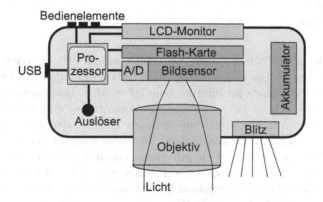

Abb. 5.10 Schematischer Aufbau einer Digitalkamera

Neben dem Bildsensor zur eigentlichen Bildaufnahme benötigen Digitalkameras einen leistungsfähigen Prozessor, insbesondere um die aufgenommenen Bilder zu komprimieren und auf der Flash–Speicherkarte (s.u.) abzulegen. Ein typisches Digitalbild mit 2048×1536 Pixel und 24–Bit–Farbtiefe hat einen Speicherbedarf von rund 9,4 MB. Durch Datenkompression (meist im

JPEG–Format – *Joint Photographic Experts Group*) kann die erforderliche Speicherkapazität um den Faktor 20 bis 30 reduziert werden, sodass man pro Bild nur noch ca. 0,5 MB Speicherplatz benötigt. Weitere Aufgaben des Prozessors sind u.a. die Objektivsteuerung (Zoomen, Scharfstellung, Bildstabilisation) sowie die Ansteuerung des LCD–Monitors und der Bedienelemente.

Die Bilder werden auf kleinen, flachen *Speicherkarten* abgelegt, die mit Flash–Bausteinen aufgebaut sind (vgl. Abschnitt 3.3 in Kapitel 3). Diese elektrisch beschreibbaren Halbleiterspeicher gibt es in vielen verschiedenen Ausführungen. Sie beruhen auf dem Prinzip der Ladungsspeicherung und erreichen Speicherkapazitäten von bis zu 64 GB. Der Speicherinhalt bleibt auch nach dem Abschalten der Betriebsspannung erhalten, d.h. es handelt sich um ein nichtflüchtiges Speichermedium. Die zurzeit gebräuchlichsten Speicherkarten sind die *Compact Flash* (CF), *Secure Digital* (SD), *Smart Media* (SM), *MultiMedia–Card* (MMC) und die speziell für Digitalkameras entwickelte *xD–Picture Card*.

Zur Übertragung der Bilddaten wird entweder die Kamera über eine USB– oder FireWire–Schnittstelle mit dem PC verbunden oder man entnimmt die Speicherkarte aus der Kamera. Mit Hilfe eines *Flash–Card*-Lesegeräts, das meist mehrere verschiedene Kartenformate unterstützt, kann dann der Speicherinhalt ausgelesen werden. Die Lesegeräte werden meist über die USB–Schnittstelle angeschlossen. Außerdem bieten viele moderne Farb– und Photodrucker die Möglichkeit, Bilder von Speicherkarten direkt auszudrucken.

Webkameras

Um bewegte Bilder aufzunehmen, verwendet man im PC–Bereich eine Webkamera (*Webcam*). Die Bezeichnung rührt daher, dass diese Kameras hauptsächlich für den Einsatz im Internet benutzt werden. Dazu müssen sie häufig keine ununterbrochene Folge von Bildern, sondern nur eine mehr oder weniger dichte Folge von Einzelbildern – z.B. im Minutenabstand – mit geringer Auflösung (etwa 1,3 Megapixel) liefern. Für diese Aufgabe verfügen sie häufig über eine Ethernet–Schnittstelle mit einem speziellen Mikrocontroller (μC), über die sie direkt ans Internet angeschlossen werden können. Webcams ohne diese Schnittstelle werden gewöhnlich über den USB an einem PC betrieben. Da die Leistungsaufnahme einer Webcam zu groß ist, kann sie nicht mit einem Akkumulator betrieben werden, sondern ist auf den Einsatz eines (meist externen) Netzteils angewiesen. In Abbildung 5.11 ist der Aufbau einer Webcam skizziert.

Dieser Aufbau ähnelt stark dem in Abbildung 5.10 gezeigten Aufbau einer Digitalcamera. Das einfallende Licht wird wieder durch das Objektiv gebündelt und auf den Bildsensor gegeben, der durch einen CCD– oder CMOS–Chip gegeben sein kann. Die aufgenommenen Daten werden durch einen A/D–

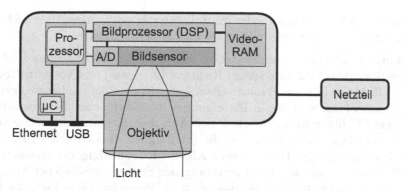

Abb. 5.11 Schematischer Aufbau einer Webcam

Wandler in digitale Werte umgesetzt, wobei der Mikroprozessor Einfluss auf die Verstärkung oder Dämpfung der Signale nehmen kann. Da Webcams aber – anders als eine Digitalkamera – eine Bildfolge von 25 bis 30 Bildern pro Sekunde (*Frames per Second* – fps) aufnehmen und verarbeiten müssen, kann die Verarbeitung nicht von dem zentralen Mikroprozessor selbst vorgenommen werden. Daher besitzen Webcams einen Digitalen Signalprozessor (DSP), der als Bildprozessor die Folge von Einzelbildern in Echtzeit in ein standardisiertes Videoformat umsetzen. Hierzu wird heute meist das *MPEG*-2- oder *MPEG*-4-Format (*Motion Picture Experts Group*) verwendet. Durch die MPEG-Kompression werden die Datenrate und das Speichervolumen gegenüber einer Einzelbildfolge drastisch reduziert. Dem Bildprozessor steht ein eigener Video-Speicher zur Verfügung. Dieser wird jedoch nur für die aktuelle Bildverarbeitung genutzt und dient nicht zur Ablage von verarbeiteten Bildern, die unmittelbar über die Schnittstelle zum PC oder ins Internet übertragen werden.

Zur Wiedergabe auf dem PC-Monitor müssen die (vom DSP als *Encoder*) komprimierten Daten wieder rechenaufwendig dekodiert werden. Um den PC-Prozessor hiervon zu entlasten, integriert man bei vielen Graphik- bzw. TV-Karten spezielle *MPEG-Decoder*. Damit kann man dann auch bei weniger leistungsfähigen PCs MPEG-Videos „ruckelfrei" betrachten.

5.3.3 Joystick

Obwohl der *Joystick* (Steuerhebel) als Eingabegerät heutzutage hauptsächlich im Bereich der Computerspiele eingesetzt wird, findet es auch in anderen Bereichen Anwendung. Dazu gehören insbesondere alle Aufgabengebiete, in denen eine Steuerungsaufgabe mit nur einer Hand zu erledigen ist. Abgesehen von der Steuerung moderner Robotersysteme, umfasst dies auch die Bedienung von Benutzerschnittstellen für Körperbehinderte.

Hauptaufgabe eines Joysticks ist es, dem PC jederzeit die genaue Stellung seines Steuerhebels in seitwärtiger Richtung (X–Achse) und Vorwärts/Rückwärts–Richtung (Y–Achse) mitzuteilen. Außerdem verfügt er über wenigstens zwei Tasten (*Buttons*), deren Betätigung er unmittelbar an die Anwendung auf dem PC übermittelt. Neben diesen Aufgaben bieten moderne Joysticks noch zusätzliche Funktionen, auf die im Rahmen dieses Buches nicht näher eingegangen wird. Dazu gehören z.b. die Rückmeldung der eingesetzten Kraft (*Force Feedback*), die Auswertung der Stellung zusätzlicher Schalter bzw. Tasten oder die Abfrage einer dritten Dimension (Z–Achse), die beispielsweise durch das Drehen des Joysticks um seine Längsachse vorgegeben werden kann. Auch andere Ausprägungen des Joysticks, die z.B. als Steuerrad, Fußpedale oder sog. *Gamepads* (*Game Controller*) hauptsächlich im Spielebereich eingesetzt werden, möchten wir hier nicht beschreiben.

Joysticks werden primär anhand der Verfahren, mit denen die Stellung des Schalthebels ermittelt wird, unterschieden. Auf der einen Seite gibt es die so genannten *digitalen Joysticks*, die vorwiegend im Heimcomputer–Bereich früherer Jahrzehnte benutzt wurden und dort – aus Kostengründen – eine dominante Rolle eingenommen hatten. Bei ihnen geben vier Schaltkontakte, die im Winkel von 90° um das Ende des Steuerhebels angeordnet sind, Auskunft über seine momentane Stellung, wobei sie aufgrund ihrer digitalen Kontakte eine gewählte Richtung lediglich in 45°–Schritten erfassen können. Durch ihren einfachen Aufbau sind diese Geräte deutlich preiswerter als ihre analogen Gegenstücke.

Im heutigen PC–Bereich werden fast ausschließlich *analoge Joysticks* eingesetzt. Da der PC in den ersten Jahren nach seiner Einführung vorwiegend im professionellen Umfeld verwendet wurde, war die Leistungsfähigkeit eines Eingabemediums im Allgemeinen wichtiger als seine Anschaffungskosten. Aus diesem Grund stand bei der Entwicklung der Schnittstelle zum Anschluss eines Joysticks, dem sog. *Gameport*, und der dazu kompatiblen Eingabemedien weniger der günstige Preis als vielmehr ein qualitativ hochwertiges Ergebnis im Vordergrund. Der Gameport stellte einen 15–poligen Sub–D–Anschluss für die Anbindung von einem oder zwei Joysticks zur Verfügung. Durch den Einsatz analoger Eingabegeräte wollte man eine präzisere Steuerung und damit eine schnellere Erzeugung hochqualitativer Arbeitsergebnisse erreichen. Der Gameport ist heute weitgehend durch die USB–Schnittstelle verdrängt worden. Die vorher auf einer PC–Erweiterungskarte (üblicherweise der Soundkarte, vgl. Abschnitt 4.2) vorhandene Ansteuer– und Auswertelogik des Gameports wurde in den Controller des Joysticks verlagert.

Die Stellung des Steuerhebels wird bei den analogen Joysticks meistens über zwei Potentiometer, also einstellbare Widerstände, ermittelt, die am unteren Ende des Hebels im Winkel von 90° angeordnet sind und von denen eines die Hebelstellung in X–Richtung, das andere die Stellung in Y–Richtung abtastet. Die Potentiometer sind in einer RC-Schaltung eingebaut und bestimmen mit ihrem aktuellen Widerstandswert R die Zeitdauer, die der Kondensator C bis zum Erreichen einer bestimmten Spannung (z.B. +5V) bzw. zum Entladen auf Masse (0 V, GND) benötigt. Diese Zeiten für das Auf– und Entladen werden für die beiden Richtungen X, Y durch je einen Zähler (*Timer*) ermittelt, der im Millisekunden–Abstand getaktet wird. Der Endstand der Zähler wird durch die Stellung des Steuerhebels und den daraus resultierenden Widerstandswerten R_i (i=1,2) der Potentiometer beeinflusst. Daraus können die Lade– bzw. Entladezeiten T_i der Kondensatoren nach der Gleichung

$T_i = 24{,}2$ ms $+ R_i \cdot 0{,}011$ ms berechnet werden[16], die etwa zwischen 24 und 1100 Mikrosekunden liegen. Aus diesen Zeiten lässt sich wiederum die Stellung des Joystick–Hebels genau bestimmen.

Die von den Zählern bestimmten digitalen Zeitdauern werden vom Controller über die Schnittstelle dem Anwendungsprogramm zur Verfügung gestellt. Durch den Einsatz von 6–Bit–Zählern steht z.B. ein Bereich von 64 Werten je Dimension zur Verfügung; insgesamt können damit $64^2 = 4096$ Hebelstellungen unterschieden werden. Moderne Systeme unterscheiden durch den Einsatz längerer Zähler meist eine noch größere Anzahl möglicher Stellungen.

Bei moderneren Joysticks wird die oben beschriebene Bestimmung der Stellung des Steuerhebels mit Hilfe von Potentiometern durch optische Sensoren auf der Basis einer Leuchtdiode (LED) und eines einfachen CCD–Sensors ersetzt, die stationär auf dem Boden des Joystick–Gehäuses befestigt sind. Das Licht der LEDs wird dabei durch durchsichtige Kunststoffstreifen geschickt, die mit dem Ende des Steuerhebels verbunden sind. Die Streifen sind mit grauen Feldern belegt, deren Helligkeit von einem Ende des Streifens zum anderen abnimmt. Aus der vom CCD–Sensor gemessenen aktuellen Helligkeit kann der Joystick–Controller die momentane Position des Steuerhebels ermitteln.

Eine andere Lösung setzt einen zweidimensionalen CCD–Bildsensor, der auf dem Boden des Joystick–Gehäuses befestigt ist. Zwei LEDs, die im 90°–Winkel mit dem Steuerhebel verbunden sind, schicken ihr Licht auf diesen CCD–Sensor. Aus den aufgezeichneten Bewegungen der Lichtstrahlen kann wiederum die Position des Joystick–Hebels ermittelt werden.

---

[16] R_i ist in der Formel der Wert der Widerstände ohne die Einheit Ω.

5.4 Weitere Ausgabegeräte

5.4.1 Drucker

Die Aufgabe eines Drucker ist es, Texte oder Bilder auf Papier auszugeben. Im Laufe der Jahre wurden verschiedene Druckertechnologien entwickelt, die man im Wesentlichen in zwei Hauptkategorien unterteilen kann: Drucker mit und ohne mechanischen Anschlag. Zu den Druckern mit mechanischem Anschlag (*Impact Printer*) zählen Typenrad–, Nadel– und Banddrucker. Da diese Technologien jedoch sehr viel Lärm verursachen, werden heute fast ausschließlich Drucker ohne mechanischen Anschlag (*Non-Impact Printer*) eingesetzt[17]. Im Folgenden werden wir die Funktionsprinzipien dieser modernen Drucker (Tintenstrahl–, Thermo– und Laser–Drucker) kennen lernen.

Doch zunächst wollen wir noch kurz die unterschiedlichen Drucker–Farbräume beschreiben:

Additive Farbmischung: Bei Flüssigkristall–Anzeigen werden Farben durch additive Farbmischung der drei Grundfarben (Primärfarben) Rot, Grün und Blau dargestellt. Wenn man die Farbsättigung jeder dieser Farben als eine Koordinatenachse betrachtet, entsteht der so genannte RGB–Farbraum. Dieser Farbraum wird für die Bildschirmdarstellung und für Scanner benutzt. Mischt man die drei Grundfarben in gleichem Verhältnis, so ergibt sich Weiß.

Subtraktive Farbmischung: Mischt man nur zwei der Grundfarben, so erhält man die Komplementärfarben (Sekundärfarben) Cyan, Magenta und Gelb, welche die Grundlage des CMYK–Farbraums bilden. Dieser Farbraum wird bei Druckern (vgl. Abschnitt 5.4.1) zur *subtraktiven* Farbmischung benutzt. Im Gegensatz zur additiven Farbmischung werden hierbei die Grundfarben aus dem Spektrum des weißen Lichts herausgefiltert. Jede Grundfarbe absorbiert alle anderen Farben und reflektiert nur noch die eigenen Farbanteile. Die subtraktive Mischung der drei Grundfarben liefert theoretisch Schwarz. In der Realität ergibt sich aber lediglich eine dunkelgrün/braune Farbe. Daher wird bei Druckern zusätzlich die „Farbe" Schwarz bereitgestellt. Der Buchstabe „K" im Farbraum ergibt sich als letzter Buchstabe des englischen Worts „BlacK". Die Sekundärfarben des CMYK–Farbraums ergeben wieder die Primärfarben Rot, Grün und Blau des RGB–Farbraums.

Da Programme normalerweise den RGB–Farbraum benutzen, muss vor der Ausgabe auf einen Farbdrucker eine Umwandlung in die vier Grundfarben des subtraktiven Farbraums erfolgen. Dieser Vorgang wird *Vierfarbseparation* genannt.

---

[17] außer man benötigt Durchschläge wie z.B. bei Rechnungen

5.4.1.1 Tintenstrahldrucker

Ein Tintenstrahldrucker (*Ink–Jet Printer*) spritzt mit Hilfe feiner Düsen Tinte auf das Papier, wobei die Zeichen und Graphiken aus einzelnen Punkten zusammengesetzt werden, das heißt, diese Drucker gehören zur Gruppe der Matrixdrucker. Der Druckvorgang erfolgt zeilenweise. Dazu wird – wie in Abbildung 5.12a) gezeigt – das zu bedruckende Blatt Papier aus einem Vorratsbehälter entnommen und in den Drucker eingezogen. Dort wird es über eine Umlenkrolle geführt und aus dem Drucker heraustransportiert. Der Transport des Papiers wird durch einen sehr genau arbeitenden Schrittmotor vorgenommen, d.h. einen Motor, der sich nicht kontinuierlich, sondern in sehr feinen diskreten Schritten dreht. Hinter der Umlenkrolle befindet sich der Druckkopf, der an einer Führungsschiene quer über das Papier geführt wird und nach unten die Farben direkt auf das Papier ausgibt. Die Arbeit des Druckkopfes, insbesondere die Abgabe der Tinte, wird durch den Controller des Druckers gesteuert. Die Tinte wird permanent aus dem Tintenvorrat nachgeliefert, der aus getrennten oder kombinierten Farbpatronen (Farbkartuschen) gebildet wird.

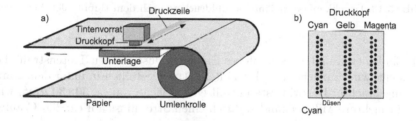

Abb. 5.12 Prinzip eines Tintenstrahldruckers

Jeder Druckkopf enthält eine große Anzahl von Tintenkanälen und Düsen, die in mehreren Spalten angebracht sind (s. Abbildung 5.12b)) – bei Farbköpfen jeweils wenigstens ein Paar pro Grundfarbe (Cyan, Magenta, Gelb). Dazu kommen ggf. noch zwei Spalten für die „Farbe" Schwarz in einer kombinierten Patrone. Die Düsen sind dabei in den Spalten versetzt angeordnet, sodass auf dem Papier jeder Punkt in der gerade bearbeiteten Druckzeile bedruckt werden kann. Jede Spalte enthält bis zu einigen Dutzend Düsen.[18] Die Tintenkanäle und Düsen, die schmaler sind als ein menschliches Haar, können beim Gebrauch durch eingetrocknete Tinte schnell verstopfen und müssen daher nach längerer Pause wieder gereinigt werden. Dies geschieht z.B. durch Aufheizen und Ausspritzen der Farbreste in einen kleinen, im Drucker angebrachten Schwamm.

---

[18] Druckköpfe von Hochleistungsdruckern können bis über 300 Düsen pro Farbe und somit insgesamt über 1200 Düsen besitzen.

Um die Tinte aufs Papier zu spritzen, haben sich im Wesentlichen zwei Verfahren durchgesetzt, das Bubble–Jet–Verfahren und das Piezo–Verfahren.

Bubble–Jet–Verfahren: Beim *Bubble–Jet*–Verfahren wird die Tinte in den Düsen in kurzer Zeit stark erhitzt, so dass sich Dampfblasen (*Bubbles*) bilden und die Tinte aus der Düse herausgeschleudert wird. Dieses Prinzip, das auch als thermischer Tintenstrahldruck (*Thermal Ink–Jet*) bezeichnet wird, ist in Abbildung 5.13 skizziert.

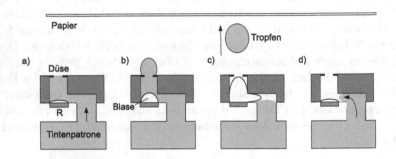

Abb. 5.13 Druckkopf eines Tintenstrahldruckers nach dem Bubble–Jet–Verfahren.

a) Ein feiner Kanal, dessen offenes Ende die Düse für den Tintenstrahl darstellt, wird zunächst aus der Tintenpatrone gefüllt. Ein unter dem Kanal angebrachter Heizwiderstand (mit einer Fläche von ca. $30 \times 30~\mu m^2$) wird für mehrere Mikrosekunden durch einen Stromfluss auf ca. 300°C aufgeheizt.

b) Dadurch bildet sich über dem Widerstand im Kanal schlagartig eine Dampfblase, die die Tinte durch die Düse nach außen drückt und dort für eine Tintenblase sorgt. Zunächst verhindert die Oberflächenspannung der Tinte, dass sich diese Blase vom Druckkopf löst und mit ca. 15 m/s zum Papier fliegt.

c) Erst wenn der Druck im Kanal weiter ansteigt, reißt die Blase ab und wird als kleiner Tintentropfen gegen das Papier geschleudert. Die Größe dieses Tropfens beträgt nur etwa 2 bis 5 pl Inhalt[19], also ungefähr ein Millionstel eines Wassertropfens.

d) Der Widerstand kühlt sich sehr schnell stark ab und die Dampfblase im Kanal bricht zusammen. Dadurch entsteht im Kanal ein Unterdruck, der dafür sorgt, dass Tinte aus der Patrone gesaugt wird und den Kanal wieder füllt.

---

[19] Picoliter: 10^{-12} l

Die Brauchbarkeitsdauer der Druckköpfe ist relativ beschränkt. Daher werden sie gewöhnlich in die Tintenpatronen integriert und mit jedem Wechsel der Patronen erneuert. Der gesamte beschriebene Vorgang zum Drucken eines Punktes dauert (im Minimalfall) weniger als 30 μs, was einer „Schuss"–Frequenz von ca. 36 kHz entspricht.

Piezo–Verfahren: Das Piezo–Verfahren beruht auf dem piezoelektrischen Effekt, den man bei Kristallen findet: Wenn man an den Kristall eine Spannung anlegt, ändert dieser seine Form. Der Aufbau eines Druckkopfes mit Düsen und Tintenkanälen ähnelt dem eines Bubble–Jet–Druckers nach Abbildung 5.13. Anstelle der Widerstände besitzt er jedoch Tintenkanäle mit Piezoelementen, die in großer Zahl spaltenweise übereinander angebracht sind und so einen breiten, waagerechten Streifen des Papiers gleichzeitig bedrucken (s. Abbildung 5.14). Die Formveränderung der Piezoelemente unter Spannung wird zum Aufbau des Düsendrucks ausgenutzt, der nötig ist, um die Tinte durch den Tintenkanal auf das Papier zu sprühen: Wird eine Spannung an ein Piezoelement angelegt, so biegt es sich nach außen und saugt dabei neue Tinte aus dem Tintenvorrat an. Ein Abschalten bzw. Umpolen der Spannung lässt das Piezoelement wieder in seine ursprüngliche Form zurückschnellen und dabei die angesaugte Tinte als Tropfen (mit etwa 2 bis 5 pl) gegen das Papier ausstoßen.

Vergleich der Druckverfahren

Vorteile des Piezodruckverfahrens sind die mit 5 μs sehr kurzen Reaktionszeiten der Piezokristalle, zum anderen die lange Haltbarkeit der Druckköpfe. Anders als bei den thermischen Tintenstrahldruckern werden daher die Piezodruckköpfe nicht in die Farbpatronen integriert und mit jedem Wechsel der Patronen erneuert. Daraus resultiert ein geringer Preis für die Austauschfarbpatronen.

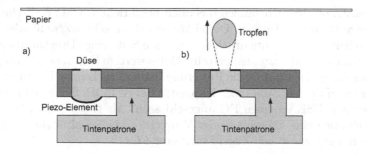

Abb. 5.14 Druckkopf eines Tintenstrahldruckers nach dem Piezo–Verfahren.

Die Verwendung winziger Tröpfchen hat einen großen Vorteil bei der Herstellung vieler Farbabstufungen und der Darstellung feinster Strukturen, wirkt sich jedoch beim gleichmäßigen Einfärben größerer Flächen als nachteilig aus. Bei Piezodruckern kann jedoch die Größe des Tropfens – und damit der besprühten Papierfläche – durch Veränderung der an das Piezoelement angelegten Spannung beeinflusst werden, die sich in einer Volumenänderung des Tintenkanals auswirkt. Diese Technik der variablen Tröpfchengröße (*Variable Size Droplet Technology*) wird insbesondere von hochwertigen Piezodruckern angewandt. Diese können beispielsweise mit sechs verschiedenen Tropfengrößen arbeiten, deren Inhalt von 3 bis 40 pl reicht.

Thermische Tintenstrahldrucker erreichen einen ähnlichen Effekt durch den Einsatz von zwei Heizelementen pro Kanal und Düse: Zur Erzeugung von kleinen Tropfen wird nur ein Heizelement eingesetzt, für größere Tropfen werden beide aktiviert.

Wegen der geringen Anschaffungskosten und ihrer hohen Druckqualität sind Tintenstrahldrucker sehr beliebt. Da die Druckköpfe nach dem Bubble–Jet–Verfahren preiswerter herzustellen sind, ist dieses Verfahren sehr verbreitet. Bubble–Jet–Drucker werden heute zu „Dumping"–Preisen verkauft. Das Geschäft versuchen die Hersteller mit dem Verkauf überteuerter Tintenpatronen zu machen, deren Preis den des kompletten Druckers häufig übersteigt. Das höherwertige Piezo–Verfahren wird heute hauptsächlich noch in Hochpreisprodukten und Photodruckern eingesetzt, die mit sieben oder acht Basisfarben[20] arbeiten und für den Ausdruck von Photos optimiert sind.

Tintenstrahldrucker erreichen Auflösungen von bis zu 2880×1440 dpi. Die häufig geringere Auflösung in vertikaler Richtung resultiert einerseits aus dem notwendigen Abstand der auf dem Druckkopf übereinander angeordneten Düsen (s. Abbildung 5.12 b)), andererseits aus der erreichbaren Genauigkeit des Schrittmotors, der das Papier vorwärts bewegt. Die angegebenen dpi–Werte sind außerdem eher theoretisch begründet, als in der Praxis zu erreichen, da sich die Punkte bei dieser feinen Auflösung auf dem Papier z.T. überdecken und nicht mehr getrennt darzustellen sind.

Tintenstrahldrucker benutzen das oben beschriebene CMYK–Farbmodell, um farbige Bilder zu drucken. Dabei können sie in schwarz/weiß oder Farbe bis zu 30 Seiten pro Minute drucken. Die erste Seite eines Druckauftrags wird dabei nach ca. 5 – 6 Sekunden erstellt. Höherwertige Exemplare ermöglichen den beidseitigen Druck. Für die Pufferung der zu druckenden Daten verfügen sie über einen Speicher mit einer Kapazität bis zu 1 GB. Sie werden gewöhnlich über den USB an einen PC angeschlossen. Als Netzwerkdrucker haben sie jedoch auch eine Ethernet- oder Wireless–LAN–Schnittstelle (s. Kapitel 6) und ermöglichen so den Zugriff mehrerer PCs.

---

[20] z.B. Schwarz, Cyan, Magenta, Gelb, Hellrot, Hellblau, Grau, Grün

5.4.1.2 Thermodrucker

Unter einem Thermodrucker verstehen wir einen Drucker, der die Druckfarben erhitzt, um sie nach unterschiedlichen Verfahren aufs Papier zu bringen. Den Tintenstrahldrucker mit Bubble–Jet–Technik zählen wir nicht dazu, weil bei ihm die Temperatur nur dazu dient, die austreibenden Dampfblasen zu erzeugen, und nicht, um die Druckfarben zu erwärmen.

Thermodrucker können grob in die im Folgenden beschriebenen Typen unterteilt werden.

Thermodirektdrucker: Diese Drucker erwähnen wir hier nur der Vollständigkeit halber, da sie im PC–Bereich kaum eine Rolle spielen und hauptsächlich zum Drucken von Belegen, Etiketten, Eintrittskarten[21] u.ä. eingesetzt werden. Sie drucken auf temperaturempfindlichem Spezialpapier, das sich in der Nähe des erhitzten Druckkopfes schwarz färbt, und können dadurch nur einen Schwarz/Weiß–Ausdruck oder wenige Graustufen[22] erzeugen. Als unangenehme Folgeerscheinung geht der Ausdruck unter Licht– und Temperatureinfluss nach mehr oder weniger langer Zeit verloren.

Thermotransferdrucker: Diese Drucker sind dadurch gekennzeichnet, dass sie die Farbpunkte durch Erhitzen von festen, wachsähnlichen Farben (Farbwachsen) auf das Papier bringen. Dazu schmelzen einige hundert (!) Heizelemente des Druckkopfes die Farben auf das vorbei geführte Papier. Wie in Abbildung 5.15 gezeigt, werden die Farben auf bandförmigen Trägerfolien zur Verfügung gestellt, die im Betrieb langsam abgerollt werden.[23] Beim Druck von farbigen Darstellungen wird jede Farbe einzeln ausgegeben. Dazu muss jeweils auf eine andere Farbträgerfolie bzw. auf einer mehrfarbigen Folie auf einen anderen Farbbereich umgeschaltet, das Blatt wieder zurückgezogen und dann mit der neuen Farbe bedruckt werden. Dies stellt natürlich sehr hohe Anforderungen an die Papiereinzugsmechanik. Da immer nur vollständige Pixel gedruckt werden können, können außerdem Farb– oder Grauwertabstufungen nicht durch direkte Mischung der Grundfarben erzeugt werden, sondern – wie auch beim Farbmonitor – durch Kombination (*Dithering*) von verschieden farbigen „Sub–Punkten" zu größeren Bildpunkten. Dadurch wird jedoch die effektive Auflösung reduziert.

Thermotransferdrucker besitzen eine ausgezeichnete Druckqualität. Sie werden nicht nur zum Bedrucken von Papier, sondern auch als Spezialdrucker

---

[21] Faxgeräte der ersten Generationen druckten ebenfalls häufig auf Thermopapier.

[22] häufig auch ein schwarz/silbernen Ausdruck

[23] Ein ähnliches Verfahren wurde bei den Schreibmaschinen früherer Jahre angewandt, die ein mit schwarzer Tinte getränktes „Farbband" verwendeten. Durch Anschlag einer Taste wurde das gewählte Zeichen vom Farbband auf das Papier übertragen.

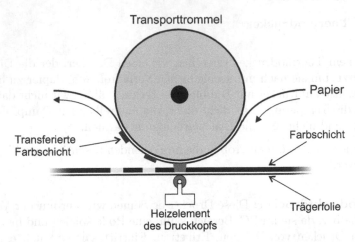

Abb. 5.15 Funktionsprinzip eines Thermotransferdruckers

für viele andere Oberflächen, z.B. Textilien und Plastik, eingesetzt. Als wichtiger Nachteil sind die relativ hohen Kosten für die Farbbänder zu nennen, deren Farbaufträge durch den steten Weitertransport zusätzlich nicht vollständig verbraucht werden. Weiterhin besteht eine mangelnde Sicherheit gegen unbeabsichtigtes „Nachlesen" von gedruckten Texten, da die abgelösten Zeichen auf der Trägerfolie immer lesbar bleiben. Außerdem kann sich durch mechanische Belastung die Farbe teilweise vom bedruckten Material lösen.

Thermosublimationsdrucker: Die Arbeitsweise eines Thermosublimationsdrucker gleicht im Wesentlichen der eines Thermotransferdruckers (s. Abbildung 5.15). Auch hier werden Trägerfolien mit aufgebrachten Farbwachsen eingesetzt, nur dass hier die Farben – durch extreme Erhitzung – direkt vom festen in den gasförmigen Zustand übergehen (Sublimation) und anschließend von einem Spezialpapier aufgenommen werden. Durch Steuerung der Stromstärke kann die auf das Papier abgegebene Farbmenge sehr fein dosiert werden (bis zu 64 Stufen pro Farbe). Im Gegensatz zu anderen Druckern können die Farben für jeden einzelnen Farbpunkt exakt gemischt werden, sodass man extrem hohe Farbabstufungen (bis zu 256 Stufen) erreichen kann. Eine Rasterung über ein Feld mit mehreren Farbpunkten (*Dithering*) ist daher, anders als bei anderen Druckertechnologien (s.o.), nicht nötig. Thermosublimationsdrucker erreichen somit deutlich höhere Auflösungen in realistischer Photoqualität. Die Thermosublimationstechnik wird daher meist zum Ausdruck von Digitalbildern mit speziellen Photodruckern eingesetzt. Die Farbbänder und Photopapiere sind allerdings deutlich teurer als bei den anderen Druckern. Außerdem sind die Drucker relativ langsam, da auch hier für einen Mehrfarben–Druck das Blatt Papier mehrfach – extrem genau – wieder eingezogen und mit jeweils einer neuen Farbe bedruckt werden muss. Häufig muss als letzter Verarbeitungsschritt das Papier noch mit einer Schutzschicht überdeckt werden.

Thermodrucker mit festen Tinten: Diese Drucker, auch als *Solid–Ink Printers*) bezeichnet, nehmen eine Zwischenstellung zwischen den Thermotransferdruckern und den Tintenstrahldruckern ein. Sie verwenden feste Farben in Form von Tintenstäben (*Ink Sticks*)[24], die sie vor dem Gebrauch aber in die flüssige Form überführen. Das Prinzipschaltbild ist in Abbildung 5.16 skizziert.

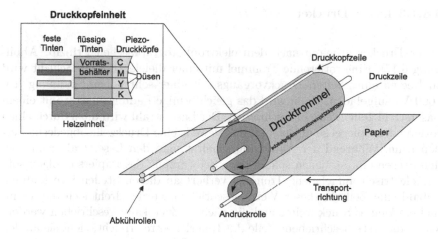

Abb. 5.16 Funktionsprinzip eines Thermotransferdruckers

Der Kern des Druckers besteht aus einer Drucktrommel, über der eine Zeile von Druckköpfen angebracht ist. Diese Druckkopfzeile umfasst z.B. in 88 Spalten jeweils vier Druckköpfe für die CMYK–Grundfarben (Cyan, Magenta, Yellow, BlacK). Die Druckköpfe funktionieren nach dem in Abbildung 5.14 beschriebenen Piezo–Verfahren. Die Tinten werden – wie bereits gesagt – in Form von (bei Zimmertemperatur) festen Farbstäben zur Verfügung gestellt. Um eine Vertauschung der Farben zu vermeiden, sind diese Farbstäbe unterschiedlich geformt und passen so exakt in die entsprechend geformten Aufnahmeeinrichtungen. Durch eine unter den Druckköpfen angebrachte Heizeinheit wird ein Teil der Farben geschmolzen und die daraus entstandene flüssige Tinte in getrennte Vorratsbehälter vor den Druckköpfen gebracht. Wie beim Tintenstrahldrucker beschrieben, werden nun die verflüssigten Farben durch die Düsen der Druckköpfe herausgespritzt – nun jedoch nicht direkt auf das Papier, sondern auf die Drucktrommel. Dabei wird in einem Vorgang jeweils eine gesamte Punktzeile erzeugt. Die Trommel trägt eine spezielle Beschichtung zur Aufnahme der Tinten und wird permanent erwärmt, um die

---

[24] ähnlich den stabförmigen Schulkreiden

aufgespritzten Tinten in einem flüssigen Zustand zu halten. Durch die Drehbewegung der Trommel wird ihr eingefärbter Teil weiterbewegt, bis er das
eingezogene Blatt Papier erreicht. Hier wird durch eine unterhalb der Trommel angeordneten Andruckrolle das Papier gegen die Drucktrommel gepresst,
sodass die aufgespritzten Farben vom Papier rasch aufgesogen werden, ohne
dass sie über das Papier zerfließen können. Die Farben auf dem Papier kühlen
sehr schnell ab und gehen in dabei wieder in den festen Zustand über, was
durch den Kontakt mit zwei weiteren Rollen unterstützt wird.

5.4.1.3 Laser–Drucker

Laser–Drucker arbeiten nach dem elektrophotographischen Prinzip (Abbildung 5.17). Eine rotierende Trommel mit einer dielelektrischen Schicht wird
zu Beginn eines Seiten–Druckvorgangs mit einer sehr hohen Spannung (ca.
1000 V) aufgeladen. Dann wird das gleichförmige Ladungsmuster mit einem
Laserstrahl zeilenweise überschrieben. Der Laserstrahl wird dazu durch einen
rotierenden Spiegel so umgelenkt, dass jeweils eine Druckzeile abgedeckt werden kann. Während der Abtastung schaltet man den Laserstrahl genau an
den Stellen ein, an denen später keine Schwärzung des Papiers erfolgen soll.
Die elektrisch aufgeladene Trommel verliert an diesen Stellen ihre Ladung.
Sobald eine Zeile in dieser Weise geschrieben wurde, dreht sich die Trommel ein kleines Stück weiter und die nächste Zeile kann geschrieben werden.
Wenn die erste beschriebene Zeile die Tonerkassette erreicht, zieht sie an den
noch geladenen Stellen das Tonerpulver an. Das mit dem Laser (negativ) geschriebene Druckmuster wird so auf die Trommel und von dort schließlich auf
das Papier übertragen, indem es mit einer Walze gegen die Trommel ange-
drückt wird. Zum Schluss wird das Tonerpulver auf dem Papier fixiert, indem
es durch elektrisch erhitzte Rollen geführt und damit auf das Papier aufge-
schmolzen wird. Die Trommel wird nun mit einem Abstreifer von Tonerresten
befreit und für den nächsten Seiten–Druckvorgang aufgeladen.

FarbLaser–Drucker liefern Ausdrucke mit einer hohen Auflösung bis zu
1.200×1200 dpi und einer Geschwindigkeit bis zu 40 Seiten/Minute. Die erste Seite wird in Farbe schon nach 9 Sekunden, schwarz/weiß bereits nach
6 Sekunden ausgegeben. Dabei ist eine Duplex–Ausgabe auf beiden Papier-
seiten häufig schon Standard. Laser–Drucker werden heute meist über eine
USB–Schnittstelle mit dem PC verbunden oder sie verfügen über einen Netzwerkadapter, mit dem sie direkt in ein lokales Netzwerk (Ethernet) integriert
werden können. Zur Steuerung (Druckercontroller) werden eingebettete Rechnersysteme eingesetzt, die z.B. über einen PowerPC–Mikroprozessor mit 800
MHz Systemtakt und einen internen Speicher mit bis zu 1 TB verfügen.
Im Speicher kann die komplette Druckinformation (*Bitmap*) für eine oder
mehrere Seiten aufgenommen werden. Die Druckercontroller berechnen diese Bitmaps in der Regel aus Druckbefehlen einer standardisierten Seitenbe-

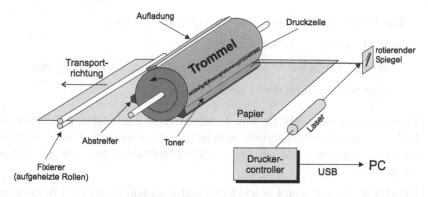

Abb. 5.17 Schematischer Aufbau eines Laser–Druckers

schreibungssprache (z.B. PCL oder Postscript). Dadurch wird einerseits der PC–Prozessor entlastet und andererseits wird das Datenvolumen reduziert, das über die Druckerschnittstelle übertragen werden muss.

Wie bei den Tintenstrahldruckern können auch bei Laser–Druckern Farben durch Mischung der Grundfarben im CMYK–Farbraum erzeugt werden. FarbLaser–Drucker müssen daher für jede der vier Grundfarben eine eigene Tonerkassette bereitstellen. Graustufen oder Farbschattierungen müssen (ebenfalls wie bei Tintenstrahldruckern) durch Rasterung (*Dithering*) erzeugt werden. Dadurch wird allerdings die effektive Auflösung reduziert.

5.4.2 Projektoren

Digitale Projektoren dienen dazu, die Anzeige eines Computers auf einer hellen reflektierenden Projektionsfläche (Leinwand) darzustellen. Sie werden wie Monitore an entsprechende Schnittstellen der Graphikadapter angeschlossen.

Die Erzeugung farbiger Bilder erfolgt durch additive Mischung im RGB–Farbraum, wobei die einzelnen Teilbilder nach verschiedenen physikalischen Methoden erzeugt werden:

- Verwendung von drei sehr hellen Kathodenstrahlen,
- Durchleuchten von drei LCD–Panels,
- Reflektion an einer Matrix von beweglichen Mikrospiegeln. Dabei werden verschiedene Möglichkeiten verwendet, farbige Lichstrahlen zu erzeugen:

  – durch eine rotierende Farbscheibe im Zeitmultiplex erzeugte Lichtstrahlen,

- durch dichroitische Farbfilter erzeugte Lichtstrahlen,

- durch LEDs erzeugte Lichtstrahlen

  · entweder durch eine weiße LED mit dichroitischen Farbfiltern

  · oder direkt durch drei farbige LEDs.

- Reflektion an einer Matrix von festen Mikrospiegeln, deren Reflektionshelligkeit durch vorgelagerte Flüssigkeitskristalle moduliert wird. Die Beleuchtung kann genauso wie bei den Projektoren mit beweglichen Mikrospiegeln erfolgen.

- Reflektion von farbigen Laser–Lichtstrahlen an einem um zwei Achsen beweglichen Mikrospiegel.

Kenngrößen von Projektoren

Bevor wir die einzelnen Projektorarten vorstellen, sollen zunächst einige Kenngrößen von Projektoren eingeführt werden.

Lichtleistung: Um die Projektoren bzgl. ihrer Helligkeit miteinander zu vergleichen, benötigt man ein Maß für die Lichtleistung. Diese wird am Objektiv des Projektors in ANSI–Lumen gemessen. Typische Werte für Projektoren aus dem Heimanwender–Bereich liegen bei 600 bis 800 ANSI–Lumen. Die Lichtleistung wird anhand einer 9–Bereichsmessung unter klar definierten Umgebungsbedingungen bestimmt, die das *American National Standards Institute* (ANSI) entwickelt hat. Das projizierte Bild wird dabei in neun gleiche Bereiche geteilt, deren lokale Lichtdichte jeweils in Lux bestimmt wird. Die Einheit Lux ergibt sich aus der Lichtleistung in Lumen pro Quadratmeter. Sie ist ein Maß für die Lichtdichte des betrachteten Bildbereichs. Zur Bestimmung der Gesamtlichtleistung in ANSI–Lumen wird schließlich der Mittelwert der gemessenen Leuchtdichten mit der Gesamtfläche multipliziert.

Der vom Benutzer wahrgenommen Helligkeitswert hängt von der Größe der projizierten Fläche ab. Als Faustregel gilt, dass für eine Bilddiagonale von 2 m in einem abgedunkelten Raum etwa 500 ANSI–Lumen benötigt werden. Für den Betrieb bei Tageslicht ist etwa die doppelte Lichtdichte wie in abgedunkelten Räumen erforderlich.

Farbtreue: Die naturgetreue Wiedergabe von Farben ist ein wichtiges Qualitätskriterium eines Projektors. Da nur additive Farbmischung möglich ist, kann die „Farbe" Schwarz nicht erzeugt werden. Sie ergibt sich bestenfalls aus der Raumhelligkeit auf der Projektionsfläche. Der Raum sollte also abgedunkelt sein und der Projektor sollte möglichst wenig Restlicht bei der Farbe Schwarz durchlassen. Die Resthelligkeit wird durch den so genannten Schwarzwert in ANSI–Lumen angegeben, wenn eine vollständig schwarze

Fläche dargestellt werden soll. Der Schwarzwert ist umso größer, je höher die Lichtstärke des Projektors ist. Aus diesem Grund und weil die Projektion meist in abgedunkelten Räumen stattfindet, haben Geräte für den Privatgebrauch meist weniger als 1000 ANSI–Lumen Lichtstärke.

Kontrastverhältnis: Das Kontrastverhältnis gibt an, wie sich die Helligkeit eines völlig schwarzen zu einem völlig weißen Bild verhält. Man normiert den Schwarzwert auf 1 und gibt dann den Weißwert als ganzzahliges Vielfaches davon an. Typische Werte liegen bei 1:800 bis 1:2000. Je höher das Kontrastverhältnis, desto brillanter und detailreicher erscheint das Bild für den Betrachter. Dies ist insbesondere bei hochauflösenden Darstellungen von Bedeutung. Man beachte, dass das Kontrastverhältnis und der Schwarzwert zusammenhängen. Lichtstarke Projektoren haben daher meist ein besseres Kontrastverhältnis, obwohl sie einen höheren (absoluten) Schwarzwert als Projektoren mit geringerer Lichtleistung aufweisen.

Bildformat: Als Bildformat bezeichnet man das Verhältnis von Breite zu Höhe. Bei den meisten Projektoren ist ein 4:3–Bildformat üblich, da auch die gebräuchlichen Graphikkarten-Standards wie VGA, SVGA und XGA dieses Bildformat unterstützen. Neuere Bildformate sind der SXGA–Standard mit 5:4 und der HDTV–Standard (*High Definition TV*) mit 16:9.

Projektionsverhältnis: Die meisten Projektoren verfügen über ein Zoom–Objektiv, mit dem die Bildgröße verändert werden kann. Das Projektionsverhältnis erlaubt die Berechnung der Bildbreite auf der Leinwand, wenn der Abstand a des Projektors von der Leinwand bekannt ist. Ein typisches Projektionsverhältnis liegt zwischen 1,5 : 1 und 2,5 : 1. Die Bildbreite ergibt sich in dann zu $a/1,5$ bis $a/2,5$. Bei einem Abstand $a = 2,5$ m variiert die Bildbreite zwischen 1,67 m und 1 m.

Trapezkorrektur (Keystone-Korrektur): Wenn die Projektion nicht genau im rechten Winkel auf die Leinwand trifft, entsteht eine trapezförmige Verzerrung des Bildes, die man als *Keystone* bezeichnet. Diese Bezeichnung resultiert aus der Tatsache, dass die projizierte Bildfläche dem Schlussstein (*Keystone*) aus dem Torbogen historischer Gebäude ähnelt, wenn der Projektor unterhalb der Leinwand steht. Da die Oberkante länger als die Unterkante des Schlusssteins ist, ergibt sich ein nach unten geöffneter Torbogen, der die Kräfte des darüber liegenden Mauerwerks auffängt. Die Keystone-Verzerrung bei Projektoren tritt auch in umgekehrter Richtung auf, wenn der Projektor über der Projektionsfläche (z.B. an der Decke) positioniert wird. In diesem Fall ist die Oberkante der trapezförmigen Bildfläche schmaler als die Unterkante.

Den Keystone-Effekt kann man durch drei Maßnahmen korrigieren:

* *Schrägstellen der Leinwand:* Dies ist die einfachste Methode zur Korrektur des Keystone-Effekts. Dadurch wird dafür gesorgt, dass wieder ein rechter Winkel zwischen der optischen Achse des Projektors und Leinwand herge-

stellt wird. Da das Schrägstellen der Leinwand jedoch mit hohem technischem Aufwand verbunden ist, verfügen die meisten moderneren Projektoren über optische oder elektronische Korrektursysteme.

- *Optische Korrekturmethoden:* Hierzu zählen Kippspiegel und Schiebe–Objektive. Mit beiden Methoden kann die optische Achse des projizierten Bildes so gedreht werden, dass sie danach wieder senkrecht zur Leinwand steht. Den erforderlichen Drehwinkel bestimmt man im Projektor durch einen Lagesensor, der den Aufstellwinkel relativ zum Horizont misst. Optische Korrektursysteme sind jedoch mechanisch sehr aufwändig und daher auch teuer. Mit dem so genannten *Lens Shift* gibt man an, um welchen Anteil das projizierte Bild in vertikaler und in horizontaler Richtung verschoben werden kann. Ein Lens Shift mit V=+/–50% und H=+/–25% bedeutet, dass das Bild mit Hilfe eines (meist motorisch) verschiebbaren Linsensystems um maximal 50% nach oben bzw. unten und um max. 25% nach links bzw. rechts relativ zur optischen Achse verschoben werden kann. Deshalb werden immer häufiger die folgenden Korrektursysteme eingesetzt.

- *Elektronische Korrekturmethoden:* Die trapezförmige Verzerrung wird dadurch korrigiert, dass alle Bildzeilen mittels Interpolation auf die Länge der kürzesten Bildzeile komprimiert werden. An den Seiten entstehen dabei keilförmige schwarze Bereiche. Auf diese Weise erhält man auch ohne zusätzliche Hardware wieder ein rechtwinkliges Projektionsbild. Nachteilig ist jedoch, dass durch die Stauchungen Bildinformationen verloren gehen und die Gesamthelligkeit des Bildes gegenüber dem Original reduziert wird.

Wir kommen nur zu den einzelnen Techniken, mit denen man Projektoren realisieren kann.

Röhrenprojektoren

Ein Röhrenprojektor besteht aus drei Kathodenstrahlröhren (*Cathode Ray Tube* – CRT) für die Grundfarben Rot, Grün und Blau. Die Kathodenstrahlröhren erzeugen sehr lichtstarke Bilder, die dann mit einer aufwendigen Optik auf der Projektionsfläche zur Deckung gebracht werden. Vor den Okularen befinden sich Farbfilter für die drei Grundfarben (s. Abbildung 5.18). Nachteilig ist, dass deren Justage sehr kompliziert und empfindlich ist. Es ist daher erforderlich, die Konvergenz des Röhrenprojektors in regelmäßigen Abständen nachzustellen. Außerdem wird für die drei Kathodenstrahlröhren und die Optik viel Platz benötigt und der Projektor ist sehr schwer. Bei der Projektion von statischen Bildern besteht – wie bei allen Kathodenstrahlröhren – die Gefahr, dass sich die Bilder auf der Leuchtschicht einbrennen. Obwohl die

einzelnen Röhren mit maximaler Lichtstärke betrieben werden, erreicht man
nur Leuchtstärken von etwa 500 ANSI–Lumen.

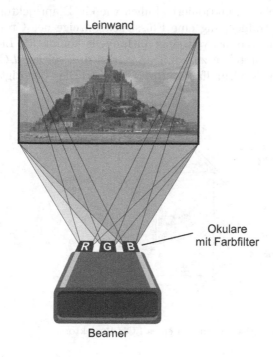

Abb. 5.18 Ausrichtung der drei Teilbilder für die Grundfarben bei einem Röhrenprojektor.

Trotz dieser Nachteile und der sehr hohen Kosten bietet diese Projek-
tortechnik jedoch auch Vorteile. Da die Bilderzeugung analog erfolgt, gibt
es keine diskrete Rasterung (Fliegengittereffekt) und es können daher mit
ein und demselben Projektor unterschiedliche (sowie sehr hohe) Bildauflö-
sungen unterstützt werden. Da die Elektronenstrahlen sehr schnell reagieren, sind Röhrenprojektoren insbesondere für die Präsentation von Videos
sehr gut geeignet. Im Gegensatz zu anderen Techniken werden eine optimale
Schwarzwert- und eine natürliche Farbdarstellung erreicht.

Röhrenprojektoren werden wegen der Bilderzeugung mit Hilfe von Elektronenstrahlen auch als *Beamer* bezeichnet. Obwohl sie mittlerweile kaum
noch verwendet werden, hat sich die Bezeichnung Beamer auch für die die
neueren und im Folgenden beschriebenen Projektionstechniken eingebürgert.

LCD–Projektoren

Ein LCD–Projektor funktioniert ähnlich wie ein Diaprojektor. Anstelle des Dias wird im Strahlengang eine Flüssigkeitsanzeige der Größe einer Briefmarke eingebaut, die das von einer Lichtquelle kommende Licht moduliert. Um Farbbilder darstellen zu können, werden drei solcher *LCD–Panels* (als Lichtventile) für die Grundfarben Rot, Grün und Blau benötigt (s. Abbildung 5.19).

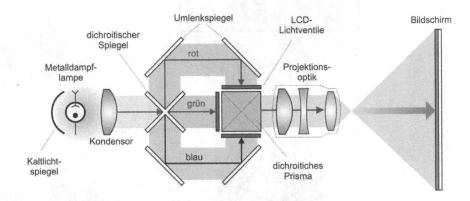

Abb. 5.19 Schematischer Aufbau eines LCD-Projektors.

Als Lichtquelle dient eine Metalldampf- oder Gasentladungslampe, deren Lichtstrahlung über einen Kaltlichtspiegel in das Bilderzeugungssystem geleitet wird. Der Kaltlichtspiegel absorbiert einen Teil der Wärmestrahlung (daher der Name), um die LCD–Panels vor Überhitzung zu schützen. Mit Hilfe einer asphärischen Kondensorlinse (Sammellinse) wird das weiße Licht zu einem parallelen Strahl ausgerichtet („kollimiert"), aus dem über *dichroitische* Spiegel[25] Strahlen für die drei Grundfarben erzeugt werden. Diese gelangen über Umlenkspiegel zu den drei LCD–Panels, die auf je einer Seite eines dichroitischen Prismas angeordnet sind. Nach der Durchleuchtung (Transmission) werden damit die Teilbilder zu einem farbigen Gesamtbild zusammengesetzt. Dieses wird dann mit einer Projektionsoptik vergrößert und gelangt schließlich auf eine Leinwand oder – im Falle einer so genannten Rückprojektion (*Rear Projection*) – von hinten auf eine transparente Bildfläche.

Das bildgebende System aus den drei LCD–Panels (auf Basis von TFTs) und dem dichroitischen Prisma wird beim Hersteller so justiert, dass die drei

---

[25] Ein dichroitischer Spiegel ist ein Spiegel, der einen Teil des Lichtspektrums reflektiert und den anderen Teil passieren lässt. Er spaltet somit das Licht in zwei Farbanteile auf. Dies erklärt auch seinen Namen, der zwei griechische Wörter vereint: *Di* steht für zwei und *chroitisch* für Farbe.

Teilbilder deckungsgleich sind. Danach wird das System versiegelt. Das heißt, dass LCD–Projektoren – im Gegensatz zu den oben beschriebenen Röhrenprojektoren – nicht immer wieder aufwändig justiert werden müssen.

LCD–Projektoren erreichen leider nur relativ geringe Lichtstärken, da die LCD–Panels einen Teil der Lichtenergie beim Durchleuchten absorbieren. Dadurch heizen sich auch die Panels auf und bleichen aus. Störend ist außerdem der so genannte „Fliegengittereffekt" durch die Pixelrasterung, der besonders bei Projektoren mit einer geringen Auflösung erkennbar ist.

DLP–Projektoren

Die Abkürzung DLP steht für *Digital Light Processing* und ist ein eingetragener Markenname der Firma Texas Instruments. DLP-Projektoren nutzen Miniaturspiegel, die als mikromechanische Bauelemente gefertigt werden. Man bezeichnet die Mirochips als *Digital Micromirror Devices* (DMD). Derzeit können auf einem DMD–Chip bis zu 8 Millionen Mikrospiegel integriert werden.

Die einzelnen Mikrospiegel sind quadratisch und in einer Matrix (im Bildformat 4160 × 2080) angeordnet(s. Abbildung 5.20). Die Kantenlänge der Mikrospiegel liegt zwischen 13 und 20 μm. Im Vergleich dazu ist ein menschliches Haar mit 40 – 120 μm bis zu sechsmal so dick. Die Mikrospiegel werden über Torsionsfedern in einer gekippten Ruheposition stabilisiert.

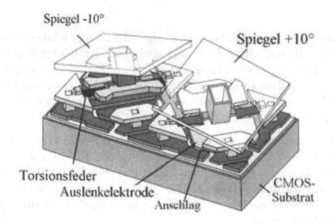

Abb. 5.20 Mechanischer Aufbau der Mikrospiegel (nach Unterlagen der Fa. Texas Instruments).

Erzeugung heller und dunkler Bildpunkte: Das Licht der Projektorlampe wird durch die Mikrospiegel abgelenkt und über ein Objektiv vergrößert auf die Leinwand gelenkt. Jedem Mikrospiegel ist also ein Bildpunkt auf der Leinwand zugeordnet.

Durch die Kraftwirkung eines geeignet gerichteten elektrostatischen Feldes werden die Mikrospiegel durch eine der Torsionskraft entgegengesetzten Kraft aus der Ruheposition ausgelenkt. Wenn ein Mikrospiegel angestrahlt wird, der sich in der Ruheposition befindet (Winkel ϑ), so wird das Licht auf einen Absorber reflektiert. Dies führt dazu, dass der zugehörige Bildpunkt dunkel (schwarz) bleibt (s. Abbildung 5.21 links). Eine ausreichend hohe Spannung an den Auslenkelektroden bringt den Mikrospiegel in den anderen Kippzustand (Winkel $-\vartheta$). Der dem Mikrospiegel zugeordnete Bildpunkt wird mit maximaler Helligkeit dargestellt (s. Abbildung 5.21 rechts).

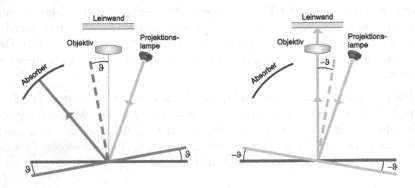

Abb. 5.21 Ablenkung des Lichts durch einen Mikrospiegel.

Erzeugung von Grauwerten: Beliebige Grauwerte können ebenfalls erzeugt werden. Hierzu wird sehr schnell zwischen den beiden Kippzuständen umgeschaltet und dabei die Trägheit des menschlichen Auges ausgenutzt. Zur Darstellung eines Pixels wird ein fester Bildwiederhol–Zeitraum vorgegeben, in dem die Helligkeit eines Pixels durch das Verhältnis der Einschalt- zur Ausschaltdauer festgelegt wird.

Wenn man z.B. 50 Bilder pro Sekunde darstellen möchte, hat man pro Bild 1/(50 Hz) = 20 ms zur Verfügung. Für jeden Pixel steht also eine Zykluszeit von 20 ms für die so genannte *Pulsweiten–Modulation* (PWM) der Helligkeit zur Verfügung. Soll ein Pixel z.B. mit einer Helligkeit von 40 % leuchten, so muss er in diesem Zeitraum 8 ms lang eingeschaltet und 12 ms lang ausgeschaltet werden.

Die Mikrospiegel können bis zu 5000–mal pro Sekunde umgeschaltet werden. Daraus ergibt sich eine minimale Schaltdauer von $\frac{1}{5000 s^{-1}} = 200~\mu s$. Die Bildpunkte können also für 200 μs entweder hell oder dunkel getastet werden.

Das menschliche Auge hat eine Integrationszeit von etwa 20 bis 100 ms (0,02 – 0,1 s), d.h. in diesen Zeitraum können 100 bis 500 Schaltzustände untergebracht werden. Durch PWM können somit 100 bis 500 verschiedene Helligkeitsstufen erzeugt werden.

Die Helligkeitswerte der einzelnen Bildpunkte liegen normalerweise als Dualzahlen vor und müssen in eine PWM–Darstellung überführt werden. Wie oben gezeigt, kann man zunächst eine Ein- und Ausschaltdauer pro Bildpunkt–Zyklus errechnen. Würde man diese Zeiten jeweils an einem Stück in einem Zyklus umsetzen, so käme es zu Bildflickern. Günstiger ist es, die Ein- und Ausschaltzeiten ineinander zu verzahnen und somit gleichmäßig über den Zyklus zu verteilen.

Beispiel: Es sei angenommen, dass $G_{max}=2^n$ Schaltzustände pro Zyklus vorhanden sind (z.B. $256 = 2^8$). Dann müssen wir die einem Grauwert $G>0$ zugeordnete Einschaltdauer gleichmäßig auf die verfügbaren G_{max} Schaltzeiträume für die Mikrospiegel verteilen. Die einzelnen Positionen P_i innerhalb eines Zyklus, bei denen die Mikrospiegel das Licht der Projektorlampe auf die Leinwand reflektieren sollen, können wie folgt berechnet werden:

$$P(i) = \lfloor i \cdot \frac{G_{max}}{G+1} \rfloor \qquad i = 1, \cdots, G \qquad (5.1)$$

Hierbei bezeichnet die so genannte Gaußklammer $\lfloor \ \rfloor$ die Abrundungsfunktion, d.h. die größte ganze Zahl, die kleiner als der eingeklammerte Wert ist.

Wenn beispielsweise $G=4$ und $G_{max}=256$ ist, werden innerhalb eines Zyklus mit 256 Schaltzuständen die Mikrospiegel in folgenden vier Schaltzuständen eingeschaltet:

$$P_1 = \lfloor 1 \cdot \frac{256}{5} \rfloor = 51$$

$$P_2 = \lfloor 2 \cdot \frac{256}{5} \rfloor = 102$$

$$P_3 = \lfloor 3 \cdot \frac{256}{5} \rfloor = 153$$

$$P_4 = \lfloor 4 \cdot \frac{256}{5} \rfloor = 204$$

Erzeugung von Farben: Es gibt zwei verschiedene Techniken, um Farbbilder zu erzeugen. Die preisgünstigere Methode besteht darin, einen einzigen DMD–Chip zu verwenden, der innerhalb der Integrationszeit mit den drei Grundfarben Rot, Grün und Blau angestrahlt wird. Man spricht dann von einem 1–Chip–DLP–Projektor (s. Abbildung 5.22). Auf diese Weise werden

drei farbige Bilder erzeugt, die aufgrund der Trägheit des menschlichen Seh-
systems zu einem Farbbild verschmelzen. Das farbige Licht kann auf zwei
Arten erzeugt werden:

• durch ein rotierendes Farbrad, das drei Filter für die Grundfarben hat,
• durch Leuchtdioden (LEDs), die in den Grundfarben leuchten.

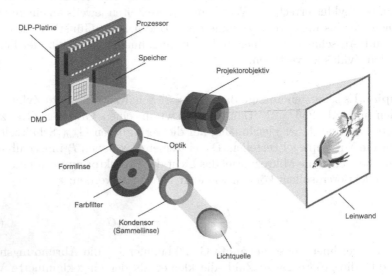

Abb. 5.22 Aufbau eines 1–Chip–DLP–Projektors.

Im ersten Fall liegt ein Farberzeugungssystem vor, das mit relativ hohem
mechanischem Aufwand realisiert werden muss. Wegen der rotierenden Teile
des Farbrades entstehen neben den Lüftergeräuschen für die Projektorlampe
zusätzliche Störgeräusche. Um die Gesamthelligkeit eines Bildes anzuheben,
kann es auf dem Farbrad auch einen transparenten Sektor geben, der dann
lediglich das weiße Licht der Projektorlampe durchlässt.

Im zweiten Fall werden die Farben elektronisch erzeugt. Dies hat den Vorteil, dass es sich um eine leise und verschleißfreie Lösung handelt. Nachteilig
sind jedoch die geringe Leuchtstärke der LEDs und das weniger gleichmäßige
Spektrum der einzelnen Farbanteile.

In beiden Fällen muss während jeder Grundfarbe ein entsprechendes Grau-
wertbild durch Pulsweiten–Modulation des DMD–Chips generiert werden.
Dies bedeutet, dass innerhalb der Integrationszeit drei Grauwertbilder synchron zu den jeweiligen Grundfarben ausgegeben werden.

Die zweite Technik, ein Farbbild zu erzeugen, besteht darin, für jede
Grundfarbe einen eigenen DMD–Chip zur verwenden. Ein derartiger 3–Chip–
DLP–Projektor enthält natürlich deutlich mehr optische Komponenten als

eine 1–Chip–Lösung (s. Abbildung 5.23). Ähnlich wie beim LCD–Projektor
wird das Licht der Projektorlampe durch ein kompliziertes optisches System
aus dichroitischen Spiegeln und Prismen geführt. Zunächst werden die Grundfarben erzeugt, die dann auf die jeweiligen DMD–Chips geleitet und dort reflektiert werden. Die daraus resultierenden drei einfarbigen Teilbilder werden
schließlich wieder zu einem Farbbild gemischt und über eine Optik vergrößert
auf die Leinwand projiziert.

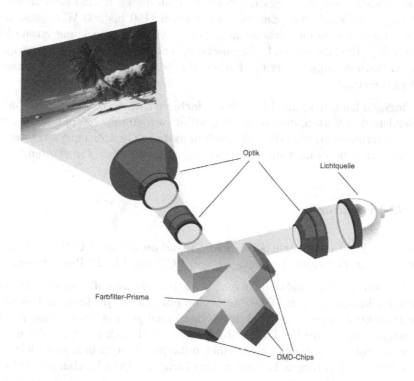

Abb. 5.23 Aufbau eines 3–Chip–DLP–Projektors.

Lichtquellen: Man kann DLP–Projektoren mit drei verschiedenen Lichtquellen kombinieren:

- Quecksilberdampf–Hochdruck–Gasentladungslampen,
- Projektorlampen aus weißen oder farbigen LEDs,
- RGB–Laserstrahlen (s. weiter unten).

Projektorlampen müssen bestimmte Eigenschaften haben, damit ein leucht-
starkes und brillantes Bild auf der Leinwand entstehen kann. Die Lampe
muss ein breit gefächertes Lichtspektrum abstrahlen, das nur bei einer hohen
Farbtemperatur, typisch über 3000 Grad Kelvin, erreicht wird. Da der Licht-

pfad eines Projektors seinen Brennpunkt im Zentrum der Lichtquelle hat, muss die gesamte Lichtleistung in einem möglichst kleinen Punkt von ca. einem Kubikmillimeter erzeugt werden. Die genannten Anforderungen können nur mit so genannten *Gasentladungslampen* erfüllt werden. Diese sind mit einem leuchtfähigen Gas gefüllt, das durch einen hellen Lichtbogen zwischen zwei dicht zusammenstehenden Elektroden zum Leuchten gebracht wird. In aktuellen Projektoren werden typischerweise Quecksilberdampf–Hochdruck–Gasentladungslampen eingesetzt. Nachteilig an diesen Entladungslampen ist jedoch, dass sie sehr viel Energie verbrauchen (150 bis 200 Watt) und dass man wegen der damit verbundenen, hohen Wärmeentwicklung zusätzliche Lüfter benötigt, die störende Geräusche verursachen. Aus dem weißen Licht der Entladungslampen werden Farben durch optische Filter (dichroitische Spiegel) erzeugt.

Dagegen kann man mit LEDs direkt farbiges Licht produzieren. Sie haben außerdem den Vorteil, dass sie nicht gekühlt werden müssen und dass sie wegen des geringen Stromverbrauchs auch in mobilen Geräten eingesetzt werden können. Man bezeichnet diese Projektoren auch als *Pico–Projektoren*.

LCoS–Projektoren

Die Abkürzung LCoS steht für *Liquid Crystal on Silicon*. LCoS–Projektoren kombinieren die beiden Technologien von LCD– und DLP–Projektoren.

Wie wir gesehen haben, nutzen LCD–Projektoren die unterschiedliche Lichtdurchlässigkeit von LCD–Panels, um ein Bild zu projizieren. Das Licht der Projektorlampe wird dabei durch das Panel geleitet (Transmission). Im Gegensatz dazu wird bei DLP–Projektoren die Helligkeit eines Bildpunktes über die mittlere Einschaltdauer eines mikroskopisch kleinen und elektrisch steuerbaren Kippspiegels bestimmt. Das Licht der Projektorlampe wird hier also umgeleitet (Reflexion).

LCoS–Projektoren verwenden gleichzeitig sowohl Reflexion als auch Transmission. Anstelle von Kippspiegeln werden feststehende Mikrospiegel auf dem Substrat realisiert. Über der verspiegelten Substratoberfläche befindet sich eine Matrix aus Lichtmodulatoren auf Basis von Flüssigkeitskristallen, die wie LCD–Panels mit polarisiertem Licht angestrahlt werden. Mit dem an einem LCD–Lichtmodulator angelegtem Spannungspegel kann die Intensität der Reflexion durch die darunter liegenden Mikrospiegel gesteuert werden. Die maximale Reflexion bzw. Helligkeit eines Bildpunkts ergibt sich, wenn der zugehörige LCD–Lichtmodulator auf Durchlass gesteuert ist. Entsprechend wird bei maximal gesperrtem LCD–Lichtmodulator nur der Schwarzwert des Bildpunktes reflektiert.

Der Aufbau eines LCoS–Projektors ähnelt dem eines 3–Chip–DLP–Projektors, der in Abbildung Abbildung 5.23 dargestellt ist. Wir finden wieder pro Grundfarbe ein Panel. Die Grundfarben werden aus dem weißen Licht der Projektorlampe durch dichroitische Spiegel erzeugt. Im Gegensatz zu einem LCD–Projektor werden die einzelnen Panels aber nicht „durchleuchtet", sondern so in den Strahlengang eingebracht, dass das *reflektierte* Licht der RGB–Teilbilder in einem Prisma zu einem Farbbild zusammengeführt wird.

Laser–Projektoren

In letzter Zeit werden immer häufiger auch Laser als Lichtquellen für Projektoren verwendet. Diese benötigen keine Optik bzw. Fokussierung und können auf beliebige geformte Oberflächen projizieren. Gleichzeitig bieten sie bei geringem Stromverbrauch ein sehr hohes Kontrastverhältnis und sind daher auch hervorragend für portable Pico–Projektoren geeignet.

Die Firma Microvision hat im Frühjahr 2010 einen Pico–Projektor namens „Show" vorgestellt, der eine Auflösung von 848×480 Pixel liefert. Mit drei winzigen RGB–Lasern wird über ein Prisma ein farbig modulierter Laserstrahl erzeugt, der mit Hilfe eines quadratischen Miniaturspiegels mit 1 mm Kantenlänge abgelenkt wird. Der Minispiegel kann elektronisch in zwei Achsenrichtungen verstellt werden (*Bi–axial Micro–Electro–Mechanical System* – MEMS). Dieser so genannte MEMS–Scanner wird dazu benutzt, mit dem farbigen Laserstrahl ein Bild zeilenweise auf die Leinwand zu schreiben.

5.5 Multifunktionsgeräte

Ein Multifunktionsgerät vereinigt einige der bisher beschriebenen Ein-/Ausgabegeräte in einem einzigen Gerät. Die wichtigsten Funktionen werden von einem Scanner und einem Drucker zur Verfügung gestellt. Als Scanner werden Einzugscanner oder Flachbettscanner, häufig aber auch kombinierte Scanner eingesetzt. Die letztgenannten verfügen über einen Einzelblatteinzug, den man jedoch wegklappen und so Zugriff auf den Flachbettscanner erhalten kann. Als Drucker werden wahlweise Tintenstrahl– oder Laser–Drucker angeboten.

Durch Einscannen eines Dokuments mit anschließendem direkten Ausdruck besitzt das Multifunktionsgerät die Fähigkeiten eines *Photokopierers*. Durch Einbau eines Telefon–Modems wird das Gerät zu einem *Fax*[26], also einem „Fernkopierer", erweitert, mit dem eingescannte Kopien über das Te-

---

[26] Fax ist die Abkürzung für den Begriff Telefax bzw. Telefaksimile.

lefonnetz versandt bzw. darüber erhaltene Kopie lokal ausgedruckt werden
können. Für den Einsatz als eigenständiges Fax–Gerät muss das Multifunktionsgerät mit einer Tastatur zur Eingabe von Telefon–/Fax–Nummern erweitert werden. Typischerweise umfasst es heute auch noch eine kleine LCD–
Anzeige zur Bedienung der verschiedenen Funktionen. Eine neuere Entwicklung stellt die Möglichkeit dar, eingescannte Seiten vom Gerät in E–Mails
umzuwandeln und diese über das Internet zu versenden (*Scan–to–E–Mail*).
Moderne Multifunktionsgeräte verfügen häufig außerdem über einen *Flash–
Kartenleser*, über den auszudruckende oder zu faxende Dateien direkt von
Speicherkarten eingelesen bzw. eingescannte oder per Fax empfangene Dokumente abgespeichert werden können. Einige Geräte verfügen auch über eine
eingebaute Festplatte mit einer Kapazität von z.B. 80 GB.

Die am häufigsten eingesetzte Schnittstelle zum Anschluss eines Multifunk-
tionsgerätes an den PC stellt der USB dar. Jedoch besitzen auch schon preis-
günstige Geräte über die Möglichkeit, das Gerät über die Ethernetschnitt-
stelle mit einem LAN oder dem Internet zu verbinden und als Netzstation
einzusetzen.

Multifunktionsgeräte gibt es in unterschiedlichsten Preis– und Leistungs-
klassen: von ca. 50 Euro[27] für den Hausgebrauch bis zu ca. 10.000 Euro
für den Bürobereich. Diese Geräte kopieren und drucken bis zu 40 Seiten
pro Minute in Schwarz/Weiß– oder Farbqualität. Die Druckauflösung erreicht
1200×1200 dpi. Die Fax–, Scan– bzw. Kopierauflösung sind z.T. geringer und
erreichen z.B. nur 300×300 dpi bzw. 600×600 dpi. Viele Geräte verfügen über
eine Duplex–Einheit, die den Druck beider Seiten eines Blattes ermöglicht.
Der interne Speicher erreicht eine Kapazität von bis zu 512 MB bzw. 1 TB.

---

[27] ein „Dumping"–Preis, der Gewinn wird über die überteuerten Farbpatronnen gemacht.

Kapitel 6

PC im Netzwerk

Die heute verfügbaren Betriebssysteme entlasten den Benutzer im Normalfall von umfangreichen Installations– und Wartungsarbeiten für die Netzwerkanbindung seines PCs. Diese erfolgen in der Regel durch wenige Mausklicks. Daher verfügt nur die Minderheit der PC–Benutzer über weiterführende Kenntnisse hinsichtlich der verwendeten sowie der alternativ verfügbaren Netzwerktechnologien.

In diesem Kapitel werden wir uns mit den für den heutigen PC relevanten Aspekten moderner Rechnernetze befassen. Dabei können aus Platzgründen viele Punkte nur kurz angesprochen werden. Der interessierte Leser findet in Buchhandlung und Bibliotheken zahlreiche Bücher, die bei der Vertiefung der in diesem Kapitel vermittelten Sachverhalte helfen können.

Zunächst behandeln wir die die zentralen Begriffe der Netzwerktechnik sowie das ISO/OSI–Schichtenmodell und seine Bedeutung. Daran schließt sich eine Beschreibung der in modernen Netzen am häufigsten anzutreffenden Komponenten sowie der grundlegenden Netzwerktopologien und Zugriffsverfahren an. Zum Schluß beschäftigen wir uns mit den am weitesten verbreiteten Netzwerktechnologien in lokalen und Weitverkehrs–Netzwerken sowie der Einbindung eines PCs in heutige Rechnernetze

6.1 Einführung

Ebenso wie der PC hat die Netzwerktechnologie seit den frühen 80er Jahren des letzten Jahrhunderts zahlreiche Veränderungen durchlebt. Im Einführungsjahr des PCs, 1981, bestand der Großteil der weltweit vorhandenen Datennetze aus lokalen, also auf einen Unternehmens–/Institutskomplex beschränkte Großrechnernetze, die bei Bedarf über so genannte Modems miteinander verbunden werden konnten. In den wenigen kleineren Unternehmen und Privathaushalten, in denen zu dieser Zeit bereits Computer anzutreffen waren, erfolgte der Datenaustausch über die Weitergabe von Datenträgern.

Erst die 1983 von der IEEE (Institute of Electrical and Electronics Engineers) standardisierte Ethernet–Technologie führte zu einer weiten Verbreitung von Datennetzen in kleineren Unternehmen. In den folgenden Jahren setzten sich sowohl der PC, als auch die Ethernet–Technologie im kommerziellen und privaten Umfeld als marktbeherrschende Technologien durch. Während bei sich über mehrere Standorte erstreckenden Unternehmen die Einrichtung von Datenfestverbindungen über Modems immer stärkere Verbreitung fand, führte der Datenaustausch über Weitverkehrsnetze in Privathaushalten aufgrund der fehlenden öffentlichen Datennetz–Infrastruktur ein Schattendasein. Nur wenige versierte Benutzer kommunizierten bereits mittels Datenfernübertragung – die breite Masse beschränkte sich weiterhin auf den Austausch von Datenträgern.

Dies änderte sich grundlegend in den 90er Jahren, als durch das Internet und die mit ihm verbundenen Technologien selbst unerfahrene Benutzer in den Genuss eines weltweit funktionierenden, elektronischen Kommunikationsmediums gelangen konnten. Die ständig wachsenden Anforderungen an Rechenleistung und Kommunikationsmöglichkeiten führten zur Entwicklung von neuen PC–Generationen und Netzwerktechnologien.

Inzwischen verfügt nahezu jeder moderne PC über einen Netzwerkzugang. Verbindungstechnologien wie z.B. DSL versorgen auch Privathaushalte mit einer für den heutigen Bedarf hinreichend schnellen Internetanbindung. Der PC hat sich zur marktbeherrschenden Rechnertechnologie entwickelt und hat in fast jedem Anwendungsfeld die vormals dominanten, jedoch proprietären Rechnersysteme verdrängt. Unternehmen verbinden ihre Standorte über dedizierte Hochgeschwindigkeitsnetze oder schnelle Internet–Anbindungen und versuchen durch komplizierte Sicherungskonzepte den durch Verbindungsabbrüche drohenden Problemen vorzubeugen. Innerhalb der einzelnen Standorte sorgen u.a. moderne Ethernet– und Wireless–LAN–Technologien für eine immer schnellere Übertragungsgeschwindigkeit.

Die folgenden Abschnitte dieses Kapitels sollen einen Einblick in die für den PC–Benutzer relevanten Aspekte der sich schnell weiterentwickelnden Netzwerktechnik geben. Während in den bisherigen Kapiteln einzelne Komponenten des PCs im Mittelpunkt standen, stellt in diesem Kapitel der PC als Ganzes eine Komponente einer größeren Einheit dar. Daher liegt der Fokus stärker auf der Beschreibung der Netzwerkumgebungen, in die ein PC integriert werden kann, als in der detaillierten Diskussion einzelner Steckkarten oder Bausteine.

6.2 Grundlagen

6.2.1 Grundbegriffe

Jegliche Form von Kommunikation basiert auf dem Mitteilungsbedürfnis eines *Senders*, der einem *Empfänger* eine bestimmte Information in Form einer *Nachricht* zukommen lassen möchte. Damit sich Sender und Empfänger miteinander verständigen können, bedarf es bestimmter Vereinbarungen, die von beiden Kommunikationspartnern eingehalten werden müssen. Unter einem *Protokoll* versteht man eine Vereinbarung, die sowohl das Format, als auch die Bedeutung der Nachricht sowie die Form ihrer Übermittlung festlegt. Eine geringfügige Abweichung von dem vereinbarten Protokoll kann zu deutlichen Problemen bis hin zum Kommunikationsabbruch führen.

Das Protokoll für das Studium dieses Kapitels legt beispielsweise fest, dass das Kapitel in deutscher Sprache verfasst und dem Studenten in schriftlicher Form unter Verwendung lateinischer Schriftzeichen zur Verfügung gestellt wird. Es legt hingegen nicht fest, ob das Kapitel vom Studierenden in gedruckter oder elektronischer Form gelesen wird.

Während derartige Freiräume im täglichen Leben häufig unproblematisch sind, können sie in der elektronischen Datenübertragung zu schwerwiegenden Störungen führen. Daher müssen die für diesen Zweck vorgesehenen Protokolle präzise spezifiziert und einheitlich normiert werden.

Sobald Computer auf beliebige Weise miteinander verbunden werden, spricht man von einem *(Rechner-)Netzwerk* oder kurz *Netz*. Das Spektrum derartiger Netze reicht von der direkten Verbindung zweier Computer mittels eines Kabels bis hin zu komplexen, weltweiten Strukturen wie beispielsweise dem Internet.

Eine erste Einteilung dieser Vielfalt kann anhand der räumlichen Ausdehnung des Netzwerks erfolgen. Dabei unterscheidet man zwischen einem *lokalen Netz (Local Area Network* – LAN) und einem *Weitverkehrsnetz* (*Wide Area Network* – WAN)[1]. Ein lokales Netzwerk ist eine private Kommunikationsstruktur, die keine öffentlichen Verbindungswege (beispielsweise das öffentliche Telefonnetz) verwendet und räumlich auf das Grundstück des Betreibers begrenzt ist. Sobald eines dieser beiden Kriterien verletzt wird, handelt es sich per Definition nicht mehr um eine lokales, sondern um ein Weitverkehrsnetz.

---

[1] Gelegentlich werden Weitverkehrsnetze noch in *Stadt-Netze* (*Metropolitan Area Network* – *MAN*), „normale" Weitverkehrsnetze und *globale Netze* (*Global Area Network* – *GAN*) unterteilt.

Die Struktur, nach der die einzelnen Komponenten eines Netzwerks miteinander verbunden sind, wird als *Topologie* bezeichnet. Die am häufigsten verwendeten Topologien sind Ring-, Stern- und Bus-Topologie.

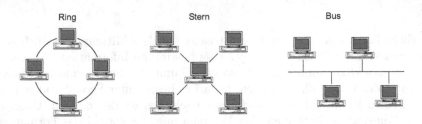

Abb. 6.1 Darstellung von LANs mit Ring-, Stern und Bus-Topologie.

Bei der *Ring-Topologie* werden die Netzwerkkomponenten ringförmig miteinander verbunden. Ein Datenpaket durchläuft alle Komponenten zwischen Sender und Empfänger und kann von diesem entweder vom Netz genommen oder, leicht modifiziert, als Quittung weitergeleitet werden.

Die *Stern-Topologie* ist häufig dort anzutreffen, wo mehrere Endgeräte vorwiegend mit einer zentralen Komponente kommunizieren. Da die einzelnen Stationen direkt mit der Zentraleinheit verbunden sind, müssen auch Datenübertragungen zwischen zwei Stationen von der zentralen Stelle weitergeleitet werden.

Sind alle Netzwerkkomponenten gleichberechtigt an ein Übertragungsmedium angeschlossen, spricht man von einer *Bus-Topologie*. Jedes gesendete Datenpaket wird von allen angeschlossenen Stationen empfangen und ausgewertet. Stellt eine Station fest, dass sie nicht der Empfänger der Nachricht ist, bricht sie die Auswertung ab und wartet auf die nächste Übertragung. Andernfalls wird die Nachricht verarbeitet.

Weitere Topologien, die jedoch für dieses Buch ohne Bedeutung sind, sind die Baum-Topologie (*Tree*) und die vermaschte Topologie (*Mesh*).

Jedes Netzwerk verfügt über eine physische und eine logische Topologie. Die *physische Topologie* beschreibt die Verkabelungsstruktur, über die die einzelnen Stationen miteinander verbunden sind. Die *logische Topologie* bezeichnet die logische Zusammenschließung der einzelnen Komponenten und kann von der physischen Verkabelung abweichen. Beispielsweise sind heutige Ethernet-Netzwerke[2] physisch als Stern verkabelt, obwohl es sich logisch um eine Bus-Topologie handelt.

Unabhängig von der zu Grunde liegenden Topologie unterscheidet man zwischen Diffusions- und Teilstreckennetzen: Bei *Diffusionsnetzen* verwenden alle angeschlossenen Endgeräte ein gemeinsames Übertragungsmedium. Da-

---

[2] vgl. Unterabschnitt 6.3.1

bei ist sicherzustellen, dass alle durch parallele Übertragungsversuche auftretenden Konflikte geeignet aufgelöst werden. Der bekannteste Vertreter dieses Netzwerktyps ist das in Unterabschnitt 6.3.1 behandelte Ethernet. Bei *Teilstreckennetzen* sind die angeschlossenen Komponenten jeweils die Endpunkte eines Teils des Gesamtnetzes, die gleichzeitige Nutzung eines Übertragungsmediums ist damit ausgeschlossen. Da jedoch jedes Datenpaket alle Komponenten zwischen Sender und Empfänger passieren muss, führt der Ausfall einer dieser Komponenten zum Verbindungsabbruch. Ein bekannter Vertreter dieses Netzwerktyps ist der in Unterabschnitt 6.3.4 behandelte Token Ring. Dieser verfügt jedoch über einen speziellen Schutzmechanismus, der die Funktionsfähigkeit des Netzwerks auch dann aufrechterhält, wenn einzelne Stationen ausfallen oder abgeschaltet werden.

Sowohl in Diffusions– als auch in Teilstreckennetzen wird die übermittelte Nachricht üblicherweise von mehreren oder sogar allen Stationen empfangen. Sie wird von einer Station jedoch nur dann verarbeitet, wenn die *Adresse* der Station mit der in der Nachricht enthaltenen Empfängeradresse übereinstimmt. Die Mehrzahl der von Endgeräten initiierten Nachrichten ist nur für genau einen Empfänger bestimmt. Dies wird als *Unicast* bezeichnet. Im Gegensatz dazu richtet sich eine als *Broadcast* versandte Nachricht an alle angeschlossenen Komponenten. Broadcasts werden üblicherweise dann gesendet, wenn der Sender die Adresse des Empfängers nicht kennt oder wenn eine Nachricht tatsächlich für alle Komponenten von Bedeutung ist. Ein *Multicast* ist eine Zwischenform, die für die Adressierung einer zuvor festgelegten Empfängergruppe gedacht ist. Die Verwendung von Multi– und Broadcasts ermöglicht somit, dass mehrere Empfänger gleichzeitig eine Nachricht erhalten können.

Ob ein paralleler Versand verschiedener Nachrichten über dasselbe Übertragungsmedium möglich ist, hängt von dem verwendeten Übertragungsverfahren ab. Das Übertragungsverfahren legt die Einteilung des für das Übertragungssignal zur Verfügung stehenden Frequenzbereichs fest. Bei einer *Breitband–Übertragung* (*Broadband Transmission*) wird dieser in mehrere Bereiche, so genannte *Kanäle*, unterteilt. Diese Kanäle können unabhängig voneinander für die parallele Übertragung von Datensignalen genutzt werden. Im Gegensatz dazu wird der Frequenzbereich bei den *Basisband–Verfahren* (*Baseband Transmission*) nicht unterteilt, so dass jede Übertragung das gesamte verfügbare Frequenzspektrum verwendet. Da somit nur ein Kanal zur Verfügung steht, müssen parallel auftretende Sendeanforderungen zeitversetzt bearbeitet werden.

Mit der *Bandbreite* eines Übertragungsmediums bezeichnet man den Frequenzbereich, in dem die Amplitude der zu übertragenden elektrischen Signale um maximal 3 Dezibel (dB) abfällt. Bei diesem Wert wird die Signalstärke, d.h. die Leistung, halbiert und die Signalamplitude um ca. 30 % reduziert. Die Menge der pro Zeiteinheit übertragbaren Daten wächst näherungsweise proportional mit der verfügbaren Bandbreite. Bei digitalen Signalen wird der Begriff als Synonym für die Übertragungsgeschwindigkeit verwendet, obwohl die Bandbreite ein Frequenzbereich, die Übertragungsgeschwindigkeit jedoch die Anzahl der pro Sekunde übertragenen Bits angibt. Die Bandbreite wird mit der Maßeinheit Hertz (Hz), die Übertragungsgeschwindigkeit hingegen mit Bits pro Sekunde (bps) angegeben. Der direkte Zusammenhang zwischen beiden Größen besteht darin, dass die erreichbare Übertragungsgeschwindigkeit von der verfügbaren Bandbreite abhängig ist. Die maximale Bandbreiten–Ausnutzung beträgt für binäre Signale 2 Bit je Hertz der Bandbreite.

Häufig beschränken technische Gegebenheiten den zwischen zwei Stationen stattfindenden Kommunikationsfluss. Steht zum Beispiel nur ein Übertragungskanal zur Verfügung, kann zu jedem Zeitpunkt höchstens eine Station Nachrichten versenden. Man unterscheidet daher drei Grundvarianten, nach denen der Informationsaustausch zwischen zwei Stationen stattfinden kann. Beim *Simplex–Betrieb* findet die Kommunikation ausschließlich in einer Richtung statt. Der Empfänger hat keine Möglichkeit, dem Sender auf direktem Weg Informationen, beispielsweise Fehlermeldungen, zukommen zu lassen. Der *Halbduplex*–Betrieb ermöglicht beiden Stationen die abwechselnde Übernahme der Sender– bzw. Empfängerrolle. Dadurch können die Stationen nacheinander ihre Daten mit voller Übertragungsgeschwindigkeit versenden. Beim *Vollduplex–Betrieb* steht beiden Kommunikationspartnern die halbe Bandbreite zum gleichzeitigen Versenden von Nachrichten zur Verfügung.

Ein (Netzwerk–)*Segment*, ist ein installationstechnischer Teilabschnitt eines Netzwerks, bei dem sich die angeschlossenen Geräte die vom Übertragungsmedium zur Verfügung gestellte Bandbreite teilen. Sämtliche Nachrichten, die von einer dieser Stationen verschickt werden, können von allen anderen empfangen werden. Da bei der Mehrzahl der verfügbaren Übertragungstechnologien der gleichzeitige Versand von Nachrichten zu Fehlern, den so genannten *Kollisionen* führt, werden Segmente des Öfteren auch als *Collision Domains* bezeichnet. In Abhängigkeit vom jeweiligen Übertragungsprotokoll unterliegen die Segmente bestimmten Vorgaben hinsichtlich der maximalen Länge, der maximalen Anzahl angeschlossener Geräte sowie der Qualität des übertragenen Signals.

6.2.2 Modellierung eines Kommunikationsprozesses

Aufbau moderner Rechnernetze

In der Einleitung dieses Kapitels wurde bereits die Vielfalt der in heutigen Rechnernetzen anzutreffenden Komponenten und Technologien erwähnt. Damit in einem solchen Umfeld überhaupt eine Datenübertragung stattfinden kann, müssen sowohl von den beteiligten Endgeräten, als auch den zwischen ihnen liegenden Verbindungswegen und Netzwerkkomponenten gemeinsame Standards eingehalten werden, die in Form von Normen oder Protokollen spezifiziert worden sind. Diese Spezifikationen erfolgen zumeist durch eine von den einzelnen Industrieunternehmen unabhängige Instanz, beispielsweise der *International Organization for Standardization* (ISO) oder durch das *Institute of Electrical and Electronics Engineers* (IEEE).

Das Spektrum der für eine einzige Datenübertragung zu berücksichtigenden Standards reicht von der Auswahl des Übertragungsmediums, über die Festlegung von Zugriffskontrolle, Adressierung und Routenwahl bis hin zu den Spezifikationen von Datenformat und Anwendungsschnittstelle.

Bei größeren Installationen wird das Gesamtnetzwerk häufig aus einem Verbund mehrerer kleinerer Netze gebildet. Oftmals bauen diese über spezielle Netzwerkkomponenten verbundene Teilnetze nicht notwendigerweise auf den gleichen Technologien auf. Um dennoch eine funktionierende Kommunikationsverbindung zu erreichen, muss an geeigneter Stelle eine logische und/oder physische Umwandlung aller Nachrichten stattfinden. Diese Umwandlung muss für die übertragenen Daten transparent erfolgen; es darf sich nur die Darstellung verändern, der Inhalt muss unverändert bleiben.

Um die Planung und Realisierung der Kommunikationswege sowie der dazugehörenden Hardwarekomponenten übersichtlicher und einfacher zu gestalten, wird in der Industrie ein sog. Schichtenmodell zur Strukturierung der verwendeten Technologien und –protokolle eingesetzt. Dieser Modelltyp kann für die Darstellung jeglicher Kommunikationsform herangezogen werden. Er weist mehrere, für die elektronische Datenübertragung wichtige Eigenschaften auf, die im folgenden Unterabschnitt zunächst anhand eines Beispiels aus dem Alltag erläutert werden sollen.

Schichtenmodell im Alltag

Das in der folgenden Abbildung 6.2 gezeigte Schichtenmodell visualisiert den Kommunikationsweg zwischen den Geschäftsführern zweier Unternehmen.

Es werde angenommen, dass der Geschäftsführer des japanischen Unternehmens eine Einladung an den Geschäftsführer des deutschen Unternehmens versenden möchte. Er diktiert die Einladung seiner Sekretärin und beauftragt diese mit der Weiterleitung. Die Sekretärin weiß, dass zwischen den beiden Unternehmen auf Englisch kommuniziert wird, und fertigt daher eine Übersetzung an. Da sie zudem mit ihrer deutschen Kollegin noch den genauen Zeitplan für das Treffen abstimmen muss, fügt sie der Übersetzung eine entsprechende persönliche Notiz hinzu und gibt das gesamte Schriftstück an die Poststelle des Unternehmens weiter. Dort wird das Schreiben in einen Um-

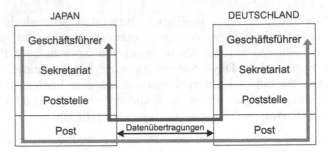

Abb. 6.2 Schichtenmodell in der betrieblichen Kommunikation.

schlag gesteckt und frankiert, bevor es von einem der Angestellten zum nächsten Briefkasten gebracht wird. Der Brief wird von der Post nach Deutschland befördert und dort vom Briefträger in der Poststelle des Empfängers abgegeben. Die Angestellten der Poststelle öffnen das Couvert und leiten den Inhalt an das zuständige Sekretariat weiter. Die Sekretärin liest und übersetzt den Brief, entfernt und bearbeitet die persönliche Notiz ihrer japanischen Kollegin und leitet die Übersetzung des restlichen Dokuments an ihren Vorgesetzten weiter. Dieser liest die Nachricht und diktiert seiner Sekretärin die Antwort, deren Übertragung analog, aber in der umgekehrten Richtung verläuft.

Dieses Beispiel veranschaulicht die wesentlichen Merkmale eines Schichtenmodells:

- Informationen werden nicht notwendigerweise nur in der obersten Schicht erzeugt.

  Wie das Beispiel zeigt, kann auch eine Kommunikation auf den tieferen Schichten erforderlich sein. Die hierbei zu übermittelnden Informationen können – wie im Beispiel – an die aus höheren Schichten empfangenen Nachrichten angefügt oder aber auch in eigenständigen Sendungen verschickt werden.

- Die empfangende Instanz befindet sich stets in der gleichen Schicht wie die erzeugende.

  Auf diese Weise wird eine klare Aufgabenabgrenzung der einzelnen Schichten sichergestellt. In dem gegebenen Beispiel kommuniziert z.B. keine der beiden Sekretärinnen mit dem Geschäftsführer oder der Poststelle der Gegenseite.

- Die eigentliche Informationsübermittlung findet ausschließlich auf der untersten Schicht statt.

  Eine Nachricht wird beim Durchlaufen der oberen Schichten in eine Form überführt, in der sie übertragen und vom Empfänger sowie den in die Übertragung eingebundenen Stellen verstanden werden kann.

In unserem Beispiel wird die Anfrage aus Japan mit der Post nach Deutschland transportiert. Die Poststelle des japanischen Unternehmens hat den Briefumschlag mit lateinischen Zeichen beschriftet, so dass der Brief auch in Deutschland problemlos übermittelt werden kann.

- Alle Nachrichten werden ausschließlich an die nächsthöhere bzw. nächsttiefere Schicht weitergereicht.

Auf diesem Weg wird sichergestellt, dass tatsächlich alle notwendigen Verarbeitungs– und Anpassungsschritte vorgenommen werden. Des Weiteren wird auch die klare Trennung der Aufgabenbereiche gefördert, da keine Instanz mehrere dieser Aufgaben vornehmen darf[3].

Weder die Nachricht der japanischen Geschäftsführung, noch die Übersetzung des Sekretariats würden ohne einen von der Poststelle geeignet frankierten und adressierten Briefumschlag in Deutschland eintreffen.

- Jede Schicht kann der ursprünglichen Nachricht weitere Informationen hinzufügen.

Diese Informationen betreffen Hinweise zur Verarbeitung der ursprünglichen Nachricht.

In unserem Beispiel fügt die Sekretärin einen Zeitplan für das vorgeschlagene Treffen bei. Die Poststelle erstellt einen geeigneten Umschlag für die Nachricht. Die Post stempelt die Briefmarke ab und signalisiert auf diesem Weg, dass das Entgelt für den Transport bezahlt wurde.

- Aus einer höheren Schicht stammende Nachrichten werden auf den darunter liegenden Schichten inhaltlich nicht verändert.

Die tieferen Schichten nehmen ausschließlich Veränderungen an der Darstellung und der Form einer Information vor. Eine Veränderung des Inhalts darf auf keinen Fall geschehen.

Beide Sekretariate übersetzen die ursprünglichen Nachrichten, ohne Veränderungen am Inhalt vorzunehmen. Sofern keine Fehler und Ungenauigkeiten bei der Übersetzung auftreten, sollte die abgesendete Nachricht also mit der empfangenen inhaltlich übereinstimmen.

Dieses Merkmal ist offensichtlich die wesentliche Voraussetzung für die abschließend zu nennende Eigenschaft:

- Tiefer liegende Schichten sind für die darüber liegenden transparent.

Der Verfasser erwartet, dass die von ihm erstellte Nachricht beim gewünschten Empfänger ankommt. Dabei ist es für ihn normalerweise unerheblich, auf welchem Weg die Übertragung erfolgt.

---

[3] Diese konsequente Trennung wird allerdings weder in der Unternehmenspraxis, noch im Computernetzwerk in jedem Fall beibehalten.

Für die Geschäftsführer ist es im obigen Beispiel sicherlich uninteressant, in welcher Höhe der fertige Brief von der Poststelle frankiert werden muss. Ebenso ist es für alle Beteiligten beider Unternehmen unwichtig, ob das Postflugzeug auf dem Hinweg in Frankfurt oder München landet.

ISO/OSI–Schichtenmodell

Das im vorstehenden Unterabschnitt erläuterte Schichtenmodell hat zu einer klaren Gliederung des beschriebenen Kommunikationsprozesses in überschaubare Teilaufgaben mit klar definierten Schnittstellen und Anforderungen geführt. Die Datenübertragung in einem Computernetzwerk kann auf die gleiche Weise strukturiert werden. Dabei hat sich das 1983 von der *International Standards Organization* (ISO) vorgestellte *Open Systems Interconnection*–Modell (OSI–Modell) als einheitlicher Standard durchgesetzt.

⑦	**Anwendungsschicht** (Application layer)
⑥	**Darstellungsschicht** (Presentation layer)
⑤	**Sitzungsschicht** (Session layer)
④	**Transportschicht** (Transportation layer)
③	**Netzwerkschicht** (Network layer)
②	**Datenverbindungsschicht** (Data-link layer)
①	**Physische Schicht** (Physical layer)

Abb. 6.3 Das ISO/OSI–Schichtenmodell.

Das in Abbildung 6.3 gezeigte OSI–Modell vollzieht eine funktionale Einteilung des Kommunikationsprozesses, bei der jeder Schicht eine spezielle Funktion zugeordnet wird. Dabei werden die Aufgaben der Schichten immer Hardware–unabhängiger, je höher die Schicht im Modell eingeordnet ist. Jede Schicht fügt den eigentlichen Anwendungsdaten Verwaltungsdaten hinzu, die in Form eines Nachrichtenkopfes (*Header*) den zu übertragenden Daten vorangestellt werden. Da die tiefer liegenden Schichten nicht zwischen den eigentlichen Anwendungsdaten und den Headern der darüber liegenden Schichten unterscheiden können, sind diese Header für die unteren Schichten transparent und werden erst auf der zugehörigen Schicht des Empfängersystems ausgewertet.

Anwendungsschicht: Die Dienste der so genannten *Anwendungsschicht* unterstützen die für die Kommunikation zuständigen Bestandteile der Anwendungssoftware bei sämtlichen Kommunikationsvorhaben. Zu ihren Aufgaben zählen auch die Identifikation des gesuchten Kommunikationspartners sowie die Überprüfung, ob für die gewünschte Übertragung hinreichend Ressourcen bei Sender und Empfänger vorhanden sind. Die Anwendungsschicht stellt den verschiedenen auf einem System laufenden Programmen eine Programmier–Schnittstelle (*Application Programming Interface* – API) für den Zugriff auf die vorhandenen Kommunikationsressourcen zur Verfügung. Dadurch werden die mannigfaltigen Anforderungen in weiten Teilen homogenisiert, so dass sie von den tiefer liegenden Schichten einheitlich verarbeitet werden können.

Darstellungsschicht: Von der unterhalb der Anwendungsschicht angesiedelten *Darstellungsschicht* wird die Umsetzung des vom Rechner verwendeten Datenformats in ein standardisiertes Netzwerkformat vorgenommen. Durch das Ausräumen von Interpretationsschwierigkeiten ermöglicht diese Umsetzung in vielen Fällen erst einen funktionierenden Datentransfer zwischen verschiedenen Anwendungen bzw. Rechnersystemen.

Sitzungsschicht: Die *Sitzungsschicht*, manchmal in der Literatur auch etwas länglich als *Kommunikationssteuerungsschicht* bezeichnet, leistet sämtliche Dienste, die für Aufbau und Aufrechterhaltung von permanent benötigten Verbindungen benötigt werden. Sie organisiert den Dialog zwischen zwei kommunizierenden Anwendungen und verwaltet deren Datenaustausch.

Transportschicht: Während sich die bislang erläuterten Schichten primär mit organisatorischen Aspekten des Datenverkehrs befasst haben, stellt die unterhalb der Sitzungsschicht anzutreffende *Transportschicht* die oberste Schicht des eigentlichen *Transportdienstes* dar. Dieser Transportdienst kann mehrere Anwendungen pro Endgerät bedienen. Dieser Umstand macht eine netzwerkseitige Adressierung zur Unterscheidung der einzelnen Anwendungen auf den Endgeräten erforderlich. Jede Anwendung erhält einen so genannten *Port* zugeordnet, der über eine ganzzahlige *Port–Nummer* angesprochen werden kann. Diese Nummer wird vom Transportdienst verwendet, um eintreffende Daten einer Anwendung zuzuweisen[4]. Eine weitere Aufgabe der Transportschicht besteht in der Aufteilung der aus der Anwendungsschicht eintreffenden Datenströme in kleinere, vom Netzwerk übertragbare Dateneinheiten (*Segmente*). Jedes Segment erhält einen eigenen Header, in dem die Portadresse der empfangenden Anwendung eingetragen ist. In Abhängigkeit vom verwendeten Transportprotokoll kann dieser Header zusätzlich

---

[4] Die Mehrzahl der Anwendungen kommuniziert über standardisierte Portnummern bzw. verfügt über Automatismen zur Festlegung eines Kommunikationsports, so dass sich in der Regel weder die Anwender noch die Systemadministratoren um die Ports bzw. deren Nummern Gedanken machen müssen.

noch Informationen zur Sicherung des Datenflusses sowie der Datenintegrität enthalten.

Netzwerkschicht: Während die Transportschicht hauptsächlich für die Verteilung der Daten zwischen den Anwendungen und dem Netzwerk zuständig ist, sorgt die darunter liegende *Netzwerkschicht* für den Transport der Daten–*Pakete* zwischen den kommunizierenden Endgeräten. Um diese Aufgabe erfüllen zu können, bedarf es eines Adressierungssystems, mit dessen Hilfe jede Komponente netzwerkweit eindeutig identifiziert werden kann. Damit ein derart adressiertes Datenpaket auch über mehrere Zwischenstationen ans Ziel gelangt, wird ein Routing–System benötigt, das einen geeigneten Übertragungsweg zwischen Sender und Empfänger ermittelt.

Datenverbindungsschicht: Die *Datenverbindungsschicht* ist ausschließlich für die Datenübertragung zwischen direkt miteinander verbundenen Kommunikationspartnern zuständig. Hauptaufgaben dieser Schicht sind die Sicherstellung einer fehlerfreien Datenübertragung über ein fehlerbehaftetes physisches Medium sowie die Realisierung einer logischen Netzwerk–Topologie. Die zu übertragenden Daten werden von den Protokollen dieser Schicht üblicherweise in gleich große Einheiten, die sog. *Frames*, eingeteilt. Bei physischen Medien, an denen mehrere Kommunikationspartner direkt angeschlossen sind, sog. *Shared Media*, realisiert diese Schicht zudem eine Adressierung auf physischer Ebene, die sog. MAC (*Media Access Control* – MAC).

Physische Schicht: Die *physische Schicht* nimmt die eigentliche Datenübertragung vor. Die von den höheren Schichten erhaltenen Bits werden in Abhängigkeit vom vorhandenen Übertragungsmedium in elektrische, optische oder sonstige Signale umgesetzt. Diese werden dann von den empfangenden Stationen wieder in logische Bits zurück gewandelt.

Bedeutung des Schichtenmodells für die Praxis

Das ISO/OSI–Schichtenmodell ist keineswegs nur von rein akademischem Interesse, sondern findet auch in der industriellen Praxis rege Anwendung. Alle namhaften Hersteller verwenden die Definitionen der einzelnen Funktionsschichten als Richtlinie zum Entwurf ihrer Netzwerkprodukte. Netzwerkplaner und –administratoren strukturieren ihr Netzwerk anhand dieses Modells.

Die wesentlichen Vorteile bei der Verwendung eines Schichtenmodells können wie folgt zusammengefasst werden:

- Die Komplexität der in einem Netzwerk vorhandenen Zusammenhänge kann durch eine Unterteilung in Schichten reduziert werden, was nicht nur die Anschaulichkeit erhöht, sondern auch die Fehler– und Störanfälligkeit reduziert.

- Fehler können besser lokalisiert und behoben werden, da das Schichtenmodell für eine strukturierte Fehleranalyse zugrunde gelegt werden kann. Somit kann zum Beispiel eine Untersuchung der oberen Schichten und ihrer Dienste unterbleiben, wenn bereits einzelne Dienste der Netzwerkschicht nicht funktionieren.

- Durch die Spezialisierung auf eine oder wenige Schichten können neue Produkte und Protokolle schneller entwickelt und aufgrund ihrer Spezialisierung auch schneller bzw. ausgiebiger getestet werden. Hierdurch ergeben sich eine geringere Entwicklungszeit, geringere Entwicklungskosten und ggf. auch stabilere Produkte.

- Eine Aufteilung in mehrere Schichten erlaubt die Definition von herstellerunabhängigen Schnittstellen und somit die Kombination von Produkten unterschiedlichster Hersteller.

6.2.3 Protokollfamilien und Protokoll–Stacks

Schichtenmodelle werden zur Strukturierung der Netzwerkdienste sowie der dazugehörenden Protokolle eingesetzt. Wie bereits erläutert wurde, müssen Anwendungsdaten im Fall einer Übertragung sowohl beim Sender als auch beim Empfänger sämtliche Schichten durchlaufen. Da jedoch die Mehrzahl der standardisierten Protokolle lediglich die Funktionen einer einzigen Schicht realisiert, wird für eine funktionierende Kommunikationsverbindung eine ganze Reihe von Protokollen benötigt. Diese müssen hinsichtlich ihres Funktionsumfangs und ihrer Schnittstellen aufeinander abgestimmt sein.

Derart aufeinander abgestimmte Protokolle fasst man zu einer *Protokollfamilie* zusammen. Die Implementierung der jeweiligen Protokolle auf einem Endgerät oder einer Netzwerkkomponente wird als *Protokoll–Stack* bezeichnet. Beide Begriffe werden häufig synonym behandelt. Eine Protokollfamilie muss nicht alle Schichten des OSI–Modells abdecken. Häufig setzen fremde Protokolle auf den Diensten einer Protokollfamilie auf bzw. stellen für diese einen geeigneten Zugang zum Übertragungsmedium bereit. Außerdem können einzelne Protokolle auch die Funktionen mehrerer Schichten implementieren, sofern dies nicht zu Schwierigkeiten mit den anderen eingesetzten Protollen führt.

In den 70er und 80er Jahren haben zahlreiche größere Hersteller eigene, proprietäre Protokollfamilien für ihre Produkte entwickelt. Bekannte Beispiele hierfür sind vor allem IPX/SPX (Novell), AppleTalk (Apple) und VINES (Banyan). Mit der immer weitläufigeren Verbreitung des Internets und seiner Technologien konnte sich jedoch die herstellerunabhängige TCP/IP–Protokollfamilie als De–Facto–Standard in der Netzwerkindustrie durchset-

zen. Die folgende Fallstudie gewährt einen kurzen Überblick über die Struktur
dieser inzwischen allgegenwärtigen Protokollfamilie.

Fallstudie: Die TCP/IP–Protokollfamilie

Die TCP/IP–Protokollfamilie (*Transport Control Protocol / Internet Protocol*) besteht aus einer größeren Zahl von Protokollen, die ungeachtet

- der physischen und logischen Eigenschaften des Übertragungsmediums,

- der miteinander zu verbindenden Rechnerhardware,

- der auf diesen Rechnern eingesetzten Software sowie

- der räumlichen Bedingungen

einen Transfer von Datenpaketen sowie dessen Überwachung ermöglichen.
Um diese Unabhängigkeit zu erreichen, benötigt TCP/IP ein eigenes Adressschema, das losgelöst von den o.g. Gegebenheiten die Einteilung des Gesamtnetzwerks in Teilnetze (*Subnets*) ermöglicht. Dabei wird jedem Endgerät eine eigene *logische Adresse* innerhalb des Schemas zugewiesen. Anhand dieser
Einteilung können zu übertragende Nachrichten zielgerichtet auf dem schnellsten Weg zum Empfänger weitergeleitet werden (*Routing*). Die Aufgaben des
Adressierens und Routings werden von dem auf der Netzwerkschicht anzusiedelnden IP–Protokoll übernommen.

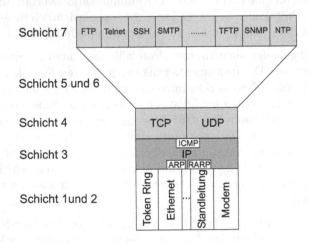

Abb. 6.4 Die TCP/IP–Protokollfamilie.

Die meisten Computersysteme erlauben den parallelen Betrieb mehrerer
Anwendungen, die mit unterschiedlichen Partnern im Netzwerk kommunizie-

ren können. TCP und UDP, die Protokolle der Transportschicht, stellen den Anwendungen einen von Endsystem zu Endsystem reichenden Transportdienst zur Verfügung. Das *Transmission Control Protocol* (TCP) gewährleistet eine gesicherte Übertragung, bei der beschädigte oder verlorene Datensegmente automatisch erkannt und erneut übertragen werden. Das *User Datagram Protocol* (UDP) ist etwas einfacher aufgebaut und beschränkt sich auf die nötigsten Grundfunktionen. Allerdings kann auch bei UDP eine Erkennung von Bit–Fehlern durchgeführt werden.

Die Protokolle der Anwendungsschicht stellen Anwendungen und Benutzern eine Schnittstelle für die Nutzung der zahlreichen Netzwerkdienste zur Verfügung. Der Zugriff erfolgt typischerweise über eine API für eine höhere Programmiersprache oder über die Kommandozeile. Das Spektrum der verfügbaren Dienste ist sehr breit gefächert und reicht von einfachen Informationsdiensten bis zur Bereitstellung einer graphischen Benutzerschnittstelle für ein entferntes System.

6.2.4 Adressierung

Sobald eine Nachricht nicht als Rundruf (*Broadcast*) an alle potenziellen Empfänger versandt werden soll, muss ihr Empfänger mittels einer Adresse identifiziert werden. In den vorangegangenen Unterabschnitten wurde bereits erläutert, dass Netzwerkkomponenten sowohl über eine hardwareunabhängige logische Adresse, als auch über eine vom Netzwerk–Protokoll unabhängige Hardware–Adresse verfügen können.

Während noch vor wenigen Jahren häufig mehrere Protokollfamilien gleichzeitig in einem Netzwerk verwendet wurden, erfolgt heute der überwiegende Teil des Datenverkehrs über die Protokolle der TCP/IP–Familie. Diese Vereinheitlichung vereinfacht die Konzeption neuer Netze sowie die Administration bestehender Installationen erheblich, da auf allen Geräten nur noch ein Protokoll–Stack installiert werden muss und für alle physischen Schnittstellen nur noch eine logische Adresse benötigt wird. Netzwerke, bei denen sich mehrere Stationen ein Übertragungsmedium teilen, benötigen jedoch nach wie vor eine eigene Adressierung auf der Datenverbindungsschicht, damit die einzelnen angeschlossenen Komponenten auch auf dieser Schicht direkt adressiert werden können um ihre Dienste auf den höheren Schichten zur Verfügung zu stellen. Diese Adressierung wird als Hardware– oder MAC–Adressierung (*Media Access Control*) bezeichnet.

MAC–Adressen

MAC–Adressen haben, unabhängig von der zugrunde liegenden LAN–Technologie, ein von der IEEE genormtes einheitliches Format. Ihre Länge von 48 Bit ermöglicht die Vergabe von bis zu $2^{48} = 281.474.976.710.656$ unterschiedlichen Adressen. Um sie für Menschen besser lesbar zu machen, werden MAC–Adressen typischerweise byteweise im Hexadezimalformat, beispielsweise *00:05:5D:0C:11:1E*, notiert.

Die LAN–Schnittstelle erhält ihre MAC–Adresse während der Produktion durch eine entsprechende Programmierung des ROMs fest zugewiesen (*Burn–in Address*). Die ersten drei Byte entsprechen dabei einer Kennung des Herstellers, die dieser von der IEEE auf Anfrage zugewiesen bekommt. Die restlichen drei Bytes sind eine vom Hersteller vergebene laufende Nummer. Sollte ein Hersteller mehr als $2^{24} = 16.777.216$ Schnittstellen produzieren, kann er bei der IEEE einen weiteren Adressbereich beantragen.

Da der Adressraum eine lineare Struktur aufweist, ist eine Realisierung komplexer Netzwerkstrukturen unter alleiniger Verwendung der MAC–Adresse nicht möglich.

Logische Adressen

Logische Adressen sind von der zugrunde liegenden Hardware unabhängig. Daher kann der Netzwerkadministrator einer Schnittstelle auch mehrere, nicht notwendigerweise von verschiedenen Protokollfamilien stammende, logische Adressen zuweisen. Durch einen mehrteiligen Aufbau ermöglichen logische Adressen eine hierarchische Strukturierung des Adressraums, wodurch insbesondere der für die Routenwahl erforderliche Aufwand erheblich reduziert werden kann.

Die meisten logischen Adressen weisen eine Zweiteilung in eine Netzwerk– und eine Host–Kennung auf. Dabei fasst die Netzwerkkennung eine technologieunabhängige Menge physischer Netze zu einem *logischen Netzwerk* zusammen. Die Host–Kennung adressiert genau eine Komponente innerhalb dieses logischen Netzes. Die Aufteilung der Adresse auf die beiden Kennungen ist in Abhängigkeit von der Protokollfamilie fest oder variabel. Einige Protokollfamilien verwenden nach Möglichkeit die MAC–Adresse einer Schnittstelle als Host–Kennung und versuchen auf diese Weise, das Risiko einer doppelten Adressvergabe zu reduzieren. Sofern sich Sender und Empfänger nicht im gleichen logischen Netz befinden, erfolgt die Routenwahl anhand der Netzwerkkennung, bis die Nachricht im logischen Netz des Empfängers angekommen ist. Dann erst wird – analog zu dem Fall, dass sich die beiden Kommunikati-

onspartner im selben logischen Netzwerk befinden – die Host–Kennung zum
Auffinden des Empfängers verwendet.

Dieses Konzept lässt sich am Einfachsten durch einen Vergleich mit dem
Wählvorgang beim Telefonieren verdeutlichen: Sofern sich Anrufer und An-
gerufener im gleichen Ortsnetz befinden, wird ausschließlich die Anschlussnummer für den Anruf benötigt[5]. Ein Anruf in ein anderes Ortsnetz wird
hingegen zunächst anhand der Vorwahl in das Zielnetz geleitet, bevor dort
die Anschlussnummer zur Selektion des Angerufenen herangezogen wird.

In den letzten Jahren haben die Protokolle der TCP/IP–Familie die ande-
ren Protokollfamilien weitgehend vom Markt verdrängt. Durch das rasante
Wachstum des Internets und das Aufkommen immer neuer Anwendungsgebiete ist die bisher eingesetzte Version 4 des IP–Protokolls (*IPv4*) an ihre
Grenzen gelangt, weshalb bereits Mitte der 90er Jahre des 20. Jahrhunderts
mit den Arbeiten an einer neuen Protokollversion begonnen wurde, deren
Spezifikation schließlich im Dezember 1998 veröffentlicht wurde. Diese neue
Version wird als *Internet Protokoll, Version 6* (*IPv6*) bezeichnet und bringt
neben einem deutlich größeren Adressraum zahlreiche nützliche Funktionen
mit sich, die u.a. auch eine effizientere Weiterleitung von Datenpaketen, eine
Verringerung des durchschnittlichen Verarbeitungsaufwands je Paket sowie
eine Kennzeichnung von Datenflüssen (bspw. für Echtzeit–Dienste) ermöglichen.

Fallstudie 1: IP–Adressen bei IPv4

TCP/IP verwendet 32 Bit lange *IP–Adressen* zur logischen Adressierung der
Netzwerkkomponenten. Die Netzwerkkennung wird bei diesen Adressen der
Host–Kennung vorangestellt. Die feste Adresslänge führt zu einem Interes-
senkonflikt zwischen der Anzahl der verfügbaren Netzwerke und der Anzahl
der in einem Netzwerk adressierbaren Endgeräte. Die ursprüngliche Lösung
dieses Konflikts sah eine Teilung des Adressraumes in Bereiche mit unterschiedlich langen Netzwerkkennungen vor. Anhand der höchstwertigen Bits
konnten dann die verschiedenen *Adressklassen* unterschieden werden (s. Abbildung 6.5).

Dieses Klassifikationsschema erwies sich jedoch aufgrund der geringen Flexibilität als unzureichend. Aus diesem Grund wurde mit der *Unternetz–Maske*
(*Subnet Mask*) ein weiteres Gliederungsmerkmal eingeführt, das eine flexiblere Unterteilung der Netzwerke in *Unternetze* (*Subnets*) ermöglicht. Jeder IP–
Adresse wird eine 32 Bit lange Unternetz–Maske zugeordnet. Gehört ein Bit
der Adresse zur Netzwerkkennung, wird das an der gleichen Position befindli-

---

[5] Bei der logischen Netzwerkadresse muss die Netzwerkkennung hingegen auch dann
angegeben werden, wenn beide Stationen an das gleiche Netz angeschlossen sind.

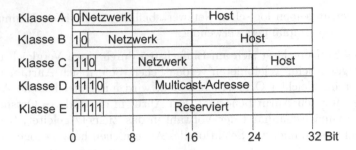

Abb. 6.5 Ursprüngliche Klassifikation der IP–Adressen.

che Bit der Maske auf Eins, andernfalls auf Null gesetzt. Die Maske entspricht somit einer Folge aus Einsen, der eine Folge aus Nullen folgt. Das Herausfiltern der für das Routing erforderlichen *Netzwerkadresse* erfolgt, wie man Abbildung 6.6 entnehmen kann, durch eine bitweise UND–Verknüpfung von Adresse und Maske.

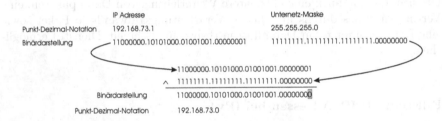

Abb. 6.6 Verwendung der Unternetz–Maske zur Bestimmung der Netzwerkkennung einer IP–Adresse.

Zur Verbesserung der Lesbarkeit werden sowohl die IP–Adressen, als auch die Unternetz–Masken für den Menschen in der so genannten *Punkt–Dezimal–Notation* dargestellt. Dabei werden die einzelnen Bytes der Adresse als durch Punkte getrennte Folge vorzeichenloser Dezimalzahlen notiert. Abbildung 6.6 zeigt ein Beispiel für diese Notation.

IP unterstützt in der Version 4 das Versenden von Broadcasts an logische Netze. Die Broadcast–Adresse eines logischen Netzes ergibt sich aus der Netzwerkadresse, indem alle für die Host–Kennung vorgesehenen Bits einheitlich auf Eins gesetzt werden. Weder die Netzwerk–, noch die Broadcast–Adresse dürfen einem Endgerät zugewiesen werden.

IP–Adressen können wahlweise statisch oder dynamisch einem Endgerät zugeordnet werden. Bei der statischen Vergabe muss der Administrator die Adresse von Hand in die Netzwerksoftware der jeweiligen Komponente eintragen. Dieses Vorgehen ist nicht nur äußerst inflexibel gegenüber Änderungen,

sondern insbesondere bei größeren Netzen sehr zeitaufwändig und fehleranfällig, denn bei jeder Veränderung des Netzwerks müssen die betroffenen Rechner manuell umkonfiguriert werden. Daher werden IPv4–Adressen inzwischen
vorwiegend dynamisch – unter Verwendung des DHCP–Protokolls (*Dynamic
Host Configuration Protocol*) – vergeben. Dabei erfragt jeder Rechner seine
IP–Adresse unmittelbar nach dem Einschalten per Broadcast von einem für
diesen Zweck eingerichteten DHCP–Server. Veränderungen im Netz wirken
sich nur noch auf die Konfiguration dieses Servers aus – ein erneutes Einstellen der Endgeräte ist nicht mehr erforderlich. Durch die Einrichtung von
Adress–Pools können zudem IP–Adressen reserviert werden, die bei Bedarf
an beliebige Endgeräte, beispielsweise Notebooks, vergeben werden. Die dynamische Adressvergabe führt somit zu einer deutlichen Verringerung des
Administrationsaufwands und einer flexibleren Einbindung mobiler Komponenten.

Die für den eigentlichen Datentransfer in lokalen Netzwerken erforderliche
Umsetzung der logischen in die physische Adresse wird bei IPv4 vom *Address
Resolution Protocol* (ARP) vorgenommen. Aufgrund von Sicherheitsproble-
men wurde dieses Protokoll nicht mehr für den Einsatz mit IPv6 weiterent-
wickelt, das für diesen Zweck stattdessen das Protokoll *Neighbour Discovery*
(ND) verwendet.

Fallstudie 2: IP–Adressen bei IPv6

Es wurde bereits erläutert, dass der Hauptgrund für die Einführung einer
neuen Version des IP–Protokolls in der Erweiterung des bislang auf 32 bit beschränkten Adressraumes bestand. Diese wurde erforderlich, damit IP auch
weiterhin dem kontinuierlichen Wachstum des Internets sowie der stetig fortschreitenden Vernetzung von Unternehmen und Privathaushalten gewachsen
ist. Die dabei entstandene neue Version IPv6 ist in vielen Punkten eine grad-
linige Erweiterung des bisherigen Standards, weshalb ein Wechsel von IPv4
auf IPv6 für zahlreiche Protokolle auf den oberen Schichten transparent verläuft. Diese Protokolle arbeiten daher ohne jegliche Anpassung mit beiden
IP–Versionen zusammen.

Eine IPv6–Adresse hat eine Länge von 128–bit, sodass auch im Fall eines ineffizienten Adressmanagements auf absehbare Zeit keine Engpässe hinsichtlich der Verfügbarkeit von Adressen zu erwarten sind. Angesichts der
Tatsache, dass eine Netzwerkkomponente über mehr als eine Schnittstelle
verfügen kann, wird eine Adresse bei IPv6 ausdrücklich einer Schnittstelle
und nicht mehr einem Rechner zugewiesen, weshalb die Host–Kennung bei
IPv6 als *Schnittstellenkennung* (*Interface ID*) bezeichnet wird. Da die Länge
der Schnittstellenkennung standardmäßig 64 bit beträgt, verbleiben für die

als *Unternetzpräfix* (*Subnet Prefix*) bezeichnete Netzwerkkennung[6] ebenfalls 64 bit. Durch die Verwendung eines individuellen Präfixes, welches aus den n höchstwertigen Bits der Adresse besteht, können entweder die Adressbereiche mehrerer Netzwerke (n < 64) zusammengefasst oder der Adressraum eines einzigen Netzwerks in mehrere kleinere Teilbereiche (n > 64) untergliedert werden.

Die Notation der IPv6–Adressen erfolgt im Allgemeinen durch eine Folge aus acht 16–bit–Hexadezimalzahlen[7], welche jeweils durch einen Doppelpunkt voneinander getrennt sind. Ein Beispiel findet sich in Abbildung 6.7 a). Führende Nullen innerhalb eines solchen 16–bit–Blockes können in der textuellen Darstellung der Adresse entfallen (s. Abbildung 6.7 b)). Weiterhin ist es möglich, eine Folge von Blöcken mit dem Wert 0 durch zwei aufeinander folgende Doppelpunkte zu ersetzen (s. Abbildung 6.7 c)). Eine solche Ersetzung kann jedoch nur einmal pro Adresse vorgenommen werden. Eine weitere Darstellungsform findet sich insbesondere in Systemumgebungen, in denen beide Protokollversionen gleichzeitig eingesetzt werden: Bei dieser Darstellungsform werden die letzten beiden Blöcke in der vertrauten Punkt–Dezimal–Notation dargestellt, während die vorangegangenen sechs Blöcke in der für IPv6 typischen Form dargestellt sind (s. Abbildung 6.7 d)). Bei der Angabe einer Adresse kann die Länge ihres Präfixes direkt im Anschluss notiert werden, abgesetzt durch ein Slash–Zeichen („/"). Abbildung 6.7 e) zeigt hierfür ein Beispiel.

a) 2001:0DB8:0000:0000:0000:0001:1234:5678

b) 2001:DB8:0:0:0:1:1234:5678

c) 2001:DB8::1:1234:5678

d) 2001:DB8::1:18.52.86.120

e) 2001:DB8/32

Abb. 6.7 Darstellungsformen für IPv6–Adressen.

IPv6 unterscheidet mit Unicast, Multicast und Anycast drei verschiedene Adresstypen, von denen die beiden erstgenannten bereits in Abschnitt 6.2.1 erläutert wurden. *Anycast*-Adressen werden jeweils mehreren Schnittstellen zugewiesen, die in der Regel nicht zu derselben Netzwerkkomponente gehören. Jedes an eine solche Adresse versandte Paket wird jedoch nur an diejenige Schnittstelle weitergeleitet, die nach den Maßstäben des verwendeten Routing–Protokolls dem Absender am nächsten liegt. Broadcast-

---

[6] Auf die weitere Strukturierung der Netzwerkkennung wird im Folgenden nicht eingegangen.

[7] In der deutschsprachigen Literatur werden diese 16–bit–Zahlen häufig als *Blöcke* bezeichnet, weshalb dieser Begriff auch in den nachfolgenden Ausführungen Anwendung findet.

Adressen werden von IPv6 nicht mehr verwendet – ihre Funktion wurde von den Multicast–Adressen zusätzlich übernommen. Während Multicast–Adressen – ähnlich den Klasse–D–Netzen bei IPv4 – durch ein einheitliches Präfix gekennzeichnet sind (FF00::/8), können Anycast–Adressen nicht von Unicast–Adressen unterschieden werden.

Als mögliche Scopes werden dabei unterschieden: *node–local, link–local, site–local, organization–local* und *global*. Die Niederwertigen 112 bits der Multicast–Adresse bilden die Gruppenkennung, wobei im Allgemeinen lediglich die niederen 32 bit benutzt werden. Es gibt vordefinierte Gruppen, wie z.B. die Gruppe aller Knoten und die Gruppe alle Router (Kennungen in Klammern angeben).

Insbesondere für die Migration einer Systemumgebung von IPv4 nach IPv6 ist eine vorübergehende Nutzung beider Protokollversionen unumgänglich. Allerdings erfordert auch die nur zögerlich voranschreitende Verbreitung des neuen Standards oftmals einen längerfristigen parallelen Betrieb. Für einen derartigen gemeinsamen Einsatz wurden im Laufe der Jahre zahlreiche Verfahren entwickelt, die eine bidirektionale Kommunikation zwischen den beteiligten Netzwerkkomponenten ermöglichen. Aufgrund der kontinuierlichen Weiterentwicklung in diesem Umfeld wurden jedoch einige dieser Verfahren bereits von der laufenden Entwicklung überholt. Zum gegenwärtigen Zeitpunkt (Anfang 2010) werden – neben verschiedenen anderen Techniken[8] - insbesondere *Dual Stack*–Systeme verwendet, bei denen beide Protokoll–Stacks implementiert werden. Bei derartigen Systemen wird ausgenutzt, dass die Quelltexte der beiden Protokoll–Stacks in weiten Teilen übereinstimmen und somit für beide Versionen verwendet werden können.

Für die dynamische Vergabe von Adressen gibt es bei IPv6 zwei alternative Vorgehensweisen, die zustandsbehaftete (*Stateful Auto–Configuration*) und die zustandsloselose automatische Konfiguration (Stateless Auto–Configuration). Die statusbehaftete Variante basiert auf dem Protokoll *Dynamic Host Configuration Protocol for IPv6* (*DHCPv6*), welches die zur Konfiguration eines Clients benötigten Daten von einem der zur Verfügung stehenden DHCPv6–Server bezieht. Im Gegensatz dazu kommt die unter der Bezeichnung *IPv6 Auto–Configuration* bekannte zustandslose automatische Konfiguration vollständig ohne den Betrieb eigener Server aus und ist daher insbesondere für Privathaushalte und kleinere Unternehmen von Interesse. Bei diesem Ansatz weist sich eine Netzwerkkomponente selbständig eine gültige IPv6–Adresse zu, indem sie die Netzwerkkennung aus den Mitteilung benachbarter Router entnimmt und die Schnittstellenkennung mit Hilfe der EUI–64–Adresse bildet, welche eine 64 bit lange Erweiterung der bereits in diesem Kapitel behandelten MAC–Adresse darstellt. Für den Fall, dass kein Router

---

[8] Alternative Konzepte basieren u.a. auf der Nutzung von Tunneln oder Proxy–Systemen.

an das Netzwerk angeschlossen ist, wird automatisch eine ausschließlich lokal gültige Adresse mit dem Prefix FE80::/64 verwendet.

Die ursprüngliche Spezifikation der IPv6–Adressierung wurde zwischenzeitlich überarbeitet und liegt in der aktuellen Fassung als RFC 4291 vor.

Port–Nummern

Wie bereits in Unterabschnitt 6.2.2 erläutert wurde, können mehrere Anwendungen gleichzeitig auf die Netzwerkanbindung einer Station zugreifen. Das für die Verwaltung der einzelnen Datenströme verantwortliche Transport–Protokoll unterscheidet diese Anwendungen anhand einer *Port–Nummer*, die beim Sendevorgang in den Header des verschickten Datensegments eingetragen wird. Auf der Empfängerseite können die empfangenen Daten anhand dieser Nummer an die richtige Anwendung weitergeleitet werden. Standardapplikationen und Netzwerkprotokolle der Anwendungsschicht verfügen häufig über fest zugeordnete Nummern.

Der PC–Benutzer kennt Port–Nummern ggf. von der Konfiguration einer *Personal Firewall*, als Bestandteil einer Internet–Adresse (Beispiel: 8080) oder von der Konfiguration seines *Browsers*.

Domain–Namen

Der Umgang mit Schlagwörtern und deren Abkürzungen fällt dem menschlichen Gehirn leichter als das Merken von Zahlenkolonnen oder großen numerischen Werten. Durch die Verwendung *symbolischer Namen* versuchen Netzwerkdienste, wie das *Domain Name System* (DNS), den menschlichen Benutzer von der Notwendigkeit der Benutzung numerischer Werte zu entlasten.

Domain–Namen sind hierarchisch aufgebaut und bestehen aus einer Folge von durch Punkten getrennten alphanumerischen Bezeichnern. Der wichtigste Namensteil, *Top Level Domain* genannt, wird ganz rechts im Namen vermerkt und entspricht der höchsten Hierarchiestufe. Tabelle 6.1 führt einige *Top Level Domains* auf.

Der zu einer Top Level Domain gehörende Namensbereich wird von einer zentralen Organisation verwaltet, die für die Vergabe eindeutiger Domain–Namen innerhalb dieser Top Level Domain zuständig ist. Für die weitere Gestaltung der Namenshierarchie innerhalb einer Domain ist der jeweilige Inhaber selbst verantwortlich. Es gibt keine universellen Vorgaben hinsichtlich der Namensgebung, der Gliederungskriterien oder der Hierarchie–Tiefe.

Tabelle 6.1 Exemplarische Aufführung einiger Top Level Domains.

Domain–Name	Beschreibung
at	Landeskennung Österreich
ch	Landeskennung Schweiz
com	kommerzielle Unternehmen
de	Landeskennung Deutschland
edu	Bildungseinrichtungen
gov	Regierungseinrichtungen der U.S.A.
net	Netzbetreiber und –anbieter
org	Organisationen aller Art
uk	Landeskennung Großbritannien
eu	Kennung Europäische Union

Die Namenshierarchie kann sich also beispielsweise an den geographischen Gegebenheiten oder der Organisationsstruktur orientieren.

6.2.5 Spezielle Netzwerkkomponenten

Moderne Rechnernetze enthalten neben den zu verbindenden Endgeräten eine Reihe von Hardwarekomponenten, die ausschließlich für den Aufbau und die Aufrechterhaltung der Datenverbindungen benötigt werden. Das Aufgabenspektrum dieser *Netzwerkkomponenten* umfasst die folgenden Funktionen:

- Bereitstellung einer Netzwerkanbindung für ein Endgerät,
- Signalverstärkung auf elektronisch/physischer Ebene,
- Verteilerfunktion für ein lokales Netzwerk,
- Verbindung physisch unabhängiger Netze,
- Routenwahl zwischen beliebigen Netzwerkkomponenten,
- bidirektionale Übersetzung zwischen verschiedenen Protokollen,
- Schutz der Datenverbindungen vor Datenspionage und Missbrauch.

Obwohl viele der auf dem Markt erhältlichen Netzwerk–Produkte inzwischen mehrere dieser Funktionen in einem Gerät vereinen, ist die Mehrzahl der genannten Funktionen schon allein aufgrund ihrer unterschiedlichen Platzierung in den Schichten des OSI–Referenzmodells voneinander unabhängig.

In den folgenden Unterabschnitten werden die wichtigsten Netzwerkkomponenten in einem für den Bedarf dieses Kapitels hinreichenden Umfang erläutert[9].

Netzwerkschnittstelle

Die Anbindung einer Netzwerkkomponente an ein lokales Netz erfolgt über eine Schnittstelle, die den physischen und logischen Anforderungen der verwendeten LAN–Technologie entspricht. Während diese Schnittstellen früher typischerweise über eine als *Network Interface Card* (NIC) bezeichnete Steckkarte realisiert wurden, sind aufgrund der starken Marktdominanz des Ethernets fast alle Hauptplatinen–Hersteller dazu übergegangen, die für eine Fast–Ethernet– bzw. Gigabit–Ethernet–Schnittstelle erforderliche Hardware direkt auf der Hauptplatine (*Mainboard, Motherboard*) unterzubringen.

Unabhängig von der gewählten Realisierung sind Schnittstellen verschiedener LAN–Technologien im Allgemeinen untereinander inkompatibel. Ein Technologie–Wechsel, wie beispielsweise der Ende der 90er Jahre häufig vollzogene Umstieg von Token Ring auf Ethernet, erfordert folglich den Austausch aller an das LAN–Segment angeschlossenen Schnittstellen.

Modem

Der Begriff *Modulation*[10] bezeichnet einen Vorgang, bei dem die Eigenschaften eines Signals für die Übertragung von Informationen verändert werden. Ein *Modulator* ist folglich ein *Signalwandler*, der ein *Trägersignal* entsprechend einer zu übermittelnden Nachricht modifiziert. Die Rückgewinnung des modulierten Signals wird als *Demodulation*, der ausführende Signalwandler als *Demodulator* bezeichnet.

Mit dem aus den Begriffen Modulator und Demodulator zusammengesetzten Kunstwort *Modem* bezeichnet man in der Übertragungstechnik Geräte, die im Vollduplex–Betrieb zwischen den bei Computern und Terminals üblichen zweiwertigen (*unipolaren*) Digitalsignalen und analogen bzw. dreiwertigen (*bipolaren*) digitalen Signalen umwandelt. Im ersten Fall spricht man von einem *Analogmodem*, im zweiten Fall von einem *Terminal Adapter* (TA) bzw. einem *Digitalmodem*. Wie in Abbildung 6.8 gezeigt, werden Modems stets paarweise eingesetzt, wobei jedes Modem die Demodulation der vom anderen Modem modulierten Signale durchführt.

Beide Modemtypen werden hauptsächlich für die Datenübertragung in Weitverkehrsnetzen eingesetzt. Allerdings kann auch innerhalb lokaler Netze, beispielsweise bei einem Wechsel des Übertragungsmediums, der Einsatz von Modems erforderlich sein.

---

[9] Eine ausführliche Behandlung verbietet sich aufgrund der enormen Funktionsvielfalt der heute auf dem Markt verfügbaren Systeme.

[10] von *Modulatio* (lat.): Takt, Rhythmus.

Analoge Modems

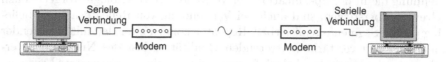

Digitale Modems

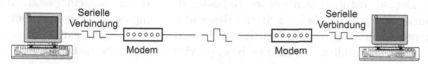

Abb. 6.8 Einsatz analoger und digitaler Modems.

Der private PC–Anwender verbindet mit dem Begriff Modem üblicherweise das für den Internet–Zugang über das analoge Telefonnetz erforderliche Analogmodem. Obwohl Analogmodems auch heute noch häufig für diese Aufgabe verwendet werden, ist diese Form des Internet–Zugangs in den letzten Jahren zunehmend durch die zwischenzeitig aufgekommene Technologie der *Digital Subscriber Line* (DSL) verdrängt worden, bei der die Signalumwandlung auf Seiten des Kunden durch ein Digitalmodem erfolgt, das im täglichen Sprachgebrauch ganz allgemein als *DSL–Modem* bezeichnet wird.

Repeater

Wie bereits in Abschnitt 6.2.1 erläutert wurde, bestehen lokale Netze (häufig) aus einem Verbund einzelner Segmente. Jedes Segment hat aufgrund der verwendeten Hard– und Software[11] bestimmte Eigenschaften, die bei einer Zusammenführung mit anderen Segmenten beachtet werden müssen. Im einfachsten Fall, bei dem sich die Segmente höchstens hinsichtlich der physischen Schicht unterscheiden, kann diese Verbindung durch einen sog. *Repeater* realisiert werden.

Repeater arbeiten auf der physischen Schicht des OSI–Modells und sind im Prinzip bidirektional arbeitende analoge Signalverstärker mit zwei Netzwerkanschlüssen (*Ports*). Eingehende Signale werden verstärkt und mit möglichst geringer Verzögerung auf dem anderen Port ausgegeben. Da Repeater die eintreffenden Informationen nicht auswerten, werden diese ungefiltert weitergeleitet. Derart verbundene Netzwerksegmente verschmelzen folglich zu einem einzigen Segment.

---

[11] Unter *Software* verstehen wir hier die verwendeten Netzwerkprotokolle.

Obwohl auf diese Weise Segmente entstehen können, deren räumliche Ausdehnung die in der Spezifikation der verwendeten Technologie vorgegebenen
Grenzen übersteigen, sind auch bei Verwendung von Repeatern keine beliebig großen Segmente realisierbar. Repeater können zwar den mit wachsender
Segmentlänge verstärkt auftretenden Qualitätsverlust des Nutzsignals verkleinern oder beseitigen, jedoch führen Repeater ebenso wie weitere Leitungs-
segmente zu einer Verzögerung bei der Signalübertragung, die schnell die eng
bemessenen Grenzen der Protokolle der Verbindungsschicht übersteigt.

Bei Neuinstallationen werden Repeater heute kaum noch eingesetzt. Man
findet sie nur noch als integrierten Bestandteil komplexerer Netzwerkkomponenten oder in Form von Multiport–Repeatern, also als Repeater mit mehreren Schnittstellen, bei kleinen bzw. provisorischen LAN–Installationen.

Verteilereinheiten: Hub und MSAU

Viele LAN–Technologien verwenden – ungeachtet ihrer logischen Topologie –
physisch eine Stern–Topologie. Die im Zentrum einer solchen sternförmigen
Verkabelung eintreffenden Leitungen werden über eine oder mehrere miteinander verbundene Verteilereinheiten zu einem Netzwerksegment zusammen-
geschlossen. Das eigentliche Segment wird auf diese Weise auf eine geringe
räumliche Ausdehnung, im Extremfall auf einen einzigen Verteiler, reduziert.
Man spricht in diesem Zusammenhang auch von *Collapsed Segments* und verbindet damit die Anschauung, dass die durch die logische Topologie festgelegte Netzwerkstruktur in den (oder die) Verteiler hinein komprimiert wurde.

Die einzelnen LAN–Technologien unterscheiden sich zum Teil erheblich
hinsichtlich ihrer physischen und logischen Merkmale. Aus diesem Grund benötigt jede LAN–Technologie einen eigenen, auf ihre Eigenschaften ausgerichteten Verteiler. Bei einigen der in Unterabschnitt 6.3.1 beschrieben Ethernet–
Varianten wird diese Funktion von einem *Hub* genannten Multiport–Repeater
übernommen. Ein solcher Hub leitet alle Informationen, die er an einem Port
empfängt, an alle anderen Ports weiter. Im Gegensatz dazu bilden die *Mul-
tistation Access Units* (MSAU) genannten zentralen Verteiler der in Unterabschnitt 6.3.4 erläuterten Token Ring–Topologie die logische Struktur eines
Rings nach. Die Signale werden dabei der Reihe nach von einer Station an
die nachfolgende weitergereicht. Damit das Ausschalten oder der Ausfall einer Station nicht zum Ausfall des ganzen Rings führt, enthalten alle Ports
ein Relais[12], das inaktive Endgeräte im Ring überbrückt.

Aufgrund der ständig wachsenden Anforderungen an die verfügbare Bandbreite wurden diese einfachen Verteilereinheiten inzwischen sowohl im Ge-
schäfts– als auch im Privatumfeld weitgehend durch so genannte Switches
ersetzt.

---

[12] Ein Relais ist ein elektrisch gesteuerter mechanischer Schalter.

Bridge

Bridges (Brücken) sind intelligente, softwaregesteuerte, auf der Datenverbindungsschicht des OSI–Modells arbeitende Netzwerkkomponenten, die aufgrund der Analyse der Datenrahmen (*Frames*) und geeigneter Filterfunktionen zwei LAN–Segmente miteinander verbinden können, ohne sie dabei zu einer *Collision Domain* zu verschmelzen. Datenrahmen werden nur dann weitergeleitet, wenn

- sie vollständig und gemäß einer CRC–Prüfung (*Cyclic Redundancy Check*) fehlerfrei sind und

- sich Sender und Empfänger auf unterschiedlichen Seiten der Bridge befinden.

Der restliche Datenverkehr bleibt lokal. Solange sich Sender und Empfänger also nicht auf unterschiedlichen Seiten der Brücke befinden, können in beiden Segmenten voneinander unabhängige Datentransfers simultan durchgeführt werden.

Die Unterscheidung zwischen den zu übertragenden und den übrigen Datenrahmen erfolgt auf Basis der Empfänger–Adresse. Jede Brücke unterhält eine als *Bridging Table* bezeichnete Tabelle, in der zu jeder bekannten Adresse der *Bridge Port* hinterlegt ist, über den sie zu erreichen ist. Sollte dieser Port nicht mit dem Eingangsport des Datenrahmens übereinstimmen, wird der Datenrahmen an das Zielsegment weitergeleitet.

Eine *Bridge* kann unbekannte Adressen durch das Mithören des Datenverkehrs kennen lernen. Sollte eine Bridge dennoch einen Datenrahmen mit einem ihr unbekannten Adressaten erhalten, leitet sie diesen an das andere Segment weiter. Sobald sie einen Datenrahmen mit einem ihr unbekannten Absender empfängt, wird ihre *Bridging Table* um diesen Eintrag erweitern. Zu jedem Tabelleneintrag wird mit einem Zeitstempel der letzte erfolgreiche Datenaustausch, an dem die Adresse beteiligt war, dokumentiert. Überschreitet der Zeitstempel ein bestimmtes Alter, wird der Tabelleneintrag entfernt. Durch diese beiden Maßnahmen kann sichergestellt werden, dass die Bridging Table aktuell bleibt – neue Komponenten werden automatisch erkannt, nicht mehr verwendete automatisch gelöscht. Moderne Bridges unterstützen zudem häufig die explizite Konfiguration von Filter–Regeln, die eine Übertragung von oder zu bestimmten MAC–Adressen bzw. ganzen Adressbereichen unterbindet.

Zur Erhöhung der Ausfallsicherheit werden Segmente üblicherweise über mehrere Bridges mit dem sie umgebenden LAN verbunden. Da eine Bridge jeden Datenrahmen mit einer ihr unbekannten Empfängeradresse weiterleitet, können redundante Wege zu endlos im Segment kreisenden Paketen führen. Zur Vermeidung dieser Problematik wurde das IEEE 802.1d *Spanning Tree Protocol* entwickelt: Sollte eine Bridge über mehrere Wege zu einem Ziel verfügen, werden alle diese Wege bis auf einen logisch blockiert, sodass trotz physischer Redundanz keine logischen Zyklen im Netzwerk entstehen.

Die IEEE 802.1d–Spezifikation beschränkt die Anzahl der zwischen zwei Kommunikationspartnern liegenden Bridges auf sieben. Da jeder Datenrahmen maximal vier Sekunden pro Bridge zwischengespeichert werden darf, beträgt die maximale Verzögerung für einen Frame 28 Sekunden. Sofern die entsprechenden Anschlussports vorhanden sind, kann jede Bridge zur Verbindung von LAN–Segmenten mit unterschiedlichen physischen Schichten verwendet werden.

Switch

Ein *Switch* ist in seiner Grundform nichts anderes als eine *Multiport Bridge*, also eine Bridge mit mehr als zwei Ports. Während handelsübliche Switches im Allgemeinen zwischen 4 und 48 Ports haben, können große, modular aufgebaute Systeme über mehrere hundert Ports verfügen. Die vorhandenen Endgeräte können daher auf eine größere Anzahl Segmente aufgeteilt werden, sodass die für jede Komponente verfügbare Bandbreite im Durchschnitt ansteigt. Die Entwicklung, durch verstärkten Einsatz von Switches die Anzahl der Komponenten pro Segment so weit wie möglich zu reduzieren, bezeichnet man als *Mikrosegmentierung*. Beim Extremfall der *dedizierten Segmente* ist nur ein einziges Endgerät an ein Segment angeschlossen. In diesem Fall kann das Segment im *Vollduplex–Modus* betrieben werden, bei dem das Endgerät gleichzeitig Daten senden und empfangen kann.

Damit der Switch bei diesen hohen Anforderungen nicht selber zum Engpass wird, verfügt er über eine Hochleistungs–Verbindungsarchitektur, die so genannte *Backplane*, über die die einzelnen Ports miteinander verbunden werden. Insbesondere in größeren Netzen müssen Switches auch untereinander verbunden werden. Diese, als *Inter Switch Link* (ISL) bezeichneten Verbindungen, werden in der Regel mittels Glasfasertechnik realisiert.

Router

In Unterabschnitt 6.2.2 wurde bereits erläutert, dass eine zentrale Aufgabe der Netzwerkschicht im Auffinden eines geeigneten Weges (Route) zwischen Absender und Empfänger einer Nachricht besteht. Für diesen Zweck werden sog. *Router* benötigt, die anhand der logischen Empfängeradresse eine bestmögliche Route zwischen Sender und Empfänger ermitteln. Obwohl es sich bei Routern häufig um dedizierte Netzwerkkomponenten handelt, kann dieser Dienst auch durch einen Hintergrundprozess auf jeder beliebigen Netzwerkstation realisiert werden[13].

---

[13] Das bekannteste Beispiel für eine solche Software–Realisierung ist sicherlich der *Routed Demon* bei Unix–Systemen.

Für die Routenwahl wird auf die vom Übertragungsmedium unabhängige Netzwerk–Adresse, beispielsweise die IP–Adresse, zurückgegriffen. Auf diese Weise können Datentransfers – ungeachtet vorhandener Netzwerkgrenzen und verwendeter Technologien – durchgeführt werden. Der hierarchische Aufbau dieser Adressen ermöglicht eine Wegfindung anhand der Netzwerkkennung. Der Router entfernt zunächst bei jedem empfangenen Datenpaket[14] die Protokollinformationen der unteren beiden Schichten und bestimmt dann mit Hilfe einer *Routing-Tabelle* den nächsten Schritt (*Next Hop*) auf dem Weg zum Empfänger. In Abhängigkeit vom zur Verfügung stehenden Übertragungsmedium erstellt der Router geeignete Protokollinformationen für die unteren beiden Schichten. Abschließend leitet der Router die Nachricht an die nächste Zwischenstation, üblicherweise wiederum ein Router, oder – sofern eine unmittelbare Verbindung besteht – direkt an den Empfänger weiter.

Die Routing–Tabelle kann durch manuelle Einträge des Administrators (*statisches Routing*) oder automatisch mit Hilfe von Routing–Protokollen (*dynamisches Routing*) erzeugt werden. Häufig werden beide Methoden gemeinsam verwendet, wobei auch der gleichzeitige Einsatz mehrerer, sich ergänzender Routing–Protokolle nicht unüblich ist. Die wesentlichen Eigenschaften von statischem und dynamischem Routing werden in Tabelle 6.2 miteinander verglichen. Unter *adaptiver Routenwahl* versteht man dabei die Fähigkeit, Routen anhand der aktuellen Auslastung und Verfügbarkeit auszuwählen. Als Kommunikations–Overhead wird der von den Routing–Protokollen zusätzlich erzeugte Datenverkehr bezeichnet. Da das statische Routing keinen derartigen Verkehr erzeugt, wird es gerne für langsame Verbindungswege eingesetzt.

Tabelle 6.2 Gegenüberstellung der zentralen Eigenschaften von statischem und dynamischem Routing

	statisches Routing	dynamisches Routing
Administrationsaufwand	hoch	gering
Adaptive Routenwahl	nein	ja
Kommunikations–Overhead	nicht vorhanden	gering
Einbindung von Gateways	möglich	nicht möglich

Router leiten im Gegensatz zu Brücken keine Broadcasts weiter, da sie für alle Datenpakete anhand der logischen Adresse entscheiden, ob sie ein Paket gezielt weiterleiten oder selber beantworten. Sie werden deshalb auch häufig als *Broadcast Firewalls* bezeichnet.

---

[14] Im Gegensatz zu einer Brücke muss ein Router explizit vom Sender angesprochen werden. Dies geschieht immer dann, wenn der Sender anhand der Netzwerkadresse erkennt, dass sich der Empfänger in einem anderen Netzwerk befindet.

Gateway

Ein *Gateway* dient der Verbindung zweier Netzwerkbereiche, die sich hinsichtlich der zugrunde liegenden Protokolle voneinander unterscheiden. Jedes Gateway ist individuell auf der OSI–Schicht einzuordnen, die als unterste für beide Teilnetze das gleiche Protokoll verwendet. Gateways lassen sich in zwei Gruppen einteilen: *Application Gateways* und *Communication Gateways*.

Application Gateways arbeiten auf der Anwendungsschicht des OSI–Modells und stellen einen Kommunikationsweg für den Datenverkehr zwischen Anwendungen mit unterschiedlichen Datenformaten zur Verfügung. Die eingelesenen Daten werden in das vom Empfänger erwartete Format überführt und an diesen weitergeleitet. Application Gateways werden üblicherweise durch eine Software realisiert, die alternativ beim Sender oder beim Empfänger der Nachricht installiert ist.

Communication Gateways arbeiten hingegen auf einer beliebigen Schicht des OSI–Modells. Ihre Aufgabe sind die Übersetzung von Protokollen sowie die physische und logische Verbindung heterogener Netzwerkstrukturen. Um diese Aufgaben, insbesondere die zuletzt genannte, erfüllen zu können, werden Communication Gateways häufig auf einer dedizierten Hardware betrieben.

In TCP/IP–basierenden Netzen wird der Begriff Gateway häufig als Synonym für Router verwendet.

Firewall

Wird ein privates Netzwerk mit einem öffentlichen Netz, beispielsweise dem Internet verbunden, werden *Firewall*–Systeme zum Schutz des privaten Netzwerks vor unerwünschten Zugriffen von außerhalb eingesetzt. Eine Firewall kann sowohl als reine Software, als auch unter Verwendung dedizierter Hardware realisiert sein. Während die meisten Privatanwender eine reine, als *Personal Firewall* bezeichnete, Software–Lösung verwenden, schützen sich größere Unternehmen in der Regel durch eine Kombination verschiedener Firewall–Technologien.

Den Kern bildet dabei stets ein – häufig redundant ausgelegtes – System, das den zu schützenden vom öffentlichen Bereich abtrennt. Dabei kann es sich um einen Router, einen PC mit mindestens zwei Netzwerkkarten, eine dedizierte Firewall–Hardware oder eine Kombination der drei vorgenannten Alternativen handeln. Durch eine *Access Control List* (ACL) werden Datenpakete anhand ihrer Sender– und Empfängeradresse sowie der verwendeten Portnummer gefiltert.

Moderne Firewalls unterscheiden mehrere Sicherheitsstufen und erlauben somit die Einrichtung von so genannten *Demilitarisierten Zonen* (DMZ), die eine Zwischenstufe zwischen dem öffentlichen und einem privaten Netzwerk darstellen. Häufig befinden sich Web– oder FTP–Server in derart geschützten Bereichen.

6.2.6 Kontrollstrukturen

Die Beziehung, in der zwei Kommunikationspartner zueinander stehen, beeinflusst maßgeblich den Ablauf des zwischen ihnen stattfindenden Datenaustauschs. Das allgemeinste Kriterium hierfür ist die Rangbeziehung, die sich überall im täglichen Leben in der Form von Hierarchien wieder findet. So verlaufen in der Regel Gespräche zwischen einem Vorgesetzten und seinen Mitarbeitern anders als die Gespräche unter gleichgestellten Kollegen.

Auch in Rechnernetzen unterscheidet man zwischen hierarchischer und gleichrangiger Kommunikation. Während bei der hierarchischen *Client/Server*-Kommunikation jeder Informationsaustausch durch die Anforderung einer Dienstleistung initiiert und gesteuert wird, findet man bei der eher auf Gleichberechtigung ausgerichteten *Peer-to-Peer*-Kommunikation eine weniger streng organisierte Kommunikationsform mit wechselseitigen Abhängigkeiten vor. Diese beiden Kontrollstrukturen werden für die Strukturierung aller in einem Rechnernetz benötigten Dienste herangezogen.

Client/Server

Das Client/Server-Prinzip ist eine hierarchische Kontrollstruktur, bei der ein Kommunikationspartner, der sog. *Client*, einen Dienst einer anderen Netzwerkkomponente[15], des sog. *Servers*, anfordert. Die Rollenverteilung ist dabei vom Dienst und nicht von der Hardware abhängig. Es ist also durchaus üblich, dass eine Netzwerkkomponente in der Rolle des Clients die Dienste eines anderen Systems beansprucht, andererseits aber auch diesem System bzgl. anderer Dienste als Server dient.

In der Praxis findet man häufig eine strikte Trennung zwischen den Server-Systemen und allen restlichen Netzwerkkomponenten. Für diese Zweiteilung gibt es zahlreiche Gründe, die in der besonderen Bedeutung der zentralen Serverdienste für das Funktionieren der gesamten Datenverarbeitung eines Unternehmens liegen. Der Ausfall eines wichtigen Systemdienstes kann zu Produktionsstillstand und Regressforderungen von Kunden führen[16], was je nach Ausmaß die Existenz des gesamten Unternehmens gefährden kann.

Durch die Installation von redundanten Maschinen und Netzwerkanbindungen wird versucht, die durch den Ausfall einzelner Server bzw. ihrer Komponenten entstehenden Konsequenzen zu minimieren. Zudem werden Server

---

[15] Es wird hier ausdrücklich nicht von Rechnern bzw. Computern gesprochen, da diverse Dienste auch von spezialisierten Netzwerk-Komponenten angeboten werden.

[16] Auch der durch derartige Ausfälle entstehende Ansehens-Verlust ist bei der Bemühung um neue Aufträge bzw. der Verlängerung bereits bestehender Verträge hinderlich.

häufig in speziell geschützten Bereichen der Firmengebäude platziert und durch weitere Sicherungsmaßnahmen, wie z.B. Panzerglas, unterbrechungsfreie Stromversorgungen und Feuerschutztüren, vor Beschädigungen bestmöglich abgeschirmt. Durch eine entsprechend großzügig dimensionierte Hardware[17] soll sichergestellt werden, dass bei der Verarbeitung der eintreffenden Client–Anfragen keine Engpässe bei den Servern auftreten können.

Das Client/Server–Prinzip bringt gegenüber einer gleichberechtigten Aufgabenteilung mehrere Vorteile mit sich:

- Durch die Konzentration eines Dienstes auf wenige Server–Systeme können alle auf diese Server zugreifenden Client–Rechner um die zur Erfüllung dieses Dienstes benötigten Funktionen erleichtert werden. Dies führt unter Umständen zu einer drastischen Reduzierung der an den Client gestellten Hardwareanforderungen. Zudem entfällt beim Client der für die Administration des Dienstes entstehende Aufwand. Den Extremfall stellen sog. *Network Computer* dar, bei denen sich die Aufgaben der Arbeitsplatzrechner – ähnlich wie bei früheren Großrechner–Terminals – auf die Weiterleitung der Benutzereingaben sowie die Ausgabe der vom Server aufbereiteten Bildschirminhalte beschränkt.

- Die strikte Aufgabentrennung reduziert die in einem Netzwerk bestehenden Abhängigkeiten. Jedes Client–System ist ausschließlich von der Verfügbarkeit der von ihm benötigten Server abhängig. Andere Clients sind für sein Funktionieren ohne Belang. Dadurch reduziert sich in vielen Fällen der Aufwand, der für die Verfügbarkeit der Client–Systeme zu betreiben ist.

- Zusätzlich ermöglicht der weitläufige Einsatz von Client/Server–Strukturen eine übersichtliche und bedarfsorientierte Netzwerkstrukturierung. Dabei werden die zentralen Server–Systeme häufig aufgrund der an sie gestellten hohen Anforderungen in eigene, besonders zuverlässige und leistungsfähige Netzwerkstrukturen eingebunden. An diese zentralen Hochleistungsnetze werden weitere Teilnetze angebunden, in welche dann die Client–Systeme integriert werden. Aufgrund der geringeren Anforderungen können diese Netze mit herkömmlichen Komponenten und Verbindungsmedien ausgestattet werden.

- Wegen der übersichtlicheren Aufgabenteilung, der reduzierten Anzahl von Abhängigkeiten sowie der klareren Netzwerkstruktur können auftretende Fehler in der Regel schnell lokalisiert und behoben werden. Dadurch lassen sich mit Client/Server–Kontrollstrukturen auch sehr große Rechnernetze realisieren.

---

[17] In der Literatur werden an dieser Stelle gelegentlich Ursache und Wirkung verwechselt, indem die Notwendigkeit für die Verwendung des Client/Server–Konzepts durch die unterschiedlich dimensionierten Systeme begründet wird.

- Aufgrund des für die Installation der Server–Dienste zu betreibenden Aufwandes ist diese Kontrollstruktur jedoch für sehr kleine Netze und Provisorien häufig ungeeignet.

Peer–to–Peer

Bei einer auf dem Peer–to–Peer–Prinzip aufbauenden Kommunikation werden sämtliche Kommunikationspartner als gleichrangig erachtet; im Gegensatz zur Client/Server–Struktur findet hier also keine klare Rollenverteilung hinsichtlich eines Dienstes statt. Jede Netzwerkkomponente, die einen derart strukturierten Dienst nutzt, muss also in der Lage sein, sowohl die Rolle eines fordernden Clients, als auch die eines bedienenden Servers übernehmen zu können. Abbildung 6.9 zeigt dieses Zusammenwirken anhand eines Hot–Standby–Systems[18], bei dem beide Systeme in regelmäßigen Intervallen die Verfügbarkeit der jeweils anderen Maschine prüfen und somit hinsichtlich dieses Dienstes abwechselnd als Fragender (Rolle des Clients) bzw. Antwortender (Rolle des Servers) auftreten.

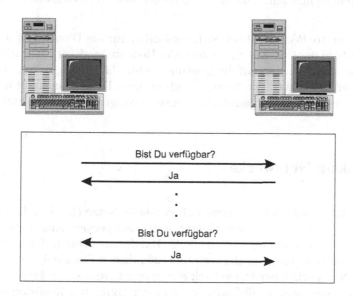

Abb. 6.9 Peer–to–Peer–Kommunikation bei *Hot Standby*.

---

[18] Unter *Hot Standby* versteht man den parallelen Betrieb mehrerer gleich gearteter Systeme, bei dem jedes System in der Lage ist, die Aufgaben eines der anderen Systeme im Notfall mit zu übernehmen. Die Erkennung eines Ausfalls erfolgt dabei meistens nach dem hier beschriebenen Prinzip.

Die Peer–to–Peer–Kommunikation ermöglicht also aufgrund der nicht festgelegten Rollenteilung eine freizügigere Kommunikation zwischen den einzelnen Netzwerkkomponenten, führt jedoch im Gegenzug zu einer deutlich komplexeren Beziehungsstruktur zwischen den auf diesem Weg Daten austauschenden Systemen. Die Abhängigkeiten zwischen den Systemen lassen sich nur relativ schwer nachvollziehen, was bei einer Störung die Fehlersuche erschwert und somit die Ausfallzeit verlängert. Diese erhöhte Komplexität macht eine Realisierung großer Netze mit ausschließlich Peer–to–Peer–strukturierten Diensten problematisch. Ein weiterer Nachteil der Peer–to–Peer–Anbindung ist die Notwendigkeit, auf jedem der beteiligten Kommunikationspartner sowohl die Client– als auch die Server–Seite des Dienstes zur Verfügung stellen zu müssen.

Der signifikante Vorteil der Peer–to–Peer–Struktur ist die freie Rollenverteilung zwischen den beteiligten Kommunikationspartnern. Jede Netzwerkkomponente kann mit jeder anderen[19] eine Kommunikationsverbindung aufbauen und die von der jeweils anderen Komponente zur Verfügung gestellten Ressourcen nutzen.

Vergleicht man die Vor– und Nachteile der beiden erläuterten Kontrollstrukturen, so fällt auf, dass die Vorteile der einen die Nachteile der anderen sind.

Die Peer–to–Peer–Struktur ist insbesondere für die Dienste auf den unteren Schichten des OSI–Modells von großer Bedeutung, da sich jede Einschränkung von Möglichkeiten auf die Leistungsvielfalt höherer Schichten auswirkt. Folglich greifen alle Client/Server–strukturierten Dienste auch auf nach dem Peer–to–Peer–Prinzip organisierte Dienste niedrigerer Schichten zurück.

6.3 Lokale Netzwerke

Zu den charakteristischen Eigenschaften lokaler Netze (LAN) gehören neben der geringen räumlichen Ausdehnung auch eine geringe Anfälligkeit gegenüber Störungen sowie eine relativ hohe Bandbreite. Durch die weitgehende Unabhängigkeit von Dienstleistern und öffentlichen Genehmigungsverfahren hat der Netzwerkplaner theoretisch eine nahezu grenzenlose Freiheit bei der Wahl der verwendeten Technologien und der konkreten Realisierung seines LANs.

Seit Mitte der 90er Jahre des 20. Jahrhunderts hat sich jedoch bei den lokalen Netzen das sog. *Ethernet* zu der am weitesten verbreiteten Technologie–Familie entwickelt. In den letzten Jahren werden zudem immer häufiger lokale Netze aufgebaut, die keine Verkabelung mehr benötigen (Wireless LAN

---

[19] Sofern diese die Server–Seite des jeweiligen Dienstes implementiert hat.

– WLAN). Neben diesen beiden Alternativen für den Aufbau eines lokalen
Netzes gibt es auch heute noch zahlreiche weitere Technologien und Standards, die jedoch vornehmlich für spezielle Einsatzgebiete eingesetzt werden,
wie zum Beispiel das *Myrinet* oder das *Infiniband* im Bereich des Hoch-
leistungsrechnens (*High Performance Computing*). Bis gegen Ende des 20.
Jahrhunderts gab es mit dem von IBM entwickelten *Token Ring* eine weitere
LAN–Technologie, die insbesondere in der Industrie und im kommerziellen
Umfeld eine weite Verbreitung fand, inzwischen jedoch (nahezu) vollständig
vom Markt verschwunden ist. Eine weitere kaum noch genutzte Technologie,
die sich insbesondere durch ihre Robustheit gegen Fehler und äußere Störfak-
toren hervorgetan hat, ist FDDI (*Fibre Distributed Data Interface*). Obwohl
Token Ring und FDDI kaum noch in aktuellen IT–Infrastrukturen genutzt
werden, haben sie dennoch zu ihrer Zeit wichtige Impulse für die Weiterentwicklung von Netzwerkprotokollen und –standards gegeben. Deshalb sollen
auch sie in einem eigenen kurzen Unterabschnitt behandelt werden.

Ein Adapter für den Anschluss an ein lokales Netz zählt inzwischen
zur Standardausstattung eines PCs. Nahezu alle Anbieter vermarkten ihre
Hauptplatinen mit mindestens einem eingebauten Ethernet–Anschluss. Rechner ohne diese Option können sehr einfach mit einer oder mehreren Erweiterungskarten netzwerkfähig gemacht werden.

6.3.1 Ethernet

Die Entwicklungsgeschichte des Ethernets, einer auf der Bustopologie aufbauenden Netzwerktechnolgie, beginnt in den frühen 70er Jahren des vorigen
Jahrhunderts am Forschungszentrum der Xerox Corporation in Palo Alto
(*Palo Alto Research Center* – PARC). Das Entwicklungsziel bestand in der
Bereitstellung einer Technologie, die mehreren Endgeräten den freien Zugriff
auf ein gemeinsames, möglichst effizient zu nutzendes Übertragungsmedium
gestattet. Alle bis dahin realisierten Netzwerke scheiterten bei dem Versuch,
die verfügbare Bandbreite in größerem Umfang auszunutzen. Beispielsweise
konnte das in den 60er Jahren realisierte Aloha–Funknetzwerk[20] auf Hawai
die verfügbare Bandbreite nur zu maximal 18% nutzen. Ursache hierfür ist die
mit steigender Auslastung wachsende Wahrscheinlichkeit sich überschneiden-
der Datensendungen. Diese als *Kollisionen* bezeichneten Überschneidungen
erfordern eine geeignete Behandlung, da die gleichzeitig übermittelten Daten
nicht mehr korrekt empfangen werden können.

---

[20] Der irreführende Name Ethernet leitet sich davon ab, dass es ähnliche Protokolle
wie das Aloha–Funknetz verwendet, das den „Äther" – einen gehobenen Ausdruck für
Himmel – als Übertragungsmedium benutzte.

Da die verfügbaren Netzwerktechnologien den Anforderungen der am PARC entwickelten Arbeitsplatzrechner (*Workstations*) und Laserdrucker nicht genügen konnten, wurde ab dem Jahr 1972 eine neue Zugriffsmethode entwickelt, die eine höhere Auslastung des gemeinsam genutzten Mediums ermöglichen sollte. Diese sollte

- vor Beginn einer Datenübertragung überprüfen, ob das Medium bereits in Gebrauch ist (*Carrier Sense*),

- mehreren Geräte den Zugriff auf das Medium ermöglichen (*Multiple Access*) sowie

- gegebenenfalls auftretende Kollisionen erkennen können (*Collision Detection*).

Aus den Anfangsbuchstaben dieser Anforderungen entstand der Name dieser auch heutigen Ethernet–Varianten zugrunde liegenden Zugriffsmethode: CSMA/CD (*Carrier Sense Multiple Access with Collision Detection*).

Obwohl die erste Testinstallation bereits Ende 1972 (mit einer Bandbreite von 2,94 Mbps) in Betrieb genommen wurde, dauerte es noch bis 1980, ehe der erste für den industriellen Einsatz vorgesehene Standard unter Federführung der Unternehmen Dell, Intel und Xerox verabschiedet wurde. Diese als *DIX Ethernet* bekannte Normierung wurde mit nur geringfügigen Änderungen in den 1982 von der IEEE verabschiedeten IEEE 802.3–Standard übernommen.

Heute steht der Begriff *Ethernet* für eine ganze Familie Bus–basierender Technologien, die sich hinsichtlich

- Geschwindigkeit,

- Störanfälligkeit,

- Belastbarkeit,

- Netzwerkstruktur sowie

- der zu Grunde liegenden physischen Medien

teilweise erheblich voneinander unterscheiden. Zur besseren Unterscheidung werden alle nach IEEE 802.3 zulässigen physischen Standards nach einer festen, ihre Hauptmerkmale beschreibenden Namenskonvention benannt.

Abbildung 6.10 zeigt den typischen Aufbau eines solchen Namens. Dieser besteht aus drei Teilen, von denen der erste Teil für die verfügbare Bandbreite und der zweite für das Übertragungsverfahrens steht. Der dritte Namensbestandteil hat keine einheitliche Bedeutung, sondern kennzeichnet alternativ bei älteren Ethernet–Varianten die maximal zulässige Länge eines mit dieser Technologie realisierbaren LAN–Segments und bei neueren Derivaten das verwendete Übertragungsmedium. Somit steht *100Base-FX* beispielsweise für

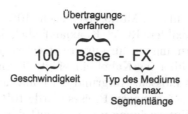

Abb. 6.10 Namenskonventionen des IEEE 802.3–Standards.

eine 100 Mbps schnelle, auf *Base*band–Übertragung aufbauende Ethernet–Variante, die eine Glasfaserverkabelung (FX) verwendet.

Anhand ihrer Geschwindigkeit unterscheidet man zwischen „einfachem" Ethernet mit 10 Mbps, *Fast Ethernet* mit 100 Mbps, *Gigabit Ethernet* mit 1000 Mbps und *10 Gigabit Ethernet* mit 10.000 Mbps.

Ethernet – 10 Mbps

Seit ihrer Einführung in den frühen 80er Jahren hat die Ethernet–Technologie eine kontinuierliche Weiterentwicklung erfahren, die sie im Laufe der Zeit zur marktdominierenden LAN–Technologie werden ließ. Moderne Ethernet–Netze haben – oberflächlich betrachtet – nur noch wenig mit den zu Beginn der 80er Jahre des 20. Jahrhunderts realisierten Installationen gemeinsam.

Die ersten kommerziell erhältlichen Ethernet–Varianten verwendeten *Koaxial–Kabel* zur Realisierung eines physischen Busses. Dieses Kabel ist besser als das ungeschirmte Kabel mit verdrillten Leitungen (*Unshielded Twisted Pair* – UTP) gegenüber elektromagnetischen Störungen geschützt und konnte daher zur Realisierung langer Kabel–Segmente verwendet werden. Das vom 10Base–5–Standard verwendete RG–8–Koaxialkabel, das wegen seiner stets gelben Farbe diesem Standard den Spitznamen „Yellow Cable" eingebracht hat, war aufgrund seines relativ großen Durchmessers und seiner geringen Flexibilität relativ schwer zu verlegen. Die Verbindung zwischen Station und Segment wurde über ein flexibleres *Transceiver*–Kabel hergestellt, das mittels eines *Transceivers*[21] an das Segment angeschlossen wurde. Stationen konnten jedoch nicht an beliebigen Stellen des Segments angeschlossen werden, sondern mussten voneinander einen Abstand einhalten, der einem Vielfachen von 2,5 Metern entsprach. Um die Techniker von mühsamen Abstandsmessungen zu entlasten, hatten RG–8–Kabel üblicherweise schwarze Markierungen in eben diesem Abstand.

---

[21] Kunstwort aus *Transmitter* und *Receiver*. Der Transceiver durchbohrte die dicke Abschirmung des RG–8–Kabels mit einem Metallstift und stellte dadurch die Verbindung mit der signalführenden Ader her.

Das etwa zeitgleich auf dem Markt erschienene 10Base–2–Ethernet verwendet das dünnere und flexiblere RG58–Koaxial–Kabel, das jedoch aufgrund seiner geringeren Abschirmung nur für kürzere Strecken eingesetzt werden konnte. Stationen wurden über ins Kabel eingefügte T–förmige Anschlussstücke an das Segment angeschlossen. Aufgrund der einfachen Installation und des im Vergleich zu 10Base–5 geringen Preises wurde 10Base–2 insbesondere bei den Netzen kleinerer Unternehmen und gelegentlich in Privathaushalten eingesetzt.

Aufgrund der fehlenden Abschirmung konnten UTP–Kabel nicht zur Realisierung eines physischen Bus–Segments verwendet werden. Daher spielte die UTP–Verkabelung in den Anfangsjahren der Ethernet–Technologie nur eine geringe Rolle. Erst die mit dem 10Base–T–Standard vollzogene Loslösung des logischen vom physischen Bus ermöglichte den Durchbruch dieser einfach zu installierenden und preiswerten Verkabelungstechnik.

Das physische Bus–Segment wird bei 10Base–T in einen *Hub* komprimiert, der für die anzubindenden Stationen eine Reihe von Anschlüssen bereitstellt. Weil jede Station über ein eigenes Verbindungskabel angeschlossen wird, wirken sich Störungen nur auf eine Station und nicht – außer bei einem Ausfall des Hubs – auf das gesamte Segment aus.

Tabelle 6.3 zeigt eine Gegenüberstellung der genannten Ethernet–Standards.

Tabelle 6.3 Verschiedene Standard–Ethernet–Derivate im Überblick.

	10Base–5	10Base–2	10Base–T
Signalisierung	Basisband	Basisband	Basisband
Codierung	Manchester	Manchester	Manchester
max. Segmentlänge	500 m	185 m	100 m
max. Stationen	100	30	12
Medium	50Ω Koaxial (RG–8)	50Ω Koaxial (RG–58)	UTP

Der einfachste Weg, logische Bit–Folgen in digitale Signale zu übertragen, besteht in der binären Codierung, die eine logische „1" durch einen High–, die logische „0" durch einen Low–Pegel darstellt. Der Nachteil dieses Verfahrens besteht jedoch darin, dass bei der Übertragung langer 0– oder 1–Folgen eine zusätzliche Synchronisation von Sender– und Empfängertakt erforderlich wird. Die *Manchester-Codierung* erzeugt einen selbsttaktenden Code, der für jede übertragene Bit–Stelle einen Wechsel des Signalpegels erzwingt. Dazu wird jedes Übertragungsbit auf zwei Sendeschritte mit unterschiedlichem Pegel aufgeteilt. Die logische „1" wird durch einen Low– und einen High–Pegel, die logische „0" durch die umgekehrte Reihenfolge repräsentiert. Abbildung 6.11 demonstriert das Verfahren an einem Beispiel.

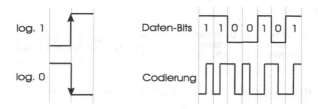

Abb. 6.11 Beispiel für die Anwendung der Manchester–Codierung.

Für die Übertragung der digitalen Signale verwendet Ethernet die Spannungspegel +0.7 V und –0.7 V. Solange keine Nachricht übertragen wird, führt ein Segment konstant +0.7 V. Anhand dieses Dauerpegels erkennen die angeschlossenen Stationen, dass das Segment aktiv und momentan unbenutzt ist. Eine Station, die Daten versenden möchte, muss vor dem Senden prüfen, ob dieser Pegel dauerhaft anliegt (*Carrier Sense*). Kollisionen können daher nur dann auftreten, wenn mehrere Stationen (*Multiple Access*) etwa gleichzeitig mit einer Übertragung beginnen. Während der ersten 64 Bit einer Übertragung wird keine Kollisionserkennung durchgeführt, da es nach längeren Übertragungspausen zu Überschwingungen und somit zu Fehlinterpretationen kommen könnte. Erst danach werden Kollisionen anhand der durch die Überlagerung mehrerer Signale entstehenden Überspannung erkannt (*Collision Detection*).

Sobald eine Kollision erkannt wird, bricht der Sender seine Übertragung ab und verschickt statt dessen ein sog. *Jam*–Signal, das zwischen 32 und 48 Bit lang ist und aus einer beliebigen Folge aus Nullen und Einsen besteht, die sich jedoch von der zur abgebrochenen Übertragung gehörenden Prüfinformation (*Frame Check Sequence* – FCS) unterscheiden muss. Dieses Signal stellt sicher, dass die abgebrochene Übertragung lang genug dauert, um von allen Stationen des Segments bemerkt und als fehlerhafte Übertragung erkannt zu werden. Die an der Kollision beteiligten Stationen warten hiernach eine zufällig festgelegte Zeitspanne, ehe sie eine erneute Übertragung versuchen. Auf diesem Weg soll die Wahrscheinlichkeit einer erneuten Kollision bei der Wiederholung des Versands der betroffenen Nachrichten verringert werden. Die Dauer der Wartezeit wird mit Hilfe des *Binary Exponential Backoff*-Verfahrens festgelegt, welches im Fall einer wiederholten Kollision die maximal mögliche Wartezeit verdoppelt. Erst nach dem zehnten gescheiterten Sendeversuch wird der dabei erreichte Maximalwert beibehalten. Sollte eine Übertragung auch im 16 Anlauf scheitern, wird der Vorgang abgebrochen und eine Fehlermeldung an das System erzeugt.

Im Laufe der Jahre wurden verschiedene Datenrahmen–Formate für Ethernet–Systeme entwickelt, von denen hier jedoch nur das in Abbildung 6.12 dargestellte IEEE 802.3–Format behandelt werden soll.

IEEE 802.3

Preamble (7 Bytes)	Start of Frame Delimiter (1 Byte)	Destination Address (6 Bytes)	Source Address (6 Bytes)	Length (2 Bytes)	Data (46-1500 Bytes)	Frame Check Sequence (4 Bytes)

Abb. 6.12 Ethernet–Datenrahmen gemäß IEEE 802.3–Spezifikation.

Die *Preamble*, eine 7 Bytes lange alternierende Folge aus Einsen und Nullen, kennzeichnet den Beginn eines neuen Rahmens und ermöglicht die Synchronisation aller angeschlossenen Empfänger mit dem jeweiligen Sender. Das *Start of Frame*–Byte unterscheidet sich von den Bytes der Preamble nur im niederstwertigen Bit und signalisiert durch zwei aufeinander folgenden Einsen, dass mit dem nachfolgenden Bit die Übertragung der Empfängeradresse beginnt. Empfänger und Absender werden über ihre 6 Byte langen MAC–Adressen identifiziert. Das sich an die Absenderadresse anschließende Längen/Typ–Feld hat zwei Aufgaben: Ist sein Inhalt kleiner als 1500, gibt es die Länge des nachfolgenden Datenbereichs an. Andernfalls kennzeichnet es den Rahmen als *Optional Frame* und ermöglicht dadurch die Unterstützung von Diensten, die vom Standard abweichen. Der Datenbereich hat eine Länge von mindestens 46 und höchstens 1500 Bytes. Sollte die zu übermittelnde Nachricht weniger als 46 Bytes umfassen, muss der restliche Datenbereich entsprechend aufgefüllt werden. Eine vier Byte lange Prüfinformation, die oben bereits erwähnte *Frame Check Sequence*, beendet den Übertragungsrahmen und ermöglicht die Erkennung von Übertragungsfehlern auf Basis eines CRC–Tests (s. Kapitel 3).

Ethernet unterstützt auf der Datenverbindungsschicht mehrere alternative Rahmen, deren Behandlung jedoch den Umfang dieses Kapitels sprengen würde.

Damit ein PC an ein Ethernet–Segment angeschlossen werden konnte, musste er mit einer zur verwendeten Verkabelung kompatiblen Ethernet–Karte erweitert werden. Die meisten Karten–Modelle verfügten über mehrere Anschlüsse und konnten somit an verschiedene Ethernet–Standards angepasst werden. Die Umschaltung erfolgte alternativ über Kurzschlussbrücken (*Jumper*), Mikro–Schalter (DIP–Schalter) oder die Treiber–Software. Einige Karten verfügten auch über kleine, programmierbare nichtflüchtige Speicher, in denen die gewählten Einstellungen hinterlegt wurden. Die in Abbildung 6.13 gezeigt Ethernet–Karte (D–Link DE–220ECAT) konnte wahlweise an ein 10–Base–5, 10Base–2 oder 10Base–T angeschlossen werden. Inzwischen beherrschen alle am Markt erhältlichen Ethernet–Karten neben dem 10–Mbps–Ethernet mindestens auch den nachfolgend behandelten Fast–Ethernet–Standard.

Abb. 6.13 D–Link DF–220ECAT Ethernet–Karte. Diese ISA–Steckkarte stellt je einen Anschluss für (von oben nach unten) 10Base–T, 10Base–5 und 10Base–2 zur Verfügung.

Fast Ethernet – 100 Mbps

Bereits zu Beginn der 90er Jahre wurde absehbar, dass die Leistungsfähigkeit der vorhandenen LAN–Technologien bald nicht mehr ausreichen würde. Zahlreiche Hersteller und Institutionen bemühten sich um die Entwicklung neuer bzw. die Verbesserung der vorhandenen Technologien. Von den zahlreichen vorgestellten Standards setzte sich im Laufe der folgenden Jahre das so genannte *Fast Ethernet*, eine Weiterentwicklung des 10–Mbps–Ethernets, zum unumstrittenen Marktführer durch. Aufgrund der alternativ möglichen Übertragungstechniken wurden auch für Fast Ethernet mehrere Standards definiert.

Unter den im Laufe der Jahre entwickelten Fast–Ethernet–Varianten hat die 100Base–X–Spezifikation (IEEE 802.3u), eine abwärtskompatible Erweiterung der 10BaseT–Technologie, die weiteste Verbreitung gefunden. Diese Technologie kann wahlweise über nicht abgeschirmte Twisted–Pair–Leitungen (100Base–TX) oder Glasfaser–Verbindungen (100Base–FX) genutzt werden. Die höhere Übertragungsgeschwindigkeit wird durch eine Erhöhung der Bit–Rate erzielt. Damit die daraus resultierenden Anforderungen an die verfügbare Bandbreite überschaubar bleiben, wurde die bei 10Base–T verwendete Manchester–Codierung durch die diesbezüglich effizientere 4B/5B–Codierung ersetzt, die jeweils 4 Bits des Datenstroms in eine 5 Bit umfassende Code–Gruppe übersetzt und bitseriell überträgt. Trotz dieser Verbesserung übersteigt der Bandbreitenbedarf von 100Base–TX immer noch die Leistungsfähigkeit älterer Twisted–Pair–Kabeltypen.

Häufig erweist sich jedoch der Austausch älterer Verkabelungen als schwierig und kostspielig. Um auch in solchen Fällen eine schnelle Netzwerkanbindung herstellen zu können, wurde der 100Base–T4–Standard entwickelt. Während 10Base–T und 100Base–TX nur zwei Adernpaare für die Herstellung einer Verbindung benötigen, sind es bei 100Base–T4 doppelt so viele. In Kombination mit dem 8B6T–Code, einer dreiwertigen Leitungscodierung, kann der für eine Übertragungsrate von 100 Mbps erforderliche Frequenzbereich weit genug reduziert werden, damit auch ältere LAN–Verkabelungen weiterhin benutzt werden können.

Tabelle 6.4 zeigt eine Gegenüberstellung der genannten Fast–Ethernet–Standards.

Tabelle 6.4   Verschiedene Fast–Ethernet–Derivate im Überblick.

	100Base–TX	100–Base–FX	100Base–T4
Signalisierung	Basisband	Basisband	Basisband
Codierung	4B/5B	4B/5B	8B/6T
max. Segmentlänge	100 m	400 m	100 m
Medium	UTP	Glasfaser	UTP

Aufgrund der Abwärtskompatibilität konnten 100–Base–TX– und 10–Base–TX–Schnittstellen parallel in einem LAN–Segment eingesetzt werden. Die *Autosensing*–Funktion der Fast–Ethernet–Schnittstellen ermöglichte ihnen die automatische Erkennung der zu verwendenden Übertragungsgeschwindigkeit. Diese Fähigkeit hat nicht nur eine mögliche Fehlerquelle bei der Rechner–Konfiguration eliminiert, sondern auch den Einsatz mobiler PCs erleichtert. Ein simultaner Betrieb beider Ethernet–Varianten im gleichen Segment bremste jedoch das gesamte Segment unweigerlich auf eine Geschwindigkeit von 10 Mbps herunter. Durch den verstärkten Einsatz von Switches und der damit einhergehenden Mikrosegmentierung wurden jedoch die Folgen dieses Nachteils aufgehoben, da sich bereits bei den frühen Switch–Modellen jeder Switch Port individuell an die Fähigkeiten der angeschlossenen Komponente(n) anpassen konnte. Mit Hilfe von hinreichend großen Puffer–Bereichen konnte bereits bei diesen Geräten ein Datentransfer zwischen Ethernet–Segmenten mit unterschiedlichen Geschwindigkeiten ermöglicht werden.

Gigabit–Ethernet – 1000 Mbps

Gigabit–Ethernet ist eine direkte Weiterentwicklung des Fast–Ethernet–Standards, die zwischen November 1995 und Juni 1998 von der IEEE–Gruppe 802.3z erarbeitet wurde. Die Übertragungsgeschwindigkeit vom einem Gigabit wurde dabei ausschließlich durch eine Vergrößerung der Bitrate erreicht, sodass weder das 802.3–Rahmenformat noch die CSMA/CD–Zugriffsmethode gegenüber dem Vorgänger wesentlich verändert werden mussten. Durch dieses Vorgehen wurde sichergestellt, dass das Gigabit–Ethernet von der Datenverbindungsschicht an aufwärts wie die bereits etablierten Ethernet–Technologien funktioniert. Auf diesem Weg konnte sowohl der Schulungsbedarf bei den zuständigen Administratoren und Techniker gering gehalten werden, als auch die bereits installierte Infrastruktur zum großen Teil weiterverwendet werden.

Während das Rahmenformat und die Zugriffsmethode gegenüber den Vorgängern kaum geändert wurden, basiert die physische Übertragung bei den von der IEEE–Arbeitsgruppe 802.3z spezifizierten Gigabit–Ethernet–Varianten auf den Hochgeschwindigkeitstechnologien des *Fibre–Channel*–Standards[22], bei denen verschiedene Formen von Lichtwellenleitern (Monomode– und Multimodefasern) sowie abgeschirmte Kupferkabel (*Shielded Twisted Pair* – STP) zum Einsatz kommen. Für die vielfach installierten UTP–Kabel wurde erst 1999 von der Arbeitsgruppe 802.3ab ein eigener Standard spezifiziert. Obwohl Gigabit–Ethernet im Wesentlichen eine sternförmige Verkabelung und Vollduplex–Betrieb vorsieht, ist unter Verwendung von CSMA/CD auch eine Nutzung im Halbduplex–Betrieb möglich. Damit CSMA/CD auch bei dieser hohen Übertragungsgeschwindigkeit richtig funktionieren kann, wurde zwei Erweiterungen integriert, mit deren Hilfe kurze Rahmen auf eine Mindestlänge von 512 Bytes erweitert werden (*Carrier Extension*) bzw. mehrere kurze Rahmen unmittelbar hintereinander gesendet werden können (*Frame Burst*). Während die erste Erweiterung zu einer für die Kollisionserkennung hinreichende Rahmenlänge führt, senkt die zweite den durch zahlreiche kurze Rahmen entstehenden *Overhead*. Heutige Gigabit–Ethernet–Installationen werden im Allgemeinen vollduplex betrieben, sodass dort weder das CSMA/CD–Protokoll noch seine beiden oben genannten Erweiterungen zum Einsatz kommen. Die bei der nachfolgenden Darstellung der verschiedenen Standards genannten maximalen Längenangaben beziehen sich daher auch jeweils auf den Vollduplex–Betrieb – im Halbduplex–Betrieb können die genannten Werte häufig nicht erreicht werden.

Alle Gigabit–Ethernet–Derivate folgen der bereits weiter oben erläuterten Nomenklatur, wobei jedoch allen Bezeichnungen das Namenspräfix *1000BA-*

---

[22] Fibre Channel ist auch heute noch eine weit verbreitete Technologie in Speichernetzen, bei denen große Datenmengen mit hoher Geschwindigkeit seriell übertragen werden müssen.

SE voransteht. Derzeit gibt es vier Standards, die sich hauptsächlich in der physischen Schicht unterscheiden. Als Übertragungsmedien kommen dabei neben Glasfaserverbindungen auch Kupferverkabelungen zum Einsatz.

- In den heutigen Rechnernetzen hat der 1000BASE–T–Standard nach IEEE 802.3ab die weiteste Verbreitung gefunden, da er auf der von den Vorgängertechnologien verwendeten UTP–Verkabelung[23] aufsetzt und dadurch eine kostengünstige und unkomplizierte Anbindung von Arbeitsplatzrechnern über vorhandene Unternehmensnetzwerke ermöglicht. Die einzelnen Rechner werden dabei sternförmig mit einem Switch verbunden, wobei die maximal zulässige Leitungslänge 100 m beträgt und alle vier Leitungspaare des UTP–Kabels verwendet werden.

- Eine andere auf Kupferverkabelung basierende Variante von Gigabit– Ethernet ist der von der IEEE–Arbeitsgruppe 802.3z spezifizierte 1000BA- SE–CX–Standard. Dieser setzt ein spezielles STP–Kupferkabel voraus, das nicht zu den (ehemals) verbreiteten Standards IBM Typ I bzw. Typ II kompatibel ist und dessen Länge maximal 25 m betragen darf. Aufgrund seiner geringen Reichweite wird 1000BASE–CX vorwiegend für Verbindungen innerhalb eines Server–Raumes verwendet.

- Für Glasfaserverbindungen wurden nach IEEE 802.3z zwei Standards spezifiziert, die sich im Wesentlichen durch die verwendete Wellenlänge unterscheiden. Bei 1000BASE–LX werden vergleichsweise große Wellenlängen (ca. 1300 nm) verwendet, um die Signale über Entfernungen von bis zu 5000 m zu übertragen. Über die in lokalen Netzen üblicherweise verwendete Multimode–Lichtwellenleiter können Segmentlängen von bis zu 550 m erreicht werden. Der Standard 1000BASE–SX erreicht mit einer kürzeren Wellenlänge von etwa 850 nm in Abhängigkeit vom Medium Entfernungen von 220 m bis 550 m. Während 1000BASE–LX somit aufgrund seiner Reichweite sowohl in der Gebäudeverkabelung als auch der Verbindung von Gebäuden auf demselben Gelände[24] verwendet werden kann, wird das kostengünstigere 1000BASE–SX vorwiegend zur Vernetzung innerhalb der Gebäude eingesetzt.

- Neben diesen von der IEEE spezifizierten Standards wurde im Laufe der Jahre eine weitere Variante entwickelt, die unter dem Namen 1000BASE– ZX bekannt ist. Dieses Derivat nutzt moderne Glasfaser–Technik, um Strecken von bis zu 70 km zu überbrücken. Allerdings liegt bislang (Anfang 2010) noch keine IEEE–Spezifikation für diese in der Industrie weit akzeptierte Übertragungstechnologie vor.

Heutige PCs verfügen im Allgemeinen über mindestens eine Gigabit– Ethernet–Schnittstelle, die vielfach bereits auf der Hauptplatine integriert ist.

---

[23] Dabei wird jedoch wenigstens ein UTP–Kabel der Kategorie 5 vorausgesetzt.

[24] In der Literatur hat sich hierfür auch im außeruniversitären Bereich der Begriff *Campus–Netzwerk* eingebürgert.

Tabelle 6.5 Verschiedene Gigabit–Ethernet–Derivate im Überblick.

	1000Base–T	1000Base–CX	1000Base–LX	1000Base–SX
Signalisierung	Basisband	Basisband	Basisband	Basisband
Codierung	PAM–5	8B/10B	8B/10B	8B/10B
max. Segmentlänge^{25}	100 m	25 m	5km	550 m
max. Stationen	–	–	–	–
Medium	UTP	STP	Glasfaser	Glasfaser

Andernfalls kann das System durch eine entsprechende PCI– bzw. PCMCIA–
Karte oder einen externen USB–Netzwerkadapter erweitert werden. Die Bei-
behaltung von Rahmenformat und Zugriffsmethode ermöglicht bei UTP–
Verkabelung eine Realisierung von 10/100/1000–Mbps–Ethernet–NICs, die
sich ähnlich den Fast–Ethernet–NICs automatisch an die Fähigkeiten des
Switches anpassen.

Obwohl durch diesen Standard eine erheblich höhere Geschwindigkeit als
bei dem bislang genutzten Fast–Ethernet erreicht werden konnte, wurde
schnell ersichtlich, dass auch eine Übertragungsrate von 1000 Mbps dem fortlaufend steigenden Bandbreitenbedarf nicht lange genügen wird und dass bereits zum Zeitpunkt der Standardisierung einige Anwendungen eine deutlich
höhere Leistungsfähigkeit benötigen. Ein Beispiel hierfür ist die Anbindung
von Massenspeichern als eigenständige LAN–Komponenten, so genannte *Storage Area Networks* (SAN).

10 Gigabit–Ethernet – 10000 Mbps

Die gemeinsam mit der steigenden Leistungsfähigkeit der lokalen Netze wachsenden Anforderungen an die verfügbare Übertragungsgeschwindigkeit führten im Jahr 1999 zur Gründung einer IEEE–Arbeitsgruppe, die sich mit der
Weiterentwicklung der Ethernet–Technologie über die 1–Gbps–Grenze hinaus befassen sollte. Als abschließendes Ergebnis dieser Arbeitsgruppe wurde
im Juni 2002 der Standard IEEE 802.3ae ratifiziert, der trotz einer deutlich höheren Geschwindigkeit von 10 Gbps mit den seit Jahren bekannten Ethernet–Technologien[26] arbeitet und damit eine vergleichsweise einfache Migration der vorhandenen Netzwerkinstallationen ermöglicht. Ebenso
wie das bereits beschriebene Gigabit–Ethernet sieht auch der 10–Gigabit–
Standard ausschließlich einen Vollduplexbetrieb mit dedizierten Punkt–zu–
Punkt–Verbindungen zwischen den Endgeräten und Switches vor. Die maxi-

---

[26] Hierzu zählen neben dem 802.3–Ethernet–MAC–Protokoll, dem Ethernet-
Rahmenformat und der –Rahmengröße noch zahlreiche weiterer Ethernet–Standards,
die im Laufe der Jahre entwickelt wurden.

male Übertragungsreichweite wird daher ausschließlich durch Gegebenheiten auf der physischen Schicht bestimmt und kann je nach verwendeter Technik zwischen 15 m und ca. 80 km liegen. Während der ursprüngliche Standard IEEE 802.3ae ausschließlich die Nutzung von Glasfasertechnik vorsah, wurden 2004 der Standard 802.13ak für die Verwendung einer Twinax–Verkabelung[27] und 2006 der IEEE–Standard 802.3an für den Betrieb über Twisted–Pair–Kupferkabel eingeführt.

Die Nomenklatur zur Bezeichnung der in den letzten Jahren eingeführten 10–Gbps–Ethernet–Technologien ähnelt derjenigen für das klassische Ethernet, die am Anfang dieses Unterabschnitts beschrieben wurde. Alle 802.3ae–basierenden Technologien verwenden das Namenspräfix *10GBASE–*, an das sich bis zu drei Suffixe anschließen, die Auskunft über den verwendeten Typ des Übertragungsmediums bzw. – im Fall von Glasfasermedien – über die verwendete Wellenlänge des Lichts, die verwendete Codierung sowie ggf. die Zahl der verwendeten Wellenlängen bzw. Signalwege geben. Einen kurzen Überblick über einige 10–Gigabit–Ethernet–Standards gibt Tabelle 6.6.

Tabelle 6.6   Verschiedene 10–Gbps–Ethernet–Derivate im Überblick.

	10GBase–T	10GBase–SR	10GBase–ZR	10GBase–CX4
Signalisierung	Basisband	Basisband	Basisband	Basisband
Codierung	DSQ128	64B/66B	64B/66B	8B/10B
max. Segmentlänge	100 m	300 m	80 km	15 m
Medium	UTP	Glasfaser	Glasfaser	Twinax

Aufgrund seiner hohen Übertragungsgeschwindigkeit und seiner großen Reichweite kann 10–Gbps–Ethernet nicht nur in lokalen Netzen, sondern auch in Weitverkehrsnetzen eingesetzt werden. Insbesondere bei den in Ballungsräumen anzutreffenden *Metropolitan Area Networks* (MAN), einer regional begrenzten Form von Weitverkehrsnetzen, können durch die Nutzung von 10–Gbps–Ethernet teure proprietäre Übertragungskomponenten und –medien durch günstigere Alternativen ersetzt werden. Aber auch in den Rechnernetzen von größeren Unternehmen gibt es zahlreiche Anwendungsbereiche für diese neue Generation von Ethernet–Technologien. Neben der bereits erwähnten Anbindung von SANs sowie anderer direkt an das Netz angeschlossener Speicherkomponenten (*Network Attached Storage* – NAS)), zählen hierzu unter anderem auch die leistungsfähige Kopplung von Switches, die Anbindung von Systemen mit einem hohen Bandbreitenbedarf (beispielsweise Backup– und Archivierungssysteme) sowie die Integration von Videokonferenz– und Videoüberwachungssystemen in die lokale Netzwerkinfrastruktur. Die hohe Reichweite einiger 10–Gbps–Ethernet–Derivate ermöglicht zudem den Auf-

---

[27] Dabei handelt es sich um eine proprietäre Verkabelung auf Basis eines Kabels mit acht paarweise abgeschirmten, verdrillten Kupferadern.

bau einer Hochgeschwindigkeitsverbindung zwischen verschiedenen Standorten eines Rechenzentrums, was ein schnelles Umschalten auf ein Backup–Rechenzentrum im Katastrophenfall[28] ermöglicht. Allerdings kann auch ein einzelner PC direkt über eine PCI–X– oder PCI–Express–Netzwerkkarte an ein 10–Gbps–Ethernet angeschlossen werden.

Obwohl 10–Gbps–Ethernet somit ein äußerst breites Spektrum an Einsatzgebieten abdecken kann, ist aufgrund der kontinuierlich fortschreitenden Entwicklung von neuen Konzepten und Technologien bereits heute ein Bedarf nach noch leistungsfähigeren Übertragungstechnologien erkennbar. Daher wurde bereits im Juli 2007 ein Standard namens IEEE 802.3ba angekündigt, der eine Übertragung mit zunächst 40 Gbps, später mit 100 Gbps vorsieht. Obwohl bei diesem Standard in erster Linie Glasfaser–Verbindungen für die Übertragung vorgesehen sind, sollen wenigstens für kurze Entfernungen von wenigen Metern auch Kupferkabel zum Einsatz kommen können.

6.3.2 Wireless LAN

Die Installation von Verbindungsleitungen erweist sich oft als schwieriges und kostspieliges Unterfangen. Selbst unter günstigen Umständen kann – insbesondere bei Provisorien – der zu betreibende Aufwand den erzielbaren Nutzen bei weitem übersteigen. Ein *Wireless LAN* (WLAN) ist ein Funknetzwerk, das einen drahtlosen Zusammenschluss mehrerer Rechner zu einem lokalen Netzwerk ermöglicht. Hierfür müssen die anzubindenden Stationen lediglich mit einem standardkonformen WLAN–Adapter und entsprechenden Treibern ausgestattet sein. Eine gesonderte Betriebssoftware ist nicht erforderlich.

Der Basisstandard für die WLAN–Technologie wurde von der IEEE im Jahr 1997 unter der Bezeichnung 802.11 verabschiedet. Im Laufe der Jahre wurden mehrere WLAN–Varianten entwickelt, von denen die Spezifikationen 802.11b und 802.11g gegenwärtig am häufigsten verwendet werden. Obwohl der Standard 802.11a inzwischen kaum noch bei Neuinstallationen genutzt wird, ist er aufgrund seiner ehemals weiten Verbreitung auch heute noch in zahlreichen Netzwerkinstallationen anzutreffen. Im September 2009 wurde mit der 802.11n–Spezifikation eine weitere WLAN–Variante ratifiziert, zu der bislang (Stand: Anfang 2010) jedoch erst wenige Netzwerkkomponenten vorgestellt wurden. Die Hauptunterschiede zwischen den angesprochenen WLAN–Derivaten bestehen im verwendeten Frequenzbereich und der maximal erreichbaren Übertragungsgeschwindigkeit.

---

[28] z.B. bei einem Gebäudebrand

Tabelle 6.7 Gegenüberstellung der IEEE–Spezifikationen 802.11a, 802.11b, 802.11g
und 802.11n.

	Frequenzbereich	maximale Bandbreite
802.11a	5 GHz	54 Mbps
802.11b	2.4 GHz	11 Mbps
802.11g	2.4 GHz	54 Mbps
802.11n	2.4 GHz und 5 GHz	600 Mbps

In Abhängigkeit von der zu überbrückenden Entfernung, der zu überwin-
denden Bausubstanz sowie weiterer äußerer Umstände[29] kann die tatsächlich
erreichbare Bandbreite deutlich hinter den in Tabelle 6.7 aufgeführten Maximalwerten zurückbleiben. Unter besonders widrigen Bedingungen, beispielsweise auf Schiffen oder in speziell gegen Funkwellen geschützten TV–Studios,
kann der Betrieb eines WLANs sogar vollständig unmöglich werden. In solchen Fällen ist eine kabelgebundene Netzwerktechnologie zu verwenden.

Alle genannten WLAN–Varianten sehen eine Unterteilung des zur Verfügung stehenden Frequenzbereichs in mehrere Kanäle vor, deren Anzahl und
Frequenzbandbreite jedoch spezifikationsabhängig und länderspezifisch ist.
Beispielsweise stehen in Deutschland für WLANs nach dem 802.11b/g Standard 13 Kanäle mit einem Kanalbandbreite von 5 MHz zur Verfügung. Damit
sich zwei Stationen verständigen können, müssen sie wissen, welche Kanäle
für die Übertragung verwendet werden sollen. IEEE 802.11 sieht hierfür zwei
alternative Verfahren vor.

Beim *Frequency Hopping Spread Spectrum* (FHSS) verwenden Sender und
Empfänger der Reihe nach alle verfügbaren Kanäle für ihre Übertragung. Beide vereinbaren zu Beginn der Übertragung eine *Hopping Sequence*, die ihnen
die Reihenfolge für die Auswahl der Kanäle vorgibt. Sollte dabei ein Kanal bereits durch eine andere Übertragung belegt sein, geht das versandte Datenpaket verloren und muss vom Empfänger erneut angefordert werden. Derartige
Kollisionen können in einem WLAN nicht auf physischer Ebene erkannt werden. Daher wurde das vom Ethernet bekannte CSMA/CD–Protokoll derart
modifiziert, dass Kollisionen von vornherein vermieden werden. Diese Modifikation wird als *CSMA/CA* (*Collision Avoidance* – CA) bezeichnet.

Bei der Verwendung des *Direct Sequence Spread Spectrum*–Verfahrens
(DSSS) werden die Daten kontinuierlich, also ohne Wechsel des Kanals, verschickt. Die Kanaltrennung erfolgt durch das Hinzufügen eines *Pseudo Noi-
se Code* genannten Störsignals, das zu Beginn einer Übertragung zwischen
Sender und Empfänger vereinbart und nur für jeweils einen Datentransfer

---

[29] Mikrowellen–Geräte verwenden ebenfalls den 2.4–GHz–Frequenzbereich und können daher aufgrund ihrer deutlich höheren Abstrahlung in WLAN–Verbindungen hin-
einstrahlen, die denselben Frequenzbereich verwenden.

verwendet wird. Die übertragenen Daten können dabei nur vom Empfänger der Nachricht entziffert werden.

Unter einer *Funkzelle* versteht man den durch die Sendeleistung begrenzten räumlichen Bereich, in dem sich alle Stationen mit gleichem Übertragungskanal die insgesamt verfügbare Bandbreite teilen müssen. Obwohl theoretisch beliebig viele Geräte einer Zelle zugeordnet werden können, fällt die je Gerät verfügbare Bandbreite mit zunehmender Anzahl der Stationen ab.

Sobald eine Funkzelle entweder mit einer anderen Funkzelle oder einem herkömmlichen LAN verbunden werden soll, wird ein so genannter *WLAN Access Point* benötigt. Ein *WLAN Access Router* ist eine Kombination aus WLAN Access Point und ISDN–/DSL–Router. Seine Aufgabe besteht in der Verbindung von Funkzellen und LAN–Segmenten sowie in der Bereitstellung einer Internet–Verbindung für alle angebundenen Clients.

Die einfache Integration weiterer Stationen in ein WLAN ist einerseits ein beachtlicher Vorteil dieser Technologie, andererseits jedoch – vom Standpunkt der Datensicherheit aus gesehen – ein signifikanter Nachteil. Während in den frühen WLAN–Installationen lediglich die unsichere Verschlüsselungsfunktion *Wireless Equivalent Privacy* (WEP) zum Einsatz kam, führte der als Ergänzung zu den Spezifikationen 802.11a/b entwickelte 802.11i–Standard einige neue Sicherungs– und Verschlüsselungsmethoden ein, die inzwischen von (nahezu) allen modernen WLAN–Komponenten unterstützt werden. Alternativ oder ergänzend ist zudem eine Verschlüsselung des Datenverkehrs auf der Netzwerkschicht möglich[30].

Ein PC kann durch Verwendung

- einer internen WLAN–Steckkarte,
- einer WLAN–PCMCIA–Karte oder
- eines WLAN–USB–Adapters

an ein WLAN angeschlossen werden. Die interne WLAN–Karte ist sicherlich die preiswerteste der genannten Alternativen und wird wie eine herkömmlich PCIe–Steckkarte eingebaut. Die meisten Modelle verfügen über eine kleine, durch das Abschlussblech nach außen geführte Antenne, über die die Verbindung mit den anderen Stationen des WLANs aufgenommen wird. Obwohl die PCMCIA–Karten hauptsächlich für den Betrieb in Notebooks vorgesehen sind, können sie auch über eine WLAN–PC–Karte[31] in einem regulären PC eingesetzt werden. Sollte ein PC über keinen freien Steckplatz mehr verfügen oder aber der Benutzer das Aufschrauben seines PCs scheuen, kann durch

---

[30] Eine eingehende Behandlung des Themas Sicherheit im Internet ist nicht Gegenstand dieses Kapitels. Interessierte Leser werden daher auf die einschlägige Fachliteratur verwiesen.

[31] Dabei handelt es sich im Wesentlichen um einen einfachen PCIe/PCMCIA–Umsetzer.

einen WLAN–USB–Adapter trotzdem eine Verbindung zu einem WLAN realisiert werden.

6.3.3 Lokale Hochleistungsnetze

Während die Mehrzahl der heute betriebenen lokalen Netze auf einer der bereits vorgestellten Ethernet– oder WLAN–Technologien basiert, finden insbesondere im Umfeld von Hochleistungsrechnern Netzwerktechnologien Anwendung, die neben einer hohen Übertragungsgeschwindigkeit auch eine niedrige
Latenzzeit bei der Verarbeitung der Nachrichten mit sich bringen. Um den
durch die Netzwerksoftware entstehenden Overhead und die daraus resultierenden Latenzzeiten gering halten zu können, lagern diese Technologien einen
großen Teil des Sende– und Empfangsvorgangs auf die Netzwerkkarte bzw.
den mit dieser Karte verbundenen Switch aus. Durch zusätzliche Maßnahmen, die jedoch von Technologie zu Technologie unterschiedlich sind, wird
eine weitere Verringerung der Latenzzeit erreicht.

Neben zahlreichen proprietären Technologien haben in den vergangenen
Jahren hauptsächlich die nachfolgend dargestellten Technologien *Myrinet*
und *Infiniband* eine gewisse Verbreitung gefunden.

Myrinet

Basierend auf den Ergebnissen zweier US–Forschungsprojekte (*Mosaic* und
Atomic LAN) wurde Anfang der 90er Jahre von dem Startup–Unternehmen
Myricom eine Netzwerktechnologie namens *Myrinet* entwickelt, die sich durch
eine für damalige Verhältnisse hohe Übertragungsrate sowie eine geringe
Latenz und eine hohe Verfügbarkeit gegenüber den damals vorherrschenden Ethernet–Derivaten hervorheben sollte. Während die erste Generation
von Myrinet–Produkten ab August 1994 mit einer Datenrate von 512 Mbps je Richtung ausgeliefert wurde, erreichen die beiden heute vertriebenen
Myrinet–Produktserien Geschwindigkeiten von 2 Gbps bzw. 10 Gbps in jeder Übertragungsrichtung. Bei den genannten Werten handelt es sich jeweils
um Nettoangaben, bei denen der durch die 8b/10b–Leitungscodierung verur-
sachte Overhead bereits herausgerechnet wurde. Obwohl Myrinet bereits 1998
vom *American National Standards Institute* (ANSI) standardisiert und offen
gelegt wurde (ANSI/VITA 26–1998), wird seine Weiterentwicklung ebenso
wie der Vertrieb von entsprechenden Produkten nahezu ausschließlich von
Myricom selber durchgeführt.

Die Datenübertragung erfolgt bei Myrinet ausschließlich im Vollduplexbetrieb über dedizierte Punkt–zu–Punkt–Verbindungen zwischen den Endgeräten und den Switches. Als Übertragungsmedium kann sowohl Glasfaser– als auch Kupferkabel verwendet werden. Während die Übertragungsreichweite bei Kupferkabel auf wenige Meter begrenzt ist, können mit Hilfe von Glasfaserverbindungen Entfernungen von bis zu 200 m überbrückt werden. Obwohl Myrinet primär für die Verbindung der Teilsysteme von Hochleistungsrechner entwickelt wurde, ist es aufgrund dieser Reichweite auch als Hochleistungs–LAN–Technologie einsetzbar, beispielsweise bei der Vernetzung innerhalb eines Serverraumes oder eines kleineren Bürogebäudes.

Die beiden aktuellen Myrinet–Standards sind kompatibel zu jeweils einem der im vorigen Unterabschnitt beschriebenen Ethernet–Derivate: Während das mit 2 Gbps je Richtung betriebene Myrinet–2000 mit einem konventionellen Gigabit–Ethernet zusammenarbeiten kann, ist das im Jahre 2005 eingeführte Myri–10G vollständig kompatibel zum 10–Gbps–Ethernet. Jede Myri–10G–Netzwerkkarte kann auch als vollwertiger 10–Gbps–Ethernet–Netzwerkadapter betrieben werden und dabei Daten mit den Ethernet–Komponenten beliebiger Hersteller austauschen.

Während in den 90er Jahren noch vorwiegend kleine Switches mit bis zu 32 Ports angeboten wurden, können heutige Myrinet Switches über bis zu 512 Ports bei Myri–10G bzw. 256 Ports bei Myrinet–2000 verfügen. Die größeren Modelle sind modular aufgebaut. Eine Ergänzung um zusätzliche Schnittstellenmodule ist bei diesen Geräten ebenso wie der Austausch von vorhandenen Modulen im laufenden Betrieb möglich (*Hot Swap*). Auf jedem Modul können bis zu 16 Schnittstellen untergebracht werden, die jeweils über einen eigenen Prozessor verfügen, welcher für die Umwandlung zwischen den Ethernet– und den Myrinet–Protokollen zuständig ist. Der eigentliche Aufbau der Verbindungen wird mit Hilfe von Kreuzschienenschaltern realisiert, von denen jeweils einer auf jedem Schnittstellenmodul zu finden ist. Durch die Verbindung mehrerer Switches können Myrinet–Netze mit mehr als 10.000 Rechnern aufgebaut werden.

Zur Anbindung an ein Myrinet–Netzwerk benötigen die einzelne Rechner geeignete Erweiterungskarte, die wahlweise mit einem oder zwei Myrinet–Anschlüssen ausgestattet sind, wobei der zweite Anschluss als Ausfallsicherung für den Fehlerfall vorgesehen ist. Während ein Myrinet–2000–NIC über eine PCI–X–Schnittstelle mit dem PC verbunden wird, nutzen Myri–10G Schnittstellenkarten hierfür eine PCIe–Schnittstelle. Für die Verbesserung des Datendurchsatzes werden bei beiden Myrinet–Derivaten zahlreiche Aufgaben des Protokoll–Stacks direkt von der Netzwerkhardware erledigt. Zu diesem Zweck verfügen aktuelle Myrinet–NICs über einen programmierbaren Mikrocontroller und einen eigenen Speicher mit einer Größe von zwei bis vier Megabyte. Auch eine Fehlererkennung mittels CRC– bzw. Paritätsprüfung kann von der Netzwerkhardware eigenständig durchgeführt werden.

Die Übertragung der Daten erfolgt bei Myrinet über Pakete beliebiger Länge. Der Kopf (*Header*) eines jeden Paketes enthält zunächst eine Liste der vom Paket zu durchlaufenden Switch–Ports, bevor in einem letzten Feld eine Angabe zum Typ des Pakets folgt. Im Anschluss an den Header folgen die eigentlichen zu übertragenden Daten (*Payload*), bevor der sog. *Trailer* das Paket mit einer CRC–Prüfsumme und einem Steuerzeichen, welches das Paketende markiert, abschließt. Durch die freie Wahl der Paketlänge können andere Protokolle, beispielsweise IP (*Internet Protocol*), ohne zusätzlichen Anpassungsaufwand in ein Myrinet–Paket eingebettet werden. Es ist ohne weiteres möglich, zur selben Zeit mehrere Pakettypen und Protokolle über ein Myrinet–Netzwerk zu transportieren.

Da Myrinet–2000 und Myri–10G auf derselben Netzwerkarchitektur aufsetzen und die gleichen Protokolle verwenden, können sie den Anwendungsprogrammen eine einheitliche Software–Schnittstelle zur Verfügung stellen. Hierfür ist jedoch zunächst die Installation einer entsprechenden Systemsoftware erforderlich. Insgesamt gestaltet sich die Installation eines Myrinet–Netzwerks jedoch weniger aufwändig als bei vielen anderen Technologie: Nach einer erfolgten physischen Vernetzung muss nur noch die entsprechende Systemsoftware auf den Endgeräten installiert werden – eine weiterführende manuelle Konfiguration ist weder auf Seiten der Endgeräte noch der Switches erforderlich. Die für den Betrieb von Myrinet–2000 und Myri–10G erforderliche Systemsoftware wird für viele weit verbreitete Systemplattformen und Betriebssysteme angeboten.

Obwohl Myrinet somit für eine große Zahl der heute verfügbaren Rechnersysteme eine zeitgemäße Übertragungsgeschwindigkeit bei gleichzeitig geringen Latenzzeiten zur Verfügung stellt, kann bereits seit einigen Jahren selbst bei den Hochleistungsrechner eine kontinuierliche Verringerung des Marktanteils beobachtet werden. Während im November 2003 noch 193 der 500 leistungsfähigsten Rechnersystem der Welt[32] ein auf Myrinet–Technologien basierendes Netzwerk verwendet haben, waren es im November 2009 nur noch sieben Systeme, was einem Anteil von weniger als 2% entspricht. Im Gegensatz dazu kommen in derselben Statistik das bereits behandelte 10 Gigabit–Ethernet und das im nachfolgenden Unterabschnitt angesprochene Infiniband zusammen auf einen Anteil von 88%.

Infiniband

Infiniband ist eine weitere Netzwerktechnolgie, die insbesondere im Umfeld von Hochleistungsrechnern eine weite Verbreitung gefunden hat. Der unter Beteiligung zahlreicher Industrieunternehmen im Oktober 2000 spezifizierte

---

[32] Eine entsprechende Statistik wird bereits seit 1993 halbjährlich erstellt und unter http://www.top500.org veröffentlicht.

Standard wurde mit der Absicht entwickelt, eine deutlich bessere effektive Datenübertragungsrate, eine geringere Latenzzeit und eine höhere Ausfallsicherheit als das damals aktuelle Gigabit–Ethernet zu erreichen. Des Weiteren sollten die auf der Infiniband–Technologie aufbauenden Netzwerke leicht erweiterbar sein und gut skalieren.

Die Datenübertragung erfolgt bei Infiniband ausschließlich im Vollduplexbetrieb über dedizierte Punkt–zu–Punkt–Verbindungen zwischen den Endgeräten und den Switches. Jede dieser Verbindungen arbeitet mit einer Brutto–Übertragungsrate von 2,5 Gbps, was durch den Einsatz der 8b/10b–Leitungscodierung zu einer (Netto–)Übertragungsrate von 2 Gbps führt. Neben der einfachen Übertragung mit 2,5 Gbps (*Single Data Rate* – SDR) unterstützt Infiniband auch eine Übertragung mit doppelter (*Double Data Rate* – DDR) bzw. vierfacher Übertragungsrate (*Quad Data Rate* – QDR), wodurch die Übertragungsgeschwindigkeit je Verbindung auf 5 Gbps bzw. 10 Gbps erhöht werden kann. Eine weitere Verbesserung dieses Wertes kann durch die Bündelung mehrerer Einzelverbindungen erreicht werden, wobei die Infiniband–Spezifikation neben der einfachen Verbindung (1X) eine Bündelung von vier (4X) bzw. zwölf (12X) Punkt–zu–Punkt–Verbindungen vorsieht. Die auf diese Weise erreichbare Geschwindigkeit hängt wesentlich von der verwendeten Übertragungsrate ab und beträgt zwischen 2,5 Gbps und 120 Gbps. Tabelle 6.8 gibt einen Überblick über die im Einzelnen erzielbaren Werte. Durch eine weitere Vergrößerung der Übertragungsrate sollen zukünftig noch erheblich höhere Übertragungsgeschwindigkeiten erreicht werden.

Tabelle 6.8 Überblick über die bei Infiniband erreichbaren Brutto–Übertragungsraten (in Gbps).

Anzahl gebündelter Verbindungen	SDR	DDR	QDR
1X	2,5	5	10
4X	10	20	40
12X	30	60	120

Ein Infiniband–Netzwerk kann über Lichtwellenleiter oder Kupferkabel realisiert werden. Unabhängig vom zugrunde liegenden Medium werden dabei für jede einfache Punkt–zu–Punkt–Verbindung zwei Leiterpaare benötigt. Dementsprechend werden für die spezifizierten Bündelungen (1X, 4X und 12X) auch unterschiedliche Steckverbindungen verwendet. Die maximale Länge einer Infiniband–Verbindung ist u.a. von der Übertragungsrate abhängig und beträgt bei Kupferverkabelung bis zu 30 m und bei Glasfaserverkabelung bis zu 10 km. In diesem Zusammenhang ist bemerkenswert, dass die Infiniband–Spezifikation keine festen Längenrestriktionen für Kupferleitungen vorsieht, sondern lediglich eine maximal zulässige Dämpfung für den Übertragungsweg (15 dB) definiert.

Während bei vielen anderen Netzwerktechnologien erst die Software des Protokoll–Stacks für die Erkennung und Beseitigung von Übertragungsfehlern verantwortlich ist, wird diese Aufgabe bei Infiniband bereits vollständig von der Netzwerkhardware erledigt. Dieses Vorgehen entlastet die übrigen Systemkomponenten von zusätzlichem Aufwand und verringert die durch diesen Vorgang zwangsläufig entstehenden Latenzzeiten. Neben der lokalen Nutzung von DMA–Konzepten (*Direct Memory Access*) zur Reduzierung der Latenzzeiten, bietet Infiniband zusätzlich die Möglichkeit, nach zuvor erteilter Genehmigung direkt auf den Speicher des jeweiligen Kommunikationspartners (*Remote DMA Read* bzw. *Remote DMA Write*) zuzugreifen und dadurch dessen Betriebssystem zu umgehen und den Prozessor zu entlasten. Für einen solchen Zugriff tauschen die beiden Kommunikationspartner vorher einen Schlüssel aus, der bei jedem entfernten Zugriff mitzuführen ist und dessen Legitimität gewährleistet.

Für die Überragung der Datenpakete wurden mehrere Adressarten und Paketformate spezifiziert, deren genaue Darstellung über die Zielsetzung dieses Kapitels hinausgeht. Unabhängig vom verwendeten Format beträgt die maximale Paketgröße 4 kB.

Infiniband unterscheidet vier verschiedene Typen von Hardware–Komponenten, von denen zwei für die Anbindung einzelner Endgeräte genutzt und als *Channel Adapter* (CA) bezeichnet werden, während die beiden anderen für den Aufbau der Infrastruktur bzw. die Verbindung eines Infiniband–Netzwerks mit anderen Netzwerken erforderlich sind.

Host Channel Adapter: Der *Host Channel Adapter* (HCA) ermöglicht die Anbindung eines Rechners an ein Infiniband–Netzwerk, indem er neben dem eigentlichen Zugang auch verschiedene Funktionen anbietet, die der Software des Rechners direkt zur Verfügung stehen. Ein HCA stellt dem angebundenen Endgerät sämtliche Dienste zur Verfügung, die von Infiniband bereitgestellt werden. Insbesondere ist er für die autonome Fehlererkennung und –behandlung sowie den Remote–DMA–Zugriff verantwortlich. Da in einem Infiniband–Netzwerk vom Grundsatz her einzelne Punkt–zu–Punkt–Verbindungen über Switches geschaltet werden, kann ein HCA mit der Möglichkeit zur 4X– bzw. 12X–Bündelung auch mit mehreren Kommunikationspartnern gleichzeitig Daten austauschen.

Target Channel Adapter: *Target Channel Adapter* (TCA) unterscheiden sich von HCA insofern, dass sie für die Anbindung einzelner Komponenten bzw. einfacher Geräte vorgesehen sind und keine Schnittstelle für einen Zugriff durch die Software des Endgeräts bereitstellen. TCAs werden beispielsweise für die Anbindung von Ein–/Ausgabe–Komponenten eingesetzt.

Switch: Ein *Switch* verbindet mehrere an das Infiniband–Netzwerk angeschlossene Komponenten zu einem Unternetz, indem er die eintreffenden Nachrichten anhand der im Nachrichtenkopf angegebenen Empfängeradresse an den gewünschten Empfänger weiterleitet. Während die Zahl der an einem Switch im Einzelfall verfügbaren Anschlüsse modell– bzw. herstellerabhängig ist, liegt die maximal zulässige Größe für einen einzelnen Switch bei 256 Anschlüssen. Für die Realisierung größerer Unternetze können jedoch mehrere Switches kaskadiert zusammengeschaltet werden.

Router: *Router* können für die Verbindung mehrerer Unternetze zu einem Gesamtnetzwerk verwendet werden.

Für die Anbindung eines PCs an ein Infiniband–Netzwerk werden von zahlreichen Herstellern Erweiterungskarten mit PCI–X–, PCIe– oder HyperTransport–Schnittstelle angeboten. Die für den Betrieb erforderlichen Treiber sind für verschiedene Microsoft Windows–Derivate, Linux und Mac OS verfügbar bzw. bereits in diesen Betriebssystemen integriert.

Die Infiniband–Technologie wird sowohl zur Realisierung von Bussystemen wie auch für den Aufbau von lokalen Netzen eingesetzt. Während sie sich im Bereich der Bussysteme bislang nicht gegen die etablierten Technologien durchsetzen konnte, wird sie insbesondere bei der Vernetzung von Cluster–Computern häufig verwendet. So nutzten beispielsweise im November 2009 mehr als ein Drittel der 500 leistungstärksten Rechnersystem der Welt[33] Infiniband–Technologien für die Vernetzung ihrer Teilsysteme.

6.3.4 Lokale Netzwerke auf Basis der Ring–Topologie

Token Ring

Die Ende der 70er Jahre von IBM entwickelte *Token Ring*-Technologie wurde 1985 mit nur geringen Änderungen von der IEEE unter der Bezeichnung IEEE 802.5 spezifiziert[34]. Während Token Ring–Netzwerke bis gegen Ende der 90er Jahre – insbesondere bei Unternehmen mit Großrechnerumgebungen – weit verbreitet waren, konnten sie sich wegen der vergleichsweise hohen Anschaffungskosten für die erforderliche Hardware nicht bei Kleinunternehmen oder im Privatumfeld durchsetzen. Aufgrund der kontinuierlichen Verbesserung des erheblich preisgünstigeren und leistungsfähigeren Fast Ethernets

---

[33] Eine detaillierte Aufteilung auf die verschiedenen Infiniband–Varianten findet sich unter http://www.top500.org.

[34] Aufgrund der geringen Unterschiede wurden die Begriffe Token Ring und IEEE 802.5 üblicherweise synonym verwendet.

wurden bereits in den 90er Jahren viele bestehende Token Ring–Installationen durch diese neuere Technologie ersetzt.

Bei einem Token Ring–Segment werden die Endgeräte sternförmig an einen zentralen Verteiler (MSAU) angeschlossen, der den logischen Ring repräsentiert. Neben den für die Anbindung der Endgeräte vorgesehenen Anschlüssen verfügen MSAUs üblicherweise über zwei weitere, im Allgemeinen mit den Bezeichnungen *Ring in* und *Ring out* beschrifteten Ports, über die mehrere MSAUs zur Bildung eines großen Rings miteinander verbunden werden können. In Abhängigkeit von der verwendeten Verkabelungstechnik können bis zu 260 Stationen an einen Token Ring angeschlossen werden.

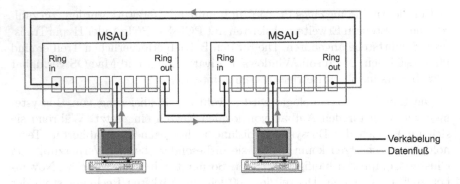

Abb. 6.14 Datenfluss innerhalb eines Token Ring–Segments.

Abbildung 6.14 zeigt ein aus zwei MSAU–Komponenten gebildetes Token Ring–Segment. Durch die Verbindung der beiden Verteiler entsteht ein größerer Ring. Während die unbenutzten MSAU–Ports alle eintreffenden Daten ungehindert weiterleiten, werden diese bei jenen Ports, an denen ein Endgerät angeschlossen ist, durch dieses hindurch geleitet.

Obwohl es sich bei Token Ring–Installationen um Teilstreckennetze handelt, können die Endgeräte ohne nachhaltige Störung des Gesamtbetriebs zu beliebigen Zeitpunkten dynamisch hinzugefügt und entfernt, ein– und ausgeschaltet werden. Diese Erweiterung gegenüber den einfachen Teilstreckennetzen wird durch ein Relais realisiert, das in jedem für den Anschluss von Endgeräten vorgesehenen MSAU–Port vorhanden ist. Wird ein angeschlossenes Endgerät eingeschaltet, sorgt sein Token Ring–Adapter durch das Anlegen eines als *Phantomspannung* bezeichneten Spannungspegels für das Umschalten des Relais. Solange das Endgerät in Betrieb ist, wird diese Spannung beibehalten und das Relais bleibt geschaltet. Fällt die Spannung – aufgrund einer Störung oder weil das Endgerät ausgeschaltet wird – weg, schließt das Relais den Port, und alle eintreffenden Daten werden sofort an den nachfolgenden Anschluss weitergereicht.

Token Ring war eine *Token–Passing*-Technologie. Bei diesen Netzen wird das Übertragungsrecht durch einen kleinen, *Token* genannten, Datenrahmen zugewiesen. Dieser Rahmen wird von Station zu Station weitergereicht. Sobald eine Station Daten übertragen will, nimmt sie das Token vom Netz und ersetzt es durch einen Rahmen, der die zu übertragenden Daten enthält. Der Empfänger quittiert den Empfang durch das Setzen eines Bits im Status–Feld des Rahmens. Sobald der Sender den quittierten Rahmen zurück erhält, nimmt er ihn vom Netz und ersetzt ihn durch ein Token, das er an die nachfolgende Station weiterleitet.

Sämtliche Endgeräte werden in Prioritätsklassen eingeteilt, wodurch einzelne Stationen einen bevorzugten Zugriff auf das Token erhalten können. Die Aufrechterhaltung eines funktionsfähigen LAN–Segments wird durch einen *Monitor* überwacht. Die Aufgaben des Monitors umfassen u.a. das Entfernen endlos kreisender Datenrahmen sowie das Einsetzen eines neuen Tokens. Grundsätzlich kann jede angeschlossene Station im Token Ring zum Monitor werden.

In der beschriebenen Grundform der Token Ring–Technologie gibt es nur ein einziges Token pro Ring–Segment. Obwohl eine Erweiterung dieser Technologie, *Early Token Release*, auch den parallelen Einsatz mehrerer Token ermöglichte, konnte es bei der Token Ring–Technologie nicht zu den vom Ethernet bekannten Kollisionen kommen. Token Passing–Architekturen sind deterministisch, da die maximale Verzögerungszeit für den Versand einer Nachricht berechnet werden kann. Diese Eigenschaft ist insbesondere für zahlreiche Steueraufgaben von Vorteil, da die aufgrund von Datenübertragungen entstehenden Verzögerungen entsprechend eingeplant werden können.

Token Ring wurde zunächst mit 4 MBps und später mit 16 MBps Bandbreite eingesetzt. Eine als *Fast Token Ring* bezeichnete 100–Mbps–Variante wurde zwar bis zur Marktreife entwickelt, konnte jedoch keine nennenswerten Marktanteile mehr gewinnen.

Fiber Distributed Data Interface

Fiber Distributed Data Interface (FDDI) war eine auf einem Doppelring basierende LAN–Technologie, die ebenso wie Token Ring und Ethernet auf den unteren beiden Schichten des ISO/OSI–Schichtenmodells angesiedelt war. Der dazu gehörende Standard wurde Mitte der 80er Jahre vom *American National Standards Institute* (ANSI) entwickelt und anschließend von der ISO in eine kompatible internationale Fassung überführt.

In den auf FDDI aufbauenden Teilstreckennetzen werden die zu übermittelnden Daten nach dem Token–Passing–Verfahren mit einer Geschwindigkeit von 100 Mbps und einer Rahmengröße von bis zu 4500 Bytes übertragen. Im

6 PC im Netzwerk

störungsfreien Fall wird der gesamte Datenverkehr über nur einen der beiden
Ringe (*Primary Ring*) geleitet, während der zweite Ring (*Secondary Ring*)
unbenutzt bleibt. Bei Ausfall einer Teilstrecke oder Station können die an die
Fehlerstelle angrenzenden Stationen den eintreffenden Datenverkehr auf den
zweiten Ring umleiten, auf dem er dann in der entgegengesetzten Richtung
weiterfließen kann. Dieser Mechanismus, der im Übrigen keinen Geschwindig-
keitsverlust nach sich zieht, schützt jedoch nur gegen einen einzelnen Ausfall
– der Wegfall mehrerer Stationen bzw. Teilstrecken unterteilt den Ring in
mehrere unverbundene Teilringe. Abbildung 6.15 a) zeigt den Datenfluss in
einem FDDI–Segment im Regelbetrieb, Abbildung 6.15 b) den Datenfluss
nach Ausfall einer Netzwerkverbindung.

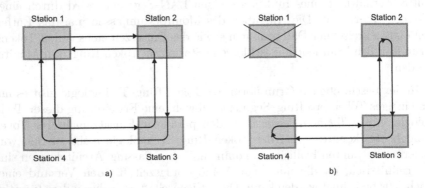

Abb. 6.15 Datenfluss innerhalb eines FDDI–Segments: a) im Regelbetrieb b) nach
Ausfall einer Netzwerkverbindung

Weil der Ausfall mehrerer Stationen unweigerlich zu einer Aufteilung des
Rings in voneinander unabhängige Teilringe führt, dürfen ausschließlich zuverlässige Netzwerkkomponenten mit einer hohen Verfügbarkeit direkt an die
beiden Ringe eines FDDI–Segments angeschlossen werden. Um unter diesen
Umständen auch weniger zuverlässige oder nur vorübergehend aktive Rechner
anbinden zu können (beispielsweise Arbeitplatzrechner oder Testsysteme),
erlaubten FDDI–*Konzentratoren* den Anschluss solcher Netzwerkkomponenten an einen oder beide Ringe. Durch die als *Dual Homing* bezeichnete Anbindung an zwei Konzentratoren konnten wichtige Komponenten zusätzlich
gegen den Ausfall eines Konzentrators abgesichert werden. *Optische Bypass-
Switches* konnten zudem eingesetzt werden, um die eintreffenden Signale mit
Hilfe von Spiegeln um ausgefallene Stationen herum zu leiten. Abbildung 6.16
zeigt ein Beispiel für ein FDDI–Segment, in dem eine ausgefallene Netzwerkkomponente mittels optischem Bypass umgangen und ein wichtiger Server
an zwei Konzentratoren (*Dual Homing*) angeschlossen ist. Weiterhin wird
ein Router direkt an das FDDI–Segment angeschlossen, wohingegen weitere
Server und sämtliche Arbeitsplatzrechner nur über Konzentratoren angebunden sind.

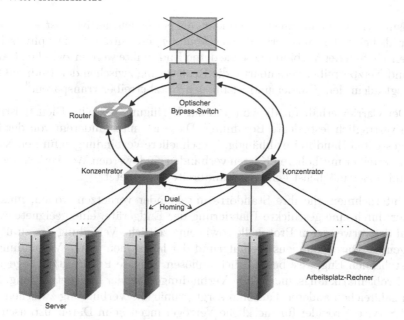

Abb. 6.16 Beispiel für ein FDDI–Segment mit Konzentratoren, optischem Bypass und *Dual Homing*

Die durch den Doppelring erzielte Verbesserung der Zuverlässigkeit führte gemeinsam mit einer für LAN–Technologien ungewöhnlich großen Reichweite von mehreren Kilometern pro Teilstrecke zu einer bevorzugten Nutzung von FDDI in den zentralen Bereichen (*Backbones*) der lokalen Netzwerkinfrastrukturen. Aufgrund der verwendeten Glasfaser–Technik waren FDDI–Segmente vollständig unempfindlich gegen elektromagnetische Störungen und konnten deshalb auch in Umgebungen mit starken elektromagnetischen Feldern installiert werden. Da die Glasfaser–Technik ihrerseits keine elektromagnetischen Signale aussendet, waren FDDI–Segment zudem besser gegen Abhörversuche geschützt als die auf Kupferverkabelung basierenden Technologien.

Eine auf herkömmlicher Kupferverkabelung aufsetzende Variante von FDDI wurde als *Copper Distributed Data Interface* (CDDI) bezeichnet.

6.4 Weitverkehrsnetze

Weitverkehrsnetze (*Wide Area Network* – WAN) unterliegen im Gegensatz zu lokalen Netzen keinen geographischen Beschränkungen. Die physische Verbindung wird in der Regel von einem als *Carrier* bezeichneten Telekommunikationsunternehmen angemietet und kann als permanent aktive *Festverbindung* oder als bei Bedarf aktivierte *Wählverbindung* geschaltet sein. Die physischen Eigenschaften der Verbindung sowie deren Endpunkte werden zwischen Carrier und Netzbetreiber vereinbart – die Realisierung zwischen den Endpunkten obliegt allein dem Carrier und ist für den Netzbetreiber transparent[35].

Der Carrier erhält für die von ihm zur Verfügung gestellte Dienstleistung eine vertraglich festgelegte Bezahlung. Diese ist unter anderem von der bereitgestellten Bandbreite abhängig. Da schnellere Verbindungen für den Netzwerkbetreiber mit höheren Kosten verbunden sind, werden Weitverkehrsnetze oft mit einer möglichst geringen Bandbreite angemietet.

Unternehmen, die ihre Standorte miteinander vernetzen wollen, müssen daher durch eine geschickte Platzierung der Endgeräte, eine geeignete Auswahl der verwendeten Protokolle sowie eine zeitliche Verteilung des zu übertragenden Datenvolumens die aufgrund der langsamen WAN–Verbindungen entstehenden Engpässe bestmöglich auflösen. Private PC–Besitzer begegnen der Problematik langsamer WAN–Verbindungen bei der Internetnutzung. Neben zahlreichen anderen Faktoren sorgt primär die Verbindung zwischen PC und Service–Provider für merkliche Verzögerungen beim Datenaustausch.

In diesem Abschnitt lernen Sie die wesentlichen Technologien für den Anschluss eines PCs an ein Weitverkehrsnetz kennen.

6.4.1 Verbindung zu analogen Netzen über Modems

Das öffentliche Telefonnetz (*Public Switched Telephone Network* – PSTN) ist nicht nur das älteste und langsamste, sondern auch das weltweit am weitesten verbreitete der in diesem Abschnitt behandelten Weitverkehrsnetze.

Um das PSTN für die Datenfernübertragung nutzen zu können, müssen die digitalen Signale der kommunizierenden Rechner mit Hilfe zweier Analogmodems vorübergehend in analoge Signale umgeformt werden. Zu diesem Zweck wird ein analoges Trägersignal, üblicherweise eine Sinusschwingung, hinsichtlich seiner

- Frequenz (*Frequenz–Modulation*),
- Amplitude (*Amplituden–Modulation*) oder
- Phase (*Phasen–Modulation*)

---

[35] Den eher seltenen Fall, dass ein Netzbetreiber eigenständig Verbindungswege durch Richtfunk, Laser–Link, Satellit oder Kabel realisiert, werden wir im Folgenden nicht weiter behandeln.

derart vom Modulator verändert, dass der empfangende Demodulator die Unterschiede erkennen und interpretieren kann. Abbildung 6.17 demonstriert den Einsatz der verschiedenen *Modulationsarten* anhand eines Beispiels.

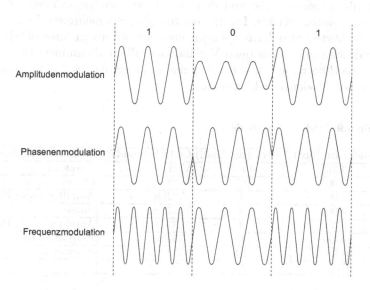

Abb. 6.17 Modulationsarten bei analogen Modems.

Das Trägersignal wird bei allen drei Verfahren in Teilbereiche, die so genannten *Samples* (Abtastwerte), zerlegt. Obwohl auf diese Weise theoretisch nahezu beliebige Übertragungsgeschwindigkeiten erzielt werden könnten, setzen die technischen Möglichkeiten des PSTNs den in der Praxis erreichbaren Maximalwerten sehr enge Grenzen. Das Telefonnetz wurde ursprünglich für die Übertragung menschlicher Sprache entwickelt. Da für diesen Zweck nur ein relativ schmales Frequenzband (ca. 300 – 3500 Hz) benötigt wird und auch keine besonders hohen Anforderungen an die Übertragungsqualität gestellt wurden, können maximal 2400 Samples pro Sekunde über das PSTN verschickt werden. Die Rate, mit der ein Modem Samples erzeugt und empfängt, wird in der Einheit *Baud* gemessen und als Baud–Rate bezeichnet. Im Gegensatz hierzu kennzeichnet die Bit–Rate die maximale pro Sekunde übertragbare Anzahl der Datenbits.

Im Laufe der Zeit wurden verschiedene Technologien entwickelt, die trotz der eingeschränkten Baud–Rate immer größere Bit–Raten erzielen konnten. Heutige Modems erreichen unter günstigen Umständen bis zu 56 kbps – lediglich durch den zusätzlichen Einsatz von Kompressionsverfahren konnten bislang höhere Werte erzielt werden.

Damit das demodulierende Modem die empfangenen Signale richtig interpretieren kann, muss es die gleichen Protokolle und Verfahren einsetzen, wie das modulierende Modem. Im Zuge des technischen Fortschritts wurden daher in den vergangenen Jahren von der ITU–T (*International Telecommunication Union – Telecommunication Standardization Bureau*)[36] zahlreiche Standards vorgestellt, die von den am Markt gängigen Modems üblicherweise eingehalten werden. Da die meisten Modems mehreren der in Tabelle 6.9 aufgeführten Standards genügen und sich außerdem hinsichtlich des zu verwendenden Standards beim Verbindungsaufbau abstimmen, braucht sich der Netzwerkbetreiber nicht um Typ und Fähigkeiten des auf der Gegenseite installierten Modems zu kümmern.

Tabelle 6.9 Modem–Standards

Bandbreite (bps)	Faktor (bit/baud)	CCITT–Standard	modulierte Attribute
300	0.125	V.21	Frequenz
1200	0.5	V.22	Phase
2400	1	V.22bis	Amplitude und Phase
4800	2	V.27ter	Phase
9600	4	V.32	Amplitude und Phase
14400	6	V.32bis	Amplitude und Phase
28800	12	V.34	Amplitude und Phase
57600	24	V.90	

Im Laufe der Jahre wurden Modems in zahlreichen Ausführungen gefertigt. Die klassischen, seriell angeschlossenen, externen Tischgeräte wurden dabei – je nach Einsatzgebiet – immer stärker von (internen) Modem–Einsteckkarten oder handlichen (externen) Pocket–Modems für unterwegs verdrängt. Die Steuerung eines Modems erfolgt auch heute noch bei fast allen Modellen über den so genannten *Hayes*–Befehlssatz. Dieser wurde von *Hayes Microcomputer Products*, einem Pionier der Modem–Technologie, zur *In-band*–Konfiguration[37] seiner Modems entwickelt. Die Steuerung des Modems wird üblicherweise von der verwendeten Kommunikationssoftware automatisch realisiert. Daher kommt der PC–Anwender nur dann mit dem Hayes–Befehlssatz in Kontakt, wenn das Modem nicht korrekt funktioniert oder andere Gründe den erfolgreichen Aufbau einer WAN–Verbindung verhindern.

---

[36] Dabei handelt es sich um die umbenannte frühere CCITT (*International Telegraph and Telephone Consultative Comitée*).

[37] Bei der Konfiguration von Netzwerkkomponenten unterscheidet man zwischen *In-band*– und *Out-of-band*–Zugriff. Beim In–band–Zugriff werden die Steuersignale in den zu übertragenden Datenstrom eingeschleust, beim Out–of–band–Zugriff erfolgt die Steuerung über eine separate Konsole. Der Vorteil der In–band–Steuerung, das komfortable Management der Komponenten, wird auf Kosten einer vorübergehend reduzierten Bandbreite erkauft.

6.4.2 Integrated Services Digital Network (ISDN)

Integrated Services Digital Network (ISDN) ist eine digitale, international standardisierte Technologie, die universell zur Übertragung digitaler Informationen einsetzbar ist. Analoge Signale, beispielsweise Sprach- oder Bildaufnahmen, müssen vor dem Transfer zunächst digitalisiert werden. Diese Aufgabe wird von einem als *Terminal Equipment* (TE) bezeichneten Endgerät übernommen. Das TE ist außerdem für die Anpassung bereits in digitaler Form vorliegender Signale an die Vorgaben der ISDN–Spezifikation zuständig. Mehrere TEs können über einen logischen Bus mit dem beim Kunden installierten Netzwerkabschluss, *Network Termination* (NT) genannt, des Carriers verbunden. Die ISDN–Spezifikation definiert verschiedene TE– und NT–Typen mit unterschiedlichen Schnittstellen (*Reference Points*), auf deren Behandlung jedoch im Rahmen dieses Buches verzichtet wird. Man unterscheidet zudem zwei ISDN–Anschlussarten, *Basic Rate ISDN* (BRI) und *Primary Rate ISDN* (PRI), von denen jedoch nur das BRI für den heimischen PC–Anwender von Interesse ist. Die weiteren Ausführungen beziehen sich daher ausschließlich auf das Basic Rate ISDN.

Obwohl ISDN eine Basisband–Technologie ist, wird die verfügbare Bandbreite in mehrere Kanäle unterteilt. Dazu wird der in Abbildung 6.18 dargestellte Datenrahmen der physischen Schicht in mehrere Teilbereiche gegliedert. Die Kanäle lassen sich in zwei Typen einteilen:

- Jeder ISDN–Anschluss verfügt über genau einen *D–Kanal* (*Data Channel*), dessen Aufgabe hauptsächlich in der Übertragung der für Herstellung, Aufrechterhaltung und Beendigung der Datenverbindung erforderlichen Signale besteht. Die Informationen des D–Kanals werden über die in Abbildung 6.18 gezeigten D–Bits übermittelt.

- Die eigentliche Datenübertragung erfolgt über zwei so genannte B–Kanäle (*Bearer Channels*). Jeder *B–Kanal* stellt einen transparenten, vollduplex betriebenen Verbindungsweg zwischen zwei Endpunkten zur Verfügung. Zahlreiche TEs, so auch die für den PC erhältlichen ISDN–Karten, ermöglichen die gemeinsame Nutzung beider B–Kanäle (*Bündelung*) zur Erhöhung der Bandbreite. Dem daraus resultierenden Vorteil einer schnelleren Verbindung steht jedoch eine Verdopplung der Verbindungsgebühren als Nachteil gegenüber.

Der in Abbildung 6.18 gezeigte Rahmen ist 48 Bit lang und wird innerhalb von 250 μs übertragen. Dadurch ergibt sich eine Übertragungsrate von 4.000 Rahmen/s bzw. 192 kbps. Jeder Rahmen enthält vier D–Bits, so dass für den D–Kanal insgesamt 16.000 bps zur Verfügung stehen. Auf die gleiche Weise kann für die Bandbreite eines B–Kanals ein Wert von 64.000 bps berechnet werden.

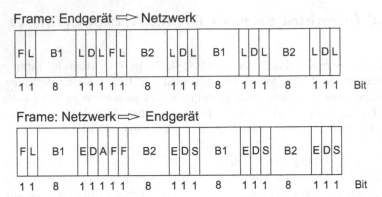

Abb. 6.18 ISDN–Frames der physischen Schicht.

Neben den 36 Datenbits enthält jeder Rahmen zwölf weitere Bits, zu deren Aufgaben

- die Synchronisation (*Framing Bit* – F),

- die Aktivierung der angeschlossenen TEs (*Activation Bit* – A),

- die Aufrechterhaltung der für die Signalisierung benötigten Spannung (*DC Balancing Bit* – L)

- sowie die Erkennung von Kollisionen auf dem D–Kanal (*Echo Bit* – E)

gehören. Während die B–Kanäle eine dedizierte Vollduplex–Verbindung zwischen den Kommunikationspartnern herstellen, wird der D–Kanal von allen mit einem ISDN–Anschluss verbundenen Geräten gemeinsam verwendet. Ein Endgerät kann nur dann auf den D–Kanal zugreifen, wenn dieser mindestens acht aufeinander folgende Einsen[38] übertragen hat. Der zeitgleiche Zugriff mehrerer Endgeräte (*Kollision*) wird erkannt, indem die vom NT empfangenen E–Bits mit den zuletzt versandten D–Bits verglichen werden. Sollte eine Abweichung vorliegen, muss das TE den D–Kanal sofort freigeben.

Die Nachrichtenübertragung des D–Kanals wird auf der Datenverbindungsschicht durch das *Link Access Procedure, D Channel*–Protokoll (LAPD) abgesichert. Das von LAPD verwendete Rahmenformat ist in Abbildung 6.19 dargestellt.

Anfang und Ende jedes LAPD–Frames werden durch eine eindeutige, aufgrund des Bit Stuffings im Datenbereich unzulässige Bit–Kombination (01111110) gekennzeichnet. Das Adressfeld hat in Abhängigkeit vom EA0–Bit eine Länge von 8 oder 16 Bit. Sofern nur ein Endgerät an das NT angeschlos-

---

[38] Dies entspricht dem „Freizeichen" des D–Kanals. Sollten die übertragenden Daten eine solche Einsen–Folge enthalten, wird diese durch das Einfügen einer Null (*Bit Stuffing*) aufgelöst.

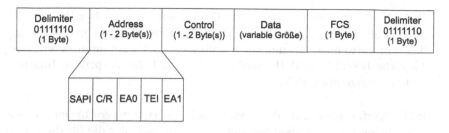

Delimiter 01111110 (1 Byte)	Address (1 - 2 Byte(s))	Control (1 - 2 Byte(s))	Data (variable Größe)	FCS (1 Byte)	Delimiter 01111110 (1 Byte)

SAPI | C/R | EA0 | TEI | EA1

Abb. 6.19 Rahmenformat des LAPD–Protokolls.

sen ist, kann auf die bei mehreren Endgeräten erforderliche Identifikation, *Terminal Endpoint Identifier* (TEI) genannt, verzichtet und die Adresse auf das erste Byte reduziert werden. Dieses enthält eine 7 Bit lange Kennung (*Service Access Point Identifier – SAPI*), die den Typ der im Rahmen enthaltenen Daten festlegt. Auf diese Weise können Multifunktionsgeräte, beispielsweise Fax–Telefon–Kombinationen, die eintreffenden Nachrichten an die zuständigen Komponenten weiterleiten. Das C/R–Bit charakterisiert die im *Control*–Bereich des Rahmens übertragenen Bits als Steuersignale oder als Antwort. Die Länge des Kontrollfeldes ist von der Verwendung einer Sequenznummer zur Absicherung der Übertragung abhängig und kann 8 oder 16 Bit betragen. Der Datenbereich enthält die von der Netzwerkschicht empfangenen Informationen, zu denen unter anderem die Rufnummern der beteiligten Anschlüsse sowie eine Identifikation des verwendeten B–Kanals gehören. Zur Fehlererkennung wird die *Frame Check Sequence* (*FCS*) nach dem CRC–Prinzip gebildet.

Personal Computer können auf zweierlei Weise über ein ISDN–Netzwerk verbunden werden[39]:

- Bei der indirekten Verbindung erfolgt die Kommunikation über einen mit dem lokalen Netzwerk verbundenen ISDN–Router. Dieser Router wählt bei Bedarf (*Dial on Demand*) eine vorgegebene Nummer und stellt – zusammen mit dem auf der Gegenseite installierten ISDN–Router – eine Verbindung des lokalen mit dem entfernten LAN her. Die ISDN–Verbindung wird so lange aufrechterhalten, bis sie für eine in der Konfiguration der Router festgelegte Zeitspanne unbenutzt bleibt. Diese Methode der ISDN–Nutzung wird hauptsächlich bei der Anbindung kleiner Zweigstellen im kommerziellen Umfeld eingesetzt.

- Für die direkte Verbindung mit dem ISDN–Netzwerk muss ein PC mit einem ISDN–Adapter ausgestattet werden. Dieser kann alternativ als interne

---

[39] Theoretisch existiert noch eine dritte Alternative, bei der der PC über ein analoges Modem und einen geeigneten Umsetzer, beispielsweise eine TK–Anlage, mit dem ISDN–Netzwerk verbunden wird. Diesen eher exotischen Sonderfall wollen wir jedoch außer Acht lassen.

PCIe–Karte oder als externes USB–Gerät realisiert sein. Der PC wird dadurch zum *Terminal Equipment*. Diese Anbindungsform wird hauptsächlich dort verwendet, wo nur ein PC über ein WAN kommunizieren muss. Mögliche Beispiele sind Heimarbeitsplätze und für die private Internet–Nutzung eingesetzte PCs.

ISDN–Karten können in aktive und passive Karten unterschieden werden. Aktive Karten verfügen über einen eigenen Prozessor, der die für die ISDN–Anbindung erforderliche Rechenleistung bereitstellt. Bei den passiven Karten werden sämtliche Berechnungen vom Systemprozessor durchgeführt.

Die Vermittlung zwischen der ISDN–Hardware und der für die Datenübertragung verwendeten Software erfolgt durch das so genannte *Common Application Programming Interface* (CAPI). Anwendungsentwickler erhalten dadurch die Gelegenheit, die Möglichkeiten einer ISDN–Anbindung zu nutzen, ohne sich dabei mit den technischen Details auseinandersetzen zu müssen.

6.4.3 Digital Subscriber Line (DSL)

Als *Digital Subscriber Line* (DSL) bezeichnet man eine ganze Familie moderner Kommunikationstechnologien, die mit Hilfe von Modems große Datenvolumen über die Kupferadern eines Standard–Telefonanschlusses versenden können. DSL–Technologien erlauben somit die Bereitstellung breitbandiger dedizierter Punkt–zu–Punkt–Verbindungen über eine bereits vorhandene Infrastruktur. Der bekannteste und am weitesten verbreitete Vertreter[40] ist das *asymmetrische DSL* (ADSL).

Die Übertragung erfolgt bei ADSL insofern asymmetrisch, dass sich die für die beiden Übertragungsrichtungen verfügbaren Bandbreiten unterscheiden. Dabei wird die Übertragungsrichtung vom Kunden zum Service–Provider als *Upstream*, die Gegenrichtung als *Downstream* bezeichnet. Gängige Größenordnungen von ADSL–Internetzugängen liegen bei 1024 kbps Upstream und 16000 kbps Downstream. Zum Teil werden jedoch auch erheblich höhere Bandbreiten angeboten. ADSL wird gemeinsam mit dem Basis–Telefon–Kanal über einen Anschluss bereitgestellt. Die Funktionsfähigkeit des Telefonanschlusses bleibt dabei auch dann erhalten, wenn der DSL–Service des Anbieters ausfällt.

Abbildung 6.20 zeigt die Aufteilung des von einem ADSL–Anschluss genutzten Frequenzbereichs. Der (analoge) Telefonkanal belegt die unteren 4

---

[40] Die anderen Technologien dieser Familie, SDSL, HDSL und VDSL, sind zum gegenwärtigen Zeitpunkt für den normalen PC–Besitzer von geringer Bedeutung und werden im Folgenden nicht weiter behandelt.

kHz, ADSL den Bereich ab ca. 20 kHz[41]. Die Trennung zwischen beiden Diensten wird sowohl beim Kunden als auch beim Carrier durch einen so genannten *Splitter* vorgenommen. Der Splitter besteht aus einer Kombination aus Hoch– und Tiefpass. Die aus dem Weitverkehrsnetz eintreffenden Signale werden parallel an beide Schaltungen geleitet. Der Tiefpass lässt ausschließlich die niedrigen Frequenzen des Telefonanschlusses passieren – der von ADSL verwendeten Frequenzbereich wird gesperrt. Im Gegensatz dazu sperrt der Hochpass die niedrigen Frequenzen des Telefonanschlusses und lässt ausschließlich die Frequenzen des ADSL–Bereichs durch.

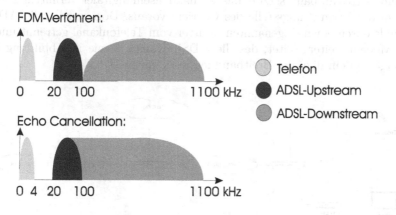

Abb. 6.20 Frequenzspektrum bei ASDL über PSTN.

Der für die ADSL–Signale vorgesehene Frequenzbereich kann auf zweierlei Weise eingeteilt werden. Bei Verwendung des *Frequency Division Multiplexings* (FDM) liegt der Frequenzbereich für die Upstream–Übertragung unterhalb dessen der Gegenrichtung. Das aufwendigere *Echo Cancellation*–Verfahren vereinigt die beiden Teilbereiche und vergrößert dadurch die für die Downstream–Richtung verfügbare Bandbreite.

Beide Bereiche sind in Kanäle eingeteilt, deren Übertragungsrate stets ein Vielfaches von 32 kbps beträgt[42]. Man unterscheidet zwischen breitbandigen *Simplexkanälen* (*Asymmetric Channel – AS*) für die Downstream–Übertragung und schmalbandigen *Duplexkanälen* (*Low–Speed Channel – LS*) für den bidirektionalen Transfer. Jeder ADSL–Anschluss verfügt über mindestens einen und höchstens vier Simplex– sowie mindestens einen und höchstens drei Duplexkanäle. Diese Kanäle können individuell im Interleave– oder im Fast–Modus betrieben werden:

---

[41] Die genannten Werte gelten ausschließlich für mit einem analogen Telefonkanal kombinierte ADSL–Anschlüsse. Da ISDN eine Bandbreite von fast 130 kHz erfordert, liegen die Grenzen in diesem Fall entsprechend höher.

[42] Die genaue Breite der Kanäle kann von jedem Carrier individuell festgelegt werden.

- Im *Interleave–Modus* werden die Informationen verschachtelt übertragen, was zu einem erhöhten Schutz gegen Störungen und somit zu einer Senkung der Bitfehlerrate führt. Dadurch entsteht jedoch eine Verzögerung von maximal 250 ms.

- Da die Verzögerung im Interleave–Modus für einzelne Anwendungen nicht akzeptabel ist, wird beim alternativ einstellbaren *Fast–Modus* auf eine Verschachtelung der Informationsübertragung verzichtet.

Obwohl ADSL auf der bestehenden Verbindungsinfrastruktur des analogen Telefonnetzes aufbaut, setzt es das Vorhandensein digitaler Vermittlungstechnik in der Vermittlungsstelle des Carriers voraus. Dort werden die ADSL–Signale durch einen so genannten Splitter vom Telefonkanal getrennt und an ein Modem weitergeleitet, das die ADSL–Kanäle – wie in Abbildung 6.21 gezeigt – in ein digitales Breitbandnetzwerk einspeist.

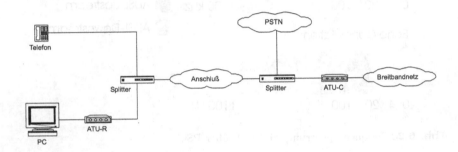

Abb. 6.21 ADSL: Vom Kunden bis zur Vermittlungsstelle.

Die asymmetrische Verbindungsstruktur erfordert den Einsatz unterschiedlicher Modems beim Kunden und beim Carrier. Das beim ADSL–Kunden installierte Modem wird ATU–R (*ADSL Transmit Unit Remote–End*), das in der Vermittlungsstelle des Carriers installierte ATU–C (*ADSL Transmit Unit Central Office*) genannt. Die Aufgaben beider Modems bestehen aus

- dem (De–)Multiplexen der Kanäle,

- der Synchronisation der Übertragung,

- der Erzeugung und Auswertung der ADSL–Frames,

- der Erkennung von Übertragungsfehlern und

- der Wandlung der zu übertragenden Signale.

Das ATU–R verfügt im Allgemeinen über einen Ethernet-Anschluss, der für den Verbindungsaufbau mit einem LAN oder die direkte Anbindung eines PCs verwendet werden kann. Alternativ werden auch Modelle mit USB–Anschluss angeboten. Das ATU–C ist hingegen üblicherweise mit einem

Anschluss für die Anbindung an ein ATM–Breitbandnetz[43] oder ein (10–)Gigabit–Ethernet ausgestattet.

Aufgrund der unterschiedlichen Kanaleinteilung verfügt jede Übertragungsrichtung über ein eigenes Rahmenformat. Wie in Abbildung 6.22 zu sehen ist, besteht der einzige Unterschied zwischen beiden Formaten im Fehlen der für die Simplexkanäle erforderlichen Bereiche beim Upstream–Format. Beide Rahmenformate können in jeweils einen eigenen Bereich für die Fast– und Interleaved–Übertragung unterteilt werden. Sofern alle Kanäle im gleichen Modus betrieben werden, kann der für den anderen Modus vorgesehene Teilrahmen entfallen. Das so genannte *Fast Byte* enthält mehrere Indikatorbits, die über den Betriebszustand der Verbindung Auskunft geben. Es folgen Bereiche für die im Fast–Modus betriebenen Kanäle. Daran schließen sich weitere Steuerinformationen an. Die Abkürzung FEC steht für *Forward Error Correction* (Vorwärtsfehlerkorrektur). Die in dem gleichnamigen Bereich übertragenen Daten unterstützen die Erkennung und Behebung von Bitfehlern. Das den für die Interleaved–Daten vorgesehenen Rahmenbereich einleitende Synchronisations–Byte (*Sync*) erfüllt die gleichen Funktionen wie das bereits erläuterte Fast–Byte. Daran schließen sich die Datenbereiche für die im Interleaved–Modus betriebenen Kanäle an. Eine weitere Folge von Steuerbytes beendet den Rahmen.

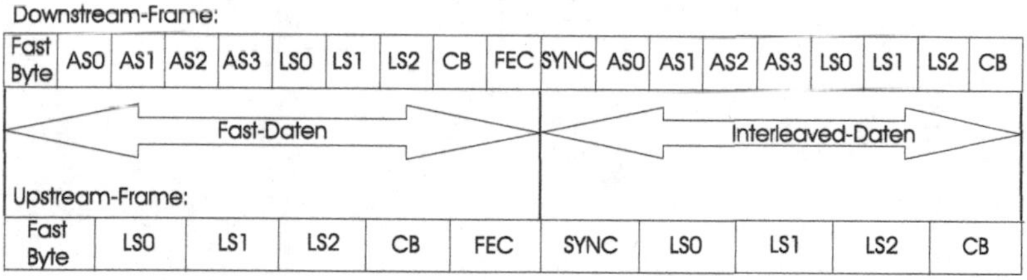

Abb. 6.22 Rahmenformate bei ADSL.

Der Einsatz von DSL im Allgemeinen und ADSL im Besonderen ist sowohl für die Carrier als auch deren Kunden von Vorteil. Durch DSL können Carrier eine vergleichsweise schnelle und kostengünstige WAN–Verbindung anbieten, obwohl der flächendeckende Aufbau einer breitbandigen Netzwerkinfrastruktur noch nicht abgeschlossen ist. Der Kunde profitiert wiederum von der hohen Downstream–Bandbreite von ADSL, die sich auf alle Anwendungen mit großem Download–Volumen, beispielsweise Internetzugriffe und *Video on Demand*, vorteilhaft auswirkt.

---

[43] ATM ist die Abkürzung für *Asynchronous Transfer Mode*, einer insbesondere bei Hochgeschwindigkeitsnetzen häufig verwendeten Technologie.

Kapitel 7
Mobile Systeme

Personal Computer werden mittlerweile in fast allen Arbeitsbereichen eingesetzt, sodass sie immer häufiger auch außerhalb von typischen Arbeitszim-
mern oder Büros anzutreffen sind. Neben stationären Systemen, die über
einen längeren Zeitraum an einem festen Einsatzort verbleiben, werden zunehmend auch mobile Systeme benötigt, die ohne nennenswerten Aufwand
von einem Einsatzort zum nächsten transportiert werden können. Eine solche
Mobilität stellt jedoch gewisse Anforderungen, die von den meisten herkömmlichen Arbeitsplatzrechnern nicht erfüllt werden können. Daher verfügen mobile Systeme zumeist über spezialisierte Hardware, die auf die besonderen
Anforderungen des mobilen Einsatzes ausgelegt ist. Bei einigen dieser Rechner muss darüber hinaus auch die Systemsoftware an diese Gegebenheiten
angepasst werden.

7.1 Grundlagen

Noch zu Beginn der 90er Jahre des 20. Jahrhunderts waren mobile Computer
extrem teuer und somit nur einem kleinen Kreis von zumeist professionellen Benutzern vorbehalten. Diese portablen Systeme hatten in der Regel die
Größe eines Koffers und ein Gewicht von deutlich mehr als 10 kg, wodurch
sie für viele Einsatzszenarien noch nicht zu gebrauchen waren. Mangels einer
mobilen Energiequelle waren die meisten Geräte auf eine Anbindung an das
Stromnetz angewiesen, wodurch ihre möglichen Einsatzgebiete weiter eingeschränkt wurden.

Diese Situation änderte sich grundlegend, als in den frühen 90er Jahren durch die fortschreitende Weiterentwicklung der PC–Technik zunehmend kleinere Systemkomponenten mit einem verringerten Energiebedarf
entwickelt wurden, die aufgrund verbesserter Akku–Technologien auch für

längere Zeit ohne Anbindung an das Stromnetz arbeiten konnten und durch die Verfügbarkeit von flachen und leichten LCD–Displays in einem kompakten Gehäuse Platz fanden. Mittlerweile kann darüber hinaus durch die Nutzung von drahtlosen Kommunikationstechnologien eine schnelle und einfache Anbindung von mobilen Systemen an eine (lokale) Systeminfrastruktur ohne störende Kabel hergestellt werden.

Obwohl die koffergroßen Gerätemodelle nach wie vor in begrenzten Einsatzgebieten verwendet werden, spielen sie für den normalen PC–Benutzer inzwischen keine Rolle mehr. Stattdessen werden heutzutage Geräte mit geringer Größe, niedrigem Gewicht und mehrstündiger Akku–Betriebszeit bevorzugt, die auch unterwegs, bspw. im Zug, am Flughafen oder im Freien verwendet werden können. Diese mobilen Systeme haben mitunter nur die Größe eines Notizblocks und können daher bei beengtem Raumangebot bequem auf dem Schoß des Benutzers Platz finden. Sie werden daher häufig auch als *Notebooks* bzw. *Laptop* bezeichnet, obwohl diese ursprünglich aus Marketinggründen eingeführten Namen heute keine Aussagekraft bezüglich der tatsächlichen Maße oder des Funktionsumfangs mehr besitzen. Aus diesem Grund werden sie in diesem Kapitel auch konsequent vermieden.

Die im Mobilbereich verwendeten Systemkomponenten müssen anderen Anforderungen genügen als die bei Desktop–Modellen eingesetzten Bauteile. Viele mobile PCs bestehen daher aus proprietären Komponenten, die eigens für das System entwickelt oder, von Standardkomponenten ausgehend, adaptiert wurden. Obwohl inzwischen jährlich mehr mobile als stationäre Systeme verkauft werden, sind mobile PCs aufgrund der höheren Anforderungen an die Hardware nach wie vor deutlich teurer als vergleichbar leistungsfähige Desktop–Rechner.

Die folgenden Abschnitte dieses Kapitels sollen einen Einblick in die Welt der mobilen PCs geben, indem sie sowohl die besonderen Anforderungen, mit denen diese Rechner konfrontiert werden, als auch die daraus resultieren Konsequenzen für die Hardware und die darauf laufende Systemsoftware darstellen. Wegen der Vielzahl an möglichen Einsatzgebieten und speziellen Systembauteilen können dabei jedoch nur solche Hardware–Komponenten behandelt werden, die für eine große Zahl von Gerätemodellen von Bedeutung sind. Auch die Darstellung der Systemsoftware muss sich aufgrund der Vielfalt der zum großen Teil proprietären Plattformen auf wenige verbreitete Produkte beschränken.

7.1.1 Anforderungen und Eigenschaften

Mobile Systeme sollen – wie die Bezeichnung *mobil* (lat.: beweglich) schon nahe legt – nicht fest an einen Standort gebunden sein, sondern auch nach erfolgter Inbetriebnahme flexibel an einen anderen Einsatzort gebracht werden können. Obwohl auch ein konventioneller Desktop–Computer gelegentlich zu einem neuen Arbeitsplatz verfrachtet werden kann, ist der hierfür zu betreibende Aufwand aufgrund von Größe, Gewicht, Verkabelung und Bauform[1] ungleich höher und lohnt im Allgemeinen nur bei einem längerfristigen Wechsel des Standorts.

Von dieser zentralen Anforderung nach **Portabilität** leiten sich weitere Forderungen ab, die alle von einem Computer erfüllt werden müssen, damit er als vollwertiges mobiles System gelten kann. Dabei handelt es sich im Einzelnen um:

- **Stabilität**: Das System übersteht aufgrund seiner robusten Konstruktion auch häufigere Transporte schadlos.

- **Autonomie**: Der Rechner ist von der am Einsatzort vorhandenen Infrastruktur weitgehend unabhängig.

- **Flexibilität**: Das Gerät kann durch das optionale Anbinden von Peripheriekomponenten oder die Nutzung geeigneter Software an den Bedarf des Benutzers angepasst werden.

Darüber hinaus existieren noch einige weitere Anforderungen, von denen die beiden folgenden die wichtigsten sind:

- **Interaktionsfähigkeit**: Das System verfügt über eine Benutzerschnittstelle.

- **Betriebssystem**: Ein Betriebssystem ermöglicht das Starten unterschiedlicher Programme und erlaubt das nachträgliche Installieren weiterer Applikationen.

Für ein solches Betriebssystem gelten wiederum eigene Anforderungen, die sich im Wesentlichen aus den Eigenschaften der zugrunde liegenden Hardware und dem vorgesehenen Einsatzgebiet ergeben. Die beiden wichtigsten Anforderungen an ein „mobiles" Betriebssystem bestehen sicherlich in einem geringen Ressourcenbedarf und einem modularen Aufbau, damit das Betriebssystem sowohl mit den begrenzten Ressourcen kleiner mobiler Systeme auskommt als auch auf unterschiedlichen Hardware–Plattformen eingesetzt werden kann.

Auf Basis dieser Anforderungen ergeben sich einige für mobile Systeme typische Eigenschaften, die im Einzelfall aber auch für herkömmliche Personal Computer gelten können. Als wesentliche Eigenschaft ist dabei selbstverständlich zunächst die Mobilität der Geräte zu nennen, die sich auf alle anderen Eigenschaften auswirkt. Um transportabel zu sein, verfügen mobile

---

[1] Das Gesamtsystem besteht aus mehreren einzelnen Geräten, die alle für die Nutzung zwingend erforderlich sind.

Computer über ein kompaktes Gehäuse, in dem alle für den Betrieb wesentlichen Komponenten integriert sind, sodass sie autonom arbeiten können und nicht zwingend auf die Verfügbarkeit anderer Geräte angewiesen sind. Trotzdem sind mobile Systeme relativ leicht und dennoch stabil gebaut. Aufgrund der kompakten Bauform besitzen sie jedoch nur eine stark eingeschränkte Erweiterbarkeit und sind aus diesem Grund auch schwierig zu reparieren. Das begrenzte Raumangebot erfordert die Entwicklung proprietärer Systemkomponenten, weshalb mobile Computer relativ teuer sind. Darüber hinaus sind die meisten Komponenten, um Platz zu sparen, auf dem Mainboard integriert und nicht über eine standardisierte Schnittstelle angebunden. Um eine möglichst lange Betriebsdauer des Akkus zu erreichen und die in den beengten Gehäusen nur schlecht abführbare Wärme zu verringern, werden Komponenten verwendet, die energiesparend arbeiten und damit zu einem niedrigen Energiebedarf des Gesamtsystems führen, dafür aber oft nur über eine niedrige Performance verfügen.

7.1.2 Vor– und Nachteile gegenüber Desktop–Systemen

Obwohl mobile Systeme häufig ähnliche Aufgaben wie die typischen Arbeitsplatzrechner erfüllen müssen, ergeben sich aus den oben genannten Eigenschaften einige Vor– und Nachteile, die bei der Anschaffung eines neuen Rechners gegeneinander abgewogen werden müssen. Es folgt nun eine Diskussion der wichtigsten Aspekte.

Mobilität: Mobile Systeme müssen kleiner und leichter als konventionelle Desktop–Geräte sein. Eine kompakte Bauform, die alle wesentlichen Komponenten in einem einzigen Gehäuse vereinigt, erleichtert sowohl den Transport des Gerätes als auch dessen Benutzung unterwegs. Zu diesem Zweck wird auch eine eigene Spannungsquelle, beispielsweise eine Batterie oder ein Akku benötigt, damit das Gerät wenigstens vorübergehend, beispielsweise im Freien, ohne eine Anbindung an das öffentliche Stromnetz betrieben werden kann. Durch die Nutzung drahtloser Netzwerktechnologien, wird eine schnelle und unkomplizierte Netzanbindung auch unterwegs ermöglicht, beispielsweise im Hotel oder am Flughafen.

Stabilität: Mobile Systeme sind durch ihre wechselnden Einsatzorte häufig stärkeren mechanischen Belastungen als konventionelle Desktop–Systeme ausgesetzt. Sie benötigen daher eine verstärkte Konstruktion, die die unterwegs nahezu unvermeidlichen Stöße aushält und die empfindliche Elektronik einschließlich des Displays und der Festplatte bestmöglich schützt. Auch im Hinblick auf Feuchtigkeit und Staub sind mobile Systeme häufig besser gekapselt als herkömmliche Arbeitsplatzrechner und Server–Systeme.

Performance: Um sowohl den Preis für mobile Systeme als auch die bei ihren Betrieb entstehende Wärme in Grenzen zu halten, werden häufig Komponenten mit geringerer Leistungsfähigkeit verbaut, was sich nachteilig auf die Performance des Gesamtsystems auswirkt. So handelt es sich bei den verwendeten Prozessoren meistens entweder um „gedrosselte" Versionen aus dem Desktop–Bereich oder um speziell für den Einsatz in mobilen Systemen entwickelte Modelle mit geringerer Geschwindigkeit und reduzierter Wärmeentwicklung.

Kosten: Die in mobilen Systemen verbauten Komponenten müssen im Allgemeinen kleiner und leichter sein als die Bausteine eines herkömmliche Arbeitsplatzrechners. Um unter diesen Umständen dennoch eine vergleichbare Leistungsfähigkeit und Stabilität wie die der in Großserienfertigung produzierten Standardkomponenten zu erreichen, bedarf es häufig eines aufwändigeren Fertigungsprozesses sowie hochwertigerer Materialien. Darüber hinaus dürfen sie nur einen geringen Energiebedarf aufweisen, damit das Gesamtsystem möglichst lange ohne Anbindung ans Stromnetz arbeiten kann. Diese sowohl auf den Bedarf als auch die räumlichen Gegebenheiten des mobilen Rechners zugeschnittenen Komponenten werden meist nur in kleiner Stückzahl gefertigt und können häufig nur vom Hersteller des mobilen Systems als Ersatzteil bezogen werden. Die genannten Faktoren führen dazu, dass mobile Systeme im Normalfall deutlich teurer als übliche Desktop–Systeme mit vergleichbarer Leistung sind, wobei der Preisunterschied umso deutlicher ausfällt, je kleiner das mobile System gebaut ist.

Sicherheit: Die kompakte Bauform mobiler Systeme sowie ihre Nutzung und vorübergehende Aufbewahrung in öffentlich zugänglichen Bereichen erleichtern den Diebstahl dieser Geräte, der neben dem materiellen Schaden auch den häufig schwerwiegenderen Verlust der gespeicherten Daten nach sich zieht. Mobile Systeme verfügen daher gelegentlich über zusätzliche Schutzmaßnahmen, die einen physischen Diebstahl erschweren bzw. eine unbefugte Auswertung der gespeicherten Daten verhindern können.

Standardisierung: Im Gegensatz zu handelsüblichen Desktop–Computern basieren mobile Systeme vorwiegend auf proprietären Komponenten, die in einigen Fällen noch nicht einmal zwischen den verschiedenen Modellen eines Herstellers ausgetauscht werden können. Darüber hinaus sind zahlreiche Komponenten direkt auf der Hauptplatine integriert, deren Bauform und Maße wiederum durch das Gehäuse bestimmt werden, das gewöhnlich unter den Gesichtspunkten Funktionalität und Design entworfen wurde. Standardisierung findet sich daher bei den mobilen Systemen vorwiegend im Bereich der internen Steckplätze und Schnittstellen, den Festplatten und der Speichermodule.

Erweiterbarkeit: Aufgrund des geringen Platzangebots und der zumeist auf der Hauptplatine integrierten Hardware sind mobile Systeme oft nur in geringem Umfang erweiterbar. Auch der Prozessor ist bei vielen Systemen fest auf die Hauptplatine gelötet und kann daher nicht ohne spezielles Werkzeug ausgetauscht werden. Lediglich die Speichermodule und Laufwerke sind standardisiert und können im Nachhinein durch leistungsfähigere Modelle ersetzt werden. Darüber hinaus können insbesondere größere mobile Systeme über wenige interne Schnittstellen und Steckplätze um zusätzliche Komponenten erweitert werden. Weitere Geräte müssen über externe Schnittstellen (beispielsweise USB und FireWire – IEEE 1394) angeschlossen werden.

Reparatur: Auch die Reparatur von mobilen Systemen gestaltet sich aufgrund der fehlenden Standardisierung und des begrenzen Raumes häufig schwieriger als bei Arbeitsplatzrechnern. Da viele Komponenten auf der Hauptplatine integriert sind, lassen sich zahlreiche Fehler nur durch den Austausch der gesamten Hauptplatine lösen. In einigen Fällen besteht jedoch die Möglichkeit, eine defekte oder veraltete interne Komponente über das BIOS zu deaktivieren und durch eine andere – zumeist externe – Komponente zu ersetzen. Die Mehrzahl der tatsächlich durchgeführten Reparaturen besteht heutzutage aus dem Austausch der wenigen standardisierten Komponenten, insbesondere der Festplatten und Speichermodule.

7.1.3 Geräteklassen

Die zu Beginn der 90er Jahre des 20. Jahrhunderts noch sehr schweren und unhandlichen mobilen Systeme wurden im Laufe der Jahre kontinuierlich weiterentwickelt, wodurch sie nicht nur merklich kompakter und leichter, sondern auch erheblich leistungsfähiger geworden sind. Während größere mobile Rechner heute zumindest annähernd über die Leistungsfähigkeit eines vollwertigen Desktop–Systems verfügen, sind der Funktionsumfang und die Leistungsfähigkeit der kleineren Modelle häufig stark eingeschränkt.

Im Laufe der Jahre haben sich mehrere Geräteklassen am Markt etabliert, die sich maßgeblich hinsichtlich ihrer Größe, ihres Gewichts und ihrer typischen Ausstattungsmerkmale voneinander unterscheiden. Obwohl es für keine dieser Klassen eine verbindliche Definition hinsichtlich der zu erfüllenden Eigenschaften gibt, besteht dennoch allgemeiner Konsens über die wesentlichen Merkmale der in ihnen vertretenen Systeme. Eine wesentliche Gemeinsamkeit aller Geräteklassen besteht im geringen Raumangebot innerhalb der Gehäuse, welches nicht nur den verfügbaren Platz für die zentralen Systemkomponenten einschränkt, sondern auch den Freiraum für mögliche Erweiterungen (bspw. zusätzliche Laufwerke oder Erweiterungskarten) begrenzt. Darüber hinaus kann insbesondere bei den kleineren Gerätetypen keine effektive Luftkühlung realisiert werden, sodass die unvermeidliche Wärmeentwicklung bestmöglich reduziert und andere Technologien für die Kühlung der Komponenten herangezogen werden müssen. Die kompakte Bauweise mobiler Rechnersysteme erschwert darüber hinaus – gemeinsam mit der fehlenden Standardisierung der meisten Systemkomponenten – die Reparatur und Wartung.

Neben den nachfolgend behandelten Geräteklassen gibt es noch einige weitere Bezeichnungen, die für die Klassifikation von mobilen Rechnersystemen verwendet werden. Diese zumeist aus dem Marketing stammenden Begriffe können jedoch nur auf einen Teil der verfügbaren Gerätetypen sinnvoll angewandt werden und erlauben somit keine durchgängige Klassifikation aller Bauarten und –größen. Darüber hinaus ist eine klare Trennung der einzelnen Begriffe aufgrund der fehlenden Festlegung durch Industriestandards oder allgemein anerkannte Definitionen schwierig. In der Literatur werden daher beispielsweise auch die Begriffe *Laptop*, *Portable* und *Notebook* häufig synonym behandelt, was eine Klassifikation anhand dieser Begriffe sinnfrei erscheinen lässt.

7.1.3.1 Desktop–Ersatzsystem

Ein *Desktop–Ersatzsystem* kann als eigenständiger Arbeitsplatzrechner dienen, da er über alle wesentlichen Ausstattungsmerkmale verfügt, die auch ein herkömmliches Desktop System mit sich bringt. Hierzu zählen neben einer großen LCD-Anzeige (typischerweise 17 Zoll) und einer für mobile Systeme relativ großen Tastatur auch ein schneller Prozessor, ein hinreichend groß dimensionierter Hauptspeicher, optische Laufwerke sowie ein Sound–System und eine einigermaßen schnelle Graphikkarte. Als Zeigegeräte wird meist ein *Touchpad* verwendet, das vor der Tastatur platziert ist. Gelegentlich werden aber auch andere Zeigegeräte genutzt, beispielsweise *Trackballs* oder *Point Sticks* (vgl. Abschnitt 5.2.3).

Mobile Systeme dieser Geräteklassen sind nach heutigen Maßstäben mit einer typischen Größe von mindestens 17 Zoll und einem Gewicht von mehr als 4 kg vergleichsweise schwer und sperrig, weshalb eine Nutzung im Zug oder Flugzeug nur bedingt bis gar nicht möglich ist. Darüber hinaus führen der leistungsstarke Prozessor sowie die für den Mobilbereich üppige Hardware–Ausstattung zu einer sehr begrenzten Akku–Laufzeit, die teilweise deutlich unterhalb von zwei Stunden liegen kann.

Desktop–Ersatzsysteme werden häufig mit einer vollständigen Linux– bzw. Windows–Version ausgeliefert, wie sie auch im Desktop–Bereich eingesetzt wird. Aufgrund der guten Hardware–Ausstattung können diese Mobilrechner für nahezu alle aus dem Desktop–Bereich bekannten Aufgaben genutzt werden – angefangen bei der Verarbeitung einfacher Texte bis hin zu Leistungsfordernden Anwendungen, wie z.B. Computer–Spiele.

7.1.3.2 Desktop Extender

Die nächst kleinere Geräteklasse sind die so genannten *Desktop Extender,*
die mit einer Größe von etwa 12 bis 15 Zoll und einem typischen Gewicht
zwischen 2 und 4 kg in etwa der Vorstellung der meisten Benutzer von einem Laptop entsprechen. Desktop Extender sind aufgrund eines langsameren
Prozessors und einer geringeren Größe des Hauptspeichers in der Regel weniger leistungsfähig als Desktop–Ersatzsysteme. Darüber hinaus verfügen sie
nur über eine einfache Graphikkarte und ein rudimentäres Sound–System,
was ihre Nutzung für Multimedia–Anwendungen und Computer–Spiele stark
einschränkt. Als Betriebssystem kommt meistens eine – gegebenenfalls angepasste – Version der Betriebssysteme Linux oder Windows zum Einsatz.
Auch die Größe der Tastatur ist merklich reduziert, was u.a. durch eine Platz
sparende Anordnung der Tasten und den Verzicht auf einen eigenen Nummernblock ereicht wird. Bei den meisten Modellen ist vor der Tastatur ein
Touchpad untergebracht, wobei jedoch gelegentlich auch andere Zeigegeräte
eingebaut werden.

Als Ausgleich für die oben genannten Einschränkungen haben Desktop Extender häufig eine deutlich längere Akku–Laufzeit, die durchaus fünf Stunden
und mehr betragen kann. Die Kombination aus geringem Gewicht, kompakter
Größe, relativ langer Akku–Laufzeit und großem Funktionsumfang ermöglicht
dem Benutzer ein hohes Maß an örtlicher Ungebundenheit und Flexibilität.

7.1.3.3 Ultraportables System

Ultraportable Systeme, häufig auch *Subnotebooks* genannt, sind kleiner und
leichter als herkömmliche Desktop Extender, wobei die Grenzen zu den nachfolgend behandelten *Netbooks* fließend sind. Obwohl diese Geräte mit einer
Größe von weniger als 12 Zoll nur wenig Raum für die zentralen Systemkomponenten und eine umfangreiche Peripherie zur Verfügung stellen, reicht ihre
Leistungsfähigkeit teilweise trotzdem bis an die der größeren mobilen Geräteklassen heran. Dies wird insbesondere durch die Nutzung von besonders
kleinen und dennoch leistungsfähigen Komponenten erreicht. Darüber hinaus
wird die Zahl der bereitgestellten Schnittstellen gering gehalten und auf die
Integration von optischen Laufwerken verzichtet.

Auf den meisten Vertretern dieser Geräteklasse wird eine Version der Betriebssysteme Linux und Windows genutzt, wodurch die gängigen Software–
Produkte auch auf diesen kompakten Rechnern zur Verfügung stehen. Aufgrund eines geringen Energieverbrauchs können Ultraportable Systeme häufig
länger als Desktop Extender ohne Verbindung zum Stromnetz betrieben werden. Ein wesentlicher Nachteil dieser Systeme besteht jedoch in der geringen
Größe von Bildschirm und Tastatur, die den Bedienkomfort aufgrund der ge-

ringeren Bildschirmauflösung und der kleineren Tasten erheblich herabsetzt. Ultraportable Systeme sind wegen ihrer kompakten und dennoch leistungsfähigen Komponenten häufig teurer als vergleichbare Standard–Systeme und Netbooks, weshalb sich ihr Einsatz inzwischen auf einen Nischenmarkt beschränkt.

7.1.3.4 Netbook

Netbooks sind mit einer Größe von etwa 6 bis 11 Zoll geringfügig kleiner als die zuvor beschriebenen Ultraportablen Systeme. Ihr Gewicht liegt typischerweise bei unter 1,5 kg, wobei einzelne Modelle sogar weniger als 1 kg auf die Waage bringen. Durch den bewussten Verzicht auf eine hohe Systemleistung können Netbooks äußerst energiesparend arbeiten und darüber hinaus zu einem vergleichsweise günstigen Preis angeboten werden. Akku–Laufzeiten von mehr als zehn Stunden sind somit unter günstigen Umständen möglich. Hierfür sind jedoch eine optimierte Konfiguration der Energieverwaltung, eine Deaktivierung der für die drahtlosen Netzwerkverbindungen zuständigen Module, die Nutzung eines Solid State–Laufwerks (SSD, vgl. Abschnitt 3.3) anstelle eine Festplatte, sowie zahlreiche weitere Maßnahmen erforderlich. Abbildung 7.1 zeigt einen Größenvergleich zwischen einem Netbook und einem Desktop–Ersatz–System.

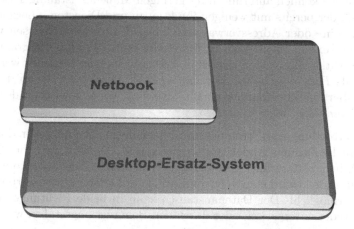

Abb. 7.1 Größenvergleich zwischen einem Netbook und einem Desktop–Ersatzsystem.

Bei den meisten Modellen dieser Geräteklasse wird zur Verringerung des Strombedarfs entweder die Taktgeschwindigkeit des Prozessors heruntergesetzt oder direkt ein für seinen geringen Leistungsverbrauch bekannter Prozessortyp, beispielsweise ein Atom–Prozessor von Intel, verwendet. Auch die weiteren Komponenten werden primär unter dem Gesichtspunkt eines geringen Energieverbrauchs ausgewählt. So werden z.B. die bei den meisten Modellen eingebauten 2,5–Zoll–Festplatten durch Solid–State–Laufwerke ergänzt oder sogar ersetzt. Durch die Integration von zumeist mehreren Netzwerkschnittstellen – typischerweise WLAN, Bluetooth und kabelgebundenes Ethernet – eignen sich Netbooks insbesondere als Internet–Client, für die Durchführung von Präsentationen und zum Erfassen von Notizen und Texten. Weil in den meisten Fällen eine auf die geringe Ressourcenausstattung und den Energiespargedanken angepasste Version eines gängigen Betriebssystems, wie Linux und Windows, zum Einsatz kommt, steht den Benutzern dadurch eine große Vielfalt an möglichen Anwendungen zur Verfügung. Analog zu den Ultraportablen Systemen setzen jedoch die geringe Größe und Auflösung der Anzeige sowie die reduzierte Größe der Tasten dem Bedienkomfort deutliche Grenzen. Deshalb werden Netbooks vorwiegend für die oben genannten Einsatzgebiete sowie als Abspielgeräte für Audio– und Videodaten verwendet.

7.1.3.5 Personal Digital Assistant, Smartphone und Mobiltelefon

Die kleinste in diesem Kapitel behandelte Geräteklasse umfasst Systeme mit einer Größe von bis zu 4 Zoll und einem Gewicht von etwa 0,5 kg. Derart kompakte Geräte können aufgrund ihrer geringen Maße als „ständiger Begleiter" fungieren, der bereits mit wenigen Funktionen und Diensten – beispielsweise einer Termin– oder Adressverwaltung, einem Editor zum Erfassen von Notizen und Texten, einem Web Browser oder einem E–Mail–Programm – im mobilen Alltag von Nutzen sein kann. Solche ständigen Begleiter werden allgemein als *Personal Digital Assistant (PDA)*[2] bezeichnet. Wenn das Gerät zudem über eine Telefonfunktionalität verfügt, wird inzwischen der Begriff *Smartphone* verwendet.

Die Verbindung zum Stromnetz wird bei nahezu allen Modellen durch eine als *Cradle* bezeichnete Andockstation hergestellt, die zusätzlich über USB mit einem Arbeitsplatzrechner verbunden werden kann. Über diese Kommunikationsschnittstelle wird eine Synchronisation der Daten mit dem Arbeitsplatzrechner ermöglicht. Der Datenaustausch kann in beide Richtungen erfolgen und entweder automatisch oder durch den Benutzer angestoßen werden.

Die Hardware–Ausstattung ist bei dieser Geräteklasse aufgrund des geringen Raumangebots eher bescheiden. Die Geschwindigkeit des Prozessors

---

[2] Die Bezeichnung PDA wurde ursprünglich ausschließlich für Geräte verwendet, die keine Tastatur besaßen und über einen Touchscreen gesteuert wurden, wohingegen Geräte mit einer Miniaturtastatur *Handheld PCs* genannt wurden. Im deutschsprachigen Raum hat sich inzwischen jedoch der Begriff PDA für alle derartigen Kleincomputer durchgesetzt, sodass nachfolgend durchgängig von PDA die Rede sein wird.

beträgt zumeist deutlich weniger als 500 MHz und die Größe des verfügbaren Hauptspeichers liegt im Bereich von mehreren Megabyte. Zusätzlich verfügen zahlreiche Vertreter dieser Klasse über einen internen ROM–Speicher, in dem das Betriebssystem abgelegt ist. Auch dieser Speicherbereich ist nur einige Megabyte groß. Für die permanente Speicherung von Programmen und Daten besitzen zahlreiche Modelle einen Flash–Speicher in Form einer SD–Karte, dessen Größe bis zu mehreren Gigabyte betragen kann und somit für die meisten Anwendungsgebiete ausreichend dimensioniert ist.

Eine LCD–Farbanzeige mit einer Auflösung von typischerweise 640×480 Bildpunkten und ein zumeist recht einfaches Sound–System ermöglichen die Anzeige von Bildmedien sowie eine Widergabe von Audio–Daten in Stereophonie. Insbesondere die neuen Geräte verfügen darüber hinaus über eine eingebaute Digitalkamera sowie einen USB–Anschluss. Während die Kommunikation zu anderen PDAs früher häufig über eine Infrarot–Schnittstelle (IrDA) erfolgte, wird heute vorwiegend eine Bluetooth– oder WLAN–Schnittstelle für diesen Zweck eingesetzt. Bei Smartphones kann darüber hinaus eine Kommunikation über UMTS (*Universal Mobile Telecommunications System*) erfolgen.

Nahezu alle Geräte dieser Klasse sind mit einem speziell auf ihre begrenzten Ressourcen angepassten Betriebssystem, beispielsweise *Windows Mobile* oder *Android* ausgestattet, dessen graphische Oberfläche über die berückrungsempfindliche Anzeige gesteuert werden kann. Für diesem Zweck wird bei einigen Geräten ein spezieller Stift, ein sog. *Stylus*, benötigt, während andere Systeme eine Steuerung über die direkte Berührung mit den Fingern erlauben. Darüber hinaus verfügen verschiedene Modelle über eine Sprach– oder eine Handschrifterkennung. Sofern – neben der auf der Anzeige darstellbaren „virtuellen" Tastatur – eine physische Miniaturtastatur vorhanden ist, kann auch diese für die Eingabe von Daten oder die Steuerung des Systems verwendet werden.

7.1.3.6 Tablet–PC

Im Gegensatz zu den vorangegangenen Geräteklassen werden *Tablet–PCs* nicht durch ihre Größe oder ihr Gewicht, sondern durch ihre Benutzerschnittstelle gekennzeichnet, die eine für PDAs typische Eingabe und Steuerung mit einer für größere Mobilrechner üblichen Rechenleistung kombiniert. Zu diesem Zweck sind Tablet–PCs mit einer Anzeige ausgestattet, die nicht nur als Ausgabe– sondern auch als Eingabemedium fungiert. Im Laufe der Jahre wurden hierfür mehrere Technologien entwickelt, von denen einige die Verwendung eines speziellen Eingabestiftes (*Stylus*) erfordern, während in anderen Fällen eine Eingabe durch direkte Berührung mit den Fingern möglich ist. Während einige Modelle mit einer Software zur Handschrifterkennung ausgestattet sind, stellen andere eine *virtuelle* Tastatur für die Eingabe von Texten zur Verfügung. Unter einer virtuellen Tastatur versteht man ein Programm, das auf der Anzeige eine Tastatur darstellt, deren Tasten über den Mauszeiger oder die Fingerspitze angesteuert und betätigt werden können. Aufgrund dieser beiden Möglichkeiten verfügen zahlreiche Tablet–PCs über keine physische Tastatur. Einige Geräte haben darüber hinaus eine Spracherkennungsfunktion, über die mit etwas Übung akzeptable Ergebnisse erzielt werden können.

Tablet–PCs werden in zwei Bauformen gefertigt:

- **Konvertible Systeme** (*Convertible Systems*) sehen im Wesentlichen wie konventionelle Mobilrechner mit Klappgehäuse aus, bei denen die Anzeige jedoch um 180 Grad gedreht werden kann, sodass das Gerät auch im geschlossenen Zustand eingeschaltet bleibt und dabei über die Anzeige bedient werden kann. Die Tastatur ist in diesem Fall von der Anzeigeeinheit verdeckt und kann nicht verwendet werden. Die meisten Modelle dieser Bauform sind vollständig ausgestattete Rechner, die neben einer für die Größenordnung üblichen Peripherie auch über Schnittstellen für die Anbindung externer Komponenten verfügen.

- **Tafelsysteme** (*Slate Systems*) besitzen keine Tastatur und sind daher auf die Eingabe über die Anzeige beschränkt. Die meisten Modelle weisen eine sehr niedrige Höhe auf und ähneln daher einer „urtümlichen" Schiefertafel. Außerdem haben sie ein geringes Gewicht, sodass sie sich besonders für die mobile Erfassung und Abfrage elektronisch gespeicherter Daten eignen. Tastatur, Laufwerke und sonstige Peripherie müssen über externe Schnittstellen angebunden werden.

Die Mehrzahl der am Markt verfügbaren Tablet–PCs hat eine Größe von 10 bis 12 Zoll und ein Gewicht von etwa zwei Kilogramm, wobei auch leichtere Slate Systems verfügbar sind. Als Betriebssystem wird häufig eine voll ausgestattete Version von Linux oder Windows verwendet, sodass den Geräten dieser Klasse eine große Spannweite an möglichen Einsatzgebieten offen steht.

7.1.3.7 Robustes System

Die bislang in diesem Abschnitt angesprochenen Geräteklassen werden hauptsächlich durch ihre Größe und ihre Leistungsfähigkeit oder durch ihre Benutzerschnittstelle charakterisiert. Eine Aussage über die physische Belastbarkeit von mobilen Geräten ist auf Basis dieser Merkmale nicht möglich. In der Tat können viele der heute verfügbaren mobilen System mangels hinreichender Resistenz gegenüber Umwelteinflüsse und mechanische Belastungen nur bedingt außerhalb des klassischen Büro– oder Heimalltags eingesetzt werden, beispielsweise in Einsatzfahrzeugen, bei Zählerstandsablesungen oder auf Montage.

Verschiedene Hersteller bieten daher – neben ihren für den Büroeinsatz ausgelegten Rechnern – so genannte *robuste Systeme* oder *gehärtete Systeme* an, die durch zusätzliche Schutzmaßnahmen eine höhere Widerstandfähigkeit gegenüber bestimmten Umwelteinflüssen besitzen und deshalb besser als herkömmliche Systeme unter rauen Betriebsbedingungen arbeiten können. Häufig werden diese Geräte auch im deutschen Sprachraum mit dem englischen Begriff *ruggedized* [3] beschrieben und anhand des Umfangs der vorgenommenen Schutzvorkehrungen in *semi–ruggedized* und *full–ruggedized Systems* eingeteilt. Mangels allgemeingültiger Unterscheidungskriterien sagen diese beiden Begriffe jedoch wenig über die tatsächliche Robustheit eines Systems aus. Handelsübliche Rechner ohne zusätzliche Vorkehrungen werden als *non–ruggedized* bezeichnet. Darüber hinaus wurden im Laufe der Jahre noch zahlreiche weitere Bezeichnungen eingeführt, die jedoch entweder keine allgemeine Anerkennung gefunden haben oder als Marketing–Instrument einzelner Hersteller entwickelt worden sind. Robuste Systeme gibt es bei allen beschriebenen Geräteklassen, angefangen bei den Mobiltelefonen, über die Tablet–PCs bis hin zum Desktop–Ersatz.

Ebenso vielfältig wie die möglichen Einsatzgebiete mobiler Systeme sind auch die störenden oder sogar schädlichen Einflüsse, mit denen sie konfrontiert werden. In den meisten Fällen handelt es sich dabei um

- mechanische Belastungen, wie z.B. Stürze, Schläge oder Vibrationen,
- den Kontakt mit Flüssigkeiten,
- extreme Temperaturen,
- widrige Lichtverhältnisse oder
- eine übermäßige Belastung durch Kleinpartikel (Staub),

gegen die das mobile System durch geeignete Maßnahmen zu schützen ist. Bei der Anschaffung eines Gerätes muss darauf geachtet werden, dass ein hinreichender Schutz gegen die im Einsatzgebiet zu erwartenden Gefahren besteht. Beispielsweise muss ein im Innenraum eines Fahrzeugs installiertes System besonders gut gegen Vibrationen gehärtet sein, wohingegen ein besonderer Schutz gegen das Eindringen von Feuchtigkeit oder Staub entfallen kann.

Im Laufe der Zeit wurden zahlreiche Materialien und Techniken entwickelt, mit deren Hilfe widerstandsfähigere Rechnersysteme gebaut werden konnten. So bestehen die Gehäuse vieler robuster Systeme heute aus speziellen Verbundstoffen, beispielsweise Aluminium– oder Magnesiumlegierungen, die trotz ihres geringen Gewichts eine deutlich höhere Stabilität als der in herkömmlichen Gehäusen verwendete Kunststoff aufweisen. Anschlüsse und Öff-

---

[3] engl.: robust, gehärtet, widerstandsfähig, auf höhere Belastung ausgelegt

nungen sind häufig durch Gummiabdeckungen und Luftfilter geschützt, um das Eindringen von Fremdkörpern und Flüssigkeiten bis zu einem gewissen Grad abwehren zu können. Um eine vollständige Isolation zu erreichen, wird bei einigen Systemen sogar ganz auf eine Luftkühlung verzichtet. „Gehärtete" Laptops verfügen oft über verstärkte Scharniere und Vorkehrungen, die ein versehentliches Aufklappen des Gerätes verhindern. Für einen sichereren Transport sind einige Geräte darüber hinaus mit einem in das Gehäuse integrierten festen Griff ausgestattet. Auch der Einsatz zusätzlicher Dämmmaterialien schützt die empfindliche Technik, allen voran die LCD-Anzeige und die Festplatte. Bei einigen modernen Systemen werden Festplatten auch durch die mechanisch weniger empfindlichen Solid State Disks (SSD) ersetzt. Durch beleuchtete Tastaturen und kontraststarke Anzeigen wird auch ein Arbeiten bei völliger Dunkelheit oder im hellen Sonnenlicht ermöglicht. Manche Systeme sind darüber hinaus mit einer besonders leistungsfähigen Kühlung oder ein Heizsystem für die Festplatte ausgestattet, die eine Nutzung bei extremen hohen bzw. tiefen Temperaturen ermöglichen.

Die „Härtung" eines Gerätes wird entweder durch die Beschreibung der im Labor des Herstellers durchgeführten Testreihen oder die Nennung der erreichten Schutzklasse sowie sonstiger erfüllter Sicherheitsstandards beschrieben. Im Allgemeinen wird von den Herstellern die Erfüllung von gleich mehreren Standards angestrebt, da keiner von diesen alle der oben genannten Einflussfaktoren erfasst.[4]

Obwohl es zahlreiche Einsatzgebiete gibt, in denen eine angemessene Härtung der einzusetzenden mobilen Systeme unverzichtbar ist, bringen robuste Systeme auch Nachteile gegenüber konventionellen Geräten mit sich, die ihrer allgemeinen Verbreitung entgegenstehen. Zum einen sind robuste Systeme aufgrund der zusätzlichen Sicherungsvorkehrungen erheblich teurer und merklich schwerer als herkömmliche Geräte. Damit sie eine lange Batterielaufzeit erreichen, werden in einigen Fällen Strom sparende Prozessoren und Komponenten verwendet, was im Gegenzug die Leistungsfähigkeit des Gesamtsystems herabsetzt. Es ist somit zu erwarten, dass robuste Systeme auch zukünftig nur in bestimmten Einsatzgebieten Verwendung finden werden und keine flächendeckende Alternative zu den herkömmlichen Bürosystemen darstellen.

7.2 Hardware

Wie bereits in den vorangegangen Abschnitten erläutert wurde, unterscheidet sich die für mobile Systeme genutzte Hardware zum Teil erheblich von den

---

[4] Häufig referenzierte Sicherheitsstandards sind die aus dem militärischen Bereich stammenden Standards MIL–STD–810 und MIL–STD–901.

Komponenten eines Arbeitsplatzrechners oder eines Servers. Während das zu-grunde liegende Funktionsprinzip der einzelnen Komponenten in den meisten Fällen keine nennenswerte Veränderung erfährt, wird sowohl bei der Auswahl der eingesetzten Materialien wie auch beim Entwurf und bei der Konstruktion der einzelnen Bauelemente den aus dem Mobilitätsgedanken resultierenden Forderungen nach reduzierter Größe, geringerem Gewicht, kompakter Bauform, reduziertem Energieverbrauch und verbesserter Stabilität bis zu einem gewissen Grad Rechnung getragen, der maßgeblich durch die technischen Möglichkeiten und die damit verbundenen Kosten bestimmt wird.

In den nachfolgenden Unterabschnitten werden kurz die wichtigsten Bestandteile mobiler Systeme beschrieben und ihre Besonderheiten gegenüber den in Arbeitsplatzrechnern verbauten Komponenten hervorgehoben. Darüber hinaus werden die wichtigsten Technologien erläutert, die eigens für den Mobilbereich entwickelt worden sind.

7.2.1 Gehäuse

Die zentrale Aufgabe eines jeden PC–Gehäuses besteht im Schutz der elektronischen Komponenten gegenüber störenden und schädlichen Einflüssen, wie z.B. Staub, Feuchtigkeit oder mechanischen Belastungen. Mit Hilfe mehrerer Öffnungen nebst geeignet platzierter Lüfter soll ein kontinuierlicher Luftstrom eine effektive Kühlung der empfindlichen Systemkomponenten sicherstellen. Darüber hinaus soll das Gehäuse den im Rechner entstehenden Geräuschpegel dämpfen und die elektromagnetische Verträglichkeit mit anderen technischen Geräten durch eine entsprechende Abschirmung verbessern. Zu diesem Zweck werden konventionelle PC–Gehäuse zumeist aus Stahlblech gefertigt, wodurch sie nicht nur relativ schwer und unhandlich sind, sondern auch eine unvorteilhafte Haptik aufweisen. Für mobile Systeme sind derartige Gehäuse somit ungeeignet. Die im Mobilbereich verwendeten Gehäuse bestehen daher häufig aus einem **Metallrahmen**, in den die elektronischen Komponenten eingebettet sind, und der von einer aus Plastik bestehenden **Hülle** umschlossen ist. Insbesondere bei robusten Systemen wird zur weiteren Verbesserung der Stabilität die Plastikhülle durch eine Hülle aus Leichtmetall (bzw. einer Leichtmetalllegierung) ersetzt.

Die geringe Größe der meisten mobilen Systeme erfordert eine kompakte Unterbringung der benötigten Systembestandteile, sodass viele Komponenten direkt auf der Hauptplatine integriert werden. Der im Gehäuse verbleibende freie Raum ist im Allgemeinen für eine effiziente Luftkühlung mit einem durchgängigen Luftstrom zu klein, sodass mobile Systeme auch bei Verwendung zusätzlicher Kühltechniken vergleichsweise empfindlich gegenüber Hitze sind. Die vorhandenen Luftöffnungen befinden sich bei den meisten Gerätemodellen an der Unterseite des Gehäuses, weshalb solche Systeme nicht für längere Zeit auf einer weichen Unterlage bzw. auf dem Schoß liegend betrieben werden sollten[5].

Neben den für die Luftzirkulation benötigten Öffnungen besitzen insbesondere die Gehäuse der größeren mobilen Geräte weitere Aussparungen, die für das Herausführen von Anschlüssen und Standardschnittstellen sowie als Zugang für Einschübe und einzelne Peripheriekomponenten benötigt werden. Darunter befinden sich bei vielen Geräten – neben einem VGA– oder DVI–I–Ausgang zur Anbindung einer externen Anzeige – auch Anschlüsse für Audiokomponenten, USB, Firewire, Ethernet und SD–Karten. Darüber hinaus steht eine Anschlussmöglichkeit für ein externes Netzteil zur Verfügung. Auch der Akku ist bei den meisten Modellen von außen zugänglich und kann nach Betätigung eines Schiebeschalters entnommen bzw. ausgetauscht werden. Weiterhin gibt es bei einigen Modellen auch Einschübe für eine oder zwei Erweiterungskarten, bei modernen Systemen zumeist vom Typ *ExpressCard*. In einigen Fällen verfügen die Gehäuse zusätzlich über eine verschraubbare Abdeckung, über die ein Austausch des Plattenlaufwerks bzw. der Speichermodule ohne ein vollständiges Öffnen des Gerätes ermöglicht wird.

Zahlreiche mobile Rechner verfügen über ein Klappgehäuse, bei dem die Anzeige auf der Innenseite des Deckels und die Tastatur auf der Oberseite des Unterteils angebracht sind. Diese Bauform hat sowohl für den Betrieb als auch den Transport Vorteile:

- Das aufgeklappte System benötigt nur eine geringe Grundfläche, was vielfach eine Nutzung auch bei beengten Platzverhältnissen ermöglicht. Darüber hinaus kann die vertikal stehende Anzeige durch geeignete Neigung und Drehung des Gerätes besser gegen blendende Lichtquellen geschützt werden.

- Im geschlossenen Zustand ist das System sehr handlich und deshalb leicht zu transportieren. Weil die empfindliche Anzeige und die Tastatur im geschlossenen Zustand innen liegen, sind sie besser gegen mechanische Belastungen geschützt. Dennoch sollte ein starkes Zusammenpressen der beiden Gehäuseteile vermieden werden, weil die Anzeige andernfalls durch die Berührung mit der Tastatur beschädigt werden kann.

Die kompakte Bauform der meisten mobilen Systeme erleichtert jedoch ihren Diebstahl, was neben dem Verlust des Gerätes häufig auch die Einbuße wertvoller Daten nach sich zieht. Daher verfügen zahlreiche Modelle über einen Anschluss für ein *Kensington–Schloss*, welches das Festbinden des Gerätes an einem unbeweglichen Objekt mittels eines wenige Millimeter dünnen Drahtseils ermöglicht. Die Wirksamkeit einer solchen Vorrichtung ist zum einen von der Stärke und Qualität des Seiles und zum anderen von der Verankerung des Anschlusses im Gehäuse abhängig, der in vielen Fällen nur mit der

---

[5] Ebenso wenig sollten laufende Geräte in die Transporttasche gepackt werden!

Plastikummantelung verbunden ist und daher relativ leicht herausgebrochen werden kann.

7.2.2 Energieversorgung

Die wesentliche Stärke mobiler Systeme besteht in ihrer örtlichen Ungebundenheit, welche nicht nur einen Wechsel des Einsatzortes, sondern auch einen Betrieb während der Reise oder an für Personal Computern eher ungewöhnlichen Orten ermöglicht. Unter solchen Bedingungen besteht jedoch häufig keine Anbindung an das Stromnetz, sodass ein mobiles System wenigstens vorübergehend die benötigte Energie über eine alternative Quelle beziehen muss. Fast alle Modelle verfügen daher – neben einem meist externen Netzteil – über eine weitere Energiequelle. Dabei handelt es sich im Allgemeinen um einen Akkumulator, eher selten kommen einfache Batterien zum Einsatz. Bei einigen Mobilsystemen ist auch die Montage eines zweiten Akkus möglich. Verschiedene moderne Systeme nutzen jedoch auch Solarzellen, um ihren Energiebedarf ganz oder teilweise zu stillen bzw. um die Betriebsdauer des Akkus bis zum nächsten Ladevorgang zu verlängern. Darüber hinaus kann durch

- die Nutzung energiesparender Komponenten bzw. Technologien, bspw. Verwendung einer Solid State Disk anstelle einer Festplatte,

- eine große Kapazität des verwendeten Akkus sowie

- eine intelligente Steuerung, die vorübergehend nicht benötigte Systembereiche abschaltet oder in einen Stromsparmodus versetzt,

die Betriebsdauer ohne Verbindung zum Stromnetz deutlich verlängert werden. Unabhängig von der verwendeten Spannungsquelle muss der empfindlichen Elektronik eine stabile Gleichspannung zur Verfügung gestellt werden, welche im Bedarfsfall erst noch aus einer anderen Spannung erzeugt – beispielsweise bei der Anbindung an das Stromnetz.

In diesem Unterabschnitt werden die verschiedenen gängigen Spannungsquellen für mobile Geräte vorgestellt. Anschließend wird kurz auf das Thema Energieverwaltung und das in nahezu allen modernen Personal Computern anzutreffende Verfahren zur Steuerung der Leistungsaufnahme (*Advanced Configuration and Power Interface* – ACPI) eingegangen.

7.2.2.1 Netzteil

Mobile Systeme werden genau wie herkömmliche Arbeitsplatzrechner vorzugsweise über das Stromnetz mit der von ihnen benötigten Energie versorgt. Um von dieser Energiequelle profitieren zu können, benötigen sie jedoch ein *Netzteil*, das sowohl die über das Stromnetz bereitgestellte Wechselspannung auf die vom jeweiligen System benötigten Werte transformiert, als auch eine Gleichrichtung durchführt. Netzteile gibt es als interne wie auch als externe Systemkomponenten in den unterschiedlichsten Ausführungen.

Während kleine mobile Systeme seit jeher mit einem externen Netzteil arbeiten, wurden größere mobile PCs bis etwa Mitte der 90er Jahre häufig mit einem internen Netzteil ausgestattet. Die fortschreitende Verkleinerung der Geräte führte jedoch in dieser Hinsicht zu einem Umdenken, da sich die fest installierten internen Netzteile zunehmend durch ihren Raumbedarf, ihr Gewicht und ihre Wärmeentwicklung nachteilig bemerkbar machten. Neue Modelle wurden in der Folgezeit immer häufiger mit einem externen Netzteil ausgeliefert, welches bei Gebrauch unauffällig zwischen Rechner und Steckdose platziert werden kann. Der wesentliche Vorteil externer Netzteile macht sich jedoch erst bei einem Wechsel des Einsatzortes bemerkbar, da der Benutzer situationsabhängig entscheiden kann, ob er das Netzteil mitnimmt oder zurücklässt.

Externe Netzteile für mobile Systeme werden im Allgemeinen in ein Plastikgehäuse gekapselt, welches neben den Verbindungen zu Rechner und Steckdose häufig über keine weiteren Anschlüsse, Schalter oder Öffnungen verfügt. Bei kleineren Geräten mit einer geringen Leistungsaufnahme kann das Netzteil auch als Steckernetzteil realisiert werden, bei dem der für die Verbindung zur Steckdose notwendige Stecker direkt in das Gehäuse integriert ist. Steckernetzteile werden vorwiegend bei Mobiltelefonen und PDAs verwendet und sind bei Netbooks oder größeren mobilen Systemen aufgrund ihrer zu geringen Maximalleistung (bis zu 30 Watt) nicht verbreitet.

Die meisten mobilen Systeme verwenden so genannte passive Schaltnetzteile, die ohne einen eigenen Lüfter auskommen und somit geräuschlos arbeiten. Solche Schaltnetzteile zeichnen sich nicht nur durch geringe Abmessungen und ein niedriges Gewicht, sondern auch durch einen hohen Wirkungsgrad aus. Sie verfügen über einen großen zulässigen Bereich für die Eingangsspannung (100 – 240 V) und die Eingangsfrequenz (47 – 63 Hz), sodass sie in nahezu jedem Land der Erde eingesetzt werden können.

7.2.2.2 Akkus

Während mobile Systeme innerhalb von Gebäuden oft über ein Netzteil mit Energie versorgt werden, wird andernfalls eine alternative Energiequelle benötigt, über die das Gerät wenigstens vorübergehend betrieben werden kann. Die meisten mobilen Systeme verfügen dazu über einen *Akkumulator* (Akku) der ihnen im Allgemeinen eine mehrstündige Laufzeit ohne Anbindung an das Stromnetz ermöglicht. In Abhängigkeit vom Gerätemodell werden Akku–Laufzeiten zwischen wenigen Minuten und mehr als zwölf Stunden erreicht. Als allgemeine Faustregel kann dabei festgehalten werden, dass sich die Betriebsdauer des Akkus mit größer werdender Geräteklasse immer weiter verringert. Darüber hinaus wirkt sich eine Anbindung von externen Geräten ohne eigene Energieversorgung (bspw. USB–Laufwerke) ebenso wie die Nutzung von WLAN, IrDA oder Bluetooth verkürzend auf die Betriebsdauer des Akkus bis zum nächsten Ladevorgang aus.

Im Laufe der Jahre wurde eine ganz Reihe von Akku–Typen entwickelt, die sich zum Teil erheblich in der chemischen Zusammensetzung der eingesetzten Betriebsstoffe unterscheiden. Aus diesen unterschiedlichen Beschaffenheiten ergeben sich eine ganze Reihe von typspezifischen Eigenschaften, weshalb die meisten Typen nicht für den Einsatz in mobilen Personal Computern geeignet sind. Nahezu alle mobilen Systeme verwenden daher einen Akku, der auf einer der vier Technologien

- Nickel–Cadmium,
- Nickel–Metallhydrid,
- Lithium–Ionen oder
- Lithium–Polymer

basiert.

Der erste bei mobilen PCs weit verbreitete Akku–Typ war der **Nickel–Cadmium–Akkumulator** (*NiCd*), dessen Anode aus einer Nickelverbindung und dessen Kathode aus Cadmium besteht. Als Elektrolyt wird Kalilauge verwendet. NiCd–Akkus haben nur eine relativ geringe Energiedichte, weshalb sie trotz ihres (im Vergleich zu modernen Typen) höheren Gewichts über eine geringe Kapazität verfügen. Der Ladevorgang sollte über ein spezielles Ladegerät oder die interne Ladeschaltung des mobilen Systems erfolgen. Auf diesem Weg kann sichergestellt werden, dass der Akkumulator nicht überladen wird und dass er vor dem eigentlichen Ladevorgang zunächst vollständig entladen wird: Während eine Überladung zu Ausgasungen führt, die den Akku irreversibel schädigen, führt das wiederholte Aufladen eines nur partiell entladenen NiCd–Akkus zu einem sukzessiven Verlust seiner Kapazität. Dies wird als *Speichereffekt* (*Memory Effect*) bezeichnet. Allerdings können NiCd–Akkus auch bei sachgemäßer Behandlung nur bis zu 1000 mal aufgeladen werden. Gegenüber vielen modernen Typen haben sie den Vorteil, dass sie auch bei sehr niedrigen Temperaturen noch einwandfrei arbeiten und dass sie unempfindlich gegenüber einer vollständigen Entladung (Tiefentladung) sind. Cadmium ist ein giftiges Schwermetall, das nicht nur für den Menschen, sondern auch für die Umwelt bei einer unsachgemäßen Entsorgung schädlich ist. Durch die 2006 beschlossene und 2008 in Kraft getretene EU–Richtlinie 2006/66/EG wurden NiCd–Akkus (von wenigen Ausnahmen abgesehen) europaweit erboten.

Aufgrund der geschilderten Nachteile wurden NiCd–Akkus im Umfeld der mobilen Personal Computer zunehmend von **Nickel–Metallhydrid– Akkumulatoren** (*NiMH*) verdrängt, bei denen das gesundheits– und umweltschädliche Cadmium durch eine Metalllegierung ersetzt wurde[6], die Wasserstoff reversibel binden kann. Als Elektrolyt wird auch hier Kalilauge (KOH) verwendet. Diese nach wie vor weit verbreitete Akku–Technologie ist weniger empfindlich gegen den Speichereffekt und verfügt über eine größere Energiedichte, weshalb NiMH–Akkus eine größere Kapazität als NiCd–Akkus besitzen. Überladungen und Tiefentladungen müssen bei NiMH–Akkus ebenso wie eine falsche Polung vermieden werden. Der Temperaturbereich, in dem NiMH–Akkus eingesetzt werden können, ist relativ klein und liegt zwischen etwa 0 °C und ca. 30 °C, sodass NiMH–Akkus in vielen Umgebungen nicht nutzbar sind.

Die Mehrzahl der heute bei mobilen Personal Computern verwendeten Akkus basiert auf der **Lithium–Ionen–Technologie** (*Li–Ion*), bei der die Kathode aus Lithium (bzw. einer Lithium–Verbindung) und die Anode zumeist aus Graphit besteht. Als Elektrolyt dient in der Regel ein Lithium–Salz. Dank einer sehr hohen Energiedichte haben Li–Ion–Akkus, trotz eines relativ niedrigen Gewichts, eine deutlich größere Kapazität als die beiden zuvor angesprochenen Akku–Typen. Der Speichereffekt kann nicht auftreten. Der Temperaturbereich, in dem die meisten Li–Ion–Akkus problemlos betrieben werden können, liegt zwischen etwa 10 °C und ca. 40 °C, wobei einige Modelle auch deutlich abweichende Temperaturbereich tolerieren. Überladung und Tiefentladung werden bei den für mobile Systeme entwickelten Akkus durch eine integrierte Schutzschaltung verhindert. Obwohl Li–Ion–Akkus als vergleichsweise umweltfreundlich gelten, sollten sie einer fachgerechten Entsorgung (bzw. dem *Recycling*) zugeführt werden.

Die **Lithium–Polymer–Technologie** (*Li–Poly*) ist eine Weiterentwicklung der Lithium–Ionen–Technologie, bei der die chemische Zusammensetzung der beiden Elektroden unverändert bleibt, aber der bislang flüssige Elektrolyt durch eine festes Substanz auf Polymerbasis ersetzt wird. Der trockene Aufbau eines Li–Poly-Akkumulators ermöglicht den Entwurf von nahezu beliebigen Bauformen, sodass eine individuelle Anpassung an das jeweilige Ge-

---

[6] Trotzdem sollten NiMH–Akkumulatoren gesondert und nicht über den normalen Hausmüll entsorgt werden.

rätemodell möglich ist. Li–Poly–Akkus sind sehr leicht und verfügen über eine hohe Energiedichte. Allerdings sind sie sehr empfindlich gegenüber Überladung und Tiefentladung, weshalb auch sie mit einer integrierten Schutzschaltung ausgestattet sind. Der für den Betrieb zulässige Temperaturbereich ist mit dem der Lithium–Polymer–Akkus vergleichbar.

Selbst bei sachgerechter Behandlung verlieren Akkumulatoren im Laufe der Zeit nach und nach an Kapazität, was sich durch immer kürzer werdende Betriebsintervalle zwischen den Ladevorgängen bemerkbar macht. Dieser Vorgang kann sich im Extremfall soweit fortsetzen, dass das mobile System nicht mehr ohne Netzverbindung betrieben werden kann. Da dieser Vorgang irreversibel ist, müssen Akkus ausgetauscht werden, wenn ihre Betriebsdauer nicht mehr den Anforderungen des Benutzers genügt.

7.2.2.3 Batterien

Batterien kommen nur bei einzelnen Kleinsystemen als primäre Energiequelle zum Einsatz. Ihre Hauptaufgabe besteht bei den meisten mobilen Rechnern hingegen in der Sicherung von wichtigen Systemdaten und Einstellung, die auch dann erhalten bleiben müssen, wenn der primäre Akku entladen ist oder ausgetauscht wird. In den meisten derartigen Fällen kommen konventionelle Lithium–Batterien zum Einsatz – eher selten jedoch handelsübliche Batterien in den Größen AAA (Micro) und AA (Mignon).

7.2.2.4 Solarzellen

Seit über 20 Jahren bieten verschiedene Hersteller Taschenrechner und vergleichbare Systeme an, die über kleine, in das Gehäuse integrierte Solarzellen mit Energie versorgt werden. Um selbst unter ungünstigen Lichtverhältnissen einen sicheren Betrieb gewährleisten zu können, sind einige Geräte zusätzlich mit einer handelsüblichen Lithium–Batterie ausgestattet, die bei Bedarf ergänzend zur Stromversorgung herangezogen wird. Diese Geräte profitieren von einem äußerst geringen Energiebedarf, der auch bei mäßigen Lichtverhältnissen von den nur wenige Quadratzentimeter großen Solarmodulen bedient werden kann.

Obwohl die Photovoltaik in den vergangenen Jahren aufgrund von intensiven Forschungs– und Entwicklungstätigkeiten eine beachtlich Weiterentwicklung erfahren hat, ist auch der Wirkungsgrad von modernen Solarmodulen mit einem Wert von etwa 20% noch sehr gering. Ein dauerhafter Betrieb mit Hilfe von eingebauten Solarzellen ist selbst bei den meisten PDAs und Mobiltelefonen noch nicht möglich. Allerdings wird Solarenergie inzwischen zunehmend zur Unterstützung der konventionellen Energiequellen herangezogen, beispielsweise zur Stromversorgung im *Standby*–Betrieb oder für das Aufladen des Akkus. So wurden z.B. Mobiltelefone entwickelt, die mit Hilfe von eingebauten Solarzellen in einem unbegrenzten Standby–Betrieb gehalten werden können, aber für das Telefonieren weiterhin einen Akku benötigen.

Auch bei größeren mobilen Systemen ist eine Unterstützung der herkömmlichen Energiequellen durch Solartechnik möglich. Eine Integration der Solarmodule in das Gehäuse ist dabei jedoch nur bedingt sinnvoll, weil

- Solarmodule in der Größe eines herkömmlichen Desktop–Ersatzsystems selbst an sonnigen Tagen weniger als 15 Watt bereitstellen,

- ein Betrieb unter direkter Sonneneinstrahlung das ohnehin hitzeempfindliche Gerät zusätzlich aufheizt,

- Solarmodule im Allgemeinen empfindlicher als die üblichen Gehäusematerialien auf mechanische Belastungen reagieren und

- herkömmliche Anzeigen bei hellem Sonnenlicht kaum zu lesen sind.

Allerdings kann je nach Einsatzgebiet und äußeren Umständen eine Nutzung von falt– bzw. aufrollbaren Solarmodulen sinnvoll sein, die je nach Modell bis zu 65 Watt leisten und dennoch aufgrund ihres geringen Gewichts von wenigen Kilogramm transportabel sind. Derartige mobile Solaranlagen können sowohl für das Laden der Akkus als auch den Betrieb kleiner bzw. sparsamer Mobilsysteme genutzt werden.

7.2.2.5 Power Management

Ein gewachsenes Umweltbewusstsein sowie kontinuierlich steigende Energiepreise führten bereits seit den frühen 90er Jahre zur verstärkten Entwicklung energiesparender Rechnerkomponenten. Mobile Systeme profitieren von dieser Entwicklung in doppelter Weise, da sie aufgrund der neuen Technologien nicht nur erheblich weniger Strom benötigen, sondern auch wesentlich länger ohne Anbindung ans Stromnetz betrieben werden können. Darüber hinaus verfügen zahlreiche Systemkomponenten inzwischen über einen Energiesparmodus, in dem sie zwar nicht ihre volle Leistung entfalten können, aber dafür erheblich weniger Energie als im Normalbetrieb benötigen. Vielfach ist auch ein automatisches Abschalten des Gerätes bzw. einzelner Systemkomponenten möglich, wenn diese für einen längeren Zeitraum nicht benötigt werden. Derartige Maßnahmen bedürfen einer koordinierten Steuerung, um eine hohe Effektivität und somit eine effiziente Nutzung der verfügbaren Energie zu erreichen. Eine solche Energieverwaltung (*Power Management*) muss von allen wesentlichen Hardware–Komponenten, dem BIOS und dem Betriebssystem unterstützt werden, um ihre Wirkung im vollen Umfang entfalten zu können.

In modernen Systemen wird für diesen Zweck das 1996 als offener Industriestandard eingeführte **Advanced Configuration and Power Interface** (*ACPI*) eingesetzt, welches eine standardisierte Schnittstelle für die Erkennung und Konfiguration von Hardware sowie für die Energieverwaltung zur Verfügung stellt.[7]

Bei der Verwendung von ACPI übergibt das BIOS die Steuerung der Energieverwaltung an das Betriebssystem, welches den Ressourcenbedarf der laufenden Programme im Allgemeinen besser abschätzen kann und somit eher in der Lage ist, ein vorhandenes Sparpotential zu identifizieren. Das BIOS wird jedoch auch weiterhin für die Kommunikation mit den einzelnen Komponenten benötigt.

ACPI unterscheidet verschiedene Zustände, in denen sich das Gesamtsystem bzw. dessen Bestandteile befinden können. Diese Zustände werden durch den verbleibenden Energiebedarf und die Zeit gekennzeichnet, die für die Wiederherstellung der vollständigen Betriebsbereitschaft benötigt wird. Die für das Gesamtsystem geltenden globalen Zustände (*Global States*) sind:

- **Working** (G0): Alle Geräte des Systems arbeiten mit voller Leistung, wobei einzelne Komponenten auch mit einem niedrigeren Energiebedarf arbeiten dürfen, solange dies die Leistungsfähigkeit des Gesamtsystems nicht beeinträchtigt.

- **Sleeping** (G1): Dies ist der Ruhezustand, in dem keine offensichtlichen Berechnungen durchgeführt werden. Er ist in mehrere Unterzustände eingeteilt, die sich insbesondere hinsichtlich der Einsatzbereitschaft von Prozessor und Speicher sowie dem daraus resultierenden Energiebedarf und der Geschwindigkeit, mit der das System wieder in den Zustand G0 zurückkehren kann, unterscheiden.

- **Soft Off** (G2): Das Gesamtsystem ist ausgeschaltet, aber physisch nicht von der Energiequelle getrennt. Bei zahlreichen Systemen verbleiben einzelne Komponenten in Bereitschaft, sodass weiterhin ein geringer Energieverbrauch vorhanden sein kann.

- **Mechanical Off** (G3): Es wurde eine physische Trennung von jeglicher Energieversorgung vorgenommen.

Im Laufe der Jahre wurde ACPI mehrfach überarbeitet und aktualisiert, sodass es inzwischen in der Version 4.0 vorliegt und viele moderne Technologien unterstützt, zu denen auch die 64–bit-Prozessorarchitekturen sowie die Schnittstellen PCI–Express, SATA und USB 3.0 zählen.

Die Konfiguration von ACPI kann sowohl über das BIOS als auch über das Betriebssystem erfolgen, wobei die im Betriebssystem getätigten Einstellun-

---

[7] Vorläufer von ACPI in puncto Energieverwaltung war das *Advanced Power Management* (*APM*), das jedoch Schwierigkeiten mit dem Hinzufügen und Entfernen von Geräten im laufenden Betrieb (*hot plugging*) hatte.

gen diejenigen des BIOS überschreiben. Zu diesem Zweck verfügt sowohl jedes ACPI–kompatible BIOS als auch einige gängige Betriebssysteme über einen eigenen Menüpunkt „Energieverwaltung/Power Management', unter dem die verschiedenen Einstellmöglichkeiten zu finden sind. Bei einigen Betriebssystemen kann darüber hinaus mit Hilfe von vorkonfigurierten Verbrauchsprofilen (*Power Schemes* genannt) der Energieverbrauch besser an den Leistungsbedarf des Benutzers angepasst werden

7.2.3 Hauptplatine

Ebenso wie bei den konventionellen Arbeitsplatzrechnern ist die Hauptplatine (*Mainboard*) eines mobilen Systems das zentrale Bindeglied zwischen den direkt auf ihr untergebrachten Bausteinen sowie den angeschlossenen Peripherie–Komponenten. Aufgrund der Forderung nach einer geringen Systemgröße ist die im Mobilbereich eingesetzte Hauptplatine im Allgemeinen kleiner als der im Desktop–Bereich vorherrschende ATX–Formfaktor. Wegen der zahlreichen Bauformen, Anordnungen und Gerätegrößen konnte sich im Mobilbereich jedoch kein standardisierter Formfaktor etablieren. Stattdessen werden die Platinen häufig gemeinsam mit dem Gehäuse entwickelt, damit alle Komponenten innerhalb des Gehäuses Platz finden und die für Schnittstellen und Einschübe erforderlichen Öffnungen an den richtigen Stellen platziert sind. Abbildung 7.2 zeigt die Hauptplatine eines Tablet–PCs von Toshiba.

Zahlreiche Systemkomponenten werden zur Platzersparnis direkt auf der Hauptplatine integriert. Hierzu zählen neben den Netzwerkadaptern – in der Regel Ethernet, WLAN und Bluetooth – auch die Standardschnittstellen USB und Firewire sowie die für den Audiobereich zuständige Einheit. Die Graphikeinheit ist bei den meisten mobilen Geräten ebenfalls auf der Hauptplatine zu finden, jedoch wird sie bei einigen Modellen auf einer dünnen Platine, einer Tochterplatine (*Daughter Board*), untergebracht, die eben auf der Hauptplatine liegt. Während die Integration der diversen Systemkomponenten eine deutliche Platzersparnis gegenüber einer modularen Bauweise mit sich bringt, erschwert sie häufig die Reparatur des mobilen Systems, da bereits beim Ausfall einer einzelnen Komponente häufig die gesamte Hauptplatine ausgetauscht werden muss.

Abb. 7.2 Hauptplatine für einen Tablet–PC (Toshiba M200 Portege).

7.2.4 Prozessor

Moderne Mikroprozessoren benötigen viel Energie, um die ihnen gestellten Aufgaben mit einer hohen Geschwindigkeit erledigen zu können. Die dabei entstehende Wärme muss von den empfindlichen Halbleiterbausteinen weggeführt werden, was bei Desktop–Systeme normalerweise über einen – im Vergleich zum Prozessor – großen passiven Kühlkörper und einem darauf befestigten Lüfter geschieht. Während diese Lösung bei den meisten Arbeitsplatzrechnern gute Dienste leistet, ist sie aufgrund des mit ihr verbundenen hohen Gewichts und ihres Platzbedarfs für mobile Systeme nur bedingt geeignet. Darüber hinaus steht der hohe Energiebedarf im Konflikt zu der bei mobilen Rechnern angestrebtem langen Akku–Laufzeit. Es mussten daher Wege gefunden werden, wie mobile Systeme trotz ihrer Einschränkungen und Anforderungen zu einer für ihre Zwecke hinreichenden Rechenleistung gelangen.

Aus diesem Grund begannen mehrere Hersteller bereits in den 80er Jahren des 20. Jahrhunderts mit der Entwicklung von auf den Mobilbereich spezialisierten Prozessoren. Diese Bausteine wurden im Laufe der Jahre kontinuierlich weiterentwickelt, sodass inzwischen zahlreiche Prozessoren für mobile Systeme am Markt angeboten werden. Die Marktführer in diesem Bereich, Intel und AMD, kennzeichnen ihre für mobile Systeme entwickelten Bausteine häufig durch die Verwendung bestimmter Schlüsselworte – wie *Mobile* oder *Turion* – in der Typbezeichnung oder durch deren Ergänzung mit dem Buchstaben *M.* Beispiele hierfür sind *Mobile Intel Pentium III, Pentium M* oder *AMD Turion 64.*

Diese Mikroprozessoren tragen dem Umstand Rechnung, dass innerhalb der Gehäuse von mobilen Systemen meist nur wenig Platz für einen großen Baustein und eine aufwändige Kühlung vorhanden ist und dass die im Betrieb zwangsläufig entstehende Wärme nur unzureichend abgeleitet werden kann. Das primäre Ziel bei der Entwicklung eines für mobile Systeme geeigneten Prozessors besteht somit in der Verringerung seines Energiebedarfs, was neben einer geringeren Wärmeentwicklung und einem niedrigeren Kühlbedarf auch eine längere Betriebsdauer des Akkus nach sich zieht. Erreicht wurde dieses Ziel durch eine geringere Betriebsspannung und eine niedrigere Taktgeschwindigkeit[8], was wiederum zu einer deutlich verringerten Rechenleistung führt.

Durch das Zusammenwirken von Hauptplatine und Betriebssystem ist es darüber hinaus möglich, die Leistungsfähigkeit des Prozessors dynamisch auf den jeweils vorliegenden Bedarf anzupassen und die Geschwindigkeit genau in den Zeiten zu drosseln, in denen nicht die maximal mögliche Leistung benötigt wird. Diese dynamische Anpassung der Rechenleistung ist ein wesentliches Schlüsselelement der von Intel entwickelten Energiespartechnologie *SpeedStep* und der von AMD vorgestellten Alternative *PowerNow!.* Darüber hinaus kann bei beiden Technologien auch die Betriebsspannung dynamisch an den vorliegenden Leistungsbedarf angepasst werden. Mit Hilfe verschiedener modellspezifischer Maßnahmen kann der Energieverbrauch bei einigen Prozessoren weiter gesenkt werden.

Unter dem Namen *Centrino Mobile Technology* (kurz *Centrino*) vertreibt Intel seit 2003 eine aus Prozessor, Chipsatz und WLAN bestehende Systemplattform, die insbesondere aufgrund einer optimierten Abstimmung der einzelnen Komponenten über einen deutlich geringeren Energiebedarf als vergleichbar leistungsfähige Kombinationen aus einzelnen Bausteinen verfügt. Obwohl für die Centrino–Plattform auch eine Graphikeinheit angeboten wird, ist diese nicht unabdingbarer Bestandteil der Plattform. Centrino wurde seit der Einführung kontinuierlich weiterentwickelt und dem zum jeweiligen Zeitpunkt aktuellen Stand der Technik angepasst.

Die im Mobilbereich verwendeten Prozessoren werden häufig fest auf die Hauptplatine gelötet, wodurch sowohl auf den Sockel wie auch auf zusätzliche Vorkehrungen verzichtet werden kann, die eine Loslösung des Prozessors aufgrund der im mobilen Einsatz unvermeidlichen Erschütterungen verhindern. Ein Nachteil dieser Montagetechnik besteht darin, dass der Prozessor ohne Spezialausrüstung nicht mehr getauscht werden kann.

---

[8] Der Unterschied zwischen mobilen und stationären Systemen kann mehr als 1 GHz betragen!

7.2.5 Hauptspeicher

Lange Jahre existierte kein allgemein akzeptierter Standard für die Bauform
sowie die wesentlichen Kennwerte der in mobilen Systemen eingebauten Speicher. Die in herkömmlichen Arbeitsplatzrechnern verwendeten Speichermodule waren aufgrund ihrer Größe und ihres relativ hohen Energiebedarf nur
bedingt für eine Nutzung im Mobilbereich geeignet. Es lag somit im freien
Ermessen eines jeden Herstellers, wie er den Hauptspeicher der von ihm gefertigten Systeme realisierte und welche Möglichkeiten den Käufern für eine
Erweiterung bzw. Reparatur des Speichers geboten wurden. Diese Situation
hat sich mittlerweile dank der Einführung zweier Standards, Small Outline–
DIMM (SO–DIMM) und MicroDIMM, erheblich verändert.

Ein *Small Outline DIMM* (SO–DIMM) ist – wie der Name schon nahe
legt – ein Speichermodul mit beidseitigen Steckkontakten (*Dual-Inline*), das
mit einer Länge von 2,6 Zoll (ca. 67 mm) und einer Höhe von 1,25 Zoll
(ca. 32 mm) einen deutlich kleineren Umriss (*Small Outline*) als ein kon-
ventionelles DIMM besitzt. Im Laufe der Zeit wurden verschiedene Modul-
typen entwickelt, die sich sowohl hinsichtlich der verwendeten Bausteintech-
nologie wie auch der Zahl ihrer Steckkontakte voneinander unterscheiden.
Ältere SO–DIMMs waren mit synchronen dynamischen Speicherbausteinen
(SDRAM) bestückt und hatten als 32–bit–Modul 72 Steckkontakte und als
64–bit–Modul 144 Steckkontakte. Inzwischen kommen vornehmlich Module mit DDR– bzw. DDR2–Technik und 200 Kontakten sowie Module mit
DDR3–Bausteinen und 204 Kontakten zum Einsatz, wobei der im Einzelfall zu verwendende Typ durch die Hauptplatine vorgegeben ist. Abbildung
7.3 zeigt einen (älteren) SO–DIMM des Herstellers Samsung, der mit acht
doppelseitig angebrachten DDR–Speicherchips ausgestattet ist und über eine
Kapazität von 256 MB verfügt. An der oberen rechten Ecke des Moduls ist
der kleine Baustein für das SPD–ROM zu erkennen (vgl. Abschnitt 1.5).

MicroDIMMs sind mit einer Länge von 1,75 Zoll (ca. 45 mm) und einer
Höhe von 1,2 Zoll (ca. 30 mm) noch etwas kleiner als die zuvor beschriebenen SO–DIMMs. Ihr Einsatzgebiet sind primär die kleineren Geräteklassen,
allen voran Ultraportable Systeme und Netbooks. Trotz der geringeren Größe
konnten MicroDIMMs nicht an die Stückzahlen der nach dem älteren SO–
DIMM–Standard gefertigten Speichermodule herankommen. MicroDIMMs
werden häufig als 64–bit–Modul mit DDR–Technik und 172 Kontakten oder
mit DDR2–Technik und 214 Kontakten angeboten.

Bei vielen mobilen Rechnermodellen erfolgt der Austausch der Speichermodule durch eine eigens zu diesem Zweck angebrachte Klappe im Gehäuse-
boden. Gelegentlich ist diese Abdeckung auch unter der Tastatur zu finden,
die zum Speicheraustausch angehoben werden kann. In beiden Fällen ist kein
Öffnen des gesamten Gehäuses erforderlich. Allerdings gibt es insbesondere
bei den kleineren Geräteklassen zahlreiche Modelle, bei denen immer noch ein

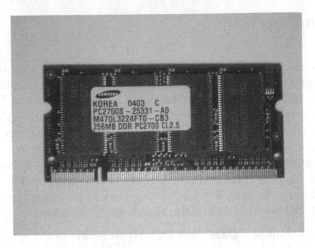

Abb. 7.3 Small Outline–DIMM mit DDR–Speicherchips.

Aufschrauben des Gerätes erforderlich ist. Aktuelle mobile Systeme verfügen in den größeren Geräteklassen über annähernd dieselbe Speicherausstattung wie konventionelle Arbeitsplatzrechner – selbst zahlreiche Netbooks werden inzwischen mit mindestens 1 GB ausgestattet. Die Ausstattung von PDAs und Smartphones mit Speicher ist hingegen oft deutlich geringer und beträgt nicht selten nur wenige Megabyte.

Bei vielen mobilen Systemen steht der Hauptspeicher jedoch nicht in voller Größe für die Programmausführung zur Verfügung, sondern wird von der Graphik–Einheit mitbenutzt. Diese unter der Bezeichnung *Shared Memory* bekannte Aufteilung des Speichers verringert die Kosten für die Graphik–Einheit, weil diese mit weniger eigenem RAM ausgestattet werden kann und den fehlenden Graphikspeicher durch einen reservierten Bereich des Hauptspeichers ausgleicht. Die Größe dieses Speicherbereichs kann bei einigen Geräten über das *Setup*-Programm des BIOS eingestellt werden, bei anderen Modellen ist sie fest vorgegeben. In beiden Fällen ist eine dynamische Anpassung im laufenden Betrieb nicht möglich. Für das Betriebssystem ist der für Graphikzwecke reservierte Hauptspeicher transparent, sodass Benutzer und Anwendungen ein kleinerer Hauptspeicher angezeigt wird, als physisch installiert ist. Da sich eine geringe Speicherausstattung wiederum auf die Leistung des Gesamtsystems auswirkt, kann sich eine Erweiterung des Hauptspeichers bei der Nutzung von *Shared Memory* als lohnende Investition erweisen.

7.2.6 Laufwerke

Die Größe eines mobilen Systems bestimmt maßgeblich den für interne Laufwerke zur Verfügung stehenden Raum. Während in den Gehäusen von Desktop–Ersatzsystemen häufig Platz für mindestens eine Festplatte zuzüglich eines optischen Laufwerks vorhanden ist, verfügen beispielsweise Netbooks zumeist nur über eine einzige Festplatte. Sämtliche Laufwerke, die nicht innerhalb des Gehäuses untergebracht werden können, müssen als externe Geräte an das mobile System angeschlossen werden. Während einige Hersteller in der Vergangenheit proprietäre Schnittstellen für diesen Zweck zur Verfügung stellten, erfolgt die Anbindung von externen Laufwerken inzwischen über standardisierte Schnittstellen (häufig USB). Da die externen Modelle zumeist auf Technologien beruhen, die ursprünglich für stationäre Systeme entwickelt wurden, soll an dieser Stelle nicht weiter auf diese Modelle eingegangen werden.

Auch die Mehrzahl der im Mobilbereich eingesetzten internen Laufwerke basiert auf denselben Technologien, wie sie auch im Desktop–Bereich zu finden sind. In ihrer Funktionsweise unterscheiden sich die in mobilen Systemen verwendeten Festplatten nur wenig von den in Kapitel 3 behandelten Geräten. In den meisten Fällen sind lediglich die Größe, das Gewicht und der Stromverbrauch an die veränderten Einsatzbedingungen angepasst worden. Mit einer Standardgröße von lediglich 2,5 Zoll[9] sind sie deutlich kleiner und leichter als die ansonsten üblichen 3,5 Zoll–Platten. Die geringere Größe macht sich jedoch sowohl bei der maximalen Speicherkapazität als auch bei den Anschaffungskosten nachteilig bemerkbar. 2,5-Zoll–Festplatten verwenden dieselbe Controller–Technologie wie die größeren Geräte, besitzen jedoch einen kleineren Stecker, über den mit Hilfe von vier zusätzlichen Anschlüssen auch die Stromversorgung erfolgt. Die Gehäuse einiger mobiler Systeme besitzen eine verschraubbare Abdeckung, über die ein Austausch des Plattenlaufwerks ohne ein vollständiges Öffnen des Gerätes ermöglicht wird.

Aufgrund ihrer geringeren Größe, des niedrigeren Energiebedarfs, der höheren Stabilität und der fehlenden Geräuschentwicklung werden inzwischen verstärkt „Laufwerke" auf Basis von Halbleiterspeichern, die *Solid State Disks* (SSD, vgl. Abschnitt 3.3), verbaut, welche entweder eine vorhandene Festplatte ergänzen oder eine solche ersetzen. SSDs haben einen deutlich höheren Preis als herkömmliche Festplattenlaufwerke, weshalb sie meist nur mit einer geringen Kapazität von wenigen Gigabyte verbaut werden.

Auch die genutzten CD–, DVD– und Blu–ray–Laufwerke basieren auf denselben Technologien wie die im stationären Bereich genutzten Modell und bieten dieselben Funktionen an. Sie sind jedoch vielfach kleiner als die im

---

[9] Bei einigen kleineren Geräten, vorzugsweise Ultraportables und Netbooks kommen auch 1,8 Zoll Laufwerke zum Einsatz.

Desktop–Bereich verwendeten Geräte. Eine Alternative zu den fest montierten Laufwerken sind modulare Modelle (*Modular Drives*), die über einen
Schacht in das mobile System eingeführt und bei Bedarf flexibel gegen ein
anderes Gerät ausgetauscht werden können. Ein solcher Wechsel ist in einigen
Fällen sogar im laufenden Betrieb möglich. Auf diesem Weg kann auch eine
weitere Festplatte oder ein Disketten–Laufwerk angebunden werden. Sollte
keine der genannten Optionen benötigt werden, kann der Schacht ungenutzt
bleiben, wodurch sich das Gewicht des Systems gegenüber einer Lösung mit
fest montierten Laufwerken verringert.

Ebenso wie bei anderen PC–Systemen sind auch bei mobilen Systemen
nur noch selten interne Diskettenlaufwerke anzutreffen. Der Datenaustausch
erfolgt heute im Allgemeinen über USB–Laufwerke oder SD–Karten. Sollte
tatsächlich ein Diskettenlaufwerk benötigt werden, so kann dieses als externes
Laufwerk angebunden werden oder über den zuvor beschriebenen Schacht als
Modular Drive integriert werden.

7.2.7 Bildschirm

Ebenso wie bei den meisten Arbeitsplatzrechnern dient die Anzeige auch
im Mobilbereich als zentrales Ausgabemedium für die Interaktion mit dem
Benutzer. Während in den Anfangstagen der mobilen Personal Computer
vorwiegend konventionelle Kathodenstrahlröhren für diese Aufgabe genutzt
wurden, werden bereits seit Mitte der 90er Jahre fast ausschließlich die dün-
neren und leichteren LCD–Displays verwendet (vgl. Unterabschnitt 4.1.2).
Aufgrund der im Mobilbereich weit verbreiteten Klappgehäuse, bei denen
der Bildschirm fast die gesamte Innenfläche des Gehäusedeckels einnimmt,
bestimmt die Größe der Anzeige inzwischen auch maßgeblich die Größe des
Gesamtsystems und umgekehrt. Die Bildschirmdiagonale beträgt bei den meisten Systemen zwischen 10 und 20 Zoll. Während zahlreiche Geräte auch mit
kleineren Bildschirmen hergestellt werden, beispielsweise PDAs und Smartphones, gibt es nur wenige mobile Systeme, deren Bildschirm eine Größe
von 20 Zoll übersteigt. Neben Anzeigen mit dem klassischen Bildformat 4:3
kommen in letzter Zeit auch zunehmend Breibild–Modelle mit einem 16:9–
bzw 16:10–Bildformat zum Einsatz. Die unterstützte Auflösung liegt je nach
Größe und Bildformat zwischen 640×480 und 1920×1200 Pixeln. Während
größere Geräte zumeist die von den stationären Arbeitsplatzsystemen bekannten Standardauflösungen unterstützen, verwenden kleinere Systeme oft
spezielle Auflösungen, deren Nutzung auf den Mobilbereich beschränkt ist.
Bei zahlreichen kleinen Geräten sowie bei Tablet–PCs fungiert die Anzeige
gleichzeitig als Eingabegerät.

Die interne Graphikeinheit ist auf die Gegebenheiten der Anzeige ange-passt und kann die im jeweiligen Fall günstigste Auflösung bereitstellen. Sie ist bei den meisten Geräten fest auf der Hauptplatine integriert und kann daher auch bei Bedarf nicht gegen ein leistungsfähigeres Modell aus-getauscht werden. Wie bereits oben gesagt, verfügen viele dieser integrierten Graphikeinheiten zur Kostenersparnis nur über einen kleinen bzw. keinen eigenen Speicher. In einem solchen Fall teilen sich Graphikeinheit und Pro-zessor den vorhandenen Hauptspeicher, was den für Betriebssystem und An-wendungsprogrammen verfügbaren Speicher (bei einigen Modellen erheblich) einschränkt. Die vorgenommene Einteilung kann im laufenden Betrieb nicht mehr verändert werden. Bei Klappgehäusen verläuft die Verbindung zwischen der im Unterteil des Gerätes platzierten Graphikeinheit und dem im Deckel integrierten Bildschirm häufig durch die Scharniere, welche in vielen Fällen als der schwächste Teil des gesamten Gehäuses gelten.

Die bei mobilen Systemen eingebauten Bildschirme können über eine mat-te oder eine glänzende Oberfläche verfügen. Jahrelang wurden fast ausschließ-lich Bildschirme mit einer matten Oberfläche verbaut, da sie weniger spiegeln und eine große Farbvielfalt darstellen können. Bei hellem Licht wirken die Far-ben jedoch schnell verwaschen, sodass derartige Displays nur bedingt unter freiem Himmel eingesetzt werden können. Heute werden auch Bildschirme mit glänzender Oberfläche verwendet, da sie im Allgemeinen einen schärfe-ren Kontrast aufweisen und klarere Farben darstellen können. Darüber hinaus verfügen sie über einen breiten Sichtwinkel, wie er bei Anzeigen mit matter Oberfläche nur von höherwertigen Produkten erreicht wird.

Zahlreiche mobile Personal Computer sind mit einer VGA– bzw. DVI–Schnittstelle ausgestattet, über die zusätzlich ein externer Monitor ange-schlossen werden kann. Mit Hilfe einer Funktionstaste kann der Benutzer auch im laufenden Betrieb zwischen internem und externem Bildschirm umschal-ten. Auch eine gleichzeitige Verwendung beider Anzeigen ist in den meisten Fällen möglich.

7.2.8 Tastatur

Obwohl die Tastatur auch im Mobilbereich eine wichtige Rolle für die Einga-be von Daten bzw. die Steuerung von Programmen spielt, gibt es zahlreiche mobile Systeme, insbesondere PDAs und Tablet–PCs, die über keine physi-sche Tastatur verfügen. Derartige Geräte bieten alternative Möglichkeiten für die Eingabe von Texten an, die häufig auf der Erkennung von Handschrift oder einer auf dem Touchscreen dargestellten „virtuellen" Tastatur beruhen.

Sofern jedoch eine Tastatur vorhanden ist, wird ihre Größe durch die Maße des Gehäuses begrenzt[10]. Insbesondere bei den kleineren Geräteklassen ist es daher erforderlich, durch

• eine kompakte Anordnung der Tasten,

• eine Reduzierung der Tastengröße sowie der

• Zusammenfassung mehrerer Funktionstasten zu einer Multifunktionstaste

eine Verringerung der Tastaturgröße zu erreichen. Dabei muss darauf geachtet werden, dass die Buchstaben– und Zifferntasten dieselbe Anordnung wie bei einer typischen Schreibmaschine beibehalten. Ein eigenständiger Nummernblock findet sich bestenfalls noch bei Destop–Ersatzsystemen, bei kleineren Geräte werden entweder Buchstabentasten mehrfach belegt oder es wird vollständig auf einen Nummernblock verzichtet. Abbildung 7.4 zeigt oben die Tastatur eines Desktop–Ersatzsystems des Typs Fujitsu/Siemens Amilo Xi 1546 und zum Vergleich unten die Tastatur eines Netbooks des Typs MSI Wind U115 Hybrid.

Abb. 7.4 Tastatur eines Desktop–Ersatzsystems (oben) und eines Netbooks (unten).

Ungeachtet ihrer Größe haben fast alle mobilen Systeme eine besondere Funktionstaste *Fn*, deren gleichzeitige Betätigung mit einer der zwölf Standardfunktionstasten *F1* bis *F12* eine zusätzliche Gerätefunktion steuert. Beispiele hierfür sind das Umschalten der Anzeige, die Einstellung der Lautstärke oder die Aktivierung bzw. Deaktivierung von WLAN, Bluetooth und Touchpad.

Bei vielen Geräten kann eine zusätzliche externe Tastatur über eine USB–Schnittstelle angeschlossen werden.

---

[10] Vereinzelte Geräte verfügen über eine klappbare Tastatur, die sich bei der Inbetriebnahme entfaltet und im ausgeklappten Zustand breiter als das eigentliche System ist. Aufgrund verschiedener Nachteile haben derartige Tastaturen jedoch keine nennenswerte Verbreitung gefunden.

7.2.9 Zeigegeräte

Ergänzend zu der Tastatur wird bei modernen graphischen Benutzungsoberflächen ein Gerät benötigt, das eine Steuerung des vom Textzeiger (*Cursor*) unabhängigen Mauszeigers ermöglicht. Während bei stationären Arbeitsplatzrechnern für diese Aufgabe zumeist eine Maus verwendet wird, bieten sich bei mobilen Systemen alternative Zeigegeräte an, das keine zusätzliche Fläche neben dem Rechner erfordern und fest in das Gehäuse integriert
werden können. Diese Geräte wurden im Unterabschnitt 5.2.2 bereits ausführlicher beschrieben, sodass wir uns hier auf eine kurze Darstellung beschränken
können.

Die meisten größeren mobilen System verfügen daher über ein *Touchpad*,
das gemeinsam mit zwei zusätzlichen Tasten als Mausersatz genutzt werden
kann. (Eine ausführliche Darstellung von Touchpads findet sich in Abschnitt
5.3.) Um dem Benutzer eine möglichst komfortable Steuerung des Mauszeigers zu ermöglichen, wird das Touchpad häufig vor der Tastatur platziert,
sodass keine umfangreichen Handbewegungen zum Wechsel zwischen Tasta-
tureingabe und Touchpad erforderlich sind. Der wesentliche Nachteil dieser
Lösung besteht darin, dass der Benutzer während seiner Arbeit mit der Tastatur aus Versehen das Touchpad berührt – bzw. ihm mit seiner Hand zu
nahe kommt – und dadurch ungewollte Bewegungen des Cursors hervorruft.
Um eine solche Fehlbedienung zu vermeiden, kann das Touchpad bei den
meisten Systemen entweder über einen speziellen Schalter oder eine Tastenkombination vorübergehend deaktiviert werden.

Ein weiteres Zeigegerät, welches trotz seiner langjährigen Marktpräsenz
nur eine geringe Verbreitung gefunden hat, ist der *Track Ball*, bei dem mit
Hilfe von optischen oder optomechanischen Sensoren die Bewegung einer eingebauten Kugel erfasst werden, die direkt mit Daumen und Zeigefinger bewegt wird. Dabei bestimmen Richtung und Geschwindigkeit der Fingerbe-
wegung die Richtung und die Geschwindigkeit des Mauszeigers. Obwohl ein
Track Ball im Allgemeinen weniger Platz als ein Touchpad benötigt, ist er für
den mobilen Bereich nur bedingt geeignet, da er bauartbedingt sehr schnell
verschmutzt und dadurch seine Genauigkeit verliert.

Der *Track Point*, gelegentlich auch *Point Stick* genannt, ist ein von IBM
mit der Modellreihe der ThinkPad-Laptops eingeführtes Zeigegerät für mobile Systeme. Es handelt sich dabei um einen mit Gummi überzogenen Stift,
der normalerweise zwischen den Tasten B, G und H platziert ist und mit
dem Zeigefinger bedient wird. Ein Track Point hat nur einen äußerst geringen Platzbedarf, ist ergonomisch zu bedienen und weitgehend unempfindlich
gegenüber Verschmutzung. Lediglich die zur Verbesserung der Griffigkeit an-
geraute Gummiabdeckung kann im Laufe der Zeit Schmutz ansetzen, weshalb
sie bei den meisten Geräten entfernt und dadurch entweder gründlich gereinigt oder ausgetauscht werden kann. Ein wesentlicher Schwachpunkt dieser

Technologie besteht jedoch darin, dass insbesondere ältere Track Points gelegentlich nicht vollständig in ihre Ausgangsposition zurückzukehren, wodurch der Mauszeiger seine bisherige Bewegung ohne Zutun des Benutzers fortsetzt.

Zahlreiche mobile Systeme, insbesondere Tablett–PCs und PDAs, verfügen über einen *Touch Screen*, der ebenfalls zur Steuerung des Mauszeigers genutzt werden kann. Dabei folgt der Zeiger unmittelbar den Bewegungen des Fingers bzw. des Stylus. Die Auswahl eines dargestllten Objekts erfolgt im Allgemeinen durch das Antippen des entsprechenden Anzeigebereichs. Touchscreens sind intuitiv zu bedienen und weitgehend unempfindlich gegenüber Verschmutzung. Durch die Integration des Zeigegeräts in die Anzeige wird kein zusätzlicher Platz für ein Zeigegerät benötigt. In Abhängigkeit von der zugrunde liegenden Technologie haben Touchscreens jedoch auch Nachteile – beispielsweise hinsichtlich der Lichtdurchlässigkeit sowie der Empfindlichkeit gegenüber Chemikalien oder mechanischen Belastungen –, sodass sie sich trotz ihrer Vorteile nicht als universelles Zeigegerät für alle Einsatzgebiete eignen.

Neben den fest installierten Zeigegeräten können bei den meisten mobilen Systemen weitere externe Zeigegeräte über eine USB–Schnittstelle angeschlossen werden. Gelegentlich werden auch mehrere Zeigegeräte in ein Gerät integriert, um dem Benutzer eine komfortablere und auf den jeweiligen Bedarf angepasste Steuerung zu ermöglichen.

7.2.10 Netzwerk

Nahezu alle mobilen Systeme sind heute mit mindestens einer Netzwerkschnittstelle ausgestattet, die ihnen einerseits eine Verbindung zur Außenwelt ermöglicht und andererseits die Grundlage für eine Synchronisation der gespeicherten Daten mit einem stationären Arbeitsplatzrechner darstellt. Zu diesem Zweck werden vorzugsweise drahtlose Technologien verwendet, da Kabelverbindungen im mobilen Bereich eher hinderlich sind. Neben WLAN, Bluetooth und IrDA kommen dabei gelegentlich auch Mobilfunktechnologien zum Einsatz, beispielsweise UMTS.

Die für die Herstellung einer Netzwerkverbindung erforderliche Elektronik ist bei den meisten Geräten fest auf der Hauptplatine installiert. Dadurch ist der Austausch von defekten oder veralteten Komponenten bei vielen Geräten nicht möglich. Allerdings kann auch in solchen Fällen häufig eine externe Komponente als Ersatz nachgerüstet werden. Andere Systeme verfügen über interne Mini PCI–Steckplätze, die für den Einbau von WLAN– oder auch Ethernet–Karten verwendet werden können.

Die für die Anbindung an ein WLAN benötigte Antenne ist bei vielen mobilen Systemen hinter der Anzeige montiert, wodurch sie im Betrieb aufrecht steht und infolge des höheren Standorts unter Umständen ein stärkeres Signal empfängt. Während frühere Gerätemodelle häufig mit einer 802.11b–Schnittstelle (11 Mbps) ausgestattet waren, werden heutzutage vorwiegend die schnelleren WLAN–Standards 802.11g (54 Mbps) bzw. 802.11n (bis zu 600 Mbps) verwendet. Obwohl einige Geräte zudem über eine RJ45–Schnittstelle zur Anbindung an ein Fast– bzw. Gigabit–Ethernet verfügen, ist der gleichzeitige Betrieb von WLAN und Ethernet häufig nicht möglich.

Bei den meisten Geräten können die drahtlosen Netzwerktechnologien auch im laufenden Betrieb per Software, Funktionstaste oder einem dedizierten Schalter an der Gehäuseseite deaktiviert oder auch wieder aktiviert werden. Durch das Abschalten von nicht benötigten Drahtlosverbindungen wird sowohl die Sicherheit des Systems verbessert, als auch die Betriebsdauer des Akkus bis zum nächsten Auflanden verlängert.

7.2.11 Schnittstellen

Mobile Systeme werden im Allgemeinen an mehreren Einsatzorten mit unterschiedlichen Systemumgebungen eingesetzt. Sie müssen daher über eine größere Anzahl verschiedener Schnittstellen verfügen, damit sie flexibel an das jeweils vorhandene Arbeitsumfeld angepasst werden können. Darüber hinaus können aufgrund des begrenzten Raumangebots oft nicht alle benötigten Komponenten im Gerät selbst untergebracht werden, sodass auch für diese Komponenten eine geeignete Schnittstelle zur Verfügung gestellt werden muss. Weitere Komponenten können nur in einer verkleinerten Version eingesetzt werden, die zwar für einen kurzzeitigen Einsatz ausreicht, für eine regelmäßige Dauernutzung jedoch ungeeignet ist.

Während die meisten Schnittstellen nur für bestimmte Aufgaben genutzt werden können, ermöglichen universelle Standards – wie USB und Firewire –eine flexible Nutzung der vorhandenen Ressourcen. Die meisten mobilen Systeme verfügen daher gleich über mehrere dieser Schnittstellen, die ihnen eine flexible Anpassung an sich ändernde Systemumgebungen ermöglichen. Obwohl Tastatur und Maus ebenfalls über USB angeschlossen werden können, verfügen zahlreiche Geräte immer noch über zwei PS2–Schnittstellen.

Größere Systeme besitzen häufig einen DVI– bzw. einen VGA–Anschluss, über den ein externer Monitor oder ein Projektor mit dem Gerät verbunden werden kann. Auch für die Nutzung externer SATA–Laufwerke wird gelegentlich eine eSATA–Schnittstelle bereitgestellt. Aufgrund der weiten Verbreitung von Ethernet–Netzwerken sind zahlreiche Mobilrechner mit dieser Technologie ausgestattet und verfügen deshalb über die zur Anbindung notwendige

RJ45–Schnittstelle. Nahezu alle Geräte verfügen über mindestens zwei 3,5–mm–Klinkenbuchsen für den Anschluss von Audiokomponenten. Die farbliche Codierung dieser Buchsen entspricht dabei der üblichen *PC99*–Spezifikation. Auch die Färbung der meisten anderen Schnittstellen entspricht bei zahlreichen Gerätemodellen den Empfehlungen dieses Standards, die in Tabelle 7.1 in gekürzter Form aufgeführt sind.

Tabelle 7.1 Farbcodierung gemäß PC99–Spezifikation.

Anschluss	empfohlene Farbe
Analog VGA	blau
Videoausgang	gelb
Audio Line In	hellblau
Audio Line Out	lindgrün
Mikrofon	rosa
USB	schwarz
Firewire	grau
PS2–Tastatur	purpur
PS2–Maus	grün

Obwohl selbst einige moderne Mobilrechner noch über eine serielle oder parallele Schnittstelle verfügen, spielen diese veralteten Standards im Mobilbereich keine nennenswerte Rolle mehr.

7.2.12 Erweiterungen

Nachdem in den vorangegangenen Unterabschnitten bereits auf die Komponenten und Schnittstellen von mobilen Systemen eingegangen wurde, sollen abschließend verschiedene Möglichkeiten zur Erweiterung dieser Geräte aufgezeigt werden. Dabei werden nicht nur verschiedene Standards für die interne Erweiterung von mobilen Systemen behandelt, sondern auch zwei Möglichkeiten zur vereinfachten Anbindung externer Komponenten vorgestellt.

7.2.12.1 Interne Erweiterung: Erweiterungskarten, Speicherkarten und Bussysteme

Aufgrund ihrer kompakten Bauart verfügen die meisten mobilen Systeme innerhalb des Gehäuses über sehr wenig Raum, weshalb zahlreiche – vor allen Dingen selten genutzte – Komponenten über Schnittstellen extern an das Gerät angeschlossen werden. Die verbleibenden internen Komponenten sind zum großen Teil direkt auf der Hauptplatine integriert und können somit nicht wie bei konventionellen Arbeitsplatzrechnern durch den Wechsel einer Steckkarte getauscht werden.

Im Jahr 1990 wurde von der *Personal Computer Memory Card International Association* (*PCMCIA*) eine Standardschnittstelle für die Erweiterung des Hauptspeichers von tragbaren Computern entwickelt. Diese ebenfalls unter dem Namen *PCMCIA* bekannt gewordene Schnittstelle hatte eine Busbreite von 16 Bits und wurde mit einer Spannung von 5 V betrieben. Die physische Verbindung zwischen dem mobilen System (dem sog. *PCMCIA Host*) und der Erweiterungskarte wurde über eine Schnittstelle mit 68 Anschlüssen hergestellt, die ungeachtet aller sonstigen Veränderungen auch bei den nachfolgenden Versionen (weitgehend) unverändert erhalten geblieben ist. In Abbildung 7.5 ist diese Schnittstelle auf der rechten Seite dargestellt.

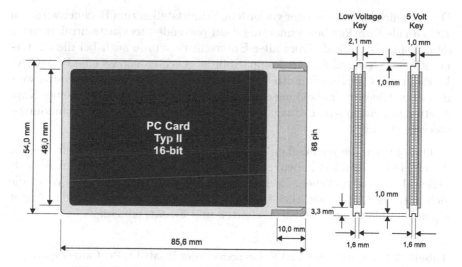

Abb. 7.5 Bauform, Maße und Schnittstelle einer PCMCIA/PC Card–Steckkarte des Typs II.

Bereits 1991 wurde eine überarbeitete Spezifikation (Version 2.0) veröffentlicht, mit der PCMCIA zu einer universellen Schnittstelle für die Anbindung von Peripheriegeräten weiterentwickelt wurde. Obwohl diese neue Version auch eine Nutzung von Steckkarten mit einer Betriebsspannung von 3,3 V erlaubt, besteht Abwärtskompatibilität zu der ursprünglichen Spezifikation sodass die bereits angeschafften Erweiterungskarten weiterhin genutzt werden können. Damit die auf 3,3 V ausgelegten Karten nicht versehentlich in einen alten Steckplatz (der ausschließlich mit 5 V arbeitet) eingeführt werden, besitzen sie eine besondere seitliche Kennzeichnung: durch eine gegenüber den 5V–Steckplätzen und –karten von 1,0 mm auf 2,1 mm verbreiterte Nut wird bereits das Einstecken in einen alten Steckplatz physisch verhindert. Die verbreitete Nut wird selbst in der deutschsprachigen Literatur häufig als *Low Voltage Key* bezeichnet, die schmale Nut als *5 Volt Key*.

In den darauf folgenden Jahren wurde PCMCIA nach und nach weiterentwickelt, bis im Februar 1995 mit der Version 5.0 gleich mehrere wesentliche Neuerungen eingeführt wurden. Hierzu zählen u.a. die

- Erhöhung der Busgeschwindigkeit von 8 MHz auf 33 MHz, die

- Verbreiterung des Busses von 16 auf 32 bit, die

- Unterstützung von DMA durch die angeschlossene Hardware,

- Funktionen zur Energieverwaltung mittels APM, sowie die

- Einschränkung auf den Betrieb mit 3,3 V–Steckkarten[11].

Die erheblich leistungsfähiger gewordene Schnittstelle zum Rechner wird von 1995 an als *CardBus* bezeichnet, die dazu passende Steckkarte firmiert unter dem Namen *PC Card*. Trotz aller Unterschiede wurde auch bei diesem Generationswechsel auf Abwärtskompatibilität geachtet, sodass eine PCMCIA–Karte in eine CardBus–Schnittstelle eingeführt und anschließend genutzt werden kann. Eine Unterscheidung der beiden Kartentypen ist anhand eines Kupferstreifens, einem sog. Erdungsband, möglich, der entlang des Verbindungssteckers verläuft.

Obwohl sich die technischen Eigenschaften mit dem Wechsel zur Version 5.0 erheblich verändert haben, sind die physischen Abmessungen im Wesentlichen dieselben geblieben. Es gibt insgesamt drei verschiedene Typen, die sich in erster Linie hinsichtlich ihrer Bauhöhe unterscheiden. Tabelle 7.2 gibt einen Überblick über ihre Eigenschaften und Einsatzgebiete:

Tabelle 7.2 Eigenschaften und Einsatzgebiete der PCMCIA/PC Card–Typen.

Typ	Bauhöhe	Busbreite	Einsatzgebiet(e)
I	3,3 mm	16 bit	Speicherkarte
II	5,0 mm	16/32 bit	Modem, LAN, DVBT, WLAN, ...
III	10,5 mm	16/32 bit	PC Card–Festplatte

Alle drei Typen verwenden trotz der unterschiedlichen Bauhöhe die in Abbildung 7.5 gezeigte Schnittstelle mit 68 Kontakten. Die Karten sind standardmäßig 85,6 mm lang und 54,0 mm breit, wobei einzelne Modelle auch länger sein können und dadurch aus dem mobilen System herausragen. Typ–I–Karten wurden bereits vor mehreren Jahren durch die Einführung der SO–DIMM–Speichermodule vom Markt verdrängt. Ebenso erging es den Typ-III–Karten mit den zahlreichen neuen Massenspeichertechnologien. Die weiteste

---

[11] Karten, die ausschließlich mit 5 V betrieben werden können, werden nicht mehr unterstützt.

Verbreitung haben Typ–II–Karten gefunden, über die Komponenten ange-
bunden werden, die beim ursprünglichen Entwurf des mobilen Systems nicht
vorgesehen waren. Die Mehrzahl der Systeme mit PC–Card–Schnittstelle
besitzen zwei übereinander platzierte Typ–II–Einschübe ohne gegenseitige
Trennung durch das Gehäuse, sodass im Bedarfsfall statt der beiden Typ–
II–Karten auch eine doppelt so hohe Typ–III–Karte eingesetzt werden kann.
Obwohl der PC–Card–Standard inzwischen weitgehend von der schnelleren
ExpressCard–Technologie abgelöst wurde, verfügen immer noch einige am
Markt erhältliche Neugeräte über eine entsprechende Schnittstelle.

Der im Jahr 2003 eingeführte *ExpressCard*–Standard verdrängte aufgrund
seiner deutlich überlegenen Geschwindigkeit schnell die bis dahin bei mobilen Systemen weit verbreitete PC–Card–Schnittstelle[12]. Die Anbindung
der ExpressCard–Steckplätze an den Systembus erfolgt in der ursprünglichen Spezifikation entweder über eine USB–2.0–Schnittstelle oder über PCI–
Express (genauer: PCIe–x1). Während bei der ersten Variante bis zu 480
Mbit/s übertragen werden können, liegt die Geschwindigkeit im zweiten
Fall bei etwa 2,5 Gbps. Mit dieser Geschwindigkeit kann eine ExpressCard–
Schnittstelle auch Steckkarten für Hochleistungs–Standards, wie Gigabit
Ethernet, Firewire oder eSATA, eine hinreichende Übertragungsgeschwindig-
keit zur Verfügung stellen. Die Betriebspannung liegt bei 1,5 V oder 3,3 V.

ExpressCard ist sowohl elektronisch als auch hinsichtlich seiner physischen
Maße zu PC Card inkompatibel. Die Steckkarten sind mit einer Länge von
75 mm und einer Breite von 34 mm (*Expresscard/34*) bzw. 54 mm (*Ex-
presscard/54*) kleiner als herkömmliche PC Cards. Lediglich die Bauhöhe
einer ExpressCard entspricht mit 5,0 mm der Höhe einer PC Card vom
Typ II. Expresscard/34 und Expresscard/54 verfügen beide über denselben
Anschluss, der auf einer Breite von 34 mm über insgesamt 26 Kontakte
verfügt. Abbildung 7.6 zeigt die Umrisse und Maße der beiden genannten
ExpressCard–Bauformen.

Während PCMCIA bzw. PC Card in den 90er Jahren – mit Ausnahme
der damals meist noch vorhandenen seriellen und parallelen Schnittstelle –
die Hauptmöglichkeit für die Anbindung von Peripherie–Komponenten an ein
mobiles System war, gibt es heutzutage mit USB und Firewire leistungsfähige
Alternativen zu ExpressCard, weshalb insbesondere kleinere Geräte häufig
keine ExpressCard–Schnittstelle besitzen. Trotzdem verfügen insbesondere
viele höherwertige Systeme über mindestens einen entsprechenden Einschub,
sodass ExpressCard nach wie vor ein weit verbreiteter Standard ist.

Die im Jahr 2001 von SanDisk entwickelte *Secure Digital Memory Card*
(*SD Card*) arbeitet auf der Basis von Flash–Speicherbausteinen und ermöglicht die Realisierung von Wechseldatenträger, die auf kleinstem Raum mehrere GB an Daten speichern können. Aufgrund ihrer geringen Größe eignen

---

[12] ExpressCard wurde ebenfalls von der PCMCIA standardisiert und ausdrücklich
als Nachfolger des PC–Card–Standards empfohlen!

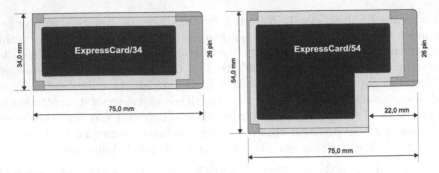

Abb. 7.6 Umrisse und Maße von Expresscard/34 und Expresscard/54.

sich diese Speichermedien insbesondere für kleine mobile Systeme sowie für Mobiltelefone, Digitalkameras und MP3–Player. Aber auch zahlreiche größere Geräte, einschließlich stationäre Arbeitsplatzrechner, besitzen heute einen Einschub, um SD–Karten nutzen zu können. Der Namensbestandteil *Secure* weist dabei auf eine eingebaute Schutzfunktion hin, die eine unerlaubte Nutzung von urheberrechtlich geschützten Daten durch einen auf der Karte gespeicherten Schlüssel verhindern soll.

Um ein unbeabsichtigtes Überschreiben der gespeicherten Daten auszuschließen, besitzen SD–Karten einen seitlich angebrachten Schiebeschalter, dessen Stellung vom Lesegerät erkannt und ausgewertet wird – eine Auswertung der Schalterstellung durch die Elektronik der Karte findet nicht statt. Im Laufe der Zeit wurde drei verschiedene Spezifikationen für unterschiedlich leistungsfähige SD– Karten herausgegeben, die sich insbesondere hinsichtlich der möglichen Speicherkapazität unterscheiden. Dabei handelt es sich um:

- *Secure Digital* (SD): bis zu 2 GB,

- *Secure Digital High–Capacity* (SDHC): 4 GB bis zu 32 GB,

- *Secure Digital eXtended Capacity* (SDXC): bis zu 2 TB.

Obwohl SDHC–Karten dieselben Maße wie herkömmliche SD–Karten haben, können sie nicht von allen Lesegeräten ohne eine entsprechende Aktualisierung der Treibersoftware (*Firmware Update*) gelesen werden. SDXC–Karten wiederum sind nicht kompatibel zu SD– oder SDHC–Geräten und benötigen somit ein eigenes Lesegerät.

Neben der für SD–Karten üblichen Bauform gibt es noch zwei kleinere Ausführungen, die jedoch über Adapter–Karten auch von herkömmlichen SD–Lesegeräten verarbeitet werden können. Die Umrisse dieser drei Bauformen werden – einschließlich ihrer jeweiligen Maße – in Abbildung 7.7 dargestellt. Auf der linken Seite ist dabei die Standard–SD–Karte dargestellt, in der Mitte findet sich eine *miniSD*–Karte und rechts ist eine *microSD–*

Karte zu sehen. Diese drei Typen unterschieden sich nicht nur hinsichtlich ihrer Größe sondern auch hinsichtlich ihrer Dicke, ihres Gewichts und ihrer Anschlüsse. Darüber hinaus besitzen miniSD– und microSD–Karten keinen Schiebeschalter zum Schutz vor einem unbeabsichtigten Überschreiben.

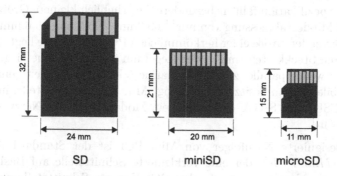

Abb. 7.7 Bauformen für SD–Karten.

Die Betriebsspannung liegt bei allen SD–Karten–Varianten zwischen 2,7 V und 3,6 V. Moderne SD–Karten erreichen eine Lese– bzw. Schreibgeschwindigkeit von mehreren Megabytes pro Sekunde. Seit 2006 wird die vom Hersteller einer Karte garantierte Mindestschreibgeschwindigkeit als Geschwindigkeitsklasse (*Speed Class*) auf der Karte vermerkt. Dabei entspricht die Nummer der jeweiligen Klasse der garantiert erreichbaren Geschwindigkeit in Megabyte[13]. Die am Markt erhältlichen Produkte gehören zu einer der Klassen 2, 4, 6 oder 10.

Die bei den SD–Karten verwendeten Flash–Speicherzellen können zwar beliebig oft gelesen, aber nicht unendlich oft beschrieben werden. Daher wird bei Flash–Speichern häufig eine als *Wear Leveling* bezeichnete Technik verwendet (vgl. Abschnitt 3.3), bei der der Speicher–Controller für jeden Schreibzugriff ermittelt, welcher freie Speicherblock bislang am seltensten überschrieben wurde, und diesen dann für den Schreibzugriff verwendet. Auf diese Weise sollen mehrere hunderttausend bis einige Millionen Schreibzugriffe möglich werden.

Während die bisher in diesem Unterabschnitt behandelten Erweiterungsschnittstellen von außen erreichbar sind und ein Wechsel der eingesetzten Karte damit vom ungeschulten Benutzer problemlos durchgeführt werden kann, verfügen einige mobile Systeme auch über Schnittstellen, die nur durch das Öffnen des Gerätes zugänglich sind. Neben verschiedenen proprietären Varianten gibt es dabei zwei standardisierte Schnittstellen, die unter den Namen *Mini PCI* und *Mini PCI Express* bekannt sind und in den Geräten zahlreicher Hersteller zu finden sind.

---

[13] Eine Class–4–Karte kann somit mit 4 MB/s beschrieben werden.

Die *Mini PCI*–Schnittstelle wurde 1999 eigens für die beengten Raumver-
hältnisse in mobilen Systemen entwickelt. Sie basiert auf der Version 2.2 des
von stationären Systemen bekannten PCI–Busses und hat eine Busbreite von
32 bit, eine Geschwindigkeit von 33 MHz und eine Betriebsspannung von 3,3
V. Neben verschiedenen anderen Änderungen gegenüber der zugrunde liegenden PCI–Spezifikation fällt insbesondere die erheblich kleinere Größe auf, die
mit einer Mindestabmessung von nur[14] 69,9 mm×45,9 mm×5,6 mm bei etwa
einem Viertel der Größe einer herkömmlichen PCI–Steckkarte liegt. Die heute
verfügbaren Steckkarten sind in der Regel um wenige Millimeter größer und
werden entweder parallel zur Hauptplatine oder an deren Seite eingesteckt.
Viele mobile System besitzen eine einzige Mini PCI–Schnittstelle, in die häufig ein SCSI– oder SATA–Controller, ein Modem oder eine Netzwerk–Karte
gesteckt wird.

Der designierte Nachfolger von Mini PCI ist der Standard *Mini PCI
Express* (*Mini PCIe*), der eine verkleinerte Schnittstelle auf Basis der bei
Arbeitsplatzrechnern anzutreffenden PCI–Express–Schnittstelle spezifiziert.
Mit einer Größe von lediglich 30 mm×50,95 mm×5 mm sind Mini PCIe-
Karten noch mal erheblich kleiner als einfache Mini PCI–Steckkarten. Die
Anbindung der Mini PCIe–Steckplätze an das System erfolgt über USB 2.0
oder PCI Express x1, sodass Mini PCIe je nach Realisierung mit der Geschwindigkeit einer *PCI Express Lane* arbeiten kann. Als Betriebsspannung
werden 1,5 V bzw. 3,3 V verwendet. Insbesondere die größeren mobilen Systeme verfügen heute über mindestens eine Mini PC Express–Schnittstelle,
die in vielen Fällen mit einer WLAN–Karte oder einer *Solid State Disk* belegt
ist.

7.2.12.2 Port Replicator und Docking Station

Aufgrund der geringen Größe fast aller mobilen Systeme müssen zahlreiche
Peripheriegeräte als externe Komponenten angeschlossen werden, wofür eine
hinreichend große Zahl von Schnittstellen benötigt wird. Obwohl die meisten
Geräte bereits über zahlreiche Anschlussmöglichkeiten am Gehäuse verfügen,
reichen diese in einigen Fällen nicht aus, um den Bedarf des Nutzers abzu-
decken. Darüber hinaus ist eine große Zahl von Kabeln bei einem Wechsel des
Arbeitsumfelds hinderlich, da diese im Allgemeinen vor dem Transport ab-
gezogen und nach dem Transport wieder angeschlossen werden müssen. Um
diese Probleme zu beheben, wurden im Laufe der Jahre zahlreiche Lösungen
entwickelt, die im Allgemeinen unter den Bezeichnungen *Port Replicator*[15]
und *Docking Station* vermarktet werden. Wegen der intensiven Marketingak-
tivitäten verschiedener Hersteller ist eine eindeutige Trennung der beiden

---

[14] Die exakte Spezifikation lautet: 2,75 Zoll x 1,81 Zoll x 0,22 Zoll.

[15] Häufig wird auch mit die „eingedeutsche" Bezeichnung Port–Replikator verwendet.

Begriffe jedoch schwierig, weshalb die nachfolgenden Ausführungen der allgemein verwendeten Terminologie folgen.

Ein *Port Replicator* dient im Allgemeinen als stationärer Anschlusspunkt für mehrere Peripheriegeräte, die er entweder über eine leistungsfähige Standardschnittstelle (bspw. USB 2.0) oder eine proprietäre Schnittstelle mit dem mobilen Computer verbindet. In den meisten Fällen stellt ein Port Replicator gleich mehrere verschiedene Schnittstellen (bspw. USB, PS/2, seriell und parallel) zur Verfügung wobei er zusätzlich noch als Schnittstellenvervielfacher fungieren kann. Bei einem Wechsel des Arbeitsortes wird das mobile System durch eine Trennung vom Port Replicator automatisch auch von der gesamten daran angeschlossenen Peripherie gelöst.

Durch die Nutzung einer *Docking Station* können Desktop Extender und Netbooks um zusätzliche Schnittstellen, Einschübe (bspw. für PC Card oder ExpressCard) und Laufwerke erweitert werden, die sie zu einem adäquaten Ersatz für einen herkömmlichen Arbeitsplatzrechner werden lassen. Auch die Anbindung eines Monitors und einer herkömmlichen Multifunktionstastatur sind auf diesem Wege möglich. Einige Docking–Station–Modelle verfügen zudem über ein eigenes Netzteil, das für die Energieversorgung ihrer integrierten Laufwerke und Komponenten genutzt wird. Die Verbindung zwischen Rechner und Docking Station erfolgt immer über eine proprietäre Schnittstelle, sodass jede Docking Station nur mit einem bestimmten Gerätetyp oder eine kleine Zahl von Modellen genutzt werden kann. Durch eine Unterbrechung dieser Verbindung kann ein mobiler Rechner bei Bedarf sehr einfach auch von der gesamten, über die Docking Station angebundenen Peripherie getrennt werden.

Kapitel 8
Systemsoftware

In den vorausgehenden Kapiteln wurden die einzelnen Hardwarekomponenten eines PCs beschrieben. Obwohl dabei stellenweise auch schon auf die zu deren Betrieb benötigte Software eingegangen wurde, fehlt noch eine vollständige Darstellung dieser so genannten *Systemsoftware*. Darunter versteht man alle Softwarekomponenten, die den Benutzer bei der Bedienung eines PCs, bei der Erstellung von Software und bei der Ausführung von Software unterstützen, indem sie ihm eine (von der darunter liegenden Hardware) abstrahierende Sicht auf den Computer ermöglichen. Dies ist vergleichbar mit der *Befehlssatzarchitektur* (*Instruction Set Architecture* – ISA) eines Prozessors, die von den Details der Implementierung abstrahiert, indem sie nur die zur Programmierung benötigten Informationen bereitstellt.

Da der Prozessor alle bisher beschriebenen Hardwarekomponenten steuert, ist seine ISA auch die Schnittstelle für die Systemsoftware. Bevor wir auf die Komponenten der Systemsoftware näher eingehen, werden daher zunächst die Bestandteile einer ISA betrachtet. Es folgt eine kurze Einführung in Werkzeuge zur Erstellung von Programmen. Dann gehen wir auf die Aufgaben des Betriebssystemkerns ein, beschreiben die Bedeutung von Bibliotheksfunktionen und die Aufgabe von Systemaufrufen. Danach gehen wir auf die verschiedenen Prozesse innerhalb eines PC–Betriebssystems ein. Schließlich werden die externen Schnittstellen der Systemsoftware vorgestellt, die Zugänge für Benutzer und über das Netzwerk verbundene Computer bereitstellen. Zum Abschluss der Betrachtungen über Betriebssysteme werden die wichtigsten Vertreter für stationäre und mobile Systeme vorgestellt.

Zum Schluss des Kapitels werden wir uns mit virtuellen Maschinen beschäftigen, die sich immer mehr verbreiten, da sie die Hardwarekomponeten besser ausnutzen und die Administration von Servern deutlich erleichtern. Aufbauend auf der vorangegangen Darstellung der Systemsoftware, werden die verschiedenen Varianten der Virtualisierung eingeführt und ihre Vor– und Nachteile diskutiert. Der Abschnitt endet mit einer Zusammenfassung der einzelnen Kategorien virtueller Maschinen.

In diesem Kapitel wird die Systemsoftware vorgestellt. Als Orientierungs-
hilfe (*Roadmap*) für die nachfolgenden Beschreibungen dient die Abbildung
8.1, die einerseits im unteren Teil die Einbindung der in den bisherigen Kapiteln beschriebenen Hardwarekomponenten in den PC darstellt und andererseits eine bessere Einordnung der Systemsoftware–Komponenten ermöglichen
soll.

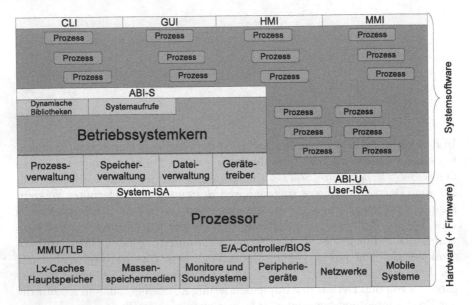

Abb. 8.1 Überblick über die Komponenten der Systemsoftware.

Wir unterscheiden hier explizit zwischen dem Betriebssystem*kern* und dem
Betriebssystem. Letzteres umfasst auch alle Werkzeuge, die zur Erstellung
von Programmen für einen Computer benötigt werden. Hierzu zählen beispielsweise Compiler und System–Bibliotheken, die eigentlich nicht Bestandteil des Kerns sind. Das Betriebssystem ist somit in der Abbildung 8.1 nicht
klar abgrenzbar, da es neben dem Kern auch noch externe Dienstprogramme,
Bibliotheken und Systemprozesse einschließt.

8.1 Befehlssatzarchitektur

Die Befehlssatzarchitektur (*Instruction Set Architecture* – ISA) beschreibt
die Sicht eines Programmierers auf einen Prozessor. Sie bildet damit auch die
Schnittstelle zwischen dem Prozessor und der Systemsoftware (Abbildung 8.1
unten).

Zur Programmierung eines Prozessors muss man wissen,

- welche Befehle der Prozessor beherrscht,

- wie viele Prozessor–interne Speicherzellen es gibt,

- wie diese organisiert sind (z.B. als Register, Akkumulatoren, Stack),

- welche Datentypen unterstützt werden (z.B. Integer, Gleitkomma, BCD),

- wie Operanden im externen Speicher adressiert werden (Adressierungsarten) und

- wie Unterbrechungsanforderungen (Interrupts) behandelt werden.

Die Implementierung eines Prozessors ist stark von den oben genannten Eigenschaften der Befehlssatzarchitektur abhängig. Wir können an dieser Stelle nicht auf die Details eingehen. Eine ausführlichere Beschreibung der Befehlssatzarchitektur findet man in [29].

Wichtig für die folgenden Betrachtungen ist jedoch, dass ein Prozessor in zwei verschiedenen Modi betrieben werden kann. Der Befehlssatz setzt sich entsprechend aus *privilegierten* und *nicht privilegierten* Befehlen zusammen. Nur im so genannten *Supervisor–Modus* können alle Prozessorbefehle ausgeführt werden. Dieser Modus wird für das Betriebssystem reserviert, damit Speicherzugriffe auf Systemvariablen und systemkritische Operationen nicht von Benutzern durchgeführt werden können. Für diese steht daher im *Benutzermodus* nur die Teilmenge der nicht privilegierten Befehle zur Verfügung. In Abbildung 8.1 wird sie als *User–ISA* gekennzeichnet. Dagegen kann der Betriebssystemkern auf die *System–ISA* zugreifen, die sämtliche Prozessorbefehle umfasst.

Der Betriebssystemkern (s. Abbildung 8.2) setzt auf der System–ISA auf und verwaltet über Maschinenprogramme des Prozessors die in der Hardware vorhandenen Betriebsmittel. Dazu zählen alle in diesem Lehrbuch bisher behandelten Hardwarekomponenten wie Hauptspeicher, Massenspeichermedien, Monitore und Sound–Systeme, Peripheriegeräte und Netzwerke. Bei der Verwaltung dieser Betriebsmittel wird der Betriebssystemkern von spezieller Steuerungshardware unterstützt. So unterstützen die MMU (*Memory Management Unit*) und der TLB (*Translation Lookaside Buffer*) (vgl. Kapitel 2) die virtuelle Speicherverwaltung des Kernes, um die verschiedenen Caches und den Hauptspeicher effizient zu nutzen. E/A–Controller sorgen in Verbindung mit dem BIOS dafür, dass die Gerätetreiber des Betriebssystemkernes auf die vorhandenen Schnittstellen zugreifen können. Im weiteren Verlauf des Kapitels wollen wir die einzelnen Funktionen des Betriebssystemkernes kurz beschreiben.

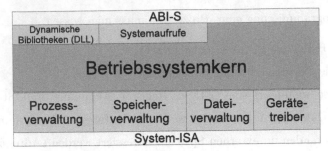

Abb. 8.2 Betriebssystemkern mit seinen Schnittstellen zur Hardware (System–ISA) und zu den Prozessen (ABI–S).

Bevor wir jedoch zum Aufbau und den Funktionen von Betriebssystemen kommen, sollen zunächst die heute gebräuchlichen Programmierwerkzeuge kurz beschrieben werden. Diese werden benötigt, um ablauffähige Programme zu erstellen und sind insofern mit den Softwarekomponenten des Betriebssystems verknüpft. Man muss sich allerdings darüber im Klaren sein, dass diese Werkzeuge zur Laufzeit eines Programms nicht mehr benötigt werden.

8.2 Programmierwerkzeuge

Um eine bestimmte Anwendung für einen PC zu erstellen, muss ein Maschinenprogramm erzeugt werden, das vom PC–Prozessor ausgeführt werden kann. Dieses Maschinenprogramm kann entweder direkt in Maschinensprache oder aber besser mit Hilfe einer höheren Programmiersprache (*High Level Language* – HLL) erstellt werden. Sofern eine höhere Programmiersprache verwendetet wird, muss das Hochsprachen–Programm zuerst mit einem Compiler in ein Maschinenprogramm übersetzt werden. Dann wird es mit einem Assembler in ausführbaren Objektcode übersetzt. Mit einem Binder (*Linker*) werden Aufrufe zu Bibliotheksfunktionen integriert. Nach dem Start des Objektcodes sorgt ein Lader (*Loader*) dafür, dass dieser an eine geeignete freie Stelle im Hauptspeicher abgelegt wird, durch die virtuelle Speicherverwaltung für diesen Adressbereich re–lokalisiert und dann dort vom Prozessor ausgeführt wird.

8.2.1 Programmiersprachen

Ein Maschinenprogramm besteht aus Maschinenbefehlen, die meist mit Hilfe einer Assemblersprache und durch sog. *Mnemonics* in einer für den Menschen leicht les– und merkbaren Form darstellt werden. Jedes Mnemonic steht dann für eine mögliche Operation des Prozessor–Befehlssatzes. Neben dem Mnemonics müssen i.d.R. auch noch die Operanden (gemäß der beim Prozessor verfügbaren Adressierungsarten) spezifiziert werden.

Da die Programmierung komplexerer Anwendungen in Maschinensprache umständlich und fehleranfällig ist, werden heute Anwendungsprogramme meistens in einer höheren Programmiersprache (HLL) wie Java oder C/C++ entwickelt. Hier werden dem Benutzer einerseits komfortable Konstrukte bereitgestellt, um den Programmfluss zu steuern. Andererseits können sie anstatt relativ weniger Architekturregister quasi unbegrenzt viele symbolische Namen für Variablen und Konstanten verwenden.

Außerdem erlauben höhere Programmiersprachen die Definition problemspezifischer Datenstrukturen, was die Programmierarbeit wesentlich erleichtert und hilft, Programmierfehler zu vermeiden. Die objektorientierte Programmierung ermöglicht die Kapselung von Funktionen und Daten. Dadurch können auch ganze Teams von Programmierern gemeinsam an der Erstellung umfangreicher Anwendungen arbeiten.

Im Folgenden wird beschrieben, wie man aus einem Hochsprachen–Programm den ablauffähigen Objektcode erzeugt. Hierzu werden die Systemsoftware–Programme *Assembler* und *Compiler* benutzt.

8.2.2 Compiler

Ein *Compiler* dient dazu, Programme aus einer Hochsprache in Maschinensprache zu übersetzen. Das Hochsprachen–Programm nennt man auch Quellprogramm, das Resultat der Übersetzung ist das Maschinenprogramm. Häufig wird als Zwischenstufe auch erst ein Assemblerprogramm ausgegeben (s.u.). Die Übersetzung durch den Compiler muss die Semantik des Quellprogramms sicherstellen, d.h. das Maschinenprogramm muss die gleiche Funktionalität wie das Quellprogramm haben. Neben der unabdingbaren Forderung nach semantischer Äquivalenz erwartet man von einem Compiler auch ein Maschinenprogramm, das möglichst schnell abläuft und gleichzeitig wenig Speicherplatz benötigt. Durch optimierende Compiler versucht man, beide Ziele möglichst gut zu erreichen.

8.2.3 Assembler

Der Begriff *Assembler* ist eine Kurzform für Assemblierer oder Assemblierungsprogramm und bezeichnet ebenfalls ein Übersetzungsprogramm. Ein

Assembler verarbeitet ein vom Anwender oder einem Compiler erzeugtes Assemblerprogramm weiter, indem er es in Binärcode umwandelt, der vom PC–Prozessor ausgeführt werden. Dieser wird auch als Objektcode (*Object Code*) bezeichnet.

Bei der Assemblierung werden die symbolischen Namen für Variablen und Konstanten in Speicheradressen umgewandelt. Heute werden meist Zweiphasen–Assembler (Two–pass Assembler) verwendet. Während des ersten Durchlaufs werden den Variablen und Konstanten beim ersten Auftreten – passend zum Platzbedarfs des Objektcodes für die einzelnen Maschinenbefehle – Speicheradressen zugewiesen und in einer Symboltabelle eingetragen. In der zweiten Phase werden dann die symbolischen Adressen im Assemblerprogramm durch die im ersten Durchlauf zugewiesenen Adressen aus der Symboltabelle ersetzt.

8.3 Betriebssysteme

In der Literatur finden sich zahlreiche Definitionen des Begriffs „Betriebssystem", von denen hier einige aufgeführt werden:

• Das Deutsche Institut für Normung definiert (DIN 44300):

  „Ein Betriebssystem umfasst die Programme eines digitalen Rechensystems, die zusammen mit den Eigenschaften der Rechenanlage die Grundlage der möglichen Betriebsarten des digitalen Rechensystems bilden und insbesondere die Abwicklung von Programmen steuern und überwachen."

• Die amerikanische Norm ANS (*American National Standard*) legt fest:

  „*Software, which controls the execution of computer programs and which may provide scheduling, debugging, input/output control, accounting, compilation, storage assignment, data management and related services.*"

• In [15] wird definiert:

  „Ein Betriebssystem setzt sich aus Programmen zusammen, welche die Ausführung von Benutzerprogrammen und die Benutzung von Betriebsmitteln überwachen."

8.3.1 Ziele von Betriebssystemen

Wie aus den vorhergehenden Kapiteln ersichtlich wird, ist ein Personal Computer ein komplexes System aus Hardwarebausteinen, deren Benutzung sehr detaillierter Kenntnisse bedarf. Den Benutzer, der bestimmte Anwendungen auf dem Rechner ausführen will (z.B. Textverarbeitung, eigenes Programms usw.), interessiert aber nicht, wie seine Anwendungen durch die Hardware ausgeführt werden, sondern nur, dass sie möglichst schnell und zuverlässig bearbeitet werden können. Offensichtlich besteht eine Diskrepanz zwischen den Fähigkeiten und Diensten, die Hardwarebausteine zur Verfügung stellen, und den vom Benutzer erwünschten Fähigkeiten des Rechensystems. Deshalb spricht man hier von der **semantischen Lücke** (s. Abbildung 8.3).

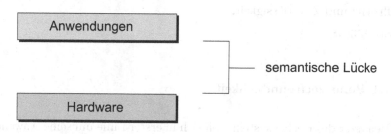

Abb. 8.3 Zum Begriff der semantischen Lücke.

Die semantische Lücke wird – wie in Abbildung 8.4 dargestellt – teilweise vom Betriebssystem ausgefüllt, das für den Benutzer und den Betreiber eines Rechensystems die Fähigkeiten der Hardware erweitert. Die verbleibende verkleinerte semantische Lücke muss durch spezielle Hilfsprogramme geschlossen werden. Häufig benutzte Hilfsprogramm werden im Laufe der Zeit in das Betriebssystem übernommen.

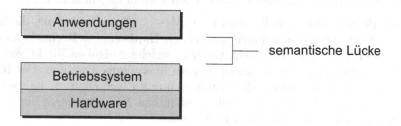

Abb. 8.4 Das Betriebssystem verkleinert die semantische Lücke.

Aufgabe eines Betriebssystems ist die Bereitstellung von mehr oder weniger komplizierten Ein–/Ausgabefunktionen für den Benutzer. So wird dem Benutzer die Bedienung der am Rechner angeschlossenen Geräte erleichtert. Dabei kann es sich um die permanente Datenspeicherung auf einer Festplatte oder um die Steuerung eines Druckers zur Ausgabe von Dokumenten handeln. In beiden Fällen bedient sich der Benutzer der vom Betriebssystem bereitgestellten Funktionen, um den gewünschten Dienst abzurufen. Bei Dateizugriffen braucht er weder Einzelheiten über die Positionierung der Schreib-/Leseköpfe einer Festplatte noch die Ansteuerung der Druckerdüsen eines Tintenstrahldrucker zu kennen, um auf Speicher- oder Druckdienste zuzugreifen.

Beim Einsatz eines Betriebssystems stehen drei Gesichtspunkte im Vordergrund:

- Benutzerfreundlichkeit,
- Effizienz und Zuverlässigkeit,
- Portabilität.

8.3.1.1 Benutzerfreundlichkeit

Der Benutzer des Rechensystems soll sich in erster Linie um seine Anwendungen kümmern können. Für ihn irrelevante Details der Hardware sollten ihm verborgen bleiben (*Information Hiding*), ohne dass seine Anwendungswünsche eingeschränkt werden. Deshalb stellt ihm das Betriebssystem komplexe Dienste für seine Aufgaben zur Verfügung, deren Benutzung aber keine genauen Kenntnisse der Hardware erfordert.

Beispiel: Der Benutzer soll Dateien im Hauptspeicher (Arbeitsspeicher) ablegen können, ohne sich selber darum kümmern zu müssen, ob und wo noch genügend freier Speicherplatz vorhanden ist. Insbesondere muss er selbst nicht die physikalischen Speicheradressen bestimmen. Solche Verwaltungsaufgaben werden ihm vollständig vom Betriebssystem abgenommen.

Das Betriebssystem stellt somit eine „Maschine" zur Verfügung, die komplexere Funktionen übernehmen kann als die Hardware des Rechners für sich allein. Der Benutzer kann nicht trennen, welche Aufgaben direkt von der Hardware und welche vom Betriebssystem übernommen werden. Der Rechner besitzt für ihn vielmehr die Fähigkeiten und Eigenschaften, die vom Betriebssystem zur Verfügung gestellt werden. Das Betriebssystem bildet also die Schnittstelle des Benutzers zur Hardware.

8.3.1.2 Effizienz und Zuverlässigkeit

Den Betreiber eines Rechensystems interessiert aber nicht nur eine einfache, ohne spezielle Systemkenntnisse mögliche Benutzung, sondern er wünscht sich zusätzlich eine gute Auslastung seiner Anlage. Das heißt, die einzelnen Komponenten des Rechensystems – wie z.B. der Prozessor – sollen möglichst durchgehend mit Arbeit beschäftigt sein. Für eine effiziente Nutzung des

Rechensystems wird somit eine möglichst intensive, parallele Auslastung aller Hardwarekomponenten gefordert. Insbesondere sollen die Zeiten, in denen der Prozessor unbeschäftigt (*idle*) ist, möglichst klein sein.

Schon bei den Großrechnern der früheren Jahrzehnte versuchte man, Effizienz dadurch zu erreichen, dass nicht nur ein einziger Benutzer mit dem Rechner arbeitete, sondern dass mehrere Benutzer gleichzeitig Zugang zum Rechner erhielten. Dazu werden mehrere Benutzerprogramme in den Hauptspeicher geladen, die abwechselnd von der CPU bearbeitet werden. Bei jedem Rechensystem arbeitet die Peripherie, z.B. Drucker, Plattenspeicher usw., um Größenordnungen langsamer als der Prozessor selbst. Sobald ein Benutzerprogramm eine Ein–/Ausgabeoperation durchführen muss und der Prozessor somit unbeschäftigt ist, weist das Betriebssystem dem frei gewordenen Prozessor ein anderes Programm zur Bearbeitung zu. Betriebssysteme, die diese Betriebsart unterstützen, werden *Mehrprogramm–Betriebssysteme* genannt. Nachteilig bei dieser Betriebsart eines Rechners ist, dass auch wichtige Aufgaben u.U. lange auf die Zuteilung des Prozessors warten müssen. Dieser Nachteil wird durch die im Folgenden beschriebene Betriebsart vermieden.

In modernen Rechensystemen wie einem PC ist es erforderlich, dass vom Rechensystem mehrere Aufgaben (nahezu) parallel bearbeitet werden können. Dazu werden mehrere Aufträge gleichzeitig in den Hauptspeicher eingelagert und alternierend vom Prozessor bearbeitet. Dies wird dadurch realisiert, dass der Prozessor sehr schnell zwischen der Bearbeitung verschiedener Aufgaben bzw. Programme wechselt, jeder Auftrag also nur für einen winzig kleinen Zeitraum im Millisekunden-Bereich, einer so genannten **Zeitscheibe** (*Time Slice*), den Prozessor zugeteilt bekommt und dann mit der Bearbeitung eines anderen Auftrags fortgefahren wird. Der Benutzer gewinnt dadurch den Eindruck, dass mehrere Prozesse wirklich simultan vom Prozessor ausgeführt werden.

Wie bereits früher erwähnt, wird ein in Ausführung befindliches oder ausführbereites Programm, zusammen mit seinen Daten, also den Variablen und Konstanten mit ihren aktuellen Werten, **Prozess** genannt oder – synonym – mit dem englischen Begriff *Task* bezeichnet. Betriebssysteme, die die eben beschriebene Aufgabenbearbeitung (*Process Multiplexing*) ermöglichen, heißen deshalb *Multitasking*-Betriebssysteme (vgl. Unterabschnitt 8.3.8). Die Möglichkeit des *Multitaskings*, die in der weiter zurückliegenden Vergangenheit nur bei Großrechnern gegeben war, wird seit vielen Jahren auch von Mikroprozessor–Betriebssystemen zur Verfügung gestellt.[1]

Zum Wunsch nach Effizienz tritt die Forderung nach **Zuverlässigkeit**. Gerade wenn sich mehrere Benutzer bzw. Prozesse ein Rechensystem teilen, entstehen eine Reihe von Problemen. So muss gesichert sein, dass ein Prozess nicht durch andere gestört werden kann. Eine Störung könnte z.B. darin

---

[1] In Kapitel 2 wurde gezeigt, wie dieses Konzept durch spezielle Hardwarekomponenten unterstützt wird.

bestehen, dass wichtige Daten von anderen Prozessen überschrieben werden. Um solche Fehler zu verhindern, müssen durch das Betriebssystem und die Hardware eine Reihe von Schutzmechanismen (Schutzmaßnahmen, *Protections*) bereit gestellt werden, die bereits im Unterabschnitt 2.4 behandelt wurden.

Bei sehr vielen Anwendungen ist ihre fehlerfreie Ausführung von entscheidender Bedeutung. Ein Betriebssystem muss deshalb gewährleisten, dass auftretende Fehler und Ausnahmesituationen möglichst abgefangen werden (*Exception Handling*) und nicht zu einem Systemzusammenbruch führen.

8.3.1.3 Portabilität

Eine weitere wichtige Anforderung ist, dass auf einem bestimmten Rechner entwickelte Software auch auf andere Rechensysteme übertragen werden kann. Insbesondere will man oft benutzte Standardsoftware (wie Compiler oder Textverarbeitungssysteme) auf möglichst vielen Rechnern ohne aufwändige Anpassungen benutzen können. Wie bereits erwähnt, stellt das Betriebssystem eine allgemeine und abstrakte Schnittstelle zur Hardware dar und erleichtert so die Portierung von Software. Für die Ablauffähigkeit des Anwendungsprogrammes kann bei gleichem Betriebssystem die zugrunde liegende Hardware (z.B. der Prozessor) durchaus unterschiedlich sein.

Während der Benutzer stets in gleicher Weise auf die vom Betriebssystem bereitgestellten Dienste zugreift, werden von diesem meist unterschiedliche Hardwarekomponenten unterstützt, die über gerätespezifische Software (Treiber) ins Betriebssystem integriert werden (vgl. Unterabschnitt 8.3.4).

8.3.2 Prozessverwaltung

Der Prozessor selbst ist – wie die anderen Hardwarekomponenten – auch ein Betriebsmittel, um das die in Abbildung 8.1 weiter oben angesiedelten Prozesse konkurrieren. Ein Prozess als ein im Ablauf befindliches Programm ist dabei entweder einem Benutzer oder dem Betriebssystem zugeordnet. Man kann also *Systemprozesse* und *Benutzerprozesse* unterscheiden. Da heute fast alle PC–Betriebssysteme Multitasking–fähig sind, werden stets mehrere Prozesse *nebenläufig* ausgeführt. Die Prozessverwaltung hat nun die Aufgabe, den Prozessor (bzw. bei Multikern–Systemen die Prozessorkerne) zyklisch den aktiven Prozessen zuzuteilen. Wie bereits weiter oben beschrieben, erhalten die Prozesse – gesteuert durch einen Zeitgeber (*Timer*) – nacheinander den Prozessor für eine vorgegebene Zeitspanne zugeteilt. Da die Zeitscheiben nur wenige Mikrosekunden lang sind, hat der Benutzer trotz dieses Zeitmultiplexverfahrens den Eindruck, dass der Prozessor mehrere Prozesse gleichzeitig bearbeitet. Mit Hilfe der Nebenläufigkeit von Prozessen erreicht man eine bessere Auslastung des Prozessors. Die wesentlichen Grundlagen zur Umschaltung und Kommunikation zwischen Prozessen wurden bereits in den Unterabschnitten 2.5 und 2.6 behandelt.

8.3.3 Speicher– und Dateiverwaltung

Ähnlich wie bei der Prozessverwaltung verfolgt man mit der *Speicherverwaltung* das Ziel, die im PC eingebauten Speicherarten effizient zu nutzen. Die hierarchische Organisation des Speichersystems erfordert den ständigen Transfer von Daten und Befehlen zwischen verschiedenen Speichertechnologien. Durch die Einführung virtueller Speicher werden die Programme unabhängig von absoluten physikalischen Speicheradressen (vgl. Kapitel 2). Die Speicherverwaltung muss dann aber die logischen Adressen für die einzelnen Prozesse dynamisch in physikalische Adressen transformieren. Die zugehörigen Daten oder Befehle liegen entweder in einem prozessornahen Cache, dem Hauptspeicher oder aber auch auf einem Massenspeichermedium, das als Hintergrundspeicher dient.

Um die auf einem Massenspeichermedium abgelegten und permanent gespeicherten Informationen zu referenzieren, benutzt man so genannte *Dateisysteme*, welche die Daten in einer variablen Zahl von Blöcken eines Massenspeichermediums ablegen und ihnen einen vom Benutzer vergebenen Namen zuordnen. Diese *Dateien* müssen mit Hilfe hierarchisch strukturierter Verzeichnisse, die sich ebenfalls auf dem Massenspeicher befinden, vom Betriebssystem verwaltet werden. Beispiele für solche Dateisysteme wurden bereits im Abschnitt 3.7 vorgestellt.

8.3.4 Gerätetreiber

Betriebssysteme können viele verschiedene E/A–Geräte durch entsprechende Gerätetreiber unterstützen. Während dem Benutzer das Gerät nur für einen bestimmten Dienst (z.B. Drucken) und unter einem logischen Namen bekannt ist, sorgt der Gerätetreiber dafür, dass der vom Benutzer angeforderte Dienst auf dem zugeordneten Gerät ausgeführt werden kann. Auf diese Weise ist es beispielsweise möglich, ein Textdokument auf verschiedenen Druckern stets mit dem gleichen Resultat auszudrucken. Durch den Gerätetreiber erhält das Betriebssystem eine Art Handbuch für das Peripheriegerät. Mit dessen Hilfe kann es dann standardisierte Dienste für den Benutzer auf dem Peripheriegerät ausführen. Gerätetreiber wurden bereits in Unterabschnitt 5.1.1 ausführlicher behandelt.

8.3.5 Bibliotheken und Systemaufrufe

Die Systemsoftware unterstützt den Entwickler bei der Programmierung. So werden beispielsweise zu allen Compilern für die gängigen höheren Programmiersprachen Bibliotheksfunktionen (HLL–Bibliotheken) bereitgestellt, die die Erstellung ablauffähiger Programme durch häufig verwendete Ein-/Ausgabeoperationen oder mathematische Operationen unterstützen. Ebenso gibt es eine Vielzahl von Operationen zur Textverarbeitung, die der Programmierer nach Einbinden entsprechender Bibliotheksfunktionen verwenden kann, ohne dafür eigenen Programm–Code entwickeln zu müssen. Nach dem Erzeugen des Objektcodes für das vom Benutzer geschriebene Programm müssen diese Funktionen aus den Bibliotheken eingebunden werden. Dieser Vorgang wird mit Hilfe des *Binders* (*Linker*) durchgeführt. Abbildung 8.5 zeigt die Einbindung der Bibliotheksfunktionen in das Betriebssystem.

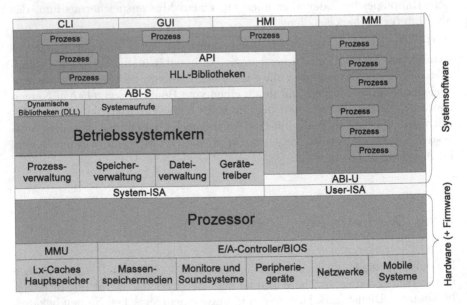

Abb. 8.5 API und HLL–Bibliotheken im Betriebssystem.

Es können statische und dynamische Bibliotheksfunktionen bzw. Binder unterschieden werden.

Statisches Binden: Beim statischen Binden wird das ablauffähige Programm inklusive der permanent angebundenen Bibliotheksfunktionen durch den Lader (*Loader*) in den Hauptspeicher gebracht und anschließend vom Prozesor (als Prozess) ausgeführt. Folglich wird die HLL–Bibliothek nur während der Übersetzungsphase benötigt und der Linker kopiert bei jedem einzelnen Programm die benötigten Bibliotheksfunktionen. Aus Sicht des Speicherbedarfs ist diese Vorgehensweise jedoch nicht sehr ökonomisch, weil häufig verwendete Bibliotheksfunktionen mehrfach im Hauptspeicher abgelegt werden. Der Programmierer nutzt die HLL–Bibliotheksfunktionen über eine Schnittstelle für Anwendungsprogramme, das sog. *Application Programming Interface* (API). Das API besteht aus Unterprogrammaufrufen bzw. Methoden, die aus einer höheren Programmiersprache erfolgen. Es wird im Unterabschnitt 8.3.7 beschrieben.

Dynamisches Binden: Hier setzen die dynamischen Linker und Bibliotheksfunktionen an. Diese Bibliotheken werden zur Laufzeit nur einmal in den Hauptspeicher geladen und dann durch den Betriebssystemkern dynamisch an die aktiven Prozesse gebunden (*Dynamic Linked Library* – DLL). Dies bedeutet, dass der Objektcode jeder Bibliotheksfunktion nur einmal im Hauptspeicher vorhanden sein muss. Die aktiven Prozesse greifen über die ABI–S–Schnittstelle auf die dynamischen Bibliotheken zu. Diese Schnittstelle wird im Unterabschnitt 8.3.6 ausführlicher beschrieben.

Während Bibliotheksfunktionen das Programmieren erleichtern, dienen *Systemaufrufe*[2] dazu, die vom Betriebssystemkern verwalteten Betriebsmittel bzw. seine Funktionen zu nutzen. Da den Benutzerprozessen keine direkte Steuerung dieser Betriebsmittel möglich ist, können diese nur über die Systemaufrufe (*System Calls*) und die im nächsten Unterabschnitt ausführlicher beschriebene Programmierschnittstelle auf die Betriebsmittel zugreifen.

8.3.6 Application Binary Interface (ABI)

Das *Application Binary Interface* (ABI) ermöglicht Anwendungen den Zugriff auf Hardware–Ressourcen und Dienste. Es besteht im Wesentlichen aus zwei Teilen: das ABI–U umfasst alle Befehle, die im Benutzermodus des Prozessors ausgeführt werden können. Das ABI–S enthält darüber hinaus auch alle Befehle, die nur im Supervisor–Modus des Prozessors ausführbar sind (vgl. Abbildung 8.5).

Da die meisten Betriebssystem–Befehle aus Sicherheitsgründen nur im Supervisor–Modus ausgeführt werden dürfen, muss der Benutzer zum Zu-

---

[2] genauer: Betriebssystem–Aufrufe

griff auf die vom Betriebssystem verwalteten Geräte (allgemein *Ressourcen* genannt) die oben genannten Systemaufrufe ausführen. Hierbei übergibt er Parameter an ein Unterprogramm, das dann vom Betriebssystem im Supervisor–Modus ausgeführt wird. Die Parameter werden gemäß der vom Betriebssystem festgelegten Konventionen über Prozessorregister oder den Hauptspeicher übergeben.

Kennzeichen des ABI ist, dass es zum Teil (ABI–U) auf der ISA des physischen Prozessors aufsetzt. Ein Programm, das für ein bestimmtes ABI compiliert wurde, ist nur auf der passenden Prozessor–Betriebssystem–Kombination lauffähig. Die Teilschnittstelle ABI–U kann z.B. von Anwendungen genutzt werden, um schnelle Transfers zu den Ein-/Ausgabe–Geräten oder zum Hauptspeicher auszuführen, da sie die zeitaufwändigen Betriebssystem–internen Abläufe umgeht.

8.3.7 Application Programming Interface (API)

Die Portabilität von ABI–compilierten und mit Betriebssystem–Aufrufen zusammengefügten („gelinkten") Programmen ist stark eingeschränkt, da sie sowohl über die ABI–S–Schnittstelle vom Betriebssystem als auch über die ABI–U–Schnittstelle von der ISA des hardwaremäßig vorhandenen Prozessors abhängen. Da die meisten Anwendungen in einer Hochsprache (HLL) codiert werden, kann man durch HLL–basierte Systemaufrufe eine vollständige Unabhängigkeit von der Kombination aus Betriebssystem und ISA erreichen. Nach der Compilierung werden die Objektcodeprogramme mit einer zur HLL passenden Bibliothek gelinkt, die über die ABI–S–Systemaufrufe und über die ABI–U–Schnittstelle Maschinenbefehle im Benutzermodus ausführt (s. Abbildung 8.5) werden. Ein Beispiel für eine solche API ist die **clib** des Betriebssystems Unix, die zur Programmierung in der Hochsprache C benötigt wird. Diese Bibliothek (*Library*) wird nach dem Compilieren mit dem Objektprogramm verlinkt.

8.3.8 Arten von Betriebssystemen

Man kann verschiedene Arten von Betriebssystemen unterscheiden, die anhand der folgenden Begriffe charakterisiert werden:

- Singletasking
- Multitasking

- Multiuser

- Multiprocessing

- Echtzeit

Singletasking–Betriebssystem: Bei einem *Singletasking*–Betriebssystem läuft zu einem bestimmten Zeitpunkt immer nur ein Programm. Der Vorteil dieser Betriebssysteme liegt darin, dass dem Benutzer die gesamte Leistung des Prozessors zur Verfügung steht. Dies kann insbesondere bei mobilen Systemen wünschenswert und sinnvoll sein. Nachteilig ist jedoch, dass man zum Wechseln zu einer anderen Anwendung zunächst das gerade laufende Programm beenden muss.

Multitasking–Betriebssystem: Um diese Nachteile zu beseitigen, wurden *Multitasking*–Betriebssysteme entwickelt (vgl. Unterabschnitt 2.5). Der Prozessor wird dabei ständig zwischen mehreren nebenläufigen Prozessen umgeschaltet. Zur zyklischen Umschaltung des Prozessors auf die jeweils aktiven Prozesse werden mit Hilfe eines Zeitgebers (*Timer*) in regelmäßigen Zeitabständen (in der Größenordnung von Mikrosekunden) Interrupts erzeugt. Nach jedem Interrupt wird dem gerade laufenden Prozess der Prozessor entzogen und der Prozess–Zustand, auch Prozess–Kontext genannt, in Datenstrukturen des Betriebssystems zwischengespeichert. Als nächstes wird dann (meistens) derjenige Prozess wieder aufgenommen, der am längsten nicht mehr ausgeführt wurde. Dazu wird zunächst der zwischengespeicherte Prozesszustand in die Prozessorregister geladen und der Prozess dort fortgesetzt, wo er beim letzten Mal unterbrochen wurde. Da die Prozesswechsel in schneller Abfolge durchgeführt werden, entsteht beim Benutzer der Eindruck, dass auf dem PC mehrere Programme gleichzeitig ausgeführt werden.

Multiuser–Betriebssystem: *Multiuser*–Betriebssysteme bauen ebenfalls auf dem Multitasking–Konzept auf. Sie lassen allerdings zu, dass mehrere Benutzer gleichzeitig den Prozessor des PCs nutzen, um ihre Programme auszuführen.

Multiprocessing–Betriebssystem: Bei den oben beschriebenen Multitasking–Betriebssystemen wird vorausgesetzt, dass im PC nur ein einziger Prozessor vorhanden ist. Moderne Mikroprozessoren enthalten aber mehrere Prozessorkerne, die tatsächlich gleichzeitig arbeiten können. Während es sich also beim *Multitasking* um eine scheinbare Parallelität handelt, können durch *Multiprocessing* zwei oder mehrere Programmabschnitte wirklich zur gleichen Zeit ausgeführt werden. Multiprocessing kann entweder auf Rechnerarchitekturen mit einem großen gemeinsamen Hauptspeicher (so genanntes *Shared Memory Multiprocessing*) oder auf mehreren vernetzten Computern (so genanntes *Message Passing*) implementiert werden. Die parallel ablaufenden Prozesse tauschen dabei ihre Zwischenergebnisse entweder über Speicherzellen oder über Nachrichten aus.

Echtzeit–Betriebssysteme: *Echtzeit–Betriebssysteme (Real–Time Operating System)* findet man gewöhnlich nur in den sog. Eingebetteten Systemen, also Rechnern auf Basis eines Mikrocontrollers oder Digitalen Signalprozessors zur Steuerung und Überwachung eines elektronischen Systems. Bei PCs sind sie nicht üblich. Ein Echtzeit–Betriebssystem sorgt dafür, dass bestimmte Aufgaben sicher innerhalb eines vorgegebenen Zeitrahmens ausgeführt werden. Beispiele hierfür sind Regelungs– und Steueralgorithmen, bei denen es auf die exakte Abtastung von Messgrößen und Ausgabe von Steuersignalen ankommt.

Wie oben beschrieben, verwalten Betriebssysteme die Hardwarekomponenten eines PCs und unterstützen den Benutzer bei der Ausführung seiner Programme. Dabei wird zunächst immer vorausgesetzt, dass die Betriebssysteme und deren Prozesse im Objektcode des PC–Prozessors vorliegen. Außerdem geht man davon aus, dass auf dem PC nur ein einziges Betriebssystem genutzt wird. Diese Einschränkungen können durch den Einsatz von *Virtualisierungstechniken* aufgehoben werden. Mit Hilfe von virtuellen Maschinen (VM) können auf der Hardware eines PCs gleichzeitig, d.h. nebenläufig, mehrere Betriebssysteme ausgeführt werden. Auf die verschiedenen Realisierungsmöglichkeiten gehen wir im Abschnitt 8.7 ausführlicher ein.

8.4 Prozesse

Wie schon erläutert, versteht man unter Prozessen (s. Abbildung 8.6) in Ausführung befindliche Programme zusammen mit ihren Daten. Sie erhalten im Zeitmultiplex–Verfahren zeitlich versetzt den Zugriff auf den Prozessor. Durch die Nebenläufigkeit vieler Prozesse können einerseits die Betriebsmittel eines PCs besser ausgelastet werden. Andererseits kann das Betriebssystem mit Hilfe von *Systemprozessen* auch sehr leicht an die jeweiligen Benutzeranforderungen angepasst werden, indem beim Start des Betriebssystems für jeden vom Benutzer gewünschten Dienst ein entsprechender Dienst gestartet wird.

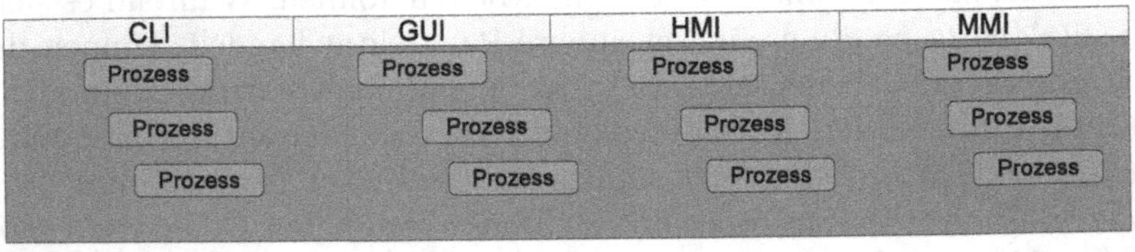

Abb. 8.6 Prozesse und ihre Schnittstellen zu den Benutzern bzw. anderen Computern.

8.4.1 Systemprozesse

Zu den Systemprozessen zählen unter anderem spezielle Gerätetreiber wie z.B. Graphiktreiber, Zeitgeber, Virenscanner, Netzwerk–Protokollsoftware oder eine Firewall. Aber auch die Schnittstellen zum Benutzer und anderen Computern werden meist als permanente Systemprozesse des Betriebssystems implementiert.

So ist eine graphische Benutzungsoberfläche (*Graphical User Interface –* GUI) als permanenter Systemprozess meist schon kurz nach dem Starten (*Booten*) des PCs verfügbar und stellt heutzutage für weniger versierte Benutzer den Standardzugang zur Bedienung eines PCs dar. Bei Unix/Linux–Betriebssystemen kann der Benutzer sogar zwischen verschiedenen GUIs wählen.

Die früher übliche Bedienung mittels eines Kommandozeileninterpreters (*Command Line Interface –* CLI) wird heute fast nur noch von Computerexperten genutzt. In Verbindung mit Unix/Linux–Betriebssystemen wird der Kommandozeileninterpreter auch als *Shell* bezeichnet. Im Laufe der Jahre wurden verschiedene Shell–Varianten entwickelt.

Im Gegensatz zu klassischen PCs kann bei mobilen Systemen die Bedienung auch über spezielle Eingabegeräte, wie Touchpads und Touchscreens, erfolgen. Entsprechend ergeben sich dabei besondere Anforderungen an die Benutzerschnittstelle, die man zur Unterscheidung vom GUI eines Standard–PCs als Mensch–Maschine–Schnittstelle bezeichnet (*Human–Machine Interface –* HMI). Das HMI ist also ein auf die beschränkten E/A–Möglichkeiten eines mobilen Systems zugeschnittenes GUI.

Die immer stärker ausgeprägte Vernetzung von PCs erfordert auch entsprechende Schnittstellen, um anderen Computern den Zugriff auf die Betriebsmittel eines PCs zu ermöglichen. Hierdurch können z.B. Leerlaufzeiten eines PCs sinnvoll für die Aufgaben einer virtuellen Gemeinschaft (*Virtual Organisation –* VO) genutzt werden. Wie in Abbildung 8.1 dargestellt, kann hierfür eine spezielle Maschine–Maschine–Schnittstelle (*Machine–Machine Interface –* MMI) vorgesehen werden.

Das MMI bietet einen durch sog. Zertifikate abgesicherten Zugriff anderer Computer auf einen PC und ermöglicht somit verteiltes Rechnen auf Ressourcen einer VO, das auch als *Grid Computing* bekannt ist. Grid Computing entstand Mitte der 90er Jahre. Es nutzt verteilte Computer, die über das Internet miteinander verbunden sind, um rechenintensive und/oder datenintensive Anwendungen auszuführen. Als so genannte Ressourcen werden neben Computern und Speicherplatz auch teure Laborumgebungen bzw. Spezialgeräte, wie z.B. der *Large Hadron Collider* (LHC) am CERN (*Conseil Européen pour la Recherche Nucléaire*), von einer VO genutzt. Die gemeinschaftliche Nutzung von Ressourcen und die Kollaboration der Mitglieder einer VO sind charakteristische Merkmale des Grid Computings. Die Mitglieder einer VO verfolgen meist gleiche oder ähnliche Ziele. Die VO betreibt eine Grid–Infrastruktur, die aus dem Personal zur Administration, Ressourcen und spezieller Software besteht.

8.4.2 Benutzerprozesse

Gewöhnliche Anwendungen wie Textverarbeitungsprogramme, Webbrowser oder E–Mailprogramme werden als Benutzerprozesse gestartet und sind im Gegensatz zu Systemprozessen meist nur für die begrenzte Zeit ihrer Nutzung im Betriebssystem vorhanden. Man beachte, dass hierzu auch die Programmierwerkzeuge wie Compiler, (statische) Linker, Loader und Debugger gehören, die dem Betriebssystem zugerechnet werden. Häufig findet man auch integrierte Entwicklungsumgebungen (*Integrated Development Environment* – IDE), die als Benutzerprozess laufen und dem Benutzer eine komfortable Oberfläche und Hilfsmittel zur Erstellung von Software bereitstellen.

8.4.3 Client– und Server–Prozesse

Man kann Prozesse auch nach ihrer Funktion als so genannte *Client*– oder *Server*– Prozesse einteilen (vgl. Unterabschnitt 6.2.6). Ein Server ist ein Prozess, der einen Dienst bereitstellt, der wiederum vom Client genutzt wird. Die Unterscheidung zwischen Client und Server ist insbesondere dann vorteilhaft, wenn man verteilte Anwendungen realisieren möchte. Dabei laufen die Client– und Server–Prozesse auf teilweise weit voneinander entfernten Computern und tauschen über das Internet Daten aus.

Die wohl bekanntesten Beispiele für solche verteilen Anwendungen sind E–Mail–Programme („elektronische Post") und das *World Wide Web* (WWW). In beiden Fällen gibt es einen Server–Prozess, der Anforderungen der Clients entgegennimmt. Im Falle von E–Mail werden die an einen Empfänger gesandten Nachrichten vom E–Mail–Server gespeichert. Sie können dann später mit Hilfe eines E–Mail–Clients vom Besitzer der zugehörigen E–Mail–Adresse abgerufen werden. Ähnlich fordern Anwender mit Hilfe eines *Web Browsers* (Client) von einem *Web Server* im Internet hinterlegte Inhalte an, die dieser dann mit der Sendung einer HTML–codierten Seite (*Hypertext Markup Language*) beantwortet. Der Web Browser stellt dann die Seite für den Benutzer dar.

In der Praxis laufen meist mehrere Server–Prozesse auf einem leistungs-starken PC. Es ist daher üblich, diesen PC selbst als Server zu bezeichnen. Beispiele für Server sind Datei–, Datenbank–, FTP–, E–Mail–, Web–, SSH–, Firewall–, Virenscanner– oder andere Anwendungsserver. Die zugehörigen Server–Prozesse laufen in der Regel im Hintergrund, d.h. sie erzeugen während des normalen Betriebs keine Ausgaben und benötigen auch keine Eingaben des Benutzers. Man bezeichnet daher solche Prozesse auch als *Dämonen*.

8.5 Beispiele für Betriebssysteme

In diesem Abschnitt soll kurz in die meistgenutzten PC–Betriebssysteme eingeführt werden. Eines der ersten Betriebssysteme für PCs war CP/M (*Control Program for Microcomputers*), das von der Firma *Digital Research* entwickelt wurde. Im Jahre 1981 brachte Bill Gates sein MS–DOS (*Microsoft Disk Operating System*) auf den Markt, das als Betriebssystem auf dem ersten IBM PC diente. Während MS–DOS noch textuell über eine Kommandozeile (CLI) bedient wurde, kam in der zweiten Hälfte der 80er Jahre mit *Microsoft Windows* eine graphische Benutzungsoberfläche (GUI) hinzu.

Die ersten PCs mit GUI und Maussteuerung waren die *Macintosh Computer* der Firma Apple, die bereits Anfang der 80er Jahre auf den Markt kamen. Mit Einführung von *X Windows*, einem Client–Server–basierten GUI, existiert seit Mitte der 80er Jahre auch für die ursprünglich nur Kommandozeilen–basierten Unix–Betriebssysteme ein GUI–Zugang für die Benutzer. Die Dienste des Betriebssystems können hierbei mit Hilfe einer Maussteuerung ausgewählt und modifiziert werden, was die Bedienung wesentlich vereinfacht. Während die Benutzer bei einer CLI–basierten Bedienung die einzelnen Kommandos und deren Optionen kennen müssen, kann der GUI–Benutzer aus einer graphisch dargestellten Palette von Programmen und Diensten auswählen. Diese können – ebenfalls über graphisch aufbereitete Einstellseiten – konfiguriert und so an die Anforderungen bzw. Wünsche der Benutzer angepasst werden.

8.5.1 MS–Windows

MS–Windows wurde Mitte der 80er Jahre entwickelt und stellt ein Single-user–Multitasking–Betriebssystem dar, das auf MS–DOS aufbaut. Eigentlich handelt es sich dabei nicht um *das* MS–Windows, sondern um eine ganze Reihe von verschiedenen GUI–Varianten der Firma Microsoft. Im Laufe der Entwicklung der verschiedenen Versionen verschmolzen das GUI und das Betriebssystem immer stärker. So ist bei heutigen Windows–Versionen eigentlich keine Trennung zwischen Betriebssystemkern und GUI erkennbar.

Windows ist das meistgenutzte PC–Betriebssystem und hat einen Marktanteil von über 90%. Es ist derzeit sowohl in einer Server– (*Windows Server 2008*) als auch in einer Client–Version (*Windows 7*) verfügbar. Ebenso gibt es eine Version für mobile Smartphones und Handheld–PCs (*Windows Phone 7*). Die Windows–Betriebssystemfamilie bietet erst seit 1993 mit Windows–NT einen Multiuser–Betrieb auf Prozessebene an. Leider ist dabei aber kein Zugriff über das GUI möglich. Erst mit einem Windows–Terminal–Server und entsprechenden Clients ist ein komfortabler Zugang im Multiuser–Betrieb vorgesehen.

Bei MS–Windows gibt es im Wesentlichen drei verschiedene Dateisysteme: FAT16, FAT32 und NTFS. Das FAT–Dateisystem, das bereits im Abschnitt 3.7 vorgestellt wurde, unterliegt aufgrund seiner Organisation einigen Beschränkungen bzgl. der Vergabe von Dateinamen. Die heute gebräuchlichen Versionen von NTFS weisen diese Beschränkungen nicht mehr auf. Obwohl bei frühen MS–Windows–Versionen (bis Windows Me) quasi kein System zur Regelung von Zugriffsrechten existierte, ist auch bei den neueren Windows–Versionen die Rechteverwaltung – im Vergleich zu Unix/Linux – sehr kompliziert und schwer verständlich. Insbesondere die Verwaltung von Benutzergruppen gestaltet sich sehr schwierig.

8.5.2 Unix/Linux

Die erste Version von Unix wurde bereits 1969 bei den *Bell Labs* für den Einsatz auf einer Rechenanlage mittlerer Leistungsfähigkeit, der PDP–7 der Firma *Digital Equipment*, in Assemblersprache entwickelt. Schon 1971 wurde es in die von Dennis Ritchie entwickelte Programmiersprache C umcodiert und diente dann als Betriebssystem für die überaus erfolgreiche Rechenanlage PDP–11. Da Unix später sowohl bei den Bell Labs als auch an der *University of Berkeley* weiterentwickelt wurde, entstanden zwei Versionen, die als *System V* und BSD (*Berkeley Software Distribution*) bekannt wurden. Im weiteren Verlauf entstanden zahlreiche Nachfolgeversionen dieser beiden Grundsysteme, von denen heute wohl Linux als Abkömmling von BSD der bekannteste ist. Häufig werden die Begriffe Unix und Linux synonym verwendet, da die Unterschiede zwischen beiden Betriebssystemen marginal sind.

Im Gegensatz zu MS–Windows handelt es sich bei Unix/Linux um ein Multiuser–Multitasking–Betriebssystem, das lediglich über eine Shell bedient wird. Dazu muss jeder Benutzer über eine Kennung verfügen, die ihn gegenüber dem System identifiziert. Ein Multiuser–Betrieb ist dann problemlos von jeder anderen Unix/Linux–Version aus möglich und alle Benutzer verfügen mit Hilfe sog. *X–Server* sogar über einen GUI–Zugang. So kann beispielsweise mit einem relativ leistungsschwachen PC, auf dem nur der X–Server läuft, über das Internet auf einen entfernten leistungsstarken Rechner zugriffen werden.

Die Trennung zwischen Betriebssystemkern und GUI ist bei Unix/Linux klar erkennbar. Gerade bei Servern ist eine GUI unnötiger Ballast, da die Konfiguration und Administration eines Servers ebenso mittels CLI ausgeführt werden kann. Ein weiterer Vorteil dieser Trennung besteht darin, dass der Benutzer bei Arbeitsplatzrechnern sogar zwischen verschiedenen GUI–Varianten wählen kann. Das gleiche gilt für die Shell. Abgesehen davon, dass die unter Unix/Linux verfügbaren Shells weitaus mächtiger sind als der MS–Kommandointerpreter, kann auch hier der Benutzer zwischen einer Vielzahl von Shell–Varianten wählen.

Bei heutigen Unix/Linux–Betriebssystemen findet man vor allem das EXT3–Dateisystem. Im Unterschied zu Windows war ein Unix/Linux–Betriebssystem von Anfang an in der Lage, beliebig lange Dateinamen zu verwalten und dabei auch die Groß– und Kleinschreibung zu unterscheiden. Zusätzlich werden aber neben den MS–Windows–Dateisystemen auch noch zahlreiche andere unterstützt. Im Unterabschnitt 3.7.3 wurde bereits in das Konzept des Linux–Dateisystems eingeführt. Ein wichtiges Merkmal von EXT3 ist, dass es Veränderungen am Dateisystem protokolliert, was als *Journaling* bezeichnet wird, und damit in der Lage ist, nach einem Fehler das Dateisystem selbst sehr großer Festplatten in relativ kurzer Zeit wieder zu reparieren[3].

Die Verwaltung von Zugriffsrechten ist bei Unix/Linux einfach und ausgereift. Da man stets mit seinem Benutzernamen angemeldet sein muss, kann das Betriebssystem dem Benutzer sowohl ein Basisverzeichnis, das sog. *Home Directory*, als auch die Zugehörigkeit zu einer Benutzergruppe zuordnen. Mit Hilfe dieser Benutzergruppenrechte wird die Verwaltung in Organisationen mit vielen Benutzern wesentlich vereinfacht, da nicht jedem einzelnen Benutzer die Zugriffsrechte zu einer Datei zugeordnet werden müssen.

8.6 Systemsoftware für Mobile Systeme

Wie bereits erläutert wurde, benötigen Personal Computer ihre Systemsoftware, um die semantische Lücke zwischen den Fähigkeiten der Hardware und den Anforderungen der Anwendungsprogramme zu schließen. Diese Aufgabe wird auch bei mobilen Systemen durch das BIOS, das Betriebssystem sowie die Treiberprogramme für die Ansteuerung der Hardware–Komponenten er-

---

[3] Auch NTFS verfügt über diese Eigenschaft und sollte daher bei MS–Windows ausschließlich verwendet werden.

ledigt. In den nachfolgenden Unterabschnitten werden diese drei Formen von Systemsoftware insbesondere hinsichtlich ihrer Besonderheiten im Mobilbereich untersucht.

8.6.1 Basic Input/Output System

Das *Basic Input/Output System* (*BIOS*) erfüllt bei mobilen PCs im Wesentlichen dieselben Aufgaben wie bei den stationären Systemen. Während in der kleinsten Geräteklasse häufig Eigenentwicklungen der Gerätehersteller zum Einsatz kommen, verwenden bereits die meisten Netbooks die von den bekannten BIOS–Herstellern *American Megatrends Incorporated* (AMI) und *Phoenix Technologies* entwickelten Produkte[4].

Ebenso wie bei normalen Arbeitsplatzrechner kann bei vielen mobilen Systemen unmittelbar nach den Systemstart ein Setup–Programm gestartet werden, über das der Benutzer die im sog. *CMOS–Baustein* gespeicherten Systemdaten verändern kann. Die einzelnen Auswahlbildschirme des Setup–Programms sind ähnlich gegliedert wie bei Desktop–Systemen, allerdings gibt es in den meisten Fällen erheblich weniger Parameter, die verändert werden können. Dieser Sachverhalt ist durch die geringere Modularität der mobilen Systemen begründet, die den Herstellern die Ermittlung von günstigen Betriebswerten ermöglicht, welche anschließend als Konstanten im CMOS–Baustein festgelegt werden. Allerdings sind auch zusätzliche Parameter möglich, die aus dem besonderen Aufbau des jeweiligen Systems herrühren. Beispielsweise kann bei Rechnern mit einem von Prozessor und Graphikeinheit gemeinsam genutzten Speicher (*Shared Memory)* die Größe des für Graphikzwecke reservierten Bereichs im BIOS festgelegt werden.

Einige mobile Systeme ermöglichen die Aktualisierung des BIOS durch eine Neuprogrammierung des Flash–Bausteins, in dem es gespeichert ist.

8.6.2 Betriebssysteme

Im Laufe der Zeit wurden zahlreiche Betriebssysteme für mobile Geräte entwickelt. Während es sich dabei zu Beginn häufig um proprietäre Betriebssoftware der jeweiligen Hersteller handelte, wurde bereits ab Mitte der 90er Jahre mit den Arbeiten an standardisierten Plattformen für die Geräte meh-

---

[4] Obwohl *Award Software* bereits vor mehreren Jahren von *Phoenix Technologies* aufgekauft wurde, gibt es nach wie vor Produkte, die unter diesem Markennamen vertrieben werden.

rerer Hersteller begonnen. Diese neuen Betriebssysteme basieren teilweise auf bekannten Plattformen aus dem Desktop–Bereich. Andere Systeme wurden hingegen eigens für den Mobilbereich entwickelt und stellen dort eine ernst zu nehmende Alternative zu Windows, Linux und den nach wie vor verbreiteten proprietären Lösungen einzelner Hersteller dar.

Das von Microsoft entwickelte Betriebssystem Windows wird auch im mobilen Bereich verwendet, wobei die im Einzelfall genutzte Version maßgeblich durch die Leistungsfähigkeit der zugrunde liegenden Hardware bestimmt wird. Während die aus dem Desktop–Bereich bekannten Versionen (XP, Vista und Windows 7) vornehmlich bei den größeren Systemtypen Anwendung finden, liegen die Hardware–Anforderungen dieser Versionen häufig deutlich oberhalb der Ausstattung kleinerer Mobilrechner, PDAs und Smartphones.

Windows CE: Für diese Geräteklassen, aber auch für eingebettete Systeme mit einer vergleichbar geringen Hardware–Ausstattung, wurde von Microsoft im November 1996 die Betriebssystemplattform *Windows CE* in der Version 1.0 vorgestellt. Über die Bedeutung der Bezeichnung *CE* gibt es zahlreiche Vermutungen: während CE häufig als Abkürzung von *Compact Edition* oder *poCket Edition* interpretiert wird, gehen andere Quellen von einer Marketingbezeichnung ohne tieferen Sinn aus.

Windows CE ist ein skalierbares 32–bit–Echtzeitbetriebssystem, das aufgrund seines geringen Ressourcenbedarfs nicht nur bei mobilen Rechnersystemen, sondern auch bei vielen industrielle Steuerungen, medizinischen Geräten, Kameras sowie in der interaktiven Unterhaltungselektronik zum Einsatz kommt. Als Prozessorarchitekturen werden – neben der im PC–Bereich vorherrschenden x86–Architektur – auch die Prozessorarchitekturen der Firmen ARM, MIPS und Hitachi unterstützt. Windows CE kann aus einem wenige Megabyte großen ROM–Speicher gestartet und dauerhaft ohne Festplatte betrieben werden. Auch die Anforderungen an die Größe des Hauptspeichers sind nach heutigen Maßstäben bescheiden. Obwohl es möglich ist, auf Windows CE eine graphische Benutzungsoberfläche aufzusetzen, ist für den Betrieb dieses Systems nicht einmal eine Anzeige zwingend erforderlich.

Die große Spannweite an möglichen Hardware–Ausstattungen macht es nahezu unmöglich, ein einzige Betriebssystem–Konstellation zu erzeugen, die auf allen unterstützen Prozessorarchitekturen ausgeführt werden kann und eine Anbindung der verschiedenartigen Peripherie–Komponenten mit geeigneten Treibern ermöglicht. Aus diesem Grund setzt sich Windows CE aus einer Reihe von Software–Komponenten zusammen, die vom Hersteller der Hardware zu einer auf den Bedarf seines Gerätes zugeschnittene Betriebssystem–Konstellation zusammengeführt werden können. Zu diesem Zweck wird Windows CE mit einer als *Platform Builder* bezeichnet Software ausgeliefert, die eine Auswahl der zu nutzenden Betriebssystemkomponenten, die Erzeugung des auf das Gerät zugeschnittenen Betriebssystems, die Fehleranalyse und die letztendliche Inbetriebnahme auf den eingesetzten Geräten unterstützt. Obwohl Windows CE somit eine adäquate Betriebssystemlösung für zahlreiche mobile Systeme mit geringer Rechenleistung darstellt, kann es aufgrund der vorgenommenen Anpassungen an die verfügbare Hardware nicht in größerem Umfang als Standardplattform für die Entwicklung von Applikationen verwendet werden.

Windows Mobile: Im Laufe der Jahre wurde es jedoch immer wichtiger, dass mobile Geräte nicht nur die ihnen zugedachte Funktion erfüllen, sondern auch eine ansprechende Benutzungsoberfläche besitzen, die unter Zuhilfenahme von standardisierten Programmierschnittstellen (*Applikation Programming Interface* – API) und Entwicklungswerkzeugen vom Benutzer angepasst bzw. erweitert werden kann. Aus dieser Anforderung heraus wurde *Windows Mobile* entwickelt, das im April 2000 vorgestellt wurde und inzwischen zu einer Standardplattform für PDAs und Mobiltelefone geworden ist. Obwohl die Benutzungsoberfläche von Windows Mobile eine gewisse Ähnlichkeit zu der aus dem Desktop–Bereich bekannten Windows–Oberfläche besitzt, verwendet Windows Mobile nach wie vor Windows CE als Kern. Die Bedienung erfolgt im Allgemeinen mittels eines speziellen Stiftes (Stylus). Für Windows Mobile sind neben einer Shell und umfangreichen Programmierschnittstellen auch zahlreiche Anwendungsprogramme verfügbar, beispielsweise *Office Mobile*, welches aus den drei Komponenten *Word Mobile*, *Excel Mobile* und *PowerPoint Mobile* besteht.

Windows Phone 7: Im Herbst 2010 wurde in Europa und Nordamerika der Nachfolger von Windows Mobile eingeführt, der unter dem Namen *Windows Phone 7* vertrieben wird. Ebenso wie sein Vorgänger wird Windows Phone 7 nicht einzeln verkauft, sondern nur als Komponenten–Bausatz an Hardware–Hersteller ausgeliefert, die die bereitgestellte Systemplattform zur Implementierung eines auf ihrer eigenen Hardware angepassten Betriebssystems verwenden. Die Bedienung erfolgt nach dem Multi–Touch–Prinzip durch die direkte Berührung der Anzeige mit einem oder mehreren Fingern. Aufgrund von hohen Hardware–Anforderungen können die meisten Systeme, auf denen Windows Mobile installiert ist, schon allein aus technischen Gründen nicht auf Windows Phone 7 umgestellt werden.

Linux: Bereits seit mehreren Jahren gibt es Bestrebungen, das bei Arbeitsplatzrechnern und Servern häufig genutzte *Linux*–Betriebssystem auch im Mobilbereich einzusetzen. Linux bietet für mobile Plattformen den Vorteil, dass es modular aufgebaut ist und somit flexibel an die unterschiedlichen Hardware–Ausstattungen angepasst werden kann. Darüber hinaus hat es im Allgemeinen geringere Hardware–Anforderungen als vergleichbar leistungsfähige Betriebssysteme, was insbesondere den kleineren mobilen Systemen entgegenkommt.

Desktop–Ersatzsysteme verfügen ebenso wie viele Desktop Extender über eine hinreichend leistungsfähige Hardware, um auch mit den für den Desktop–Bereich entwickelten Linux–Derivaten betrieben werden zu können. Das einzige Problem besteht dabei in der mangelhaften Unterstützung einzelner Hersteller, die für ihre Systeme keine Linux–Gerätetreiber zur Verfügung stellen. Für solche Fälle wird jedoch häufig nach kurzer Zeit von der Benutzergemeinschaft eine alternative Lösung im Internet zur Verfügung gestellt.

Verschiedene Linux–Derivate stellen bereits von vornherein nur geringe Anforderungen an die Leistungsfähigkeit der zugrunde liegenden Hardware. Andere Derivate wiederum bieten eine speziell angepasste *Netbook Edition* an, die sowohl auf die geringen Ressourcen kleiner mobiler Systeme als auch den angestrebten niedrigen Energieverbrauch ausgerichtet sind. Auch hier besteht das Hauptproblem wieder in der unzureichenden Unterstützung seitens einiger Hersteller, was aber erneut in vielen Fällen durch eine kompetente Benutzergemeinschaft ausgeglichen werden kann.

Während die größeren Geräteklassen somit – von der Problematik der fehlenden Gerätetreibern abgesehen – relativ einfach mit dem Betriebssystem Linux ausgestattet werden können, erfordert dessen Nutzung im Bereich der PDAs und Smartphones aufgrund der extrem begrenzten Ressourcen einen erheblichen Anpassungsaufwand. Daher engagieren sich seit 2007 zahlreiche große Hersteller aus der Telekommunikationsbranche in verschiedenen Projekten um die Entwicklung einer Linux–basierten Betriebssystemplattform für Mobiltelefone bzw. Smartphones. Während die Quellprogramme der entwickelten Betriebssysteme teilweise offen verfügbar sind und von jedem eingesehen werden können, sind die Quelltexte anderer Projekte nur für Projektmitglieder vollständig zugänglich. Erste Produkte, die auf diesen Plattformen aufbauen, sind bereits verfügbar.

Obwohl auch das nachfolgend dargestellte Betriebssystem *Android* auf einem Linux–Kernel basiert, kann es aufgrund der zahlreichen Anpassungen und Erweiterungen sowie der gewählten Virtualisierungslösung als eigenständiges Betriebssystem angesehen werden.

Android: Neben den aus dem Desktop–Bereich bekannten Betriebssystem–Plattformen gibt es insbesondere bei den kleineren Gerätetypen (bis einschließlich zum Netbook) zahlreiche Alternativen, die sich sowohl hinsichtlich der von ihnen vorausgesetzten Hardware als auch im Hinblick auf den angebotenen Funktionsumfang zum Teil erheblich voneinander unterscheiden. Stellvertretend für diese Betriebssysteme soll in diesem Unterabschnitt kurz das von der *Open Handset Alliance* unter der Federführung von Google entwickelte Betriebssystem *Android* vorgestellt werden.

Android wurde 2007 angekündigt und ab Oktober 2008 vertrieben. Das hauptsächlich für Mobiltelefone konzipierte System steht unter einer Apache–Lizenz und ist im Quelltext verfügbar. Wie bereits gesagt, basiert Android auf einem Linux–Kern (Version 2.6), der für die Prozess– und Speicherverwaltung, die Netzwerkkommunikation sowie für verschiedene Sicherheitsfunktionen des Betriebssystems zuständig ist. Des Weiteren ist der Kern (*Kernel*) für die Realisierung einer Abstraktionsschicht zwischen Hard– und Software (*Hardware Abstraction Layer*) und für die Einbindung der erforderlichen Treiber verantwortlich. Die auf diesem Kernel aufsetzenden Bibliotheken für die Programmiersprachen C und C++ umfassen u.a. zahlreiche Programme, sog. Codecs, für die Wiedergabe verschiedener Audio– und Video–Formate, eine Datenbank und eine auf OpenGL basierende 3D–Bibliothek.

Auf diesen Bibliotheken basiert eine offene Entwicklungsplattform, die den Programmierern zahlreiche Funktionen und vorgefertigte Software–Komponenten für die Erstellung von leistungsfähigen Applikationen zur Verfügung stellt. Die Wiederverwendung vorhandener Komponenten ist ein wesentliches Grundprinzip der Software–Architektur von Android, welches neben einer zügigen Programmentwicklung auch ein einheitliches Aussehen und Handhaben (*Look and Feel*) über Anwendungsgrenzen hinweg ermöglicht.

Für jede auszuführende Applikation wird ein eigener Linux–Prozess erzeugt, in dem eine Instanz der eigens für Android entwickelten *Dalvik Virtual Machine* ausgeführt wird. Durch die Nutzung einer solchen Virtuellen Maschine werden Programmcode und Daten der Anwendung vor anderen Applikationen geschützt und eine zusätzliche Abstraktion von den darunter liegenden Systemschichten erreicht. Dies kommt der Portabilität der Anwendungen zugute. Zur Laufzeitumgebung gehört auch eine umfangreiche Java–Klassenbibliothek, die neben den üblichen Standardklassen auch zahlreiche Android–spezifischen Klassen und Schnittstellen umfasst. Obwohl die Applikationen für Android üblicherweise in Java geschrieben werden, handelt es sich bei der Dalvik Virtual Machine (Dalvik VM) nicht um eine einfache Java–VM (*Java Virtual Machine*), da ihr im Gegensatz zur typischen Java–VM (JVM) eine Register–basierte anstelle einer Stack–basierten Prozessorarchitektur zugrunde liegt, weshalb der vom Compiler erzeugte Zwischencode, der sog. Bytecode, für beide VMs nicht zueinander kompatibel ist. Für die Übersetzung einer Android–Applikation wird zunächst konventioneller Java–Bytecode erzeugt, der anschließend mittels eines Cross–Compilers in den Bytecode der Dalvik Virtual Machine überführt wird.

Android wird standardmäßig mit zahlreichen Applikationen ausgeliefert, zu denen neben einem E–Mail-Programm und einem Web–Browser u.a. auch ein SMS–Programm (*Small Message Service*) und ein Kalender gehören. Weitere Anwendungen können nachträglich installiert werden. Inzwischen gibt es zahlreiche Märkte im Internet, auf denen Android–Applikationen vertrieben werden, wobei Google mit *Android Market* die größte derartige Plattform zum Herunterladen (*Download*) von Applikationen betreibt.

Obwohl Android ursprünglich für den Mobiltelefonbereich entwickelt wurde, gibt es inzwischen Bestrebungen, das System auch für andere mobile

Systeme sowie im Desktop–Bereich zu nutzen. Darüber hinaus empfiehlt sich Android für den Einsatz in Infotainment–Systemen[5], medizinischen Geräten oder für industrielle Steuerungssysteme, weil in diesen Bereichen eine durchgängige und intuitive Benutzerschnittstelle zu einer Verbesserung der Betriebssicherheit beiträgt. Inzwischen existieren mehrere von Internet–Entwicklergemeinden vorangetriebene Projekte, die sich mit der Portierung von Android auf andere Plattformen befassen. Hierzu zählen insbesondere Projekte zur Portierung auf die im Desktop–Bereich vorherrschende Intel x86–Architektur sowie Projekte für die Nutzung von Android auf älteren Mobiltelefonen bzw. Smartphones mit Windows Mobile 6.x.

8.6.3 Gerätetreiber

Mobile PCs bestehen in der Regel aus proprietären Komponenten, die eigens für das System entwickelt oder – von Standardkomponenten ausgehend – adaptiert wurden. In beiden Fällen benötigt das Betriebssystem geeignete *Gerätetreiber*, um diese Komponenten zu steuern bzw. um Daten mit ihnen auszutauschen. Geräte mit als *Firmware* integriertem Betriebssystem (vorwiegend Smartphones und PDAs) werden direkt von Hersteller mit allen erforderlichen Treiberprogrammen versorgt. Im Gegensatz dazu müssen bei den standardisierten Betriebssystemen Gerätetreiber während des Installationsvorgangs mit „eingespielt" werden, damit die von ihm unterstützten Komponenten überhaupt genutzt werden können. Zu diesem Zweck legen die meisten Hardware–Hersteller ihren Produkten einen Datenträger mit den von den gängigen Betriebssystemen benötigten Treibern bei. Andernfalls können aktuelle Treiberversionen auch häufig über die Internet–Seiten des Herstellers heruntergeladen werden. Bei Betriebssystemen mit einer geringen Verbreitung müssen die erforderlichen Treiber hingegen meistens vom Anbieter der Systemsoftware zur Verfügung gestellt werden.

8.7 Virtuelle Maschinen (VM)

Untersuchungen haben gezeigt, dass PCs typischerweise nur zu circa 20% ausgelastet sind. Dies trifft insbesondere für Server zu. Man könnte also einen physischen Server mit einer entsprechenden Software logisch in 4 bis 5 PC–

---

[5] *Infotainment* ist ein Kunstwort aus *Information* und *Entertainment* und bezeichnet (ursprünglich nur im Automobilbereich eingesetzte) Systeme zur Information und Unterhaltung des Benutzers, also z.B. durch Navigationshilfe, Kommunikation, Multimedia und verschiedene Fahrassistenzsysteme.

Systeme aufteilen. Wie bereits erwähnt, spricht man hierbei von Virtualisierung. Mit Hilfe dieser Virtualisierung kann die Rechenleistung eines Servers konsolidiert werden, das heißt, man erhält eine deutlich bessere Auslastung der Ressourcen und kann somit die Investition in den Server effektiver nutzen. Man spricht daher auch von einer *Server–Konsolidierung*.

Da weniger physische Server zur Bearbeitung der Aufgaben benötigt werden, wird gleichzeitig eine höhere (elektrische) Leistungseffizienz erreicht und Platz eingespart. Weitere Vorteile der Virtualisierung sind eine einfache Fehlerbehebung durch Neustart des so genannten *Images*, das ein aktuelles Speicherabbild der virtuellen Maschine darstellt. Gleichzeitig können auf diese Art und Weise auch unterschiedliche Betriebssysteme auf ein und derselben physischen Ressource genutzt werden.

Eine virtualisierte Hardware nennt man auch eine **virtuelle Maschine** (VM).[6] Sie kann die Ablaufumgebung für einen einzelnen Prozess oder auch die Simulation eines kompletten Computers innerhalb der VM–Software darstellen. Auf einem physischen Computer, den man *Host* nennt, können also gleichzeitig mehrere virtuelle Maschinen laufen, die dann als Gäste (*Guests*) bezeichnet werden.

Dabei kann es sich sowohl um gleich– als auch um verschiedenartige Betriebssysteme handeln. Ebenso können diese im Objektcode für die gleiche oder verschiedene Prozessorarchitekturen vorliegen. Im letztgenannten Fall werden die Objektcodes einer nicht im PC verfügbaren Prozessorarchitektur dynamisch während der Ausführung übersetzt, so dass schließlich nur noch Objektcodes beim physikalisch vorhandenen PC–Prozessor ankommen, die er auch tatsächlich ausführen kann. Bei den so genannten Prozess–VMs werden statt eines ganzen Betriebssystems nur einzelne Prozesse betrachtet. Dagegen sind System–VMs in der Lage, ein vollständiges Betriebssystem zu virtualisieren.

Für beide Spielarten von VMs (Prozess– und System–VM) müssen wir die auf ihnen ablaufenden Objektcodeprogramme auf die Befehlssatz–Architektur (ISA) des physischen Prozessors abbilden. Hierbei können zwei Fälle für die *Guest-ISA* und *Host-ISA* unterschieden werden: sie können identisch oder verschieden sein. Obwohl nur im zweiten Fall, den man auch als *Cross-*Virtualisierung bezeichnet, eine Umwandlung der einzelnen Befehlscodes erforderlich ist, kann es aber auch im ersten Fall sinnvoll sein, das Objektcodeprogramm während der Ausführung zu modifizieren. Hierdurch werden dann dynamische Codeoptimierungen vorgenommen, die den Ablauf der Programme beschleunigen.

Bei einer *nativen* Virtualisierung muss man keine Veränderungen am Objektcode des Programmes vornehmen, da die Gast- und Host–ISA identisch sind. Im Falle von Cross–Virtualisierung ist es allerdings nötig, die Befehls-

---

[6] Alles Wissenswerte über virtuelle Maschinen findet man in [31].

codes auf der Virtualisierungsseite zu übersetzen, um sie auf den physikalisch vorhandenen Prozessoren ausführen zu können. Um die Befehle umzusetzen, wird ein Interpreter oder eine binäre Codeübersetzung verwendet.

- Der Einsatz eines Interpreters ist die einfachere Möglichkeit: Der Interpreter liest jeden einzelnen Gast–Maschinenbefehl und erzeugt daraus einen oder mehrere Maschinenbefehle aus der ISA des physischen Prozessors, um so den Gast–Maschinenbefehl nachzubilden. Diese Umsetzung führt natürlich nicht zu leistungsfähigen Ergebnissen.

- Besser ist eine Codeübersetzung größerer Programmabschnitte des Gast–Programms. Hier erfolgt dann keine Eins–zu–eins–Umsetzung, sondern der resultierende Objektcode wird geeignet an die Möglichkeiten der Host–ISA angepasst. Hierdurch wird eine schnellere und damit effektivere Programmausführung auf dem physischen Prozessor möglich.

8.7.1 Prozess–VM

Die Prozess–VM bildet die einfachste Form der Virtualisierung, da hier nur der vom Gast–Prozess benötigte Prozessor–Befehlssatz durch die VM bereitgestellt werden muss (Abbildung 8.7). Die virtuelle Maschine bildet Maschinenbefehle für eine beliebige Gast–Befehlssatzarchitektur, die Guest-ISA, auf die Befehlssatzarchitektur des physisch vorhandenen Prozessors, die Host–ISA, ab. Wie schon erwähnt, müssen diese beiden ISAs nicht unbedingt verschieden sein. (Die Host–ISA besteht dabei aus den beiden Teilen Host–System–ISA und Host–User–ISA.)

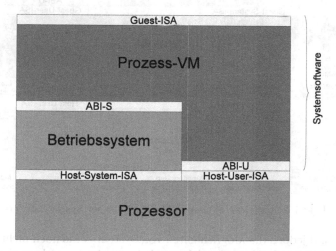

Abb. 8.7 Lokalisierung einer Prozess–VM innerhalb der Systemsoftware.

Beispiele für Prozess–VMs sind die Laufzeitsysteme für Java– oder .net–Anwendungen. Diese sind für einen universellen Zwischencode compiliert, der bei Java *Bytecode* genannt wird. Der Zwischencode muss dann von der Prozess–VM zur Laufzeit in Host–ISA–Befehle umgewandelt werden. Hierzu dient entweder ein einfacher Interpreter oder ein *Just–in–Time Compiler*, der zur Laufzeit Blöcke von Maschinenbefehlen übersetzt und dabei auch noch Code–Optimierungen vornimmt.

8.7.2 System–VM

Während bei der Prozess–VM für die Gast–Systeme nur ein virtueller Prozessor bereitgestellt wird, werden bei einer System–VM auch E/A–Schnittstellen virtualisiert, d.h. dem Anwender steht ein vollständiges virtuelles Computersystem zur Verfügung (Abbildung 8.8). Eine System–VM kann daher genutzt werden, um ein Betriebssystem (inklusive seiner Anwendungen) ohne erneute Compilierung auf ein Computersystem mit einem anderen Prozessor zu portieren.

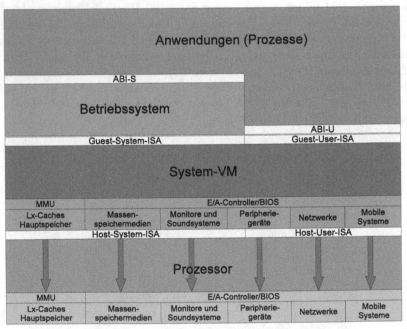

Abb. 8.8 Lokalisierung einer System–VM innerhalb der Systemsoftware.

Damit sind jedoch die Möglichkeiten von System–VMs noch nicht vollständig ausgeschöpft. Man kann in gleicher Weise zwei oder mehrere Betriebssystem gleichzeitig auf derselben physikalischen Hardware laufen lassen. Dies ist in Abbildung 8.9 schematisch dargestellt.

Der *Virtual Machine Monitor* (VMM) ist eine System–VM–Software, die Gast–seitig über mehrere Auslässe verfügt und ähnlich wie beim Multitasking zwischen verschiedenen Betriebssystemen (statt Prozessen) umschaltet. Jedes dieser Gast–Betriebssysteme erhält also zyklisch für die Dauer einer vorgegebenen Zeitscheibe das physische System. Je nach VMM kann es sich dabei um Gast–Betriebssysteme für die gleiche oder eine andere ISA des Host–Prozessors handeln. Aus Leistungsgründen ist es jedoch ratsam, nur Betriebssysteme für die Host–ISA einzusetzen, da sonst aufgrund der zusätzlichen Übersetzung Leistungseinbußen unvermeidlich sind. Selbstverständlich können gleichzeitig verschiedene Betriebssysteme wie beispielsweise Windows 7 und Linux genutzt werden.

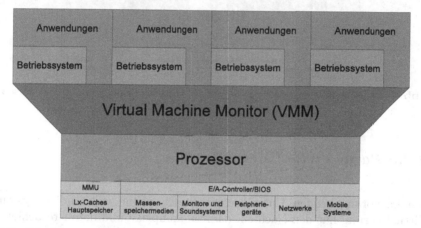

Abb. 8.9 Einsatz eines *Virtual Machine Monitor* (VMM) zur Abbildung von vier virtuellen Maschinen auf ein phsysikalisch vorhandenes PC–System.

Theoretisch wäre es sogar denkbar, anstatt eines Gast–Betriebssystems wieder einen VMM aufzusetzen, der dann Gast–seitig eine andere ISA unterstützt als die Gast–Seite des ersten VMM (s. Abbildung 8.10). Mit einem solchen zweischichtigen VMM–System könnte man – trotz hoher Leistungseinbußen aufgrund des Umsetzungsaufwands – ein sehr selten benötigtes Betriebssystem auf einem Server virtualisieren.

Die oben beschriebene Technik der vollständigen System–Virtualisierung (auch als *Whole System VM* bezeichnet) wird von vielen kommerziellen und freien Virtualisierungslösungen unterstützt. Die VMM wird dabei meist auf einem „Master–"Betriebssystem als Prozess gestartet und ermöglicht es dann, andere Betriebssysteme parallel zu diesem Master–Betriebssystem zu nutzen. Man bezeichnet dies auch als *Hosted VM*. Meist wird dabei auch ein Zugriff vom Gast–Betriebssystem auf das Home–Verzeichnis des Benut-

zers im Master–Betriebssystem angeboten, so dass dieser auch vom Gast–
Betriebssystem aus auf seine Daten zugreifen kann.

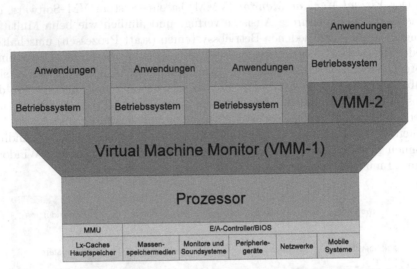

Abb. 8.10 Zusätzlicher VMM–2, der auf einem tiefer liegendem VMM–1 aufsetzt.

8.7.3 Para–Virtualisierung

Die im vorangehenden Unterabschnitt beschriebene vollständige System–
Virtualisierung hat den Nachteil, dass sie komplexe und damit rechenintensive Teilaufgaben erfordert. Der Aufwand kann jedoch verringert werden,
indem man das Gast–Betriebssystem an den VMM anpasst und diesem so
die Arbeit erleichtert. Hierzu wird vom VMM eine spezielle API bereitgestellt, über die das modifizierte Gast–Betriebssystem mit dem VMM kommuniziert. Im Gegensatz zur vollständigen System–Virtualisierung „weiß"
das Gast–Betriebssystem, dass es virtualisiert läuft. Der VMM wird im Fall
der Para–Virtualisierung als *Hypervisor* bezeichnet und bildet für das Gast–
Betriebssystem eine abstrakte Schnittstelle zur Hardware (s. Abbildung 8.11).

Die Modifikation des Gast–Betriebssystems ist nur möglich, wenn dafür
die Softwarequellen vorliegen. Daher findet man die Para–Virtualisierung
nur bei Betriebssystemen mit offen gelegten Quellen, den sog. Open–Source–
Betriebssystemen wie Linux und FreeBSD. Die Anpassung beschränkt sich
auf die Funktionen des Betriebssystemkerns und führt zu einer deutlichen Leistungssteigerung. Der frei verfügbare *Xen–Hypervisor* ist ein typisches Beispiel für eine effiziente Systemsoftware zur Virtualisierung von Unix/Linux–
Betriebssystemen.

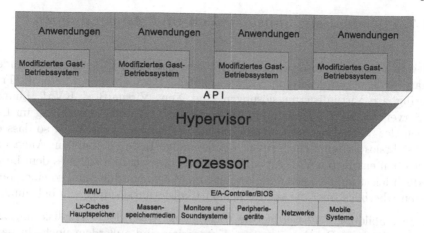

Abb. 8.11 Bei der Paravirtualisierung greifen modifizierte Gast–Betriebssysteme auf einen Hypervisor zu.

8.7.4 Co–Designed VM

Um den Zeitbedarf zur Interpretation einer Gast–ISA bei der Cross-Virtualisierung zu minimieren, kann – anstelle der Verwendung eines Interpreter–Programms – die Interpretation direkt in die Prozessor–Hardware integriert werden. Man spricht dann von einer *Co–Designed VM*, da die VM sowohl aus einer Hardware– als auch aus eine Software–Komponente besteht, die beide optimal aufeinander abgestimmt sind. Der Zweck einer Co–Designed VM besteht darin, eine nach außen sichtbare Gast–ISA in eine intern verwendete und nicht nach außen sichtbare Host–ISA optimal umzuwandeln. Der dazu benötigte VMM befindet sich in einem verborgenen Speicherbereich, der einen Code–Cache für die Aufnahme der bereits übersetzten Maschinenbefehle der Host–ISA enthält. Darüber hinaus kann der in der Hardware integrierte VMM auch optimierte Codesequenzen für die Host–ISA erzeugen und in einem Code–Cache ablegen.

Ein Beispiel für eine Co–Designed VM ist der Transmeta Crusoe–Prozessor, der auf einer VLIW–Mikroarchitektur (*Very Long Instruction Word*) basiert und als Gast–ISA den Intel IA32–Befehlssatz verwendet. VLIW–Architekturen können im Gegensatz zu superskalaren RISC–Kernen sehr energiesparend implementiert werden und eigenen sich daher sehr gut für mobile Geräte wie Notebooks. Ein weiteres Beispiel für eine Co–Designed VM ist das IBM AS/400–System, das in der aktuellen Version eine objektorientierte Gast–ISA und einen PowerPC–Befehlssatz als Host–ISA verwendet. Früher wurden andere proprietäre Host–ISAs verwendet.

8.7.5 *Virtualisierungslösungen und Anwendungen*

Beispiele für Systemsoftware zur System– und Para–Virtualisierung findet man in den Produkten von VMware, Citrix, Parallels oder Microsoft. Frei verfügbare Virtualisierungslösungen sind Xen, VirtualBox, KVM, Linux–VServer, OpenVZ oder Lguest. Aufgrund der rasanten Entwicklung im Bereich der Virtualisierungssoftware erscheinen laufend neue VMs, so dass es aussichtslos ist, eine einigermaßen vollständige Liste zu erstellen. Aufgrund der oben einführten VM–Arten und deren Eigenschaften sollte es dem Leser jedoch leicht möglich sein, die jeweiligen VMs einzuordnen und so einen besseren Überblick über die zahlreichen Virtualisierungslösungen zu bekommen.

In Abbildung 8.12 werden die wichtigsten Arten der Virtualisierung zusammengefasst. Bei den einzelnen Kategorien sind außerdem noch ein paar herausragende Merkmale aufgelistet, die im obigen Text ausführlicher erläutert wurden.

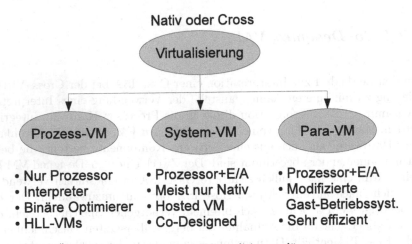

Abb. 8.12 Überblick über existierende Virtualisierungslösungen.

Wie eingangs beschrieben, können virtuelle Maschinen dazu genutzt werden, die Auslastung von Personal Computern, insbesondere Servern, zu verbessern. Indem man mehrere Betriebssysteme gleichzeitig auf einem physischen Computer betreibt, können Anschaffungs-, Energie- und Raumkosten eingespart werden. Die Bereitstellung eines Ressourcen–Pools ist insbesondere für größere Unternehmen sehr sinnvoll. Hiermit können Lastspitzen einzelner Benutzergruppen abgefangen werden, indem man ihnen kurzzeitig eine größere Zahl von virtuellen Ressourcen zur Verfügung stellt.

Virtuelle Maschinen können auch sehr viel leichter als physische Maschinen verwaltet werden. Bei Bedarf werden diese durch Einspielen eines Speicherabbilds (*Image*) mit der vom Anwender benötigten Softwareumgebung gestartet und stehen diesem dann für einen beliebigen Zeitraum zur Verfügung. Eine solche Softwareumgebung kann beispielsweise aus einem bestimmten Betriebssystem und einer Menge von Anwendungsprogrammen bestehen. Die virtualisierte Softwareumgebung braucht nur ein einziges Mal konfiguriert und als Image abgespeichert zu werden. Solche Softwareumgebungen werden im Englischen auch als *Appliances* bezeichnet. Wenn eine bestimmte Softwareumgebung mehrfach benötigt wird, können mit dem Speicherabbild einer Appliance beliebig viele identische virtuelle Maschinen gestartet und den Mitarbeitern einer Arbeitsgruppe zur Verfügung gestellt werden. Im Internet findet man zahlreiche vorgefertigte Appliances, die häufig auf dem freien Betriebssystem Linux basieren. Die Möglichkeit, durch Einspielen eines Speicherabbilds eine Softwareumgebung zu replizieren, vereinfacht natürlich auch den Test neuer Betriebssysteme und Anwendungsprogramme erheblich.

Die Virtualisierung ermöglicht es Betreibern großer Rechenzentren auch, temporär nicht genutzte Ressourcen an andere Benutzer gegen Entgelt zu vermieten. Obwohl dieses Nutzungsmodell dem des Grid Computings ähnelt, müssen die Benutzer bei diesem so genannten *Cloud Computing* weder einer Virtuellen Organisation (VO) beitreten noch selbst eigene Ressourcen für andere VO-Mitglieder bereitstellen. Stattdessen bezahlen sie beim „Rechnen in der Wolke" für die Nutzung virtueller Maschinen und Speicherdienste eines kommerziellen Anbieters.

So kann man beispielsweise beim „Internet–Warenhaus" Amazon verschieden ausgestattete virtualisierte Server stundenweise für Beträge in der Größenordnung von 0,1 bis 0,2 $ pro Stunde anmieten. Die Benutzer müssen dazu keinen langfristigen Vertrag abschließen, sondern lediglich ein Kundenkonto bei Amazon einrichten und ihre Kreditkartendaten hinterlegen. Bei Bedarf können sie dann über eine Internet–Schnittstelle genau so viele Server betreiben, wie sie momentan benötigen. Hierzu stehen dem Benutzer verschiedene Images verbreiteter Betriebssysteme nebst häufig verwendeter Anwendungen zur Verfügung. Selbstverständlich kann ein Benutzer auch eigene Softwareumgebungen erzeugen und abspeichern. Die Abrechnung der tatsächlich in Anspruch genommenen Rechenleistung erfolgt dann später über die Kreditkarte des Benutzers.

Im Gegensatz zu Grids, bei dem sich die VO-Mitglieder die gemeinsamen Ressourcen mit Hilfe des Multitasking–Betriebs, gesteuert durch das Betriebssystem, teilen, sind beim Cloud Computing die einzelnen virtuellen Maschinen perfekt voneinander isoliert. Dies bedeutet, dass sich der Aufwand zur Gewährleistung von Vertraulichkeit und Integrität der Benutzerdaten deutlich reduziert. Die Benutzer müssen allerdings dem Anbieter vertrauen, denn der könnte theoretisch über den virtuellen Maschinen–Monitor (VMM) alle Daten und Prozessverläufe auf den Benutzer-VMs mitlesen. Aus der Sicht des Anbieters bieten virtuelle Maschinen neben der Flexibilität bei der Auslastung seiner Ressourcen auch den Vorteil, dass die Benutzer an der Systemsoftware der bereitgestellten Server keine dauerhaften Schäden anrichten können. Falls z.B. ein Benutzer Änderungen an der Systemsoftware (oberhalb des VMM) vornimmt, die zu einem Systemabsturz führen, kann der Anbieter durch ein erneutes Einspielen des letzten Images den ursprünglichen Zustand problemlos wiederherstellen.

Literaturverzeichnis

1. Allan, R.A.: A History of the Personal Computer: The People and the Technology. Allan Publishing, London, 2001
2. Bähring, H.: Mikrorechner–Technik. Band I: Mikroprozessoren und Digitale Signalprozessoren, 3. Auflage, Springer–Verlag, 2002
3. Bähring, H.: Mikrorechner–Technik. Band II: Busse, Speicher, Peripherie und Mikrocontroller, 3. Auflage, Springer–Verlag, 2002
4. Bähring, H.: Anwendungsorientierte Mikroprozessoren. 4. Auflage, Springer–Verlag, 2010
5. Brinkschulte, U., Ungerer, T.: Mikrocontroller und Mikroprozessoren, 2. Auflage, Springer Verlag, 2010
6. Born, G.: Computer: Alles rund um den PC, Markt+Technik Verlag, 2010
7. Buchanan, B.: Handbook of Data Communication and Networks, 2nd Edition, Kluwer Academic Publishers, 2004
8. Carlo, J.T.: Understanding Token Ring Protocols and Standards, Artech House, 1998
9. Cisco Systems: Internetworking Technology Overview, www.cisco.com, 2009
10. Comer, D.E.: Computernetzwerke und Internets, 3. Auflage, Prentice Hall, 2002
11. Comer, D.E.: Essentials of Computer Architecture, Pearson-Prentice Hall, 2005
12. Dembowski, K.: PC–Werkstatt, Markt+Technik Verlag, 2008
13. Flik, T.: Mikroprozessortechnik und Rechnerstrukturen, 7. Auflage, Springer Verlag, 2005
14. Freiberger, P., Swaine, M.: Fire in the Valley: The Making of the Personal Computer. Osborne/McGraw Hill, Berkeley, 2000
15. Habermann, A.N.: Entwurf von Betriebssystemen. Springer–Verlag, 1981
16. Held, G.: Ethernet networks: design, implementation, operation and management. John Wiley & Sons, 1994
17. Intel (Fa.): Intel 64 and IA–32 Architectures Software Developer's Manual, Band 1 – 3b, März 2009
18. Laing, G.: Digital Retro: The Evolution and Design of the Personal Computer. Sybex Verlag, Alameda Ca., 2004
19. Mertz, A., Pollakowski, M.: xDSL & Access Networks, Prentice Hall, 2000

20. Messmer,H.P.: PC Hardwarebuch, 7. Auflage, Addison–Wesley, 2003
21. Mueller, S.: PC–Hardware Superbibel, Markt+Technik Verlag, 16. Auflage, 2005
22. Peterson, L.L., Davie, B.S.: Computer Networks: A Systems Approach, Morgan Kaufmann, 2003
23. Pfister, G.F.: An Introduction to the Infiniband Architecture. In: High Performance Mass Storage and Parallel I/O, John Wiley & Sons Inc, 2001
24. Prevezanos, C.: Das Große PC–Handbuch, Data Becker Verlag, 2007
25. Roth, J.: Mobile Computing – Grundlagen, Technik, Konzepte. dpunkt.Verlag, 2002
26. Salomon, D.: Data Compression: The Complete Reference, 4th Edition, Springer Verlag, 2007
27. Santamaria, A.: Wireless LAN – Standards and Applications, Artech House, 2001
28. Schiffmann, W., Schmitz, R.: Technische Informatik; Bd. 1: Grundlagen der digitalen Elektronik, 5. Auflage, Springer–Verlag, 2003
29. Schiffmann, W.: Technische Informatik; Bd. 2: Grundlagen der Computertechnik, 5. Auflage, Springer–Verlag, 2005
30. Schmidt, F.: SCSI–Bus und IDE–Schnittstelle, Addison–Wesley Verlag, 3. Auflage, 1998
31. Smith, J.E., Nair, R.: Virtual Machines. Elsevier Verlag, Amsterdam, 2005
32. Steinmetz, R.: Multimedia–Technologie, 3. Auflage, Springer Verlag, 2000
33. Tanenbaum, A.S., Goodman, J.: Computerarchitektur, 5. Auflage, Prentice–Hall Verlag, 2005
34. Voss, A.: Das grosse PC– und Internet–Lexikon 2008, Data Becker Verlag, 2008
35. Voss, A.: Das grosse PC–Lexikon 2009, Data Becker Verlag, 2009
36. White, R.: How Computers Work, 9. Auflage, Que Publishing, USA, 2008
37. Wittgruber, F.: Digitale Schnittstellen und Bussysteme, Vieweg Verlage, 2002
38. Wüst, K.: Mikroprozessortechnik, 3. Auflage, Vieweg+Teubner, 2009

Sachverzeichnis

Printed in the United States
By Bookmasters